U0309434

航天科技图书出版基金资助出版

太阳系无人探测历程
第一卷：黄金时代（1957—1982 年）

Robotic Exploration of the Solar System
Part 1：The Golden Age 1957 – 1982

〔意〕保罗·乌利维(Paolo Ulivi)
〔英〕戴维·M·哈兰(David M. Harland)　　著

李 飞 赵 洋 邹乐洋 李 莹 译

中国宇航出版社

·北 京·

本书中文简体字版由著作权人授权中国宇航出版社独家出版发行，未经出版社书面许可，不得以任何方式抄袭、复制或节录本书中的任何部分。

著作权合同登记号：图字：01 – 2017 – 8012 号

图书在版编目（CIP）数据

太阳系无人探测历程. 第一卷，黄金时代：1957 – 1982 年／（意）保罗·乌利维（Paolo Ulivi），（英）戴维·M·哈兰（David M. Harland）著；李飞等译. -- 北京：中国宇航出版社，2017.12

书名原文：Robotic Exploration of the Solar System：Part 1：The Golden Age 1957 – 1982

ISBN 978 – 7 – 5159 – 1432 – 9

Ⅰ. ①太… Ⅱ. ①保… ②戴… ③李… Ⅲ. ①太阳系 – 空间探测 – 1957 – 1982 Ⅳ. ①P18②V1

中国版本图书馆 CIP 数据核字（2017）第 316895 号

责任编辑	彭晨光			
责任校对	祝延萍		**封面设计**	宇星文化

出版发行　**中国宇航出版社**

社　址	北京市阜成路 8 号	**邮　编**	100830
	（010）60286808		（010）68768548
网　址	www. caphbook. com		
经　销	新华书店		
发行部	（010）60286888		（010）68371900
	（010）60286887		（010）60286804（传真）
零售店	读者服务部		
	（010）68371105		
承　印	北京画中画印刷有限公司		

版　次	2017 年 12 月第 1 版
	2017 年 12 月第 1 次印刷
规　格	787×1092
开　本	1/16
印　张	29.75
字　数	724 千字
书　号	ISBN 978 – 7 – 5159 – 1432 – 9
定　价	188.00 元

本书如有印装质量问题，可与发行部联系调换

航天科技图书出版基金简介

航天科技图书出版基金是由中国航天科技集团公司于2007年设立的，旨在鼓励航天科技人员著书立说，不断积累和传承航天科技知识，为航天事业提供知识储备和技术支持，繁荣航天科技图书出版工作，促进航天事业又好又快地发展。基金资助项目由航天科技图书出版基金评审委员会审定，由中国宇航出版社出版。

申请出版基金资助的项目包括航天基础理论著作，航天工程技术著作，航天科技工具书，航天型号管理经验与管理思想集萃，世界航天各学科前沿技术发展译著以及有代表性的科研生产、经营管理译著，向社会公众普及航天知识、宣传航天文化的优秀读物等。出版基金每年评审 1～2 次，资助 20～30 项。

欢迎广大作者积极申请航天科技图书出版基金。可以登录中国宇航出版社网站，点击"出版基金"专栏查询详情并下载基金申请表；也可以通过电话、信函索取申报指南和基金申请表。

网址：http：//www. caphbook. com

电话：(010) 68767205，68768904

序

　　旅行者 1 号离开地球 40 年了，向着太阳系边际飞行，已到达 200 亿千米以外的星际空间，成为飞得最远的一个航天器。与旅行者 1 号一起飞离太阳系的还有它携带的一张铜质磁盘唱片，如果有一天地外文明破解了这张唱片，将会欣赏到中国的古曲《高山流水》。地外文明何时可以一饱耳福呢？以迄今发现的最接近地球大小的宜居带行星开普勒 452b 为例，它距离地球 1 400 光年，而旅行者 1 号目前距离地球大约 0.002 光年。如果把地球与宜居行星之间的距离比拟成一个足球场大小的话，那么旅行者 1 号飞行的距离还不如绿茵场上一只蚂蚁迈出的一小步。这还是旅行者 1 号利用了行星 170 多年才有一次的机缘巧合、特殊位置的机会，进行了木星和土星的借力，飞行了 40 年才实现的。由此可见，对于人类的很多太空梦想，即使是一个"小目标"都很困难。航天工程是巨大的、复杂的系统工程，而深空探测更是航天工程中极其富有挑战的领域，它的实施有如下特点：经费高，NASA 的好奇号火星车，是迄今最贵的航天器，造价高达 25 亿美元；周期长，新地平线号冥王星探测器，论证了 10 年，研制了 10 年，飞行了 10 年，前后 30 年耗尽了一代人的精力；难度大，超远距离导致通信、能源这些最基本的保障成为了必须攻克的难题，飞到木星以远的天体已无法使用太阳能，只能采用核能源供电，或采用潜在的其他能源。

　　再来看看中国的深空探测的发展。在人类首颗月球探测卫星、苏联的月球 1 号发射将近 50 年之际，中国的嫦娥 1 号于 2007 年实现了月球环绕探测，2010 年嫦娥 2 号实现了月球详查及对图塔蒂斯小行星的飞掠探测，2013 年嫦娥 3 号作为地球的使者再次降临月球，中国深空探测的大幕迅速拉开。但同国外相比，我们迟到了将近 50 年，可谓刚刚起步，虽然步子稳、步子大，但任重而道远。以美国为代表的航天强国已经实现了太阳系内所有行星、部分行星的卫星、小行星、彗星以及太阳的无人探测，而我们还没有实现一次真正意义上的行星探测。

　　"知己不足而后进，望山远岐而前行"，只有站在巨人的肩上，才能眺望得更远；唯有看清前人的足迹，方能少走弯路。中国未来的深空探测已经瞄准了火星、小行星和木星探测，并计划实现火星无人采样返回。为了更可靠地成功实现目标，必须要充分汲取所有以往的任务经验，而《太阳系无人探测历程》正是这样一套鉴往知来的读本。它深入浅出地详细描绘了整个人类深空探测发展的历史，对每个探测器的设计、飞行过程、取得的成果、遇到的故障都进行了详细的解读。如果你是正在从事深空探测事业的科研工作者或者准备投身深空探测事业的学生，此书可以说是一本设计指南和案例库；

如果你是一名对太阳系以及航天感兴趣的爱好者，那此书也会给您带来崭新的感受和体验。

　　本书的引进以及翻译都是由我国常年工作在深空探测一线的青年科研人员完成，他们极具活力和创新力，总是在不断探索、奋进！他们已把对深空探测的热爱和理解都融入到这本书中，书中专业名词的翻译都尽可能使用中国航天工程与天文学领域的术语与习惯，具有更好的可读性。

　　纵然前方艰难险阻重重，但深空探测是人类解开宇宙起源、生命起源、物质结构等谜的金钥匙，是破解许多地球问题的重要途径，人类今后必须长期不懈地向深空进发，走出太阳系也只是第一步，而离走出太阳系仍很遥远。最后想说的是，通过阅读本书，总结人类这几十年来深空探测的历史，对从事深空探测的科学家和工程师实践的最好注解是 NASA 对他们三个火星车的命名：好奇、勇气和机遇。

2017 年 12 月

译者序

走向远方的诗篇

自从人类大脑进化出抽象思维以来，一直被两个问题困扰至今，我们从哪里来？我们将要到何处去？对于第二个问题，人类没有只停留在安逸的襁褓里去思考，而是通过不断走向远方去寻找答案。从生物学的角度来讲，走向远方是生命得以延续的本能，从生命诞生之日起，从未停歇：

约 3.5 亿年前，鱼进化成为两栖动物从海洋爬上陆地；

约 10 万年前，非洲的智人走出非洲，人类的足迹开始遍布全世界；

约 500 年前，哥伦布航行到新大陆，大航海时代帷幕拉开；

约 60 年前，苏联的月球 1 号飞到月球，揭开了人类深空探测的篇章；

约 5 年前，美国的旅行者 1 号远至 200 亿千米成为首个进入星际空间的人类使者；

……

只有一直出走的人类的基因得以保留，而这些基因又外化为我们的好奇心，成为人类能够不断繁衍、不断拓展生存疆域最重要的因素。经过千百万年的进化，人类无论是因为面临着生存的威胁，还是对财富的追逐，亦或是纯粹对未知世界的好奇，都要离开家园，走向远方。人类早已遍布了地球的各个角落，发达的交通和信息技术使地球变成一个小村庄，而采用无人探测器去探索地球以外未知的世界成为人类下一个"旅行计划"的先锋。

无人深空探测发展到今天还不到 60 年，仍然是一个比较年轻的领域，对于公众来说充满了神秘，每一次任务都会极大地吸引公众的眼球。由于地球上尚存在无法有效解决的环境污染、人口爆炸、资源日渐枯竭等诸多问题，深空探测对于更多的人不应仅是电视机里或网上的一则热点新闻，更应成为太空时代人类着重关注的寻找"第二家园"的重要途径，我们理应对这段历史有更深入的了解。至今已有两百余个探测器试图摆脱地球的引力去探索月球，探索火星，……，探索整个太阳系。整个深空探测的历史就是一部人类探索地外未知世界的发展史，这里有过充满火药味的你争我赶，也有过激情退却后的踟蹰不前，还有过因失败带来的犹豫彷徨，这一切都会为今后的探测带来有益的启示。

意大利的保罗·乌利维（Paolo Ulivi）博士和美国的戴维·M·哈兰（David M. Harland）博士合著的《太阳系无人探测历程》（*Robotic Exploration of the Solar System*），

正是这样一套系统全面地介绍人类利用深空探测器对太阳系开展无人探测历史的重要著作。本书共计四卷，从 1957—1982 年的《黄金时代》，到 1983—1996 年的《停滞与复兴》，再到 1997—2003 年的《惊喜与困境》，最终是 2004—2013 年的《摩登时代》。书中对除月球探测以外的每个主要的深空探测任务都进行了详细的描述（月球探测的相关内容已在作者所著的《月球探测》中详述），对探测器进行了全方位的解读，为我们讲述了那一幅幅震撼的照片和科学发现背后的故事。

您所拿到是第一卷《黄金时代》。本卷开篇介绍太空时代来临之前，人类在地球上利用望远镜的观测成果。自伽利略发明望远镜以后的 300 多年，如卡西尼、惠更斯、斯基亚帕雷利、洛厄尔、赫歇尔、柯伊伯等众多天文学家和天文爱好者（部分人名后来为深空探测器命名）前赴后继，尽管步履蹒跚，但仍不断向前摸索。一直到 19 世纪，随着望远镜观测技术的不断改进，人类对于太阳系中星体的轨道、自转周期、直径、质量、大气甚至表面形貌、成分的认识达到了一个新的高度，天王星、海王星、冥王星以及越来越多的行星卫星、小天体被发现，太阳系的概貌逐渐被勾勒出来，许多发现颠覆了以往的认知，例如伽利略首次发现木星的 4 颗卫星，证明了地球并非天体中心的学说等。尽管如此，地面观测的能力非常有限，依然无法满足人类的好奇心，而且还引发了更多的问题，例如，意大利的斯基亚帕雷利等天文学家对于火星表面是否存在水道、植被甚至是发达的文明争执不下，木星的大红斑之谜、彗星的组成之谜仍然给人们带来困扰。同今天的深空探测成果相比，那时的发现显得非常粗浅，甚至谬误百出，但人类就是基于此，勇敢地开始了探索的旅程，例如，苏联甚至在不知道火星大气密度的情况下就开始了火星着陆探测；受金星厚厚大气的遮挡，当时人们尚不知道金星表面是否有液态水，但苏联的金星进入器上仍然设计了可在水中漂浮的功能。

地面上再先进的望远镜也不如"身临其境"的近距离甚至是零距离的探测更为细致与准确。二战后导弹技术带来了进入太空技术的发展。在冷战大环境下，美苏在各个领域展开角逐，太空也成为了一个展示国力、威慑敌人的战场。20 世纪 50 年代末，美苏从地球附近的金星、火星等内行星着手开始了太空竞赛，双方都进行了高密度的发射，先后有美国的先驱者、水手、海盗系列探测器，苏联的金星、火星、探测器系列探测器等。尽管一次次的失败，但服务于政治意图，因此双方在所不惜。从早期的飞掠探测到环绕探测再到着陆探测，探测形式不断升级，探测的成果也越来越丰富。在此期间，素有深空探测摇篮之称的苏联拉沃奇金设计局与美国的喷气推进实验室（JPL）之间展开了激烈的较量，经常在同一窗口期，双方的探测器你追我赶奔赴火星或金星，为了比对方先到一步，甚至在轨道设计上都尽可能缩短飞行时间。喷气推进实验室通过海盗号任务抢占了火星着陆探测的制高点，而苏联只能另辟蹊径专注于金星探测。内行星之后，美国再领先一步，又将眼光投向了外行星，截至 20 世纪 80 年代末，除冥王星外，太阳系中的每个行星都被从地球派出的探测器使者至少勘察过一次。

通过本书，您可以看到深空探测历程在"黄金时代"很多不为人知的细节：

我们可以看到深空探测技术的奇思妙想。轨道学家从彗星的运行轨迹中学会了可以利用行星借力以减少发射的代价，从而通过一次发射实现多目标多任务的探测。水手10号利用金星借力实现了水星探测，成为借力轨道的首次工程应用；美国工程师弗兰德罗发现了170年左右一次的行星特殊排列位置，使旅行者1号/2号得以在较短的时间内分别通过一次发射实现了木星、土星、天王星、海王星以及太阳系边际的探测……

我们可以看到深空探测对高可靠性的要求。为降低成本，苏联将探测器的晶体管由镀金改成镀铝，结果导致晶体管寿命缩短。发射在即，为了评估风险，进行了苏联航天史上首例可靠性分析，得到了成功率只有50%的结论。然而火星4号/5号/6号/7号仍然按计划发射，结果没有一个探测器完成既定任务；美国的水手1号由于火箭的导航软件标错了一个数学符号，导致发射不到五分钟已偏离轨道，只能提前坠毁……

我们可以看到深空探测发现的诸多"第一"。在火星上发现了太阳系中最高的奥林匹克山；发现了太阳系中唯一具有浓密大气的天然卫星土卫六；首次拍到了地月的合影；首次拍到了太阳系的"全家福"，卡尔萨根笔下的"暗淡蓝点"就是来源于此；在木卫一上发现太阳系内除地球外唯一存在着的活火山……

我们可以看到深空探测中人类对未知生命和文明发现的渴望。在先驱者10号/11号、旅行者1号/2号上均携带了卡尔萨根设计的记录人类文明的铭牌或磁盘，以期被地外文明所发现；在海盗号着陆器上安装了多个探测生命活动的仪器……

最后再来谈谈译者。我们是一群深爱深空探测事业的航天工作者，翻译本书完全是凭借着对深空探测的一腔热忱。本书的翻译确实是一项极具挑战性的工作，不光要求译者具备一定的航天工程知识，还要对地外天体的物理学、化学、地质学、生物学都有所涉猎。特别是，尽管译者尽可能采用中国天文学会发布的天文学名词以及台湾地区天文界的部分翻译，但金星、火星等行星表面诸多的地理区域尚无中文对应的地名，译者根据已有的惯例，尝试进行了首次的中文翻译。对于书中无法充分理解的内容，译者同保罗・乌利维博士通过邮件进行了充分的沟通，确定了最终的翻译书稿。在此，向对本书作者所在单位中国空间研究院总体部的大力支持表示感谢，对本书翻译过程中给予帮助的韩凤宇、杜颖表示感谢，对参与本书翻译工作的何秋鹏、温博、党兆龙、强晖萍表示感谢，对向本书提出过宝贵意见的董捷表示感谢。

最后再次向您推荐此书，希望能有更多的人不仅仅脚踏实地，更能够远眺星辰和大海，从更大的格局去看待人类的发展与命运。在不久的将来，也许有一天我们会用苏联月球1号发射的那一年作为太空元年来纪年，有一天我们的课堂上会有一门课叫做太空史，有一天我们前往火星只需来到家附近的太空站买一张船票……本书中，一个个探测器渐行渐远的身影书写了人类走向远方的诗篇，她们就如同我们的眼睛，我们的耳朵，我们的双手，让我们感触到了不同于地球的未知世界。我们始终坚信，终有一天，人类会踏足那里：

　　约 30 年后，人类将会在火星上定居；

　　约 50 年后，人类将会在木卫二的海洋中游弋；

　　约 100 年后，人类的足迹将会到达太阳系的每个角落；

　　约 200 年后，人类将会有使者达到地外文明的星球；

　　……

李　飞

2017 年 12 月于北京航天城

自　序

　　1981 年的夏末，10 岁的我与亲戚们在托斯卡纳海岸度过了学校假期的最后几周。在那儿的一个晚上，当我们看电视里的每日新闻时，我们敬畏地看到一个名叫旅行者 2 号的无人探测器传回来自遥远土星的照片，照片色彩生动，细节清晰。第二天，我花了大部分时间在祖父给我的报纸中去查找阅读更多关于这个神奇机器人的消息。时至今日，我仍保留着那天的剪报！在随后的几天里，我从报道中得知，控制相机转动的电机卡住了，但随后恢复正常，从而使机器人可以重新发回令人惊叹的土星及其光环和卫星的图像。回到家后，我从书架上取出一本 20 世纪 60 年代早期出版的航天图书，打算学习更多关于勇敢的使者——旅行者号的知识，没想到竟读到旅行者任务的目标是释放着陆舱登陆火星。我想，一定哪里出了问题！这是我对太阳系探测及其复杂历史的初次接触。

　　您拿到的这本书，是太阳系无人探测 25 年来令人着迷的成果。借用评论家对我的第一本书《月球探测》（Lunar Exploration）写的评论：这是一个名副其实的太阳系无人探测的"观察者指南"。与大多数的同类主题的畅销书不同，我尽可能多地使用"第一手"材料，从会议论文和报告到科学界发布的任务成果。既包括任务成功与失败的记述，又包含一些迄今未讲述的故事。我希望本书不仅让航天爱好者产生兴趣，而且可以为研究生、航天工程师和行星科学家们的深入研究提供一个可靠的出发点。如果您是出于这个目的使用本书，那么我将很高兴您与我联系。

保罗·乌利维（Baolo Ulivi）

米兰（Milan），意大利（Italy）

2007 年 3 月

致　谢

像往常一样，有很多人我必须感谢。首先，我的家庭，特别是我的母亲、我的父亲（做了大部分的俄语翻译工作）和我的兄弟，他们始终如一地帮助那个被称之为"计算机"的黑盒人。我也必须感谢米兰理工大学（Milan Politecnico）航天工程系图书馆、位于佛罗伦萨的意大利国家图书馆和欧盟历史档案馆所有工作人员的协助，以及许多我参与的网络论坛中的成员，包括 the Friends and Partners in Space, the History of Astronomy Discussion Group, Unmannedspaceflight. com, the Interplanetary Communication forum, the Italian forumastronautico. it, the French Forum de la ConqueÃte Spatiale and Histoire de la ConqueÃte Spatiale，以及 Novosti Kosmonavtiki 杂志的俄罗斯论坛。同样感谢谢廖加·V·安德烈耶夫（Sergei V. Andreyev），查尔斯·A·巴斯（Charles A. Barth），雅克·克罗维西耶（Jacques Crovisier），凯伊·戴维森（Keay Davidson），德维恩·戴（Dwayne Day），奥杜安·多尔菲斯（Audouin Dollfus），吉埃尔德·爱普斯坦（GeÃrard Epstein），本·埃文斯（Ben Evans），詹姆斯·加里（James Garry），乔恩·焦尔吉尼（Jon Giorgini），布莱恩·哈维（Brian Harvey），约瑟夫·V·霍尔维格（Joseph V. Hollweg），戴维·W·休斯（David W. Hughes），斯特凡诺·因诺琴蒂（Stefano Innocenti），伊凡·伊万诺夫（Ivan Ivanov），维克托·卡菲夫（Viktor Karfidov），甘瑟·克雷夫斯（Gunther Krebs），阿拉姆·J·洛佐鲁什（Alan J. Lazarus），让－弗朗索瓦·勒迪克（Jean－Francois Leduc），戴维·洛齐尔（David Lozier），佛朗哥·马里亚尼（Franco Mariani），埃德·B·马西（Ed B. Massey），谢廖加·马特罗索娃（Sergei Matrossov），戴维·J·麦科马斯（David J. McComas），唐·P·米切尔（Don P. Mitchell），多米尼克·莫尼耶（Dominique Moniez），德米特里·佩森（Dmitry Payson），巴西勒·皮沃瓦罗夫（Basil Pivovarov），米克尔·波凯吕松（Michel PoqueÃrusse），戴维·波特伊（David Portree），乔尔·鲍威尔（Joel Powell），帕特里克·罗格－拉维利（Patrick Roger－Ravily），马里奥·鲁杰里（Mario Ruggieri），奥利弗·桑吉（Olivier Sanguy），亨宁·谢尔（Henning Scheel），琼－布鲁农·塞拉（Jean－Jacques Serra），布拉德福·A·史密斯（Bradford A. Smith），菲利普·J·斯图克（Philip J. Stooke），G·莱昂纳德·泰勒（G. Leonard Tyler），简·德·卡斯特雷（Jan van Casteren），罗纳尔·J·韦尔瓦克（Ronald J. Vervack Jr.），维克托·沃龙佐夫（Victor Vorontsov），保罗·维格特（Paul Wiegert），阿纳托利·扎克（Anatoly Zak），加里·P·灿克（Gary P. Zank），如果我忽略了某一个人，我真诚地道歉。一句衷心的"谢谢你"献给我所有的朋友和同事，感谢他们在过去两年里对我的鼓励；特别是奥尔多（Aldo），阿莱萨（Alessia），安德列亚

（Andrea），安东内拉（Antonella），安东尼奥（Antonio），奥罗拉（Aurora），西罗（Ciro），克里斯蒂娜（Cristina），叶连娜（Elena），埃利萨（Elisa），埃马努埃莱（Emanuele），费德里科（Federico），菲利波（Filippo），弗拉维娅（Flavia），弗朗切斯科（Francesco），乔治（Giorgio）（再次感谢提供小说《火星王后》（*Aelita*）的副本以及对该书有趣的讨论），朱利奥（Giulio），朱塞佩（Giuseppe），路易吉（Luigi），雷纳托（Renato），罗伯托（Roberto），西尔维亚（Silvia），斯特凡尼娅（Stefania），羽后（Ugo），比希尼娅（Virginia）。最后，特别的感谢献给戴维·哈兰（David Harland），感谢他对本书和已出版的《月球探测》（*Lunar Exploration*）的非常宝贵的帮助，感谢彼得·史密斯为本书撰写前言，感谢克莱夫·霍伍德（Clive Horwood）的耐心和善良。

　　关于书中插图：我尽量使用"原始"的任务图像，其中一些包括"网格"的标记。虽然不是特别美观，但有利于人们了解科学家们实际使用的是何种数据。书中美国探测的行星图像，除了少数特例以外，其他都是从喷气推进实验室（JPL）（pdsimg. jpl. nasa. gov）的行星数据系统图像数据库（Planetary Data System Imaging）下载下来的。最为特别的是，有一张图片是向我的论文指导老师阿玛利亚·埃尔科利·芬齐（Amalia Ercoli Finzi）教授表达敬意。虽然我设法与大部分图纸和照片的版权持有者进行了信息确认，但仍有一些对于故事说明很重要的图片，即使没有确认，我仍旧使用了这张图片并尽可能相信其正确性；我对由此可能造成的不便表示歉意。

前　言

　　为了纪念空间探测 50 周年，保罗·乌利维在戴维·哈兰的协助下，对所有敢于冒险摆脱地球引力的无人探测任务进行了详细的描述。他们认为最初的 25 年是"黄金时代"，当时的科学家、工程师和技术人员发展出创新的方法，在紧张的进度和少量预算的情况下实现了他们的任务目标。

　　在 20 世纪 50 年代，工程师们利用了二战中快速发展的火箭技术，创造出了一种能够将有效载荷送入轨道的新型运载火箭。这是优秀的绘图员和工程师们利用计算尺计算参数的时代。然而，在此期间，技术的加速发展使任务设计变得越来越复杂，最终催生了飞出了太阳系的边缘并且永不回来的旅行者号任务。作为空间先驱者们专业水平的见证，这些在 20 世纪 70 年代发射的探测器，在它们的寿命末期仍在积极地开展探测。

　　在收到手稿的副本以后，我立即翻到先驱者 – 金星（1978）和先驱者 – 木星（1975）／土星（1979）的章节，这部分内容对我有特殊的意义，原因在于我在亚利桑那大学通过协助这些项目，开始了我的职业生涯。在 1975 年，我使用从成像偏振测光计返回的最新数据，做了关于伽利略卫星半径的毕业论文。利用这四颗卫星的质量测量数据，我计算出每个卫星更为准确的密度。毕业以后，我加入了由马丁·托马斯科博士领导的太阳通量辐射计小组。我们参与了美国第一个金星着陆项目，在探测器下降进入金星大气过程中测量太阳辐射通量。通过平衡太阳输入与红外输出，我们揭示了将行星表面温度保持在大约 900°F 的热平衡现象，即到达金星表面点滴积累的太阳能产生了巨大的温室效应。在 1979 年 9 月，当先驱者 11 号让我们第一次看到土星系统时，我正在艾姆斯的控制中心帮忙向相机发送指令。因为单程光行时约 1.5 小时，从发出命令到接收图像最短时间为 3 小时。尽管如此，我们还是能够对准大部分的土星卫星，并且可以扫过土星和它美丽的光环。我在那里发现了 F 环和卫星 1979s1。而其他数据的解读并不容易；事实上，我花费了 10 年时间去弄清楚为什么泰坦（土卫六）的大气层反射出的太阳光是高度极化的。

　　对这些太阳系无人探测任务的描述，把我带回到了最初的时代，那时教科书中缺乏相邻行星主要特征的描述。小规模的科学家团队在专门工程师的支持下——如今使用手持计算器和大型计算机——在 20 年的历程中，揭开我们最密切的太阳系邻居的基本真相，那的确是一个黄金时代。

　　其他任务的大量信息对于我而言是全新的。俄罗斯试图在没有任何火星大气密度知识的情况下在火星上着陆，这让我想起了美国先辈们的精神，他们冒着巨大的生命风险，动身前往未知的世界。后来，尽管海盗号火星任务存在很多我不知道的问题，包括海盗 A 电池耗尽后在发射台用海盗 B 进行了更换，但它还是存活了下来。当任务成功时，这些小小的技术故障很快被人们遗忘，但我们也要从这些早期的经验得到许多不同的教训。

　　苏联和美国之间的竞争激发了第一个 25 年的太空探索：冷战期间和平但激烈的竞争。经历了那些任务的科学家和工程师们在太空时代的第二个 25 年里继续扮演着关键的角色，相关的任务将在这套丛书的后面几册中介绍。但是，这些探索者们很少有人积极参与当今的任务，探测任务将成为伴随着高速个人电脑和互联网成长起来的新一代人的责任。对后来者而言，本书具有重要的参考价值，将让他们了解到之前的开拓性工作。

彼得·H·史密斯

月球和行星实验室

亚利桑那大学

2007 年 6 月

目　录

第 1 章　绪　论

在早期的人类历史中，人们通过肉眼凝望天空，发现星象除了以某种固定的样式排列外，还存在移动的光点，因此人类将其取名为"行星"，意思是"漫步者"。起初，人们理所当然地认为天体每天都在绕地球旋转。然而一些有胆识的哲学家，如最著名的尼古拉斯·哥白尼（Nicolaus Copernicus），认识到事实并非如此，即便月球真的在绕地球运行，其绕行周期也是一个月而非一天，而包括地球在内的所有的行星，都在围绕太阳运行。"日心说"让人类第一次认识到"太阳系"的存在。按照与日心距离的顺序，这些行星依次为水星、金星、地球、火星、木星和土星。在望远镜发明前，人们对行星的全部认知仅仅是其如何在天空中运行。伽利略·伽利莱（Galileo Galilei）用其简陋的望远镜瞄向了天空，自此引发了天文学的革命。以下就是在"太空时代"开始时，我们所知道的太阳系。

1.1　水星：冰火交加

从地球上看，水星在天空中始终紧紧靠近太阳，因此也就成为可用肉眼观测到的五大行星中最难分辨的一颗。由于水星运行迅速并现身短暂，古希腊人（按照以前的文化习惯）用众神信使、盗窃者的守护神赫尔墨斯（Hermes）之名命名。相应的，在罗马神话中将其命名为墨丘利（Mercurius）。到 17 世纪人类发明望远镜的初期，对水星的所有了解，仅仅是其再一次出现在天空中某个给定位置所需要的时间：会合周期 115 天。尽管在 1609 年伽利略就已经观测到金星相位变化，并证明了哥白尼的日心假说，但水星仍然是观测的难点，一方面原因是其行星圆面较小，更主要的原因还是由于当时望远镜的光学性能较差。直到 30 年后乔瓦尼·巴蒂斯塔·朱平（Giovanni Battista Zupi）用更强大的望远镜才观测到了水星相位。经过数代天文学家对几乎毫无特征而言的行星圆面进行日积月累的绘制，人们认定水星长期存在着多云的大气。

水星是太阳系的内行星，相对地球而言距离太阳更近。当水星处于"下合"相位时，在地面观测者看来，水星可以穿过太阳圆面。然而，由于水星的公转轨道面相对于地球绕行太阳的黄道面具有一个较小的倾角，水星通常会在太阳圆面上方或下方穿过。只有在 5 月或 11 月合日时，才会发生所谓的水星凌日现象。1631 年 11 月 7 日，法国人皮埃尔·伽桑迪（Pierre Gassendi）首次观测到了这种现象。

19 世纪后期，功能更强大的新式望远镜的出现使得天文学家们对"水星表面覆盖着云层"这一观念发起了挑战。首先，许多人声称看到了水星上的山峰、亮点和条纹；随后两位天文学者：英国的业余爱好者威廉·丹宁（William Denning）和意大利的天文专家乔瓦尼·弗吉尼奥·斯基亚帕雷利（Giovanni Virginio Schiaparelli）各自表现出对水星研究的兴趣。丹宁于 1882 年开始在黄昏时分观测水星,并注意到一旦水星出现地平线附近,位于受扰动的大气之上时,他可以看到水星上黑暗的斑纹和明亮的光点。米兰的斯基亚帕雷利(Schiaparelli)在听说了丹宁的观测时,也已经对水星观测了一年有余。斯基亚帕雷利与丹宁不同的是,他在黎明时进行观测,同样也观测到了黑暗区域和亮点,并认为其中的一部分是水星地表特征,而其他看起来变化的部分是云的图案。于是他决定测出水星的自转周期。他观测到水星上的斑纹每天看起来运动得非常缓慢,这意味着水星自转相当缓慢。基于著名的自然学家达尔文之子、物理学家乔治·达尔文(George Darwin)曾断定引力潮汐使得月球的自转与绕地球的公转同步的数学理论,斯基亚帕雷利试图将一些他已经识别出的水星特征同水星环日轨道的 88 天周期相匹配,他推测由于水星距离太阳太近,很可能发生了"潮汐锁定"。数年后,他宣布水星的自转周期确实是 88 天。尽管很难做到一致性的观测,因为一些最明显的斑纹未能识别出来,但斯基亚帕雷利认为,这些斑纹当时被云层所覆盖。显而易见,水星的一面始终受烈日灼晒,另一面则永远处于黑暗之中。事实上,由于水星轨道呈椭圆形,太阳从晨昏线附近升起一定角度后迅速落下,会形成一段黄昏期。与此同时,其他观测者对水星在不同相位时的圆面亮度进行了监测,发现其亮度变化与月球在不同光照下变化的情况相似,这些结果支持他们坚信水星不存在大气。但是,尽管斯基亚帕雷利的成果存在一定的局限,他的论断还是广为科学界接受。

在接下来的大约十年间,一流的天文学家们一直在观测水星,但是观测结果未引起足够的关注。在 1897 年,帕西瓦尔·洛厄尔(Percival Lowell)绘制了一幅由黑色十字交叉线条网络组成的地图。通过巴黎郊区的墨东天文台(Meudon Observatory)3 年间的观测,欧仁·安东尼亚第(Eugène Antoniadi)注意到水星上时常出现很明显的一些斑纹,时不时会静止几个小时,随后在一天间出现一段明显的运动。因此,他相信斯基亚帕雷利计算出的水星自转周期的准确性。在 1934 年,他发表了比斯基亚帕雷利 1889 年的成果更为详细的水星对日面的图表,虽然其中大部分的斑纹是相同的。安东尼亚第是一位希腊天文学家,他在这张图上分别用希腊和埃及传说中与赫尔墨斯相关的名字做注解。安东尼亚第认为曾将月球和火星的深色区域命名为"海"其实毫无逻辑,他采用了"沙漠[Solitudo(desert)]"一词,更为精准。他将一片灰色的土地以神话中所有科学(包括天文学)的发明者 Solitudo Hermae Trismegisti① 之名命名,并将发白的点取名为利古里亚(Liguria),以此纪念出生在古罗马利古里亚区萨维利亚诺(Savigliano)的斯基亚帕雷利。和斯基亚帕雷利一样,安东尼亚第猜测一些明显斑纹有时会消失的原因是受到云层的遮挡,但是对如此接近太阳的行星会形成什么类型的云却表示疑惑不解。继安东尼亚第观测的成果之后,美国的天文学家不久就发表了水星表面温度在不同相位角的条件下的测量结果,结果显示其特性与月球类似。

20 世纪 30 年代,天文学家在法国南部的图杜迷笛山峰(Pic du Midi)高处开始对水星进行观测,取得了重要的进展。在接下来的几十年间,绘制了详细精致的水星图画,并拍

---

① 意为最伟大的赫尔默斯沙漠(desert of Thrice-greatese Hermes)。——译者注

摄了首批比较好的照片。20 世纪 60 年代，人们确定了水星的真实自转周期后，才将这些图片编制成肉眼可见标示有反照率特征的天体图。到那时，关于水星是潮汐锁定的事实已毋庸置疑。同时，从 20 世纪 30 年代开始，人们在墨东天文台和图杜迷笛山峰，在白天对水星表面反射的日光进行偏振观测，发现水星偏振与月球极为类似。实际上，在 1950 年，墨东天文台和图杜迷笛的天文学家们预测水星表面也一定呈多坑状结构。偏振测定的结果显示水星表面压力不会超出地球海平面压力的 10^{-5}。

直到 20 世纪 50 年代，类似水星直径这样的基础数据仍具有很大的不确定性，这就意味着无法获取容积密度，从而不能对其内部结构进行假设。对此，1960 年 11 月 7 日的水星凌日成为一件极为重要的事件，在这个过程中，人们通过多种技术——包括对太阳部分遮挡区域和未遮挡区域的光通量进行比较——使得水星直径测量的精度优于 1%。由于水星质量已经通过其对爱神小行星轨道产生的扰动而测定，至此得以确定水星的密度。然而，计算得到的水星密度非常高，意味着水星存在金属内核，这与同时代的太阳系形成理论是相悖的。

1958 年绘制的距离水星 9 500 km 的观测图，图中可见火星沙漠（Solitudo Martis），木星沙漠（Solitudo Jovis），吕卡翁沙漠（Solitudo Lycaonis），在晨昏线处可以看到山峰和撞击坑。事实上，即使在太空时代之前，人们也普遍相信水星存在撞击坑，表面与月球相似。〔意大利天文学爱好者吉多·罗明坚（Guido Ruggieri）绘制，经作者同意后重印〕

1.2　金星：沼泽还是绿洲

　　金星作为下一个邻近太阳的行星，对人类古代文明有着极为重要的意义。地中海沿岸和新月沃土文化(中东阿拉伯世界)将金星的明亮与美丽赋予了爱和爱之女神的象征：古巴比伦伊斯塔(Ishtar)女神、古希腊阿芙罗狄蒂(Aphrodite)女神以及罗马神话的维纳斯(Venus)女神。相比之下，由于注意到 8 个地球年精确地等于金星 584 天会合周期的 5 倍，中美洲的玛雅人将会合周期作为他们最重要的时间单位。金星是伽利略最早的几个天文观测目标之一。尽管伽利略望远镜的性能只能观测到金星环绕太阳时发生的相位变化，但这一项发现却因足以证明哥白尼的日心说而意义非凡。与此同时，约翰尼斯·开普勒(Johannes Kepler)意识到了金星较地球距离太阳更近，因此可以在金星穿越太阳圆面时对其进行观测。实际上，金星凌日要比水星凌日更为罕见，在一个世纪内只会出现一对时隔 8 年的凌日。开普勒计算出在 1631 年预计会有一次凌日，然而此时若在欧洲进行观测，太阳处于地平线以下，而当时大多数天文学者都在欧洲，因此是无法观测的。英国天文业余爱好者杰里梅·霍洛克斯(Jeremiah Horrocks)随后重复了开普勒的计算，得出金星第二次凌日会出现在 1639 年 12 月 4 日的白天，于是他和他的一位朋友成为了一个世纪以来仅有的两个观测到金星穿越太阳圆面的幸运儿。最近的一次对于欧洲观测者时间极佳的金星凌日发生在 2004 年 6 月 8 日和 2012 年 6 月 6 日，第二次成对出现的金星凌日的时间对于欧洲观测不利。

　　1643 年乔凡尼·里乔利(Giovanni Riccioli)成为第一个观察到"金星灰光"的天文学者，"金星灰光"虽不常见，但关于它的记录却很详尽。当金星出现在蛾眉相位[①]时，不受太阳光照的暗区有时隐约可见，这就是所谓的"金星灰光"。一个半世纪之前，雷奥那多·达·芬奇(Leonardo da Vinci)对蛾眉月相，即"旧月在新月臂弯中"现象的原因做出了解释，认为其成因是"整个地球"反射的太阳光照亮了月面暗区。起初人们怀疑地球的反光情况会同样发生在金星上，然而计算结果表明并非如此。几个世纪以来，人们提出各种理论来解释暗区半球的光线变化情况，其光线范围从最弱如海洋微生物发出的光亮到最强如节日烟火表演的光亮。现在被认为是与极光或气体辉光相类似的一种电气现象。尽管金星圆面的张角比水星大得多，但前者平凡无奇的特质又让人大失所望。17 世纪到 18 世纪，天文学者们努力寻找金星表面特征，只为了测量到金星的自转周期，但却得出了"金星自转周期为 24 小时"这一错误的结论。与此同时，埃德蒙·哈雷(Edmund Halley)发现，倘若可以通过两个距离很远的测站精确测量金星一次凌日穿过太阳圆面的时间，就可以由三角测量方法得到地球和金星之间的距离，进而根据开普勒轨道运动定律计算出太阳到地球的距离——即众所周知的天文单位 AU(Astronomical Unit)。由于预测到 1761 年和 1769 年会出现金星凌日，于是欧洲各国政府纷纷派出科学探测队伍。事实上，这也是 18 世纪"太空竞赛"的

---

　　①　蛾眉相位指金星的形状如同眉毛，类似月亮在月初或月底的形状。——译者注

一种形式。其间，英国天文学者远赴印度，法国天文学者更是远到西伯利亚。然而这些远征探险最为著名的是 1769 年詹姆斯·库克（James Cook）到了大溪地（Tahiti）。虽然全世界有 80 个观测站在同步观测 1769 年的金星凌日，完成了 150 次计时，但计算精度却受到了当时望远镜成像质量的限制。尽管如此，1761 年俄国天文学家米哈伊尔·V·罗蒙诺索夫（Mikhail V. Lomonosov）首次对金星的自然特性做出具有重大意义的发现：通过观测太阳映衬下的金星黑色圆面边缘，他意识到金星被"类似地球大气（甚至比地球大气更多）"的大气层环绕。不幸的是，这项发现一直被认为是约翰·施勒特尔（Johann Schröter）的成果。约翰是 1790 年最早的几个注意到以下现象的发现者之一：当金星圆面精确地处于一半被照亮，另一半处于黑暗中的相位时（即弦月），金星在夜晚天空中，弦月出现得比预计的略早，而在白昼天空中，弦月比预计出现的略晚，对此他推断金星一定存在着浓密且厚厚的大气层。然而，施勒特尔似乎已经成为了第一个探测到微弱斑纹并将其准确地解释为源于大气的天文学者。事实上，当他发现晨昏线的夜晚一侧有亮点时，与月球上类似的现象进行了类比，他认为这是由于金星表面的山峰受太阳光照射而产生的现象。

在望远镜时代的早期，确实有关于金星卫星的相关报告，尽管现在听起来很奇怪，这个卫星甚至被命名为尼斯（Neith）。1645 年，弗朗西斯科·丰塔纳（Francesco Fontana）首次观测到了尼斯，然而直到 1686 年乔凡尼·多美尼科·卡西尼（Giovanni Domenico Cassini）声称他看到了金星附近与金星相位相似的天体，这时人们才开始寻找这颗卫星。持续观测了一个多世纪后，直到发明了更高级的望远镜，人们才停止了如火如荼的寻找。这也就意味着之前观测的成果不过是当时笨拙望远镜所产生的某种假像——甚至一些望远镜的镜头直径仅几厘米而焦距却有几十米。

19 世纪，人们一致认为地球、金星和火星的自转周期都约为 24 小时，直到 1877 年斯基亚帕雷利（Schiaparelli）在金星尖顶附近观测到了两个模糊的亮点，这两个亮点并非日复一日地在移动。因此他认为金星绕太阳公转和自转的周期同样为 225 天。尽管有反对意见指出这种同步转动现象会使得永久黑暗面的大气受冷凝结成为冰盖，并有其他研究表明金星的自转周期存在多种可能，斯基亚帕雷利仍然坚持金星和水星类似，都为潮汐锁定，而这个假想一直延续到太空时代的萌芽期。在 1896 年，帕西瓦尔·洛厄尔（Percival Lowell）观测到，在金星赤道附近的一点辐射出类似车轮状的大量斑纹，而且这个图案日复一日都保持在金星圆面的同一位置。其他的天文学者由于无法看到这一现象，认为这不过是错觉。当洛厄尔的助手也表示出了对这个发现的质疑时，洛厄尔的精神崩溃了，使得这位天文爱好者在其一生中第一次也是唯一一次发表了撤回言论的声明。尽管如此，他仍然要求制造一台光谱仪测量金星大气的多普勒频移情况，以佐证金星大气确实是固定不动的，但这项要求一直没有结果。洛厄尔发现的辐条之谜直到近期才被揭开：为了在观察明亮天体时降低色差的影响，他将望远镜光圈缩小至很小，因此他极有可能观测到了自己眼球的血管被放大了若干倍后的现象，而血管与车轮辐条的形状也极为类似。回顾过去，克罗地亚的利奥·布伦纳（Leo Brenner）也分别在 1897 年和 1898 年间做出重要发现。虽然他错误地推断出金星自转周期略低于 24 小时，并精确到 10^{-5} s 的精度，但他的绘图记录了我们现在所知的 C 形和 Y 形的大气形态，然而同时代的人却认为他是个不可信的观测者。[实际上，他发布结果时用的是假名，他真实的名字为斯皮瑞恩·格佩维德(Spiridon Gopcevic)]。在 20 世纪初期，各种各样的可视化研究表明金星的自转周期的范围是 2.8 ~ 8 天，但 1927 年弗兰克·罗斯(Frank Ross)在威尔逊山天文台(Mount Wilson Observatory)对摄影技术进行了改进，分别拍摄了可见光谱之外的红外和紫外波长的金星照片。金星的红外照片与肉眼所见并无差异，但紫外结果显示金星表面出现了条纹和同赤道平行的带状结构，很显然是由于云层含有未知的能够吸收紫外线的成分。20 世纪 50 年代美国的 G·P·柯伊伯(G. P. Kuiper)、R·S·理查森(R. S. Richardson)和苏联的 N·A·科济列夫(N. A. Kozyrev)也进行了类似的观测。理查森推断金星自转方向与公转方向相反，是一种逆行的方式。

与此同时，科学家们，如获得 1903 年诺贝尔化学奖的斯凡特·阿伦尼斯(Svante Arrhenius)等，将金星描绘成一个沼泽遍布、富含生命、一定程度上与 3 亿年前石炭纪的地球相似的星球。由于地球上的云仅含有水蒸气，阿伦尼斯断定被云层包围的金星也一定是"湿淋淋"的。1929 年伯纳德·利奥(Bernard Lyot)进行了一项偏振研究，并断定由于大量密集的微小液滴反射了太阳光，因此金星云层必然是明亮的。但是并没有光谱观测的证据证明金星大气含有水分，同样也不能证明存在碳、氢、氧元素混合受太阳紫外线辐射而形成的由他们组成的甲醛。然而，1932 年 W·S·亚当斯(W. S. Adams)和 T·邓纳姆(T. Dunham)获取了一幅包含他们无法识别的红外吸收特征的光谱图，但随后发现是二氧化碳的原因。由于二氧化碳不能形成云滴，进而无法形成均匀分布的云层，于是人们开始转变对金星的认识：金星是贫瘠的荒漠，金星大气一定富含着尘埃颗粒。然而，到了 1955 年，金星理论建立的丰收年，弗雷德·霍伊尔(Fred Hoyle)推断二氧化碳是由烃类物质受辐射分解而成，因而金星一定到处都是石油的海洋！同年，F·L·惠普尔(F. L. Whipple)和 D·H·门泽尔(D. H. Menzel)同时认可了证实云层由水珠组成的偏振测定和证实大气富含二氧化碳的光谱分析结果，他们提出金星表面一定存在着极为活跃的水循环，即水吸收了二氧化碳变成碳酸后，腐蚀了地表，使金星具有富含碳酸水的海洋。实际上，20 世纪 50 年代末期，美国和法国的天文学家最终发现了水成分的光谱证据，但是总量极其微小。法国人则采用了极不寻常的冒险方式获取了观测结果。奥杜安·多尔菲斯(Audouin Dollfus)乘坐氢气球，在加压吊舱中升至 14 000 m 高空，在地球大气层水蒸气含量最多的高度以上对金星光谱进行测量。与此同时，科济列夫(Kozyrev)宣布在金星背光面出现了极光，声称发现了氮分子和电离氮的辐射，但这一发现由于不可复证而饱受争议。

1956 年在地球 – 金星下合相位时首次测量了金星的微波辐射亮度，获得了出乎意料的结果。根据一定的假设条件，可以得到金星的表面温度。最初波长的观测结果表明，金星明亮如"黑体"，其温度可达 330℃。对高温的存在有两种解释：金星电离层的电子效应(结果证明确实存在电离层)或金星地表温度非常高(在这种假设条件下，金星将不会存在任何形式的海洋)。其他波长测量的温度较低，这难以用电离层效应进行解释，但是可以解释为云层对这些波长是不透明的。红外数据表明，云顶温度低于 0℃，并且在向光面和背光面几乎一致，这反过来对自转公转同步的假想提出了置疑。1959 年 7 月，全世界的天文学家都观测到了极其罕见的金星经过明亮恒星前方（掩星）的现象，狮子座的 α 星（轩辕十四，Regulus）在此情况下变弱的星光使人们获取了可靠的数据；特别是根据金星大气的不透明情况可能会推算出大气密度、温度和压力的分布曲线。

太空时代来临之初，地面所取得的最后一个发现成果是获得了金星大气真实的自转周期，但在当时却鲜为人知。1957 年法国天文业余爱好者查尔斯·波伊尔（Charles Boyer）在刚果的布拉柴维尔开始拍摄金星紫外光谱以辅助亨利·卡米奇（Henri Camichel）（比利牛斯山山脉的图杜迷笛天文台天文学家）的研究。仔细审查了这些照片后，波伊尔注意到一些大气斑点看似每 4 天重复一次。三年后，波伊尔和卡米奇最初在法国一个大众的天文学杂志上发表了这一现象，之后在更为官方的刊物上发表。但是他们将研究结果向美国一家行星研究的期刊提交时却遭到了拒绝。看来苏联和美国早期的参与行星任务的科学家和工程师对这项研究都没有重视。20 世纪 60 年代，波伊尔发现的包括 Y 形图案在内的其他标记后来陆续被航天器所"发现"。

1.3　火星：生命和"水道"

因火星鲜红的色彩和间或出现的光亮，古代地中海沿岸的文化将其比拟为嗜血的战神：古希腊神话的阿瑞斯（Ares）和古罗马神话的马尔斯（Mars）。在欧洲文艺复兴的科学革命过程中，火星也扮演了极为重要的角色。第谷·布雷赫（Tycho Brahe）使用一台精确的象限仪和肉眼观测就编制出了火星位置的记录。尽管哥白尼富有洞察力，但他始终坚定地认为行星呈圆形轨迹运行，而在布雷赫去世之后，他的助手约翰尼斯·开普勒（Johannes Kepler）对火星位置数据进行了分析并认识到火星实际运行的轨迹是椭圆形。开普勒的轨道运行三大定律随后也由艾萨克·牛顿（Isaac Newton）提供了强有力的数学支撑。伽利略在 1610 年，丰塔纳（Fontana）在 1636 年均首次使用望远镜观测了火星，但是条件最好的情况下也仅仅观测到了受到光照的相位，而火星在地球轨道外侧，其受到光照的区域不少于 85%。1644 年，那不勒斯（Neapolitan）耶稣会教父巴尔托利尼（Bartoli），罗马大学的里乔利（Riccioli）及其助手弗朗西斯科·格里马尔迪（Francesco Grimaldi）等人有可能是首批识别出火星表面地貌的人；但是直到 1655 年 11 月，克里斯蒂安·惠更斯（Christiaan Huygens）才绘制出了第一幅可靠的草图，描绘出后来被命名为大瑟提斯（Syrtis Major）的暗三角区域。惠更斯也由此确定火星自转周期略大于 24 小时，十年后，卡西尼的测量结果肯定了这个结论。卡西尼曾观测到火星在恒星前方穿越时，恒星在发生实际遮挡之前光线就开始变暗，由此他断定火星具有延伸的大气层。尽管后来的观测者使用了更好的望远镜但都无法捕捉到光线的这种暗淡。但在各种大小、多种颜色的云层被发现后，火星存在大气这一事实已毋庸置疑。在 1672 年，惠更斯似乎第一个注意到了火星存在明亮的南极冰冠。卡西尼随后注意到两极均有冰冠。在 1719 年贾科莫·马拉尔第（Giacomo Maraldi）注意到两极冰冠的大小发生了变化。此后，火星或多或少被忽视了，这种情况一直持续到 1783 年，在这一年，威廉·赫歇尔（William Herschel）对火星进行了详细的研究，特别注意了冰冠随季节变化的情况。他观察到南极冰冠在冬季比北极的面积更大,并且冰冠中心并非在地理极点,从而确定了火星自转轴相对火星轨道平面的倾角。

1830 年前后,望远镜制作工艺的进步极大程度地促进了"火星学"时代的发展。第一张火星地图似乎是由两个德国天文业余爱好者威廉·比尔(William Beer)和 J·H·梅德勒(J. H. Mädler)在 1840 年绘制并发表的。此外,他们选用了一个小圆点标识火星的经度起点(可以说是"火星的格林尼治")。他们准确地推断出:由于火星轨道偏心率较大,北部春天比南部春天更冷且持续时间更长;威廉·拉特·道斯(William Rutter Dawes)绘制了1862 年和 1864 年火星冲日的情况;理查德·安东尼·普洛克特(Richard Anthony Proctor)将这些成果编制成地图,于 1867 年出版,成为十年间的标准参考。威廉·比尔和 J·H·梅德勒还在图上以相应的神话传说进行了注解,但普洛克特决定以之前观测过火星的天文学家的名字对特征地貌进行命名,他还制定了一套命名规则:例如"洲""洋""海""湾""峡"等。19 世纪 70 年代,人们几乎认为火星与地球极为相似:火星白昼比地球略长;火星存在大量的大气;火星与地球季节相似,但火星公转轨道较大,每个季节持续时间约为地球的两倍;火星极区冰冠也很有可能由水冰组成;并且除陆地外,还可能存在开阔的水域。根据上述发现,人们自然得出结论:火星必然存在某种生命形式。

在"太空时代"之前,最为激动人心的火星观测是 1877 年的火星近日点"大冲"。亚萨·霍尔(Asaph Hall)在美国海军天文台(US Naval Observatory)通过搜寻找到了火星的两颗小卫星:8 月 10 日发现了第一颗,接下来的一周发现了更紧密环绕火星的第二颗卫星。他分别命名为"火卫二"(Deimos)和"火卫一"(Phobos),即荷马和赫西奥德提及的战神阿瑞斯的两个儿子,即恐惧与恐慌之神。斯基亚帕雷利将注意力转向火星后,发现他的观测结果和现有的地图无法匹配,因此他决定绘制自己的火星地图。与前人不同,前人仅是简单描绘火星的地表特性,他决定用安装了千分尺可以测量两个恒星角距的望远镜,精确测量特征地形的经度和纬度。最终,他的地图不仅仅比先前的更精确,包含了更多的细节,并且确立了一种不同的地图绘制方式。斯基亚帕雷利参照古典文学和圣经制定了自己的命名规则,许多由他确立的名字一直沿用至今。在他进行观测的 9 月和 10 月间,具有极佳的观测"视宁度"①,他在明亮区域发现了细直线,参考安吉洛·西奇(Angelo Secchi)数十年前绘制的火星地图中提出的术语,将其称为"水道"。同时,他也首次观测了可以载入史册的火星沙尘暴:这场沙尘暴一直持续至 1878 年年初。值得一提的是,同时进行观测的纳撒尼尔·E·格林(Nathaniel E. Green),即便在环境条件更为优越、天空更为宁静的大西洋马德拉岛也未发现这些细线。全世界的天文学家们努力尝试发现火星水道,成功者仅寥寥数人。尽管赞同火星水道的外观、尺寸或地理位置的人不超过两个,但火星水道的存在已成为人们所广泛接受的事实。与此同时,斯基亚帕雷利发布了越来越多的令人吃惊的火星外貌,包括一些黑暗区域在每次冲日时看起来都会发生变化,他认为是由于海洋侵蚀了某些地区的干旱陆地后,撤到了别处。然而,不久后他便意识到倘若火星存在水体,将会发生镜面反

---

① 视宁度指望远镜显示图像的清晰度,主要取决于大气湍流活动的程度。——译者注

射，将阳光反射到地球上，但这种光线闪烁的情况却从未观测到。斯基亚帕雷利认为火星水道是天然形成的，而"Canili"这个词原意是水道，却通常被误翻译成人工建造的"运河"，1892 年法国天文学家卡米耶·弗拉马利翁（Camille Flammarion）和一些支持其他世界也存在生命的观点的学者在《火星及其居住环境条件》（Mars and its Conditions of Habitability）一文中进行了推测，认为火星水道很有可能是某些高级文明建造的全球灌溉系统。

1892 年，威廉·亨利·皮克林（William Henry Pickering）借火星近日点冲日之机在秘鲁安第斯山脉观测了火星，惊喜地发现在一片黑暗区域中出现了模糊的深色线条。这就意味着黑暗区域不可能是海洋。在 1860 年伊曼纽尔·利亚斯（Emmanuel Liais）曾提出水体无法解释已观察到的季节性变暗的现象，并主张那是枯竭的海洋床体，由于极区冰冠退却使水蒸气进入大气而导致海洋床体植被繁茂。根据利亚斯的假设，皮克林提出的火星水道应该是以荒芜沙漠地表裂缝中泄露出的火山气体为给养的植被生长带。皮克林接受了帕西瓦尔·洛厄尔的邀请，观测 1894 年的冲日情况。第二年，洛厄尔在自己所著的《火星》（Mars）一书中，表示接受了黑暗区域是植被的观点，但也给出了火星水道是灌溉系统的结论——在他看来，已经无法给出更为合理的解释了。斯基亚帕雷利尽管一开始就有所质疑，也最终屈从于洛厄尔的观点，在一些私人信件中，也写到灌溉系统可能是如何被建造和使用的流行说法——甚至讨论到政治层面需要"军事力量"来保障宝贵资源的公平分配的程度，他写道，"火星，也一定是社会主义者（和水利工程师）的天堂"。关于火星水道的本质和是否存在火星文明的争论持续到 19 世纪末和 20 世纪的前十年，洛厄尔出版了一系列著作。尽管洛厄尔的著作在当时广受称赞，但由于他的报告表示在水星和金星上同样发现了明显的细线网络，使得他作为一名使用望远镜的观测者在业界中的信誉在下降。美国的 E·E·巴纳德（E. E. Barnard）和 C·A·扬（C. A. Young），英国的 E·W·蒙德（E. W. Maunder），意大利的文森佐·瑟鲁里（Vincenzo Cerulli）都声称可以将看到水道的原因归结为：在可见性的边界，较低的视宁度下，人眼和大脑易将过多的细节看做是直线。而火星水道的热衷者和洛厄尔的信众对此仍不信服。

就在这一时期，火星人初次出现在大众文化中。1896 年，赫伯特·乔治·威尔斯（Herbert George Wells）受到了洛厄尔第一本书的启发，写下了小说《世界大战》（The War of the Worlds）。1911 年，埃德加·赖斯·伯勒斯（Edgar Rice Burroughs）发表了他火星系列通俗小说中的第一本。阿列克谢·托尔斯泰（Alexei Tolstoy）于 1923 年出版的《火星王后》（Aelita）对苏联的太空和火星计划产生了重要影响。这部巨著及由导演亚科夫·普罗塔扎诺夫（Iakov Protazanov）据此而改编的令人惊叹的无声电影也仅仅是苏联为这颗红色星球所痴迷的部分表现，也正是斯基亚帕雷利所谓的"社会主义天堂"。苏联火箭先驱弗里德里希·赞德尔（Fridrikh Tsander）甚至将"到火星上！"作为自己的座右铭。

1867 年，威廉·惠更斯和 P·J·C 詹森（P. J. C. Janssen）分别宣布用分光镜探测到了火星大气的"水蒸气"。1872 年 H·C·沃格尔（H. C. Vogel）和 1875 年 E·W·蒙德（E. W. Maunder）也声称发现了水蒸气，但他们使用的视觉观测方法并不严谨。1894 年，W·W·坎贝尔（W. W. Campbell）发现没有证据表明存在水蒸气。而到了 1895 年，沃格尔获得的成像光谱使其坚信火星上有水蒸气。1908 年，V·M·斯里弗(V. M. Slipher)通过近红外光敏感的胶片获取了火星光谱图，声称存在水蒸气吸收光谱的现象。1909 年，在近日点冲日时，坎贝尔十分确信地证明火星大气是干燥的。在太空时代开始前，他获取的光谱成为了对这一问题争论的尾声。同年，安东尼亚第(Antoniadi)作为火星的长期观测者和少数观测到火星水道的专业天文学家之一，受邀使用巴黎迷笛天文台 83 cm 直径名为"大眼镜"(Grand Lunette)的折射望远镜。9 月 20 日，一个天空异常清澈的夜晚，他惊讶地发现之前看到的连续线条实际上是由大量的点、深色的条纹、光斑、带状纹路和半色调网点组成——和巴纳德、扬、蒙德以及瑟鲁里看到的情况一样。然而，对于大多数天文学家而言，1909 年终结了枯竭的星球上存在为生存而挣扎的古文明的"洛厄尔观念"，对火星上那片黑暗区域是植被的观念也随着太空时代的到来而被颠覆。然而，NASA 在规划其首次火星任务时采用了 E·C·斯里弗(E. C. Slipher)编制的地图，这张地图描绘了大量的火星水道。

1909 年火星冲日后，火星研究的重心从绘制火星地图逐步转移到了估算火星表面气压、温度，获取详细的光谱和识别极区冰冠的成分等内容。依据火星表面水一定呈稳定的液态这一假设进行倒推，洛厄尔推断，如他所说，火星表面的温度和夏季的英国类似。1924 年，爱迪生·佩蒂特(Edison Pettit)和 S·B·尼科尔森(S. B. Nicholson)首次使用热电偶测量法测量了火星温度，发现火星整体温度在 −30℃ 左右。人们认为，火星黑暗区域温度比这一结果高 20℃，是由于黑暗区域表面覆盖了植被导致的。如果洛厄尔估算的火星表面气压为 87 hPa 准确无误的话，那么极区冰冠必然是水冰。1947 年，柯伊伯使用了一台新式的军用硫化铅红外探测器，探测到了二氧化碳，得到了首个证实火星大气存在某一特定气体的光谱学证据。在地球大气中，二氧化碳由于被大气中的水带走并储存于碳酸盐岩中，含量较少，而人们同理认为火星大气的二氧化碳含量较少也是合理的。随着多项技术的进步，火星表面大气压力估计值的范围从数千百帕缩小到了一百百帕。根据地球大气的组成情况进一步类推，火星大气主要成分被认为是氮气，但这难以从地球表面通过光谱测量进行验证，主要由于其吸收谱线处于紫外谱段，而地球大气在这一光谱区域是不透明的。尽管没有从光谱中发现黑暗区域中叶绿素的近红外反射光线，A·P·库蒂雷瓦(A. P. Kutyreva)却提出这是由于火星吸收阳光较少，因此植被吸收的能量可能覆盖更宽的光谱范围，Y·L·克林诺(Y. L. Krynov)发现一些地球植物确实吸收近红外光。1954 年生物学家休伯图斯·斯特拉格霍尔德(Hubertus Strughold)提出异议，认为火星植被是一种同藻类共生的地衣类真菌，真菌为藻类生长提供独立的环境，并依靠藻类光合作用废弃物为生——二者共同在独立个体无法生存的环境中共存。加夫里尔·A·蒂可霍(Gavril A. Tikhov)提出假设：火星表面大气压为 80 ~ 120 hPa，主要成分为氮气，含有较少的二氧化碳，其自然环境有些类似西伯利亚冻土带——冰冷脏乱，却仍然充满生机。加夫里尔·A·蒂可霍作为阿拉木图天文台(Alma Ata Observatory)的负责人，影响了苏联首次航天任务设计和有效载荷的选择。1957 年，美国天文学家威廉·M·辛顿(William M. Sinton)检测到火星大气吸收近红外光谱的特征，并推断是由有机分子的碳—氢合成所导致的。"辛顿谱段"也似乎证实了火星表面存在植被。令人遗憾的是，1965 年乔治·皮门特尔(George Pimentel)证实了辛顿光谱中这些特征竟然是由地球大气中富含"氢"的水蒸气造成的。

随着设备不断改进，人们重新开始寻找水蒸气。在 1954 年火星近日点冲日时，法国释放的高空气球携带了一台望远镜，企图飞越到地球大气中大部分水蒸气之上进行观测，却以失败告终。然而，1963 年奥杜安·多尔菲斯（Audouin Dollfus）在瑞士阿尔卑斯山上试图利用一台分光镜，通过地球和火星的相对运动产生的多普勒效应来区分火星和地球的大气光谱特征。几乎与此同时，海伦·斯平拉（Hyron Spinrad）在威尔逊山也通过新的红外感光胶片获取了光谱。同年他们的观测结果由美国的研究团队通过在平流层气球上架设望远镜得到了确认。尽管水蒸气的含量极其微小，仍然可以计算得到：一般假定 87 hPa 的火星表面温度不超过 35℃，那就会有液态水的存在。1961 年，哈罗德·乌拉（Harold Urey）颠覆性假设倘若火星不存在氮，火星的生存环境将会变得极其恶劣，以至于连耐寒的苔藓都无法生存。1964 年斯平拉完成了对其分光镜观测结果的分析，估计二氧化碳的分压力约为 4.2 hPa，表面大气压上限为 25 hPa，由此说明火星环境确实极为恶劣。

从火卫二的视角观测到的火星，暗区分别是塞壬海（Mare Sirenum）和倾梅里乌姆海（Mare Cimmerium）（1965 年水手 4 号刚巧拍摄了这个区域），图下方的黑点是特里威乌姆·卡龙帝斯（Trivium Charontis）。火星"水道"的三个支流阿佛纳斯（Avernus）、勒尸多列庚（Laestrygon）和安泰（Antaeus）也依稀可见。（艺术家吉多·罗明坚绘制）

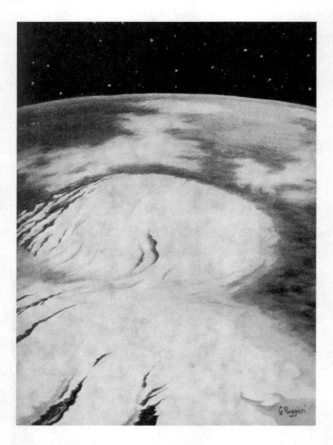

火星的南极冰冠。需要注意的是，这张图同空间探测器观测到的图像非常类似（艺术家
吉多·罗明坚绘制）

自 20 世纪 50 年代末开始，多尔菲斯(Dollfus)也同样对火星圆面进行了偏振测量，并
以此推断火星土壤是类似于富含氧化铁的粉末状岩石，因此证实火星是贫瘠的荒漠。偏振
测量数据也显示极区冰冠主要由某一类冰组成，偶尔观测到的白色云层主要由冰晶组成，
类似地球的卷云。火星的火山是活跃的这一观念也一直存在于 20 世纪 50 年代。1954 年如
得克萨斯州一般大小的一块区域迅速地变暗，美国人 D·B·麦克劳林(D. B. McLaughlin)
认为黑暗区域被厚厚的火山灰覆盖。听到了这个消息后，日本人佐伯恒雄(Tsuneo Saheki)
声称 1951 年在晨昏线看到了不寻常的明亮"火光"，这很有可能是一次火山喷发。在随后
的火星冲日时，大量的观测者声称看到不规则的火光，而这些在现在看来实际上是由于低
洼地区的云层、霾和雾气对阳光的反射结果。

1965 年 3 月 9 日，在人类发明望远镜后，火星第 167 次冲日出现，这对于望远镜观测
研究而言并没有什么特殊意义，然而在 4 个月后，这个星球即将迎来人类机器使者的首次
拜访。

1.4　木星：氢气球

　　木星是现代天文学首批观测成果之一，同时也很可能是科学史上最为重要的观测。1610 年 1 月 7 日，伽利略用其简陋的望远镜捕获到了这颗星球，除了看到当时的木星圆面之外，他还在木星附近看到了四个明亮的星状亮点，似乎相互间的位置关系还在不同的夜晚发生着变换。他立刻意识到，这是从侧向看到的环绕木星的四颗卫星。这一发现的革命性意义在于证明了哥白尼关于地球并非天体运动中心的学说。伽利略最初以他的保护人托斯卡纳大公科西莫·德·美第奇（Cosimo de Medici）的名字命名这些卫星为"美第奇（Medicean）星"，开普勒后来将其更名为大众所熟知的"伽利略卫星"，这个名字也一直沿用至今。1614 年德国天文学家西蒙·梅耶（Simon Meyer），大家所熟知的名字是西蒙·麦瑞斯（Simon Marius），很有可能在伽利略之前就发现了木星系，受到神话中朱庇特（Jupiter）和其四个情人的启发，他将木星卫星按照离木星由近及远的顺序依次命名为：木卫一伊娥（Io），木卫二欧罗巴（Europa），木卫三伽倪墨得斯（Ganymedes）和木卫四卡利斯托（Callisto）。尽管不如对于木星卫星的发现那么闻名，伽利略还注意到木星圆面在极点略微扁平。木星的光斑非常引人注目，早在 17 世纪上半叶用望远镜就能够观测到。深色的赤道带在 1630 年被发现，1664 年罗伯特·虎克（Robert Hooke）和 G·D·卡西尼（G. D. Cassini）分别注意到在南部距离赤道约 1/3 半径的位置出现的黑点，足有木星直径的 1/10 大小。这个被命名为"大红斑"的黑点经常消失再出现——例如，在 18 世纪下半叶就无法看到。通过对大气特征的追踪，卡西尼测定了木星的自转周期小于 10 小时，这种高速自转是木星圆面在极点位置扁平的原因。卡西尼也是第一个注意到赤道附近的斑点比远离赤道的斑点移动更快这一现象的天文学家。由于自转轴相对于轨道平面倾斜 10°，这意味着环绕太阳运动的 12 年公转周期内罕有季节变换。根据其卫星的轨道周期可以计算出木星质量，结果是地球的 300 倍；事实上，人们后来认识到木星不仅仅是太阳系质量最大的行星，而且质量要比其他所有行星质量总和还大。木星体积测量的结果给出了这个大块头的密度，实际上比水的密度重 35%，由此进一步证实木星大气层很厚，并且主要由轻质气体组成。这颗行星其实是一个"气态巨行星"。

　　1675 年，木星卫星又推动了现代物理学的一项重大发现，即：光速是有限的。由于注意到木星卫星凌日、掩星、日食的时间与根据轨道运动而预测的时间存在时间差，丹麦的天文学家奥拉尤斯·罗默（Olaus Roemer）发现这种时差与地球和木星之间的相对位置、距离有关，也就是当木星距离地球较远时，由于光线传播距离更远，凌日、掩星的时间存在若干分钟的时延，而反过来也一样。罗默由此计算出非常接近于真实值的光速数值。

　　1860 年，G·P·邦德（G. P. Bond）估算出木星辐射的能量约为其接收太阳能量的两倍，因此他推断木星正处于收缩状态，从而将势能转化成了热量。他进一步得出木星内部是炙热的气体这一结论。十年后，R·A·普罗克特（R. A. Proctor）写到："木星是炙热的火团，全部都在流动，由于最初的火焰之强烈而沸腾翻滚，源源不断涌现出大量的云层，云层由于这颗巨大星球的高速旋转而聚集呈带状结构。"他认为木星是一颗"衰退"的星体。20 世纪 20 年代,哈罗德·杰弗里斯(Harold Jeffreys)证实了人们看到的木星表面温度并不是很高。他主张木星的内核应是坚如磐石的结构,由冰层和固态的二氧化碳包裹,并覆盖着大量的稀薄气体。按正常逻辑,木星大气的主要成分应该是氢、氦,但在光谱上相应的谱线对于地球大气来说不是透明的,因此这种说法无法被证实。直到 20 世纪 30 年代木星大气光谱最突出的谱线仍是未解之谜。而当时,鲁珀特·怀尔德(Rupert Wildt)发现这些光谱检测到的其实是甲烷和氨气,分别是碳和氮的氢化物,其他成分的数量稀少。从化学观点来看,大气富含氢元素意味着木星大气是"还原环境"。氢、氦元素的存在让怀尔德意识到木星很有可能存在着与太阳类似的"宇宙成分",即木星强大的引力吸附了这些轻质量的气体,否则就会像地球高层大气,足够的热搅动速度可将气体释放到太空中。怀尔德对杰弗里斯的观点进行了完善,提出木星坚硬的内核首先由一层厚厚的水冰包覆,再由大量的浓缩气体包裹。1951 年,W·R·拉姆齐(W. R. Ramsey)和 W·德马库斯(W. DeMarcus)取得了实质性的进展,他们认为木星内核并非岩石而是金属氢,再由液态氢包裹,最后覆盖着富氢气体。这样的金属内核会传导电流,继而产生磁场。然而当时这一假设无法进行实验验证。1955 年,B·F·布尔克(B. F. Burke)和 K·L·富兰克林(K. L. Franklin)发现了木星辐射的无线电波。由于他们当时并未研究木星,因此这其实是一次偶然的发现。在跟踪一个"噪声"的过程中,他们发现噪声来自这颗天体源。所有的行星都可以作为热源产生射电辐射,而大部分辐射强度低而很难被检测到。木星不仅辐射强度非常高,相应的特征还表明这是一个高能过程。苏联科学家约瑟夫·S·什克洛甫斯基(Iosif S. Shklovsky)认为这一过程是同步辐射,电子沿着高强度磁场的磁力线方向释放。根据进一步观测,木星的自转周期是 9 小时 55 分钟。这一结论是基于一种假设:在地球上,磁场与行星的自转密切相关,可以由此测量出星体内核的自转速度。值得一提的是,根据大气特征确定的自转周期与这个周期结果只相差了几分钟。

1892 年,E·E·巴纳德(E. E. Barnard)发现了第五颗卫星,将其命名为木卫五,而它的轨道比木卫一更接近木星,光强比伽利略卫星要更加微弱。尽管这是肉眼透过望远镜发现的最后一颗卫星,但 1904—1951 年间,成像探测得到了极大的拓展,发现了 7 颗新的木星卫星,而这些卫星都在位于与赤道平面呈一定倾角的远距离不规则轨道上运行,甚至有些是逆向运行,这些木星卫星的运行周期变化范围从 8 个月到将近两年不等,大部分尺寸只有几百千米大小。1975 年国际天文联合会(International Astronomical Union)承担木星卫星命名的工作,即刻决定将卫星以朱庇特(Jupiter)的情人之名命名,在神话中朱庇特有着众多的情人。国际天文联合会附带条件规定,顺行轨道的卫星需以字母"a"为结尾的单词命名,而逆行轨道的卫星必须用字母"e"结尾的单词命名。之前一些天文学家对卫星的命名则被废除,比如木卫九由"哈迪斯"(Hades)就改为了"西诺珀"(Sinope)。

当 W·H·皮克林(W. H. Pickering)1892 年在秘鲁进行观测时,发现了木卫一的圆面在圆形和椭圆形之间来回变化,意味着木卫一呈卵形结构。他尝试观测获得木卫一的自转周期,却以失败告终。对其他卫星形状变化进行研究之后,他大胆推测,认为木星卫星是

基于 1954 年对木星的观测结果，绘制的在木卫五表面观测到木星及其著名的"大红斑"景象。（艺术家吉多·罗明坚绘制）

由进入木星系内的流星尘埃或者早期行星光环系统的尘埃凝聚而成。通过进一步应用更大、更高级的望远镜仔细观测，人们发现木卫一在经过木星时显得狭长，同时在木星云层的背景下可以看到黑暗的极区和明亮的赤道；此外，观测显示其圆形是毫无偏差的，因此人们认为皮克林对木卫一的误解很有可能是由于望远镜能力所限。1925 年，保罗·古思尼克（Paul Guthnick）发布了长时间光度测定下的"光变曲线"，并由此看出伽利略卫星与月球类似，是潮汐锁定的。1849 年，W·R·道斯（W. R. Dawes）发现木卫三北极出现了一块明亮的光斑。E·E·巴纳德（E. E. Barnard）和 E·M·安东尼亚第（E. M. Antoniadi）又进行了进一步观测，1951 年，E·J·里斯（E. J. Reese）综合了所有人的最优观测结果绘制成图册；若干年后，B·F·利奥（B. F. Lyot）发表了在图杜迷笛天文台观测的四颗伽利略卫星的天体图；1961 年，奥杜安·多尔菲斯（Audouin Dollfus）发表了另一本图集。通常给人总的印象是木卫一呈微黄色且极区深暗，木卫二通体亮白且由于霜层覆盖而具有高反照率；木卫三除极区明亮外，一些区域非常暗；木卫四有些类似月球，呈现暗灰的外观。20世纪 40 年代，开普勒发现没有光谱证据能够表明木卫二存在大气，但是红外吸收谱段结果表明木卫二表面覆盖着大量的含水的雪层；木卫三的雪层则只覆盖了北极区域；而木卫一和木卫四都没有出现类似的特征。1911 年 8 月 13 日，弗里德里希·里斯特帕特(Friedrich Ristenpart)意识到木卫三将与一颗明亮的恒星发生掩星时，便对其直径进行测量，在假设伽利略卫星具有相同反照率的前提下，推测各个卫星的直径。随后实际反照率研究的结果又进一步完善了伽利略卫星的尺寸。结果表明，木卫三是整个太阳系中最大的卫星之一；实际上比水星还要大。此外，木卫一的密度与月球相近，说明木卫一的主要成分是岩石。其他伽利略卫星的密度略低，表明含有大量的冰，并且冰的含量随着相对木星距离变远而增加。

倘若观测到的木星特征仅仅是深厚大气最外层的几千米厚度，那么大红斑又是什么？早期的一种观点认为大红斑是木星高山上一片固定的云。尽管当时可以通过氨气云层的高度变化来解释大红斑的尺寸和颜色的变化，但是大红斑时有时无，并且移动速度一直在变化，使得上述观点不堪一击。大红斑显然在高层大气中并具有某种稳定的结构。有趣的是，20 世纪 30 年代，在木星的南赤道带突然出现了一些"白色椭圆"，接下来的几十年间相互碰撞，日益合并增多，至今已经形成了独立的特征，根据最新获取的色调，命名为"小红斑"(Red Junior)。

1.5　土星：土星环和土星的卫星们

伽利略在 1610 年 7 月用望远镜对土星进行观测时，吃惊地发现一个明显排列在土星各个侧面小圆盘，并且翌日形状不会发生变化。随着两年后更为先进的望远镜再度观测，发现小圆盘已经消失不见，而 1613 年再次出现，伽利略对此更加困惑。土星的"同伴"之谜直到 1655 年才得以揭示。这一年的 3 月 25 日，惠更斯在海牙用一台自制望远镜观测了土星，尽管几乎看不到土星的同伴们而令其失望，但还是发现了微弱的深色环形线条贯穿了土星赤道以北的区域。这些"同伴"在接下来的几个月彻底消失了，1656 年初这些环线也同样消失了。随后，环线又出现在赤道南部，土星同伴再次出现在人们面前。此刻，惠更斯意识到这些同伴是以土星为中心、却与土星分离的连续圆环的可见部分。他同时发现土星环倾斜于土星公转轨道面，因此从地球上观测的视线将会在每 29.5 年的公转轨道周期内 2 次经过土星环平面，在该时段将会导致星环的不可见——正如 1612 年伽利略所观测到的情况。此外，对土星观测期间，惠更斯还发现了一颗明亮的卫星，后来被命名为"土卫六"(Titan)，其绕土星的公转周期为 16 天。

卡西尼对土星、土星环及其卫星有着若干发现。1671 年他发现了第二颗卫星，即土卫八(Lapetus)，并在下一年发现了距离土星更近的土卫五(Rhea)。土卫八令人惊奇的是在其轨道一侧明显可见，在另一侧则非常模糊。他非常准确地推断出土卫八的自转一定与其公转轨道同步，并且前导半球[①]必然十分黑暗。1675 年，他在土星环上距离内侧大约 2/3 处发现了一个深色的间隙，这就是著名的"卡西尼环缝"，并将环缝外侧标记为 A 环，环

---

① 前导半球是指，对于潮汐锁定的卫星来说，与卫星运动方向相同的半球。——译者注

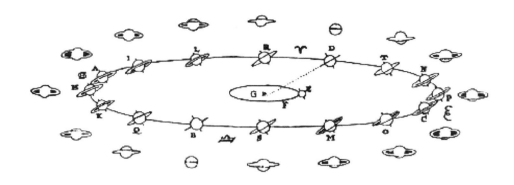

在 1659 年出版的《土星系统》(Systema Saturnium)一书中，惠更斯展示了倾斜的土星环是如何周期性地影响土星的外观变化的。当地球视线正处于环面时就无法看到土星环

缝内侧标记为 B 环。1684 年，卡西尼识别到更为暗淡的土卫三(Dione)和土卫四(Tethys)。虽然直到 18 世纪 80 年代，两个土星环都被认为是实心的圆盘，但拉普拉斯(Laplace)证实在引力潮汐的影响下，这样的结构不可能保持稳态，并提出土星环实际上由许多紧密排列的更狭窄"小圆环"组成，而圆环太小甚至超出了当时望远镜的分辨率。1855 年，詹姆斯·克拉尔·麦克斯韦尔(James Clerk Maxwell)证实这样的结构也并不稳定，在 1857 年，他指出土星环应该由数百万的更小的天体组成，沿圆轨道整齐有序运行，因此看似很稳定。J·E·基勒(J. E. Keeler)在 1895 年使用分光镜测量的结果为这项假说提供了佐证，他发现土星环自内向外的自旋速度变化规律遵守了开普勒天体运动定律。与此同时，1789 年，威廉·赫歇尔(William Herschel)在测试他新式的直径为 1.2 m 的反射望远镜时，发现土卫一(Mimos)和土卫二(Enceladus)紧贴土星环外运行。根据采用功能如此强大的望远镜在侧向视角也无法观测到土星环的现象，赫歇尔计算得出土星环厚度不超过 500 km。尽管土星大气层有渐逝特性，赫歇尔仍然通过精确测量计算得出 10.6 小时的自转周期。1848 年，英国和美国的天文学家分别发现了土卫七(Hyperior)，刚好在土卫六轨道之外运行。1837 年，J·F·恩克(J. F. Encke)发现了在 A 环外沿的一处狭窄间隙，这就是著名的恩克环缝。1850 年，W·C·邦德(W. C. Bond)和 W·R·道斯(W. R. Dawes)分别发现了在 B 环内侧很暗淡的 C 环。1871 年，丹尼尔·柯克伍德(Daniel Kirkwood)发现与土星一定距离的轨道会与刚好在土星环系统外的其他卫星的轨道产生共振，从而形成了具有统计意义上显著的"规避区域"，同时他还证明了这是产生明显环缝的原因。土星环的反照率表明，整个土星环约 80% 的成分是冰粒。

　　土星卫星的相继发现便可以计算土星的密度，结果表明土星质量比木星还要轻，本体密度约为水密度的 70%。如果能找到一片足够大的水域，就可以让土星浮在水上了！土星物理结构的研究始于 1905 年，当时 V·M·斯莱弗(V. M. Slipher)获取了第一张详细的土星大气光谱。他注意到土星光谱与木星光谱类似，但是无法辨识出最强的吸收辐带。1931 年，鲁珀特·怀尔德(Rupert Wildt)对斯莱弗的光谱进行了再分析，发现这个光谱的成因是受到了甲烷和氨的影响，随后在 1933 年西奥多·邓纳姆(Theodore Dunham)对此进行了实验证明。怀尔德同时提出土星具有岩石和金属的内核，被一层水、氨水和甲烷冰包围，然后被主要成分是氢气的稠密大气层覆盖。然而，由于土星较木星更为寒冷且引力更弱，因此怀尔德推断土星云层的位置可能比预计的更深，并且被雾霾遮盖，也由此解释了为何土星外表看起来通常很平淡。

1898 年，W·H·皮克林(W. H. Pickering)发现了土卫九(Phoebe)，这是第一次通过成像发现行星的卫星。土卫九的椭圆轨道周期为 546 天，同时与土星赤道面夹角为 30°。然而，由于土星赤道面与土星黄道面夹角为 26.75°，而土卫九的轨道几乎与黄道重合，意味着土卫九是一个被"俘获"的天体。土卫九的轨道逆行也证明了这一现象。土卫九也成为太空时代来临前被发现的最后一颗土星卫星。

也许对于 20 世纪上半叶来说，最值得一提的关于土星卫星的发现是 1908 年若泽·科马斯·索拉(José Comas Solá)观测的土卫六微小圆面的边缘变暗效应，并以此推断土卫六存在明显的大气层。直到 1944 年柯伊伯采用分光镜分析确定了气态甲烷的存在才证实了这种推测，这表明土卫六大气是化学还原环境。实际上，太阳系所有行星的卫星中只有土卫六存在明显的大气。

1.6 天王星和海王星：天外巨人

1781 年 3 月 13 日，德裔英国天文爱好者威廉·赫歇尔(William Herschel)用自制的望远镜扫过天际，发现了类似彗星或星云的青色光斑。四天后，他注意到斑点发生了移动，说明这是一颗彗星。经过进一步仔细观测，他注意到这个天体并没有彗星应有的彗发和彗尾。实际上，它也并不像彗星那般模糊，而是呈现出一个类似行星的小圆面。他向皇家天文学家内维尔·马斯基林(Nevil Maskelyne)报告了自己的发现，后者很大胆地认定这就是一颗行星。同年夏天，圣彼得堡的 A. J. 莱克塞尔(A. J. Lexell)和巴黎的 P·S·德·拉普拉斯(P. S. de Laplaee)相继进行了观测，分别独立测定出这颗行星的轨道，结果表明轨道近似圆形，其与太阳的距离约为土星与太阳距离的两倍，公转周期为 84 年。赫歇尔希望将这颗新行星以乔治三世的名字命名为乔治·塞德斯(Georgium Sidus)，却遭到了欧洲大陆同行的抵制。巴黎的 J·J·拉兰得(J. J. Lalande)建议取名"赫歇尔行星"也未获支持。柏林的 J·E·波德(J. E. Bode)提议取名天王星，因为在神话中乌拉诺斯(天王星)是农神萨图恩(土星)之父，正如农神萨图恩(土星)是朱庇特(木星)之父，朱庇特(木星)是玛尔斯(火星)之父，这一提议最终得以采纳。

1787 年，赫歇尔发现天王星有两个卫星，他怀疑除了微弱的光环外，还有其他四颗卫星，但是并不确定，不久后发现这是错误的判断。接下来约十年间，他发现这两颗卫星的公转轨道平面与天王星的黄道面夹角为 98°！1851 年英国业余天文学家威廉·拉塞尔(William Lassell)发现另外两颗卫星，由于受到莎士比亚文学作品的启发，他和赫歇尔决定将第一对卫星取名为泰坦尼亚(天卫三，Titania)和奥伯龙(天卫四，Oberon)，将第二对卫星取名为爱丽尔(天卫一，Arial)①和昂布瑞尔(天卫二，Umbriel)。1948 年柯伊伯发现了更接近天王星的第五颗卫星，并遵从命名原则取名为米兰达(天卫五，Miranda)。

　　根据卫星可以测定天王星的质量。假定天王星的自转轴垂直于行星公转平面(实际上，出于一些无法解释的原因，整个行星系是倾斜的)。G·V·斯基亚帕雷利(G. V. Schiaparelli)在看到了天王星扁圆的圆面后，证实了这一现象，并且注意到"赤道隆起带"与卫星轨道匹配。同时也偶尔出现了关于暗淡条带的报告，但是没有关键特征可以测定天王星的自转周期。由于自转轴与黄道面呈 10°夹角的天然优势，天王星有时北半球朝向太阳，有时南半球朝向太阳，从而产生了独特的季节循环。E·M·安东尼亚第(E. M. Antoniadi)在20 世纪 20 年代对处于昼夜平分点的天王星进行了研究，而此时天王星自转时受照很均匀：在这次的最佳"视凝度"条件下，他在赤道两侧各发现了一条暗淡的条带及一些更弱的条带的迹象，但没有独立的大气特征。安吉洛·西奇(Angelo Secchi)是第一个检测到天王星光谱的人，他发现了几条很宽的吸收辐带，对其成因却毫无头绪。1932 年，鲁珀特·怀尔德辨别出这是甲烷。天王星呈青色的原因是由于甲烷吸收了光谱的红端。随着太空时代的到来，天王星系仍然充满了神秘色彩。

　　当人们发现天王星是一颗行星时，天文学家们查找了前期观测的历史档案，发现天王星的位置曾被标记过 22 次之多——但由于其本质特性尚未得到辨识而情有可原，而当时赫歇尔制作的望远镜也确实很先进。实际上，天王星最早由约翰·弗拉姆斯蒂德(John Flamsteed)在 1690 年发现，这就可以根据一组完整环绕太阳过程的数据测定其轨道。然而，随着观测的继续，不久人们就注意到天王星出现在了预测的位置的前方。如果不是牛顿万有引力定律对天王星失去作用，那就是存在有干扰天王星的天体。人们最初的反应是否定这一发现，但事实就在眼前，而且尽管对轨道重新进行了计算，天王星依旧继续提前出现。有趣的是，经过了日复一日的加速运行，天王星终于在 1822 年稳定下来，并从此又开始落后，天文学家意识到天王星应该是受到了一颗不明行星的影响。理论上，牛顿定律可以根据观测结果测定出干扰天体的位置。两个年轻的数学家，英国的约翰·柯西·亚当斯(John Couch Adams)和法国的于尔班·让·约瑟夫·勒韦里耶(Urbain Jean Joseph Le Verrier)均接受了这项挑战。

　　1766 年，从数学关系式角度出发，J·D·提图斯(J. D. Titus)注意到行星的平均日心距离遵从了一个简单的数值级数——尽管在火星和木星之间出于某种原因，没有出现符合级数的行星。1772 年 J·E·博德(J. E. Bode)指出，根据数学公式在天王星以远相应的位置上很可能有一颗行星，搜索的结果(如下如述)却超出了预想。这个数值级数计算式究竟纯粹是经验结果还是和确定两颗行星轨道间距的物理定律有关还尚未可知。然而为了开展计算过程，亚当斯和勒韦里耶都决定利用数学关系以获得扰动天王星轨道的行星与太阳的平均距离。经过了两年的工作，1845 年 10 月，亚当斯求出了结果。他向皇家天文学家

---

　　①　天卫三"Titania"和天卫四"Oberon"都来自莎士比亚喜剧《仲夏夜之梦》中的仙女；天卫一"Ariel"和天卫二"Umbriel"则来自蒲柏的《寻发记》并且"Ariel"还是莎翁剧作《暴风雨》中的精灵。——译者注

从 130 000 km 以远的天卫五看到的天王星在春分点的景象。没有人预料天卫
五的世界会比天王星更为精彩！（艺术家吉多·罗明坚绘制）

G·B·艾里(G. B. Airy)发送了信函对自己的计算成果进行了概述。实际上，在 1834 年 T·J·赫西(T. J. Hussey)就劝说艾里，作为一名著名的数学家应该独自完成计算，而艾里在几经斟酌后认为，当前进行数学计算的工具还不足以支撑这项工作。因此他不愿意相信一个刚毕业的学生可以在没有学术研究经验的情况下取得成功。艾里进一步推诿，称亚当斯疏于解释天王星运动的两个观测异常（经度和距离）的原因，并且没有给出新行星的位置坐标。实际上，亚当斯当时确定了行星的位置，误差不超过 2°，倘若在当年秋天进行搜索，很有可能就定位了这颗行星。1846 年 6 月 1 日，勒韦里耶告知法国科学院，他根据数学计算确定有一颗行星干扰了天王星的运动，但也没有得到认真对待。8 月 31 日，他想到一个解决方法，并决定通过自己私人关系联系一个可以解释该结果的观测者。9 月 18 日，他致信柏林天文台的 J·G·加勒(J. G. Galle)，信的结尾写道，如果加勒去研究天空中某一特定区域，他将会发现这颗新的行星。加勒在 9 月 23 日接到了他的来信，当晚便同 H·L·达阿勒斯(H. L. d'Arrest)用望远镜对星图进行了比较。不到一个小时，就发现了这颗有着微小蓝色圆面的行星——明显正处于预测点的一个月亮直径那么大的范围内。位置在第二天发生移动，其行星的性质已确凿无疑。尽管加勒提议将这颗行星取名为杰纳斯(Janus)，

勒韦里耶还是选择了"海王星"。实际上在得知勒韦里耶的计算结果之后，艾里就要求剑桥天文台的 J・C・柴里斯(J. C. Challis)对这颗行星开展搜寻，然而柴里斯却着手制定了详细的天区分块图进行准备，绘制了这颗行星在 8 月 4 日和 8 月 12 日的位置——却只在换用了更高倍率的望远镜之后，才于 9 月 29 日发现了能够表明其真实特征的行星圆面。对于究竟是谁先发现了海王星尽管还存在争议，但最终殊荣还是归于了勒韦里耶。

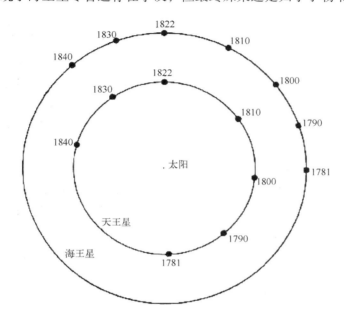

上图表明了在 1781 年发现天王星之后，海王星与天王星的相对位置关系，而此时天王星正在神秘地相对其预想位置加速运行。在 1822 年，让天文学家大惑不解的是天王星又开始落后于预测位置。随后，数学家开始了计算影响天王星运动天体位置的一段漫长数学征程，也由此直接导致发现了海王星

和天王星的情况一样，人们发现海王星一再出现在古老的星图中。实际上，人类首次观测到海王星是在 1610 年，而观测者不是别人，正是伽利略。他当时发现了木星和海王星的相当接近的会合，而当时海王星正在穿越木星的美第奇卫星群。可惜的是，当时伽利略即使曾怀疑这颗"背景恒星"正在每天发生移动，但他并没有继续深入挖掘这件事情。根据之前的观测结果，人们迅速计算出了海王星的轨道。证明了海王星与太阳的平均距离比提图斯—博德预测的略小。10 月 10 日，在发现海王星不到一个月的时间内，拉塞尔在其附近发现了一颗比较明亮的星体，他认为这是颗卫星并随后得到了证实。这颗卫星之后被命名为海卫一(Triton)，根据海卫一可以测量海王星的质量。勒韦里耶和亚当斯的计算结果曾表明，海王星的质量是天王星的两倍，但后来证明二者质量几乎相当。然而，由于海王星的轨道比预计的更接近天王星，意味着人们观测的天王星的运行异象的主要原因是受到了海王星的影响。

海卫一是一颗独特的卫星：其环绕海王星的轨道是逆行轨道，且与海王星赤道面形成

明显倾角。其他有类似运行轨道的行星卫星最著名的莫过于土星的土卫九,但这些卫星都比较小。尽管海卫一体积很大,但其运动轨迹表明它是被海王星引力捕获的——直到最近这种解释存在严重的数学问题。海卫一之所以会在海王星发现不久后就进入人们的视野,主要因其看上去极其明亮,同时也表明其体积可观。考虑到海卫一距离太阳较远,一定会非常寒冷甚至可能存在某种形式的大气。然而,从其所具有的恒星般的外表上却难以进行确认。

极少数几个天文学家通过望远镜观测到了海王星微小圆面的细节,发现了明亮的赤道带和偶然出现的黑暗斑点。其中,质量最好的一些绘图来自 1948 年的图杜迷笛天文台,尽管没有标出条带的迹象,却展示了分散且无规则的斑点;然而,根据这些仍无法确定海王星准确的自转周期。和其他巨行星一样,海王星的光谱从 20 世纪初到 20 世纪 30 年代一直是未解之谜。尽管人们普遍认为氢是所有巨行星的主要成分,但天王星和海王星的甲烷谱段却较为明显,主要原因是其温度较低,将大气层外的绝大部分氨气冷凝,同时厚厚的氢雾也会破坏行星圆面的许多细节。实际上,海王星顶层大气的温度可以凝结甲烷。尽管通过直接观测无法测量海王星的自转周期,人们借助分光镜的观测结果获得了一些约束条件。1949 年柯伊伯发现了第二颗卫星,命名为海卫二(Nereid)。这颗卫星极其模糊,偏心率很大,甚至其与海王星最远的距离超过了 9 000 000 千米。预计其直径约 300 km,海卫二着实是个相当大的天体,尽管太空时代已然到来,人们对其所知也不过如此。

1.7　冥王星:难以置信的收缩中的行星

尽管海王星是天王星运动受干扰的主要原因,而根据实际上仍然存在的偏差推测,还存在一颗尚未被发现的行星。通过对勒韦里耶所使用的方法进行完善,帕西瓦尔·洛厄尔(Percival Lowell)重新计算了这颗行星的轨道数据。他的搜寻没有任何发现,但他在 1916 年去世后将遗产捐赠,继续资助这项研究,他也被葬在了天文台以激励后继者。1929 年,天文台聘任克莱德·汤博(Clyde Tombaugh),一个年轻的天文爱好者,对预计会出现行星区域的天空进行成像并分析结果。1930 年 2 月 18 日,在对 1 月 19 日和 23 日恒星天樽二(delta Geminorum)附近的图像进行比较时,他注意到一颗类似远距离行星的微弱星体正在移动,相继有更多的图像证实了这一点,在 3 月 13 日洛厄尔的 75 周岁诞辰当天,汤博发布了这项发现。天文台收到了诸多为这颗行星命名的建议,最后决定采用一个来自英国牛津的 11 岁初中生维尼夏·伯尼(Venetia Burney)的提议。5 月 1 日,天文台宣布将这颗行星取名为冥王星,借用罗马神话中阴间之神之名——似乎很适合这样一颗长期处于外太阳系阴暗角落的星体——而其官方简称通常是"PL",也纪念第一个发现者帕西瓦尔·洛厄尔[①]。

发现冥王星之后的第一项科学任务是识别冥王星轨道,从此惊喜便不断涌现。尽管其

---

① 帕西瓦尔·洛厄尔(Percival Lowell)的姓名首字母缩写为"PL"。——译者注

他行星运行轨道接近圆形，但冥王星的轨道偏心率是 0.25，意味着近日点距离要比远日点距离小 40%。虽然受到偏心率的影响，冥王星周期为 248 年的轨道近日点位于海王星轨道的内侧，但实际上冥王星轨道平面倾角 17° 则意味着两个行星运行轨迹并不会相交。尽管人们宣布发现了冥王星，洛厄尔天文台的天文学家们却始终未成功观测到冥王星的圆面。冥王星过于暗淡，因此常用的分光测量、光度测定和偏振测定的技术都不适用，唯一的已知信息是冥王星星体呈现橘色偏微黄色。柯伊伯在 1950 年用当时世界上最大的望远镜，通过一个装置将一个校准用的圆盘投影在冥王星图像的旁边，测量出冥王星的直径为 5 900 km。由于冥王星太小而引发了一个问题：为了解释所观测到的对天王星轨道的干扰，扰动天体的质量堪比地球，但是由于冥王星直径只有地球的 46%，其密度可谓相当之高——实际上，冥王星应完全是金属态——没有理由认为在距离太阳如此远的地方会形成这样一个天体。

1936 年，A·C·D·克罗姆林（A. C. D Crommellin）提出冥王星表面应该非常平滑，而我们看到的是来自其圆面中心部位的反射光线，而实际上冥王星的直径要大得多。倘若这样，当观测到冥王星在明亮星云前穿过或遮掩一颗恒星时，就可以测得其尺寸。而在 1965 年冥王星遮挡恒星"失败"，证实了冥王星直径不超过 6 800 km。只有卫星的存在才能够解决冥王星的质量问题，尽管汤博在发现冥王星之后马上开始对其卫星进行搜索，并且米尔顿·赫马森（Milton Humason）也在 20 世纪 50 年代着手进行搜索，但直到 1973 年都一无所获。正如我们现在所知，冥王星比柯伊伯估计的尺寸小得多，不太可能引起如预测其存在的那么大的干扰，因此冥王星的发现可能是一次幸运的偶然事件。

1955 年对冥王星的光度测定结果表明，冥王星自转周期为 6 天 9 小时，一个周期内出现的明显亮度变化并不随时间改变，意味着冥王星表面由明亮和黑暗的区域组成，并且冥王星不存在明显的大气。关于冥王星为何在如此奇特的轨道上运行的原因，一种猜想是冥王星原本是海王星的卫星，之后在海王星将海卫一置于逆行轨道的过程中，被弹出海王星系，这种猜想由于几乎不可能而被否决。在太空时代之初，人们对于冥王星仍然知之甚少。

1.8　小行星：那些美妙的光点

在 18 世纪末，欧洲天文学家成立了"太空警察"组织，共同合作致力于在火星和木星之间找寻提图斯—博德级数所提及的"丢失的行星"。1801 年 1 月 1 日，朱塞普·皮亚齐（Giuseppe Piazzi）在为巴勒莫天文台编纂一本恒星目录时，发现了一个天体并将其描述为"优于彗星的东西"。他花费数周跟踪了这颗天体的运动，直到在白昼的阳光下丢失了目标。年轻的卡尔·弗里德里斯·高斯（Karl Friedrich Gauss）可能是人类历史上最伟大的数学家，他根据测量数据计算出这颗星体的轨道，证实其位于火星和木星之间。在高斯计算的基础上，天文学家在 12 月 31 日再次找到了这颗星体。按照惯例，皮亚齐（Piazzi）决定将其命名为色列斯·费迪南德（Ceres Ferdinandea），以向那不勒斯和西西里的国王费迪南德致敬，而现在则简单地以谷神星而为人所知。正当天文学家们对发现了丢失行星而庆祝时，1802 年 3 月 28 日，H·W·M·奥伯斯(H. W. M. Olbers)发现了智神星；1804 年 9 月 2 日，K·L·哈丁(K. L. Harding)发现了婚神星；1807 年 3 月 29 日，奥伯斯发现了灶神星——所有这些星体都运行在相似的轨道上。1830 年，K·L·亨克(K. L. Hencke)开始进行系统搜寻并发现了其他的小行星，而陆陆续续还有更多的小行星被发现。在试图分辨谷神星的圆面未果后，赫歇尔认为由于谷神星圆面太小因此不可称之为行星，而建议改称"小行星"(asteroid)，即看上去类似星星的天体。"小行星"一词一直沿用至今，现正式称为"较小的行星(minor planets)"。当人们意识到初期发现的小行星其实是大量在相同轨道上运行的小天体群中体形最大的一些成员时，"小行星带"一词便由此提出。随着小行星数量过百，统计分析结果揭示了一些未知的特征。1866 年，丹尼尔·柯克伍德(Daniel Kirkwood)发现，由于在不同的平均日心距离处存在一些"规避带"，因此小行星的分布并不是连续的。之后，他进一步发现这种轨道周期与木星共振，意味着当一个天体位于这样的平均日心距轨道时，总会在环绕太阳轨道的相同的位置上与木星处于合点，而很快被摄动到另外一个轨道上。因此，木星在这条小行星带上清除出了一些间隙。柯克伍德和日本的天文学家平山清次(Kiyotsugu Hirayama)又继续发现了一些在类似轨道上的小行星，而这些小行星很有可能是体积较大的小行星分解后所形成的残留物。

实际上，在很长的一段时间里，人们认为小行星是一颗碎裂行星的残留体——但是由于小行星的质量加起来尚不及月球质量，因此证明这颗行星不过是一个小型行星。于是柯伊伯提出了一种推测：在行星形成之时，若干"原生"天体停留在了木星朝向太阳方向的区域，随着一系列的互相碰撞，出现了分裂并最后形成了小行星带。因此，人们认为小行星应该形状不规则且是多坑的。而实际上，经过长期的研究确认，小行星多变的"横截面"使得小行星在旋转时产生了复杂的光线变化，也由此测定了许多小行星的自转周期。尽管柯伊伯的研究树立了小行星专业研究的高度，但研究还曾一度出现了停滞，直到人们发送探测器探测小行星才又进入了繁荣期。

即便如此，还是有一些小行星引起了特别的注意。1898 年 8 月 13 日，古斯塔夫·维特(Gustav Witt)发现了 443 号小行星，并将其命名为爱神星(Eros)。值得注意的是，由于爱神星的轨道偏心率较大，因此它可以穿越火星轨道甚至到达地球轨道附近。实际上，后来证实这是阿莫尔群小行星的原型。1932 年 4 月 24 日，K·W·赖因穆特(K. W. Reinmuth)发现了阿波罗小行星，这也是人类发现的第一个近地小行星。与爱神星不同，阿波罗小行星可以穿过地球轨道，因此有撞击地球的风险。赫尔墨斯小行星的情况则更有趣，1937 年 10 月 28 日，赖因穆特发现了这颗小行星，而此时它正在接近地球，飞掠地球时与地球距离甚至不到地月距离的两倍。赫尔墨斯小行星尺寸约数千米大小，倘若撞击地球，将产生数倍于地球上最强大核爆的能量。实际上，1908 年 6 月 30 日，曾有一颗小行星或者彗星在西伯利亚上空数千米处解体，产生的碎块分布在通古斯河松树林的一大片区域。其他的小行星也同样让天文学家着迷。1906 年 2 月 22 日，马克斯·沃夫(Max Wolf)在木星轨道上发现了阿喀琉斯(Achilles)小行星(小行星 558 号)，其幅角与木星相差 60°，位于木星前方。实际上，1772 年约瑟夫·路易斯·德·拉格朗日(Joseph - Louis de Lagrange)就已经根据两个大天体(这里指太阳和木星)和第三个可忽略质量的天体(指小行星)的引力系统的稳定解来预测类似的这种结构。随后在同年较晚些时候，天文学家们在木星轨迹相对稳定的点上发现了一颗小行星，由此推断此处会有大量的小行星，而事实证明确实如此。由于阿喀琉斯是荷马史诗《伊利亚特》(The Iliad)中与特洛伊战争有关的英雄，因此人们决定用希腊英雄之名命名运行在木星之前的小行星群(前端小行星)，用特洛伊英雄之名命名运行在木星之后的小行星群(后端小行星)。尽管之前有人提议用特洛伊英雄命名前端小行星，用希腊英雄命名后端小行星！1920 年 10 月 30 日，沃尔特·巴德(Walter Baade)发现了游弋在小行星主带和土星轨道间的伊达尔戈(Hidalgo)小行星，其轨道与黄道间倾角较大——是一个典型的彗星轨道，意味着它很有可能是一个已经"死亡"的彗核。伊达尔戈曾一度成为木星外侧唯一的小行星，直到 1977 年 10 月 18 日，C·T·科瓦尔(C. T. Kowal)在土星和天王星之间发现了喀戎星(Chiron)(小行星 2060 号)，这颗小行星也成为 C 类小行星的原型。这颗小行星被发现时正在远日点附近，因此特征类似小行星，在 20 世纪 80 年代末期，当它接近近日点时则发展出了彗发而具有了彗星的特征。然而主带上所有的小行星都未曾表明存在气体外层。在太空时代之初，人们已经列出 1 600 多颗小行星，并且经证实小行星数量远不止如此。事实上，对于利用摄影对小行星成像的天文学家们来说，他们将小行星称为"太空害虫"。

1.9　彗星：飞翔的沙丘还是肮脏的雪球

尽管古代哲学家已经认识到了彗星的存在，而对彗星的性质到底是天体还是一种气象却一直未有定论。亚里士多德(Aristotle)认为彗星是类似云的一种气象，埃及和迦勒底的天文学家认为彗星是一种天体。古罗马哲学家卢修斯·安尤斯·塞内卡(Lucius Anneus Seneca)，作为古罗马皇帝尼禄的导师，在其公元 62 ~ 63 年发表的"科学"著作《自然难题》(Naturales Quaestiones)中的一整章用于论述彗星，提出了彗星是天体的概念并对此进行了证明。中国、朝鲜、日本、欧洲、中东以及被哥伦布发现之前的美洲的观测者们记录了数百次彗星划过天际的明亮天象。然而直到 16 世纪彗星的本质才首次被发现。1531—1532 年，P·阿皮亚努斯(P. Apianus)和 G·弗拉卡斯托留斯(G. Fracastorius)观测到了三颗彗星，同时注意到这种穿梭于天际的彗星彗尾总是朝向太阳的反方向，因此彗星是气象的概念得到质疑。在 1577 年一颗明亮的彗星出现时，第谷·布雷赫(Tycho Brahe)注意到所有在不同地点观测的结果几乎都指向同一片天域，意味着彗星距地球的距离至少是地月距离的 4 倍。然而在确定了彗星的天体本质后，又引出了一个问题，即彗星在天空中是如何运行的。

1682 年，一颗明亮的彗星被许多观测者发现，其中就包括爱德蒙·哈雷(Edmund Halley)，当时 26 岁的哈雷是英国皇家学会的成员之一。根据这颗彗星和大量的其他彗星的数据分析，哈雷计算出这颗彗星的轨道是以太阳为中心的抛物线轨道。在 1695 年，哈雷发现 1682 年出现的那颗彗星轨道与 1607 年和 1531 年出现的彗星轨道类似，他因此预言这颗彗星会在 1758 年再次出现。由于哈雷逝于 1742 年，因此没能与这颗彗星再次相遇,而在他死后,这颗按预测再次出现的彗星就成为了著名的"哈雷彗星"。这最终证实了彗星是在围绕太阳的封闭轨道上运行的天体,因此验证了塞内卡的预言:"终将有人发现彗星穿行于哪片天域"。而观测彗星并计算彗星轨道也成为天文学家的一种爱好。在 19 世纪下半叶,有两次主要的进展。第一次是在 1867 年,G·V·斯基亚帕雷利(G. V. Schia-parelli)指出八月初最为活跃的英仙座流星雨是地球穿过斯威夫特 - 塔特尔彗星(Swift - Tuttle)轨道时所产生的现象,由此将彗星与穿过地球大气层的流星相关联,在天文学界一举成名。同时他也将 11 月份的狮子座流星雨和坦普尔 - 塔特尔彗星(Tempel - Tuttle)关联起来。除彗发和微黄色的彗尾之外,最明亮彗星的彗尾也可能呈现浅蓝色。光谱分析表明,出现彗发和微黄色彗尾的原因主要是太阳光在灰尘上的散射现象,而发出浅蓝色光的彗尾则是氢、碳、氧、氮的离子化合物。其中一种化合物是由碳和氢组成的分子——氰。而氰的毒性又在 1910 年地球经过哈雷彗星彗尾时引发了一阵小规模的恐慌。20 世纪 40 年代,人们已确定,从彗星检测到的所有的化学成分都是诸如水、甲烷等稳定分子分解的结果,而这些却无法通过观测直接获得。

在哈雷彗星发现后的几个世纪里,天文学家对如何解释彗星的本质争执不下。一直到 20 世纪 40 年代,人们普遍认为彗星是一个"飞翔的沙洲",沙尘和岩屑运行在轨迹相似、各自独立的轨道上。在彗星接近太阳时,沙尘颗粒相互间产生挤压,形成了尘埃层。但这种模型结构却无法解释:气体存在的原因;彗核在近日点附近的分解;使彗星发出长达数小时亮光的爆发;彗星"类似火箭"的摄动效应;以及在远日点仅能看到的星体状的彗核——由于恩克彗星的轨道周期只有 3.3 年,远日点只有 4.1AU,在 1913 年接近远日点时人们获取了它的图像。在 1950 年,通过对恩克彗星的一番研究,F·L·惠普尔(F. L. Whipple)提出了可能成为标准模型的另一种可能。他认为彗核是类似小行星的天体,主要由混合着尘埃的冰组成,实际上是一个"脏雪球"。在近日点附近,冰升华形成气体,在这个过程中还释放了一些被捕获的尘埃,在彗核周围形成稠密的球形彗发。气体经过电离形成了浅蓝色彗尾并向太阳反方向延伸,而灰尘则形成了淡黄色的彗尾。彗尾的朝向表明彗星不仅仅受到行星际磁场的影响,还会经受太阳风的高能粒子冲击。在向外喷发物质的同时,彗核受到类似火箭的反冲力影响(或者是"无重力效应")而发生轻微的轨道变化——正如人们所看到的。

和发现小行星时类似,在发现了大量的彗星以后,天文学家进行了统计推测,特别是短周期的彗星群与巨行星之间存在的引力关联,通常其远日点在行星轨道附近。然而,由于受到摄动影响,轨道随时间发生变化,并非所有的彗星的轨道都类似。最大的彗星群与木星相关,木星巨大的星体质量很容易影响类似彗星的小天体移动轨迹。在某些情况下,彗星也可能被木星捕获,比如于 1993 年发现的舒梅克—利维 9 号彗星。伴随着太空时代的开始,人们编纂汇总了彗星的情况,列举了彗星的所有特性和相互关系,并详细描述了人们发现这些彗星如何毫无征兆的变亮和变暗、分裂、粉碎瓦解、消失不见、变换轨道,以不超过太阳半径的距离掠过太阳或者从比木星更远的地点接近太阳、掠过地球等,甚至永远地飞出太阳系。

1.10　太阳系幽灵：祝融星，冥外行星等

19 世纪上半叶，天王星已不再是唯一一个"行动失常"、运行轨迹略异于预期的行星。实际上，如果考虑所有其他行星的摄动影响，会发现水星轨道半长轴每 100 年就会很微妙地转动 43 角秒。伴随着仅用理论就发现了海王星的成功光环，勒韦里耶假设水星受到一颗距离太阳更近的小型行星（也可能是许多小天体）的扰动，对这一问题进行了研究。人们带着很快就可以找出对水星干扰天体的期望，将这个干扰天体取名为祝融星（Vulcan）；同时也有观测者声称，发生日食的时候在天空中发现了经过太阳的神秘黑点和类似行星的明亮天体，但在数十年后人们寻找祝融星的热情却在逐渐减弱。接下来在 1915 年，艾伯特·爱因斯坦（Albert Einstein）用广义相对论揭示了水星近日点反常的原因，而广义相对论在数学层面比牛顿引力定律更有优势。实际上，水星轨道岁差的根本原因还是因为其过于接近太阳。尽管水星内侧存在行星的观点被明确地推翻了，但时至今日，还是有人认为水星轨道内侧，甚至在水星拉格朗日点存在一个"祝融星"带。

太空时代伊始，天文学家面临的问题是冥王星是否是太阳系的边界。若果真如此，又是为何？通过研究周期彗星的轨道，C·H·舒特（C. H. Schuette）注意到，存在一个八颗彗星组成的群，这些彗星轨道表明它们可能和一个距离太阳 77 AU 的假想天体紧密相关。由于他的研究并未继续发现其他类似的天体群，因此他认为冥外行星才是太阳系最后的行星。一些执着的天文学家又花费了数十年进行寻星工作，但一无所获。值得赞扬的是，汤博在发现了冥王星之后继续搜寻天际以求发现冥外行星，而他搜寻未果的现实却成为了"行星 – X"不可能存在强有力的证据。1949 年英国的肯尼斯·埃齐沃斯（Kenneth E. Edgeworth）以及 1951 年柯伊伯相继独立地提出了为何太阳系陡然终止于冥王星的问题，而两人均认为在海王星和冥王星之间很可能存在第二条"小行星带"，而随着与太阳距离的增加，这条小行星带中小行星的密度也在削减。相比于内太阳系主要由岩石构成的小行星，埃齐沃斯—柯伊伯带（或者通常人们所指的柯伊伯带）的天体可能是结冰的星体。实际上，那些星体是形成太阳和行星以外的"远古"星云的遗迹。数十年后，人们意识到，在柯伊伯带的天体（假设真实存在，因为没有观测证据）可能受到巨行星的影响产生轨道摄动，导致他们以彗星的形式进入太阳系内。荷兰的天文学家 J·H·奥尔特（J. H. Oort）根据对长周期彗星可靠的轨道计算，统计分析建立了一个"彗星库"的概念，他注意到许多彗星的远日点接近 150 000 AU，从而促使他相信在一定的日心距离处存在一个彗核云，据此他计算出类似惠普尔提出的"脏雪球"星体模型。奥尔特猜想这些天体可能一直停留在彗核云中，直到一颗星体经过出现干扰，结果使得这些彗核或者进入行星际空间，或者使得他们"掉向"太阳。柯伊伯带是海王星轨道外黄道面附近厚厚的圆盘状区域，与柯伊伯带相比，奥尔特云则是球面的，因此也解释了为何彗星轨道有多种方向。当其中某颗彗星恰巧行经一个行星的运行路径时，受到引力影响偏移到更狭小的轨道上，从而变成了短周期彗星。奥尔特也提出了彗核云起源的问

题，他意识到在距离太阳如此远的距离，彗核不可能有足够的时间聚合在一起，那里一圈轨道就可能持续数百万年的时间。他推断彗核实际上在巨行星的区域内产生，在太阳系初期与行星近距离碰撞而偏离了太阳。值得注意的是，奥尔特的计算结果表明最初的原始彗星中，有高达 97% 的彗星已被驱逐进入了星际空间，而如果其他的星体也遇到了同样的情况，根据其轨道特性可以得知，我们平均每个世纪都会见到一颗星际彗星，但实际上，尽管人们花费了三个多世纪的时间进行观测，我们只窥到了一颗真正的星际彗星。

"太空时代"伊始的太阳系

行星	行星卫星	行星卫星发现时间(年)
水星(Mercury)	—	—
金星(Venus)	—	—
地球(Earth)	月球(Moon)	—
火星(Mars)	火卫一(Phobos)	1877
	火卫二(Deimos)	1877
木星(Jupiter)	木卫五(Amalthea)	1892
	木卫一(Io)	1610
	木卫二(Europa)	1610
	木卫三(Ganymede)	1610
	木卫四(Callisto)	1610
	木卫六(Himalia)	1904
	木卫十(Lysithea)	1938
	木卫七(Elara)	1905
	木卫十二(Ananke)	1951
	木卫十一(Carme)	1938
	木卫八(Pasiphae)	1908
	木卫九(Sinope)	1914
土星(Saturn)	土卫一(Mimas)	1789
	土卫二(Enceladus)	1789
	土卫三(Tethys)	1684
	土卫四(Dione)	1684
	土卫五(Rhea)	1672
	土卫六(Titan)	1655
	土卫七(Hyperion)	1848
	土卫八(Tapetus)	1671
	土卫九(Phoebe)	1898

续表

行星	行星卫星	行星卫星发现时间（年）
天王星（Uranus）	天卫五（Miranda）	1948
	天卫一（Ariel）	1851
	天卫二（Umbriel）	1851
	天卫三（Titania）	1787
	天卫四（Oberon）	1787
海王星（Neptune）	海卫一（Triton）	1846
	海卫二（Nereid）	1949
冥王星（Pluto）	—	—

注：1616 个已经编号的小行星和 48 个短周期彗星至少被观测到了两次。

参 考 文 献

Antoniadi, E. , "The Markings and Rotation of Mercury", Journal of the Royal Astronomical Society of Canada, 27, 1933, 403 –410.

Arpigny, C. , "Propriéteés Physiques et Chimiques des Cometes: Modeles et Problemes Pendants" (Physical and Chemical Properties of Comets: Models and Standing Problems). In: "Le Comete nell'Astronomia Moderna: I1 Prossimo Incontro con la Cometa di Halley", Naples, Guida, 1985, 229 – 250 (in French).

Baum, R. , "An Observation of Mercury and its History", Journal of the British Astronomical Association, 107, 1997, 38.

Baum, R. , Sheehan, W. , "In Search on Planet Vulcan: The Ghost in Newton's Clockwork Universe", Cambridge, Basic Books, 1997.

Boyer, C. , Camichel, H. , "Observations photographiques de la planete Venus", Annales d'Astrophysique, 24, 1961, 531 –535.

Cattermore, P. , Moore, P. , "Atlas of Venus", Cambridge University Press, 1997, 1 – 29 Cunningham, C. J. , "Introduction to Asteroids", Richmond, Willmann – Bell, 1988.

Danielson, R. E. , et al. , "Mars Observations from Stratoscope Ⅱ", The Astronomical Journal, 69, 1964, 344 –352.

Dobbins, T. A. , Sheehan, W. , "The Martian – Flares Mystery", Sky & Telescope, May 2001, 115 – 119.

Dobbins, T. , Sheehan, W. , "The Story of Jupiter's Egg Moons", Sky & Telescope, January 2004, 114 – 120.

Dollfus, A. , "History of Planetary Science. The Pic di Midi Planetary Observation Project: 1941 – 1971", Planetary and Space Science, 46, 1998, 1037 – 1073.

Edgeworth, K. E. , "The Origin and Evolution of the Solar System", Monthly Notices of the Royal Astronomical Society, 109, 1949, 600 –609.

Goody, R. M. , "The Atmosphere of Mars", Journal of the British Interplanetary Society, 16, 1957, 69 –83.

Hess, S. L. , "Atmospheres of Other Planets", Science, 128, 1958, 809 –814.

Maffei, P. , "La Cometa di Halley" (Halley's Comet), Milan, Mondadori, 1987 (in Italian).

Marov, M. Ya. , "Mikhail Lomonosov and the Discovery of the Atmosphere of Venus during the 1761 Transit". In: Transits of Venus, Proceedings IAU Colloquium No. 196, 2004.

Morrison, D. , Samz, J. , "Voyage to Jupiter", Washington, NASA, 1980, 1 –9.

Morrison, D. , "Voyages to Saturn", Washington, NASA, 1982, 1 –7

Müller, G. , "Über die Lichtstärke des Planeten Mercur" (On the Brightness of Planet Mercury), Astronomische Nachrichten, 133, 1893, 47 –52 (in German).

Odrway, F. I. , "The Legacy of Schiaparelli and Lowell", Space Chronicle, 39, 1986, 19 –27.

Owen, T. , "Titan", Scientific American, February 1982, 98 – 109.

Pettit, E. , Nicholson, S. B. , "Radiation from the Planet Mercury", Astrophysical Journal, 83, 1936, 84 – 102.

Ross, F. E. , "Photographs of Venus", Astrophysical Journal, 68, 1928, 57 –92.

Ruggieri, G. , "La Macchia Rossa di Giove" (Jupiter'Red Spot). Coelum. 21, 1953. 1 –6 and 41 – 46 and 22, 1953, 8 – 13. (in Italian)

Ruggieri, G. , "Mondi nello Spazio" (Worlds in Space), Rome, A. S. A. . 1958 (in Italian)

Russell, H. N., "The Atmospheres of the Planets", Science, 81, 1935, 1 – 9.

Sagan, C., "The Planet Venus", Science, 133, 1961, 849 – 858.

Sandage, T., "The Neptune File", New York, Walker & Company, 2000 Schiaparelli, G. V., "Sur la Relation qui Existe entre les Cometes et les Etoiles Filantes" (On the Relationship Between Comets and Shooting Stars) Astronomische Nachrichten, 68, 1867, 331 – 332 (in French).

Schiaparelli, G. V., "Sulla Rotazione di Mercurio" (On the Rotation of Mercury), Astronomische Nachrichten, 123, 1890, 241 – 250 (in Italian).

Schiaparelli, G. V., "La Vita sul Pianeta Matte" (Life on Planet Mars), Natura ed Arte, 4 No. 11, 1985, 81 – 89 (in Italian).

Schuette, C. H., "Two New Families of Comets", Popular Astronomy, 57, 1949, 176 – 182.

Sheehan, W., "The Planet Mars: A History of Observation and Discovery", Tucson, The University of Arizona Press, 1996.

Sheehan, W., Dobbins, T. A., "Charles Boyer and the Clouds of Venus", Sky & Telescope, June 1999, 56 – 60.

Sheehan, W., Dobbins, T., "Mesmerized by Mercury", Sky & Telescope, June 2000, 109 – 114.

Sheehan, W., Dobbins, T. A., "Lowell and the Spokes of Venus", Sky & Telescope. July 2002, 99 – 103.

Sheehan, W., Dobbins, T. A., "Lowell's Spokes on Venus Explained", Sky & Telescope, October 2002, 12 – 14.

Sheehan, W., Kollerstrom N., Waft, C. B., "The Case of the Pilfered Planet", Scientific American, December 2004, page unknown.

Sinton, William M., "Further Evidence of Vegetation on Mars", Science, 130, 1959. 1234 – 1237.

Slipher, V. M., "A Photographic Study of the Spectrum of Saturn", Astrophysical Journal, 26, 1907, 59 – 62.

Smith, A. G., "Radio Spectrum of Jupiter", Science, 134, 1961, 587 – 595.

Stangl, M., "The Forgotten Legacy of Leo Brenner", Sky & Telescope, August 1995, 100 – 102.

Stern, A., Mitton, J., "Pluto and Charon", New York, John Wiley & Sons, 1998, 7 – 40 and 138 – 143.

Strom, R. G., "Mercury the Elusive Planet", Washington, Smithsonian Institution Press, 1987, 4 – 14.

Stroobant, P., "Etude sur le Satellite Enigmatique de Vénus" (Study on the Enigmatic Satellite of Venus), Astronomische Nachrichten, 118, 1888, 5 – 10 (in French).

Struve. O., "The Origin of Comets", Sky & Telescope, February 1950, 82 (Reprinted in: Page, T, Page, L. W. (ed.), "The Origin of the Solar System", New York, Macmillan, 1966, 252 – 259).

Taylor, R. L. S., "Life on Mars – An Historical Perspective. In: Hiscox, J. H. (ed.), "The Search for life on Mars", London, British Interplanetary society. 1999. 3 – 17.

Tombaugh, C., "Reminiscences of the Discovery of Pluto". Sky & Telescope. March 1960, 264 (Reprinted in: Page, T, Page, L. W. (ed.), "Wanderers in the Sky", New York, Macmillan, 1965, 65 – 73).

Whipple, F. L., "A Comet Model. 1. The Acceleration of Comet Encke", The Astrophysical Journal, 111, 1950, 375 – 394.

Wildt, R., Meyer, E. J, "Das Spektrum des Planeten Jupiter" (The Spectrum of Jupiter), Veroeffentlichungen der Universitaets – Sternwarte zu Goettingen, 2, 1931, 142 – 156. (in German).

Wildt, R., "Ober das Ultrarote Spektrum des Planeten Saturn" (On the Infrared Spectrum of Saturn), Veroeffentlichungen der Universitaets – Sternwarte zu Goettingen, 2, 1932, 216 – 220.

第 2 章　伊　始

2.1　太空竞赛

弹道导弹，第二次世界大战的遗产之一，对整个世界的改变具有两面性。一个国家使用导弹能够轻易地对某个地区的居民和工厂进行远程打击，同时也能利用导弹将卫星送入太空，这不仅仅是一场科学技术上的变革，也更加深刻地改变了人类的日常生活。

20 世纪 50 年代，苏联和美国开始了太空竞赛，这两个超级大国相互竞争，竞相发展数千千米级的核弹打击能力。苏联设计了一种具有四个助推器的火箭，命名为 8K71，其军事代号为 R－7，除此之外，这种火箭更广为人知的名字是"Semyorka"——在俄文中就是"七"的意思。与此同时，美国也通过在陆海空三军间的相互竞争，逐步发展了中程导弹和远程导弹。随即，这两个超级大国宣布，要在 1957 年中期至 1958 年底的国际地球物理年期间向太空发射卫星。利用军事导弹携带有效载荷进入太空的技术途径逐步清晰起来。苏联选择了直接对 8K71 火箭进行更改的技术路线；同时，白宫命令美国海军基于海盗号（Viking）探空火箭研制一种新型的火箭，这个决定在以后的发展中产生了重大的影响。尽管苏联和美国已经各自宣布了发射卫星的意向，但当苏联在 1957 年 10 月 4 日将人造地球卫星（Sputnik）（俄文为"卫星"或"旅伴"）送入地球轨道时，美国人感到极度的震惊。而在 11 月 3 日，苏联又发射了一颗携带小狗"莱卡"（Laika）的较大型的卫星时，美国则陷入了深深的焦虑中。12 月 6 日，美国首发先锋号（Vanguard）火箭以失利告终，白宫命令美国海军对红石（Red stone）导弹进行改进来发射卫星，以重拾美国的信心，1958 年 2 月 1 日，探险者（Explorer）1 号卫星被送入了轨道[1]。

1958 年，两个超级大国竞相对导弹进行改型，希望具备将小型探测器送往月球的能力，或者能够使用最省的推进剂飞往距地球最近的行星。苏联在 8K71 上增加了一级上面级，改进型为 8K72，能够将质量为 400 kg 的有效载荷送往月球。美国则研发了更为合适的雷神－艾布尔（Thor－Able）火箭，这种火箭和当时许多其他的工程项目一样，均是第一颗人造卫星影响下的产物。美国工程师在中程弹道导弹雷神上加装先锋号运载火箭第二级和固体燃料第三级，预计研制出一种将小型有效载荷送到月球、火星甚至金星的运载工具。不幸的是，1958 年夏秋之间，由于其各自技术的可靠性较低，美国的四次发射和苏联的三次月球发射任务均告以失败。但在 1959 年，这些尝试具有一定的好转[2]。1959 年 1 月 2 日，苏联发射了月球 1 号（Luna 1）探测器，质量为 170 kg 的科学载荷用来收集探测器撞击月球表面之前的科学数据。由于 8K72 型火箭相对原定推力有所不足，在经历了 34 小时的飞行过程后，探测器从距离月球 6 000 km 处飞掠而过。尽管如此，由于已达到逃逸速度，该探测器成为了第一颗太阳轨道上的人造行星。苏联将这个探测器命名为"Mechta"以示庆祝，意为"梦想"。两个月后，美国的先驱者 4 号（Pioneer 4）到达了与其相似的轨道，发回了 82 小时的深空环境数据。9 月，苏联将月球 2 号探测器成功地送到了月球表面，实现了月球撞击。10 月，苏联又将新型的月球 3 号探测器送到了月球轨道，获取了月球背面的图像。这些早期任务的一个显著成果是获得了预测的"太阳风"现象的直接证据，"太阳风"是源自太阳并遍布整个太阳系的等离子体流[3-4]。

由此，到了 50 年代末期，两个超级大国开始着手发起探测地球附近行星的"太空竞赛"。

先驱者 4 号及其运载火箭的上面级被吊装到朱诺号火箭上。先驱者 4 号将成为史上第二个，美国制造的第一个进入太阳轨道进行探索的航天器

2.2　载人还是无人

飞向月球或行星的梦想作为人类文化中的一个符号，已经持续了几个世纪之久，但第一个运用现有的（或可预见的未来）技术来论证其可行性的研究是美国的火箭先驱罗伯特·哈金斯·戈达德（Robert H. Goddard）。戈达德在 1920 年 3 月详细阐述了他的早期建议：发射一个"无人驾驶"的火箭到月球，初步建立行星探索的概念。戈达德特别提到，通过在火

星附近放置一台望远镜对火星表面进行观测可以获得更为详细的信息,这样可极大的推动天文学的发展,如果在地球上观测,即便最强大的地球望远镜也无法获得这种效果。他提出了进一步的建议,借助太空中的"人造流星",可以实现地球上任何居民之间的全球通信,这种"人造流星"包含"表面贴有几何形状的金属薄片,这些人造流星在太空中组成星座,特别强调的是星座要位于地球和月球之间"[5]。

由于这些早期工作的开展,人们通常认为人类对于太阳系的探测活动始于 1952 年,这要比苏联的第一颗人造卫星——卫星号的发射早 5 年。这一年,德国太空探测先驱和纳粹的 V2 导弹之父沃纳·冯·布劳恩(Wernher Von Braun)出版了《火星计划》(Das Marsp - rojekt, The Mars Project),书中提出了用 10 艘 4 000 吨的宇宙飞船进行探险远征的概念,一旦接近火星,这个舰队将释放出巨大的滑翔机群,降落在极地冰盖,舰队人员继而开展 400 天左右的探测活动。由于没有考虑到自动化和控制技术的发展会使无人探测的场景成为现实,因此,在冯·布劳恩的设想中,这个舰队由 70 名人类专家队员组成[6-7]。即使在当今时代,实现这样的项目计划将耗费几千亿美元,事实上,在当时已经超出了那个时代的技术能力所及。有证据表明,人类对太阳系的探测可能是在 1952 年 9 月 20 日由英国太阳系协会的埃里克·伯吉斯(Eric Burgess)和查尔斯·A·克劳斯(Charles A. Cross)发起的。这两位航天先驱受上一年发表的一篇文章的影响,文中提到采用现有的技术可以实现建造并发射一个质量达几千克的航天器,于是这两位航天先驱开始探讨如何在火星探测任务中使用自动化系统进行无人探测,发表了名为《火星探测器》(The Martian Probe)(这是第一次使用"探测器"(Probe)这个名字来描述深空无人飞船)的文章,提出了 1973 年和 1988 年是飞往这个红色星球的两个最优发射窗口。文中的探测器在进入火星轨道后,将向地球发回火星表面的电视图像并分析其地形地貌、温度和反射光谱。此外,这篇文章还探讨了能源产生和数据回传地球的问题。此篇文章的主要价值在于其论证了使用比发射地球卫星略为先进的技术进行太阳系探测是可行的,并且比冯·布劳恩所提出设想更容易实现。在接下来的几年里,关于行星轨道计算和行星际任务(通常是载人的)的研究在空间技术专家和学者中成为"主流",航天技术水平也通过卫星号的发射而趋于成熟[8]。

与此同时,首批论证利用天体引力场改变航天器轨道可能性的航天力学论文被发表出来。尽管这项"发明"的优先归属还存在争议,但却是太阳系动力学中一种广为人知的作用,这种作用的发现源自彗星轨道的研究,并在几个世纪中有多次实录记载。值得一提的有两次:周期彗星莱克塞尔(Lexcell)在 1770 年现身之后就再也没有回归,就是由于其在随后接近木星时被转移到了一个超过 200 年周期的轨道上(甚至可能被弹出了太阳系);与其相反,彗星布鲁克斯 2(Brooks 2)在 1886 年以前都运行在远离木星的长周期轨道上,当其接近木星并且飞入最靠近木星的伽利略卫星木卫一的轨道内侧时,被其引力场偏转到了一个短周期轨道上,使得人们在 1889 年观测到了这颗彗星[9-11]。在早期的引力借力相关的文章中,值得注意的是意大利航天先驱盖太诺·阿图罗·克罗克(Gaetano Arturo Crocco)在 1956 年发表的一篇文章,他论述了用火星和金星的引力场在仅仅一年时间里完成环地

球 – 火星勘察的可行性。这是第一批"多目标"任务概念设想之一[12]①。

2.3　第一颗人造行星

　　第一颗被送入行星际空间的人造物体实际上是一次失败尝试的副产物。在二战末期，美国军队将德国 V2 火箭运送回美国本土，用来进行火箭技术试验，并携带科学仪器探测高空大气、电离层、太阳和宇宙射线。在 V2 科学计划小组的早期会议上，天文学家弗里茨·兹威基(Fritz Zwichy)提出在一定高度释放小型榴弹，使其再入大气层，用以模拟流星的机理。这不仅可以对自然界流星现象的观测进行校准，还可以获得超声速空气动力学和高层大气环境等方面的数据。这项计划被批准后，研究人员准备了一套三榴弹分离系统，并于 1946 年 12 月 17 日进行试验，但不幸的是，火箭在发射后 440 秒意外爆炸，没能看到人造的流星。

　　1957 年 10 月 16 日，也就是卫星号发射 12 天后，美国进行了一项与上述相关的试验。此时，世上仅存的 V2 火箭已被捐献到博物馆，大量现代的探空火箭正在蓬勃发展。在这项测试中，使用了无制导的液体推进空蜂(Aerobee)火箭以替代榴弹，其携带了三个直径为几厘米大小的固体铝球，采用定向爆炸的"锥形装药"方式，试验中将以 15 km/s 的速率射出。美国空军在新墨西哥的白沙靶场执行了发射任务，当火箭到达 87 km 高度时，装填的炸药被引爆，巨大的闪光在 1 000 km 以外的帕洛玛山都可以拍摄到。照片中虽然显示出像金星一样明亮的类似流星的轨迹，但这条轨迹是由其中一个铝球再入大气所引起的，并没有发现其他两个铝球的痕迹，很可能是发射角度的原因，导致这两个铝球脱离了地球而进入了太阳轨道，因此这两个铝球比月球 1 号早了 14 个月而成为了第一个(意外地)"人造行星"[13 – 14]。

2.4　第一个行星际探测器

　　早在 1958 年，美国就开始组织关于发射行星际探测器的可行性论证。这项议题是史无前例的，因为在这之前还没有要求航天器持续数月直接暴露在太阳的高热环境中，或从数亿千米的距离外将数据传回地球。第一个美国行星际探测项目由航天技术实验室代表 NASA 新成立的戈达德航天飞行中心负责组织实施。计划研制四个探测器，这些探测器将到达并在环绕月球和金星的轨道上运行。金星轨道器将在 1959 年 6 月发射，经过 150 天的飞行可以抵达金星(飞向火星需要 250 天)，因此金星的发射窗口将在 16 个月后开启。这项计划还需要研制一个小型探测器，在金星轨道器发射一天后进行发射以飞掠金星。在月球 1 号的飞行取得显著成就(苏联从未宣布其目的是撞击月球，在大家印象中，进入太

---

　　①　在他 1951 年的小说《火星之沙》(The Sands of Mars)中，亚瑟克·C·拉克提到其中一个任务利用飞掠木星借力的方法转移到土星。——作者注

先驱者 5 号深空探测器的本体为玻璃纤维球形结构，涂有用于被动式热控的黑白涂层

阳轨道才是其目标)后，NASA 修订了其计划：将继续进行金星飞掠任务，但环绕轨道任务的聚焦点将转移到月球。由于飞掠探测器及其科学载荷的研制进展远远落后于原定进度，显然已错失了发射窗口，但是为了采集深空环境数据和测试远距离数据传输技术，决定按原定计划将探测器发射到穿越金星轨道的"转移轨道"(尽管届时金星将不在附近)。虽然这个航天器的"最低成功判据"是运行一个月，但是 NASA 的工程师还是希望它能够成为第一个运行于太阳轨道的航天器[15 - 17]。

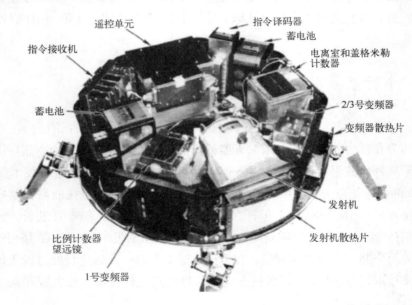

先驱者 5 号仪器平台上的科学载荷和电子设备

金星飞掠探测器的设计很简单，继承了"桨轮"式的探险者 6 号卫星，由一个直径 66cm 自旋稳定玻璃纤维球体作为构型，中心舱板安装了所有科学载荷和电子设备，外加两个发射机，一个功率为 5W，另一个不超过 150W，二者可通过地面指令切换，通过这两个发射机可以与地球采用 3 种不同的速率进行数据传输，根据与地球的距离和接收天线的尺寸不同而设置速率。数据和遥测传输采用一个简单的全向天线，该天线装在探测器的顶部，需要采用功率大的发射机，预计可在 8 千万千米的距离上进行数据传输。四个太阳翼"船桨"安装在短臂末端，其安装固定的方向根据姿态进行了优化，保证即使受探测器姿态的影响，探测器表面至少保持一定的受照率。这个质量为 43.2 kg 的探测器能够携带 18.1 kg 的科学载荷创造了一个记录。科学载荷包括一个比例辐射计数器，用来进行高能粒子探测；一个电离室和一个盖格—米勒（Gejger - Mueller）计数器，用来进行总辐射流量测量；一个感应式磁强计，用来进行与自旋轴垂直方向的行星际磁场分布测量；此外，还带有一个微流星体探测仪。为了辅助进行数据分析，一个传感器将通过探测其何时指向太阳，以记录探测器的指向。贴在球体内部和太阳翼基板上的一些温度传感器会记录探测器的温度。数据在进行下传之前，都将存储于舱内的磁带记录仪中[18-20]。

1959 年 10 月，在美国佛罗里达州的卡纳维拉尔角，雷神 - 艾布尔火箭已伫立在发射塔架上，但发射最终不得不推迟，先是从 12 月推迟到了次年 1 月，后来进一步推迟，一直到 1960 年 3 月 11 日才终于实施了火箭发射。尽管火箭的第三级和末级将先驱者 5 号推进到了 11.115 km/s 的速度，并且将其送入一条周期为 312 天，近日点为 1.206 亿千米，远日点为 1.484 亿千米的环太阳轨道，但其分离速度还是略小于进入金星交会轨道所需的 11.26 km/s 的速度要求，因此，探测器能够与金星保持的最近距离也在 1 100 万千米以上[21]。入轨约 27 分钟后，地面通过英国焦德雷尔班克（Jodrell Bank）天文台直径为 250 英尺的射电望远镜，发出抛火箭第三级的控制指令。由于数据传输系统发生了故障，在发射最初两天，地面能够用卡纳维拉尔角和新加坡的近距离螺旋天线对探测器进行跟踪，之后则需要使用更大的、更高敏感度的英国焦德雷尔班克天文台和夏威夷希洛（Hilo）射电望远镜进行跟踪。在初期，探测器发现地球磁场范围大约为地球半径的 14 倍，这一数值远远超过以前估计值的 6 倍。在随后任务中，通过微流星体探测仪又有了一项有趣的发现，在探测器距离地球 160 万千米的时候，其微流星体计数器在一周内就记录到了 87 次撞击。3 月底，太阳爆发了一场耀斑，先驱者 5 号在七八天后探测到这一现象，而在地球上观测到这一现象则比探测器晚了大约 20 分钟，由此可以间接测量得到太阳风等离子体的平均速度。当处于这样的太阳风暴中时，被称为银河宇宙射线的高能带电粒子的通量却明显降低了，这使人们意识到这种变化是太阳在行星际空间所起的作用，并且独立于地球或其磁场而存在。当太阳不活跃时，可以探测到微弱的行星际磁场，该磁场强度与太阳"表面"或光球层上的耀斑数量是有对应关系的。不幸的是，由于设备在内部的安装位置和靠近金属物体等原因，磁强计获得的数据是错乱的，难以解析[22-26]。

1960 年 4 月 30 日前，先驱者 5 号一直使用 5W 的发射机进行通信，由于距离越来越远，当唯一能和探测器进行通信的焦德雷尔班克天文台的天线也偶尔发生通信困难时，探测器按照指令切换到了 150W 发射机进行数据传输。然而负责提供电能的蓄电池却发生了电解质泄露，而太阳翼只能产生所需电量的十分之一，利用太阳翼的输出电量能够弥补一些电池故障的恶化，在 5 月 8 日到 21 日之间，通过地面的指令还是成功地利用探测器的 150W 发射机在某些特定时刻进行了通信。5W 发射系统能够使探测器被持续跟踪，但是无法将科学数据传回地面。随着时间的推移，地面对探测器的跟踪变得越来越困难，最后跟踪到信号的时间是 UTC 时间 6 月 26 日 11 点 31 分，此时探测器距地球 3 640 万千米。先驱者 5 号沿太阳轨道飞行了 2.75 亿千米，约为太阳轨道的三分之一，共运行了 107 天，因而远远超过了其"最低成功判据"的要求。先驱者 5 号于 8 月 10 日抵达近日点，预计在 1963 年左右将运行到接近地球的位置，当时曾考虑重新对其进行跟踪，但电池已经完全损坏，地面不得不放弃跟踪的尝试。依据目前的预测，先驱者 5 号将至少可以持续在太阳轨道上运行长达 10 万年的时间，直到其轨道进入地球大气层探测器烧毁为止[27-31]。总体来说，先驱者 5 号在总计 138 小时 54 分的通信时段，向地球传输了 3 Mbits 的数据，地面精确的测量了探测器相对地球的速度，地球向探测器发送的载波信号和探测器发送回地球的载波信号频率转发比为 16/17。通过对每天天线的运动、地球绕中心轴自转运动、地球在绕地—月引力场中心的运动引起的频移进行校正，可以计算出探测器无线电信号的多普勒频移，这种频移由地球和环绕太阳探测器间的相对运动引起，还包含其他行星引起的扰动。通过这项分析，首次提供了一种对天文单位 AU 进行直接测量的手段，AU 定义为日地平均距离的近似值，此前最精确的测量值是(149 527 000 ± 10 000)km，而先驱者 5 号测量的结果是(149 544 360 ± 13 700)km，这些测量数值和真实值(通过对金星的雷达跟踪所获得的长达 40 年的高精度数值)分别相差 70 000 和 50 000 km。对先驱者 5 号跟踪测量数据进行更为深入的分析表明，太阳光压对探测器运动的摄动也影响了天文单位的测量[32-34]。

2.5　第一个 JPL 项目

加州理工学院的喷气推进实验室(JPL)与 NASA 签订了合同，参与研制第一个探险者号卫星和先驱者 4 号月球探测器。在 50 年代末期，JPL 开始进行行星际探测项目的研究。第一个项目称为"维加"(Vega)计划，采用宇宙神—维加火箭发射，这种火箭需要在宇宙神洲际导弹的基础上加装先锋号火箭的第二级以及 JPL 设计的助推级，可将 360 kg 的有效载荷送往月球或临近的行星。这项计划至少需要 3 个探测器：2 个于 1960 年分别飞往月球和火星，1 个于 1961 年飞往金星。但是这项计划面临 3 大难题：1)NASA 的财政状况，当时正值"烧钱"的水星计划伊始，需要建造能将航天员送入地球轨道的飞船；2)探测重点向月球的转移；3)军方正大力发展宇宙神—阿金纳火箭，只需两级助推就可完成类似的任务。1959 年底，NASA 决定重点发展宇宙神—阿金纳型，取消了维加型。JPL 于是迅速将注意力转移到全新的"水手"系列行星际探测器上。由于水手探测器的质量较大，所以需要使用以液氢为燃料的半人马座上面级火箭，来满足金星发射的需求[35-37]。JPL 针对水手 A 和水手 B 两个不同的水手系列探测器开展了概念研究。

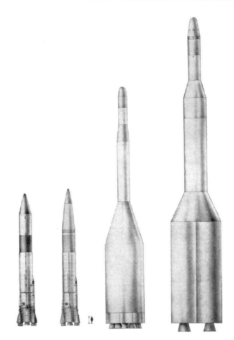

NASA 在 1959 年规划设计的火箭的标准型号（从左至右）：宇宙神—半人马座、宇宙神—维加、土星号和新星号。一个人形的标志给出了对其尺寸的直观感受。宇宙神—维加很快被美国空军设计的宇宙神—阿金纳所取代。土星号改进为土星－Ⅰ型火箭，在首次阿波罗试验任务中进行了发射。新星号火箭计划直接将人类发送至月球

水手 A：JPL 原计划用其完成第一个行星飞掠任务。太阳翼和高增益天线展开，安装科学仪器的悬臂处于收拢位置

水手 A 质量为 686 kg，计划于 1962 年发射，从 27 000 千米处飞掠金星。水手 A 的中心结构为六边形结构，该结构可承载电子设备并为高增益抛物面天线提供安装万向支架，

还配备了一个全向天线，两个 1.8 m² 的太阳翼(在日地距离上共计可提供 300W 的额定功率，在金星附近可增加一倍)和四个姿态敏感器。科学载荷包含一个辐射计，进行金星表面温度场测量；一个紫外光谱仪，进行上层大气成分分析；一个磁强计，进行行星际磁场强度详细测量，以研究金星是否存在自身磁场；还有一个等离子体探测仪，一个辐射计数器以及一个微流星体探测仪。与先驱者 5 号采用的自旋稳定方式不同，水手 A 将采用能够在空间中保持固定方向的三轴稳定平台。紫外光谱仪和辐射计被安装在万向支架的平台上，使其在飞掠金星时能够准确的对准星体表面，其他的设备将安装在结构的固定位置上。考虑到先驱者 5 号不具备轨道修正的能力，水手 A 还配置了一个单组元肼燃料推力器，实现航天器的轨道调整并消除运载火箭带来的入轨偏差，推力器将在发射后的数周和任务末期分别进行一次点火，仅作为工程测试。如果这项任务首飞成功，后续的金星任务将携带电视系统或地形测绘雷达。另外一种水手 A 的改进型也可以通过携带摄像机进行火星飞掠勘察，并实现图像回传[38-39]。

水手 B 是一种比水手 A 更大的探测器，用来探测金星或火星。在火星任务中，当航天器接近火星时，将释放一个小型的进入舱，进入舱进入火星大气并以降落伞的方式着陆，进入舱利用气压计、温度计、质谱仪和气相色谱仪对火星大气进行探测研究，并在着陆后利用全景相机对着陆区进行成像。而探测器将在 15 000 千米的距离范围飞掠火星，其携带的科学载荷与水手 A 相似，包括一个分辨率为 1 km 的相机。在规划中至少有四次这样的任务，包括 1964 年的两次火星探测和 1965 年的两次金星探测[40-41]。

JPL 在 20 世纪 60 年代末同时启动了更有雄心的旅行者(Voyager)系列探测器的研究，目标是金星和火星。旅行者号探测器质量达 1 吨，需要用重型运载火箭土星号进行发射，土星号运载火箭是沃纳·冯·布劳恩在 NASA 马歇尔航天飞行中心主持研制的，为载人登月计划而准备。与以飞掠为目的的短期任务不同，旅行者号将会进入目标行星轨道并且释放一个较大的着陆器，着陆器上装有多种科学载荷。JPL 更宏伟的计划是导航者(Naviga-

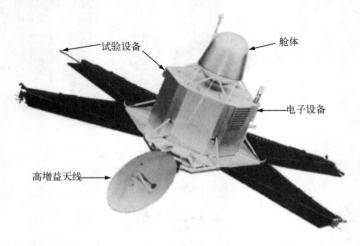

试验设备　　　　舱体

电子设备

高增益天线

"重型"水手 B 飞掠航天器和大气进入探测器

tor)系列探测器，计划探测水星、穿越小行星带飞往木星、与彗星交会并飞向太阳[42]。

2.6　苏联的第一个探测器

苏联的第一个行星际探测计划充满雄心。1956 年，列宁格勒大学首次召开了一个学术会议，回顾了苏联在月球和行星方面掌握知识的现状，并对未来的探测活动进行了规划。在第一颗人造卫星卫星号(Sputnik)发射后不久，在科罗廖夫领导下，曾研制出 R－7(Se-myorka)导弹、卫星号卫星和早期月球探测器的科研团队着手准备了一项新的计划：将在1958 年 8 月，采用 8K72 型运载火箭发射火星探测器(命名为 1 M 探测器)，并在 1959 年 6月发射金星探测器(1V 探测器)。科学院也在行星际轨道的计算上提供了帮助。然而，早期月球探测器所经历的技术难题使得火星探测任务的发射窗口推迟到了更为可行的 1960年 10 月，金星任务则推迟到了 1961 年。同时，还决定改用 8K78 型运载火箭发射。8K78型在 8K71 型基础上改进，带有两个上面级，分别为 I 级和 L 级，后者可以实现足够的逃逸速度。这种火箭随后被命名为闪电号(Molniya)火箭。到了 1964 年，这种火箭开始用于发射地球通信卫星[43-44]。

闪电号火箭，设计源于 R－7(Semyorka)洲际弹道导弹，是 20 世纪 60 年代到 70 年代苏联行星计划的支柱。图片展示的是 1970 年金星 7 号的发射

1 M 和 1 V 探测器采用了三轴稳定的成熟平台，除陀螺仪外，还增加了太阳敏感器和

星敏感器,并且使用了以二甲基肼和硝酸为燃料的双组元发动机[45]。科罗廖夫最初的计划是实现一个复杂的任务,将着陆舱投入到目标天体的大气中,进入大气层后再用一组降落伞进行减速——其中3个探测器去往火星,另外2个去往金星。然而,他却要面对几个重要的难题:由于没有获得过目标天体大气的基本参数的直接数据,尤其是大气成分,气压、密度和温度分布曲线等,因此,工程师们不得不依赖于三个世纪以来通过天文望远镜观测所得出的粗略的估算数据;在火星降落伞的设计过程中,他们选择采用加夫里尔·季霍夫(Gavril Tikhov)所推断的稠密大气密度数据;同时,由于对目标天体星历掌握的不准确,大气着陆舱的投放问题也变得十分复杂,定位误差甚至会大于天体本身的直径!出于对这些不确定因素的担忧,苏联决定发送多个探测器在目标天体5 000~30 000千米的高度上进行飞掠观测,着陆器的着陆任务则被留在了后面。然而,从某些资料来看,在1960年初秋的时候,也就是在预定发射日期前数周甚至更接近发射日期时,由于无法按时完成研制,着陆器的发射任务取消了。例如,随着研制工作的不断推进,他们发现着陆器进入火星大气的特征参数不能直接采用风洞试验或空投试验数据。因此,他们对R-11A探空火箭(以R-11、SS-1b短程弹道导弹为基础)进行了改进,在苏联最早的发射基地——卡普斯京亚尔(Kapustin Yar)实施了5个R-11A-MV的发射,在50 km的高度上对所携带的着陆器开发模型进行降落伞测试。尽管在1962年这些试验完成时,1M着陆器已被取消,但积累的数据无疑对下一代火星和金星探测器的研发提供了非常大的帮助[46-49]。

1M飞掠探测器携带的仪器包含一个磁强计、一个红外辐射计、一个带电粒子敏感器、一个微流星体探测仪、一个相机和一个红外光谱仪,红外光谱仪用来勘察近红外的"辛顿谱段"(Sinton bands),以此推断火星表面黑暗地区的季节变化是否由植被引起。相机安装在一个带有光学窗口的充压隔舱内,其他所有设备都安装在探测器的外面。当敏感器发现火星进入相机的视场时,相机会启动成像序列,特殊的胶片会成像显影,然后对这些胶片进行扫描并发送回地球[50]。

为了减小行星际探测任务的难度,苏联在克里米亚的耶夫帕托利亚(Yevpatoria)建立了"冥王星"测控中心,该系统包含三个大型射电望远镜,可在超过3亿千米的距离上与航天器进行通信[51]。不过,这个测控中心的天线将在1961年1月之后,完成天体射电源校准后才具备使用条件[52]。同时,8K78型运载火箭在1960年1月成功试射了两次,每次采用的都是L型上面级的模拟件。飞掠探测器的工程模样件在1960年8月21日完成了总装,只比发射窗口提前了一个月。随着时间临近,这个探测器"飞行模型"被运往了哈萨克斯坦的拜科努尔发射场(这个发射场实际上位于拜科努尔小镇西南方向几百千米远的地方,在西伯利亚草原秋拉塔姆①(Tyuratam)的铁路交叉叉口)。最佳发射日期在9月20日和25日之间,这是发射能力最大的时段,如果此时发射,探测器飞掠火星的时间将在次年的4月28日左右[53]。由于L上面级在分离轨道上点火时处于大西洋上空,将超出苏联测控网的测控范围,为此还派出了3艘测量船到达公海,对探测器进行跟踪和遥测[54]。不幸的是,

---

① 哈萨克斯坦城市,著名的拜科努尔航天中心就位于此。——译者注

由于发现了许多故障和问题，直到 9 月 27 日也没有开始对探测器的最终测试。事实上，不仅仅电子设备、无线通信系统和科学仪器不满足所规定的要求，探测器在运载火箭的接口方面也存在问题。在进行火星飞掠模拟飞行序列测试时，成像系统竟发生了火灾，于是决定取消整个成像仪器。在错过最佳的发射窗口后，8K78 能够发射到火星的有效载荷质量逐渐减小，但由于成像系统的取消，状况得到了改善，而后来取消光谱仪的决定使情况又有了进一步好转，不过也可能错失了探测生命的机会[55-57]。

第一个 1M 探测器于 10 月 8 日转移上了发射塔架，并于 2 天后发射，预计将于 1961 年 5 月 13 日飞掠火星。不幸的是，发射时的冲击损坏了火箭姿态控制系统的电子元件，发动机在发射 309 秒后停止了工作，探测器坠入了西伯利亚。为了尽量减少发射质量，第二个探测器上取消了全部的科学载荷和发动机，合理的解释是：尽管不能探测到火星的数据，但是通过飞行可以取得行星际远距离通信和行星际在轨任务管理的经验。在第一个探测器发射 4 天后，第二个探测器升空，但由于液氧的泄露，冻住了管路中的煤油，Ⅰ级发动机未能成功点火。如果按原计划进行，第二个探测器将于 1961 年 5 月 15 日完成火星飞掠任务[58-59]。随着时间的推移，发射窗口的关闭，第三个探测器的任务也只能取消了。美国设在土耳其的电子监测站监测到这两次发射的遥测，因此，美国在苏联公开承认这两次任务存在之前，足足提早了 30 年获悉了所有的情况。苏联人在崩溃之前，将在 10 月 24 日再次进行第三次发射尝试，这是对科罗廖夫麾下的米哈伊尔·K·扬格利（Mikhail K. Yangel）所研制的 R-16 洲际弹道导弹的一次检验，但导弹在发射前检修时发生了爆炸，导致现场的工程师、技术人员和政府官员死亡，据报道当时死亡总人数达 165 人，包括战略火箭部队的领导人米特罗凡·伊万诺维奇·涅杰林（Marshal Mitrofan Nedelin）[60]。当时，苏联共产党总书记赫鲁晓夫（Nikita Khrushchev）正在纽约参加联合国大会（就是著名的因赫鲁晓夫脱下鞋子在桌子上用力敲击而知名的那次联合国大会），根据当时一位从他阵营叛变的人员回忆，倘若这次发射成功，赫鲁晓夫将会在联大展示他们的"航天器模型"（据推测应是火星探测器）。现在回顾起来，即使运载火箭都能成功地将探测器送到飞往火星的轨道上，根据其发射前的测试结果，在抵达目标的 7 个月的航行中，根本不会有探测器能一直保持正常运行的状态[61]。

1V 任务原本目的是要在金星表面释放"阴极管状"的着陆舱，但是这个方案很快就被取消，取而代之的是改装火星进入探测器实施金星任务，因此产生了 1VA[62]①。1VA 使用了一个底面直径为 105 cm，高为 2.03 m 的圆柱形压力容器作为电子设备舱，承压为 1 200 hPa。抛物面天线采用一种非常纤细的、几近透明的铜网制成，天线直径为 2.33 m，连接在圆柱舱体上，用来接收地球的指令和发射高速率的数据。探测器具有一对形状规则的太阳翼，最宽处的尺寸为 1.0 m，高为 1.6 m，有效面积为 1 m²。每个太阳翼上安装有一个中增益天线，圆柱体的底部末端还带有一个全向天线。根据内部的温度，利用百叶窗

---

① 需要注意的是尽管 1M 没有留存下来的照片，但 1VA 的照片是公开的，而 1VA 是在 1M 基础上进行改进而成的，因此可以根据 1VA 进行类似推测。——作者注

将主舱内的不同位置暴露在太空中实现温度的控制。探测器的总质量为 643.5 kg。科学载荷包括 1 个三轴磁强计和 2 个磁变仪,两种设备共同对行星际磁场和金星本身可能存在的场进行探测。两种设备安装在全向天线的悬臂上以避免其与探测器本体产生干涉。在三轴稳定平台的对日面上安装了 2 个离子阱,用来搜集太阳风数据。探测器还带有宇宙射线和微流星体探测仪。图中显示在一个太阳翼上还安装了一个小的抛物面反射镜,可能作为红外辐射计进行温度测量[63]。航天器还进行了一项技术试验,以验证不同材料暴露在深空环境下的寿命[64]。星历误差的问题对金星任务来说比火星任务更严竣,金星位置的不确定可能导致 100 000 km 量级上的误差,相当于金星半径的 15 倍。1 VA 的使命是进行金星飞掠,但由于当时完全不了解金星表面的特性(被云层遮盖),因此每个探测器都携带了一个直径为 70 mm 的金属地球仪,如果探测器落入金星的海洋中,地球仪也能漂浮在海面上。每个地球仪都带有一个大奖章,用以纪念这次任务和研制这个探测器的国家。

为期一个月的发射窗口在 1961 年 1 月 15 日打开,但是第一个 1VA 探测器直到 2 月 4 日才进行发射。不幸的是,火箭 L 级的一个变压器发生了故障,这导致无法给 4 个气垫增压火箭提供能源,气垫增压火箭负责在失重状态下为主发动机点火沉底推进剂,因此这个火箭熄火了[65]。这个被苏联简称为"重型卫星"的探测器于发射 22 天后再次进入了大气层。在西方的传言中,这次发射是一次失败的载人宇宙飞船试验,原因是意大利的无线电爱好者阿尔其罗 – 贾巴斯吉克(Judica – Cordiglia)兄弟坚称他们监听到了一个濒临死亡的人(航天员)呼吸困难的信息。

2 月 12 日,第二个 1 VA 探测器在发射窗口即将关闭之前进行了发射,在进入低轨 1 个小时之后,火箭 L 级成功地将探测器发射到了地球以外并成功分离。由于这次任务取得的成功具有里程碑意义,苏联正式将这个探测器命名为"金星"。但随着同系列探测器的陆续发射,这个开路先锋后来再次更名为金星 1 号。探测器进入远日点 1.019AU,近日点 0.718 AU,黄道面倾角为 0.58° 的轨道后,于 5 月 19 日在 100 000 km 的距离上完成对金星的飞掠。耶夫帕托利亚(Yevpatoria)的测控中心在 30 000 km 和 170 000 km 的距离时与探测器进行了通信,发现不仅温控系统发生了故障,姿态控制系统也损坏了,与地面的通信仅靠全向天线完成。尽管发生了这些问题,在 2 月 17 日,探测器还是在距离 1 700 000 km 时再次与地面进行了通信,但在 2 月 22 日的通信中却没有了回应。苏联于是寻求焦德雷尔班克(Jodrell Bank)天文台的帮助,在 3 月 4 日地面的大天线收到了持续 3 个小时的信号,接下来又收到了总计 7 小时的无效信号。苏联还是乐观地在探测器飞掠金星的时间段内对其发送了上行指令,英国记录到了这些信号,并证明只是地球发送的单向信号。在 6 月 10 日,苏联中止了重新建立通信的尝试[66-67]。因此,虽然"金星"是第一个飞掠金星的探测器,但却没能向地球发送任何关于金星数据,这次任务所获得的兆级的数据均是在地球轨道上获得的太阳风数据和有限的磁强计数据[68-69]。事后的调查分析表明,热控系统的故障可能导致太阳敏感器过热,以致姿态失控,进而引起能源和通信系统的相继失效[70-72]。第三个 1VA 探测器却再也没有发射。

尽管如此,1961 年仍然是金星科学研究史上值得铭记的一年。在 4 月 9 日金星下合

金星 1 号的模型。探测器的对地面，高增益天线没有安装。［图片来源：巴尔兹·皮沃瓦罗夫（Basil Pivovarov）］

时，美国和苏联双方团队各自向金星发射无线电波，并对从金星表面反射的回波进行探测。人们惊奇的发现，金星具有非常缓慢的逆向自转。由于雷达测距方法比光学测距方法更精确，因此雷达探测数据提供了一种对天文单位 AU 的数值更精确的测量方法，通过降低星历误差，极大地改善了未来任务的前景。不幸的是，在争先宣布结果的竞赛中，弗拉基米尔·A·卡特尔尼可瓦（Vladimir A. Kotelnikov）率领的团队却被"随机噪声"所误导，他们于 5 月 12 日宣布了 AU 数值为 149 457 000 km，这比美国所用更精确的方法测量的数值小了约 100 000 km。这次事件导致苏联受到了嘲弄："苏联很可能发现了一个新的行星，否则他们的雷达怎么可能连金星都指不准？"更加详尽的分析表明这个距离是（149 598 000 ±3 300）km[73]。人们不知道苏联是否希望利用这个新的消息为金星飞掠的科学成果增加分量，但是对 AU 错误的初步计算结果使其努力毁于一旦。

2.7　第一次成功

当美国第一次试图将航天器送往另一个行星的时候，命运截然不同。半人马座低温发动机的研发挑战着 NASA 的技术能力，其研制进度一直在推迟，在 1961 年的春天，NASA 开始考虑取消水手 A 探测器的 1962 年发射计划，而将力量投入到能力更强的水手 B 探测器上，这样可以赶在下一个窗口，也就是 1964 年发射。与其错过 1962 年的金星窗口，冒着让苏联再次取得一个"首次"从而得到羞辱美国的机会，JPl 提出水手 R 的计划，通过进行一次金星飞掠而获得深空飞行控制经验，探测器可以使用"徘徊者"月球探测器的结构，并携带几千克的科学载荷。水手 R 初步计划花费数百万美元，但同可能获得的科学回报和国际声望相比，这笔花费看起来非常值得。最终，NASA 于 1961 年 8 月 31 日取消了水手 A 计划，由水手 R 取而代之。事后证明，这个决定非常冒险，徘徊者系列的首个探测器与水手 R 在同一个月发射，但没有成功(事实上，这个系列直到 1964 年的徘徊者 7 号才取得了科学成果)。JPL 成立了两个工程组：一个来解决徘徊者的改进问题，使其能够承担行行星际探测任务；另一个来改进阿金纳上面级，使其能够将探测器送入指定的轨道[74-75]。

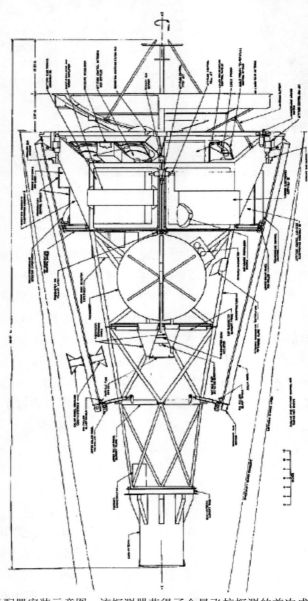

水手 R 探测器设备配置安装示意图。该探测器获得了金星飞掠探测的首次成功。(图片来源：NASA／JPL／加州理工学院)

水手 R 探测器发射准备阶段。抛物面天线收拢于平台的下方，可以看到多个科学仪器，辐射计安装在探测器的背面。（图片来源：NASA/JPL/加州理工学院）

水手 R 的主结构是一个 102 cm 宽的六边形基座，基座上装有两个矩形太阳翼，太阳翼最大输出功率为 222 W。其中一侧太阳翼由 5 810 块太阳电池片组成，另一侧由 4 900 块组成，在其端部装有一个小型聚酯纤维"帆"，使探测器能够在太阳光压下平衡。太阳翼展开时的总翼展为 503 cm。基座中包含姿态控制系统和无线通信系统，另外，基座底部还装有一个直径为 1.22 m 的抛物面天线。基座顶部的锥体桁架用于安装科学探测仪器，并在其顶端装有一个全向天线。这个锥体构架使整个探测器的高度达到了 363 cm。由于高增益天线的窄波束可以直接对准地球，因此水手 R 相比先驱者 5 号大幅降低了信号发射所需的能量，相较先驱者 5 号采用的 150 W 发射功率，水手 R 仅为 3.5 W。基座中心安装了 225 N 肼发动机，以实施轨道修正。探测器总质量为 203.6 kg，有效载荷由 7 台科学仪器组成，质量约为 18.5 kg[76-79]。质量约 10.79 kg 的微波辐射计是最重要的科学仪器，具有一个可摆动的直径为 48.5 cm 抛物面天线，用于测量两个波段上的热辐射量。由于水蒸气只在其中一个波段上吸收能量，因此对比两个波段的数据就可以证明金星大气中的水存在与否。这台仪器是一种四通道简单结构的装置，为水手 A 而特制[80-81]。探测器所携带的第二种辐射计用于测量金星红外波段的热辐射[82]。另一台重要的仪器是太阳等离子体探测仪。这台仪器曾经希望使用由麻省理工学院为水手 A 研制的设备，但由于在截荷入选时其首席研究员正在中国进行访问，于是决定用 JPL 为徘徊者研制的设备进行替代[83-84]。其他的科学设备还有一台微流星体探测仪、一台探测磁波动的三轴磁通门磁强计、一个电离室以及一个带电粒子探测仪。另外，美国天文学家卡尔·萨根(Carl Sagan)非正式地建议探测器应配备相机，从而能够从金星上覆盖云层的缝隙间获得图像，或者得到其他从地球上不可辨别但在金星附近却很明显的细节[85]。任务主要的探测目标是测量温度和微波"亮度"，并尽可能覆盖行星圆面的宽度，理想情况下能够同时包含金星向光面和背光面两边的数据。如果从天体边缘到天体中心，微波"亮度"是一个常数，那么就电离层效应而言，就可以解释在地球上通过辐射线测定得到的金星温度超过 300℃ 的情况；但如果微波"亮度"在行星圆面上是变化的，则将表明金星表面温度是超乎寻常的高[86]。

　　两个相同的水手 R 探测器被运往卡纳维拉尔角发射场，发射窗口从 1962 年 7 月 18 日到 9 月 12 日，持续 56 天[87]。水手 1 号在 1962 年 7 月 22 日发射。但发射后不到 5 分钟，还有几秒钟就与阿金纳上面级分离，宇宙神火箭偏离了预定的轨道，并对大西洋的航运路线产生了威胁，射程安全官不得不发出自毁指令，在其坠入大西洋后探测器信号还持续了几分钟。接下来几个月的事故调查表明，问题出在宇宙神火箭的导航软件上，错误在于跟踪算法原本是采用平均速度计算的，表征"平均"的数学符号是在一个量的上方标注横线，然而，当手写的方程式被程序员录入时，这个小线条却被忽略了。在火箭上升后有四次机会，通过一个天线收到地面站计算的平均速度，但接收设备却处于失锁状态，于是自动导航装置切换到火箭的自主算法上，雷达测量的瞬时速度替代了经过"平滑"的速度。因此，程序对速度上的小变化作出了反应，引入到了动态反馈回路中，结果导致了过校正并使火箭实际轨迹与预定轨道产生较大偏差。这种错误的程序在早期任务中也被装载过，但这次却由于接收天线失锁而导致程序的错误第一次被引入运算中[88-89]。在将近一个月的补充检查和两次发射终止(其中一次仅剩几秒的时间)后，水手 2 号在 8 月 27 日发射。程序上的错误已经找到，但测控跟踪数据流将是不间断的，因此宇宙神火箭不必再引入那段程序了。然而，宇宙神火箭两个微调发动机中的一个却失去了控制，在侧悬助推系统被抛掉后，火箭开始绕滚动轴旋转，一开始还较为缓慢，后续逐渐以恒定加速度加速到每秒旋转一圈，导致结构上受到了额外的力。在约 70 秒后，这种滚动消失了，火箭以近乎完美的滚动姿态飞行。但在燃料即将燃尽时，火箭是上仰的。阿金纳上面级从姿态错误中恢复并到达了停泊轨道，在起飞 26 分钟后，水手 2 号被送入远日点 1.01 AU、近日点 0.68 AU 的太阳轨道。甚至连莫斯科之声电台也对这次成功发射播报了简讯[90-91]。

　　在起初的 4 天里，科学仪器(除辐射计外)被激活开始采集行星际空间环境数据。为获得最优的磁场探测数据，探测器的滚动姿态一直保持到了 9 月 3 日，此时，探测器开始按照指令采用三轴稳定姿态，准备在第二天进行一次速度增量为 33.1 m/s 的轨道修正，使金星飞掠距离从预计的 375 900 km 调整到 35 000 ~ 40 000 km，大约为金星半径的 6 倍[92-93]。这次 109 天的长途旅行确实命运多舛：可能受到微流星体的撞击，探测器先是失去了姿态；随后，抛物面天线上的敏感器跟丢了地球；65 天后，一侧太阳翼功率输出故障，虽然中途功能恢复过，但在 15 天后故障再次发生并且再也无法使用。然而此时，探测器已经足够接近太阳，因此一侧太阳翼的输出就可以支持探测器和科学仪器的运行。故障问题还在继续：一个阀门故障引起了肼燃料贮箱压力异常增高；热控系统发生了故障；数条遥测通道在飞掠前 5 天失效[94-96]。10 月，科学仪器取得了首个探测成果，太阳等离子体探测仪对太阳风进行了详细的分析，不仅证明了太阳风的存在且源自于太阳，而且测量了太阳风速，在大多情况下速度在 400 km/s 到 700 km/s 范围内，但偶尔可达 1 250 km/s 以上[97-98]。在飞行过程中，探测器观测到了几场磁暴，进行了行星际磁场详细的分析。不幸的是，磁强计受到探测器本身严重的干扰，必须在降低的灵敏度下工作，并且其数据随着能源供给的中断而变得越来越混乱[99-100]。当探测器接近金星时，温度问题又引发了微流星体敏感器的故障，在 1 700 小时的运行中仅探测到了两次微流星体的撞击。相比地球低轨航天器的探测结果，行星际环境中的微流星体的量是相当小的，结果显示地球附近的微流星体比深空环境中多 10 000 倍以上[101]。

水手 2 号所携带的最重要的科学仪器就是这台带有极短焦距天线的微波辐射计。其顶端的两个喇叭天线指向深空，用于校准。（图片来源：NASA/JPL/加州理工学院）

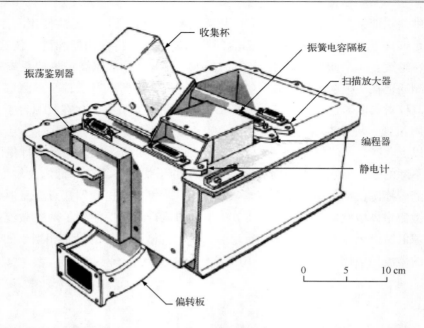

收集杯

振簧电容隔板

振荡鉴别器

扫描放大器

编程器

静电计

偏转板

0　　　5　　　10 cm

这台等离子体光谱仪是水手 2 号上另一台重要的实验设备。等离子体通过左下方的入口进入。这个设备对太阳风进行了首次精确测量。(图片来源：NASA/JPL/加州理工学院)

　　1962 年 12 月 14 日的早晨，由于自动系统故障，地面发出指令对金星飞掠时的科学仪器进行了设置，特别是启动了两个辐射计。探测器在金星赤道面上接近这颗被云层包裹的星球，从背光面飞到向光面，在 UTC 时间 19 时 59 分，与金星最近距离达到 34 800 km，飞掠的相对速度 6.7 km/s，获取了总计 35 分钟的探测数据[102-103]。尽管金星星历存在误差，但辐射计仍然对背光面进行了 5 次扫描(得到平均温度 217℃)，对晨昏线进行了 8 次观测(322℃)，并对向光面进行了 5 次观测(238℃)。这些测量数据表明，金星圆面的微波"亮度"是变化的，可以推断出金星表面温度至少可达 425℃，要比通常所推断的这颗地球"孪生"行星温度要高得多。红外辐射计在南部晨昏线上观测到的温度波动多达 11℃，表明当地存在极不透明的云层或者高山甚至湖泊[104-107]。据此还提出了关于大气成分构成的假说。大气看起来好像充满了二氧化碳，但没有水蒸气，估计金星表面大气压力至少为 20 000 hPa，是地球海平面大气压力的 20 倍。磁强计的探测数据发现金星没有明显的磁场，电离室和等离子体敏感器的数据也支持了这一结论。这也可能是探测器实际上没有穿过金星磁层的原因，但如果磁层是存在的，那么其磁场一定是极弱的，以致于上层大气暴露在太阳风下[108]。最终一项实验测量了从地球发出并被探测器转发信号的多普勒频移。通过交会时探测器被加速的程度可以计算出金星的质量为地球的 81.485%。另外，飞行过程中约 22 000 次的位置测量对金星星历进行了校正，并使接近金星的最近距离处的测量误差为 15 km，这远远好于此前的预计，直到飞掠前几天这个误差还是 1 000 km 左右[109-112]。

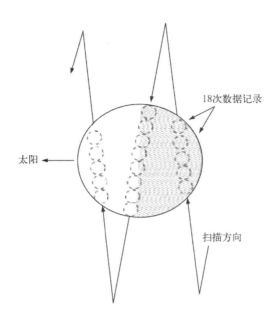

水手 2 号的辐射计对金星圆面进行三次扫描探测的几何关系示意图、包括背光面(右侧)、
晨昏线和向光面(左侧)

水手 2 号在飞过近日点后还持续运行了数天,但由于电子设备过热,遥测于 12 月 30
日丢失,在 1963 年 1 月 3 日,探测器与地面失去了联系,此时,探测器已在太空中飞行
了 129 天,距离地球 8 670 万千米。1 月 8 日,地面发出了 50 条指令但没有收到应答。5
月 28 日和 8 月 16 日又进一步进行了两次搜索,均没有成功[113]。尽管探测数据存在一定
的间断,特别是 12 月 17 日之后的数据,但太阳等离子体探测仪还是在将近 104 天里探测
了大量数据,生成了 40 000 幅以上的光谱,所有这些结果都证明了太阳风的存在[114]。

尽管科学探测成果不多(更详尽的金星红外图像在当时通过陆基天文望远镜可以获得)
并且发生了一系列技术问题,但水手 2 号展示了如何管理和运行一个简单的行星际任务。
水手系列的第三个探测器,计划携带经过改进的微波辐射计于 1964 年发射,却被认为是
多此一举[115 - 118]。以 2000 年的水平计算,水手 R 花费了 1 亿美元。除此以外,还有 4 500
万美元用在了被废止的水手 A 的研发中[119 - 120]。

2.8 2MV 工程

当 NASA 将水手 2 号送往金星时,苏联却遭受了一系列的挫败。1961 年春天,科罗廖
夫的工程师们开始设计一种通用的探测器,命名为"Product 2MV"(Mars – Venera,火星—
金星)。一共设计了四个探测器,两个火星探测器,两个金星探测器,他们将成对飞行,
一个进行飞掠成像,另一个将投放着陆舱[121]。这些探测器的公共平台为 210 cm 长、直径
110 cm、压力 113.3 hPa 的圆柱体标准化飞行系统。圆柱体一端为阿列克谢·M·伊塞维

(Aleksei M. Isayiev)提供的 KDU – 414(Korrektiruyushaya Dvigatelnaya Ustanovka)轨控发动机，燃料为偏二甲肼和硝酸，可提供总计 40 秒的 2 kN 推力。圆柱体主结构的另一端可安装带有科学载荷的专用任务舱或者安装球形着陆舱。在主结构的两侧装有两个面积为 2.6 m² 的太阳翼。太阳翼末端装有半球形散热器，装载用于热控的冷却液。由于百叶窗散热系统的效果不如预期，因此弃用了在 1 M 和 1 VA 探测器上使用的该系统。在圆柱体的一侧，两个太阳翼之间，是一个直径为 170 cm 的抛物面天线，内部为固面，外围为伞状结构；圆柱体上与天线相反的一侧装有半球状的恒星敏感器和其他姿态测量敏感器。还有一组可在 4 个不同无线电波段进行通信的全向天线和中增益天线。除压缩氮气推力器外，姿控系统还配有动量轮，可使太阳翼指向太阳的角度保持在 10° 以内的最佳范围，同时使地球处于高增益天线的波束角内。在所有可展开部件都展开时，2 MV 探测器的外包络可达 3.3 m 高，4 m 宽。在金星任务中着陆舱使用氨散热器制冷，但在火星任务中，热控需求没有那么严格，因此选择使用风扇的空气循环制冷[122 - 125]。

　　1962 年，3 个 2MV 探测器与美国的水手 2 号在相同的发射窗口发射，飞往金星。首先于 8 月 25 日和 9 月 1 日，两个带有着陆器的探测器分别发射，其科学载荷包含一套大气探测仪器、一台伽玛射线计数器，用来对金星表面成分以及是否存在地表水进行初步分析，以及一台设计精巧的液汞开关动作传感器[126]。不幸的是，这一系列探测器的首次发射中，L 级的四个气垫增压火箭发动机中的一个点火失败，导致运载火箭开始旋转，造成主发动机推进剂供给不足，在原定 240 秒点火时间内中断了 45 秒。在第二次发射中，燃料阀没打开。这两次发射，火箭都只进入了地球低轨，之后很快就在大气层中烧毁了。9 月 12 日，第三个飞掠探测器发射后，Ⅰ级火箭的一个微调发动机发生了爆炸，但由于爆炸发生于起飞后爬升段的 531 秒，因此地面还是控制其继续进入了停泊轨道，然而，正当火箭 L 级将要点火前往火星时，氧气泵出现了一个严重的气蚀故障，发动机仅在 0.8s 之后就停止了工作[127]。

　　有趣的是，在 1962 年 9 月上旬，美国媒体报道了一个关于苏联的数个探测器全部失败的传闻，而官方消息却宣布苏联这些发射任务全部成功。当国会议员要求当时 NASA 的负责人詹姆斯 E·韦伯(James E. Webb)就这一事件进行报告时，韦伯披露，除 1960—1961 年的火星和金星探测器外，美国情报机构还对 1962 年所有的发射尝试都进行了跟踪[128]。

　　1962 年去往火星的尝试进展要比金星任务好一些。首次任务的目标是火星飞掠，在古巴导弹危机时进行了发射，这是冷战中最为紧张的时期。在 8K78 运载火箭及其携带的有效载荷已经上了发射台后，又接到采用目标范围可达美国的带有核弹头的 R7 洲际弹道导弹取代 8K78 的命令[129]。因此，当火星飞掠探测器最终在 10 月 24 日发射时，差点引发了严重的国际冲突。在经过一段时间的低轨巡航后，火箭 L 级点火，煤油泵却不幸在 16 秒之后润滑失效，卡住后引发上面级爆炸，爆炸后的残骸至少分裂成 24 片，散落弹道将经过阿拉斯加、加拿大和美国的上空。当美国预警雷达发现时，第一反应就是苏联发动了洲际导弹攻击。幸亏计算机在极短的时间内就对轨迹进行了计算，能够预报出物体的坠落轨道且并无敌意[130]。在 11 月 1 日发射的另一个飞掠探测器也面临着困境。就在发射前 5 小

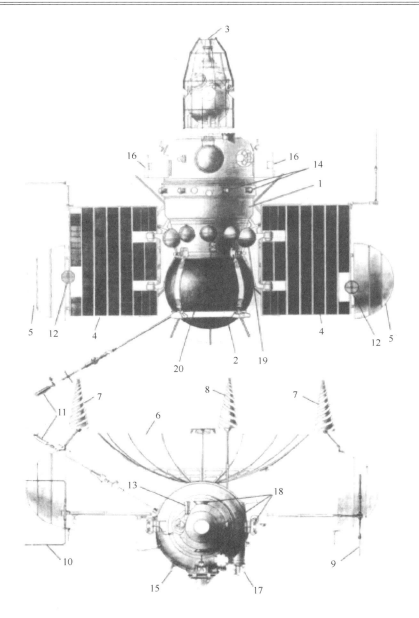

苏联的配备金星大气进入器的2MV-1探测器：1—密封的轨道舱；2—进入舱；3—轨控发动机；4—太阳翼；5—热控系统的散热器；6—抛物面高增益天线；7—低增益天线；8—进入舱引导测试天线；9—测距发射天线；10—测距接收天线；11—应急全向天线；12—天线；13—地球敏感器；14—科学仪器；15—太阳和恒星定向敏感器；16—应急无线电系统；17—太阳敏感器；18—姿控系统推力器喷管；19—姿控系统氮气瓶；20—太阳定向敏感器。（图片来源：RSC Energiya）

时，苏联在塞米巴拉金思克（Semipalatinsk）核试验场引爆了30万吨当量的原子弹，用来研究其产生的电磁脉冲对电子设备和无线设备的影响。这引发了距离西部仅几百千米远处秋拉塔姆（Tyuratam）的大停电。尽管如此，火星探测器的发射还是按计划进行，893.5 kg的探测器成功地飞向了红色星球，并被命名为"火星 1 号"。因为与其一组的探测器将在接下来的几天内马上发射，因此命名的数字就很明确了[131 - 132]。第三个探测器于 11 月 4 日发射，但是剧烈的振动振掉了火箭 L 级发动机系统中的一个连接件，导致探测器滞留在停泊轨道上并且很快坠落。这个探测器携带了一个 300 kg 的火星着陆器，由于当时没有可用的火星大气第一手数据，因此大气进入系统的设计还是使用了天文望远镜观测所推断的物理特性。科学设备可能包括在大气进入过程测量其温度、密度和压力的仪器，探测器可能还携带了探测生命的仪器。即使探测器能够成功地抵达火星，这次任务的进展也不会顺利，因为根据现在所知，火星表面大气压力只有当时所认知的十分之一，最好的情况也仅是探测器以每秒几千米的高速撞击到星体表面，而在此之前可以发回几秒种的数据[133 - 134]。

　　火星飞掠探测器 60 cm 长的压力容器上装有一个红外光谱仪，通过"辛顿谱段"的分析，进行有机物探测；装有一个紫外线光谱仪，用于探测大气中的臭氧；还装有一个成像系统。32 kg 的相机带有 35 mm 和 750 mm 焦距的镜头，其 70 mm 胶片可容纳 112 幅图像。图像可以选择 1:1 或 3:1 的宽高比，并以 68 线(初步估计)、720 线(中)或 1 440 线(高)分辨率发送回地球。胶片也可以记录光谱仪的输出结果。探测器计划在火星不同的光照条件下成像，利用火星自转，完成其大部分表面的覆盖。同时还希望能够对火星的小卫星进行分析，分别是火卫一和火卫二。探测器的外部还安装了其他的仪器，包括一个装有磁强计的悬臂、一组射电天文套件、宇宙射线探测仪、离子和电子探测仪，以及一台微流星体计数器[135 - 137]。火星 1 号刚刚发射，克里米亚天体物理天文台就接收到了足够的轨道数据以计算探测器在天球中的飞行路径。在发射后 24 小时内，探测器已经飞行到了月球轨道的一半，天文台获得超过 350 幅图像，其中包含探测器以及 L 级火箭逐渐变弱并迅速移动的光点[138]。西方对这次任务众说纷纭，认为探测器将会在飞掠月球后返回到地球附近(和 1959 年发射的月球 3 号轨道相似，月球 3 号首次获取了月球背面的图像)或者进入火星轨道[139]。

　　火星 1 号入轨后，测量了地球附近的带电粒子密度。由于探测器发射时接近金牛座流星雨的峰值时刻，因此探测器在发射初期的几天里记录到了数次微流星体的撞击。在第一个月的飞行中，探测器和设在耶夫帕托利亚的地面测控站在 37 个通信弧段内进行了通信，地面发送了超过 600 条上行指令。作为首个飞出地球轨道的探测器，它获得了关于太阳风、行星际磁场以及宇宙射线的第一手数据。尤其是发现了银河宇宙射线的通量比 1959 年所测量的数值高了一倍以上，当时太阳刚刚度过 11 年活动周期的峰值[140 - 141]。不幸的是，就在发射后不久，姿态控制系统的燃料贮箱就发生了泄漏，这意味着探测器迟早将失去调整自身方向的能力。11 月 7 日，探测器利用剩余的气体使自身绕太阳翼的法线方向旋转，速度为 6 圈/小时，使太阳翼可以朝向太阳产生电能。这次动作可以避免一次轨道修正，但同时也意味着相机成像方案不再可行，因为成像系统工作时需要探测器保持一个稳定姿态[142 - 143]。从 12 月 13 日起，耶夫帕托利亚将测控弧段保持在 5 天的周期间隔。1963年 3 月，火星 1 号超过了水手 2 号，在超过 1 亿千米的距离上发回了信号。当 3 月 21 日地面与探测器失去联系时，其距离地球为 1.06 亿千米，距离太阳 1.24AU，已经飞行了目

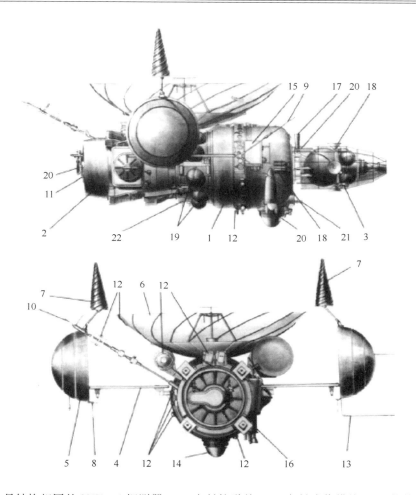

与火星 1 号结构相同的 2MV‐4 探测器：1—密封轨道舱；2—密封成像模块；3—轨控发动机；4—太阳翼；5—热控系统散热器；6—抛物面高增益天线；7—全向天线；8—全向天线；9—测距发射天线；10—应急全向天线；11—成像窗口和行星敏感器；12—科学仪器；13—测距接收天线；14—太阳和恒星定向敏感器；15—应急无线电系统；16—太阳敏感器；17—天线对地定向敏感器；18—姿控系统推力器喷管；19—姿控系统氮气瓶；20—姿态敏感器光栅；21—粗定向太阳敏感器(低精度太阳敏感器)；22—太阳敏感器。(图片来源：RSC Energiya)

标航程的 60%，和地面进行了 61 个弧段的通信[144]。苏联的媒体报道："定位系统出现了故障，导致天线不能准确指向地球，因此在接下来的测控弧段里难以再建立通信"。运载火箭的 L 级将探测器送到了近日点 1.4 亿千米，远日点 2.5 亿千米的太阳轨道上。在火箭发射后，苏联很快宣布探测器飞掠火星的距离将在 1 000 km 到 11 000 km 之间，但由于探测器没能进行轨道修正，因此当 1963 年 6 月 9 日进行火星飞掠时，飞掠距离是 193 000 km[145]。一项调查发现了松香的存在，这是姿态控制系统某些型号的阀门在制造过程中形成的多余物，很可能是这种物质导致阀门失去密封能力，从而使气体发生了泄漏[146]。

　　与科罗廖夫同时期，于 50 年代曾专门致力于研发巡航导弹的弗拉基米尔·切洛梅(Vladimir Chelomei)设计局，也开始研究适用于月球、火星和金星的模块化组件航天器。这个宏伟计划就是广为人知的航天飞机(Kosmoplan)。探测器的推进将使用离子发动机，并配有核动力发电机，使探测器能够逐渐加速并脱离停泊轨道进入深空。在飞过目标星体后，探测器将返回到地球附近，释放一个可以在机场进行着陆的带翼飞行器。虽然这些初步研究在 1962 年就已完成，但当赫鲁晓夫在 1964 年底下台时，这个计划也随之被取消。回顾历史，这个计划当时之所以能够通过，唯一的原因就是切洛梅设计局的团队中包含赫鲁晓夫的儿子[147]。事实上，苏联有着更为雄心勃勃的计划：苏联部长委员会于 1960 年 6 月签署的命令要求研制外太阳系探测器，尤其是木星无人探测器，初步研究表明计划可行，但是这些期望注定只能停留在纸面上了，发展状况甚至不如与其类似的美国领航者计划[148]。

2.9　探测器号

　　1963 年，科罗廖夫团队进行了 2MV 探测器的性能评估以后，对探测器的太阳翼、半球形星敏感器、电子设备、通信系统和姿控发动机进行了改进。新型 3MV 系列探测器的首批型号命名为"探测器"(Zond，俄语意为"探测器")，主要目的是在发射具有更大承载能力的探测器之前，对行星际探测技术进行验证。在 1963 年 11 月 11 日进行了"探测器"系列的首次发射，用于测试通信系统，并为深空导航积累经验。然而不幸的是，在 L 级火箭点火后，没有达到预定的姿态，宇宙 21 号(Kosmos 21，这样命名探测器是为了隐匿真实的任务)停留在了地球轨道。苏联并没有因此退却，决定利用 1964 年 2 月到 4 月间的金星发射窗口再次发射。2 月 19 日，苏联采用改进型的 8K78 火箭发射了一个成像探测器，由于阀门故障造成液氧泄露，煤油管道被冻住，导致任务失败。下一个任务是着陆器。原计划 3 月 1 日的发射日程推迟到了 27 日，但由于 L 级火箭供电不足，探测器作为"常规人造卫星宇宙 27 号(Kosmos 27)"被遗弃在地球停泊轨道上[149-151]。第二个着陆器命名为探测器 1 号(Zond 1)，于 4 月 2 日成功发射，它的定位是"一个自动站，用于进一步开发远距离行星际飞行空间系统"的验证，没有提到其探测目标，尽管分析人士很容易得出其飞行目标是金星[152]。探测任务要解决一些科学问题。探测器主舱携带一个磁强计、一个微流星敏感器、两种带电粒子敏感器、离子肼和用于探测原子氢放射的黎曼—阿尔法光子计数器。着陆器载荷包括大气探测仪器，一个用来测量金星夜空的"灰光"(经常被天文观测者发现，但原因不明)的光度计；一个用来探测表面化学组成和性质的伽玛射线计数器，该设备也通常用来检测行星际空间的宇宙射线。也有人建议携带一台检测微生物的设备，但实际并没有采用[153]。

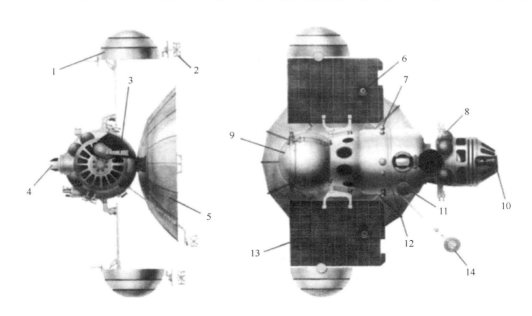

3MV – 1 系列的探测器 1 号配置：1—热控系统散热器；2—低增益天线；3—地球敏感器；4—太阳和星敏感器；5—抛物面高增益天线；6—方向控制敏感器；7—科学仪器；8—姿控用氮气贮箱；9—进入舱；10—轨控发动机；11—太阳敏感器；12—轨道舱；13—太阳电池板；14—磁强计和进入舱测试天线。（图片来源：RSC Energiya）

　　探测器 1 号发射以后，很快就发现由于火箭振动使星敏感器的窗口破裂，进而导致 948 kg 的探测器主舱压力缓慢下降。在任务最初两天建立的通信弧段不超过 25 个，在第一个月建立的通信弧段不超过 60 个。初始轨道偏差非常大，尽管探测器在 4 月 3 日距离地球 56 万千米和 5 月 14 日距离地球 1 300 万千米分别进行了两次轨道修正，其中第二次提供了 50 m/s 的速度增量，但轨道仍然偏离目标 110 000 km。轨道偏差虽然得了一定的修正，但探测器恶化的健康状况使原计划于 5 月 30 日进行的轨道修正被迫取消[154]。最终，当舱内压力降低到 6 hPa 时，主要的无线通信系统发生故障。然而，由于通过地面指令控制探测器 1 号以火星 1 号的模式进行自旋，因此探测器能够继续获取太阳能，并通过着陆器的通信系统保持与地面通信。探测器 1 号一直工作到 5 月 25 日同地面失去了联系，距离 7 月 19 日的飞掠不到两个月的时间[155 - 156]。

　　针对所发生的一系列事故，苏联特别成立了一个调查委员会开展事故调查。所有正在建造中的探测器都要求进行振动试验，并采用 X 射线分析仪器进行焊接的气密性检查。

　　两个完全相同的 3MV 型探测器准备在 1964 年 11 月的火星发射窗口发射。一个探测器迟于预期的窗口于 11 月 30 日发射。8K78 运载火箭成功的把探测器送入远日点 2. 27 亿千米，周期 508 天的轨道。西方观察家曾经猜想苏联会采用转移时间最短的高速轨道，以期望探测器可以在寿命期内到达火星，但是苏联首次采用了与目标对角大于 180° 的转移轨道与目标交会[157]。虽然转移时间会增加整整一个月，但是有利于探测器缓慢的接近目标，到达行星的相对"渐进"速度减少到 3.77 km/s(同比火星 1 号的速度为 3.97 km/s),在最近点达到 5.62 km/s。多年以来,分析家认为这次任务的目标必然是运送着陆器到火星,较慢的交会速度有利于着陆,但是苏联解体后披露的资料表明,任务的真实计划是在距离火星表面 1 500 km 的高度飞掠,在飞掠过程中对火星表面进行拍照[158-159]。鉴于此,苏联有可能是想对着陆器的飞行轨迹进行试验。探测设备包括类似于火星 1 号的红外光谱仪和一个 6.5 kg 的新研相机。相机携带有焦距为 106mm 的镜头,可在 25.4mm 胶片上拍摄 40 幅照片,在轨扫描胶片的最大分辨率为 1100 线。同之前任务一样,极紫外光谱仪将会在同样胶片里记录探测结果[160]。探测器还携带了 6 个磁流体动力学发动机,用于对新型姿控系统进行工程试验验证。发动机由亚历山大·M·安德里亚诺夫(Aleksandr M. Andrianov)的设计局建造,可将固氟腐蚀得到的等离子通过磁场的交互作用加速到 16 km/s,排出到空间后产生几克的持续推力。

12 月 1 日的首个通信弧段表明,一个太阳翼并没有正常展开,这很可能是因为探测器同运载火箭分离后,用来拉动太阳翼展开的绳索中的一个损坏,这加剧了人们对探测器能否在火星之旅中存活下来的怀疑 - 苏联宣布该探测器为探测器 2 号,把探测目标限定为"行星际空间的研究",给人们造成了这仅仅是另一个试验的印象。第二个太阳翼在一连串的发动机点火之后,最终在 12 月 15 日展开,但已经错过轨道修正的时机。三天以后,等离子发动机的两项试验表明,虽然它们按照设计状态正常工作,但工作能力不足以控制探测器的姿态。同时,还暴露出其他问题:例如,探测器上携带的定时器未能成功激活热控系统,在任务开展一个月后,探测器同地面的通信也变得没有规律。据说焦德雷班克天文台在 1965 年 1 月接收到三次信号,但可能是错误的[161-162]。最终在 5 月 5 日,苏联代表团在芝加哥举行的议题为"后阿波罗空间探索"的研讨会上宣布:"来自探测器 2 号的数据传输已经停止,我们已经无法再取得联系"。最终的通信时间无法确定,但有可能是在 5 月 2 日[163-164]。再一次,在 8 月 6 日,又一个失效的苏联探测器掠过了探测目标[165-169]。

2.10　同"小绿人"告别

在 1962 年 5 月 8 日,NASA 终于进行了宇宙神 - 半人马座(Atlas - Centaur)火箭的首次研制试飞,但在 63 秒以后发射失败。爆炸原因归结于宇宙神火箭的隔热问题。在调查爆炸原因的同时,NASA 重新考虑了太阳系探测的进度安排,使得首次水手 B 火星探测任务从 1964 年推迟到 1966 年(但 1966 年的发射窗口后来被取消,因为该窗口用于首次的旅行者任务),金星探测任务推迟到 1965 年。NASA 对充分利用 1964 年发射窗口的两份建议书进行了衡量。第一个建议书来自戈达德空间飞行中心,探测器运送一个着陆舱实现软着陆,在着陆舱下降过程中采集火星大气物理和化学参数数据;第二个建议书来自喷气推进实验室(JPL),探测器命名为水手 C,任务需要一对完全一样的探测器,快速飞掠火星收集原始数据,并对火星表面拍照。探测器质量仅有几百千克,可通过宇宙神 - 阿金纳火箭发射。NASA 从几个方面对建议书进行了评估,包括从科学设备研制角度、任务对发射窗口的最佳利用，以及任务如何能够对未来着陆需要的技术有所贡献等。另一个方面的需求是探测器应尽可能多的使用现有技术，使风险、研制周期和成本降到最低。戈达德空间飞行中心的建议更有吸引力，但是面临着两个难以克服的技术挑战。首先，这个建议包括一系列的关键事件，例如，释放着陆舱，以合适的角度进入火星大气，打开降落伞和实现着陆舱着陆。这些飞行事件之前都没有得到验证，增加了可靠性的问题；然后，这个建议还存在着有争议的伦理问题，他将对火星陆地表面的动植物造成污染。NASA 认为这是"科学的灾难"。当时尚无使探测器无菌化的成熟技术。那时苏联正公开地宣称他们要尽快将探测器着陆到火星的意图，这对美国"孤注一掷"必然有较大诱惑，但在 1962 年末，NASA 宣布将采用 JPL 的两次飞掠任务方案。虽然水手 C 在某些方面类似于水手 B，但质量更轻[170-172]。

为了避免困扰水手 2 号飞行的技术问题再次发生，水手 C 针对深空探测任务进行了优化。八边形舱体带有 JPL 的标识，138.4 cm 宽，45.7 cm 高，装有 10.5 W 通信系统、电池和推进贮箱等设备。轨控发动机类似于水手 R 的发动机，但可能会增加两次点火。发动机可提供 225N 的推力。发动机喷管固定在平台舱体一面的中心位置，他包含四个扰流片用于推进矢量调节。水手 2 号曾采用一个地球敏感器用于姿态确定，但已被证明是不可靠的，而且由于地球更接近太阳，所以地球敏感器无论如何都不适用于飞向火星的探测器定姿。因此水手 C 采用太阳敏感器结合星敏感器指向老人星（Canopus，船底座 α 星）确定姿态，选择老人星是由于其亮度高以及其恰好位于垂直黄道面的位置。水手 C 采用 12 个氮气推力器控制姿态，贮箱存储的气体足够用于 3.5 年的任务。中心结构支撑 4 个折向下的 $6.5 \ m^2$ 的太阳翼，可以在地球附近提供共计 700 W 的功率。在每个太阳翼顶端是推力器和 $0.16 \ m^2$ 的太阳帆，其功能如下：1）稳定探测器，对于规划的飞行姿态来说，探测器本身的构形布局是不稳定的；2）抑制小的姿态扰动；3）用于姿态控制。太阳翼展开后，探测器全长可达 6.79 m。在八边形结构的顶部是质量不到 1 kg 的铝蜂窝高增益天线，形状为长轴 117 cm、短轴 53 cm 的椭圆。由于受到严格质量限制，天线只能采用固定位置的安装方式，其安装位置由飞掠时刻相对太阳（能量需求）和相对地球（通信需求）的关系优化确定。2 m 高带有低增益天线的悬臂，安装在椭圆形盘子的边上。在八边形结构的底下是设备平台，设备平台可以沿着两轴做有限的运动。在标称的交会工作序列中，采用一个广视场敏感器搜索火星，在识别到火星以后，驱动系统转换到跟踪模式，等待火星进入窄角敏感器的视场，然后拍照序列开始工作[173-176]。

利用新型的极轻的粘合结构意味着尽管水手 C 比水手 R 能力更强，但质量只有少量的增加。探测器发射质量为 261 kg，科学载荷质量为 15.5 kg。科学载荷分为两组：不需要精确指向火星的设备安装在本体上，而需要精确指向火星的设备安装在可运动的平台上。最终，在平台上安装的唯一设备是 5.1 kg 的相机，相机装有 4 个可交替的红色和绿色滤光镜，可通过调整使黑色反照特性与赭色火星圆面背景对比度最大化。相机具有一个直径 38 mm、焦距 305 mm 的卡塞格伦光学系统，成像于摄像屏幕上。每个图像转换成 64 级灰度的 200×200 阵列像素图像。当相机视场从天体边缘的当地正午区域向天体晨昏交界的当地日落区域移动时,为了充分利用相机大范围的亮度级别,采用自动增益控制来确保图像至少包括 15 级灰度。容量为 22 帧的磁带记录仪存储摄像机的输出,然后再进行回放,以

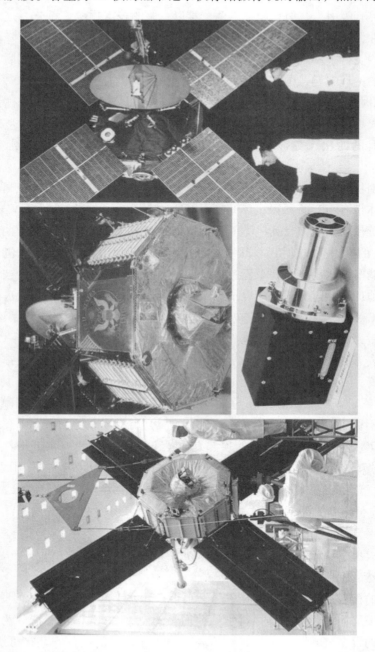

水手 C 探测器发射准备。"太阳帆"仍旧安装在太阳翼上。需要注意的是部分隔热层是黑色的而不是白色的(同水手 2 号使用的一致)。因为尽管黑色比白色会吸收更多太阳热量,但它会工作在更可预示的模式下(实际上,水手 4 号在任务过程中的温度变化几乎都在预示范围内)。图中间是旋转平台和相机。(图片来源:NASA/JPL/加州理工学院)

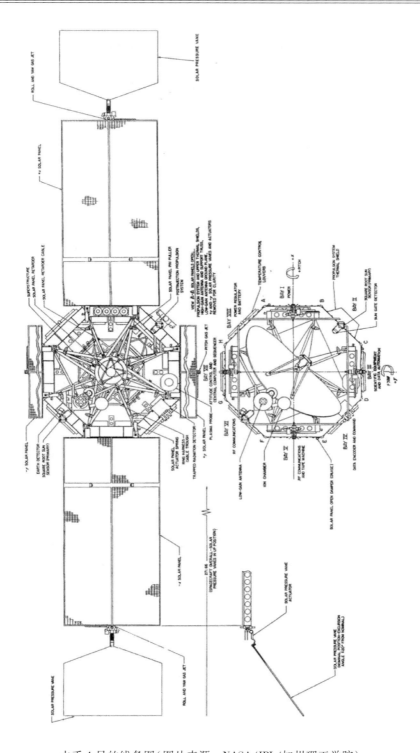

水手 4 号的线条图（图片来源：NASA／JPL／加州理工学院）

8.33 bps 的速率传输到地球(现在看起来非常慢,但这已经是 19 世纪 60 年代中期最先进的技术水平)。每帧图像采集和存储需要 24 秒,传输到地球则要超过 8 个小时。如果和工程数据一起传输的话,会使传输速率降低到每 10 小时 1 帧。尽管如此,这些图像所包含的像素仅仅是徘徊者号(Ranger)拍摄月球表面单幅图像像素的 5%,或者是地球航拍单幅图像像素的 1%。图像都是以短暂的时间间隔成对拍摄,通过交替使用不同的滤光镜,使重叠区域能够实现两色混合。为了测量火星大气成分,曾希望把另一个设备(红外光谱仪或者 3 通道极紫外辐射计)安装在可移动平台上测量大气的组成,结合分布曲线推断出表面的压力。虽然设备的原型机已经建造完成,但是由于研制问题使设备没能按时交付[177-179]。探测器本体携带的设备包括等离子、辐射、宇宙射线和微流星敏感器。为了防护探测器金属结构的干扰,电离室和三轴氦磁强计安装在低增益天线悬臂的顶部,用来测量行星际的磁场,并确定火星是否有磁场。

来自 JPL 的丹·L·凯恩(Dan L. Cain)提出了一个不需要额外设备的独特试验。通过规划火星的飞掠轨道来确保探测器能够被火星所遮挡(掩星),掩星过程中探测器发射的简单无线电载波被折射,采用该方法就能够大致得到火星大气的压力和温度。然而工程师们担忧在任务最关键的阶段无法同探测器通信,该阶段最长可达 1 小时。但是 NASA 也意识到,在发射前的几个月增加其他的平台设备是不可能的。这个巧妙的试验可以既简单又经济的获取火星大气数据,因此得到了认可[180-182]。

在研制过程中,国家科学学会空间科学委员会提高了对这项任务的支持力度,声明由于任务在生物学、物理学和地质学方面的吸引力,火星探测成为 NASA 行星计划的首要目标[183]。两个完全一样的水手 C 型探测器分别命名为水手 3 号和水手 4 号,准备于 1964 年 11 月发射,苏联也采用该窗口发射探测器 2 号。水手 3 号于 11 月 5 日发射,发射后进入地球停泊轨道,阿金纳上面级点火后进入逃逸轨道。然而探测器的遥测表明太阳翼没有展开,蓄电池的电能消耗迅速。人们很快意识到用于保护探测器通过大气层上升阶段的整流罩仍留在原位置上。当地球发送指令仍然无法打开整流罩时,工程师提议可以让探测器一面的轨控发动机短时点火,可能会把整流罩“吹掉”,但是这个方案并没有实施。事实上,由于附加了整流罩的质量,阿金纳上面级无法进入火星目标转移轨道,任务已经失败了。在 8 个小时后,探测器蓄电池耗尽,探测器被遗弃在 0.983 AU 至 1.311 AU 的轨道上。JPL 发起了事故调查,仅过了几天就找到问题的根本原因。为了减轻质量,NASA 决定整流罩采用蜂窝结构的玻璃纤维取代金属,但是并没有进行充分的试验。特别地,当运载火箭飞行在大气层外,整流罩内部和未放气的蜂窝单体之间的压差使内部壳体开裂,导致整流罩的释放机构卡滞。在两周内,一个比原整流罩略重的镁制整流罩准备完毕。整流罩在通过试验 24 小时以后,被安装在发射第二个探测器的宇宙神 – 阿金纳运载火箭上[184]。

水手 4 号在 11 月 28 日离开地球,进入快速转移轨道,该轨道将在距离火星 246 378 km 时通过火星。通过对轨道的设计,使未经杀菌处理的阿金纳上面级到达火星的可能性降低到最小。探测器在 12 月 5 日进行了轨道修正,使探测器可以在距离火星 9 600 km 时经过火星,并实现所预期的无线电掩星。在轨道上,探测器既不能进入火星的阴影(在关键时刻会导致断电），也不能遮挡老人星的视场（姿控需求），而且还要确保星敏感器不能被火卫一或者火卫二所干扰。实际上，探测器的轨道必须不得接近火星任何一颗卫星 6000 km 以内[185]。

待发射和发射中的装载命运多舛的水手 3 号探测器的宇宙神 – 阿金纳运载火箭

　　尽管电离室在 1965 年 2 月发生故障，并且等离子敏感器的一个组件故障使数据降级，但探测器仍然可以在 8 个月的行星际飞行过程中开展观测。观测发现虽然太阳黑子处于 11 年活动周期中的最小年，但仍同不活动时差异较大，在观测周期内太阳耀斑达到不活动时的 20 倍。然而，姿控系统发生了问题。可能是因为探测器脱落的隔热材料碎片的反光干扰了星敏感器，老人星敏感器用了 2 天时间才识别到目标星，而且在 12 月份两次丢失目标星，最后以观测到了天社一（gamma Velorum，船帆座 γ 星）告终。为了避免探测器在飞掠过程中采用特定姿态拍摄火星时发生类似的问题，决定提早在 2 月打开相机盖，并将平台转动到合适的方向[186]。人们最初希望拍摄火星大瑟提斯高原（Syrtis Major），但由于与掩星实验需求相矛盾而无法实现，实验要求探测器在飞掠火星时刻，火星必须位于用来监视掩星过程的加州金石天文台大天线水平面以上。随着这个历史性飞掠时刻的临近，天文学家利用天文观测，监测火星被拍照地区的气象条件，来提供任务支持。例如，法国天文学家奥杜安·多尔菲斯（Audouin Dollfus）观测到在火星塞壬海（Mare Sirenum）和法厄同迪斯（Phaetontis）地区覆盖有"白云"[187]。

　　在 7 月 14 日，地球发送指令开始起动修改后的交会事件序列。相机和记录仪加电。在 UTC 时间 7 月 15 日 00 时 18 分，探测器在距离火星 17 600 km 开始拍照，持续到 00 时 43 分，此时距离火星接近 12 000 km。接近火星最近点发生在 01 时 01 分，距离火星为 9 846 km，相对速度为 5.12 km/s。一个半小时以后，从地球上观测到探测器飞到火星后沿边缘的背面，位于伊莱克特里克(Electris)和克罗尼乌姆海(Mare Chronium)区域上方 (55°S，177°W)，当地已进入深夜；54 分钟以后探测器飞过前沿边缘，在阿西达里亚海 (Mare Acidalium)(60°N，34°W)的上方，当地正是黎明时分[188]。无线电掩星数据提供一个令人震惊结果：在珀西瓦尔·洛厄尔时代，人们认为火星大气的主要成分是氮气，火星表面压力 87 hPa，温度接近冰点；但是水手 4 号发现火星大气层极其稀薄，在进入过程表面大气压力估计为 4.5~5 hPa，飞离过程表面大气压力约为 8 hPa(这个值主要取决于大气成分，探测器没有装备探测大气成分的设备)。在 1962 年，气球携带望远镜在地球主大气层外对火星进行了观测，获得了类似的表面压力值，但是所推测的压力只能表示二氧化碳的分压力，而二氧化碳成分仅占火星大气很少一部分，剩余部分是氮气，很难被检测。水手 4 号探测得到的是火星大气的总压力，因此推测火星大气主要成分是二氧化碳[189](在 1967 年的火星冲日，一项采用光谱结合水手 4 号的掩星数据的天文观测研究，确定火星平均表面压力为 5.2 hPa[190])。火星表面比预期的更冷，可达到 -100℃。现在看来显而易见的是，即便早期苏联的着陆器或者水手 B 探测器在行星际飞行中幸存下来，但他们的降落伞也不会起作用。着陆器需要配备制动火箭系统，人类需要穿上笨重加热的压力服。在掩星过程中，探测器也得到了电离层的电子密度分布[191-192]。

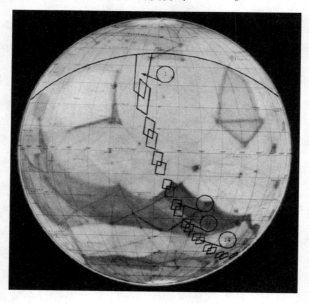

洛厄尔天文台的 R·W·卡德尔(R. W. Carder)和 E·C·斯莱弗(E. C. Slipher)采用望远镜观测得到的火星地图(包括"水道"网络)同水手 4 号在飞掠过程中拍照的区域进行叠加。用弧形标记出探测器视角的火星边缘。四幅带有数字序号的帧显示在下一幅图中

7 月 10 日到 20 日的多普勒跟踪测量使火星质量的测量精度提高了一个数量级[193]。在掩星过程中对火星的尺寸进行了测量。事实上，人们曾经认为火星表面是非常平坦的，但出乎意料的是，在进入和飞离过程中火星半径相差 5 km，表明火星表面存在较大的高度差[194-195]。虽然交会过程的几何关系并不适合测量微弱的火星磁场，但磁强计测量出火星磁场强度的上限为地球磁场的 0.03%。粒子敏感器没有检测到俘获辐射[196]。因此，大气层的较高位置暴露在太阳风之下。

在掩星过程结束 8.5 小时以后，水手 4 号开始从磁带记录仪中转发图像。长久的数据等待是令人沮丧的，JPL 官方努力去缓和人们想看到火星"水道"特写照片的高涨期望；报刊特意发表了通过望远镜观测的"模糊"的月球图像，为了表明人们所期望火星图像的最高分辨率也可能如此；工程师担心的是，遥测中发现的迹象表明，由于磁带记录仪出现了故障，部分照片数据会被擦除。然而，JPL 的主任威廉·海沃德·皮克林（William Hayward Pickering）谨慎地向记者证实，"我们所尝试给出的每一个解释都说明我们得到了一些照片"[197]。实际上，除了一张 21 线的图像以外，得到了 21 张完整图像，共覆盖了约 1% 的火星表面。探测器轨迹从 37°N，173°W 开始，向东南方向到达南半球，穿过晨昏交界线，最终在 50°S，255°W 的当地夜晚结束。

第 1 幅照片显示了火星边缘 365 km 的弧线，探测器距离表面 17 600 km 拍摄。照片中出现的与火星边缘平行的明亮光晕十分令人费解。这给人一种厚厚的雾霾的感觉，但是在这样稀薄的大气层中是不可能出现的，特别是在地球观测者们的报告中从没有出现过这种迹象。这可能是光学系统的反射或者是成像系统的故障导致，但是通过地面试验表明出现这样的图像错误说明相机彻底地坏了，但这是不可能的。第 3 幅照片（曾经修正过对比度，以减少顶部附近太阳的影响）可以辨别出地形地貌，但是只有和第 7 幅照片一起才能展示出基本特征：大大小小的撞击坑。第一批的 7 幅照片覆盖了亚马逊（Amazonis）和泽菲里亚（Zephyria）的明亮区域。接着的 6 幅照片是在黑暗中的倾梅里乌姆海（Mare Cimmerium）和塞壬海（Mare Sirenum）。第 11 幅照片成为本次任务最著名的一幅照片，由于亮度条件和观测时的几何关系，每个像素的分辨率可达 1.4 km，使它成为这个系列照片中分辨率最高的一张。这张照片展示出位于 33°S，197°W 的一个直径 150 km 撞击坑，撞击坑侧面是一些较小的撞击坑。在发现了这个大的撞击坑之后，国际天文联合会把它命名为"水手号"。由于相机视场接近晨昏线即将进入夜晚，而且多尔菲斯也报道该地区为多云天气，因此到第 12 幅照片的画面质量开始下降。科学家解释说第 14 张照片的黑暗条纹是云的阴影，估计云的高度为 3.5 km。当相机视场越过明亮的法厄同迪斯（Phaetontis）地区接近晨昏线时，相机增益增加了曝光时间，来补偿逐渐减弱的光照条件，但是并未成功，导致第 17 张照片非常黑，到了第 19 张照片，相机视场进入黑夜的火星半球。相机共计拍摄近 300 个撞击坑，直径从 5 km（同相机的分辨率相当）到 150 km[198-201]。

大撞击坑的出现引发了人们的思考：在地球上是否曾经观测过火星的大撞击坑。事实上，在 1892 年近日点冲日"视宁度"极其清楚的时刻，威廉·亨利·皮克林（Willian Henry Pickering）在"水道"的交叉位置观测到一些小黑点。与此同时，爱默生·E·巴纳德（Emerson E. Barnard)宣布在火星发现一些小的黑色圆点。在1950年，克莱德·汤博(Clyde Tombaugh)推测火星曾经遭受过巨大的撞击，而黑点实际上是撞击的位置，"水道"的轨迹由于被撞击产生了断裂[202]。拉尔夫·鲍德温(Ralph Baldwin)和E·J·奥皮克(E. J. Opik)各自独立提出类似的想法[203-205]。地面望远镜是否曾经观测过火星撞击坑的问题自从提出以来就没有得到解答，甚至一直到哈勃天文望远镜都无法解决[206]。

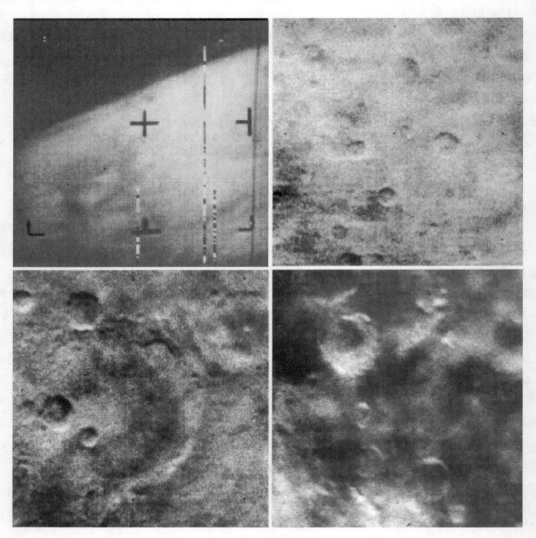

部分水手4号照片。照片1(左上)拍摄于1965年7月15日00时18分31秒1(世界时)；它展示了带有阴霾迹象的火星边缘影像，因此未来探测任务将要证明灰尘悬浮在大气层里，在这幅照片中照片完全和它的校准标记绘制在一起。照片9(右上)清楚的显示出撞击坑的存在。照片11(左下)是最著名的最高分辨率的照片，在细节显示上可达1.4 km。有一条特别明显的直线对角地穿过下方的150 km撞击坑的一半，猜测可能是"水道"的痕迹。后来为了纪念探测器，撞击坑被命名为"水手号"。照片14(右下)中的几个撞击坑显示出白霜的痕迹

虽然水手 4 号拍照的轨迹穿过了一些"水道"的线，但由于没有整体性的证据或者说几乎没有证据，很多人仍坚持"水道"是光学的错觉：埃里克·伯吉斯（Eric Burgess）在分析图像时，注意到第 11 张照片中穿过大撞击坑的一对平行线，它们接近一个"水道"的位置，他解释说这是下陷的"地堑"或者"裂谷"的地带[207]。

在水手 4 号拍照的 26 分钟和掩星过程的 54 分钟内，任务颠覆了几个世纪以来通过地面望远镜对火星的研究。不仅火星大气层比预期的更加稀薄，而且发现火星表面更像月球而不是地球，这是一个令人震惊的巨大发现。通过水手 4 号测量得到的基于表面压力的物理模型表明，极区冰盖是由冰冻的二氧化碳组成而不是水冰，这使火星存在生命的可能性有所降低[208]。新形成的简化模型主导了后来的几十年的思想。主要包括以下五点：

1）火星地质史（在某些方面）同月球的更加类似，而不是地球；

2）火星的坑是由于撞击而形成的，事实表明撞击率同月球比较类似，因此说明火星表面的年龄在 2 ~ 5 亿年；

3）火星坑存在的状态表明，大气层从未发挥明显的腐蚀性作用，因此火星大气一定一直非常稀薄；

4）通过对火星表面 1% 区域的探测，缺乏除撞击坑以外的地形结构并且没有磁场，说明火星从来没有经历过大尺度的地质活动；

5）虽然水手 4 号不能证明火星上曾经存在过生命，但以上四条均不支持生命存在的可能[209]。

凯伊·戴维森（Keay Davidson）以一个科普作家的口吻这样描述，1965 年 7 月 14 日发生在美国时区的飞掠，这可以称得上是火星生物学的巴士底日①[210]！

为了能够找到解释第 1 张照片中火星边缘明亮特征的证据，并且可以更好的校准后续的照片，相机在 8 月 26 日重新开机，拍摄了 11 幅太空的照片，随后重新回放其中 5 幅[211-212]。结果表明光学或者成像系统性能均没有退化，照片中的效果是真实的火星大气现象。未来任务将会表明，这是火星大气中悬浮的尘埃导致的结果。

在飞掠后的几个月，地面保持同水手 4 号的常规通信。从 1966 年 3 月到 1967 年初期，通信变成间断性的；1967 年的 7 月，它的轨道距离地球 5 000 万千米以内，通信再次开始连续。轨控发动机点火一秒钟进行发动机测试，对第 16 和第 17 幅照片进行回放来评估磁带记录仪是否已经退化，并且又额外拍摄了太空的照片。在 9 月和 10 月，探测器穿过了两股流星。第一次，水手 4 号可能距离失踪很久的周期彗星 D/1895Q1 Swift 的彗核 2 000万千米，并穿过它的碎片，流星敏感器在不到 15 分钟内记录了 17 次撞击。第二次，当探测器距离狮子座流星群仅 1 050 万千米时，检测到大的滚动扰动。在前一年，狮子座流星群产生了二十世纪地球上最强的流星雨。在 12 月 7 日，探测器已经耗尽了姿控用的氮气，因此扰动很可能不是由于流星撞击产生的[213-214]。值得一提的是，安装在太阳翼末端的小

①　巴士底日，又称法国国庆日，是每年的 7 月 14 日，以纪念在 1789 年 7 月 14 日巴黎群众攻克了象征封建统治的巴士底狱，从而揭开法国大革命序幕。——译者注

"太阳帆"被证明是无效的:太阳辐射光压造成的干扰是可以忽略的,其所产生的姿控力和力矩要小于气体通过氮气推进器缓慢泄漏所造成的扰动。作为这项发现的结果,水手 4 号是最后一个配备"太阳帆"的深空探测器。在 1967 年 12 月 31 日,地面进行了同水手 4 号最后的通信,当时的轨道与最初的轨道类似,范围在 1.107AU 到 1.561 AU 之间[215-216]。抵达火星的"水手 C"任务成本相当于 2000 年的 3.7 亿美元[217]。

2.11　科罗廖夫的最后探测器

两个 3MV 型成像航天器计划于 1964 年火星探测器发射窗口发射,但由于时间推迟以及技术问题,只有探测器 2 号发射升空。第二个 3MV 型探测器(探测器 3 号)于 1965 年 7 月 18 日发射,用于验证探测器 2 号失败后对探测器的改进,并完成对月球背面的初步勘察(月球背面的勘察始于 1959 年的月球 3 号)。959 kg 的探测器 3 号进入的太阳轨道飞行距离足够远,可以验证其改进系统的持久能力,根据设计的转移轨道,探测器在 33h 后飞到月球附近,从 11 570 km 的距离拍摄 25 张快照。图像一直存储到探测器飞行至 2 百万千米时,传输回地球。探测器经过一次轨道修正,从 3 100 万千米的距离再次传输图像。为进行长距离的通信系统的测试,第三次图像传输将在更远的距离进行。在 1966 年 3 月探测器失去联系时,探测器 3 号已飞行超过 1 亿 5 千万千米。具有讽刺意味的是,这可能是 2MV 或 3MV 型探测器执行的唯一一个有意义的拍照任务[218]。

在本次成功飞行的基础上,4 个 3MV 型航天器准备在 1965 年 11 月的金星探测窗口发射。任务采用了几个已制造完成打算用于去年火星探测的航天器,对这些航天器进行了适当的修改。其中两个探测器用于飞掠探测,另外两个探测器进入金星大气并释放着陆器。同他们前身"探测器"(Zond)的主要区别在于取消了试验用的姿控推力器。前两个探测器金星 2 号(成像任务)和金星 3 号(着陆器)分别于 11 月 12 日和 11 月 16 日成功发射。第三个探测器在 11 月 23 日发射,发射 528 秒后出现问题,运载火箭的 I 级推进剂泄露,造成了燃烧室爆炸。虽然探测器能够进入低轨轨道,但故障使 L 级的构型变得不稳定,从而无法进行"逃逸"点火。该探测器被命名为宇宙 96 号(Kosmos 96),以同成像探测器或者着陆器区别开来。在发射塔架发生问题后,11 月 26 日第四个探测器的发射被取消,在运载火箭准备好之前,发射窗口已经关闭[219-220]。在飞行途中的几个探测器里,金星 2 号非常类似于探测器 3 号,但安装了一些新研的或改进的设备,包括用于测量金星大气和表面温度的红外辐射测量仪,以及同探测器 1 号上非常类似的莱曼-阿尔法光子计数器。金星 2 号也携带了已经在探测器 3 号上验证过的成像和通信系统。金星 3 号采用 337 kg、直径 90 cm 球形舱取代设备舱。球形舱携带有同探测器 1 号一样的科学载荷,在利用降落伞降落后可以在 5 000 hPa 的压力下生存[221]。

当通信建立时,在当时的转移轨道上,金星 2 号将飞掠金星光照半球上空,距离金星表面小于 40 000 km,成像条件非常理想,因此取消了可选的轨道修正。金星 3 号如果不改变轨道,将在飞掠时距离表面 60 550 km,因此,在 12 月 26 日,金星 3 号进行了速度增量为 21.66 m/s 的轨道修正。在地面与金星 2 号通信的 26 个弧段和与金星 3 号通信的 63 个弧段中，共计获得约 1 300 个距离测量数据，5 000 个速度测量数据，7 000 个天体位置测量数据，并且确定了金星 3 号将撞击金星的坐标位置计算误差为 800 km[222]。

在 UTC 时间 1966 年 2 月 27 日 02 时 52 分，金星 2 号飞掠金星时距离大约 24 000 km。在获取科学数据和图像后，探测器恢复到标称姿态，并将数据发送到叶夫帕托里亚（Yevpatoria），但地面没有接收到信号，到了 3 月 4 日，地面放弃了通信连接。实际上，在探测器开始执行飞掠工作序列之前的最后一个测控弧段，遥测表明压力舱的内部温度急剧上升。为了确定探测器上的状态，地面发送指令让探测器打开所有设备，但并未得到响应[223]。因此探测器很有可能采集到了数据，但无法将其传回地面。与此同时，在出现严重的热控问题以后，金星 3 号在 2 月 16 日和地面失去了联系。在 UTC 时间 3 月 1 日 06 时 56 分，它在靠近晨昏线的黑夜中穿入大气层，成为第一个到达另一个行星表面的人造物体。一种说法认为它的"着陆点"坐标约为 0°N，160°E，但另一种说法认为，它落在 20°S 和 20°N，60°E 和 80°E 之间的区域。同之前的苏联行星着陆器一样，金星 3 号已经进行了杀菌处理，以免地球微生物污染太阳系[224]，并且携带了一个类似金星 1 号的地球仪，以表明其源自哪个星球。金星 2 号和金星 3 号同探测器 1 号一样，在莱曼 – 阿尔法谱段观察太空，结果表明朝向银道面的辐射在增加[225]。他们还收集了行星际磁场、宇宙射线、太阳风和微流星体中的带电粒子等数据。金星 3 号探测的粒子数据于 1965 年 12 月 3 日终止发布，而来自金星 2 号的粒子数据则一直发布到 1966 年 1 月 25 日[226]。对于两个显然已经因为热应力而失灵的探测器而言，当热调节系统的散热器涂抹了黑白漆时，可能就已经犯下了错误[227 – 228]。

虽然苏联比 NASA 更加重视（也许还有更多的资源用于）太阳系探测（截至 1966 年，发射行星探测器的数量为 17 比 5），但苏联仅获得一次完全的成功，即探测器 3 号，而且这也仅是一次工程试验的飞行，实际上并没有与任何一个行星交会。与此同时，NASA 尽管受到运载火箭能力略小的制约，但却从更高的工程可靠性中受益，对金星和火星都开展了勘察[229]。

在 1965 年 4 月，科罗廖夫认识到他所领导的设计局已不堪重负，设计局不仅承担月球和行星探测器，而且还包括在地球轨道的载人飞行任务，以及在载人月球上击败美国的项目。因此，科罗廖夫将深空探测的职责移交到新重组的拉沃奇金设计局，该设计局归属于格奥尔基·N·巴巴金（Georgi N. Babakin）领导。因为第一个探测器为探测火星所设计，因此巴巴金将其命名为 1 M。不巧的是，它是科罗廖夫的第一个探测器的名称。1 000 kg 的 1M 探测器计划于 1967 年 1 月由 8K78 运载火箭发射，并释放一个进入舱采集大气层中的原位数据，而平台舱进行飞掠。当考虑到水手 4 号的成果而对探测器进行重新设计时，科研人员意识到即使采用改进的降落伞系统，进入舱可在进入大气层 25 秒内到达行星表面，但设计的码速率为 1 bps，在这种条件下仍然没有足够的时间返回有用的数据。这样的通信系统对于在下降过程中生存下来的探测器会是有效的，但很明显，着陆器将还需要一个制动火箭，但这会大大增加总质量。在研究了基于 3MV 型探测器的技术进行着陆器设计的可行性之后，并且另一个金星任务也要采用该技术，于是拉沃奇金在 1967 年 10 月决定，探测器将进行全新的设计[230-231]。

　　同时，在 1966 年 1 月 14 日，科罗廖夫在常规的结肠手术过程中去世。

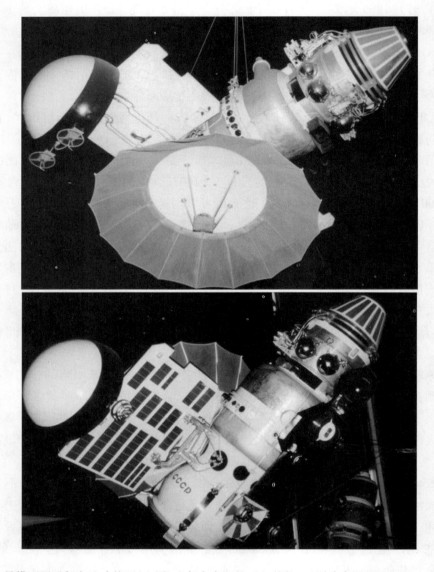

金星 3 号模型展示朝向地球的面(上图)和朝向太阳的面(下图)。(图片来源：Dominique Moniez)

2.12　太阳探测器

　　在 1958 年，艾姆斯研究中心(Ames Research Center)开始了深空探测器的研究，探测器用于探查受地球影响却没有偏移的太阳风。在 1962 年 11 月，NASA 已经认识到有必要评估阿波罗任务去月球冒险带来的辐射风险，于是批准了该项目。NASA 也渴望再建立可以开展深空知识研究的机构，能够同 JPL 相匹敌（JPL 是一家独立机构，同 NASA 为合同关系）。汤普森、拉莫和伍尔德里奇空间技术实验室（Space Technology Laboratories of Thompson, Ramo and Wooldridge, TRW）接到合同，建造围绕太阳飞行的五个小型航天器，飞行轨道类似于地球的公转轨道。这些太阳探测器使用曾用过的名字，临时命名为先驱者 A 到先驱者 E。他们采用小圆柱体结构，高 89 cm，宽 94 cm，侧面表贴有太阳能电池片。内部平台装有电子设备、科学仪器和氮气贮箱，并支撑一个 152 cm 长的管状高增益天线，天线末端装有一个全向天线。一组三个的 165 cm 长的悬臂从平台的边缘伸出来，第一个携带磁强计，第二个携带氮气姿控推进器，第三个作为配重。探测器以每分钟 60 转的速率自旋保持稳定，所携带的太阳敏感器将确定其轴线的指向。科学有效载荷套件为 12.7 kg，包括一个三轴磁通门磁强计（能旋转 180°用于校准），两个宇宙射线检测器和一对太阳风离子敏感器（即，静电球面传感器和一个法拉第陷阱敏感器）。此外，还有一个在地球和航天器之间的简单的无线电波传播实验，测量沿着视线方向的电子密度。为这个实验安装的小天线还可以测量电场。每个轻型探测器是由增强型的雷神 – 德尔它运载火箭发射，运载火箭增加了三个固体推进捆绑式火箭[232 – 233]。

第一个探测器命名为先驱者 6 号，于 1965 年 12 月 16 日发射，轨道距离太阳（地球轨道内侧）1.47 亿千米到 1.21 亿千米之间；然后先驱者 7 号在 1966 年 8 月 17 日发射，轨道介于 1.69 亿千米至 1.5 亿千米（地球轨道的外侧）之间。这两个探测器质量均为 63 kg。先驱者 8 号质量稍大，为 65.3 kg，在 1967 年 12 月 13 日发射，轨道介于 1.63 亿千米和 1.48亿千米之间。先驱者 9 号质量更大一些，为 66.6 kg，于 1968 年 11 月 8 日发射，轨道介于1.48 亿千米和 1.12 亿千米之间。后来的先驱者 8 号、先驱者 9 号都增加了宇宙尘埃探测仪。1969 年 8 月 27 日发射的先驱者 E 由于运载火箭发射失利而失败。在停泊轨道上，最后的三次任务释放了小型试验（Test and Training, TETR）卫星，用来测试为阿波罗登月计划开发的跟踪系统。尽管先驱者号对于公众来说很低调，但却取得了巨大的成功，每个探测器都超过了半年的设计寿命，他们共同开创了黄道面行星际介质特性探测的先河[234]。作为额外的好处，探测器的精确跟踪提供了测定日地和地月质量比的可靠方法[235]。

先驱者 6 号一直到 1966 年 4 月都在连续监测太阳风，然后改为间断性测量，绘制了太阳风的细微结构，包括磁场的变化、等离子体不连续性等。1967 年 1 月 28 日，从地球对先驱者 6 号、先驱者 7 号同时进行了三角测量，确定了太阳耀斑活动的大体位置。在1968 年 11 月 21 日至 24 日，先驱者 6 号经历了掩星过程，使其成为第一个从太阳背后经过而被跟踪的探测器。由于太阳的干扰降低了探测器与地面通信的信噪比，从而无法获取有效数据，但这种观测探测器载波受到影响的方式，提供了对日冕进行研究的手段[236 – 240]。1969 年 4 月，探测器探测到的太阳扰动导致了北极所有的无线电通信中断。1971 年，先驱者 6 号与先驱者 8 号处于正相对的位置。1972 年 9 月，当先驱者 7 号与地球相合并距离 3.12 亿千米时，与地球建立了通信[241]。在 1973 年，先驱者 8 号采集到科胡特克（Kohoutek）彗星附近沿着视线方向的数据，先驱者 6 号同样靠近了彗星的离子尾，距离彗核约 1 亿千米[242]。1977 年，先驱者 7 号和后来的先驱者 8 号，穿过地球磁尾(部分磁层被太阳风"吹"向下游的区域)，并在距离 1900 万千米外开展采样工作。在 1982 年 10 月，先驱者 8 号和先驱者 9 号彼此距离在 240 万千米范围内(先前这样的探测器最接近的交会距离为 1 300 万千米)，利用这个交会重新校准了先驱者 8 号的等离子仪器，该仪器曾在发射不久后受损。在 1986 年 3 月 20 日，先驱者 7 号进入距离哈雷彗星 1 210 万千米的范围(0.08 AU)，标志着美国的探测器与闯入内太阳系最有名的不速之客最近的一次接触。先驱者 7 号测量到彗星的物质流量是如何对太阳风造成干扰的[243-244]。最令人惊讶的是，这四个航天器继续工作了几十年。先驱者 9 号最后一次与地面通信是在 1987 年 3 月 3 日。先驱者 7 号在 1991 年 2 月仍然能够发回宇宙射线探测仪和等离子分析仪的数据(实际上，它提供了有关材料和敏感器在空间环境里如何随着时间而退化的信息)。先驱者 7 号最后一次与地面通信是在 1995 年 3 月，先驱者 8 号最后的通信是在 1996 年 8 月 22 日。1996 年，先驱者 6 号的主无线电系统发生故障，由于进一步提供任务支持的成本过于昂贵，NASA 宣布探测器任务于 1997 年 3 月 31 日结束[245]。然而，为了用于艾姆斯研究中心月球探测者探测器的训练课，部分设备在几个月后被重新激活。最近的一次通信在 2000 年 12 月 8 日，为了纪念其发射 35 周年。先驱者 6 号的长寿命可能很大程度上要归功于一个事实：它没有星载计算机[246-248]。

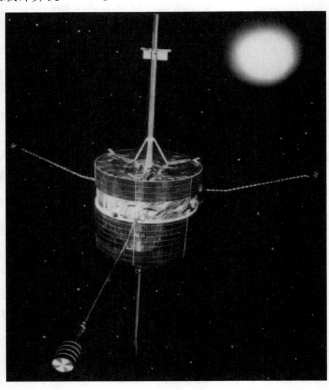

先驱者号太阳风探测器在轨道中示意图

在 20 世纪 60 年代中期，NASA 曾与麻省理工学院合作一个名为"太阳探测器"（Sunblazer）的项目。当时的想法是设计一个非常小的探测器（最初的目标质量为 4.5 kg），通过廉价的固体燃料火箭送入轨道，使其能够在每年的同一时间到达 0.53 AU 的近日点，同时出现在上合位置。当靠近太阳时，探测器的双频无线发射机将以 500 W 峰值功率进行广播，地面接收站测量线极化无线电波的旋转，用来研究太阳磁场，确定日冕的电子密度，并采用编码信号来精确测量无线电波沿着视线方向的"飞行时间"。初步构想的探测器为圆柱形舱体，使用 4 片叶片状太阳翼以保证其朝向太阳，1 片太阳翼在近日点额定功率为 30 W，在远日点为 12 W。探测器不需要主动热控系统，即使在近日点附近也不需要，除了一对鞭状天线外，再没有其他配件。一系列探测器在一年中不同的时间发生合日，将对正在进行的联合太阳研究非常有利[249]。其他仪器的加入很快将探测器的质量增加到了 18 kg。在 1968 年，首发太阳探测器预计采用史无前例的五级全固体推进侦察兵 C 火箭发射，发射地点位于弗吉尼亚大西洋沿岸的沃洛普斯岛的发射场，这个发射地点不经常使用。第一次发射推迟到 1972 年，然后又推迟到 1973 年，最终 NASA 的科学与应用办公室在首次发射之前取消了该项目[250 - 253]。

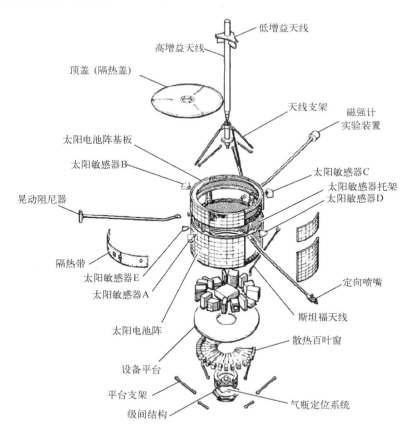

先驱者太阳风探测器解剖图

2.13　一起去金星

在对进一步开发科罗廖夫的 3MV 型探测器的可行性进行评估之后，1966 年 3 月巴巴金的团队决定设计一个新的探测器，该探测器能够执行探测火星和金星的多种任务。他们能够近乎奢侈的使用新近推出的 8K82 质子号运载火箭。该火箭由弗拉基米尔·切洛梅为载人绕月任务而开发，可以将 4 吨或 5 吨的有效载荷送入深空（实际发射质量取决于发射窗口）。这对于飞掠、环绕、大气采样和着陆的探测器来说已经足够。巴巴金计划将于 1969 年开始，首先由一对火星轨道器释放进入舱着陆火星。但在 5 月，政府下令在 1967 年发射航天器前往金星，此时距离发射窗口只有 13 个月的时间，所以新探测器的研究被搁置，团队全力为金星任务而对 3MV 进行适应性更改。这次更改的主要目的是提高该系统的可靠性（事实上，后续所有的故障都是由运载火箭导致的，而不是航天器），在这一过程中探测器的质量增加了近 200 kg。为了集中精力在金星表面探测中击败 NASA，对于探测器的一种成像变化的需求被删除。巴巴金命名的新的金星探测器为 1V，再次重新使用了科罗廖夫命名过的探测器的一个代号。

NASA – MIT 小太阳探测器的样机。四个叶片用于稳定航天器的姿态，使太阳电池板朝向太阳（可选配置包括一个环形太阳帆）

标准的第二代金星探测器平台由拉沃奇金设计局制造。同科罗廖夫设计的主要外部区别是没有热控用的半球形散热器。[图片来源：帕特里克·罗杰·拉维利（Patrick Roger–Ravily）]

　　巴巴金团队没有听取科罗廖夫团队的建议，开发了全新的地球敏感器、太阳敏感器和星敏感器（老人星）；对热控系统进行了改进，使用气体代替液体，从而取消了半球形散热器，取而代之的是一个安装在（扩大的）高增益天线后面的散热器。散热器在拉沃奇金工厂的热真空罐里进行试验，这是苏联首次使用这种装置。进入舱进行了重新设计，可承受350 g 的加速度和 10 000 hPa 的压力（认为金星表面压力约 7 200 hPa）。探测器又增加了减振系统和雷达高度计。着陆舱最初在压力机里进行测试，到了 1967 年 4 月，探测器在世界上最大的离心机里进行了试验，这个离心机所能够测试的质量达到 500 kg，加速度达到450 g。试验结果表明加压时电子元件和电缆支架有破裂的趋势，在距离发射窗口不到两个月时，所有可能破裂产品都被更换下来，并且还进行了结构加固。为了给项目提供最佳的机会，许多工程师牺牲了五一假期！经过前所未有的严格试验后，两个相同的航天器被送往发射场，第三个用来在地面模拟飞行[254-256]。

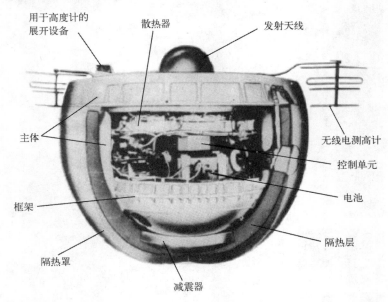

剖面图展示了金星 4 号舱体以及展开的雷达高度计天线（引用自 Vinogradov, A. P., Surkov, Yu. A., Marov, M. Ya. "Investigation of the Venus Atmosphere by Venera 4, Venera 5 and Venera 6 Probes"，论文发表在第二十一届国际宇航大会，康士坦茨湖，1970 年）

　　新研的 1 106 kg 探测器的主航天器装有一台三轴磁强计，四台可对三种不同类型的宇宙射线探测的检测器，四台离子陷阱探测器和一台利用莱曼 – 阿尔法区域检测原子氢和氧的光谱仪。水手 2 号在 35 000 km 飞掠过程中没有发现金星的磁场，但这个苏联探测器的主舱在坠入大气层中烧毁前，一直在传输数据，因此如果金星存在非常微弱的磁场，就会被检测到[257]。进入舱直径为 1 m，质量 383 kg。它包括一个外部隔热罩和探测器本体，本体通过一层隔热材料连接到隔热罩，以缓冲其受到的冲击和振动。探测器被设计成"头轻脚重"，易于实现"随风倒"的稳定性。它有两个舱室：一个用于放置降落伞、通信天线以及两个无线电测高计天线；另一个放置科学仪器及其支持系统（即电池、无线电、加速度计等）。考虑到万一落入水中或类似密度液体中的情况，密封舱设计为可以在水中漂浮，并且第二副通信天线将通过"糖锁"的溶解而被释放。进入舱的机械遥测系统数据速率为 1 bps[258]。当外部压力达到 500 ~ 600 hPa 时，2.2 m² 的引导伞开伞，随后 55 m² 的主降落伞开伞；两个降落伞的伞布能够承受 450℃ 的温度。舱内安装了 6 台科学仪器。最重要的是 1 kg 的大气分析仪，用来测量氮气、二氧化碳、氧气和水蒸气的分压力。事实上，地球光谱观测表明在金星云层上方存在蒸汽，但低层大气中蒸汽的含量并不清楚，尽管微波辐射计表明金星表面非常热，但有些科学家仍然认为大部分的水可能存在于或靠近金星的表面，如同在地球上一样。大气分析仪包含内部由隔膜分开的安瓿瓶。大气样品被引入到隔膜两边,然后通过化学方法在一侧去除待测的气体,通过作用在隔膜的压差推断出其分压力。一台类似的仪器用来检测同样的气体,以防他们的存量微乎其微。然而,该套件无法检测氪气,氪被认为是金星大气中第三种主要的成分。还配备了一台量程为 130 ~ 40 000 hPa的气压计、两个铂丝温度计、密度计和无线电测高计。高度计通过测量发射的信号和表面反射的信号之间频率差来得到高度值。但是,就其设计原理而言,它有 30 km 的偏差,即在实际高度为 40 km 的情况下,高度计的输出可能是 10 km、40 km 或70 km等[259 ~ 263]。

安装在金星 4 号舱体上最重要的设备,用于分析金星大气的成分。(来自 Vinogradov, A. P., Surkov, Yu. A., Marov, M. Ya. "Investigation of the Venus Atmosphere by Venera 4, Venera 5 and Venera 6 Probes",论文发表在第二十一届国际宇航大会,康斯坦斯,1970 年)

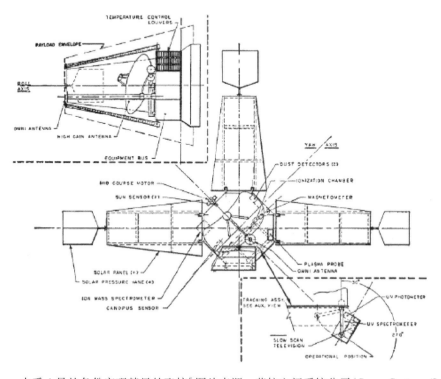

水手 4 号的备份实现彗星的飞掠[图片来源:劳拉空间系统公司(Space Systems/Loral)]

　　美国方面，JPL 要求发射备用的水手 C 探测器，它按照水手 3 号和水手 4 号的规格建造。当时 JPL 提议与飞科(Philco)实验室合作，采用宇宙神－阿金纳运载火箭发射水手 C 探测器，于 1969 年飞掠周期性彗星庞斯－温内克，采用改进的光导摄像管摄像机和其他适当的设备对彗核进行研究。然而，彗星的星历尚不清楚。事实上，彗星本身微弱的光使其很难从地球上通过光学方法跟踪，这意味着航天器必须要进行在轨观测。进行距离彗星5 000 km 的飞掠，探测器将至少进行两次轨道修正：第一次是在发射后不久进行修正"逃逸"轨道偏差的机动；第二次，通过探测器自身观测编制的星历，在交会前不到一个月之内进行轨道修正。JPL 和飞科实验室共同研究后提出了一项替代方案：在 1967 年飞向较为明亮的坦普尔彗星 2 号[264]。同时，TRW 空间技术实验室提出了设想建议：发射一个200 kg 的基于太阳先驱者号探测器的航天器，飞往恩克彗星。其仪器套件包括约 150 m 分辨率的相机，在探测器接近目标时，将减缓自转速度以利于拍照[265]。虽然由于很多"不明原因"，NASA 决定不在此时尝试彗星飞掠，但支持进行后续任务的研究。

　　1965 年 12 月，NASA 终于批准 JPL 发射第三个水手 C 探测器前往金星。水手 C 将飞掠金星，飞掠高度只有水手 2 号的十分之一，并携带一个更大的科学有效载荷。探测器也进行了大规模的修改。由于金星比火星更接近太阳，太阳能电池板面积由 6.54 m^2 减小到4 m^2，并且由于轨道的几何关系，太阳能电池板的安装朝向为与高增益天线相反的方向。"太阳帆"(被证明不是必要的)被双频率无线电掩星实验天线所取代。此外，水手 C 构建了一个新的数据采集系统，并且安装了一个驱动机构，可将高增益天线从飞掠时的位置转动到交会之后最佳的数据中继位置。另外，因为探测器将更大程度的暴露在太阳热量中，因此在太阳翼展开时，会打开平台舱下面的镀铝聚四氟乙烯隔热板[266]。

　　这次任务的主要科学目标是测量金星表面压力，研究表明测量压力的最佳方式是使用进入舱得到压力和温度分布曲线，也许能够一直测量到金星表面。然而，由于开发时间较短(从批准到发射共 18 个月)，并且预算有限，制造一个进入舱不大现实。任务转而决定执行类似水手 4 号的无线电掩星实验，但是这次实验要比以前更有经验[267]。当飞过金星边缘时，探测器不仅发送无线电载波到金石(Goldstone)天文台，用于分析和确定信号在通过金星大气层时的折射情况，而且探测器可以同时通过双频无线电系统接收来自斯坦福大学发送的信号，分析并存储在磁带上，随后回放传给地球。研究人员预期通过这种方法能够测量金星高层大气中的电子密度和其他各种数据，包括水蒸气在低层大气中的比例。任务还包括研究太阳风的等离子实验装置(与水手 4 号的实验装置非常类似)，检测高层大气中原子氢与氧的紫外光度计，测试范阿伦辐射带的薄窗盖革－米勒计数器(Geiger－Mueller counters)和一个磁强计。来自探测器金属材料的干扰，造成水手 2 号磁强计的输出结果错误，因而这次采取了措施以尽可能减少误差源。最后，该次任务还可以获得天体力学数据，以提高对金星质量和天文单位(AU)的认识[268-272]。探测器不携带相机的做法存在一定的争议。即便使用功能强大的望远镜，金星对于肉眼来说仍是平淡乏味的，早在 1927年通过使用紫外线敏感胶片进行研究，得到金星大气结构的一些迹象。1961 年，在法国出版的紫外观测分析报告提出，金星以逆时针自转，周期约 4 天[273-274]。后来通过雷达的观测研究确认了自转方向，并揭示了惊人的事实，即金星自转非常慢，金星上的"一天"比地球上的"一年"（即地球围绕太阳的公转轨道一圈的时间）还要长。相比之下，金星高层大气层围绕行星移动的速度则快得多。通过紫外滤光镜拍摄的照片会非常有价值，但数据采集系统不能同时处理相机和无线电掩星实验输出的数据，而后者的优先级更高。因为没有成像系统，就能够取消扫描平台，并减少磁带记录仪的 80% 容量。水手 5 号的质量为 244.8 kg（质量仅是巴巴金 3MV 改进型探测器的 1/4，并大大低于进入舱质量），太阳翼展开后跨度为 5.56 m。采用一个现成的探测器降低了该任务的成本，任务经费折合不超过 2000 年的 1.65 亿美元。

NASA 马歇尔空间飞行中心初期建议，采用一个飞掠平台舱将金星进入舱运送过去

　　苏联的两个改进型 3MV 探测器发射，这就是代号"V–67"的任务。为了确保探测器进入金星大气层时，金星位于苏联叶夫帕托里亚的地平线以上，使得发射窗口的时间宽度较窄。6 月 12 日苏联进行了第一次发射，经过停泊轨道的短暂驻留以后，火箭 L 级把金星 4 号送入转移轨道，探测器将在 60 000 km 距离以内同金星交会。两天后，美国的宇宙神 – 阿金纳 D 运载火箭将水手 5 号送入轨道，将以 75 000 km 的距离飞掠金星。这是国际探测器舰队首次飞向同一个行星目标。在 6 月 17 日，当第二个苏联探测器发射时，运载火箭的 L 级燃油泵发生故障，这台发动机无法点火，这个被滞留的探测器（命名为"宇宙 167 号"，Kosmos 167）在 8 天后再次进入地球大气层[275]。

　　金星 4 号于 7 月 29 日进行了轨道修正，此时距离地球 1 200 万千米，探测器瞄准目标为金星的夜间半球，距离晨昏线 1 500 km。在飞行过程中，金星 4 号遭受的宇宙射线相对于金星 2 号显著减少，可能是由于临近太阳活动峰值期的原因。在接近目标时，金星 4 号给苏联传来了首次来自另一个行星的遥感数据。在接近金星 14 000 km 以内时，由于金星

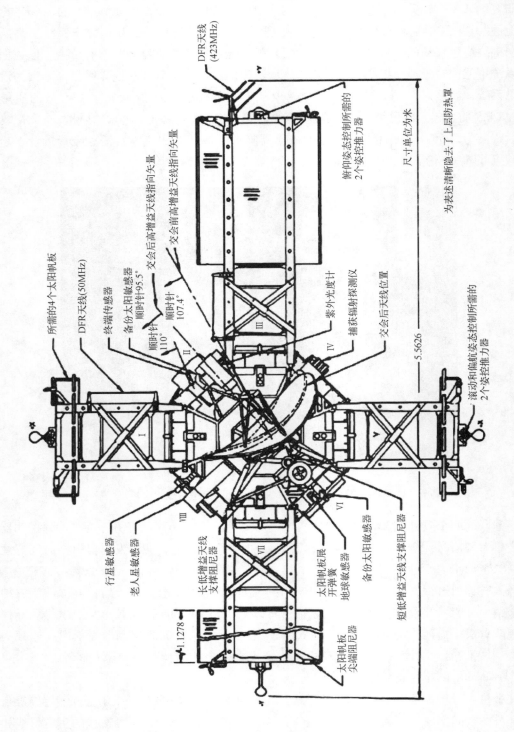

水手 5 号的俯视图

的存在，磁强计和离子阱检测到的行星际磁场中的"弓形激波"，金星磁场的上限被设定为地球磁场的 0.03%。光谱仪检测到稀薄金星大气外层几乎全部由原子氢组成，其密度从 20 000 km 到 6 000 km 的距离增加了 10 倍，到 1 000 km 增加了 100 倍。这种大气外层表明金星可能曾经有过大量的水，由于太阳辐射已经被分解，以致氢原子泄漏到太空中。但是，仪器没有检测到任何对应原子氧的排放[276 - 279]。

虽然水手 5 号使用同水手 4 号同样的六边形平台和推进系统，但由于探测器飞行金星是靠近太阳而不是远离太阳，因此它的太阳翼略小，而且基座装有一个遮阳板

在 UTC 时间 1967 年 10 月 18 日 04 时 34 分，四个捆绑进入舱的金属包带被解开，进入舱同平台舱一同以 10.7 km/s 的速度进入到金星大气中。当平台舱解体时，进入舱的防热罩温度达到 11 000℃，承受的过载为 350 g。当进入舱减速到 300 m/s 以后，降落伞舱的舱盖被抛掉，降落伞开伞。在 04 时 39 分，进入舱以 10 m/s 的速度下降，设备开始采集数据。在 94 分钟以后，下降速度减小至 3 m/s，数据传输终止，并不是因为电池已经到了 100 分钟的预计寿命，而是由于舱体已经被压力压碎。进入舱的残骸可能坠落到 19°N，38°E 的区域，该地区现在被称为艾斯特拉区（Eistla Regio）。进入过程共获得了超过 70 个压力测量数据和 50 个温度测量数据；金星大气压力最初为 500 hPa，最后增加到 18 000 hPa，与此同时，环境温度从 25℃上升至 270℃。人们再也不质疑水手 2 号曾获得金星的高温数据。下降过程中，唯一可以确定的是降落伞的开伞高度，因为大气穿透的深度和垂直剖面只能通过进入舱的气动力学特性计算得到。最有趣的结果是首次对另一颗行星的大气层进行原位分析的数据。进入舱采集了两份气体样品：第一份对应于外部压力 700 hPa，而第二份对应压力 2 000 hPa。样品中约 90% 的气体是二氧化碳，氮气不到 7%，而氧气是 0.7%。总的来说，探测结果给出了一个相当有趣的见解。地球上的水能有效地去除大气中的二氧化碳并将其"固化"在碳酸盐岩中。事实上，金星大气层中的二氧化碳总量同地球

岩石中的含量相当。如果可以从金星大气层中去除二氧化碳，那么剩下的大气层主要由氮气组成，这将同地球大气层一致。金星的大气中确实存在水蒸气，但比例低于1%。值得注意的是，这一结果既不能证明也不能反驳可见云是由水滴或冰晶体组成。初步的苏联探测器下降过程再分析表明，探测器在26 km的高度开始采集数据，而到达金星表面时，探测器发生了转动，致使天线受到遮挡，信号丢失[280-288]。

在1967年6月14日水手5号准备过程与发射过程

　　为了使飞掠高度降低到4 100 km以内，水手5号在6月19日完成了轨道修正，修正后的轨道使探测器能够实现首要的掩星活动。在巡航过程中，它向地面发回了行星际介质的数据，将观测的太阳风激波前沿数据与探索34号(一个位于高偏心率地球轨道的卫星)的观测数据相结合，可以推断出平均的激波速度为940 km/s[289]。10月19日上午，金星4号抵达金星后一天，水手5号开始采集数据，此时水手5号从轨道的北部接近金星的背光面。在17时34分，水手5号的载波信号消失了。虽然从几何关系上分析，探测器已经在7分钟前通过了金星边缘，但金星稠密的大气层对载波信号产生了折射，延长了通信时间。探测器在14秒后达到最接近金星的位置。在经过几乎沿直径方向的掩星后，探测器信号于17时55分在向光面再次出现。由于飞掠的原因，探测器的轨道发生了超过100°的偏转，改为朝着太阳。作为引力"弹弓"的结果，探测器轨道介于0.579 AU和0.735 AU之间，不再同地球的轨道交会。

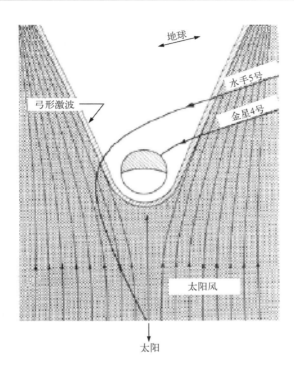

在金星 4 号进入背光面的大气层之前，它穿过了太阳风中由金星产生的弓形激波。水手 5 号在两次穿过弓形激波的过程中，轨道发生偏转。当水手 5 号经过从地球观察的黑暗边缘背面时，发生了无线电掩星。（摘自：Jastrow，R "The Planet Venus：Information Received from Mariner V and Venera 4 vs Compared"，Science，160，1968 年，1403 - 1410）

　　水手 5 号在飞掠过程中，采集了超过 10 天的多普勒测量数据，对星历进行了修订。此外，通过测量得到的金星质量为地球的 81.500 3%，并推断出其形状（特别是扁率）[290 - 291]。同时，仪器已经采集了各种有趣数据。磁强计测得金星磁场上限为地球磁场的 0.2%，并在距离金星 50 000 km 处发现太阳风弓形激波。辐射敏感器没有检测到任何范艾伦辐射带存在的迹象，因为带电粒子通量密度比在地球周围低得多。但是，紫外光度计确认了原子氢的存在和高层大气中氧气的缺失。在经过接近金星最近点 20 分钟以后，探测器从金星返回，再次穿过弓形激波。当然，最有趣的数据来自掩星实验。探测器经过背光面距离金星高度为 77 km 时，首次检测到信号的衰减，估计此时压力为 1 hPa。在校准金星 4 号探测的成分数据时，压力和温度分布数据表明金星表面温度约 530℃，压力为 75 000 hPa 至 100 000 hPa！事实上，金星向光面的温度剖面同背光面非常相似，这表明金星快速旋转的大气层基本是一致的，当大气层经过黑暗的背光面时，还没有时间冷却下来。背光面的高度延伸到约 3 000 km，向光面高度延伸到 500 km，均检测到了电离层。双频率掩星实验的最低频率受到电离层现象的严重影响，其他观察数据也给出类似的结果——甚至发现在 45 ~ 50 km 高度范围内存在一个过渡区，很可能是由于冷暖空气层所致。电离层还解释了金星与太阳风是如何相互作用的。地球具有一个非常重要的磁层，能够通过"脱体"激波的方式与太阳风发生相互作用,使得太阳风同朝向太阳一面的磁层发生撞击。月球由于没有全球磁场,因此没有磁层,当太阳风穿过月球时,月球只是吸收等离子到其表面上。尽管金星没有磁场,但向光面稠密的电离层产生弓形激波引起太阳风围绕金星发生偏转。通过以下事实,可以明显地看出金星和火星大气特性的差异:在水手 5 号掩星过程中,载波信号频率的偏移量是水手 4 号的 3 000 倍[292-296]。

两个任务的结果显然相互矛盾,苏联探测器表明金星表面压力为 18 000 hPa,而美国探测器测量结果至少是苏联结果的 5 倍。苏联认可了水手 5 号的探测数据,简单认为金星 4 号可能降落在一个非常高的山上,然后承认它在约 55 km 的高度就已经开始传回数据(即最初宣布为 26 km,加上高度计偏差约 30 km),由于压力的增加,探测器在 23 ~ 27 km高度范围内静默[297]。结合各次任务的结果,表明金星的半径比地面雷达测量的结果大20 km 左右[298]。

与金星交会后,水手 5 号连续监测了太阳 X 射线[299]。在 1967 年 11 月,地面命令探测器进行滚转机动,使紫外分光光度计扫描太空,寻找紫外和莱曼 – 阿尔法波段的辐射。探测器检测到这个谱段里辐射强烈的恒星、银道面和大麦哲伦云[300]。11 月 21 日,通信系统切换到全向天线。12 月 4 日航天器进入休眠状态。1968 年 4 月 26 日,地面试图同水手5 号重新建立通信,但并没有成功。10 月 14 日,地面收到载波信号,进行了接收遥测或发送上行指令的尝试,但均无效,1968 年 11 月 5 日任务正式终止[301]。

1967 年,金星任务带来了不寻常的和期待已久"太空首次聚会"的契机:1968 年 3 月,美国和苏联的科学家聚集在基特峰国家天文台,召开第二届行星大气亚利桑那会议,来比较他们的科学成果。会议达成了共识,既没有探测器成功地探测到金星的表面,也没有探测器成功地测量到金星的半径。他们研究成果发表以后,每个团队都利用了其竞争对手的大量成果[302-303]。

2.14　没有帆的旅行者

水手探测器仅是 JPL 太阳系探索计划的第一步,为后续旅行者号探测器在金星或火星着陆提供地形勘察数据。计划之初打算在 1966 年前发射第一个探测器,装载不可思议的230 kg 科学载荷。JPL 本打算自己建造这个航天器,然而 NASA 将这个工程承包给了其他公司。1963 年 4 月,通用电器公司的导弹与运载事业部和艾科公司(AVCO,一家为洲际弹道导弹弹头设计再入器的单位)共同获得了可行性研究合同。它们提供了两种旅行者号探测器方案:方案一采用土星 1B 运载火箭发射(该运载火箭正在研发中,用于阿波罗任务),发射质量介于 2700 ~ 3175 kg;方案二采用正在为空军研制的大力神 3 号(Titan 3)运载火箭发射,发射质量 1 800 kg,比方案一轻。两种方案既有相同点,也有不同之处。两者都需要用轨道器为着陆器提供中继服务,轨道器采用太阳能供电。通用电气公司提出的轨道器方案将携带 98 kg 科学载荷,而艾科公司提出的方案中装载 61 kg 科学载荷。通用电气公司方案计划发射两个锥形进入着陆舱,每一个均携带 70 kg 科学载荷,这些科学载

荷可用来探测火星上是否有生命存在的迹象；而艾科公司建议采用单个着陆器方案，能够
装载 91 kg 科学载荷。两个方案都需要同位素温差电池（RTG），以保障在火星表面工作
180 天。两个公司的方案都对望远镜所观察到的火星表面环境进行了分析，并标记潜在着
陆地点，且都将黑色大瑟提斯高原（Syrtis Major）列为着陆点之一。该地区在以往天文学家
的观测中存在黑暗的波浪状地带，在水手 4 号探测到令人震惊的火星表面结果之前①，人
们认为这是由于季节性植被生长造成的。不过相比于火星探测方案的详细程度，金星探测
方案显得粗略许多[304]。

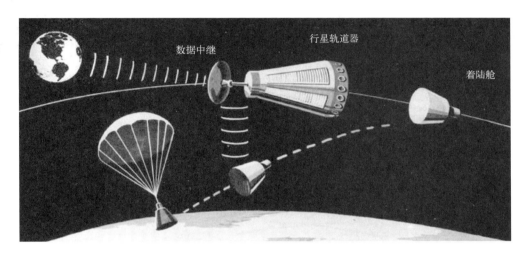

19 世纪 60 年代 NASA 绘制的火星 – 金星旅行者号轨道器和着陆器示意图

　　此外，飞科 – 福特（Philco – Ford）公司独立给 NASA 提出的方案为直径 1 730 mm，
质量 544 kg 的球形着陆探测器。探测器到达火星表面之后，将展开四个弹簧承载的"翼
瓣"来扶正自身姿态（苏联后来也用过类似方法设计其着陆器）。探测器配置一台相机和若
干仪器来研究火星大气和表面，还配备一套"自动化生物实验室"（Automated Biological La-
boratory）[305]。事实上，NASA 早已启动对火星生命探测设备研制的资金支持。格列佛
（Gulliver）设备由黑泽尔顿（Hazelton）实验室负责，设备名字源于 1726 年乔纳森·斯威夫
特（Jonathan Swift）的小说《格利佛游记》的主人公雷米尔·格列佛（Lemuel Gulliver），小说
的主人公在遥远的国度里发现了非同寻常的生命形式。格列佛设备能够弹射出两个包裹着
硅树脂油的绳系装置，该装置能够收集尘土样品并引入被放射性同位素标记的培养基中。
如果激发的新陈代谢作用与地球生物较为相似，则样品将释放出富含同位素的二氧化碳，
其 β 粒子就能够被盖革计数管探测到。沃尔夫阱（Wolf Trap）设备的命名源于其主要倡导
者，纽约罗彻斯特大学的沃尔夫·V·维希尼克（Wolf V. Vishniac）。和其他设备一样，该
设备并不直接探测生命，而是探寻生命活动的证据。采用该设备，尘土被放置在培养液中
研究其浑浊度及酸度（也就是 pH 值），生命活动会对这两个指标产生一定影响。多用测试

---

　　①　在水手 4 号之前，人们认为火星可能存在智慧生命。——译者注

仪(Multivator)和微型测试仪(Minivator)是斯坦福大学和 JPL 共同研制的源于同一概念的两台不同设备,均通过酶分析火星尘土和气体悬浮物,从而寻找生命活动的证据。和多用测试仪不同,微型测试仪通过使用电动吹风机来收集尘土样品。除此之外,自动化生物实验室还可能携带气体色谱仪之类的仪器[306-308]。

与此同时,通用电气公司为 NASA 空间科学办公室研究了一项并行的火星任务。这项任务被命名为猎兔犬,为纪念达尔文当年在猎兔犬号轮船上对物种起源进行的研究。这项任务需要 4 个探测器,其中两个发射窗口在 1969 年,另外两个发射窗口在 1971 年。每一个航天器重达 25 吨,需要用大推力的土星 5 号运载火箭。土星 5 号是为飞向月球轨道的阿波罗任务而设计的,其火星轨道的运载能力为 35 吨。每一个探测器都包含一个轨道器和两个 9.5 吨的着陆器,两个着陆器安装在方形轨道器的两端。除了 6 m 宽的防热罩,每个着陆器还装有 4 个减速板,使其最大直径达到 10 m。着陆器能够装载 2 250 kg 仪器设备和同位素温差电池。轨道器除中继转发着陆器数据外,还可以用自身携带的仪器对火星进行观测。然而,由于猎兔犬任务项目成本巨大(在 1964 年预计需要 10 亿美元,相当于2000 年的 55 亿美元),所以仅停留在纸面上而未开展实际的研究工作[309]。

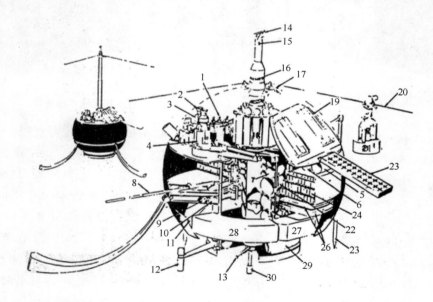

1—大气气相色谱仪；2—土壤研磨器；3—分离刻度尺；4—表面取样器；5—水箱；
6—洗涤剂贮箱；7—大体积气瓶；8—风送粒子探测器；9—支撑腿；10—电池；
11—红外分光光度计；12—原位室；13—表面取样器；14—大气特征检测仪；
15—低倍放大影像系统；16—运动传感器；17—遥操作样品机构；18—土壤存储器；
19—同位素温差电池；20—拉线；21—遥操作采样器；22—培养反馈室；
23—定向天线；24—反应容器(小瓶)；25—次表层探针；26—附件容器；
27—光谱分析仪；28—数据自动处理系统；29—垃圾容器；30—空心钻

飞科 – 福特(Philco – Ford)旅行者号着陆器局部示意图

[图片来源:劳拉空间系统公司(Space Systems/Loral)]

旅行者号在 12 个月内被两次延期。在 1964 年年末，NASA 将旅行者号的首次火星任务从 1969 年推迟到 1971 年。然而到了 1965 年 7 月，水手 4 号的探测数据表明火星大气比之前最极端的估计还要稀薄，而为此对着陆器的重新设计无疑将导致着陆器质量增加。1965 年 10 月，NASA 决定使用土星 5 号采用一箭双星的方式发射火星探测器。讽刺的是，并行的飞行任务带来了管理问题，这个决定导致了发射日期再一次被推迟至 1973 年。这一系列变化导致每个轨道器、着陆器的发射质量都将在 12 吨左右。轨道器是中心圆柱形平台，内部装有电子设备、计算机系统以及能够装载 6 500 kg 推进剂的贮箱。在平台最上部安装有高增益天线和装载 180 kg 科学载荷的扫描平台，环形太阳电池阵布置于高增益天线和扫描平台上，总面积 22.5 m²。主发动机安装于太阳电池阵的中心（主发动机继承阿波罗登月舱的下降发动机）。进入舱及着陆器重达 2.5 吨，安装在最远端。着陆器干重 350 kg，配备了单独的发动机及三条着陆腿，装载的设备有：在下降段末期和着陆后都能够工作的成像系统；能够与地球进行直接通信的高增益天线；能够采集土壤样品、移动石块并挖掘壕沟的机械臂，并能够装载大约 135 kg 的科学仪器，部分设备用于探测是否有生命存在。在这种配置中，着陆器用化学电池取代了同位素温差电池。一枚土星 5 号火箭就能够发射两颗这样的探测器，通过调整两个探测器的轨道，能够使二者抵达火星的时间间隔 10 天。它们抵达火星轨道的高度范围从 1 100 km 到 22 500 km。着陆器被释放后，将脱离原有轨道，以大约 4 km/s 的速度进入火星大气。当着陆器高度还有 6 km 时，大气制动将其速度减小至 140～335 m/s 之间，着陆器将抛开直径 6 m 的防热罩并展开降落伞。当着陆器距离火星表面还有几米时，着陆器利用发动机将速度减小至零，之后自由落体到达火星表面。由于探测器携带着陆器进入环火轨道要消耗更多推进剂，因此一个更好的选择是在进入火星轨道之前释放着陆器，省下来的质量能够分配给轨道器和着陆器的有效载荷设备。而在 1975 年后将发射更多的旅行者号探测器，它们将携带同位素温差电池在火星表

土星 5 号火箭发射旅行者号火星轨道器与着陆器示意图（图片来源：NASA/JPL/加州理工学院）

面生存两年。到 1977 年或者 1979 年，旅行者号可能会携带火星车登陆火星[310-311]。由于着陆技术面临前所未有的挑战，借助行星进入降落伞项目(Planetary Entry Parachute Program，PEPP)对降落系统进行了 13 项测试。经过一系列探空火箭测试之后，又利用热气球将防热罩试样带到 50 km，进行高空释放，在降落过程中用若干火箭将其加速到超声速，之后利用降落伞和其他减速方法组合的方式将其带回地面[312]。

　　然而，以上所有的修改极大提高了之前预计的成本，使得单次两个探测器任务的花销超过 10 亿美元。在 1965 年下半年，还是 JPL 负责研制着陆器，兰利研究中心(Langley Research Center)、艾姆斯研究中心进行辅助。到了 1967 年 1 月 27 日，项目的责任主体正式从 JPL 转到马歇尔空间飞行中心，以充分利用马歇尔空间飞行中心对土星 5 号的熟悉程度来协调整个探测任务。然而，这一举动收效并不太大，因为恰巧在同一天，首次阿波罗载人指令舱测试造成了三名航天员的死亡，进而导致了航天项目的重大调整。同年 6 月，越南战争的花销超过每月 20 亿美元，国会削减了 NASA 在 1968 财年(开始于 1967 年 10 月)的预算，减缓了核火箭及其他科学项目的研制进度，其中就包括旅行者号，甚至阿波罗项目开支也减少了。尽管此时参议院取消了旅行者号的预算，而众议院 – 参议院联合委员会却筹集了 420 万美元给 NASA，以保障 1968 财年该项目的正常运行。然而在 8 月 22 日，当载人航天中心提出一种既能飞掠火星也能进入环火轨道的载人火星采样返回探测器时，旅行者项目立即被取消了[313]。

土星 5 号星际任务性能表

	轨道倾角/(°)	飞行时间/d	土星 5 号发射质量/kg	土星 5 号 + 半人马座发射质量/kg
火星	2	150	35 400	39 000
谷神星	10	200	3 160	10 000
谷神星	23	80	无	2 700
土星	0	750	10 900	16 300
恩克(encke)彗星	12	100	10 800	15 400
施瓦斯曼 – 瓦赫曼 3 号彗星	9.5	500	无	7 500
太阳系探测器 – 0.2AU	0	80	无	6 650
太阳系探测器 – 0.12AU	0	76	无	2 500
黄道之外 – 1AU	25	—	无	5 800
黄道之外 – 1AU	35	—	无	580
逃出太阳系	0	—	无	5 900
逃出太阳系	10	—	无	3 850
地—月拉格朗日点	0	4.2	34 500	38 500

　　摘自：Bromberg, J. L., Gordon, T. J.: "Extensions of Saturn"，文章发表在第 17 届国际宇航联大会，马德里，1966 年。

火星着陆器的超声速行星进入减速器（SPED，Supersonic Planetary Entry Decelerator）的金属降落伞随探空火箭测试

2.15　一次重复的任务

受到金星 4 号发射成功的鼓舞，苏联准备在 1969 年窗口再发射两颗探测器，称为金星 69（V－69）任务。如此短的研制周期意味着没有时间对进入舱进行重新设计，因此无法适应所预计的金星表面压力。但取消在水中漂浮能力所获得的质量可以用来加强壳体结构，使探测器能够承受 25 000 hPa 的压力和 450 g 的过载，并将其降落伞展开面积减小至 18 m² 以提高降落速度，使探测器有可能获得金星大气更深入位置的温度、压力和密度分布曲线[314－315]。新型的 2 V 探测器平台和 1 V 探测器几乎是一样的，发射质量都是 1 130 kg，进入舱质量为 405 kg。进入舱里的仪器有所更新：全新的密度计；更准确的无线电高度计，当高度到达 35 km、25 km、15 km 时会发回数据，测量误差 30 km；改进后的大气分析仪能够测量更加准确的氧气气体分压力；包括六个气压计和三个温度计以及一个测量云层周围光强的光度计[316]。当时，正值苏联和法国进行联合探测会谈，苏联人想邀请法国科学家为 70、80 年代发射任务提供科学载荷。借此机会，苏联希望法国能够为金星 69 任务提供温度计和气压计，以代替金星 4 号上使用的精度不高的设备。法国政府表示同意，

但后来由于1968年5月法国发生了全国性罢工，直到9月才完成设备的研制，没能来得及安装到探测器上[317]。

金星5号于1969年1月5日发射成功。尽管秋拉塔姆(Tyuratam)在1月10日遭受了暴风雪袭击，但是第二个探测器发射任务不能推迟，因为在第二个探测器发射4天后，发射台还将要发射同联盟5号(Soyuz 5)对接的联盟4号(Soyuz 4)飞船，可靠的R-7火箭(Semyorka)经受住了暴风雪的考验并成功发射了金星6号探测器[318]。两个探测器经历4个月的轨道转移后抵达金星。金星5号轨道与金星交会时的最初距离为25 000 km，而金星6号更是超过了150 000 km。经过3月中旬的中途修正之后，两个探测器分别获得9.2 m/s和37.4 m/s的速度增量，成功地对准了金星的背光面。金星5号将在距离晨昏线2 700 km的位置以62°攻角进入金星大气。第二天金星6号将在300 km外以同样的模式进入金星大气。苏联认识到若两个探测器在同一时间进入金星大气将是观测金星大气风速和风向的好机会，但由于地面缺少第二个深空测控天线，使得无法开展这种实验。而且，对于所有的目的和意图，器上设备的观测都被认为是"转瞬即逝"的[319]。在飞行途中，探测器仪器发现银河宇宙射线密度比两年前金星4号的探测结果偏低，这与太阳活动临近11年活动周期峰值有关。两个探测器都在接近金星后探测到金星的氢原子层。

5月16日04时08分，金星5号在距离金星50 000 km处启动了自动进入程序，并于06时01分距金星37 000 km处释放了进入舱，然后金星5号以11.18 km/s的速度进入金星大气层烧毁。而进入舱则在距离金星表面60 km处减速至210 m/s，并展开了降落伞开始采集数据。约53分钟后，当周围环境温度达到320℃，压力达到27 000 hPa时，进入舱发生由外向内的爆裂，此时进入舱又下降了36 km，下降速度减小到5~6 m/s。其残骸坠毁在18°E，3°S的位置上。金星6号于第二天06时03分进入金星大气并开始采集数据，51分钟后，在距金星表面10~12 km高度处爆炸，残骸坠落在23°E，5°S的位置上。

探测器在不同高度上进行大气成分测量以获得最大探测收益。两个探测器测量大气成分的所处的压力环境略有不同，金星5号在外部压力介于600~5 000 hPa时工作，而金星6号工作时外部压力介于2 000~10 000 hPa。测量结果表明金星大气中，二氧化碳所占比例最高，约为97%；其余主要为氮气(至少在32 km以上是这样的)，还有微量的氧气；且上层大气水蒸气含量是下层大气的五倍。测得的温度和压力分布情况与金星4号测量结果类似，但是密度分布与金星4号测量结果有明显不同，推测是由于使用不同测量仪器所致。根据金星5号测量结果推测金星表面的压力是140 000 hPa，温度为530℃；而金星6号给出的数据是60 000 hPa和400℃。苏联科学家认为第二个进入舱坠落在山脉附近干扰了高度计测量的准确性，才造成这种差异。但是后续任务显示，坠落地点格纳维尔平原低地(Guinevere Planitia)不仅没有山脉，而且还大大低于金星的平均地表高度。另外一种解释是一个或者几个高度计发生故障(金星5号高度计给出的数据始终比实际高出10 km)，但是当重新校正大气模型之后，发现两组数据是吻合的，表面压力大约100 000 hPa。

　　金星 69 任务最轰动的发现在金星 5 号被压碎前的 4 分钟，此时光度计的数值升高了好几秒钟，表明发生了闪电现象。当然，对于这种现象最合理的解释是传感器故障，因为金星 6 号上同样的传感器从未传回任何数据[320-325]。

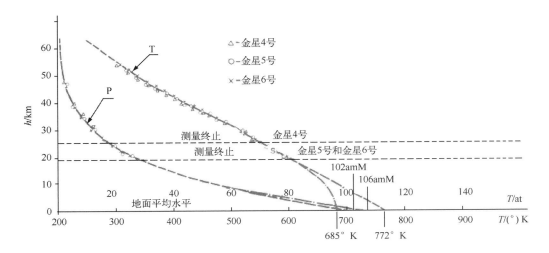

根据金星 4、5、6 号测量数据外推计算出的金星表面温度和压力（引自 Vinogradov, A. P., Surkov, Yu. A., Marov, M. Ya., "Investigation of the Venus Atmosphere by Venera 4, Venera 5 and Venera 6 Probes"，文章发表在第 21 届国际宇航联大会，康士坦茨湖，1970 年）

2.16　重回火星

　　金星 4 号发射成功数周后，巴巴金（Babakin）的团队把精力转移回火星上。第一个 2M 航天器的方案是修改即将发射的具有多种变体的 E-8 重型月球探测器，计划在 1969 年开始实施任务。火星 69 任务（M-69）需要航天器能够释放大气进入探测器并利用其携带的设备采集基础数据。一旦探测器在当地大气条件下马赫数减到 3.5，将展开降落伞并开始将探测数据发回地球。由于当时苏联获得的星历不够准确，因此苏联进入火星大气的角度偏差在 10°~20° 之间，这将导致进入器下降时间偏差在 230 秒至 900 秒。主航天器会进入火星环绕轨道，这样会比 NASA 现有计划提前两年取得另一项"第一名"。基于提出的 E-8 修改方案论证了 7 个月后，暴露出来几个缺点，其中包括质心随推进剂消耗的偏移量过大。尽管距离发射窗口只有不到一年的时间，还是放弃了原有设计而启动了另一个全新的方案。探测器以球形大贮箱为中心，贮箱内部有一层囊膜，一半装氧化剂，另一半装燃烧剂，供探测器发动机近火制动时使用。贮箱上方是圆柱形仪器设备舱和直径 2.8 m 的高增益天线。贮箱同时为热控系统提供散热面，两侧太阳翼提供的太阳光采集面积达到 7 m²。两个圆柱形压力容器内装有科学仪器载荷。圆锥形的进入舱安装在探测器的最上方。轨道器共装载 13 台仪器，总质量 99.5 kg，其中包括：磁强计、微流星体探测仪、带电粒子探测仪、宇宙射线及辐射带探测仪、低能离子光谱仪、低频辐射探测仪、伽玛射线光谱仪、氢氦质谱仪、X射线光谱仪、紫外光谱仪、X射线光度计、辐射计、红外光度计。此外，还有三台携带红、绿、蓝滤镜的相机，其焦距分别为 35 mm、50 mm、250 mm。苏联航天器的相机一般是采用胶片成像，之后在探测器上将其冲洗、扫描并传输回地球。成像系统能够拍摄 160 张 1024 × 1024 像素的图像。在近火点拍摄的宽视场图像应该能够覆盖火星一边 1 500 km，远摄镜头能够覆盖 100 km。分辨率最高能达到每个像素 200 m。进入舱所装载的仪器设备与金星进入舱类似：同样有压力、密度、温度传感器以及大气成分分析仪。由于进入舱没有准备在火星表面工作，因此没有配备在火星表面工作的设备。

　　根据苏联工程师的评价，这是关于航天器是如何"没有设计"的极好的范例，不但其电子系统已经过时，即便使用苏联的标准进行评判，而且内部布局很不合理，导致压力容器内部的设备在需要更换时无法拆卸。更糟糕的是，航天器超重以至于无法采用质子号运载火箭发射，但最终竟然决定取消进入舱，使其成为仅三个月寿命的简单轨道勘察任务[326-327]。

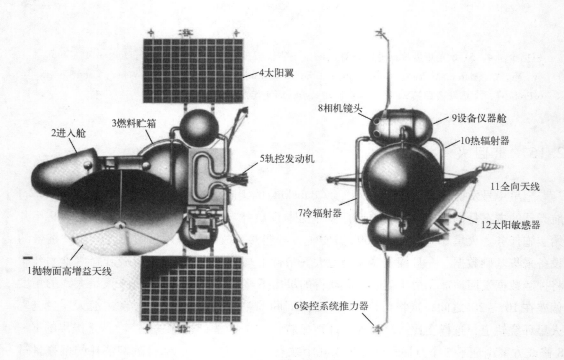

M-69 航天器组成[①]

1抛物面高增益天线　2进入舱　3燃料贮箱　4太阳翼　5轨控发动机　6姿控系统推力器　7冷辐射器　8相机镜头　9设备仪器舱　10热辐射器　11全向天线　12太阳敏感器

---

① 实际上，正式任务没有进入舱。——作者注

　　NASA 在发射水手 4 号之前就已经开始考虑使用相同的技术途径探索火星。选择之一是发射一个小型进入舱。雷神公司（Raytheon）提出采用直径 60 cm 的球形进入舱，安装在圆柱形无菌罩中。进入舱安装有可折叠的悬臂，可在进入大气时建立初始的气动稳定性。根据之前水手 4 号获得的经验，预计其 40 秒就能到达火星表面（但无法承受冲击载荷）。在此期间，少量设备的基础数据会被传回地球，其中包括：三轴加速度计、气压计、热电偶以及一个视场透过蓝宝石窗口向"前"的红外辐射测量仪，安装在厚重的铍制防热罩里，用来测量大气成分[328]。通用电气公司导弹与航天部（General Electric's Missile and Space Division）设计了携带 4 个半月形金属箔片的进入舱，其金属箔片是进入舱的全向天线，并直接与防热罩内部相连，进入舱通过全向天线将数据传回到飞掠探测器上[329]。在 NASA 决定将主要精力放在火星探测之前，戈达德航天飞行中心就提出火星大气探测器比着陆探测器要简单得多，应该在水手 4 号之后跟进发射一个与之类似的探测器，但 JPL 并不是太热心，而且不管怎样，资金紧张使得利用 1966 年的火星发射窗口变得不太可能。1965 年 10 月，使用土星 5 号发射首个旅行者号探测器的计划推迟到不早于 1973 年实施，NASA 决定于 1969 年发射一对改进后的水手号探测器，于 3 200 km 处飞掠火星[330-332]。

　　1969 水手探测器基本维持六边形的框架结构，但各分系统都进行了改进：中途修正发动机升级，姿控系统更新，太阳翼面积扩展到 7.75 m^2（翼展 5.79 m），在火星附近时的功率达到 449 W，高增益天线直径增大到 102 cm，同时低增益天线安装在 223 cm 高的悬臂上，使得整个探测器高达 3.35 m。全新的扫描平台携带了一系列设备，导致总质量增加到 57.6 kg。探测器的主载荷是一对摄像机。宽视场相机质量为 3.5 kg，焦距为 52 mm，视场角是 11°×14°，如果飞掠时在预计的高度上成像，分辨率能达到 3 km。窄视场相机焦距 508 mm，视场角是 1.1°×1.4°，最高分辨率能达到 300 m。一张相片包含 704×945 个像素。由于光学系统都是精确瞄准目标的，因此不同焦距意味着窄视场相机的图像比宽视场相机的图像看得更清晰。宽视场相机配备蓝色、绿色、红色三种滤镜，而窄视场相机仅有一种滤镜为"减蓝"，以提高清晰度。研究人员期望能够通过读取宽视场相机图像中某些像素的亮度，自动调整曝光度，以替代对亮度条件的预计。然而，相机制造方推迟了 3 个月才将相机交付给 JPL，结果发现软件还有问题，但已经没有时间进行修复，因此不得不禁用了此功能[333]。另外，平台上还装有工作在两个波段的紫外光谱仪以确定大气成分，一个带有两个传感器的红外辐射测量仪用以测量与窄视场相机相同区域的温度情况，以及一台双通道红外光谱仪来测量大气中的氢、氮、碳和硫的氧化物的浓度，同时也用来研究火星表面的组成成分和温度。红外光谱仪是由乔治·皮门特尔（George Pimentel）设计的，这位科学家在 1965 年研究发现火星光谱中存在辛顿谱段（Sinton bands），认为能够证明植被的存在，而事实上这是由地球大气层中氘水蒸气造成的[334]。探测器有两套独立的数据记录系统：一台模拟磁带记录仪记录图像，还有一台数字记录仪储存其他仪器设备的数据。升级后的通信系统将传输速率提升至 16 200 bps。从地球上看，每个航天器都将飞掠到从地球上看火星的后方，这就可以通过无线电掩星技术对火星大气进行研究。虽然这些修改使发射质量增加了 413 kg，但发射火星 4 号的运载火箭已经由之前的阿金纳上面级替换成更强大的半人马座上面级，所以探测器质量增加也就不是问题了[335-338]。

水手4号在火星释放球形进入探测器的效果图。近处是抛射出的无菌容器半球盖。(来源自 AIAA 的出版物"Astronautics & Aeronautics"，1964年12月)

1969年2月14日，在水手6号与火箭对接之后，发生了一个不常见的意外。宇宙神火箭设计成内部充压以保证其刚度，但压力阀却被意外打开，造成内部压力开始下降。好在两名技术人员在造成损坏前设法关闭了阀门。半人马座上面级和航天器的组合体只好从宇宙神火箭上拆下并安装到为水手7号准备的火箭上。2月24日，水手6号成功发射并直接进入到近日点0.99 AU、远日点1.588 AU的太阳轨道上，前往火星。3月27日，水手7号由原本为第五颗应用技术卫星准备的火箭发射并成功进入0.971 AU和1.568 AU之间的太阳轨道上。NASA第一次实现两个航天器同时前往另一颗行星[339-341]。

1969年1月，苏联将火星69任务两个相同的航天器运送到秋拉塔姆，每个航天器质量为4 850 kg。那个冬天特别寒冷，更糟糕的是1月20日第一个N-1月球运载火箭发生爆炸，震碎了方圆数千米范围内建筑物的窗户。由于火星69任务优先级比无人或载人月球探测项目低，因此发射准备工作受到了阻碍。实际上，拉沃奇金(Lavochkin)研制的月球探测器就在同一幢楼里进行准备工作。鉴于发射冲突，工程师对如期完成指定任务并不抱有太大的期望。

在质子号运载火箭D级进入停泊轨道后，D级发动机将点火以到达较高的远地点，之后航天器发动机将逃逸点火奔向火星。发射后第 40 天进行一次中途修正，与火星交会距离范围修正至 10 000 km 之内，另一次中途修正在到达火星前 10～15 天前进行，能够将交会距离减小到 1 000 km。中途修正时需要探测器保持三轴稳定姿态，而 6 个月的星际航行需要探测器保持自旋稳定并且使太阳翼始终朝向太阳。两个探测器抵达目的地后，将会进入两条相似的轨道，倾角为 40°，近火点高度为 1 700 km，远火点高度为 34 000 km，周期 24 小时。两个探测器在进入火星轨道之后，将近火点高度减小到 500 km，准备照相。在没有进入舱的情况下，探测的主要目的变成通过探测器上仪器和无线电掩星技术等遥感手段对火星大气进行研究。

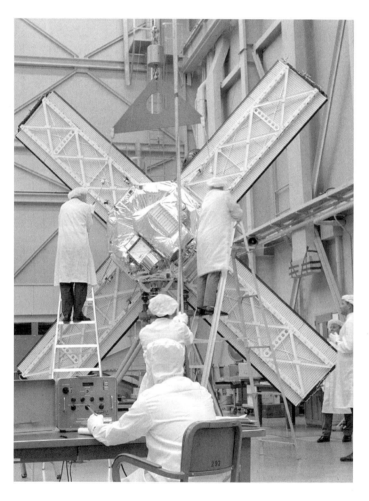

水手 6 号准备阶段。其扫描平台在水手 4 号的基础上发展而来，但比水手 4 号更加复杂。（图片来源：NASA/JPL/加州理工学院）

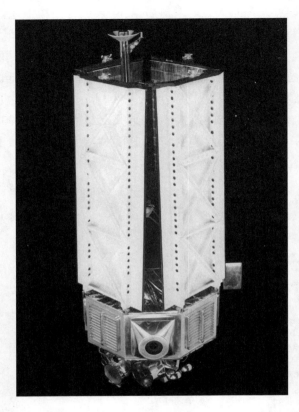

单个火星 69 航天器发射状态。和水手 4 号相比,中途修正发动机侧向安装在平台上(图片来源: NASA/JPL/加州理工学院)

　　3 月 27 日(水手 7 号发射当天),火星 69 任务的首个探测器发射,三级火箭燃料泵卡滞并起火,起飞 436 秒后发动机在空中意外关机,探测器残片坠落在阿尔泰(Altai)山区。4 月 2 日发射的第二个探测器更是一场灾难:一级火箭 6 个发动机中的 1 个在起飞后 0.02 秒发生爆炸,之后由于动力不足,41 秒后运载火箭坠落在距离发射场 3 km 远处。苏联工程师认为,命运和不可靠的质子号运载火箭救了探测器,否则探测器也将面临不可避免的失败[342-343]。

　　水手 6 号和 7 号在 3 月 1 日和 4 月 8 日分别进行了中途修正。在行星际航行过程中,除一些天体力学和工程任务外,没有进行科学观测。水手 6 号航行过程中唯一的异常是星敏感器丢失了对老人星的锁定,这是由于扫描平台解锁造成的。因此,水手 7 号进行了改进。同时也决定在飞掠时,使用陀螺仪取代星敏感器来确定探测器姿态。当地球在庆祝阿波罗 11 号任务成功时,7 月 28 日,水手 6 号启动了"远距离接近火星"程序,并在距离火星 1 255 000 km 处拍摄了第一张图像。尽管相机每隔 42 秒就能照相一次,但磁带记录仪每 37 分钟才储存一次窄视场相机图像,以期获得行星在转动的感觉,获得的分辨率将比地球上任何望远镜都要高。20 小时后,与火星距离减小到 725 000 km 时,33 张图像以每

5 分钟一张的速率传回金石(Goldstone)地面站。第二天，与火星距离从 561 000 km 减小到 175 000 km 时，又传回了 16 张图像和第 17 张图像的一部分。但当水手 6 号就要开启"近距离接近火星"程序时，水手 7 号在 1 分钟内遥测信号减弱并消失了。当大部分工程师正在监测第一个探测器的情况时，另有人开始尝试与第二个探测器取得联系，第二个航天器相对它的同伴落后几天。7 小时后，地面发送了水手 7 号切换低增益天线的指令。随着通信恢复，研究人员发现有 15 个遥测通道丢失，其中包括显示扫描平台位置的遥测信息。从航天器自旋逐步变慢和航天器的测距信息可以获知，火星交会点位置移动了 130 km，最初想到的原因可能是航天器遭受流星体的撞击。然而，人们慢慢认识到可能是银锌蓄电池爆炸，电解质的泄露使得爆炸像小推力器一样，不仅使航天器姿态发生漂移(因此使得高增益天线指向脱离地球)，而且使轨道也发生轻微偏移[344-345]。与此同时，水手 6 号成功拍摄了 24 张火星表面的近景图像：12 张宽视场图像和 12 张窄视场图像，图像拍摄间隔 17 分钟。其与火星交会时刻是 UTC 时间 7 月 31 日 05 时 19 分，高度 3 429 km，在火星赤道以南的子午湾(Sinus Meridiani)和萨巴亚湾(Sinus Sabaeus)之间。所选择的图像轨迹在赤道附近覆盖了较宽的经度范围，以便能够研究几个明暗转变地区的情况，两个黑暗"绿洲" [乔凡塔峡谷(Juventae Fons)和欧克西亚沼区(Oxia Palus)]以及多变的得宇卡利翁区(Deucalionis Regio)地区。航天器在子午湾(Sinus Meridiani)地区(即 4°N，4°W)上飞过火星边缘，并出现在背光面的婆罗瑟提斯(Boreosyrtis)地区(即 79°N，276°W)[346]。水手 6 号的数据下载之后，程序立即切换到水手 7 号，接管其飞掠过程。接管后的第一个任务是使扫描平台恢复正常，以能够充分利用高传输速率，传速率逐步增加，直到火星进入探测器视场范围内。火星位于中心位置之后，系统便能够重新进行校准。8 月 2 日，水手 7 号传回了 33 张完整图像，第二天又传回 58 张[347-349]。

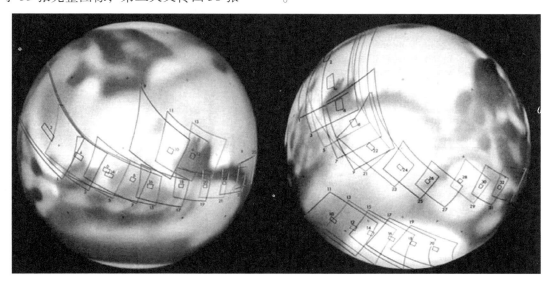

水手 6 号(左)和水手 7 号(右)火星成像轨迹图

　　两个探测器最开始在远处拍摄图像的分辨率都比地球最好的望远镜所拍摄的要差一些。由于火星自转轴的倾斜,视角大多是从南半球拍摄的,南半球的极冠延伸到 60°S 地区,而无法看到北极地区。随着探测器逐渐接近火星,可以验证那些从地球上看见的火星特征的真实性,也可以将"水道"存在的残念完全抛弃。这些图片第一次将从地球上观察到的反照率特性与实际地表结构建立起了联系。伊多姆(Edom)地区被发现是个大型撞击坑(后来以斯基亚帕雷利命名),因其像奥林匹斯山脉上的雪一样明亮,人们曾认为可能是高原,而现在看来却是个直径约 500 km,有着异常明亮边缘的撞击坑。所拍摄的不同图像之间的差异证明了北半球高纬度地区存在像云一样的物体,在塔尔西斯(Tharsis),堪德(Candor),特拉克图斯阿博斯(Tractus Albus)和奥林匹克之雪(Nix Olympica)地区都有明亮的云雾。在水手 7 号与火星擦肩而过的数个月后,经过详细的图像分析得出水手 7 号所拍摄的图像中含有火卫一(Phobos):即火星两颗卫星中较大的那一颗。图像是在 8 月 5 日从距离火星 138 000 km 处拍到的。尽管火卫一只占有 40 个像素,还是能够推算出它是个长轴为22.5 km、短轴为 17.5 km 的椭圆形天体。极低的反照率表明其表面非常黑暗,事实上,它是当时所知太阳系内最黑暗的天体。因为几张图像中都有火卫一,因此能够较为准确的确定它的轨道参数。此外,没有找到在火星外侧、体积更小的火卫二(Deimos)的图像[350]。

　　在飞掠之前,水手 7 号在距离火星 44 000 km 处用宽视场相机的滤镜拍摄过几张图像。这些图像未经磁带记录直接传回地球,合成之后生成了一张"彩色"图片,清晰地显示了南极地区有一层轻微的蓝色烟雾,从而证实了地面观测者所记录的现象[351-353]。

　　水手 6 号的远景图像显示出在南极极冠边缘处有一些有趣的细节,于是科学家发送指令让水星 7 号在原计划 25 张的基础上再多拍摄 8 张图像,使其图像拍摄的范围尽量靠南。这是有史以来第一次在轨调整飞行程序。为了给多拍摄的图像腾出存储空间,不得不将其他仪器的数据实时传输下来。在完成对子午湾附近的赤道区域 9 张图像拍摄之后,水手 7 号对南极地区拍摄了 11 张图像,然后完成了对非常明亮的圆形希腊(Hellas)区域的成像。一共拍摄了 33 张特写图像:其中包括 17 张宽视场图像和 16 张窄视场图像。探测器最接近火星的时刻发生在 UTC 时间 8 月 5 日 05 时 01 分,距离火星 3430 km。从地球上看大约19 分钟后航天器到达火星边缘,此时星下点位于 58°S,330°W 的赫勒斯庞塔斯(Hellespontus)地区,航天器进行了几乎横跨火星直径的掩星过程,一共持续了 30 分钟,再次出现是在 38°N,148°W 的亚马逊(Amazonis)地区。基于火星大气都是二氧化碳组成(第一次相对合理的估计)的假定,四个无线电掩星测量仪给出火星表面大气压强,变化范围从赫勒斯庞塔斯地区的 4.2 hPa 至亚马逊地区的 7.3 hPa[354-355]。

　　水手 6 号的图像覆盖了晨曦湾(Sinus Aurorae)地区和佩拉(Pyrrhae)地区,显示出新的、同以往不同的特征。在火星边缘有一层与水手 4 号观测结果相似的薄雾。最重要的发现是找到一块新的"混沌地形",该区域由一系列约 2 ~ 10 km 长,1 ~ 3 km 宽的不规则形状且凹凸不平区域组成。尽管还不能知道其绝对年龄,但没有大型撞击坑意味着这片区域相对比较年轻。远景图像显示这片区域是由一片黑色的点和线组成。这是第一次在其他星球上发现的地球或月球上找不到相似类型的地貌。当相机转向子午湾区域,并对其反照率过渡区域进行成像时，才认识到那些望远镜里看上去明亮和黑暗的区域之间并没有形态上差异。在子午湾区域有数个撞击坑，大致可以分为两类：底部平坦的撞击坑形成时间比较早，并被造山运动和风侵蚀过；而那些小的"像碗一样形状"的撞击坑有着"新鲜的"外表，显得年代比较晚。相机的注意力转换到佩拉地区，然后再看萨巴亚湾（Sinus Sabaeus）地区，最后再看得宇卡利翁（Deucalionis）地区，这些地区都被严重撞击过，在此之后，视场跨过晨昏线进入黑暗区域。水手 7 号的第一批图像也是对子午湾附近区域进行成像。这些图像覆盖了火星边缘地带，显示在 15～25 km 的高度处水平分布着 10 km 厚的薄雾。之后火星边缘的图像表明在 40 km 高度处也有薄雾。有了这个证据，可以证明水手 4 号拍摄的第一张图像边缘中明亮的光晕就是薄雾，而不是相机故障或损坏造成的结果。水手 7 号随后拍摄的展示出南极极冠的边缘地区的 11 张图像是迄今为止最有意思的图像。极冠的第一个迹象出现在 59°S 至 62°S，极冠覆盖已经比较均匀了。这里并没有像天文观测者经常提到的围绕极冠的细黑线。许多撞击坑的内侧表面都有结霜。水手 7 号拍摄的广为人知的

水手 6 号、7 号拍摄的远景图像：水手 6 号 F15（左上），水手 7 号 F69（右上），水手 7 号 F86（底部）展示了大瑟提斯（Syrtis Major）的黑暗地区

图像之一展示出南部的两个撞击坑并排排列，像"巨人的脚印"一样，其中一个直径约为 80 km，另一个直径约为 50 km。这组图像的最后一张是被严重撞击过的赫勒庞塔斯地区，该地区向希腊地区稍稍倾斜，而在 300 m 的分辨率下则显得平淡无奇[356-358]。关于云的唯一线索可以在几张关于极区的近景图像中找到。

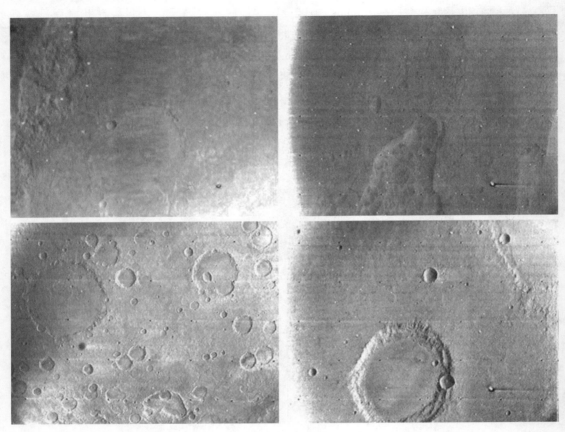

水手 6 号拍摄的一些近景图像(从左上角开始顺时针方向依次为)：6N08 图像和 6N14 图像展示"混沌地形"，6N18 图像和 6N21 图像显示萨巴亚湾地区的撞击坑

　　尽管水手 6 号红外光谱仪的一个通道失效了，但仪器的其他部件都能正常工作。通过测量二氧化碳的吸收，然后再测量火星表面上"气柱"的高度，红外光谱仪就能够给出拍摄区域的地形图。红外光谱的结果和从无线电掩星测量推导出的表面压力一致。这很好地证明了望远镜所观测的那些明亮和黑暗的地区之间并没有对应的高度差异，比如希腊地区就是个边缘比底部高 5.5 km 的大盆地。起初，人们认为希腊地区的地貌被长期吹进盆地的沙尘所覆盖，所以它看上去才是平淡无奇的，但后来的任务表明它是由于水手 7 号飞过盆地时被云遮挡了[359]。水手 7 号最初的红外光谱分析结果证明了氨和甲烷的存在，两者都强烈暗示了生命的存在，但是进一步分析发现数据被误读了[360]。仪器仅探测到三种大气成分：二氧化碳、一氧化碳和水蒸气，并没有发现氨、一氧化氮或碳氢化合物的踪迹，即

使灵敏度优于百万分之一时也没有发现[361]。时至今日，1969水手任务的红外光谱仪的探测波长仍是独一无二的[362-363]。红外辐射测量仪测出的温度范围从赤道正午的−27℃到大瑟提斯地区(Syrtis Major)夜里的−73℃。最有意思的测量结果发生在南极极冠地区，那里温度是−125℃。低温、低压使得极冠地区主要由干冰组成，而不是之前期望的水冰[364]。红外光谱数据证明氨和甲烷存在是由照射在干冰上的反射光引起的。紫外光谱仪在上层大气中发现了原子氧，同时还发现了电离态的二氧化碳和一氧化碳。实验的一个主要目的是搜寻氮的踪迹(由于其惰性，在常规谱段不易被探测到)，但并没有发现氮的存在。尽管水手7号在南极地区上空探测到一些臭氧，但结果证实大气实际上都是纯净的二氧化碳[365-366]。

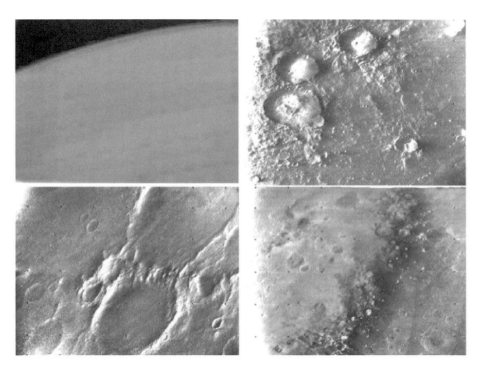

水手7号拍摄的一些近景图像(从左上角开始顺时针方向依次为)：7N01展示了与水手4号探测结果相似的火星边缘薄雾；窄视场相机图像7N12展示了南极极冠地区撞击坑内表面结霜现象；宽视场相机图像7N13展示了极冠地区部分地形；窄视场相机图像7N20展示了一对并列的两个撞击坑"巨人的脚印"——较大的撞击坑后来以渥夫·维许尼亚克(Wolf V. Vishniac)命名

对这次任务主要结果的恰当描述是这样的："在航天时代到来之前，人们认为火星像地球一样；在水手4号之后，火星似乎更像月球。而水手6号和水手7号展现了火星独特的一面，这是太阳系内与众不同的一颗行星。"

当时没有认识到一个重要发现，那就是撞击坑主要都集中在南半球，而这些撞击坑在远景图像中几乎都看不到，这表明北半球地貌会大不相同。利用近景图像绘制了撞击坑尺寸分布，结果清楚的表明火星及其卫星并不像水手4号发现火星被撞击后所假设的那样[367]。

尽管水手7号电池爆炸造成了一定损坏，但两个航天器都成功地完成了火星近距观察的任务，它们受火星引力的影响进入与之前不同的轨道上，水手6号从1.14AU变化到1.75AU，而水手7号从1.11AU变化到1.70AU。当年8月，水手6号采集到10.5小时的银河系紫外光谱辐照[368]。1970年4月底到5月中旬，从地球上看，两个航天器都到达了远离太阳的一边，此时可以测量传回地球的无线电波擦过太阳时发生的偏移量(事实上，无线电波会发生弯曲，根据广义相对论信号传输时间会延长200毫秒)，并观测信号被弯折进入内层日冕的过程[369]。腔体辐射计提供的数据也非常有用，这是用来测量航天器热预示的一台工程仪器。此时正值太阳11年活动周期的峰值，测得的结果表明太阳总发光度在数周之内变化很小[370]。两个航天器在发射两年之后仍与地面保持联系，但最后一次与地面的通信时间并未公布。总的来说，NASA投入到1969火星任务的经费相当于2000年的5.7亿美元。

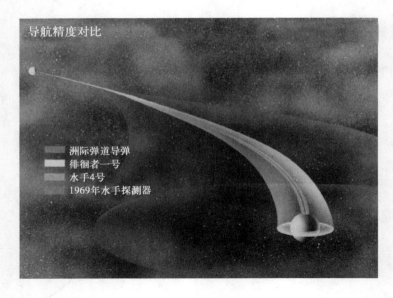

20世纪60年代航天导航精确度有着极大提高。上图对比了洲际弹道导弹、徘徊者月球撞击探测器、水手4号和1969年发射的水手探测器到达火星的精确度。(图片来源：NASA/JPL/加州理工学院)

2.17　其他选手

20世纪60年代和70年代初期，随着美国和苏联开始探测太阳系，其他国家也开始发射人造卫星成为"航天大国"中的一员，最引人注目的有法国、日本、中国和英国。1962年，几个欧洲国家组建了欧洲航天研究组织(ESRO)，该组织除了和NASA开展航天研究领域的合作外，还偶尔和苏联进行合作。其早期的目标之一是发射月球探测器，也开始研究设立深空探测项目。1963 年，ESRO 放弃了发射月球探测器的计划，部分原因在于缺少欧洲本土的发射火箭，还有部分原因是项目费用昂贵且和美国或苏联正在进行的任务没有本质区别。因此，ESRO 将精力集中在太阳系探测，将研究领域确定在那些他人没有研究过的目标上。ESRO 规划了三个可能的任务。第一个是飞掠木星探测器。第二个是对金星和火星进行偏振研究。由于美国对天体偏振测量仅有短暂的研究，欧洲在此项探测方面成为了最重要的研究力量。而且，巴黎的墨东天文台早在 1941 年就开始了行星物理学观测，是著名的太阳系偏振测量研究单位。不幸的是，欧洲航天科学家对宇宙射线和高能天文学更有兴趣，却不重视火星或金星任务。第三个是彗星研究，并提出了飞掠彗星的任务方案。最初的目标是探测一颗长周期彗星，但这样的任务有太多不确定性，很快目标更改为一颗周期彗星。探测器基本科学载荷和目标被确定之后，德国拿出了初步方案，但后来任务却被推迟了。

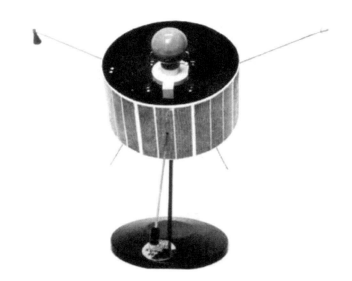

20 世纪 60 年代中期 ESRO 研制的彗星探测器模型。基本计划是在 1973 年与 41P/塔特尔 – 贾可比尼 – 克热萨克(41P/Tuttle – Giacobini – Kresak)周期彗星交会。届时探测器将对其神秘的喷发现象进行研究，在近日点时，喷发使其亮度比预期要大 10 000 倍。（来源自亨宁·谢尔）

在 1968 年年初，ESRO 提出几个新想法作为下一代宏伟科学项目的候选，其中之一是实施一个水星计划。该计划中，探测器将对水星表面进行近距离成像，以确定水星是否有磁场及稀薄大气。这也是在距离太阳 0. 38AU 的位置研究太阳风的好机会，且当探测器运行到相对于地球在太阳的另一边时，可以利用无线电载波研究日冕特性。该项目被命名为 MESO(MErcury SOnde)。航天器发射质量为 450 kg，其中 69. 4 kg 分给科学仪器。探测器将使用 NASA 的宇宙神火箭 – 半人马座上面级发射，将携带 10 种科学仪器，除探测粒子和场的仪器之外，还包括一组相机、积分光度计和偏光计、红外辐射仪和微波辐射计。但是，在 1969 年 5 月，当方案上报申请批准的时候，被认为太过昂贵并超过了 ESRO 当时的技术水平[371]。

1969 年欧洲提出并被否决的 MESO 水星飞掠探测器示意图(图片来源：ESA)

太阳系探索一直是一项政府主导的活动，时至今日也是如此，但在 20 世纪 60 年代美国公司开始尝试它们自己的行星探测任务，经常和 NASA 形成竞争。在 1961 年，通用动力公司(General Dynamics)研究一种太阳监测探测器。这个巨大的探测器需要土星 1 号火箭发射，其轨道为近日点 0.16AU，远日点介于 0.43AU 和 0.93AU 之间的日心椭圆轨道，轨道周期短至 60 天左右。公司提出两个可行的方案：第一个方案是类似一个陀螺，带有 8 个小型太阳翼和一个金属网制成的抛物面天线；第二个方案也被称为"莱特飞机 II"[①]，带有两个大型的太阳翼，与早期飞机非常相似。探测器通过太阳电池阵产生能源，还通过 6 m 直径的镜子将太阳光集中加热液态金属以产生能量[372]。另一个有意思的案例是 1967 年洛克希德公司(Lockheed)提出的蓝锆石(Starlite)方案，需要建造一个新的运载火箭发射，火箭命名为蓝锆石。项目的很多部分都具有高度原创性和革命性：

1)蓝锆石任务使用具有强腐蚀性的氟和液氢做推进剂，动力十足，并且可以从军用运输机上发射；

2)蓝锆石任务研制可充气的铝表面反射镜，它既能产生能量，也能和地球通信，同时还能保持辐射压力稳定性；

---

① 1903 年，莱特兄弟发明了世界上第一架飞机。——译者注

3）仅携带 11 kg 科学载荷，蓝锆石能在最多 10 年间执行一系列任务，包括近距离飞掠太阳，飞掠木星，直到木星、土星、海王星、冥王星执行多目标任务[373]。然而，最后这些"私人探险"计划都没有实施。

用土星 1 号火箭发射的 1961 年太阳监测探测器的"陀螺"构型［图片来源：通用动力公司（General Dynamics Corporation）］

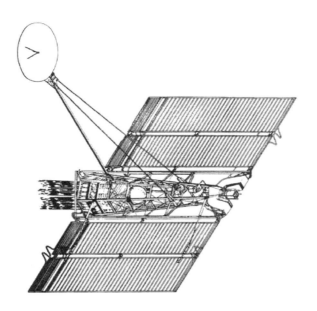

20 世纪 60 年代 NASA 研究了深空探测器的多种推进系统。火星轨道以远探测的一个方案是使用电推进技术，配置一对 35 kW 的 SNAP–8 核动力单元；探测器的两个"翼"并不是太阳帆板，而是散热板。［原始图片版权归通用动力公司所有］

参考文献

标注所提到的文章参考文献附在书后。

1	Bille – 2004	36	Ezell – 1984a	71	Siddiqi – 2002b
2	Marcus – 2006	37	Koppes – 1982a	72	Chertok – 2007
3	Ulivi – 2004a	38	Stone – 1961	73	Butrica – 1996b
4	Hufbauer – 1991a	39	Koppes – 1982b	74	Koppes – 1982c
5	Goddard – 1920	40	Ezell – 1984b	75	NASA – 1965a
6	Portree – 2001	41	AWST – 1961	76	Wilson – 1987b
7	Turner – 2004	42	Ezell – 1984c	77	Schneiderman – 1963
8	Burgess – 1953	43	Varfolomeyev – 1998a	78	NASA – 1965b
9	Kronk – 1984a	44	Harvey – 2006b	79	Forney – 1963
10	Kronk – 1984b	45	Perminov – 1999a	80	Barath – 1964
11	Kronk – 1999	46	Semenov – 1996a	81	Corliss – 1965b
12	Crocco – 1956	47	Harvey – 2006a	82	Corliss – 1965c
13	DeVorkin – 1992	48	Vladimirov – 1999	83	Neugebauer – 1997
14	AWST – 1957	49	Chertok – 2007	84	Hufbauer – 1991b
15	Wilson – 1987a	50	Perminov – 1999a	85	Davidson – 1999a
16	Powell – 1984	51	Mitchell – 2004a	86	Sonett – 1963
17	Powell – 2005a	52	Lardier – 1992a	87	NASA – 1965c
18	Corliss – 1965a	53	Semenov – 1996a	88	Nicks – 1985a
19	Clark – 1960a	54	Varfolomeyev – 1993	89	van der Linden – 1994
20	Ness – 1970	55	Semenov – 1996a	90	Nicks – 1985b
21	Smith – 1960	56	Lardier – 1992a	91	Hill – 1962
22	Lewis – 1960	57	Chertok – 2007	92	NASA – 1965c
23	Fan – 1960	58	Siddiqi – 2002a	93	Coleman – 1962
24	Greenstadt – 1963	59	Varfolomeyev – 1998b	94	Scheinemann – 1963
25	Greenstadt – 1966	60	Siddiqi – 2000a	95	Forney – 1963
26	Cahill – 1963	61	Oberg – 198 I	96	Nicks – 1985c
27	AWST – 1960a	62	Semenov – 1996b	97	Neugebauer – 1962
28	AWST – 1960b	63	Mitche！l – 2004b	98	Hufbauer – 1991c
29	AWST – 1960c	64	Gatland – 1964	99	Coleman – 1962
30	Powell – 2005b	65	Varfolomeyev – 1998b	100	Ness – 1970
31	Melin – 1960	66	Gatland – 1964	101	Sonett – 1963
32	Melin – 1960	67	Grahn – 2000	102	Nicks – 1985d
33	Butrica – 1996a	68	Axford – 1968	103	NASA – 1965c
34	Melbourne – 1976	69	Ness – 1970	104	Chase – 1963
35	Clark – 1960b	70	Lardier – 1992b	105	Barath – 1963

106	Barath – 1964	145	Clark – 1986	184	Koppes – 1982f
107	Pollack – 1967	146	Perminov – 1999b	185	Nul1 – 1967
108	Frank – 1963	147	Siddiqi – 2000b	186	NASA – 1967a
109	Sonett – 1963	148	Siddiqi – 2000c	187	Chapman – 1969
110	NASA – 1965d	149	Siddiqi – 2002e	188	Anderson – 1965
111	NASA – 1963	150	Flight – 1964a	189	Danielson – 1964
112	Kolcum – 1963	151	Varfolomeyev – 1998c	190	Barth – 1974
113	NASA – 1965e	152	Flight – 1964b	191	Kliore – 1965
114	Nicks – 1985e	153	Mitchell – 2004c	192	Kliore – 1973
115	Wilson – 1987b	154	Knap – 1977	193	NuU – 1967
116	Gatland – 1972a	155	Siddiqi – 2002f	194	Kliore – 1973
117	Wilson – 1982a	156	Lardier – 1992c	195	Dollfus – 1998a
118	Westphal – 1965	157	A&A 1964	196	Ness – 1979a
119	ESRO – 1966	158	LePage – 1993	197	Sullivan – 1965
120	ESRO – 1969	159	Murray – 1966	198	Chapman – 1969
121	Semenov – 1996c	160	Mitchell – 2004d	199	Leighton – 1965
122	Flight – 1963	161	Flight – 1965a	200	NASA – 1967a
123	Perminov – 1999b	162	Grahn – 2000	201	Herriman – 1966
124	Mitchell – 2004c	163	Flight – 1965b	202	Tombaugh – 1950
125	Siddiqi – 2002c	164	Harvey – 2006a	203	Baldwin – 1949
126	Mitchell – 2004c	165	Lardier – 1992c	204	Opik – 1950
127	Siddiqi – 2002c	166	Siddiqi – 2002g	205	Opik – 1951
128	Knap – 1977	167	Semenov – 1996e	206	Sheehan – 1996a
129	Harford – 1997	168	Huntress – 2002	207	Burgess – 1966
130	Gatland – 1972b	169	Clark – 1986	208	Murray – 1989a
131	Zheleznyakov – 2001	170	Koppes – 1982d	209	Ezell – 1984e
132	Lissov – 2004	171	Ezell – 1984d	210	Davidson – 1999b
133	Siddiqi – 2002d	172	Murray – 1966	21 1	AWST – 1965a
134	Harvey – 2006a	173	Wilson – 1966	212	AWST – 1965b
135	Mitchell – 2004b	174	NASA – 1964	213	Beech – 1999
136	Mitchell – 2004d	175	Wilson – 1987c	214	Wiegert – 2007
137	Murray – 1966	176	Stone – 1963	215	NASA – 1967a
138	S&T – 1963	177	Corliss – 1965d	216	Wilson – 1987c
139	Murray – 1966	178	Leighton – 1965	217	ESRO – 1969
140	Flight – 1963	179	Murray – 1966	218	Ulivi – 2004b
141	Gatland – 1972c	180	NASA – 1964	219	Varfolomeyev – 1998a
142	Siddiqi – 2002d	181	Koppes – 1982e	220	Varfolomeyev – 1998b
143	Perminov – 1999b	182	A&A 1964	221	Mitchell – 2004b
144	Gatland – 1972c	183	Murray – 1966	222	Gatland – 1972d

223	Harvey – 2007a	262	Lardier – 1992e	301	Wilson – 1987d
224	Siddiqi – 2002h	263	Gatland – 1972e	302	Jastrow – 1968
225	Kurt – 1971	264	Wetmore – 1965	303	Mitchell – 2004e
226	NSSDC – 2004a	265	Park – 1964	304	Ezell – 1984f
227	Perminov – 2002	266	Wilson – 1987e	305	Neumann – 1966
228	Lardier – 1992d	267	Koppes – 1982g	306	Ezell – 1984g
229	Murray – 1966	268	Snyder – 1967	307	Corliss – 1965f
230	Perminov – 1999c	269	Fjeldbo – 1971	308	Quimby – 1964
231	Lantranov – 1999	270	Lazarus – 1970	309	AWST – 1964
232	Corliss – 1965e	271	Van Allen – 1968	310	Ezell – 1984h
233	Stone – 1964	272	Ness – 1970	311	NASA – 1967b
234	Turnill – 1984a	273	Boyer – 1961	312	Murrow – 1968
235	NASA – 1971a	274	Sheehan – 1999	313	Ezell – 1984i
236	Burlaga – 1968	275	Varfolomeyev – 1998b	314	Perminov – 2002
237	Bukata – 1969	276	Gringauz – 1976	315	Lardier – 1992f
238	Levy – 1969	277	Wilson – 1987e	316	Vinogradov – 1970
239	Goldstein – 1969	278	Gafiand – 1972e	317	Blamont – 1987a
240	Merat – 1974	279	Ingersoll – 1971	318	Reeves – 2003
241	Flight – 1972	280	Vinogradov – 1970	319	Vinogradov – 1970
242	Brandt – 1974	281	Jastrow – 1968	320	Marov – 1978
243	Borrowman – 1983	282	Wilson – 1987e	321	Wilson – 1987f
244	Mihalov – 1987	283	Gatland – 1972e	322	Gattand – 1972f
245	Flight – 1997	284	Lardier – 1992e	323	Siddiqi – 2002i
246	Pioneer – 2004	285	Marov – 1978	324	AWST – 1969a
247	Kelly Beatty – 2001	286	AWST – 1967a	325	AWST – 1969b
248	Wolverton – 2004a	287	AWST – 1967b	326	Lantranov – 1999
249	Harrington – 1965	288	AWST – 1967c	327	Perminov – 1999d
250	The Tech – 670221	289	Lazarus – 1970	328	Giragosian – 1966
251	Hollweg – 2004	290	Anderson – 1968a	329	Beuf – 1964
252	Hollweg – 1968	291	Anderson – 1968b	330	Koppes – 1982h
253	Wilson – 1979	292	Fjeldbo – 1971	331	Ezell – 1984j
254	Wotzlaw – 1998	293	Kliore – 1968	332	Murray – 1966
255	Perminov – 2002	294	Wilson – 1987d	333	Leighton – 1971
256	Mitchell – 2004e	295	Hunter – 1967	334	Murray – 1989b
257	Ness – 1970	296	Snyder – 1967	335	Wilson – 1987g
258	Kerzhanovich – 2003	297	Jastrow – 1968	336	Koppes – 1982i
259	Vinogradov – 1970	298	Anderson – 1968c	337	Siddiqi – 2002j
260	Jastrow – 1968	299	Van Allen – 1968	338	Ezell – 1984k
261	Wilson – 1987d	300	Barth – 1970a	339	Ezell – 1984l

340 Wilson – 1987g

341 Powell – 2004

342 Lantranov – 1999

343 Perminov – 1999d

344 Koppes – 1982j

345 Wilson – 1987g

346 Kliore – 1973

347 NASA – 1969a

348 NASA – 1969b

349 NASA – 1969c

350 AWST – 1970

351 Collins – 1971

352 Leighton – 1971

353 Schurmeier – 1970

354 Kliore – 1973

355 Wilson – 1987g

356 Leighton – 1971

357 Collins – 1971

358 Schurmeier – 1970

359 Herr – 1970

360 Murray – 1989c

361 Barth – 1974

362 Fomey – 1997

363 Kirkland – 1998

364 Neugabauer – 1971

365 Barth – 1971

366 Barth – 1974

367 Leighton – 1971

368 Barth – 1970b

369 Anderson – 1975

370 Foukal – 1977

371 Ulivi – 2006

372 Mari – 1962

373 LMSC – A847990

第3章　关于着陆器和轨道器

3.1　新的十年

1970年7月—9月，美国国家科学院伍兹霍尔暑期研讨会举办了一场专题讨论会，空间科学家们在会上提出了未来10~15年间行星探测的思路。在某种程度上来说，这些建议直接形成了NASA未来的探测计划，同时也间接影响了苏联的探测计划。科学家们建议，利用轨道器和着陆器对火星和金星进行详细探测，利用轨道器对木星和水星进行研究，利用飞掠探测器对带外行星进行勘察，至少要在0.3 AU，最好是0.05 AU范围内开展太阳观测，同时这些观测还要在太阳高纬度地区进行。最后，要开展对太阳系内彗星、小行星及其他小天体的初步研究[1]。

3.2　到表面去

20世纪70年代第一个深空探测器是由苏联发射的，发射时间在1970年夏天，此时正处于金星发射窗口。由于新型的重型航天器尚在研发之中，因此巴巴金为V-70任务准备了两个3V探测器，他们各自携带了改进型着陆舱。设计师们缩小着陆舱的直径以保证着陆舱能够稳定地到达金星表面，减少开孔数量来增加耐压壳体的结构完整性。着陆舱的外壳由两部分记忆钛合金组成，这两部分的加工精度极高，并包裹了减振材料。通过采取这些措施，人们希望这种着陆舱能够按计划到达金星表面，并在540℃高温和180 000 hPa高压环境下存活90分钟。着陆舱的测试在世界上唯一能模拟这种条件的高压舱进行。为了保证适应较短的降落时间并保证经历冲击后可存活，设计师设计了一种"可变几何结构"降落伞。部分降落伞被尼龙绳缠起来，在金星大气层较低的位置，这种绳子将会在200℃熔化，伞蓬面积立即由1.8 m² 增加到2.4 m²。尽管所携带的有效载荷已最小化，仅为一个气压计和铂丝温度计，但是所进行的结构修改使着陆舱的质量增加了约100 kg，这造成航天器的总质量超出了8K78闪电号运载火箭的发射质量。为了弥补超重，主航天器采取了一些减重措施，减少了探测仪器套件，另外，运载火箭的遥测系统也进行了适当删减，但若有意外，这些遥测的删减会增加运载火箭事故调查的复杂性[2-3]。首个探测器于8月17日发射升空，1小时内即到达近日点0.69 AU、远日点1.01 AU的太阳轨道，开始奔赴金星的旅程。航天器总重1 180 kg，其中进入舱质量为495 kg。第二个探测器则很不幸，在8月22日的发射过程中，电子系统故障让运载火箭L级关闭了25秒，进入244秒的"逃逸"机动过程。这个被困的探测器命名为宇宙359号（Kosmos 359），后来在11月6日坠入地球大气烧毁[4]。

　　金星 7 号于 12 月抵达金星，飞行期间进行了两次中途修正。12 月 10 日，探测器记录了一次剧烈的太阳耀斑现象，苏联的月球车 1 号（Lunokhod 1）也在两天后探测到了该现象。在 12 月 12 日，进入舱加电，制冷系统将舱内温度置为 -8℃，以保证在金星的高温大气中能够尽可能长时间工作。在 12 月 15 日，航天器以 11.5 km/s 的速度穿透金星大气，在当地地平线之下 60° ~ 70° 角度范围内释放进入舱。进入点正处于金星背光面，距离晨昏线 2 000 km，进入舱减速时的过载达到了 350 g，防热罩承受的温度达到了 11 000℃。在距离地面高度为 60 km 时，速度已然降低到 200 m/s，此时降落伞打开，探测设备开始采集数据。此高度下外部大气压力为 700 hPa。在下降段接下来的某个时刻，遥测系统的电连接器发生严重的机械故障，仅仅能够提供温度数据。在最初 6 分钟里，下降过程运行正常，但在距离地面 20 km 高度时，降落伞的伞蓬开始熔化并发生撕裂，下降速度开始加快。在 UTC 时间 5 时 34 分 10 秒，进入过程持续至 35 分钟时，探测器突然静默，这个过程没有达到初始所设计的 60 分钟时长。苏联人先期指出探测器撞击金星表面后，信号立即停止，后来开展了将近 2 个月的遥测分析，证实探测器在撞击金星表面之后又发射了 22 分 58 秒的信号，信号强度为早期的 1%。直接发布出来的数据仅有温度遥测数据，持续为 475℃。苏联人通过本次任务得出以下结论：降落伞的主伞绳对于进入舱所经历的高温来说过于脆弱而断裂，因此探测器在最后 3 km 直接以 16.5 m/s 的终端速度进入稠密的大气，落地后发生了翻滚，进而导致天线指向偏离了地球的方向。撞击点位于 5°S，9°E 的季纳京平原（Tinatin Planitia）。通过建立大气的数学模型进行研究，表明金星地面压力测

金星 7 号着陆舱是首个在地外行星成功着陆并存活的探测器

定约为 90 000 ± 15 000 hPa[5-9]。金星 7 号是第一个在地球之外行星着陆且存活过一段时间的探测器。此外，这次任务首次给出了关于金星表面机械特性的推断。事实上，垂直速度在 0.2 秒内减至 0，表明了金星表面为无尘固态特性，估计其承力强度介于熔岩和湿粘土之间，诚然这确实是一个较为宽泛的界限，但这仍然是对金星的首次直接测量。

3.3 进击风暴

紧随着 M-69 的失利，苏联人着手开始准备迎接下一个火星发射窗口。任务最初的计划为发射轨道器以修订星历，发射进入舱以探测得到火星的大气特征，然后在下一次机会来临时再发射更多的携带软着陆器的轨道器。然而，人们突然意识到，开启于 1971 年春末的窗口处于几个月的"火星大冲"之中，这种现象每 15 ~ 17 年才出现一次，即发生火星冲日时的火星正好位于近日点附近，并且火星和地球位于二者距离最近时。在这种情况下进行行星际转移所需要的能量是最小的，对于给定的运载火箭所能够携带的有效载荷质量达到最大。由于这个因素，1973 年的软着陆任务被提前到了 1971 年。工程师们起初基于 M-69 的设计开始了探测器的研发，但他们发现这个思路没有"扩展潜力"，于是就放弃了这个想法。M-69 因此成为苏联唯一的甚至连部分任务都没有成功实现的深空探测器。事实上，一直到苏联人透露真相之前，西方分析家们曾猜测 1969 年的几次尝试是 1971 年任务平台的早期飞行。

拉沃奇金设计局（Lavochkin）巴巴金的工程师们设计了 3M 平台，期望它在 20 世纪 80 年代中期之前的一段时期作为标准的深空探测任务平台。平台中心模块包括一个承压的直径为 180 cm 的圆柱体，其内部为一个推进剂贮箱。模块的底座逐步增大，为直径 2.35 m 的"蘑菇状"结构，并配有环形贮箱环绕在 KTDU-425A（Korrektiruyushaya Tormoznaya Dvigatelnaya Ustanovka）换向发动机上，该发动机用于轨道修正和制动。圆柱体的侧面为两个矩形的太阳翼，每个太阳翼高度为 2.3 m，宽度为 1.4 m，总跨度达到 5.9 m。两个太阳翼之间的一个侧面上安装了直径 250 cm 的抛物面高增益天线，背面则是装有热控系统冷却液的大型散热器。太阳和星敏感器、导航系统、姿态控制系统和通信系统，以及一些科学仪器都安装在发动机旁。平台底面末端能够安装用于对目标行星开展在轨研究的科学有效载荷，或者携带一个带圆锥防热罩的着陆舱，防热罩的直径为 320 cm，顶部锥角为 120°。整个探测器的高度总计为 4.1 m。航天器具有三种稳定状态：1）垂直于太阳翼平面的轴线能够指向太阳，绕此轴对方向进行调整；2）这个轴能够指向太阳，航天器设置为每 11.4 分钟自旋一圈；3）航天器能够三轴稳定[11]。由于这个新的航天器质量超过了 4 500 kg，发射需要使用 4 级推进版 8K82 质子号运载火箭，该型号运载火箭自从发射相当不走运的 M-69 探测器以来，目前已经成功执行了几次月球任务[12-14]。

为了在 1971 年的发射窗口实施探测任务，苏联人准备了该种航天器的两个版本。M-71S 航天器（Sputnik，轨道器）发射质量为 4 549 kg，其中包含 2 385 kg 的燃料。所携带的有效载荷包括：一台磁强计，三台光度计（一台可见光，一台红外和一台紫外），两台辐射计(一台红外),一台光谱仪,一台带电粒子谱仪,一台宇宙射线传感器和一台具有双相机的图像 – 摄像系统 FTU(Foto Televisionnoye Ustroistvo)。FTU 中的一台相机命名为织女星(Vega),具有 52 mm 的焦距,另外一台命名为佐法尔(Zufar),具有 350 mm 的焦距和 4°的视场角。每台相机具有 3 个滤光镜,使用 25.4 mm 宽的感光胶片。相机设计用于在环火椭圆轨道的近火点附近获取图像,间隔 35 秒或 140 秒拍摄 12 幅图像为一个周期,根据所计划拍摄的距离火星表面的高度,预期的最佳分辨率应为 10 ~ 100 m[15]。M – 71P 航天器(Pasadka,着陆器)发射质量为 4 650 kg,包括一个质量为 1 210 kg 的着陆器。轨道器配置了双相机成像系统,一台红外辐射计对火星土壤温度进行扫描,两台紫外光度计进行大气研究,一台红外光度计,一台探测顶层大气中氢元素仪器,一台 6 通道可见光光度计,一台辐射计和雷达组合设备对大气特性和火星表面及最深至 50 m 的地层开展研究,一台红外光谱仪测定地形的起伏,宇宙射线和等离子体传感器,在太阳翼下方的悬臂上还安装了一台三轴磁强计。

苏联 Mars – 71P 航天器模型。顶部为着陆器圆锥防热罩。黑白条纹物体是着陆器的散热器,用于行星际巡航。(由 Patrick Roger – Ravily 提供)

M – 71 航天器还将携带法国的 STEREO – 1 太阳射电天文实验设备,这是第一次由美国和苏联之外的国家在行星际探测器上开展实验。这次实验的机会源自 1966 年的苏法两国空间科学协议,在 1970 年 11 月,法国科学家已根据该协议通过月球车 1 号任务放置了月球激光反射器。由于航天器和地球间轨道运动不同,引起相对于太阳的张角不断增加,在至少 6 个月的时段内,通过在地球和在太空中利用这种新仪器对太阳进行同步观测,即可实现对太阳射电爆发的方向性测量。实验特别将对类型 Ⅰ(短暂,圆极化和限定带宽)和类型 Ⅲ(长期,未极化和较宽带宽)太阳射电爆发进行研究。实验中包含两台几乎完全相同的接收机,一台位于法国南塞射电天文站(Nançay Radio Astronomy Station),另外一台低噪声接收机和一副三单元八木天线置于 1.2 m 长的悬臂上,悬臂安装在火星探测器的一个太阳翼上。尽管航天器接口的图纸和文字描述都禁止提供给法国科学家,但这台设备还是被成功地研制出来。法国人也没有得到哪个航天器会携带该仪器的通知:一台在仅有一个的 M −71S 航天器上,另一台在某个 M −71P 航天器上[16 − 19]。

Mars −71P 探测器模型细节。平台基座安装了一个环形燃料贮箱和轨道进入发动机。如图中左侧所示的仪器和传感器安装在圆柱体表面。需要注意的是热控系统的热管。[图片来源:帕特里克·罗拉·拉维利(Patrick Roger − Ravily)]

　　当航天器接近火星时,将着陆舱释放出来。着陆舱主要包括:一台固体火箭发动机,可以将着陆舱自身推送到进入走廊,一套用于自由飞行时进行姿态控制的稳定系统,一个防热罩,一个带着降落伞的环形舱段和一个直径为 1.2 m、质量为 358 kg 的球形着陆器。着陆系统具有一个 13 m^2 的引导伞和一个 140 m^2 的主伞。着陆器的设计基于 E −6"卵型"探测器,该探测器已经在 1966 年成功实现了首次月面软着陆,但是这次包裹了一层 20 cm 厚的塑料外壳,用于缓冲着陆时所发生的撞击。着陆时 4 个弹簧加载翼瓣将展开,以确保探测器着陆时的姿态垂直于当地表面。着陆器携带的仪器包括:一台质谱仪,在下降过程中对大气组成进行分析,一套包括气压计、温度计和风速计的气象包,两台 500 ×6 000 像素的全景相机。另外,在不同翼瓣的末端部位各安装一台伽玛射线谱仪和一台 X 射线谱仪,使这些传感器在着陆后尽量接近地表,以研究表面物质组成成分。由于着陆器使用电池供电,其工作寿命最多也就几天时间。4 个短鞭状天线向主探测器的定向天线发送数据,主探测器将数据记录下来并转发至地球。着陆器上所有的部件都已经利用灭菌灯进行了灭菌处理,以防地球上的细菌污染火星环境[20 − 22]。

Mars－71P 探测器模型细节。平台的另一个视角，探测器柱状结构装有推进设备，着陆器的白色环形降落伞容器。［图片来源：帕特里克·罗杰·拉维利（Patrick Roger － Ravily）］

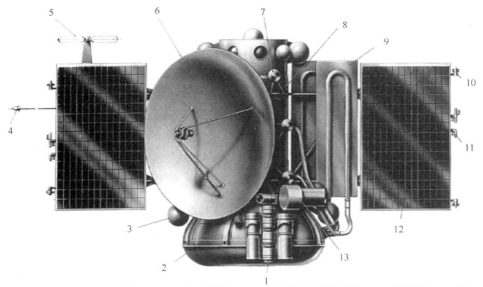

M － 71S 构型布局：1—定姿传感器；2—仪器模块；3—姿态控制系统贮箱；4—磁强计；5—"Stereo"实验天线；6—高增益天线；7—低增益天线；8—推进系统贮箱；9—热控系统散热器；10，11—姿态控制系统喷管；12—太阳翼；13—导航系统传感器

首个着陆火星的探测器 M‑71 着陆器模型。万一发生侧翻，具备摆正姿态的能力。顶端黑色物体是 PrOP‑M "微型车"。(图片来源: Olivier Sanguy/Espace Magazine)

苏联声明着陆器获取的所有探测数据将对未来"行星车"(Planetokhod)的研制提供帮助[23]。在 20 世纪 90 年代初期，当俄罗斯披露出每个着陆器上携带有令人惊异的实验装置——安装 4 kg 的微型车来测量土壤特性的消息时，这个声明带来了新的含义。这项计划由列宁格勒全俄车辆工程研究所(VNII Transmash)在 18 个月内就设计完成了，该研究所研制的月球车(Lunonkhods)系列已经在月球上投入使用。微型车被命名为火星越野性能评估仪(PrOP‑M, Pribori Otchenki Prokhodimosti‑Mars)、"Marsokhodik"或"Micromarsokhod"(微型火星步行者)。通过 6 折悬臂将其释放至火星表面后，这个 21.5 cm×16 cm×6 cm 的箱式机器人通过平行四边形构型的滑橇行走，速度为 1 m/min，最远行驶距离为距离着陆器 15 m，其行驶距离受限于脐带电缆长度，脐带电缆为微型车提供的电能(仅为 1 W)、遥控和遥测。车的前部是带有两个杆的保险杠，作为障碍传感器使用。机器人基本的人工智能系统能够识别障碍物的位置，然后退后几步，从侧面绕开障碍前进，这些动作通过滑橇的反方向移动实现。微型车每走 1.5 m 需停下来，利用仪器进行土壤机械特性测量，测量仪器包括全俄车辆工程研究所研制的透度计和苏联科学院地球化学所(Institute of Geochemistry of the Soviet Academy of Sciences)研制的比重计两种。微型车走过后会在车底部留下不同尺寸的印记，通过对留在土壤上轨迹图像的研究，可以搜集到更多的土壤特性数据。苏联人打算利用所获得的数据去设计更尖端的火星车移动系统。这种研制途径走的是与月球任务相同的路线，在 1966 年，月球 13 号着陆器的透度计和比重计搜集了相关数据，这些数据在 20 世纪 70 年代月球车的设计中起到了非常重要的作用[24‑29]。

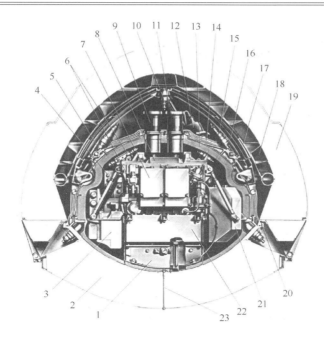

收拢后的 M – 71 着陆器构型布局：1—雷达测高计电子学部分；2—底部缓冲器；3—遥测单元；4—无线电单元；5—天线；6—无线电系统；7—无线电系统单元；8—科学仪器；9—立体相机；10—着陆器翼瓣锁；11—科学仪器展开设备；12—科学仪器；13—隔热系统；14—隔热垫；15—着陆抬升机构；16—翼瓣；17—缓冲器展开包；18—减速伞罩；19—顶部缓冲器；20—缓冲器释放壳；21—控制电子系统；22—电池；23—下降过程大气压力传感器

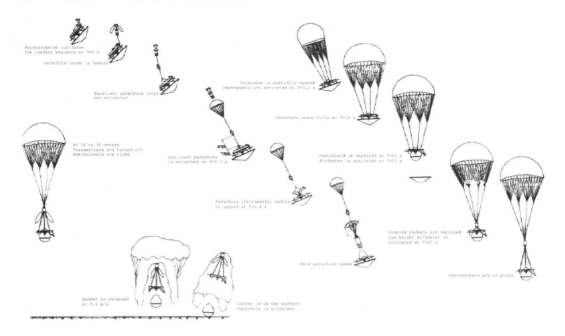

M – 71 着陆过程序列

苏联计划首先发射 M－71S 探测器，探测器将进入环火轨道并完善星历。后续两个 M－71P探测器到达不久之后，在距离火星46 000 km 的高度释放各自所携带的着陆器，在 900 秒之后，着陆器对各自的火箭发动机点火，通过大气进入走廊，实现既定着陆任务。在将要到达火星表面的 4 小时过程中，着陆器自旋以保持稳定。在着陆器检测到大气减速后的 100 秒，其运行速度仍大于 3.5 马赫数(在当地环境测量)，着陆器将展开引导伞。主降落伞由计时器定时打开，同时抛掉防热罩并开启雷达高度计。当速度降至 65 m/s 时，舱内仪器通过保护罩底部上的毛细管状的孔洞开始获取压力数据。在 16～30 m 的某处高度，高度计触发指令组打开制动固体火箭发动机并抛除降落伞，着陆器将以 12 m/s 的速度撞击地面。通过压缩气体弹开两半的保护罩后，4 个稳定翼会开启，使得着陆器保持直立。着陆器的首要任务是获取当地全景图像，所获得图像数据会以 72 000 bps 码速率上传至轨道器。对于着陆区的选择，苏联人在南半球挑选了两个区域，主要考虑当地地势为低地，低地意味着能够有更纵深的大气范围，以提升降落伞的效果[30]。在地球上使用 M－100B 探空火箭，针对整个着陆过程的程序序列进行了 15 次测试，火箭在130 km 的高度释放着陆器和着陆系统的缩比模型。地面试验显示探测器能够在 28.5 m/s 的速度撞击下存活，撞击引起的过载会达到 180 g[31]。

1968 年 11 月 14 日，NASA 宣布将在 1971 年发射火星探测器，这次任务是介于水手 6 号、水手 7 号的飞掠任务和后续着陆任务之间的中间步骤，尽管旅行者计划已经终结，还是希望在 20 世纪 70 年代中期实施着陆任务。与之前的任务相同，JPL 为本次任务提供了两个同样的探测器，探测器将进入环火轨道并对其表面开展至少 90 天的研究，也许会达到半个火星年。第一个探测器最初命名为水手 H，但将要更名为水手 8 号，将会进入近火点1 250 km、远火点 17 300 km、与赤道倾角 80°的 12 小时轨道。探测器将获取火星表面 70% 地区的 1 000 m 分辨率图像和 5% 地区的 100 m 分辨率图像。这条轨道将在前 90 天内获取 60°S 和 40°N 之间的图像，并具有每 20 天重访兴趣地区的机会。水手 I 将进入近火点 850 km、远火点 28 600 km，倾角 50°周期为 20.5 小时的轨道，该轨道每 5 天可以重复自身的星下点轨迹。探测器的主要任务是研究火星大气，以及火星大气或表面的瞬变现象。一个任务目标是提高火星坐标系的精度，使得火星地貌位置特征分辨精度达到 1.5 km，而当时的火星坐标系精度误差为 50 km。

水手号轨道器实施的几次任务证明，探测器所使用的基本构型适于 JPL 早期的火星探测任务需求。结构中心是 1.39 m 宽、0.46 m 高的镁合金八边形平台，其内部安装了探测器所有的电子系统和飞行系统。平台支撑着 4 个 2.14 m 长的矩形太阳翼，使航天器整体臂展为 6.89 m。每个太阳翼面积为 1.92 m^2，在邻近地球时能够提供 800 W 的电能，在火星附近能够提供 450～500 W 的电能。实际上，这类探测器与飞掠探测器最大的不同之处在于轨道进入系统，这套系统安装在平台结构上方。轨道进入系统包括一台能够点火 6 次的 1 340 N 发动机和两个直径为 0.75 m 的推进剂贮箱，一个贮箱装有甲基肼，另一个贮箱装有二氧化氮。贮箱的装载能力为 463 kg，并具有玻璃纤维保护壳，用以防御空间中的微流星体。太阳和老人星敏感器实现姿态确定，置于太阳翼末端的 12 个氮气喷嘴实施姿态

PrOP – M 微型车视图。可惜的是这件产品从未在轨使用过! 底视图是 Marsokhodik 的底面展示出了圆锥透度计。(图片来源：VNII – TransMash)

控制。探测器具有一副直径为 10.2 cm、长为 1.45 m 的管状低增益天线和一副装在二维关节上的直径为 1.02 m 的高增益抛物面天线。地球上使用位于金石(Golsonte)地面站直径为 64 m 的天线通信时，最高数据率可以达到 16 200 bps，但是如果使用位于澳大利亚堪培拉、南非约翰内斯堡和西班牙马德里深空网的直径为 26 m 的天线通信，数据率则仅能达到 2 025 bps。探测器在火星进入机动过程中，由于姿态受限，高增益天线无法指向地球，于是增加了一个中增益喇叭天线，安装在其中一个太阳翼的下面以实现上述指向。在探测器基座上(发动机对面)安装了扫描平台，这个平台可以进行方位(215°全范围)和俯仰(69°)指向，并携带了所有的科学仪器。平台上装有一台直径 12.3 mm 光学口径和 50 mm 焦距的宽视场角相机，还有一台直径 251 mm、焦距 508 mm 的卡塞格伦系统窄视场角相机。两台相机各具有一个 8 档拨轮，每档对应一种颜色和偏振滤光片。在既定的近火点，宽视场角相机拍摄火星表面 1 000 m 分辨率的图像，窄视场角相机的分辨率为 100 m。扫描平台还携带一台与 1969 年飞掠探测器几乎完全相同的双通道红外辐射计，用于测量火星表面的温度，视场角为窄视场相机的一半，一台紫外光谱仪用于收集大气的压强、温度和密度信息,以研究是否含有臭氧,另外还有一台红外干涉分光仪对大气中的次生化学物质进行识别,特别关注的是水汽的测定,因为水的存在会引发对火星是否存在生命的重新评估。尽管这台设备硬件的研制过程中出现了一些问题,但最终还是及时完成交付,赶上了试验。探测器进入火星轨道后,对探测器的跟踪测量和不断重复地在火星边缘消失和出现的无线电掩星事件会产生大量丰富的数据,这些数据能够用于绘制大气和重力场图,特别是可用于估算行星的形状("大地水准面")。当时机到来的时候,同样也会开展火星的两个卫星——福布斯和戴莫斯(火卫一和火卫二)的研究。在轨道器 998 kg 的总发射质量中,扫描平台及其配备的套装设备的质量占到 82.2 kg[32-38]。

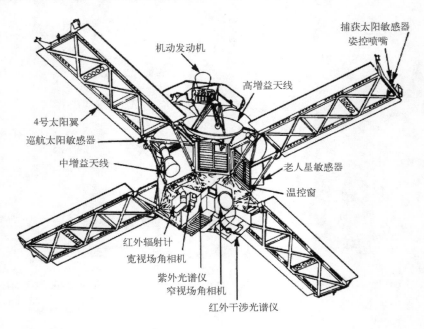

1971 年 NASA 的水手号航天器

　　在 5 月 9 日,水手 8 号第一个发射。宇宙神火箭发射过程完美无瑕,但是半人马座上面级却发生了一个不稳定的俯仰振动,造成发动机推进剂的供给不足,引起发动机提前关机,在任务执行 365 秒后,探测器坠入大西洋中,位于航程上约 1 500 km 区域内。

　　在 5 月 10 日,苏联第一次发射也以失败告终。M-71S 探测器被送入停泊轨道,但是质子号火箭的 D 级助推"逃逸"点火失败,探测器[命名为宇宙 429 号(Kosmos 429)]两天后再入地球。发动机点火失败源于一个程序错误。这次失败使得苏联不但丧失了成为第一个在地外行星周围放置人造卫星的国家的机会,也失去了为接下来的携带着陆器的航天器升级星历的机会。由于无法升级星历,未来着陆任务的成功与否都取决于他们的探测器自动化系统自主应对所处的状况能力的强弱。当 M-71P 探测器距离火星 50 000 km 时,其将通过光学视觉方法确定火星的位置,以取得明确的方向。接着在 1 小时之后,释放着陆器,此后着陆器调整至轨道机动的方向,通过轨道机动将着陆器送入大气进入轨道。当主探测器距离火星 20 000 km 时，将再次测量火星的位置并计算执行探测器进入机动的最佳时机，期望的最近交会点为 2 350(±1 000) km[39-40]。两个 M-71P 航天器分别于 5 月 19 日和 5 月 28 日发射，发射过程完美，他们分别命名为火星 2 号和火星 3 号，第一个探测器进入近日点 1.01 AU、远日点 1.47 AU 的太阳轨道，第二个探测器进入近日点 1.01 AU、远日点 1.50 AU 的太阳轨道。

同时，美国方面关于发射水手 8 号探测器的半人马座上面级的调查也迅速取得进展，问题定位于俯仰制导模块的一个集成电路，问题也很快得以解决。为了实现由一个探测器完成原计划分配给两个探测器的观测任务，决定令水手 9 号进入与为水手 8 号所设计的类似的轨道，但将轨道倾角降低至 65°[41-42]。在 5 月 30 日(原计划的 12 天后)，水手 9 号发射，直接进入近日点 0.99 AU、远日点 1.57 AU 的太阳轨道。虽然发射时间较对手苏联要晚，但是由于采用了更快速的轨道，因此水手 9 号将会先到达火星。

STEREO-1 装置在发射后的第 3 天开机，接下来几乎一直在工作。苏联人为了掩盖 M-71S 任务的失利，没有通知法国人这些装置安装在哪个探测器上，而是对他们说火星 2 号探测器的电子学故障造成装置无法开机，因此他们仅能获取火星 3 号装置的数据。在 1971 年 9 月 1 日，法国相关实验大部分的地面设备毁于一场大火，这也许是一场阴谋。不过尽管如此，一些装置几天后便投入使用，无线电阵列最终在 5 周后再次联通[43]。

不幸的水手 8 号准备发射。能够看到高增益天线和用于火星轨道进入的小喇叭天线

发射后几天时间内，三个探测器均实施了轨道修正，水手 9 号在 6 月 4 日，火星 2 号在 6 月 5 日(另外一个出处为 6 月 17 日)，火星 3 号在 6 月 8 日。6 月 25 日，苏联两个航

天器的主份和备份高增益发射机都发生了故障失效，但在使用低增益天线完成几天通信后，高增益系统又得以恢复。故障的原因未得到确认，但可能是由于抛物面天线对太阳光有汇聚效应，使得天线的馈源部件损坏(此后，在所有深空探测器上都增加了天线热防护罩的预防保护措施)。在 8 月 3 日，乔治·N·巴巴金(Georgi N. Babakin)因心脏病发作去世，巴巴金自 1965 年接管拉沃奇金办公室，领导了苏联的无人月球和行星探测任务。他的继任者是谢尔盖·S·克留科夫(Sergei S. Kryukov)，虽是刚刚加入拉沃奇金，但是曾经担任过谢尔盖·科罗廖夫的副手[44]。这次事件将决定 9 月末期间这些任务的命运。9 月 22 日，这组小型舰队到达之前，对火星大气进行监视的南非天文台注意到一个"亮点"出现在火星南半球诺亚奇兹地区(Noachis region)。瞬间发展成为一个 2 400 km 长的条带，覆盖了海拉斯地区(Hellas)，并且迅速扩散到火星表面圆周的 2/3。第二波尘雾在第一波尘雾的 6 天后出现，这次发生的地点在厄俄斯地区(Eos)。同时，通过蓝光滤镜观测的结果显示，整个火星大气的透明度变差。在 10 月中旬，尘暴貌似已经席卷了全球。尘暴现象并不少见，特别是火星到达近日点的一段时间内，但是这次发生的"世纪尘暴"覆盖了整个星球，上一次出现这种现象可以追溯到 1909 年的近日点火星大冲[45]。

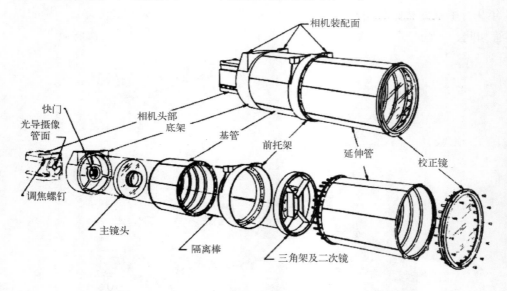

1971 年水手号航天器窄角相机

在 10 月和 11 月初，水手 9 号处于行星际空间，使用紫外光谱仪观测了我们银河系的莱曼–阿尔法(Lyman–alpha)辐射，对几类变星进行了光度测量。通过对土星长期观测完成相机定标后，11 月 8 日，航天器开始对火星进行成像，但是原定对当地夏天南极极冠消退观测的计划，则由于尘暴的影响造成细节难以辨认而落空[46]。11 月 11—13 日，航天器接近后的成像结果没有什么特别之处，除了一点点的南极极冠区域和 4 个神秘的黑点，其中 1 个黑点与地球雷达观测到的高地奥林匹克之雪(Nix Olympica)的位置匹配，因此，可以推知这些点是山的峰顶。进一步的研究显示，所有的黑点均具有一个大环形山，显然这些山是火山。在 11 月 14 日，水手 9 号发动机点火 915.6 秒，消耗了 431 kg 的推进剂，进入了近火点 1 398 km、远火点 17 916 km 的轨道。在第 4 圈轨道发动机再次点火，将轨道修正至近火点 1 394 km、远火点 17 144 km、倾角 64.34°的轨道，周期为 11 小时 57 分，可以在每 35 圈（17 个火星日）重访任意给定的经度。到达火星后，水手 9 号必须等待尘埃落定后才可以开展其主成像任务。另外，尘暴期间的无线电掩星数据提供了非常宝贵的温度分布曲线，而且深入识别了火星大气复杂的动力学。高度至 30 km 的沙尘吸收了太阳辐射，对高层大气会产生加热作用，同时遮蔽了太阳，对平常温暖的底层大气具有制冷作用，所以基本上来说大气显示出相同的温度，也就是说，大气是"等温的"[47]。红外分光计测量出的温度表明，向光面至背光面的气温不同，呈下降趋势，温度从 95℃下降至 40℃。该仪器同时还表明，那些预期比沙尘要高的山峰确实具有非常高的高度。入轨 3 天后，图像给出了环形山的迹象，有一条亮线特征穿过科普雷茨（Coprates）地区，雷达已经标示出这块地区属于低地，接下来水手 9 号的观测表明此处具有一个 500 km 宽、4 000 km 长的大峡谷，比地球上的任一峡谷都要大的多。在仅仅两周的时间内，水手 9 号改变了我们对火星的认识。在此之间，飞掠探测器获得了火星表面约 10% 的图像，这些图像曾经给人以错觉，误认为火星是一个充斥着撞击坑的陆地。这次发现的火山和峡谷表明，事实上火星具有一段丰富的地质史[48-51]。大峡谷后来命名为水手谷（Valleys of Mariner）。

在 11 月末，任务中又首次获取了火星两个卫星的详细图像。首张火卫一的远距图像是由水手 7 号拍到的，接下来，水手 9 号在轨道进入前又再次获得火卫一的图像。在 11 月 26 日，拍到了稍远的火卫二的图像，11 月 29 日在 5 270 km 的距离下拍摄了火卫一的图像。两个卫星均为不规则的天体，近似可以描述为三轴椭球，火卫一为 28 km×23 km×20 km 的三轴椭球，火卫二为 16 km×12 km×10 km 的三轴椭球，并且其表面都具有撞击坑。火卫一最大的撞击坑直径约为 10 km，这个撞击坑后来以 1877 年发现火卫一的阿萨夫·霍尔（Asaph Hall）妻子的名字命名为安吉莉娜·斯蒂克尼（Angeline Stickney）。同时还发现，两个卫星均有固定的一面朝向火星，说明他们的运动已经处于潮汐锁定状态[52]。

火星 2 号在 11 月 20 日进行了第 2 次轨道修正，在 11 月 27 日实现了最终精调，之后释放了着陆器。大约 4.5 小时后，火星 2 号进入了近火点 1 380 km、远火点 25 000 km、倾角 48.9°的轨道，周期为 18 小时（原计划标称轨道具有更高的远火点，周期为 25 小时）。同时，着陆器发动机自主点火奔赴火星，但是很不幸，由于进入角度过陡，结果导致着陆器以 5.8 km/s 的速度进入大气，在降落伞及时打开之前撞击到了地面。着陆器坠毁于 44°S，47°E 附近（另一个数据来源为 45°S，58°E）的诺亚奇兹地区（Noachis），成为第一个到达火星表面的人造物体。问题由光学导航系统引发，主要是这套系统过度补偿了最终目标轨道机动的误差[53]。尽管莫斯科和 JPL 之间存在一个用于双方及时沟通火星任务相关信息的"热线"，苏联人却在延迟了 48 小时后，才声明了此次着陆器坠毁事件。当苏联人最终通过媒体发布了这个新闻后，JPL 的科学家们在沉思，双方设置这么一个"热线"的意义何在[54]。

火星 3 号设法于 12 月 2 日进入轨道，但是由于未知原因，进入制动过程被缩短，形成了一个近火点 1 530 km、远火点 214 500 km、倾角 60°的极偏心轨道，周期为 307 小时

携带水手 9 号发射的宇宙神火箭和半人马座上面级

(仅略短于两周的时长)[55]。同时，着陆器被释放 4 小时 35 分后，以几近精确的入射角进入大气层并且打开了降落伞。当无线电测高计探测到着陆器距离表面为 25 m 时，降落伞抛伞，制动发动机点火以缓冲着陆撞击。然而，当 450 kg 的着陆器于 UTC 时间 13 时 50 分 35 秒联系上地球之后，发现其着陆时的速度高达 20.7 m/s。着陆点位于 45°S, 158°W，处于伊莱克特里克(Electris)和法厄同蒂斯(Phaetontis)之间。火星 3 号探测器在入轨 30 分钟后，开始建立三轴稳定姿态，准备将之前收到的着陆器数据转发至地球。由于主太阳敏感器的光学器件被主发动机喷流污染，首次稳定状态建立失败，但是及时切换了备份敏感器后，姿态得以建立并与着陆器建立了通信联系。着陆器着陆后的首个任务是对着陆区进行全景成像，然后报告当地气象。采用的相机与月球着陆器使用的相机类似，在进行表面成像时，使用了光度计传感器，并通过可上下摆动及水平转动的镜面实现扫描。但过程进行至 14.5 秒后，信号丢失，之后并未再次联通。轨道器所记录的数据在 12 月 2 - 5 日期间，几次向地球进行了中继转发，但是没有显示出更多的信息。即便在地球上对这些图像进行了"加工"，这 79 幅全景图像中仍然大部分是"噪声"，人们推断出这最有可能是火星地平线截面对比度非常低的景象。然而问题发生的原因无从推断，猜测原因包括着陆舱被疾风损毁、着陆舱陷入非常细的沙尘中、着陆器功能正常但轨道器中继系统发生了异常等。然而，最具可能性的解释是静电放电，即在低密度大气下，由于灰尘附着在鞭状天线上，引起静电放电而造成着陆器的发射机损毁。西方观察家则怀疑他们虚构了这则关于收到全景相机图像的故事，认为实际上这次着陆完全失利，整个探测任务仅仅部分成功，苏联要以此证明其自称的第一个软着陆到达火星[56-58]。

在 11 月 28 日前，水手 9 号已经完成了对奥林匹克之雪（Nix Olympica）和其他火山峰顶的火山口的初步地图绘制。12 月初获得的火星边缘图像清晰地表明尘埃层高度约在 30~50 km 之间。在等待大气变得透明的一段时间，航天器继续提供常规无线电掩星和火星重力场天体力学试验数据。在 12 月 7 日，探测器面临整个任务中唯一一次重大异常，无线电系统某个组件的温度异常升高，其发射功率开始缓慢降低。地面通过指令切换了备份，尽管主份系统的测试表明其温度已经稳定，但地面决定不再尝试开启主份。12 月 12 日，红外辐射测量仪在火卫一通过火星阴影发生月食的时候进行了 52 分钟的测量，并在出月食的时候进行了一段时间的测量。但不幸的是，当火卫一处于月食黑暗中时无法通过可见光成像来确定辐射计正对着火卫一。这些观测（任务末期增加了 12 次之多）为火卫一表面热惯性提供了直接测量数据，表明其表面至少覆盖了 1 mm 厚的与月壤类似的细粒物质，与地球望远镜的偏振测量结果一致[59-60]。在 12 月 30 日，尘暴逐渐平息，航天器通过一次修正机动进入最佳测绘轨道：周期增加了 1 分多钟，近火点高度调至 1 654 km，保证相邻的条带图像具有一定重叠。1972 年的 1 月 2 日，探测器开始了最终的地图绘制任务。在开始的 20 天，完成了 65°S~20°S 之间区域的覆盖，在接下来的 20 天，完成了 25°S~30°N 之间区域的覆盖。第二段的覆盖区域受到了极大的关注，因为这片区域将是 1976 年海盗号着陆器着陆的目标区域。2 月 11 日，主任务结束，同时尽管尘暴有所减弱，但在火星边缘图像中的多处阴霾带还是很明显。

水手 9 号取得的科学成果确实非常显著[61-64]。首先，表明了明显古老的南半球地区的撞击坑分布密集，较为年轻的北半球地区的撞击坑分布稀疏。由于交会时方位和时机的限制，飞掠探测器覆盖的区域基本都限定在多坑的地形范围内。在北半球，最吸引人的地貌是火山。在约 600 km 直径范围内，奥林匹斯山（Olympus Mons）[奥林匹克之雪（Nix Olympica）的重命名]是最大的，而且可能是活跃期最近的火山。根据光谱仪的探测，可以通过大气压力推导出高度信息，峰顶高大约为 15~30 km，侧面是一个 2 km 高的悬崖。另外塔尔西斯（Tharsis）地区存在的 3 个高度超过尘暴的黑点被证明是大型火山，位于奥林匹斯山东南方向较远的地方。在太阳湖（Solis Lacus，Lake of the Sun）地区，发现了一个底座为 1 600 km 的火山基体，命名为亚拔山（Alba Patera），但由于这个基体特别浅，直到尘暴结束后才被发现。在火星另一面的埃律西姆（Elysium）地区，发现了一些小的火山。这些火山都是由低粘度熔岩形成的盾状火山。火山似乎都处于"热点"旁边，在这些点岩浆柱从地壳中涌出。这种现象在地球也会发生，但是由于我们的岩石圈被分成了漂移的"板块"，

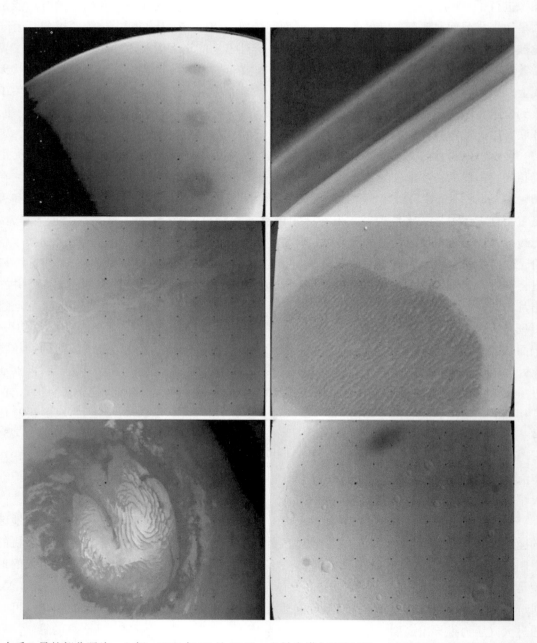

水手 9 号的部分照片。上部：1971 年 12 月 15 日，尘暴中塔尔西斯(Tharsis)地区浮现出的火山［由北向南：艾斯克雷尔斯山(AscraeusMons)，帕弗尼斯山(PavonisMons)，阿尔西亚山(ArsiaMons)］，1972 年 3 月 1 日的火星边缘成像显示出大气分层。中部：水手谷一部分，赫勒斯庞塔斯(Hellespontus)地区 150 km 直径火山口中 70 km 宽的沙丘。下部：1972 年 10 月 12 日的北极冰盖，火卫一狭长的阴影正穿过一片小撞击坑区域

于是从"热点"涌出的岩浆产生了火山链，最好的实例就是夏威夷群岛。但是在火星，由于"板块运动"没有起作用，每一个"热点"涌出的岩浆都形成了一个独立的巨大结构。有趣的是，夏威夷岛链的总质量与奥林匹斯山的总质量相近。轨道测量和重力测定表明，塔尔西斯地区和埃律西姆地区重力异常，这与该地区具有熔岩物质是一致的。事实上，塔尔西斯地区的三座火山居于一个横跨 5 000 km 的"凸起"之上，使其高度上升到约 7 km。同样有趣的是，"凸起"之上坐落的结构的顶端高度与奥林匹斯山的峰顶相当，表明其内部压力根本无法再从中央的火山口挤出更多的岩浆。火山的年龄极具争议，但是对其侧面上的坑进行的研究说明，塔尔西斯火山在 2 亿年之前还是活跃的，并且奥林匹斯山的部分岩浆流看起来好像很年轻，于是引发了人们对于火山仍然可能处于活跃期的兴趣。南半球的测量是在大气尚充满尘埃的时候进行的，这种测量条件虽然降低了图像的分辨率，但还是将不大显著的火山基体与很难与之分辨的撞击坑区分开来，火山基体分别被命名为第勒尼安（Tyrrhenum Paterae），哈德里亚卡（Hadriaca Paterae）和阿穆芙莱特（Amphitrites Paterae）。这些地貌表明火山运动在火星早期地质历史中起了一定作用。

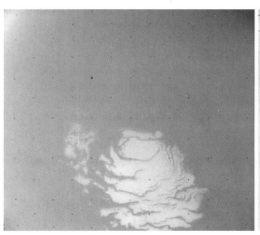

水手 9 号拍摄的 2 幅火星图，表明南极冰盖的季节性变化

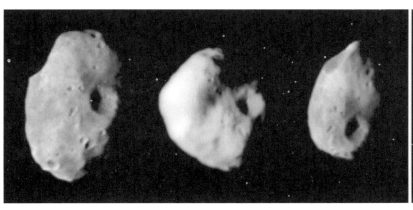

水手 9 号拍摄的火星的 2 个小卫星：火卫一（左），火卫二（右）

水手 9 号展示出的第 2 个最为引人入胜的地貌特征是水手谷。虽然其中一个"水道"已经被命名为科普莱特斯(Coprates),但之前甚至地球最好的望远镜也没有发现大峡谷的迹象。人们猜想是由流水侵蚀产生了大峡谷的结构,这再次唤起了人们关于火星上曾经某段时间存在巨量液态水的想法,但是液态水若要在火星表面上稳定的存在,当时的火星必须有很厚的大气,因为现在的表面气压低于水的三相点,意味着如果在火星表面放上液态水,水无法保持液相,将迅速结冰或者蒸发,或者两者同时。然而,也许曾经造就这个峡谷系统的水来自地下冰,地下冰被和塔尔西斯(Tharsis)火山有关的地热所融化,峡谷系统终究延伸至凸起东部的侧面地区。有趣的是,对于坑的研究表明峡谷系统也许也很年轻。通过人类 1969 年第一次的一瞥,发现还有其他"外流水沟"通往北部,这些水沟的产生归因于大片混沌的地形,水沟向北通过断裂带进入低处的克里斯平原(Chryse Planitia),此处有一些抬升地貌被流水侵蚀为"泪滴"状的例子。通过对撞击坑及其大小的研究,表明火星表面的撞击坑要少于我们的月球,这反过来说明侵蚀现象至少在这个星球上的历史上发生过作用,或者撞击通量比月球上要小,但这又似乎不大可能[65]。事实上,火星距离小行星带较近,撞击通量估计应该会更大。在水手 9 号的寿命期内,使用其广角相机和窄角相机,在轨道进入前后共获取了 80 幅火卫一和火卫二图像。经处理后,这些数据使得两颗卫星轨道参数确定的更加精确,结果证实潮汐锁定效应让火卫一逐步向内旋转,并且某一天将会破裂,岩屑会坠落并给火星造成更多的撞击坑[66-67]。

水手 9 号还观察了两个极冠,目击了南半球夏季南极极冠的消退过程。事实上,南极极冠在收缩时保持了基本形状,甚至在二氧化碳蒸发量达到最大时也是如此,这证明了极冠由"干冰"和水冰组合而成。红外光谱仪通过观测特征波长的吸收特性,证实了极区云层中水汽的存在。包围极冠的土地被按照"层级"进行分类,因为其由较多层组成(每层有几米厚),这些层之间互相偏移,其存在的模式表明它们可能由尘埃和二氧化碳干冰混合而成。极冠的形状和周围的地形表明火星自转的轴线随着时间发生了变化。初步计算显示自转轴和轨道面垂线的夹角在 160 000 年的时间里变化了至少 15°但不超过 35°[68]。然而,近期更多的研究表明,轴线的变化也许是混沌的。水手 9 号每条 12 小时轨道每天可以产生 2 组掩星数据,一共对 260 次掩星事件进行了监测。探测器进出的纬度覆盖了几乎整个星球,从 86°N 一直到 80°S(即在极点的上方)。白天的大气温度分布曲线对大气中的尘埃非常敏感。事实上,1965 年水手 4 号获得的温度分布曲线表明了当时的火星大气中含有大量的尘埃,这也同样解释了探测器所获取图像对比度较低的原因。在北极极冠地区,温度下降低到了 - 95℃,但红外光谱仪测量的表面温度为 - 123℃,这表明最下面的几千米具有强烈的热梯度变化,这种变化难以通过掩星实验观测到。干涉红外光谱仪不仅测量了极地地区的温度,还监测了温度分布曲线的季节性演变。在夏季初期,温度分布曲线基本是等温的,但夏季末期,在 10 km 的水平高度附近会发生逆温现象。在通常情况下,大气温度会超过地表温度。在高纬度地区,10 km 高度的早间气温已经达到了二氧化碳凝结的温度,表明早晨的云是由二氧化碳干冰结晶组成的[69]。红外光谱仪获得了超过 20 000 张火星光谱的图像。在尘暴期间,测量了空中运动微粒的组成和大小,以及空气的温度和温度梯度。在尘暴之后，对大范围地表特征的地面气压进行了测量[70]，测量数据提供了表面的高程信息，通过这些信息形成了初步的地形图，地形图表明火星最低的地带是希腊平原（Hellas），所测得的当地气压为 8.9 hPa，最高是克勒里塔斯—塔尔西斯（Claritas Tharisi）地区。巧合的是，其中的一个测量点与帕弗尼斯山（Pavonis Mons）峰顶非常接近，压力为 1 hPa，表明高度为 12.5 km。整个南半球（包括极冠）比相对较低的北部平原地区要高几千米，由此又提出了这个星球历史中的一个神秘之处[71]。

总之，水手 9 号的图像给出了暗处和亮处的反照率特征，这些特征令天文望远镜观测者们着迷，但是这些特征却与实际的地面特征鲜有关联性。所仅有的关联性之中，一条是南半球环形的明亮区域——希腊平原地区，水手 7 号的观测表明其与一个大的撞击盆地吻合，并且（正如前面所提到的）水手 9 号发现这是火星上的最低点。在天文望远镜观测所绘制的地图上，大部分地貌特征在近距离的图像上是无法辨认的，对其他部分可辨认的地区来说，其描述都是错误的。举例来说，长期认为大瑟提斯（Syrtis Major）独特的黯淡的"舌头"是一个干河床并且是个低地，但实际上却是个高原[72]。在 1973 年，国际天文联合会发布了一份地图，这份地图关注最新发布的构造而非反照率的变化，并且引入了一套新的命名规则[73]。

与此同时，火星 2 号轨道器姿态控制的故障导致其脱离了三轴稳定状态。航天器因此采用了自旋稳定模式，导致其无法进行成像，但还是能够获取其他数据[74]。尽管尘暴起初遮蔽了火星表面，但火星 3 号实际上处于一条非预期的极偏心轨道，这意味着探测器每两周才能到达一次近火点，却由此能够等待至大气变得清澈。成像期至少设置为 4 个日期，1971 年 12 月 12 日、14 日，1972 年 2 月 28 日和 1972 年 3 月 12 日。2 月 28 日从 18 000 km 处拍摄的火星整个圆面的图像特别引人注意，这是因为之前从未在该相位角下对火星进行过观测。在火星边缘处发现了一个雾霾层，在 30～40 km 高度上的云层中包含大量的颗粒[75]。火星 3 号上搭载的 STEREO - 1 设备在 2 月 25 日关机，在 208 天期间总共工作了 185 小时，在此工作期内共获取了大约 1 兆字节的原始数据，这个数据量在今天看来感觉小的可怜，可在当时对于这种实验来说其数据量已然是很大了。在探测器进入环火轨道以后，由于行星观测任务取得了优先权，因此分配给这台设备的工作时间被大大的削减。尽管数据中混有大量的错误，并且采用当时可用的计算机设备需付出极大的代价来修正这些错误，但 STEREO - 1 还是给出了第 1 个证据，证明 I 型太阳爆发的辐射在空间具有高度的方向性，这主要根据基于地球和基于空间的观测数据的相关性，地球—太阳—航天器（ESS）的夹角在 10°附近，相关性下降，夹角大于 20°，相关性消失。与此相反，在角度达到 80°的时候，III 型事件的时间分布曲线在 ESS 夹角达到 80°时还是一致的[76-79]。

尽管火星 3 号传回了少量的几幅图像，但苏联探测器还是对于火星及其环境提供了一些有趣的数据。特别的成果包括：他们测量了深空中的电子密度，注意到在到达火星前其密度明显减少；他们测量了大气中 100 km 高度的原子氢、原子氧和一氧化碳；另外他们测得向光面日下点的温度为 13℃，正对点附近温度则为 -110℃。北极极冠附近为 -45℃（也许在日出前的夜间测量的结果）。表面反照率较为黑暗的区域比较为明亮的区域要温

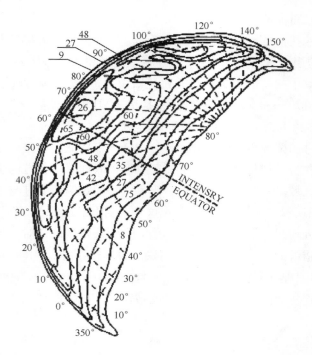

1972 年 2 月 28 日，在北半球的春分之前火星 3 号拍摄照片所获得的光度图。所覆盖的区域包括了阿西达里亚海(Mare Acidalium)。[图片来源：国际天文联合会 (International Astronomical Union)]

暖，并且具有较大的热惯性，说明此类表面的火星尘非常之少。此外，还推断出地下 35 cm 处的温度维持不变，不仅在昼夜循环期间不变，而且在很长的地理跨度上也保持不变，这意味着近表层的物质是一种热的不良导体。火星 2 号的无线电掩星测量使用了一种双频系统，其测量结果和水手 9 号的结果非常吻合，测得表面大气压力在 5.5 ~ 6 hPa 之间[80-83]。火星 3 号上的红外光谱仪观测到大气中可降水汽含量的最小值，甚至比极区还要少。截然不同的是，水手 9 号的探测结果是在春季的北极极冠可降水分的 50 倍，同低纬度地区的含量一致[84]。但是，苏联探测器发回的最使人好奇的数据是关于火星磁场的。在水手 4 号宣布火星没有磁场后，NASA 决定不再继续进行更深入的研究。苏联探测器在不同的距离对辐射水平进行了测量，在某几条轨道上在向光面很清晰地探测到一个弓形激波，一个磁层顶和一个磁场，强度约为行星际区域的 10 倍，最大的磁场强度约为地球的 0.015%。但是，这些较为缺乏的数据不足以确定这个弱场的其他特征，比如这个场与火星自转轴间的相对倾斜角度等。另外不幸的是，探测器所处的轨道对开展这种研究不是很理想，并且在某些轨道上确实也没有识别出磁层。此外，苏联科学家也不同意对此观测的相关解释，一些科学家说这是一个行星磁场，另一些科学家则主张这个场源于太阳，探测器所观测到的不过是太阳光照射面的电离层，与金星上发现的现象类似[85-86]。官方报告中并没有地面与两个探测器最后一次联系的时间。一个信息来源说在 1972 年 3 月，另一个则说二者在 7 月同时静默[87-88]。也许两个日期都是错的，因为曾有报道说火星 2 号在 4

月—8 月火星接近合日位置时候，收集穿过日冕的无线电波数据[89]。1972 年 8 月 24 日，苏联发布了任务终结声明，此时火星 2 号工作了 362 圈，火星 3 号在其大偏心轨道仅工作了 20 圈[90]。

在结束其主任务之后，水手 9 号仍然工作状态正常并且降低节奏继续进行地图绘制，在火星进入合日位置时，大部分表面地区均已有 1 ~ 2 km 分辨率的记录，并且已经开展了 2% 地区 300 m 分辨率的详查。这段时期内，仅有的异常是计算机内存的一个小问题。探测器在 4 月 2 日至 6 月初关机，这是因为：1）火星、太阳和探测器的轨道的相对几何关系将产生一个长期的日食；2）阿波罗 16 号飞往月球，深空网参与到带宽需求更大的任务中。水手 9 号在 6 月 4 日再次启动，开始了"拓展任务"。在 8 月初，它对北极点区域进行成像，太阳已在此点最终升起。在 8 月至 10 月中旬，当从地球上看火星距离太阳非常近以至于无法保证可靠的通信，此时必须要终止对航天器的指令控制。在火星合日之后，探测器恢复对北极地区成像，然而，由于与地球的距离过于遥远，每周最多只能传回 12 张图像。在 10 月 27 日，在水手 9 号第 698 圈轨道上，探测器耗尽了用于姿态控制的氮气，摄动引起了探测器的慢旋。在下一次通信时（当天晚些时候），探测器自旋速度达到了每 51 分钟 1 圈。尽管听起来转得很慢，却削减了太阳翼受到的光照，造成电池无法有效地充电，因此，事实上，地面再也无法联系上水手 9 号。令人沮丧的是，探测器的磁带记录仪上还存有 15 幅图像。考虑到行星的摄动和火星大气缓慢的拖拽，水手 9 号将于 2020 年进入火星大气，残骸将坠落到火星表面。通常认为，暴露于空间辐射环境 50 年，会对探测器发射前所携带的物质实施一个彻底的杀菌过程，确保其对火星环境没有威胁。水手 9 号是一次令人瞩目的成就。除了前往火星的 167 天巡航飞行之外，探测器在火星轨道工作了 349 天，超过了预期的 90 天，在轨共执行了 45 960 条指令。传回了 7 329 幅图像及其他科学数据共计 54 吉字节，相当于之前执行所有任务总和的 27 倍。

尽管苏联人设法利用令人失望的火星 2 号和火星 3 号着陆器在火星表面着陆击败 NASA，但是通过水手 9 号任务美国的项目取得了两个重要的"第一"，第一个火星轨道器和第一幅地外行星的全景图。此外，水手 9 号所获得的科学成果从质量和数量上都极大超越了苏联轨道器所取得的成果。对于 NASA 而言，是时候开始准备后续的海盗号轨道器/着陆器任务了，海盗号的候选着陆区域已经基于水手 9 号的数据完成了选择，并在 1972 年 11 月 6 日进行公布，即水手 9 号航天器静默的 2 周以后[91]。

3.4　类木行星初探

NASA 艾姆斯研究中心的科学家和工程师在成功地完成先驱者太阳探测器任务之后，提出了两个依次进行的探测任务，初步命名为先驱者 F 和先驱者 G 任务，主要探测目标分别为探测太阳风、研究行星际环境和距离太阳 4 个天文单位以内的宇宙射线现象。与此同时，戈达德航天飞行中心正在研究一个"银河木星探测器（Galactic Jupiter Probe）"，除了开展与先驱者 F 和 G 类似的任务，还将探测小行星带和木星周围环境。"银河木星探测器"

是一个单轴稳定探测器,采用同位素温差电池(RTG, Radioisotope Thermal Generator)供电。RTG 是利用热电偶将少量放射性同位素钚的衰变产生的热量转换为电能的装置。这将是RTG 在深空探测器上的首次使用。这类深空探测器难以使用太阳翼供电,主要是因为太阳翼产生的电量与探测器和太阳之间距离的平方成反比关系,例如在距离太阳 2 个天文单位的探测器需要的太阳翼面积为地球轨道探测器的四倍。虽然"银河木星探测器"项目规模巨大,目标宏伟,但是它与 JPL 提出的"领航者(Navigator)"任务及其后续任务"大旅行(Grand Tour)"相比还算简单。"大旅行"任务的目标是依次通过外太阳系的巨行星(下一章会详细介绍)。戈达德航天飞行中心提出利用两个连续的发射窗口发射两对共 4 个300 kg级别的探测器,另外制造一个备份探测器,任务总耗资预计为 1 亿美元[92]。在 1967 年,由于 NASA 的行星探测部门负责的"火星着陆旅行者号"(Mars - landing Voyager)任务取消,NASA 将"先驱者 F"和"先驱者 G"任务的执行部门从原先的"太阳系科学部"转移至"行星探测部"。另外,美国国家科学院提出木星探测应该在美国行星探测规划中具有较高的优先级,因此,应该在先驱者任务中增加木星交会的任务,这样,考虑到先驱者任务的成本更低,就取消了"银河木星探测器"项目;取消的另一个原因是戈达德太空飞行中心正在集中精力投入到阿波罗任务中。艾姆斯研究中心考虑到先驱者号探测器的飞行距离将会超过起初预想的距离(木星距离为 5.2 个天文单位),就放弃了太阳翼而最终选择了 RTG。1969年 2 月 8 日,NASA 正式批准了木星先驱者探测任务,而原先研制先驱者太阳探测器的汤普森·拉莫·伍尔德里奇公司得到了制造该航天器的合同[93-94]。

　　JPL 设计的先驱者号探测器类似水手号和徘徊者号探测器,质量为 258 kg,采用六边形结构平台,高 35.5 cm,宽为 142 cm,里面安装电子设备和仪器。在六边形结构中央安装了直径为 42 cm 的球形贮箱,里面装了 27 kg 的肼推进剂,满足 187.5 m/s 的总速度增量需求。在六边形结构的上方安装有直径为 2.74 m 的铝蜂窝夹层结构的高增益天线。在高增益天线的三脚支撑上方,安装了一个中增益天线,使得整个探测器的高度达到了2.9 m。全向天线布置在六边形结构中心平台的下方,满足任务发射后早期的测控通信需求。整个探测器装有两台 8 W 的发射机,在任意时刻只有一台发射机工作。根据探测器与地球的距离,数据传输速率最高可达 2 048 bps。平台上还安装了一对三节伸缩臂,每个臂上安装了一组两个 SNAP - 19 型 RTG(辅助核动力系统),可将钚衰变产生的热能的 5% ~6% 转换为电能,在发射时可提供的电功率为 155 W,在与木星交会时提供的电功率为140 W。在伸缩臂最长的情况下,RTG 到平台中心的距离达到了 3 m。此外,另一个长度达 5.20 m 的悬臂末端安装有磁强计,并尽可能地远离探测器的金属部分。与 JPL 研制的三轴稳定探测器不同,探测木星的先驱者号探测器是自旋稳定的。探测器的姿态依靠太阳敏感器和老人星敏感器确定。姿态控制由 3 对安装在抛物面天线边缘的推力范围在 1.8 ~6.2 N的单组元肼推力器实现。推力器可以以脉冲方式或连续点火方式工作,可用在探测器自旋速率控制(保持最优速度 4.8 rpm)、偏航和俯仰运动及轨道修正。为保持连续通信,探测器的自转轴保持指向地球。为了确保探测器的这种指向状态,高增益天线的馈源轴线稍微偏离了探测器的自转轴。这样如果探测器自转轴漂移,其接受到的信号强度就会随旋转发生振荡，设计者采用被称为 CONSCAN（锥扫）的自动系统降低了高增益天线的摆动，确保其指向地球的角度误差不超过 0.3°。然而，为了节省推进剂，通常采用地面发送指令的方式实现探测器的姿态校正。与先驱者号太阳探测器类似，探测木星的先驱者号探测器没有携带星载计算机，而是依靠地面发送指令的方式实现探测器的控制。星载缓存设备能够保存 5 条指令，用于更加复杂的或时间要求严格的指令序列。这个指令策略的权衡可以满足广泛的任务需要，实际上，木星交会的计划先于实际任务前的两年就开始了[95-98]。在平台上的 RTG 对面安装了一个携带大部分科学载荷设备的扁平六边形舱。

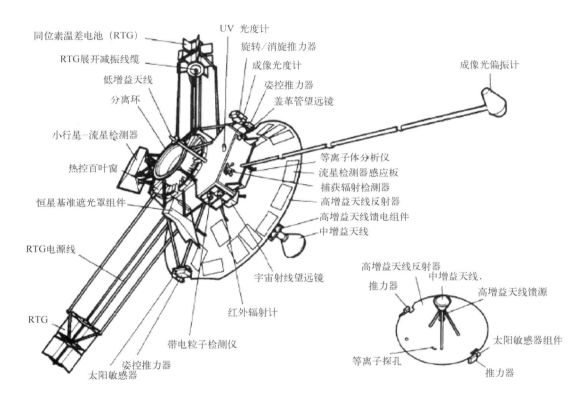

木星先驱号航天器示意图

探测器携带了不少于 4 种专门探测带电粒子和高能射线的科学仪器[99]。带电粒子探测仪包括两种模式，一种模式适合在行星际间探测，另一种模式适合在木星辐射带探测。宇宙射线望远镜用来监测在探测器航行过程中的银河宇宙射线、太阳宇宙射线和木星附近的高能粒子。行星磁层捕获粒子的辐射由一个能量感知范围较宽的仪器进行分析。爱荷华大学研制的仪器利用 7 个盖革 - 米勒计数器研究木星系统的带电粒子，该设备在发射之前经过了标定，以消除 RTG 和放射性同位素加热器产生的伽马射线本底，放射性同位素加热器以放射性物质颗粒的形式对电子设备进行加热[100]。安装在悬臂上的氦气磁强计在探测器处于 8 个不同的轨道位置时进行探测，能够测量行星际磁场以及预计较强的木星磁场。以先驱者号太阳探测器携带的仪器为基础研制的等离子分析仪，将首次分析火星轨道外的太阳风状况。紫外光度计用来探测行星际空间的中性氢和氦的分布情况,以及寻找日光层(超声速太阳风所能覆盖的空间)边界的证据。同时,紫外光度计也用来测量氢气和氦气在木星高空大气层的含量,并探测木星极区存在极光的可能性。紫外光度计以一个固定的指向安装在探测器上,确保探测器在与木星交会的前 5 天可以分别在木星半径 50 倍处和 10 倍处探测木星两次,另外还可观察木星的伽利略卫星[101]。为了研究木星发射的热量大于从太阳吸收到的热量的原因,探测器采用两通道的红外辐射计,通过一个口径为 7.6 cm 的卡塞格伦望远镜(Cassegrain telescope)测量跨越行星圆面的温度场,这些温度场的波长在地球上无法测量。

安装在运载火箭上的先驱者 10 号(合整流罩之前),图中探测器右下方伸出的梯形状设备是"西西弗斯(Sisyphus)"小行星 – 流星探测仪

　　由于之前 JPL 研制的光导摄像管摄像机无法在自旋稳定的航天器上使用,所以科研人员研制了改进型的摄像机来第一次获得木星近距离的特写照片。亚利桑那大学负责探测器偏振测光计的研制工作,其主要作用有:1)在高灵敏度状态下,用来分析内太阳系的黄道尘及银道面标记的累积的星光;2)测定偏振功能可在探测器与木星交会时获得不同相位角下大气层云中颗粒数据,特别是可观察到由于球形云颗粒特征形成的"彩虹";3)测光仪采用红色和蓝色的滤光镜以及一个运动机构使扫描仪缓慢通过木星圆面,从而使艾姆斯研究中心的科研人员可以合成出木星云顶图像。成像的分辨率比摄像机要稍差,但比地面望远镜的成像质量高许多。该仪器有一个口径为 2.5 cm 的马克苏托夫(Maksutov)光学系

统，其视角转动最大可达 151°。在成像过程中，探测器的自旋使望远镜采集幅宽为 14°的光度数据，然后望远镜会小幅转动，确保在探测器下次通过时可以进行相邻条带的扫描。当探测器非常靠近木星并以较高的相对速度运动时，会使得木星在望远镜视场中漂过，作为一种替代方案，望远镜将会保持固定不动以确保拍摄的效果。条带成像的起始时刻既可以由地面控制中心根据自旋轴的方位角指定，也可以在探测器上的光学敏感器感知到行星进入视场时自动触发拍摄。虽然测光仪仅具备红光和蓝光的滤光功能，但可以人为地将绿光增加到所获得的图片中，从而获得人们希望的视觉美观的图片。将光度测量的原始数据转变为图片需要大量的处理工作，不仅由于所采用的扫描技术在边缘处会有严重的畸变，同时，探测器与行星间较大的相对速度会使单个扫描线间产生较大的间隙。偏振测光计的原理样机是利用高空气球实施的试验[102 - 104]。

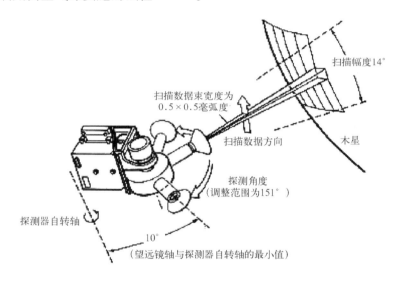

在先驱者号航天器旋转时，偏振测光计可上下调整视场角，然后通过旋转 – 扫描技术建立拍摄对象的图像

　　由于这些航天器是首次冒险进入小行星带，所以在每个探测器的舱外都安装了西西弗斯小行星 – 流星探测仪。该探测仪使用了 4 个口径为 20 cm、视场角为 8°并带有光电倍增管的望远镜（相邻望远镜的视场角稍有重叠）。望远镜上的非成像系统用来探测火星与木星之间的小行星带中颗粒对太阳光的反射情况。当西西弗斯小行星 – 流星探测仪任意 3 个望远镜同时检测到目标源时，就进行一次事件记录。该设备具有较高的灵敏度，可以检测到远距离千米级大小的小行星和近距离漂移的小颗粒。另一个相关的设备是安装在抛物面天线外侧的流星体检测器。该设备包括 13 个面板，总面积达到 0.605 m^2，每个面板上有 18 个氩气和氮气填充的"小格子"，当"小格子"被流星体刺穿时将会造成氩气和氮气泄露。先驱者 F 上的检测器灵敏度很高，可以检测到质量为 10^{-9} g 的微流星造成的缓慢的排气。先驱者 G 上增大了"小格子"的厚度，以检测更大的流星。

　　同时，探测器的无线电发射机理所当然的能够开展天体力学和掩星试验。整个探测计划除了包括两个探测器飞掠木星来探测木星大气环境之外，还计划安排其中一个探测器利用木卫一进行掩星试验，以分析该卫星(很明显能够调制来自木星的无线电波)是否具有大气。

当然，这两个孪生的先驱者号探测器最广为人知的还是其携带的铝制的镀金铭牌，宽15 cm，长 23 cm，展示了探测器、它的地球"母亲"和制造它的人类的信息。当探测器靠近木星时，其速度会因为木星的引力而增大，从而摆脱太阳的引力进入星际空间并在围绕银河系中心的独立轨道上运行，探测器可能会在遥远的未来被地外生命发现。这个铭牌的创意最初由科普作家艾力克·博吉斯(Eric Burgess)提出，在 1971 年 12 月由卡尔·萨根(Carl Sagan)和法兰克·德瑞克(Frank Drake)联合设计。为了给出镀金铝板上各种图形的比例尺，描绘了中性氢分子结构的示意图，中性氢的超精细跃迁可以给出频率(和时间)和长度的精确信息，分别为 1 420 MHz 和 21 cm。在这个图示正下方，用线型图绘制了 14 颗脉冲星相对于太阳的位置，脉冲星的脉冲信号频率按照氢的频率特性采用二进制记数法表示；另一条线表示指向银河系的中心。假如铭牌的信息得到正确的解译，这个图就可以给地外生命提供有关探测器发射时刻太阳的位置信息和发射时间。第 3 个图表明探测器是来自于地球，为太阳系的第 3 个行星。最后，铭牌上还有由卡尔·萨根的妻子莲达·沙尔士文(Linda Salzman)绘制的男女裸身像，男人举着一只手，仿佛挥手致意。最右侧的两个参考记号标明了人的身高约为 21 cm 的 8 倍。图中的男人和女人均为裸体，这引起了巨大的争议。尽管制作者希望创造一个广义上的人类形象，但是他们看来是具有高加索血统的白种人，女人的姿态表明她是被动的。但是这纯粹都是人类的争议，对于地外生命而言是毫无意义的。铭牌设计"信息"的目的是容易解译，但是当它展示给众多顶级科学家时，一些人却感到困惑！铭牌被安置在每个探测器的支撑高增益天线圆盘的支杆上，并将雕刻内容的一面朝内，以防受到微流星和其他侵蚀源的损伤。

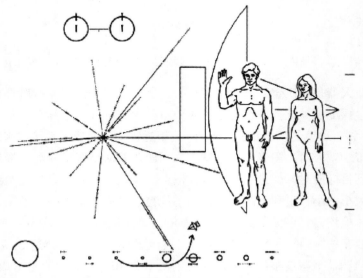

先驱者号的铭牌用来向在遥远的未来探测器可能遇到的地外生命传递人类的信息。除了绘制了男人、女人和探测器轮廓之外，铭牌上还绘制了太阳系相对于一系列射电脉冲星的位置、地球在太阳系中的位置及探测器自身的轨道。图上的氢分子用来作为距离和时间的标准量度

　　1971 年 12 月，宇宙神 – 半人马座火箭矗立在卡纳维拉尔角的发射塔上。在 1972 年 1 月，已经完成了 RTG 装配和整器加注的先驱者 10 号探测器从加利福尼亚州空运至卡纳维拉尔角发射场。为了使探测器具有足以到达木星的入轨速度，运载火箭的最后一级采用了 TE – M – 364 – 4 型固体推进的"补充推进级"，推力达到 66.7 kN。这款发动机源自在 1966—1968 年勘测者（Surveyor）月球着陆制动时使用的发动机[107]。先驱者 10 号探测器的发射窗口是从 2 月 25 日—3 月 20 日。在 2 月 27 日、28 日和 3 月 1 日的首批发射尝试均由于发射场高空大气中的强风因素而取消。在 UTC 时间 3 月 2 日 1 时 49 分，首个设计为探险火星以远轨道的探测器，成功地直接踏上奔向木星的旅程。在第三级火箭点火之前，运载的自旋速度达到了 21 rpm，以减少固体火箭点火时不均衡的影响。先驱者 10 号探测器的入轨速度达到了 14.356 km/s，使其成为离开地球速度最快的探测器。探测器被释放进入太空之后，展开了装有 RTG 和磁强计的悬臂，基于角动量守恒原理，探测器的自转速度降低为 5 rpm。探测器的日心轨道介于 0.99 ~ 5.97 AU，与黄道面的夹角为 1.92°。在接下来的 10 天中，探测器对所有的设备进行了加电和测试，同时开始记录空间环境数据。与过去常发生的情况一样，老人星敏感器过了一段时间后才发现目标星。在 3 月 7 日，进行了一次 14 m/s 的轨道修正，精调了地木转移轨道。在 3 月 26 日，进行了第二次轨道修正，速度增量为 3.3 m/s，为木卫一掩星试验做准备[108]。在主任务最初的 20 个月内，探测器主要目标是探测在 1 ~ 5AU 之间的行星际空间环境，包括火星轨道以外的"未知区域"。随着距离太阳越来越远，先驱者 10 号测量了银河宇宙射线通量，并与月球轨道的探索者 35 号及在行星际监测平台（IMP，Interplanetary Monitoring Platform）5 号和 6 号在地球附近的探测到的银河宇宙射线通量进行了对比[109]。在 1972 年 8 月 2 日—7 日，发生了 4 次大规模的太阳风暴。先驱者 10 号与在 1 AU 附近轨道运行的先驱者 9 号探测器联合收集到了相关数据。当先驱者 10 号到达 2.2AU 的时候，探测到的太阳风速度为先驱者 9 号在地球附近探测到的太阳风速度的一半[110 - 111]。

铭牌安装在支撑高增益天线的支柱上，雕刻内容的一面朝里，以防止被微流星破坏

　　对于先驱者10号任务,人们所关心的一个问题是其能否安全地通过小行星带。在1972年7月中旬,先驱者10号抵达了小行星带的内侧边缘,并于1973年2月毫发未损地通过了小行星带,所有人都松了一口气。在通过小行星带的过程中,先驱者10号在900万千米距离内遇到了两颗已知小行星:在8月2日,通过了一个在帕洛玛-莱顿(Palomar-Leiden)①巡查项目中发现的但未命名的小行星,其直径约1 km;在12月2日,飞掠了小行星(307)耐克(Nike),其直径约58 km。遗憾的是,这两颗小行星均没有出现在探测器的光学敏感器中[112-114]。穿越小行星的试验给出了复杂的结果。光学敏感器的探测结果共计283次事件,但详细的分析无法得出有意义的轨道解。西西弗斯小行星-流星探测仪的首席研究员认为,该探测仪发现了迄今仍然未知的黑暗星际尘埃颗粒,他称之为"cosmoids",并且这些尘埃不仅数量上超出了太阳系原生的尘埃,而且也许能解释宇宙中所谓的"暗物质"之谜[115]。但是大多数科学家认为这是由于西西弗斯小行星-流星探测仪本身存在故障,所发现的大多数事件都是仪器"噪声"。然而,粒子光传输所表征的黄道光亮度要比成像偏振测光仪探测到的亮度要大得多,对于诸如木星和半人马座α星等天体的观察,确认西西弗斯小行星-流星探测仪工作正常。试验的另一项成果为,在距太阳1~3.5 AU内的记录得到一个几乎恒定的事件比率,即在距太阳1~3.5 AU内,探测到的颗粒尺寸大部分在0.1~1 mm的范围,少部分颗粒的尺寸在10~20 cm的范围内,在2.6 AU附近颗粒尺寸稍有增加,在超出3.5 AU后颗粒尺寸突然下降。偏振测光仪的探测结果表明了黄道光起源于小行星,因为在2.8~3.3 AU之间,黄道光的亮度迅速下降,在更远处与银河系背景光相比则可以忽略不计。毫无疑问的是,探测器还发现了"对日照(Gegenschein)"(反黄道光)是一种源于小行星带的现象,而不是曾经争论的那样是由于尘埃驻留在处于地球外的日地拉格朗日点上而引起的[116-117]。由于可以免于黄道光的干扰,偏振测光仪能够获得背景星光的分布图,可以明显地辨认出诸如最近的旋臂等银盘的结构[118-119]。流星探测仪的数据采集系统发生了一个电路故障,这意味总计共234个"小格子"中的126个"小格子"的数据丢失。余下的"小格子"从探测器发射到最初靠近木星之间只记录了55次流星撞击,但是,小行星带上的颗粒密度表明该区域的尘埃不会对探测器造成物理上的威胁,这对于JPL计划开展的雄心勃勃的带外行星探测任务来讲是个好消息。在探测器与木星交会的61小时中,有10个"小格子"被击穿,但击穿的原因并不显而易见[120]。

　　随着先驱者10号远离太阳,磁场强度、太阳风密度、粒子通量均如预期般减少,但却没有发生所预期的低能量银河宇宙射线的增加,这表明日光层的半径范围比原想的要大得多。某些理论曾假定星际空间的边界应该在带外行星轨道间的某处,但这一新数据表明,这个边界可能远至100 AU以外。

　　在飞至距离木星为360倍木星半径时,辐射计探测到粒子通量增大,首次获得了木星

---

　　① 帕洛玛-莱顿巡查是始于20世纪60年代,由美国的帕洛玛天文台联合荷兰的莱顿天文台共同开展研究微弱小天体的天文巡查项目。——译者注

存在的迹象。实际上，木星被证明是一个高能电子爆发源，这些电子即便在很远的内层的水星轨道距离上也能探测到。探测器与木星于 1973 年 11 月 6 日正式开始交会，距离木星 2 500 万千米时，成像偏光计探测到了木星。两天后，先驱者 10 号穿过木卫九的轨道，木卫九是当时已知木星卫星中的最外侧一颗，尽管该卫星当时并未处于轨道交叉点附近。在 UTC 时间 11 月 26 日 20 时 30 分，当探测器距离木星为 109 倍木星半径（等于 640 万千米）时，发现太阳风的速度从 420 km/s 下降到 250 km/s，在穿过弓形激波前部时，太阳风堆积在行星向着太阳一面的磁层上，探测器的温度增高了 100 倍。一天后，探测器穿过弓形激波之后的磁鞘区，发现已处于木星的磁层中。自从 20 世纪 50 年代人们认为木星是一个无线电噪声和射电爆发源以来，就发现了这个空间区域的存在，且其包含一条辐射带。实际上，发现木星辐射带的时间要早于地球辐射带，直至美国 1958 年发射了第一颗人造地球卫星之后才发现地球辐射带。假如木星磁层与地球磁层比例相同，那么木星磁层会一直延伸到日下点位置 53 倍的木星半径处，但是先驱者 10 号的探测数据表明，木星磁层是这个距离的两倍。然而木星磁层是动态的，其扩张和收缩均与太阳风的爆发密切相关。事实上，探测器在 55 倍木星半径处发现自己又回到了磁鞘区，但在磁层膨胀再次超过探测器之前，探测器已接近 48 倍木星半径[123 - 125]。

先驱者 10 号自旋扫描拍到的木星图片，大红斑位于晨昏交界线上。木卫一位于右上方，可以看见它在木星云顶的投影

12 月 2 日，在探测器飞掠木星两天之前，偏振测光仪的成像分辨率开始优于地球上的天文望远镜。伴随探测器穿透更深层的木星磁层，高能量的带电粒子使某些仪器的探测器饱和，并导致偏振测光仪处于不稳定的工作状态，扰乱了它的成像，但在对木星的晨昏线进行成像时及时恢复了状态。尽管人们预期探测器在约 20 万千米处的最近点是安全的，但是木星磁层的状况预示着先驱者 10 号在强辐射带中难以存活。推测表明，如果带电粒子通量继续按照所观测到的比率增加，那么，到达近木点 2 小时之前，探测器上的电子产

品将会全部失效。在到达木星前 16 小时，探测器在距离 142 万千米处经过了外部的伽利略卫星木卫四。4 小时后，经过了最大的卫星木卫三，距离约为 44 万千米。在木星交会前 6.4 小时，探测器经过了木卫二，距离约为 33 万千米。偏振测光仪对这 3 颗卫星均进行了成像。探测器拍摄的最好的卫星图片是木卫三的图片，距离 75 万千米，分辨率为 400 km，但除了显示出卫星南极和赤道区域明显的黑色地貌和明亮的北极区域之外，没有透露出关于这个太阳系中最大的卫星更有价值的信息。木卫二由于距离遥远，没有获得感兴趣的特征点，但总体来说与木卫三类似[126 - 129]。紫外光度计的探测表明在距离木星为木卫二距离处的空间有一团中性氢分子和氧分子云。由于木卫二已知有水冰覆盖，这团分子云看起来像是由微流星撞击表面后喷出("溅射")来的[130]。先驱者 10 号在近木点前 3.3 小时飞掠了木卫一，距离约 34 万千米，但是偏振测光仪由于受到辐射而未能在尚可的分辨率下成像。

　　在到达近木点前 2 小时多一点的时候，木星圆面进入红外辐射计的视场，这是在行星际飞行时唯一的"休眠"设备，在木星进入视场的 82 分钟内，该仪器收集到了木星两个波长下的温度分布数据[131]。

先驱者 10 号拍摄到的木星小红斑图

　　在接近木星的过程中，磁场强度几乎是恒定的，但在 3.5 倍的木星半径处迅速增大，在近木点磁场强度接近地球表面的磁场强度。初步估计是与木星自转轴倾角不超过 15°的偶极场[132 - 133]。几个探测仪器对高能粒子和辐射带进行了监测。在超过 20 倍木星半径处，高能粒子聚集在一个与木星磁场赤道平面一致的薄圆盘上，从探测器的角度来看，在木星绕其 10 小时自转轴转动时，这个"磁盘区"看起来在摇摆。在 20 倍木星半径内，粒子通量快速增加，正如所预期的那样，这些粒子陷入偶极场中。同时也观察到在两个内部的伽利略卫星通过的轨道上，高能粒子的通量有所降低[134 - 137]。虽然辐射峰值已经接近了探测器设计的上限，但是多数仪器都安然无恙地经受住了此次考验。两台宇宙射线探测仪经历了短暂的饱和，偏振测光仪经受了一点小故障，唯一受到破坏的设备是非成像的西西弗斯探测仪，它的感光器件完全被带电粒子变模糊。

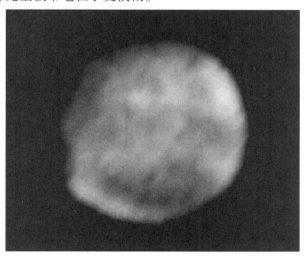

先驱者 10 号自旋扫描拍到的木星卫星木卫二，6 年之后，旅行者号探测器拍摄的更清晰图片显示这是太阳系中最迷人的卫星

UTC 时间 1973 年 12 月 4 日 2 时 26 分，先驱者 10 号以 35 km/s 的相对速度掠过木星，距离木星云层 132 000 km，即距木星中心 203 240 km，2.85 倍木星半径处。这比计划中的时间提前了 1 分钟。基于 10 月中旬到 12 月末探测器的轨道跟踪结果，证实了原先估计的木星质量比实际要稍微小一点，先前对木星质量的估算是依据其对几个小行星轨道的影响得出的[138]。探测器到达最近点十几分钟之后，先驱者 10 号距离木星内侧的小卫星木卫五的距离不超过 3 万千米，但没有穿过木卫五的轨道。6 分钟之后，从地球上看过去探测器在木卫一后方 55 万千米处，经历了掩星过程，时长约 1 分钟。掩星过程表明木卫一的大气和电离层的高度均达到了 700 km，可能由气态和原子态的钠元素组成，它的频谱特征由 1972 年地球望远镜所发现。木卫一大气密度约为地球大气密度的 2 万分之一，表面大气压力在 0.01～0.1 Pa 之间[139]。此外，紫外光谱仪的探测结果表明氢原子云围绕木卫一的轨道的角度约为 120°，类似于彗星的尾部，与地球上当时观察到的更为稀薄的钠原子云叠加，覆盖了整个木卫一轨道。围绕木卫一的电离层的发现，解释了木星无线电发射被木卫一轨道运动周期调制的原因，这是由于木卫一导电的电离层通过电流与木星极区连接到一起。然而，木星稀薄的大气和钠原子环的来源仍是一个谜。飞掠探测引发的理论认为，由于木卫一轨道处于木星辐射带最强的部分，这使得电子和质子的冲击会使得卫星表面的钠原子受到激发，从而具备足够的能量摆脱木卫一的低重力场[140 - 142]。

先驱者 10 号离开最近点 78 分钟后，进入到木星的边缘后方，开始利用无线电掩星过程进行木星的电离层和大气探测。掩星开始时位于 27.7°N，太阳高度角为 9° 的晨昏线夜间区域，1 小时后再出现时位于 58°N，太阳高度角为 -4° 的晨昏线白天区域。不幸的是，由于木星的自转速度较快，其两极直径是赤道直径的94%，使得假设的几何形状中的微小误差会引起温度和压力分布曲线的较大偏差。而且，由于地球与木星的距离较远，使得探测器位置的微小测量误差也会引入较大的附加不确定性。有人担心，事实上，尽管掩星技术已经成功地应用于火星和金星的测量，但是对于研究巨大的外行星的大气则不太实用。然而，试验表明掩星技术能够探测木星大气动力学，揭示了除了垂直切变风和对流区的存在以外，在150 hPa水平存在高速气流。红外辐射计获得了较好的数据，给出了一份非常详细的大气温度分布曲线，这份分布曲线与地球上利用其他星与木星的掩星所测量的结果冲突。数据同时确认了木星辐射的热量比从太阳获得的热量多。由于极区和赤道的热辐射相同，那么对于相同的气压水平，温度应该相同，实际上，在给定的气压水平上温差不超过3℃。然而，温度与高度有关。木星的大气分为一系列与纬度有关的"条带"和"区域"。较暗的条带较为温暖，因此海拔较低；亮条带则温度较低，海拔较高。反照率的差异是由于形成上升气流的氨云呈现白色，而下降气流则缺乏氨云而呈现深色。此外，白天和夜晚两个半球表现出相同的温度。最后，无线电掩星试验表明木星的电离层高度扩展至3 000 km[143-149]。氦元素无法由地球上传统的光谱分析技术探测到，但是先驱者10号上的紫外光谱仪确认了氦元素的存在，从而证明木星的总体组成与太阳类似，正如鲁伯特·威尔特(Ruper Wildt)在40年前所提出的那样。

先驱者10号上的偏振测光仪在11月6日—12月31日期间，总共拍摄了超过500张木星大气的照片，最高分辨率达到了每像素320 km。这些图片揭示了木星的条带、区域及大红斑的精细结构，而且便于从地球上无法提供的视角来观测木星圆面。同时也很好地观察到了大红斑的逆时针运动，旋转周期约为6.5天。大概18个月前，地球上的观察者注意到一个小红斑，这个小红斑也同时出现在几张图像中。条带和区域边界处明亮的内核(nuclei)、羽流(plumes)和跨带云(festoons)比在地球上观察到的要详细许多。虽然受到辐

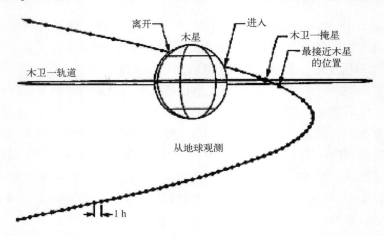

地球观察到的先驱者10号飞掠木星的示意图，在轨道到达近木点的几分钟，探测器先被木卫一和木星所遮掩

射引起了问题，但是紫外光谱仪还可以在偏振测定模式下工作，并获得云颗粒的形状、尺寸和反射率等数据。通过跟踪大气中不少于 87 个明显特征，能够生成 50°N ~ 55°S 范围内这些大气特征完整的速度分布曲线。除了获得高速气流的相对速度之外，还证明气流没有南北方向的分量，给定纬度上产生的大气特征会保持在这个纬度上[150-155]。成像数据和辐射测量数据表明，木星明亮区域和大红斑都是大气中处于上升状态的对流区，而暗条带则表征处于下降状态气流的区域。一种早期理论认为大红斑是一种"泰勒柱"（Taylor Column）的体现，即一种停在地表上方的滞留空气形成的圆柱体，尽管此处地表与云的距离显然是异常遥远。新的数据表明，大红斑是一个高压的旋涡，中心升起圆柱向其周围消散[156-157]。在某些方面，这个旋涡类似地球的飓风，尽管飓风的中心是低气压区域。当太阳的能量引起海水蒸发时，飓风就会形成于热带海洋，热空气上升后会带来低气压区域，然后周围的空气会被吸至海平面，从而形成飓风。当风暴登陆时，失去了其中的温暖水汽，飓风就会减弱。大红斑的长期存在似乎说明木星上不存削弱其能量的"陆地"。

在离开木星之后，先驱者 10 号仍在进行成像并开展其他试验，然而交会在 1974 年 1 月 2 日才宣布圆满完成，此时探测器穿过弓形激波离开了木星磁场，位于 180 倍木星半径处[158]。这次飞掠彻底地改变了探测器的太阳轨道，偏心率达到了 1.737，足够逃离太阳引力的影响。按照探测器的新轨迹，它将进入一个比太阳轨道还要圆的银心轨道[159]。用以提升宇宙神 – 半人马座运载火箭能力的固体火箭跟随探测器到达了木星，并以相似的方式飞出了太阳系。在任务初期，深空网对先驱者 10 号的跟踪预计可到 1980 年中期，那时应该处于海王星的轨道范围内，但随着地面设施升级计划的不断开展，对探测器的跟踪能力不断扩大，第一次扩大到探测器的最大设计寿命的 10 年，距离太阳将超过 30 AU，后来扩大到探测器的实际寿命，这取决于 RTG 提供的越来越弱的电能能够继续操作的时长[160]。

先驱者 10 号在飞掠木星后回看拍摄到的木星图片，提供了前所未有的拍摄角度

当先驱者 10 号飞掠小行星带的时候，它的"孪生"探测器先驱者 11 号也正在准备发射。与先驱者 10 号相比主要区别在于，先驱者 11 号的盖革 – 米勒计数器的性能获得了很

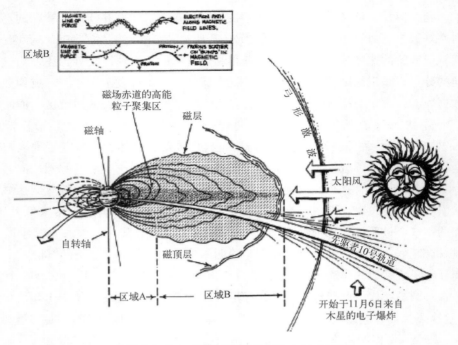

根据先驱者 10 号探测数据绘制的木星磁场图

大的改进,并新增了用于测量强磁场的磁通门磁强计。先驱者 11 号于 1973 年 3 月 9 日发射,半人马座上面级引入了处理实时风速的航空电子设备,以改进探测器的飞行轨道[161]。探测器进入 1.0 ~ 6.12 AU 的日心轨道,黄道面倾角为 2.97°。对于先驱者 10 号飞掠木星时有差错的地方,先驱者 11 号将会进行弥补,但如果第一次交会成功,先驱者 11 号将在更近的距离进行极地飞掠,飞掠后会转向黄道上方,并在 1979 年返回太阳系与土星交会。有人批评这项冒险将影响 JPL 正在计划的更高级的水手木星 - 土星任务的资金(后改名为旅行者号),艾姆斯研究中心在回应时指出,先驱者 11 号可以作为该项任务的探路者,正如先驱者 10 号到达了小行星带和木星,特别是还可以确定探测器暴露于土星环系统的风险程度。由于 JPL 希望利用土星作为更远的行星探测的跳板,而先驱者 11 号可以"证明"穿过土星环的必由之路,这个前景确保了其获得资金支持。但是,先驱者 11 号首先必须安全抵达木星。在发射入轨后不久,探测器两个 RTG 悬臂中的一个无法展开,由于角动量守恒因此造成探测器的自转速度快于预期。通过推力器脉冲点火的方式,悬臂得以部分展开,探测器然后进行重新定向,使悬臂更多的暴露于阳光之中,于是展开过程突然完成。接下来,用于自旋控制的推力器失效,如果用于点火则无法关闭。这些问题使得地面控制中心允许先驱者 11 号的自旋速度要比原定的高一些。接下来,主份发射机的关键部件发生故障,不得不启用备份。此外,在发射后不久,小行星尘埃探测器的多个光电倍增管中的一个破裂并失效,这意味着该仪器在"目击"时将会有更高的拒绝比率。在 1973 年 4 月 11 日,先驱者 11 号进行首次轨道修正,调整了地木转移轨道,但是飞掠过程的探测性质尚待决定。航天器在 1974 年 3 月中旬安全地通过了小行星带。加厚的气体"小格子"

设备从发射起共记录了 20 次颗粒撞击，其中 7 次发生在通过小行星带时。撞击次数是先驱者 10 号记录的一半，意味着出现的大小颗粒的数量几乎相同。除了由辐射引发的虚假撞击事件外，仪器在木星附近只记录到两次颗粒撞击[162-163]。1974 年 4 月 19 日，随着先驱者 10 号木星任务的成功，先驱者 11 号消耗 7.7 kg 的推进剂，进行了 42 分钟 36 秒的轨道修正，速度增量为 63.7 m/s，进入到先驱者 10 号近木点三分之一距离的木星飞掠轨道。尽管这次飞掠要求先驱者 11 号穿透更深的辐射带，但采用极地飞掠却意味着探测器将迅速地从南向北穿越赤道，将处于强辐射环境下的时间最小化。实际上，尽管实施了更近距离的飞掠，但人们预期先驱者 11 号受到的辐射剂量会小于先驱者 10 号。先驱者 11 号获得的意外收获是，极地飞掠将为探测器提供了近距离探测木星极区的机会，预想的极区气象应与赤道不同[164-165]。

飞近木星的过程中先驱者 11 号拍摄的木星和大红斑照片

　　11 月 7 日，先驱者 11 号靠近木星系，穿过了木卫九的轨道。11 月 18 日，探测器开始获取偏振测光仪的数据和木星图像。在 UTC 时间 11 月 25 日 3 时 39 分，在 109.7 倍木星半径处进入木星的弓形激波，在 97 倍木星半径处进入木星磁层。磁层比前一年更为活跃，弓形激波在 92 倍木星半径处对探测器进行了数小时的冲击，在 11 月 28 日，在 77.5 倍木星半径处再次遭遇了冲击。先驱者 11 号获得的高纬度数据结合先驱者 10 号获得的赤道面的数据，提供了木星磁场的三维分布，显示出木星磁场在朝向太阳一侧的形状为半球形，这与利用先驱者 10 号数据所推断出的扁平形状完全不同[166-167]。任务针对大红斑设计了成像序列，在探测器靠近可见半球的中心时实施，此处太阳光的照射均匀，且透视不会变形。为了辅助成像计划，设计了一个计算机仿真程序，用以重建红斑经过的时序。得益于这些改进，先驱者 11 号获得的大红斑照片比先驱者 10 号获得照片的最佳分辨率高 4 倍，无论如何，先驱者 10 号由于受到辐射使得图像质量下降。蓝色滤光镜的结果呈现了旋涡的结构，而红色滤光镜的结果则提供了更为精细的细节内容。先驱者 11 号还能够对位于木星南半球的"白色椭圆"进行成像，并确认先驱者 10 号所拍摄的位于北半球的小红斑已经消失[168-169]。由于成像望远镜的步进电机会偶尔卡滞，造成成像过程出现小故障，产生一系列重复性的扫描，这些问题通过轨道的变化和地面发送指令得以解决，期间少数由辐射诱发的虚指令影响到了仪器。飞掠前一天，即 12 月 2 日，探测器开始穿过木星的几颗伽利略卫星轨道，当然探测器位于卫星运行平面南侧很远的位置：与木卫四最接近的距离为 77.2 万千米，在与木点最近交会 21 小时前；木卫三为 67.4 万千米和 7.5 小时；木卫一为 32.7 万千米和 1.7 小时；木卫二为 59 万千米和 1.1 小时[170]。探测器对除了木卫二之外的三颗卫星均进行了成像并获取了偏振测量数据，而在探测器成像机会出现时木卫二刚好位于木星的阴影内。由于受到辐射影响，先驱者 10 号没有获得木卫一的图像，于是先驱者 11 号对木卫一的成像很受欢迎。两个探测器总计给伽利略卫星拍摄了超过 200 张照片，多数照片中的卫星都位于木星的旁边，对于这些照片的详细分析有助于将木星星历精度提高至几百千米量级，为后续对木星进行更近距离观测的水手木星－土星（旅行者号）任务提供帮助[171-172]。先驱者 11 号在飞掠木星 36 分钟后穿入木卫五轨道，虽然距离为 12 万千米，却没有开展探测。这次交会提供了研究行星辐射带的新视角，发现高纬度的粒子数量和低纬度的粒子数量相似，这对原先的"薄磁盘区"模型形成冲击[173]。在先驱者 11 号接近交会点之前不久，探测器进入木星钠环即木卫一的轨道 6 000 km 内，记录到了在特殊能量范围内电子通量的极大值，这个极大值是对应两个先驱者号探测器所记录的所有数据[174]。在 1.7 倍木星半径处，探测到了反常的高能粒子衰减，这种衰减无法与任

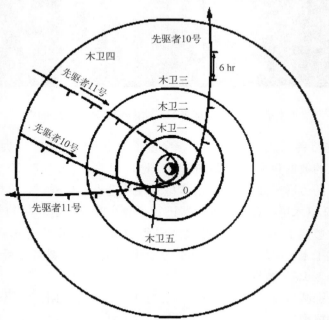

从木星轨道上方观察先驱者 10 号和 11 号探测器在木星系内的运行轨道。对于先驱者 11 号，轨道被设计为飞掠木星后奔向土星，此时土星位于太阳系的另一侧

何已知的木星卫星相关联。研究人员提出木星具有某种的"暗"环，因此在地球上难以观测，高能粒子被这种环吸收[175]。

在 UTC 时间 12 月 3 日 5 时 2 分，先驱者 11 号在 79.5°S 进入木星圆面背后，虽然其运行速度很快，只获得了 2 分钟的电离层和高层大气数据，不过这些数据足以验证之前由先驱者 10 号获得的温度分布曲线。在 UTC 时间 5 时 22 分，探测器到达交会点，处于木星云顶的 4.25 万千米处，距离木星中心 11.385 万千米(1.59 倍木星半径)[176]。发生掩星后 43 分钟，探测器在 20°N 再次出现，但是由于辐射对无线电系统关键部件产生影响，致使飞出掩星的数据无法使用[177]。

先驱者 11 号开始离开交会点后不久对木星北极区域进行成像，最高分辨率为 270 km/像素。从北温带朝向极点，规则的条带和区域结构慢慢地变成由漩涡、明亮的椭圆、环和斑点等不规则聚在一起的斑驳的形貌，大约呈平行状排列。木星极点的云顶非常低，覆盖有厚厚的大气，对红光是透明的，对蓝光则是不透明的[178]。尽管虚指令造成了部分信息的丢失，但红外辐射计在其两个波长下均获得了几乎完整的木星图，一个是在接近木星时获得的，一个是在远离木星时获得的[179]。先驱者 11 号的两台磁强计在飞掠过程最接近阶段获得了木星磁场的精细结构，并发现磁场中心与质心并不重合[180]。探测器离开时的轨道与黄道面的夹角非常陡，它于 12 月 9 日到达距离 95 倍木星半径处，在最终进入太阳风的领域之前，探测到一种混杂的弓形激波，此时探测器的轨道范围为 3.72 AU(黄道以北)~30.14 AU(黄道以南)，它在 1979 年穿过黄道面，将会截获土星。除了西西弗斯探测仪产生错误数据而关机之外，大部分探测仪器均工作正常，工程师们也对探测器到达下一个探测目标充满信心。

同时，先驱者 10 号正在穿过太阳系的外部区域。在 1975 年中旬，变化的造父变星飞马座 γ 星和鲸鱼座 δ 星碰巧出现在紫外光度计的视场中，于是获得了两颗星的光变曲线[181]。在 1976 年 3 月，先驱者 10 号与木星磁尾交会，表明木星磁场范围已经扩展到土星的轨道。

在 1975 年 12 月 2 日，先驱者 11 号进行了一次小的点火以标定发动机的性能，12 月 18 日，进行了一次速度增量为 30 m/s 的轨道机动，以修正由于木星飞掠而放大的轨道偏差。先驱者 11 号于 1976 年 2 月 3 日到达近日点。在 1976 年 5 月 26 日，探测器又实施了速度增量为 16.6 m/s 的飞向土星的初步目标轨道机动。在 1976 年 8 月，探测器到达了轨道的最高高度，在黄道面上方 1.1 AU，相当于与黄道面夹角约为 15°，遗憾的是，由于等离子体分析仪在木星飞掠后出现故障，因此丧失了对此区域太阳风进行探测的机会。然而，磁强计获得了良好的数据，表明黄道面外的行星际磁场几乎均是指向太阳的反方向(尽管每 11 年会发生极性反转)。在反转周期中的任意时刻，靠近黄道面的磁场方向可能指向太阳也可能指向其反方向，这取决于"电流壳层"的位置，其分隔了两个相反的极性区域[182]。在经过数次尝试之后，等离子分析仪在 1977 年 12 月 3 日，成功的恢复了工作[183]。

在先驱者 11 号能够准确地与土星交会之前，科学家和工程师必须明确穿过土星环平

先驱者 11 号拍摄到的木星图片，照片范围从赤道几乎到达北极点(极点处于黑色区域)，显示了木星丰富的大气结构。该图片是先驱者号系列探测器拍摄到的最具科学意义的图片

面系统的路径。存在两种可能，第一种路径是在接近过程中从土星和 C 环之间穿过。这条路径有利于探测设备获得土星附近磁场的重要数据及带电粒子和环之间可能的相互作用。但法国天文学家在 1969 年发现 C 环延伸出一个非常微弱的 D 环，该环几乎接近土星大气。地面雷达的近期观测发现环并不完全由烟状的微米级颗粒组成，与之前以为的那样，还有厘米级乃至米级的冰状体，这对探测器造成了主要的风险[184]。但是，一些科学家认为近距离穿过将会获得更佳的重力场数据，有利于深入了解土星的扁率，与未来的旅行者号探测器数据结合以后，甚至能够估算土星环的质量。最后，近距离经过土星能够实现一次对于神秘的土卫六(土星最大的卫星)的飞掠，不仅能够提供图像和辐射数据，还可以估算其质量[185]。第二种可能性是在距离土星中心 2.87 倍半径处穿越环面，恰好位于 A 环的外侧。然而这条路径要求探测器穿过微弱的外环(即 E 环)，E 环由美国天文学家在 1966 年发现。这条路径风险较小，但不幸的是，能取得科学发现的可能性也很小。然而，未来的某个旅行者号如果对天王星进行探测，也必将经历同样距离的环面穿越。如果先驱者 11 号安全通过，将会打开后续外太阳系"大旅行"的大门。因此，需要在具有短期回报的内部穿越和为得到后续任务科学回报的外部穿越间进行选择。1977 年 11 月 1 日，先驱者 11 号的有效载荷科学家们在艾姆斯研究中心召开会议，13 名参会者中除了一位外均选择了内部穿越。然而，NASA 总部保留了最终决定的权利，决定先驱者 11 号作为后续旅行者号的探路者[186]。1978 年 7 月 13 日进行了最终的轨道修正机动，建立穿越外层环面的穿越路径，并将飞掠时间提前了两天至 1979 年的 9 月 1 日，目的是减少 9 月中旬开始的土星冲日引起的太阳干扰[187]。

　　1979 年 8 月 2 日，先驱者 11 号开始为期 2 个月的土星交会过程，深空网也为该任务投入了越来越多的跟踪时间。在 8 月 15 日，探测器的自转轴进行了微调，以使紫外光度计能够观察到土星，寻找其大气中的氢元素和氦元素，同时观察土星环和卫星。在 8 月 20

日，距离土星约 1 千万千米的地方再次调整了自转轴，使偏振测光计能够开始获取土星常规图像。由于土星系的轴线方向与其轨道面存在夹角，致使太阳有时会照在环系统的北面，其他时刻会照在南面。先驱者 11 号从黄道面北侧靠近土星，而此时土星环的南面处于阳光中，其意味着探测器看到的是环的轮廓。在 1975 年 11 月 20 日，进行首次长距离的观测活动时，光度计扫描测试使科学家们确信，对土星环系阴影面的有效观测是可行的[188 - 189]。8 月 24 日，对土卫八(Iapetus)的明亮区域开展了三次偏振测量扫描，其第一次扫描结果就表明高反射率颗粒是由冰或雪组成。但是很不幸，无法获得神秘的黑暗区域的信息[190]。8 月 27 日，探测器到达距土卫九(Phoebe)的最近点，为 920 万千米，次日飞过了土卫八，与其距离略大于 100 万千米。同时，对土卫七(Hyperion)、土卫三(Tethys)和土卫四(Dione)进行紫外线扫描，对土卫五(Rhea)进行了偏振测定扫描。8 月 31 日距土星中心 24.1 倍土星半径处，先驱者 11 号首次探测到弓形激波，并在当天晚些时候再次探测到，这表明土星磁层也受太阳阵风的影响，与更大的木星磁层类似[191 - 192]。除了最靠近土星的土卫一(Mimas)，先驱者 11 号对其他所有大卫星均进行了光度和紫外扫描。探测器也探测到土卫四、土卫三和土卫二(Enceladus)造成 7.5 倍土星半径内的质子通量减少了近 50 倍，而最强的辐射带位于土卫五轨道附近。总之，土星辐射带比木星辐射带要弱许多。

　　UTC 时间 9 月 1 日 14 时 29 分，距离交会点前 2 小时，先驱者 11 号在 2.82 倍土星半

先驱者 11 号在土星交会时拍摄的照片。左上：环的阴暗面及其影子投射在土星上的线。可以识别出环的结构。照片下方的垂直线是由偏振测光计工作方式造成的。右上：土星环轮廓更广阔的视图。左侧的模糊的一团是土卫三。左下：先驱者 11 号离开土星时拍摄的土星环的影子投射到晨昏线上的照片。右下：土卫六，土星最大的卫星。图片有些失真(尤其是第一对照片)，这也是由偏振测光计的工作方式造成的

径处，安全向南穿过土星环面。红外辐射计获得了扫描土星圆面南部和土星环光照面的机会。土星大气温度比木星要低，且随着纬度变化有少许不同。在土星环系统中，光照面与阴影面的温差为15℃，而光照面与土星投射到土星环阴影部分的温差则相对较小。这些观测数据有助于推断土星环组成成分的尺寸和热特性，表明(给定假设的情况下)大多颗粒尺寸应该至少为10 cm 宽[193]。在2.53 倍土星半径处，穿过环面23 分钟后，磁层粒子探测仪的结果突然下降了99%，持续了9 秒后恢复。最合理的解释是探测器穿过了一个直径至少为150 km(也许更大)的未知小天体的轨道，时间恰好在其将轨道上的颗粒"清扫"之后。两者错开的距离估计约为2 500 km。后来的研究也无法确定被称为"先驱者岩石"的小天体是否为土卫十(Janus)或土卫十一(Epimetheus)。这两个同轨的小卫星于1966 年由地球望远镜在侧视视角观测土星环系统时发现。不幸的是，由于该小天体的质量太小，以至无法从其对探测器运行轨道影响的方式进行确认[194-196]。在辐射数据中还发现了另外几个小天体的迹象，但都大多仍旧没有得到证实[197-198]。所有的辐射探测数据表明，在土星 A 环外边缘的内部，带电粒子通量为零，这意味着带电粒子均被环中的物质所吸收[199-202]。

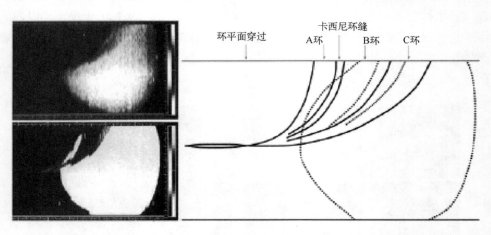

先驱者11 号的光谱仪拍摄到的两张土星红外辐射图片。上图显示横穿土星圆面的温度是变化的，而环系统曝光不足；下图中土星曝光过度揭示了更冷的环的细节。探测器花费了2.5 小时收集数据，但也引入了失真数据使得土星圆面变成了卵形。如图所示，在图片的最左侧部分可看见土星环的黑暗面；随着探测器穿过土星环，环看起来越来越窄，在环的光照面可见之前，视场逐渐展开，使环朝向图片的右侧展开

在 UTC 时间 16 时 31 分，先驱者 11 号飞至土星云层上方21 000 km，即距离土星中心80 982 km 或1.35 倍土星半径处。当时，探测器位于 C 环的南侧9 000 km，相对土星的速度为31.7 km/s[203]。约90 秒之后，无线电载波在11.5°S 被木星遮掩发生掩星现象，1 小时19 分钟后在9.6°S 晨昏线早晨一侧再次出现。由于地球处于与太阳相对的位置，导致掩星信号比较微弱，并且信号质量又进一步受太阳影响变得更弱，使得数据很难分析。尽管如此探测器获得了土星电离层的电子密度，而且得到的大气温度分布曲线与红外线辐射计的探测结果比较吻合[204]。磁强计的探测数据表明在土星的"表面"磁场强度与地球表面

的相当。令人困惑的是，磁场的轴线看起来与土星自转轴几乎精确重合，这对标准的偶极子场理论提出了挑战。土星的自转没有明显的周期性，这无疑与其磁轴与自转轴的共轴相关。另外，没有类似木星磁盘区的迹象[205-206]。由于探测器在最近点时刻相对土星的飞行速度太快，致使探测器上的旋转扫描系统无法有效工作，成像无法实现。然而，低分辨率的偏振测定数据可组成一张粗糙的土星环系统光照面的图像。在 UTC 时间 18 时 24 分，探测器实现了北向的环面穿越而再一次毫发未损，距离为 2.78 倍土星半径，在 A 环外侧边缘以远约 4 000 km。以探测器到达最近点时刻为中心的 4.5 小时时间段里，包括两次环面穿越，流星体实验设备至少检测到了 4 次冲击，其中 2 次来自 E 环，当时先驱者 11 号位于环面上方 900 km。虽然，该探测仪在使用上存在着严重的限制，因为其本身是针对小行星带而不是针对土星环设计的，但探测结果特别重要，这是在土星 2 500 万千米内检测到的仅有的几次撞击[207]。当探测器加速离开土星时，还对表面 1/3 为光照区的土星进行了成像，这种视角的图像是在地球上无法取得的[208]。

　　偏振测光计共拍摄了 440 幅图像，其中几幅分辨率达到 90 km，远优于地球望远镜的拍摄效果。在 9 月 2 日，探测器在 35.6 万千米的距离拍摄了 5 幅土卫六的照片，分辨率约为 180 km，仅得到一个平淡无奇的橙色模糊圆面。极化测量结果用以估计土卫六大气中微粒的尺寸，但同时红外辐射计对大气热平衡状态的测量结果引起了对是否有温室效应在发生作用的怀疑。紫外仪器发现在卫星轨道上伴随着氢云，无疑是由太阳辐射使大气中甲烷分解所产生的。

　　当探测器对土星环系统的背光面进行观测时，发现密度较大的环较暗，这是由于环的组成物质挡住了太阳光；而环隙较亮，这是由于微观颗粒向前散射太阳光的缘故。测量结果表明虽然环系统的典型颗粒尺寸是厘米级至米级，但是还有更小尺寸的颗粒，它们可能是由大尺寸颗粒相互碰触而产生。没有发现纤细的内侧 D 环的迹象。在图像中发现了刚好在已知环系统外侧的一个新的宽度仅为 800 km 带有斑点的细环，命名为 F 环，距离土星中心为 2.33 倍土星半径，具有局部集中和团状的迹象。虽然通常认为是先驱者 11 号发现了 F 环，但是 F 环很有可能已经在地球上被多次观察到，瑞士天文学家埃米尔·舍尔(E-mile Schaer)曾在 1908 年 10 月首次报告发现了 F 环[209]。A 环与 F 环之间 3 400 km 的间隙被项目的科学家们命名为"先驱者环缝"(Pioneer division)，但这没有得到国际天文联合会的批准。在 F 环以远一点发现了一颗新的大小为 200 km 的卫星，但是只在两幅照片中跨越了 3 个像素的小亮点，临时命名为 1979S1。虽然没有足够多的数据来计算出可信的轨道，但现在认为那是土卫十一，是与土卫十共轨的小卫星。虽然成像结果不能给出土星圆面的详细信息，但是可以分辨出土星赤道附近以及北部高纬度区域内有比较弱的可能为高速气流的活动。同时，偏振测定数据有助于建立土星大气成分和结构的数学模型，模型显示在高海拔地区存在氨雾[210]。在交会过程中，紫外仪器扫过土星环和土星，发现有原子氢云依附着土星环，因此证明了土星环的微粒大部分由水冰组成。同时还检测到土星两极附近的极光辐射[211]。

　　在交会期间，受位于加利福尼亚州金石地面站的深空网天线故障及澳大利亚堪培拉天气的影响，传输数据速率从标称的 1 024 bps 减半降低为 512 bps，这意味着地面仅能接收到约 20 幅高分辨率的图像[212]。此外，美国还曾寻求在 9 月 1 日和 2 日独占先驱者 11 号所使用的频段，9 月 3 日则没有提出要求，此时与宇宙 1124 号(Kosmos 1124)发生了频率冲突，这颗军用早期预警卫星 OKO 是苏联拉沃奇金设计局制造的，同时行星探测器的分工也在这个部门。尽管具有噪声干扰和难以言明的困难，还是收到了 25 分钟的土卫六辐射测量数据，可以计算出这个奇特的被笼罩的卫星全球平均温度达到了 – 193℃[213-215]。深空网在 8 月 17 日—9 月 4 日的连续跟踪提供了深入探测土星及其卫星的重力场的机会，数据表明土星具有一个富含岩石和金属的"内核"和一个含有氨气、甲烷和水的"外核"，依次按层包裹为一层高压的金属氢、一层液态氢和一层富含氢气和氦气的大气。虽然可以估计出土星最大的几个卫星的质量，但是环系统的质量仍无法确定。计算出的土卫八、土卫五和土卫六密度表明其主要成分为冰，有较少或根本没有岩石或铁[216]。在先驱者 11 号离开土星的行程中，先后遇到了不少于 9 次的弓形激波，最后一次在 9 月 8 日距离 102 倍土星半径处。然而，由于土星合日时太阳的干扰，这个距离只是一种估计[217]。

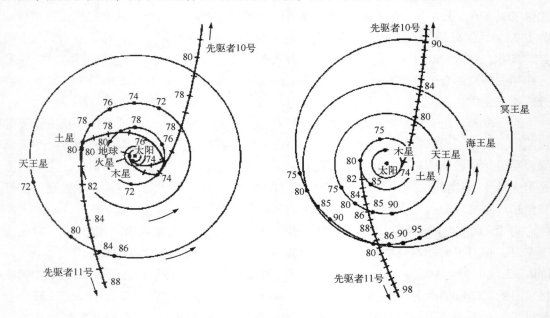

从黄道面上方的角度看到的先驱者 10 号和 11 号探测器在太阳系内的运行轨道

　　土星飞掠使得先驱者 11 号的轨道成为双曲线轨道，轨道偏心率为 2.15，与黄道面倾角为 16.6°，具备足以脱离太阳引力的日心速度。在 20 世纪 70 年代，曾暂时考虑过安排先驱者 11 号在土星任务后的轨道于 1985 年 12 月到达天王星(仅比 JPL 计划的旅行者任务的到达时间提前一个月)，然而，也有人对此表示怀疑，一是探测器及其设备是否可再维持工作 12 年，二是扩展任务的科学产出是否值得为此付出额外的成本。其他理论上可选的扩展任务(忽略探测器的健康状态)包括将其送回木星、去往海王星或前往 33 个周期性彗星中的一个等[218]。结果，决定让先驱者 11 号离开太阳系。下一个主要的事件是先驱者

10 号在 1983 年 6 月 13 日穿过海王星轨道,而先驱者 11 号由于飞行速度相对缓慢,将于 1990 年 2 月 23 日进入海王星的轨道[219-220]。在后续的任务期间,这两个探测器承担着外太阳系天文现象的科学观测任务,期望发现日球层边界,此处太阳风的速度会降低至亚声速,并导致粒子形成“边界激波”。预计在超过太阳系的边界以后,将会存在一个由等离子体和磁场(日球层顶)组成的屏障,其外是由于太阳系在银河系中运动而在星际介质中产生的弓形激波。先驱者 10 号的紫外光度计可以观察到日球层顶由于氢和氦反向散射太阳光所形成的辉光,同时其宇宙射线望远镜能监测到银河系宇宙射线通量是如何受到太阳活动周期的调制。这些测量数据表明日球层顶距离太阳至少为 50 AU,也可能为 100 AU[221-223]。在“原路返回”飞掠了木星到达土星实现了太阳系的穿越后,先驱者 11 号朝着近似太阳向点(太阳运动的方向)的方向飞行,也许能够长期存活到达日球层顶,但先驱者 10 号则正在朝向相反的方向飞行,无法到达这个区域[224-225]。经历了两个完整的太阳活动周期后,先驱者号探测器发现日心距离直到 20 AU 处,太阳风的平均速度几乎是恒定的,尽管还有些微小的结构[226]。在 1986 年的太阳活动低年,先驱者 11 号再次处于较高的黄道纬度,穿过了一个低速、低温和高密度的太阳风区域[227]。1986 年 1 月,先驱者 11 号通过距天王星 6.5 AU 内的空间区域,其星际空间探测数据用于支持后续某个旅行者号的天王星飞掠任务[228]。

与以往在内太阳系探测的航天器一样,先驱者号在外太阳系探测期间也保持了较长的寿命,虽然其中的部分设备在任务早期就发生了故障。流星尘埃探测仪就属于最早失效的设备之列。在发射之后不久,先驱者 10 号上的流星尘埃探测仪两个通道中的一个就发生故障,随后又在 1980 年 5 月由低温导致彻底失效。在 1983 年 9 月,先驱者 11 号上的设备关闭之前,其中一个通道记录的流星冲击要比另一通道多许多。在此期间,两个尘埃探测仪共记录了 225 次穿透事件。在木星之外,尘埃通量几乎是恒定的,这些尘埃估计可能来源于彗星和小天体,其中一些彗星长期在高偏心率轨道上的太阳系外层运行(如哈雷彗星),另一些彗星在木星以远的低偏心率轨道运行(如施瓦斯曼·瓦茨曼 1 号,Schwassann – Wachmann 1),冰状小天体则在黄道面上海王星以远的盘面运行[229]。除了研究日球层顶之外,这些探测器飞出太阳系的主要目的之一是开展精确的天体力学测量,以寻找外太阳系未知星体带来的扰动,并寻找低频引力波的证据(如广义相对论所预测的)。由于先驱者号探测器是自旋稳定的,所以尤其适合开展这类研究。相反,三轴稳定的航天器(如旅行者号,将加入先驱者号离开太阳系的队伍)进行如此高精度的测量就需要进行多次的轨道修正。地面对先驱者 10 号和 11 号探测器在几次冲日过程中都进行了跟踪。在寻找会引起探测器与地球距离的微小周期变化的甚低频波(频率低至 0.000 1 Hz)过程中,仅仅发现了噪声[230-232]。尽管先驱者 11 号在 1990 年 10 月距日心约 30 AU 处发生故障,但对探测器的多普勒跟踪数据还是给出了惊人的结果。即便在数据处理过程中剔除了行星扰动、辐射压力、星际介质、广义相对论和其他微小影响所引入的“噪声”之后,发现两个航天器还都具有一个恒定的朝向太阳的加速度,约为 0.000 000 08 cm/s^2。这个数据在其他探测器上没有发现,也没有从对火星表面长期工作的探测器的高精度星历测量中得到验证。所推测的异常加速度原因包括柯伊伯带天体的引力、银河系的引力、行星星历表的误差，以及地球的定位、进动或章动误差等，但是，没有一个单一的机制能够给出令人满意的答案。更为平常的解释包括探测器的气体缓慢泄漏和 RTG 的热辐射，虽然两者均无法清楚地解释为何会产生朝向太阳方向的加速度[233-236]。其他解释理论还包括广义相对论所预测的微小的作用及全新的引力场理论[237]。无论从哪个角度衡量，这个"先驱者号异常"现象将会是一个长期存在的谜题。

在 1995 年 9 月早期，由于 RTG 几近耗尽，先驱者 11 号的常规科学探测任务被宣告终止。在 9 月 30 日，深空网与先驱者 11 号失去了联系，且无法再次联系上。探测器看起来将不会保持在定向高增益天线波束覆盖地球的姿态[238]。此时，探测器位于距日心 44.1AU 处。先驱者 10 号也存在自身的问题，特别是正在经历姿态难以测量的困难。在 1997 年之后，由于缺乏足够同时维持发射机和推力器工作的能源，地面对探测器的跟踪不得不被周期性的姿态调整所打断。即便大多数设备都已经关机，但是有限的能源也不可能给剩余的设备稳定供电，最后只有带电粒子探测仪中的一台和盖革 - 米勒计数器开机，并一同以 8 bps 的低速率(但功率效率高)传回了一小部分数据。当先驱者号还在内太阳系飞行时，官方在 UTC 时间 1997 年 3 月 31 日 19 时 35 分正式宣布先驱者 10 号任务终止，刚好在其发射 25 周年纪念日后不久，距日心的距离为 67 AU。实际上，在那之后，地面与探测器的联系间歇地维持着。先驱者 10 号被用于训练月球勘探者号的地面控制人员，月球勘探者号是艾姆斯研究中心制造的低成本航天器。后来，为开展相关研究又与先驱者 10 号重新建立了联系，这些研究项目包括 NASA 的远距离探测器微弱信号接收研究，以及作为阿雷西博(Arecibo)无线电望远镜的 SETI(搜寻地外文明计划)研究的标定目标。反对继续使用先驱者 10 号的更为实际的原因在于它已经落伍了，例如它的指令是由尚存的一台 20 世纪 70 年代的老式打孔式计算机产生的。在 2000 年夏天，在先驱者 10 号周期性的天线指向机动中，地面未能实现信号的双向锁定，但是在 2001 年 4 月再一次联系上了先驱者 10 号，当时出现的现象很明显，探测器信号传输系统的一个组件发生了故障，因此自主启动了备份[239]。经历了长达 8 个月的静默以后，先驱者 10 号最后的遥测信号是在 2002 年 3 月 2 日收到的，刚好是其发射 30 周年的纪念日，此时探测器距离日心 79.7 AU。虽然先驱者 10 号的年龄已经很大，但其健康状态相对较好，盖革 - 米勒计数器仍在正常工作。在 2003 年 1 月 22 日，探测器位于 82.1 AU 的时候再一次成功联系上地面，但是只收到了载波信号。2 月 7 日再次尝试联系则没有成功，可能是由于 RTG 无法再提供足够的能源，然后 NASA 宣布不再进一步尝试联系先驱者 10 号。然而，该机构同意了一个私人组织——行星协会的申请，他们要在 2006 年 3 月 3 日— 4 日尝试获得关于"先驱者号异常"更多的数据点，但连载波信号也没有收到。先驱者 10 号正在以每年 2.38 AU 的速度离开太阳系，飞往与金牛座毕星团偏离几度的方向，几乎与太阳围绕银河系中心运动的方向相反。预计在 3.3 万年之后，在 3.3 光年范围内通过红矮星罗斯 248。值得一提的是，虽然这颗星目前位于距离 10 光年远的仙女座，但二者的交会不会因为航天器在其间穿行而在那么远发生，而是罗斯 248 的运动将导致其穿过太空进入金牛座，届时将距离太阳在 3 光年以内。

先驱者 11 号是目前离开太阳系的探测器中最慢的一个，运行速度仅为每年 2.21AU，正在飞往天鹰座，即便与其伙伴的飞行方向相反，但也将在 3.5 万年以后在 2.7 光年的范围内经过罗斯 248[240-241]。

先驱者号系列探测器可遇到的恒星

探测器	年份	恒星名称	距离（光年）
先驱者 10 号	32608	Ross248	3.27
先驱者 11 号	34511	Ross248	2.67
先驱者 11 号	42405	AC +793888	1.65
先驱者 11 号	157464	DM +253719	2.46

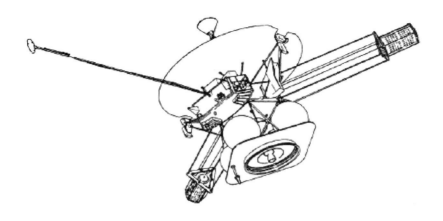

一个先驱者外层行星轨道器论证方案示意图

第 3 个被称为先驱者 H 的探测器已经完成组装，在 1971 年，艾姆斯研究中心做了将其应用于一个飞出黄道面任务的可行性研究。在基础方案中，发射将采用能力更强的大力神 IIIE - 半人马座运载火箭，并将与之前探测器一样使用 TE - M - 364 - 4"补充推进级"。探测器将经过一年多的时间到达木星，无疑将会继续先前的研究。它在 3 倍的木星半径处进行木星极区飞掠，并保持 1AU 的近日点，但将与黄道面倾角调整到 92.5°，使其有机会约在 2 AU 范围直接飞越太阳的北极区，然后到达南极区，不仅可以对太阳高纬度地区的太阳风、磁场、太阳和和银河宇宙射线进行探测，并且还可以探测日冕膨胀的过程。先驱者 10 号和先驱者 11 号上使用的粒子和场的探测设备均适合这个任务。此外，还有人认为要为此任务增加适合太阳高纬度宇宙尘埃、电场和无线电噪声测量的设备。太阳极对极的无线电掩星将会提供独一无二的数据。在大力神 IIIE - 半人马座运载火箭仍存疑的情况下，可以使用能力稍差的大力神 IIIC 型运载火箭。最坏的选择是之前的宇宙神 - 半人马座运载火箭，倾角不能超过 42°。飞出黄道面任务有一个好处是其发射窗口将不会被严格限定，实际上唯一的约束条件是要到达木星，这个窗口打开的时间间隔是 13 个月[242]。在 1973 年先驱者 H 任务被建议给 NASA，提出在 1976 年 7 月—8 月间发射，但遭到了 NASA

的拒绝[243]。作为替代方案,飞出黄道面任务邀请了欧洲参与,开展国际合作。多个使用先驱者号 – 木星平台的任务都在研究中,包括增加推进模块、采用更大功率的 RTG 及更好的通信系统来研制一个先驱者号外行星轨道器,以在 20 世纪 80 年代围绕木星或土星进行环绕飞行探测继续之前探测器的研究工作[244]。作为一种替代方案,将对基本飞掠探测平台进行修改,以传送可用于木星、土星甚至天王星的大气探测器[245]。虽然没有一项提议得到批准,但是这些研究都有助于定义携带探测器的木星轨道器,这种轨道器演化为后来 20 世纪 90 年代发射的伽利略航天器,继续维持对木星系统探测过程。

3.5 维纳斯的味道

当新的"重型"金星着陆舱正在研制中,苏联决定采用改进型 3 V 平台于 1972 年窗口发射,衔接金星 7 号的成果。为了辅助下一代着陆舱所携带相机的研制,本次任务的一个目标是测量在下降过程及金星表面太阳光强度的变化情况。这需要探测器在行星的向光面上进入大气层,由此引发了两个问题。地球和金星在太阳轨道上的相对位置关系意味着当探测器抵达时,金星将位于地球上所看到的蛾眉相位(上弦月位置)。早期的探测器穿过金星大气时通常处在背光面,其原因很简单,这种情况下探测器处于地球可视的位置,便于进行数据传输。尝试在金星处于蛾眉相位时着陆,则需要非常精确的轨道设计,在此区域地球相对于金星平面具有约 30°的高度角,而以前的任务地球通常在天顶的位置。为克服这一低高度角的问题,着陆舱天线被重新设计成"漏斗形"以替代传统的"梨形"方向图设计。由于金星表面大气压力已知,工程师将着陆舱的压力指标设置为 105 000 hPa(比金星7 号测量的压力高 15%),对密封壳体进行了减重设计,为着陆舱省出了质量,这些质量余量分配给了一个更高强度的降落伞、一个由压缩机和热交换器组成的主动热控系统,一副通信天线和三台新设备。第二副天线安装于伞舱内,在着陆瞬间,抛除降落伞并将由电缆连接的天线弹开至金星表面。天线的盘状底座两侧各装有一只螺旋天线,并采用一只引力开关选择着陆后朝上的天线。因此,即便着陆舱翻倒,主天线指向偏离地球方向,展开的全向天线仍可以保证接收到信号。此外还装有一只硫化镉光度计,以测量海拔 50 km 以下的太阳光强。着陆舱载荷包括一台通过测量化学反应颜色变化来检测大气氨成分的探测仪和一台测量表面成分的伽玛射线谱仪。后者安装在舱体下半部分以尽量接近地面(当然在着陆舱未翻转的前提下),并已经在地球上的已知辐射含量较低岩石坑道内进行了校准,在伞降过程中,对防热罩的成分进行 3 次测量,以提供参考点[246 – 248]。作为首个从地球视场看来在远离其行星圆面中心着陆的着陆舱,可以通过伞降过程中探测器对地通信的多普勒频移测量结果,获得行星表面的风速分布曲线。虽然这项试验原本打算在金星 7 号上验证,其进入点与"地下点"(sub – Earth point)偏离 10°,但探测器无规律地进入过程意味着从遥测结果中不会提取到什么信息[249]。改进的降落伞系统已完成了 500℃下的充满了二氧化碳的风洞测试。同时发射两个完全相同的探测器:第一个探测器将其携带的 495 kg 的着陆舱投放在金星的向光面,第二个投放在金星的背光面。

　　1972 年 3 月 27 日，第一个探测器由闪电号运载火箭成功发射，命名为金星 8 号。第二个探测器 4 天后到达停泊轨道，但当火箭 L 级尝试进行轨道"逃逸"机动时，本应点火 243 秒的发动机却在 125 秒后熄火关机了，探测器滞留在了远地点为 9 805 km 的环地轨道上，探测器被宣布为宇宙 482 号。这不仅是闪电号运载火箭发射的最后一个行星探测器，也成为苏联发射行星探测器最后一次失败的尝试。6 月底探测器分离出一块也许是着陆舱的碎片。主探测器于 1981 年 5 月 5 日重新进入地球，但是碎片仍然留在太空中。

　　金星 8 号在 4 月 6 日进行了中途修正，目标精确地指向明亮的金星"新月"，认为已无需再做第二次中途修正。在轨飞行的 117 天里，探测器平台未出现任何纰漏，完成了 86 次对地通信弧段，收集了深空环境的信息，特别是探测到了一次强烈的太阳耀斑。接近金星的过程中，测量了高空大气层的氢、氖密度和辐射程度。在交会的前几天，着陆舱器内温度降至 -15℃，在 7 月 22 日，着陆舱锁紧包带释放。1 小时后着陆舱进入大气层，进入角相对金星水平面为 -77°，进入速度为 11.6 km/s。1 分钟后，下降速度减小到 250 m/s，随后降落伞打开，开始将遥测和科学数据传回地面。在伞降的 53 分钟内，共采集了两次氨含量。在 46 km 高度处为 0.1%，在 33 km 减少了一个数量级（或者，更确切是分别在气压 2 000 hPa 和 8 000 hPa 的海拔处），光度计 56 分钟时长的数据显示，从 50 km 下降至 32 km，光照强度下降为原来的 1/3，在这段高度出现了梯度式下降（很可能由于此处云层最厚），并且在到达金星表面期间又下降为原来的 1/4[250]。根据前期金星系列任务勘测得到的大气模型预测，最厚的云层出现在约 48 km 的海拔高度。着陆区正值拂晓，太阳高度角仅为 5°，只有 1.5% 入射光到达地表。受下降过程风的影响，着陆舱水平偏移了约 60 km。多普勒风力测定试验测量了当地高海拔风速约为 100 m/s，在 40 km 处将近 50 m/s，到 10 km 以下只有 1 m/s。金星的风随行星自转产生同向运动，因为金星自转轴几乎是反转的，所以自转方向自东向西，风速甚至超出了星体表面的转动角速度。从而第一次给出了金星大气 4 天"超级自转"的原位探测证明。在下降过程中，一只雷达天线指向着陆舱的一侧，其在测量下降高度的同时，测量了表面电介质特性，获取的数据值比地面雷达要低很多，反映出金星 8 号的下降区域很有可能是一块疏松区域。着陆舱飘移过程中，雷达在其航迹中发现了最高达 1.2 km 的山坡。在海拔 30 km 时，开伞序列启动了第二阶段。在 UTC 时间 9 时 29 分，着陆舱以 8 m/s 的速度着陆在 10.7°S，335.25°E 的乌卡（Navka）平原上。着陆于表面的前 13.3 分钟内，探测器通过主天线发送了压力、温度、光照数据，压力约为 90 000 hPa，温度为 470℃。在背光面实际结果几乎与金星 7 号报告的结果一致，证明这些环境条件实质上不随昼夜循环而变化[251-252]。备用天线发送了 20 分钟时长的伽玛射线数据，主天线再次恢复数据发送，直至 50 分钟后着陆舱最终在行星表面失效。伽玛射线谱仪完成分析用了 42 分钟。钾、铀、钍的所占比例与地球上的碱性玄武岩一致。未来的轨道器通过安装的成像雷达进行了地貌探测，发现类似平坦盾形火山的结构，与金星 8 号探测的这种结构的成分分析一致[253-259]。

　　1972 年是金星研究极其重要的一年的另一个原因是两名美国天文学家各自独立地发现了金星高层云层的极化现象，表明了硫酸气溶胶的存在，从而揭示了这个长期存在的形成

金星 8 号着陆在金星表面的示意图(图片来源：拉沃奇金 NPO)

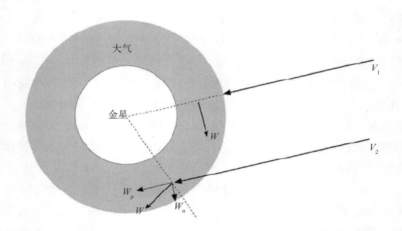

与之前的任务不同，金星 8 号偏离地球与金星连线进入金星。对于之前的任务，风速 W 与探测器速度 $V1$ 垂直，因此并未产生多普勒频移。在同样的情况下，风速 W 在探测器速度 $V2$ 方向上分量 Wp 会产生多普勒频移(非等比例)

可见的云中水滴的物质成分之谜。此外，大家随后才意识到可能是由于高腐蚀酸与金星 8 号的氨示踪器发生了化学反应，改变了试验结果，实际上，金星氨含量水平是金星 8 号测量结果的 1/1 000[260]。

3.6　晶体管之祸

在水手 9 号大获成功之后，NASA 着手筹备野心勃勃的"海盗"号任务，在此任务中轨道器将释放着陆舱实现着陆。但是由于预算吃紧迫使其跳过 1973 年窗口，瞄准在 1975 年发射。苏联试图利用 1973 年窗口发射，使其从 1971 年小型舰队的部分或完全失利中重新崛起，抢先 NASA 海盗号一步。而拉沃奇金的工程师们面临着两大难题。首先，1973 年的窗口在预期 M – 71 任务完成后仅剩 1 年，根据 M – 71 任务所获得的经验教训去完成实质性的设计更改（如果可能的话）简直天方夜谭。此外，由于 1973 年火星冲日并不有利，探测器的飞行速度要比前期任务高 300 m/s 才能到达火星，这意味着连质子号运载火箭都无法实现轨道器 – 着陆舱组合体的发射。因此苏联打算将原定任务分开执行。先发射一对航天器进入环火轨道，一个月后，会有另外两个探测器到达，释放着陆舱并飞掠火星。这种方式节省了推进剂，因此可以使用质子号运载火箭发射。两个探测器的名称仍保留：进入轨道的探测器命名为 M – 73S，飞掠运送的探测器命名为 M – 73P。

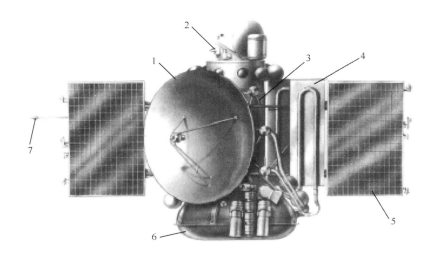

M – 73S 火星探测器的构型示意图

1—高增益天线；2—红外辐射测量仪；3—燃料贮箱；4—热控系统散热器；5—太阳翼；6—仪器舱；7—磁强计

　　M – 73S 航天器的发射质量为 3 440 kg，装备至少 15 台设备。最重要的设备是成像系统，一台红外辐射计（其配备的大型天线安装在航天器的顶部，这里是安装着陆器的位置）和一台安装在悬臂上 256 通道的伽玛射线频谱仪。在这次任务中，52 mm 焦距的织女星（Vega）相机配置了 4 个滤光镜，350 mm 焦距的佐法尔（Zufar）相机只有一个橙色滤光镜。同时相机携带了充足的 25.4 mm 的胶卷，可以存储 440 幅图像，以 10 种可能的分辨进行扫描，包括 235×220 像素的预览，940×880 像素的标准分辨率及 1880×1760 像素的高分辨率。此外，探测器携带的一台数字推扫线阵相机可以获取无限定长度的全景图像，图像的视场从地面航迹两边各外延 15°，这台设备在火星任务之前曾在月球轨道上进行过测试。此外，还携带了一台紫外光度计、一台带电粒子探测仪、一台磁强计和五台含有不同的波长光度计，这些波长包括二氧化碳和水的一些特征。两个 M – 73S 航天器中的一个安装了几台偏振测光计，组合起来称为 VPM – 73（火星可见光偏光计）。该偏光计由法国的行星偏光测量专家，来自巴黎墨东天文台的奥杜安·多尔菲斯（Audouin Dollfus）与来自格鲁吉亚的天文学家列奥尼德·克山福马蒂（Leonid Ksanfomaliti）联合设计，后者在阿巴斯图马尼(Abastumani)天文台工作后，加入苏联空间研究所(IKI)。偏光计由 IKI 和法国国家空间研究中心，法国国家航天研究中心(CNES)共同制造。原理样机在苏联装配，在法国校准。制造两台偏振测光计并安装在一个航天器上的目的是可以从两个不同的角度观测火星表面，以和相机和红外辐射计配合使用。偏振测光计可以获取到不同相位角的数据，这是地面天文望远镜所无法实现的。偏振测光计在近火点的覆盖范围将有 20 km，可以用于研究大气和行星表面的地貌[261-267]。

　　M – 73P 探测器的发射质量仅为 3 260 kg。由于每个平台要实现飞掠探测，因此探测器携带了旨在研究深空环境的最小配套设备，包括一台磁强计、一台等离子传感器、一只宇宙射线传感器、一台微流星体探测仪及一台用于研究太阳风带电粒子的设备。此外还携带了一种新型的法国 STEREO 试验装置。STEREO – 2 至 STEREO – 4 用于研发，而在轨的 STEREO – 5 版本配备一支 10 m 长的偶极天线和一支 2.5 m 长的单极天线。最后一个法国实验设备黎曼 – α 光度计同样也是与 IKI 联合研制，它是基于 D2A – 图纳索尔(向日葵)科学卫星上携带的产品。这台设备的功能是采集太阳系中氢原子辐射的数据，以确定局部的星际介质[268-270]。M – 73 着陆舱的设计相较之前任务无异，但额外增加了一套通信系统，以在大气层中下降过程实现实时数据回传，包括温度、压力、光度计通过彩色滤光片测量的光亮度及给质谱仪供气气泵的电流曲线。下降过程中的实时数据回传，保证了即便着陆舱在星体表面着陆时损毁，也至少可以传回一部分信息[271-274]。如果着陆成功，将会回传更为详细的数据。苏联向 NASA 索要了水手 9 号获取的 43°S，42°W 和 24°S，25°W 的数据，人们很大程度上期望这片区域成为后续着陆任务的着陆区[275]。

　　在发射窗口打开前不到 4 个月，暴露出一系列问题，所有的探测器在地面测试时都遭遇了电源系统故障。罪魁祸首很容易地被找到，竟然是一只在沃罗涅市生产的型号为 2T – 312 的晶体管。为了节省国家黄金储备，某些人命令将晶体管的管脚镀金用镀铝替代，全然不顾晶体管寿命会因此减少至约两年时间。最显而易见的解决方法是替换 2T – 312 晶体管，但可能时间会很长，这将错过 1973 年的发射窗口。作为替代方案，设计师对此进行了可靠性分析(这可能是苏联航天史上的首例可靠性分析)，证明了如果本次任务继续使用这种不合格的晶体管，任务成功率只有 50%。尽管这显然不满足航天标准，但还是决定任务继续进行。首先发射的是两个轨道器，火星 4 号和火星 5 号，分别于 7 月 21 日和 25 日发射升空，进入周期为 556 天和 560 天的轨道，前者远日点为 1.63 AU，后者为 1.64 AU。火星 6 号和火星 7 号着陆舱随后在 8 月 5 号和 9 号分别进入较慢的周期为 567 天和 574 天的轨道，前者远日点为 1.67 AU，后者为 1.69 AU。几天后，4 个探测器都成功完成了第一次中途修正。然而，受残次晶体管寿命所限，9 月底火星 6 号的所有监视系统状态的遥测通道突然中断，只有指令上行通道和位置测量通道可用。在当时一个举世瞩目的公开场合，苏联空间研究所的负责人罗尔德·沙加迪夫(Roald Sagdeev)宣布：1 个探测器出现了遥测故障，然而这次事件并未受到西方的广泛重视[276]。值得工程师庆幸的是，火星 6 号自主测定了位置并在次年 2 月完成了第二次中途修正。第二个蒙难的是火星 4 号，主计算机丧失了一些性能，包括向发动机发送指令的能力，其后果是无法进入环火轨道。最终，火星 7 号的通信系统功能也部分丧失。只有火星 5 号按照既定设计运行，并在飞离地球的过程中完成了设备校准[277-280]。2 月 10 日，火星 4 号在距离火星 1 844 km 处飞掠，工程师努力尝试在距火星最近点的前 2 分钟为成像系统上电，在随后的 6 分钟内，探测器拍摄了 12 张图像和两张南半球的条带全景图，其中包括为火星 6 号选定的着陆区。火星 4 号还进行了双频率无线电掩星试验。除产生压力和温度的数据外，火星 4 号还测量了行星向光面和背光面的电子密度，第一次证明了火星背光面存在电离层[281]。随后探测器不时地继续向地面回传行星际环境数据，但实际上火星 4 号任务已经失败了。

　　火星 5 号，唯一一个实现全部功能的轨道舱，在 2 月 2 日完成了第二次中途修正，10 天后成功进入范围为 1 760~32 586 km，倾角为 35.33°，周期为 24 小时 53 分钟（略长于火星自转周期）的环火轨道。由于火星 4 号已经失败，火星 5 号需要作为两个着陆舱的中继。然而在入轨后不久，主舱体的压力开始缓慢地减少，意味着不出 3 周设备将不可用。于是开始加速进行科学探测，尽可能多地在短时间内获取多的科学数据[282-284]。5 个成像时段内获取了 5 张全景图和总共 108 张照片（43 张可用），也证实了背光面电离层对火星 4 号无线电信号的掩星现象，同时发现了第二个可能存在的最大电子密度区域。VPM 试验装置的偏振测光计记录了沿地面航迹经度方向延伸 100° 的陶马西亚（Thaumasia）区域和阿尔及尔（Argyre）区域的偏振度。分析的所有火星区域都存在细颗粒微尘，范围从月尘［在厄立特里乌姆海（Mare Erythraeum）］般细小到类似地球沙丘颗粒般大［在克拉里塔斯槽沟（Claritas Fossae），陶马西亚槽沟（Thaumasia Fossae），欧奇基斯陡坡（Ogygis Rupes）］。VPM 也进行了微小的结构分析，探测了兰普朗德（Lampland）和邦德（Bond）大型撞击坑边沿崎岖地形的细节，而这些区域可能有大且无尘的卵石。上述结果与红外微波辐射计热惯量的测量结果一致：下午火星表面温度最高为 -1℃，随时间线性下降至最低 -43℃，在背光面最低为 -73℃[285-286]，在 1973 年 6 月和 10 月曾发生了大规模的沙尘暴，然而此时大气普遍是透明的，VPM 数据提供信息很少。在同一区域同时观测到了持续数日的白色云层和黄色云层，其中白色云呈卷云状，主要由冰晶组成而未检测到可以形成彩虹的大水滴；黄

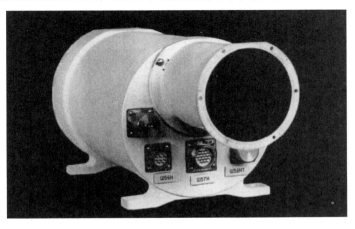

火星 5 号携带的法 - 苏 VPM - 73 偏振测光计［图片来源：奥杜安·多尔菲斯（Audouin Dollfus）］

色云是非常细的尘埃。设备采集了火星边缘数据和晨昏线数据，并在海拔 40 ~ 60 km 的范围内检测到非常小的颗粒层，伽玛射线质谱仪在低于 2 000 km 的海拔高度 6 次飞掠近火点获得了这些最有趣的观测结果。这是人类历史上首次对火星土壤成分的测量，覆盖了陶马西亚(Thaumasia)，阿尔古瑞(Argyre)，科普莱斯特(Coprates)，凤凰湖(Lacus Phoenicis)和子尔线湾(Sinus Sheba)区域。这一过程中探测到了如钍、铀、钾等放射性元素，在土壤中还发现了大量的氧、硅、铝、铁。其中一次低空飞掠塔尔西斯区域(Tharsis)最南边的火山阿尔西亚山(Arsia Mons)，获得了伽玛射线谱，证实该区域成分类似地球的碱性玄武土[289]。在 9 次对地通信周期取了磁场和等离子体的数据后，苏联科学家再次声称发现了"足以证明火星存在固有磁场的证据"。结合对火星 2 号和火星 3 号的再次评估，计算得到火星北磁极位于地理南半球，偶极子轴与火星自转轴角度偏差不超过 15°[290]。

2 月 28 日，地面与火星 5 号进行了最后一次通信。此时，由于缺乏轨道中继站，苏联无法继续进行着陆任务。火星 7 号的飞行速度快于 6 号，于 3 月 9 日到达火星。其间故障重重，最后只有一个无线电系统可用。第一个着陆舱分离的指令探测器并未收到。地面再次发出后才接收执行。着陆舱几个 2T - 312 晶体管失效，导致发动机无法点火进入 50°S，28°W 的着陆区域，最终无助的着陆舱只能同它的轨道器一起在 1 300 km 高度飞掠火星。本次发射的 4 颗火星探测器最长寿命的火星 5 号的轨道器在 1974 年 7 月—9 月发回了掩日测量数据。对于两个 STEREO - 5 实验设备，安装在火星 6 号上的失败未回传任何数据，安装在火星 7 号上的则在 1974 年 5 月发回了数据。此外，火星 7 号搭载的黎曼 - α 光度计对邻近太阳的星际气体温度进行了测量[291 - 294]，而最后的通信日期就不为人知了[295]。

作为首个受到晶体管失效影响的探测器，火星 6 号仍顽强地活着，其高级自主控制系统在无法接受地面控制指令的情况下稳定运行，具有出人意料可靠性和耐久性。火星 6 号不仅完成了第二次中途修正，还正确地计算了姿态和着陆舱释放时机。此外，在 16 000 km 高度飞掠时还作为在大气中动力下降时的中继站，随后提供了双频率无线掩星测量，以此得到星表气压为 4 ~ 10 hPa[296]。在 3 月 12 日，着陆舱距火星 48 000 km 的高度释放，3 小时(9 时 06 分)后以 5.6 km/s 的速度进入大气层。幸运的是，第 2 个通信系统在下降过程中发送了实时数据。降落伞展开后，遥测立即显示着陆舱比预期的震荡更为剧烈致使前期传回的数据无法解读。不幸的是，在 148 秒后探测器与地面失去联系，即在 9 时 11 分，用于减缓着陆冲击的制动火箭刚刚点火之后。信号丢失的原因无法确定。故障有可能是因为通信系统故障，也可能是着陆舱着陆在恶劣区域。更为普遍的解释是分离后主舱段飞行低于当地水平面，脱离了中继链路范围，若真是如此，那发生的时机也太不巧了！火星 6 号的着陆区域选择在厄立特里乌姆海(Mare Erythraeum)，其地理坐标位置至今争议不休，有一种说法是 23.9°S，19.4°W，另一种是 24°S，25°W。着陆舱在下降的最后 8 km 传回了令人关注的大气数据：外推火星表面的温度约为 -43℃，压力为 6 hPa，风速为 8 ~ 12 m/s。光度计测量显示能见度较好。与媒体夸大其词的报道相异，相机回传的图像并非彩色的[297]！质谱仪气泵的驱动电流遥测显示此时气流量比预计的要多。苏联的科学家解释为：火星大气的 1/3 是惰性气体，很有可能是氩，若真能证明如此则对后续的探测任务大有裨益，因为如此多的氩气在超声速下会增加对流热交换，因此需要修改防热罩和进入剖面的设计。然而，随后不久就证实了这个发现实际上是错的[298-301]。

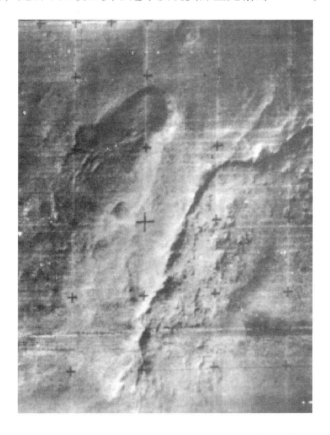

火星 5 号拍摄的 35°S，38°E 附近区域火星表面图像

3.7　苏联对"红色星球"土壤的渴望

由于 4 个 M-73 航天器的完全或者部分失败，苏联抢先 NASA 海盗号登陆火星的壮志雄心已崩溃瓦解。然而，拉沃奇金设计局继续提出了一个大胆的设想，认为一旦付诸实施必将让海盗号的成功黯然失色。在 1970 年初，乔治·巴巴金命令其设计师充分继承 E-8 月球采样返回探测器的经验，设计火星着陆采样返回探测器，并对采集回地球的火壤进行化学成分、地质和生物成分进行分析。最初的项目被命名为 5NM，于 1970 年夏天完成。20 吨的航天器将由 N-1 火箭发射升空，而该火箭原本是谢尔盖·科罗廖夫的设计局为载人登月任务设计建造的。计划 1975 年 9 月发射，在转移轨道上将花费 1 年时间到达火星。3 600 kg 的平台同时携带了继承 M-69 设计的球形贮箱和 M-71 设计的环形贮箱。在接近火星时，平台将释放着陆器并进行飞掠，在这个过程中将着陆器的数据中继传回地球。16 吨的着陆器的防热罩的直径为 6.5 m，周围安装了 30 只翼瓣，它们在进入大气时展开，

展开后其直径扩展至 11 m，增加了气动阻力。与其使用降落伞系统，不如装配 4 个贮箱和 4 只变推力着陆发动机。探测器在火星表面工作的时间不超过 3 天，在此期间将完成着陆区域的全景成像，并从中识别出样品进行采集。采样系统的方案不为人知，或许从未确定设计，但很可能包括机械臂，也许装备了钻头。一旦将 200 g 的样品保存在返回舱后，将由两级火箭点火发射返回舱并进入环火轨道，在轨道中等待 1977 年 7 月地球窗口打开。随后将释放一个继承金星平台设计的 750 kg 航天器，点火离开环火轨道完成 291 天的返地飞行，并释放 15 kg 的球形舱，其将会落入苏联境内以最终完成任务。为验证 5 NM 任务部分关键技术，规划了 4 NM 作为探路者，后者将释放一辆大型火星车着陆火星表面替代上升模块。然而，这项计划没多久便烂尾，一部分原因归咎于苏联航天技术的低可靠性，以致人们无法对航天器在轨 3 年的寿命报有信心，还有一部分原因是因为无法保障返回舱在地球着陆时坠毁的情况下，不会使样品被污染或者造成污染。

　　继惨淡的 M - 73 任务之后，这项宏伟的 5NM 计划于 1974 年复苏并命名为 5M。这一次，当然已无法使用 N - 1 运载火箭，因为在载人登月计划搁置后，1969—1972 年间发生了 4 次连续发射失利，N - 1 运载火箭的研制已被取消。于是，5M 任务采用运载能力不那么强的质子号运载火箭。由于探测器质量不低于 8 500 kg，于是将分两部分进行两次发射，两部分探测器在停泊轨道采用运载火箭的第四级机动并对接，再次点火进入地 - 火转移轨道。探测器平台包括一个简单的环形贮箱，并安装一对太阳翼。接近火星时，平台建立期望的进入轨道，释放着陆器，执行转向机动后飞掠火星。巨大的锥形进入模块将不使用降落伞，而是依靠气动外形设计在稀薄大气中产生升力，随后复杂的轨道设计将使其逐渐减速，以充分地保证二级制动火箭点火后着陆器以低于 3 m/s 的垂直速度着陆于火星表面。采样完成后，2 000 kg 的上升舱段点火起飞并进入环火轨道，然后与另一个探测器（由第三个质子号火箭发射）完成交会对接与样品转移。为克服样品污染问题，返回舱进入地球轨道后，与联盟号飞船交会对接并转移样品。与 5NM 计划一致，5M 任务将由 4M 任务先遣验证，先由平台和着陆器携带火星车到达火星表面。为了这个目的，1974 年全俄车辆工程研究所开始致力于制造大型火星车，花费了 4 年时间研究了许多不同的火星车移动系统方案。第一台原理样机（命名为 4GM）的独立悬架用了 4 条履带；第二台样机（KhM）则装有一对类似 ProOP - M 的重达 240 kg 的大型"滑橇"；第三台（KhM - SB）类似月球车；第四台（EOSAsh - 1）采用了将 6 个轮子的优势与"行走"关节式转向架相结合的移动系统。

　　在完成又一个重要"再设计"后，火星采样返回计划于 1976 年 1 月获批。在进入过程中采用气动外形产生升力的想法被否决，而回归原本的可变几何形状的防热罩设计，防热罩"全展开"包络直径为 11. 35 m，此外还采用了降落伞。9 135 kg 的探测器由 1 680 kg 的轨道器和 7 455 kg 着陆器组成，着陆器包括上升舱和返回舱。由于计划 1979 年发射，1980 年 6 月到达火星，因此该任务名为 M - 79。同时为减少 3 年的在轨飞行时间，采用金星借力的轨道设计。在探测器进入环火轨道后释放着陆器，着陆器两台中的一台 D 级发动机开始进入过程的点火。行星地质学家亚历山大·维诺格拉多夫（Alexandr Vinogoradov）建议在返回进入过程需保证火星土壤样品保存于高温条件下进行灭菌处理，从而即便返回舱最终在地面坠毁，也可以避免对地球生物圈造成生物学污染。巴尔明（I·V·Barmin）的办公室着手制造可以在火星钻进 3 m 的钻头。1977 年，当航天器第一批部件正在制造中时，随着一系列关于联盟号载人飞船伊格拉（Igla，俄语针尖的意思）对接系统的技术故障的发生，苏联政府安排了对多个航天工程的可靠性分析。原计划在 M‐79 任务初期使用伊格拉系统在地球轨道进行两级质子号火箭的对接，在任务后期在火星轨道实现采样返回舱和轨道器的对接。分析发现 M‐79 任务的成功概率很低，因此该计划被取消了。拉沃奇金设计局局长谢尔盖·S·克留科夫（Sergei S Kryukov）也因此被撤职[302‐305]。实际上，此时苏联的太阳系探索项目正值整改期间。对于参与本次任务的科学家和工程师们，开始广泛而秘密地讨论着"世界大战"。其结果是大家意识到苏联的深空探测不应毫无目的地忙于保持和美国的计划同步，而更应该侧重于确立自己的科学目标。值得一提的是大量的研究表明，从海盗号任务全面成功看来，苏联政府不具备为火星探测做出重大贡献的技术能力和资源保障。因此苏联决定先全力以赴探测金星，虽然其环境更为恶劣，但距离更近一些，从而对苏联技术有限的可靠性要求较低，而且很重要的是，NASA 显然忽略了金星探测[306]。等到苏联的技术水平有所提升，再择机恢复火星探测甚至其他行星目的地的探测任务。1979 年，不再纠结过去的失败，新指定的拉沃奇金负责人维亚切斯拉夫（Viatcheslav M·Kovtunenko）部署开展研究新型平台，称为 UMVL，意为探测火星、金星和月球的通用平台。

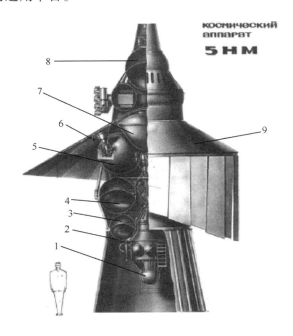

1970 年版的 5NM 火星采样返回探测器

1—采样返回舱；2—火‐地轨道器；3—二级火星表面上升舱；4——级上升舱；5—着陆级；6—防热罩；7—仪器舱；8—地‐火轨道器；9—火星着陆器

1974 年在 4M 项目中苏联研发的履带式巡视器 4GM 原理样机(图片来源：全俄车辆工程研究所)

安装太阳翼后的 3M 平台模型，携带了两个串接在一起的重型火星着陆器。可以视为艾丽塔
(Aelita)载人星际旅行的无人飞船先驱

3.8 矛盾的星球

即使人类发明了天文望远镜之后，对人类来说在太阳系最里面的水星仍然是最为神秘
莫测的，只因其紧紧环绕在太阳周围而难于观测。人们能从体形看出其很小，不过仅此而
已，甚至没有关于其运行周期和是否存在大气、大气成分等任何基本信息。在 20 世纪 60
年代初期，雷达技术的进步提供了行星研究的新工具。1962 年苏联人首次尝试用雷达探测
水星。1963 年，美国 JPL 也开始了这项研究，研究结果证实了人们前期通过望远镜观测的
推断：水星自转与其公转周期是同步的，意味着水星的两个半球一面永远受太阳光照，而
另一面永远处于黑暗中。然而，在 1965 年新的雷达探测结果揭示了实际情况远不止这么
简单：水星绕自转轴每 58.6 天转一周，是 88 天公转周期的 2/3，即水星每环绕太阳两圈
会精确地自转 3 周。由于水星对地可见的时间段约束的非常严格，因此从地面看上去好像
是同样的半球且所受光照是固定的，从而误导了天文学家推断出其自转是潮汐锁定。加之

其明显的轨道偏心率, 若观测者站在水星表面, 由于自旋和公转轨道的谐振, 会发生许多惊人的现象, 比如: 太阳穿过天际时会出现停止和回退现象[307]。

纵使金星是早期星际探测器的目标, 显然水星探测更具挑战性。当水星偶尔运行至与地球的距离同火星与地球等距的位置上时, 水星探测器需要高能转移轨道使其近日点与太阳非常接近, 反过来意味着接近水星时会具有很高的相对速度, 从而使得飞掠观测受限且轨道进入机动燃料消耗巨大。探测器逃逸地球引力到达水星后所需的制动能量与飞往木星所需的加速能量相当。然而, 就水星而言存在一条捷径。20 世纪 60 年代初期, JPL 的一名在读学生迈克尔·米诺维奇 (Michael Minovitch) 发现, 若飞行器以相对较低的能量转移飞向金星并进行近距离飞掠, 受金星引力的影响, 探测器轨道将会转向水星——这完全是"免费"的旅程! 因此, 直接进入水星轨道需要类似大力神Ⅲ大型运载火箭才能实现, 而通过金星再到水星则可以选择小型 (以及更经济) 的宇宙神 - 半人马座火箭。从效果上来说, 金星"借力飞行"实际上就是"第三级"运载火箭的功能。计算表明, 采用这种方法有 1970 年和 1973 年两次发射窗口, 之后就要等到 20 世纪 80 年代。

实际上, 20 世纪 60 年代末期, 科研人员着手研究了 3 个水星探测任务。苏联主要的太空和火箭工业研发机构中央机械制造研究所 (TsNIIMash) 提出了采用金星 - 火星飞船的技术同时完成金星和水星的探测。根据中情局 (CIA) 起草的"全国情报评估" (National Intelligence Estimates) 报告, 这项任务本能够在 1970 年就启动实施, 却仅仅执行到方案阶段便毫无下文。此外 (如前所述), 1969 年欧洲空间研究组织决定不再资助 MESO 计划[308-310]。在 1968 年, NASA 决定把握行星排列的极好时机, 即便此时正值削减航天活动经费的时期, 还是提出了 MVM (水手号金星 - 水星) 探测任务, 并获得了必要的资金支持。基于使用固体燃料的"补充推进级"的宇宙神 - 半人马座以及发射一个探测器而不是一对来保障节约开支, 这项任务成本上限定为 9800 万美元。由于发射窗口相当短暂, 仅限于1973 年 10 月 16 日—11 月 21 日, 因此若第一个探测器失败则无法立即发射备份。1970 年 2 月, 在 JPL 的一次规划研讨会上, 帕多瓦大学的乔治白·科伦坡 (Giuseppe Colombo) (水星 2:3 自转和公转轨道谐振的发现者之一) 询问 NASA 是否对水星交会后的轨道进行了深入研究, 而此时任务设计已基本全部完成。他指出探测器飞掠后会进入周期为 176 天的太阳轨道, 而此轨道周期是水星公转周期的两倍, 因此提出若能精确的管理推进剂, 且精心对金星和水星飞掠的时间和距离进行设计, 可以使探测器在 176 天间隔后再临水星。该计划唯一的缺点是每次受到的光照时间相同, 但这将贡献两倍 (甚至三倍) 的科学价值。NASA 立即接受了他的建议并着手改进飞行程序[311]。

1971 年 6 月 17 日, 波音公司承接了研制 MVM 探测器的合同。波音决定继承以前型号特别是水手 9 号的技术, 以节约开支[312]。沿用水手 9 号的八边形镁金属结构平台, 总质量为 18 kg, 还包括了承载 29 kg 肼燃料贮箱和可以多次点火的 222 N 发动机, 用于探测器在轨机动。发动机喷管从底部延伸出来, 底部由玻璃纤维和铝制特氟龙绝缘材料制成的"伞"进行保护, "伞"在入轨后展开以减少主结构的太阳能辐射, 侧面安装两支太阳翼, 每个长 269 cm, 宽 97.5 cm, 在近日点总共可提供 820 W 电能, 相当于近地所提供能源的

据说这是苏联中央机械制造研究所(TsNIIMash)研发的水星探测器的宣传模型,由太阳翼和 RTGs 联合提供能源,但另有说法称其为木星探测器。(图片来源:中央机械制造研究所博物馆)

4 倍。每个太阳翼都可以各自旋转调节对日面,因而改变帆板温度。在轨机动时使用管状低增益天线,其余时间使用直径为 137 cm 的抛物面双频高增益天线,通过万向节保持波束对地覆盖。全向天线可以在任何飞行阶段接收地面指令。探测器顶板安装双自由度科学载荷扫描平台。科学载荷包括继承水手 9 号的成像系统和一台紫外线光谱仪,可以在整个任务过程中使用,目的是:1)开展深空天文观测;2)在飞掠过程中分析金星高层大气;3)判断水星是否存在自身的包层。成像系统由 4 台相机组成:两台焦距为 1 500 mm、视场角为 0.36° ×0.48°的窄视场相机和两台焦距为 62 mm 的宽视场相机。同时还配置了 8 个位置的带彩色滤镜的色盘。一台 700 ×832 像素的光导摄像管敏感器可以为两台相机服务:当需要宽视场成像时,一个反光镜阻挡来自窄视场光学系统的光线,让来自宽视场成像系统的光线直接进入光导摄像管[313 - 314]。尽管携带了一台数字磁带记录仪,探测器仍可以通过升级的通信系统以 117.6 kbps 的速率实时回传图像数据。在每次快速水星飞掠时最多可以传回 1 000 张图像。此外还包括安装在 6.1 m 长的悬臂上的磁强计。实际上,磁强计由两部分组成:一部分安装在悬臂末端;另一部分装在其中段,通过测量探测器磁效应以校准敏感器。科学探测套件设备包括一台带电粒子探测仪、一台等离子体分析仪、一台用于测量水星表面温度的红外辐射测量仪和一台指向太阳方向并在进出行星阴影区时对行星边缘进行扫描的紫外光谱仪[315 - 316]。采用无线掩星方法对行星大气和电离层进行探测,在此过程中探测器接收深空网的无线电载波,再以微小频率偏移转发,直至穿过行星边缘时信号丢失。地面跟踪数据以此对水星的质量和引力场进行测量[317 - 319]。整个科学探测设备总质量为 78 kg,而探测器的发射质量为 502.9 kg。

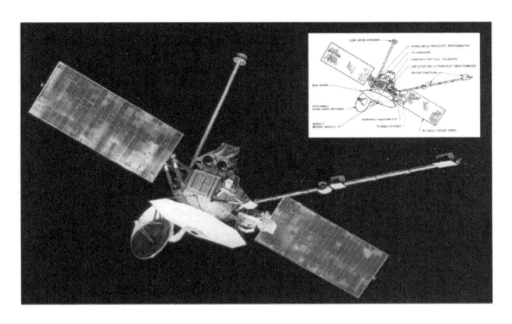

水手 10 号在轨示意图，对其主要系统进行了注释(图片来源：NASA/JPL/加州理工学院)

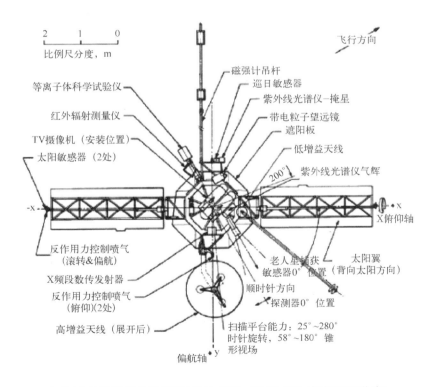

水手 10 号探测器的线条图(图片来源：NASA/JPL/加州理工学院)

　　改进的宇宙神 – 半人马座火箭于 UTC 时间 1973 年 11 月 2 日 18 时 45 分发射升空，发射窗口 90 分钟。当半人马座上面级进入停泊轨道后，该级火箭首次采用这个技术运送一个深空探测器。不久后，半人马座执行"逃逸"点火，水手 10 号进入 0.7 AU × 1.11 AU，倾角为 2.6°的太阳轨道。抛弃的火箭利用剩余推进剂完成小的外加推力，使其轨道倾斜，确保不会干扰主任务的同时不撞到金星[320]。本次任务还采取了一个新的运行机制，水手 10 号将在近地空间就提前对其设备进行校准。粒子探测仪在发射入轨后 3 小时开机，紫外光谱仪入轨 4 小时后开机，随后成像系统立即开机。为测试相机，发射入轨后 16 小时 13 分钟，探测器在 200 000 km 的高度拍摄了两组地球照片，显示出墨西哥湾和太平洋上空云层的形成。随后相机转向，在距离月球 110 000 km 拍摄了六组月球的照片，得到了前所未见的月球北半球极点附近区域的上方看到的图像，而之前至多只在小角度斜拍了该区域，因此这也是额外取得的对月球探测的贡献。随后水手 10 号任务开始遭遇一系列的技术困难。首先，等离子体探测仪加电后未探测到太阳风踪迹，人们因此怀疑敏感器的通道门没有完全打开；接下来，在成像系统不工作时用来对光导摄像管保温的热控系统也未加电成功，意味着相机不得不在全任务阶段长期开机工作以保证温度。由于光学系统的焦点对温度极为敏感，开展了对包括昴宿星(团)的星空进行成像的测试。尽管技术故障不断，水手 10 号依然有一个精彩的开篇。11 月 13 日，探测器完成了 7.78 m/s 速度增量的中途修正，通过了空间和时间均很狭窄的金星借力窗口，飞向水星。1974 年 1 月 21 日完成了第二次小速度增量中途修正，进一步细化使交会距离和时间分别为 1 384 km 和 2 分钟。

准备发射的水手 10 号，突出的黑色狭缝是老人星敏感器

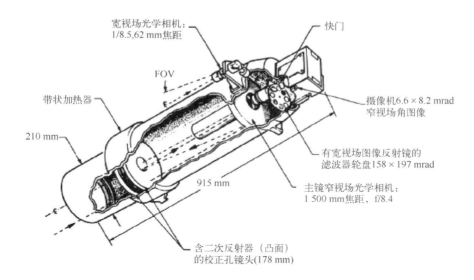

水手 10 号相机的光学系统。滤镜轮盘包括了一片阻挡来自窄角光学器件进光的滤镜，改变来自宽视场光学器件进光方向使之进入光导摄像管敏感器，从而使得宽、窄视场相机能够复用一个成像通道

引人注目的云层覆盖地球的图像，由水手 10 号安全入轨后不久拍摄，用来测试相机功能

水手 10 号很快开始采集感兴趣的科学数据，用紫外光谱仪完成了数次巡天扫描后，得到了太阳风通量随日心纬度升高而降低的理论佐证。这次探测也提供了星际物质的数据，同时还探测到了一些星体[321 - 322]。观测到古姆星云（Cum Nebula）后，水手 10 号将注

意力转向了科胡特克彗星 C/1973E1。这颗由捷克天文学家科胡特克(LuboÏs Kohoutek)于 1973 年 3 月 7 日发现的彗星,是很罕见的闯进内太阳系的长周期彗星,也因此被称为"世纪彗星",然而在圣诞节时经过近日点后,这颗彗星未能再续旅程。尽管如此,这也是人造卫星和深空探测器首次在适当位置获取这类星体宝贵科学数据的机会。值得一提的是,1974 年 1 月 11 日—24 日(12 月 26 日彗星到达近日点后 2—4 周),水手 10 号在 1 亿千米远处,在远紫外和黎曼 - α 氢波长区测定了彗尾和内核的光谱。根据传回的黎曼 - α 数据,研究人员绘制了包围在彗星周围 3 千万千米直径的氢云密度分布图,同时估计了气态氢的产生率,研究了彗星离开太阳后氢气是如何减少的。但是彗星微弱的亮度始料未及,因此并未拍到这一过程的图片[323]。

完成一系列观测任务后,水手 10 号遭受了另一次严重的故障。在 1 月 28 日标定陀螺时,一只陀螺失效并向姿控系统发送了错误的数据。控制计算机以此判断探测器姿态未稳,推力器点火喷气以消除干扰力矩,消耗了 0.6 kg 的压缩氮气,占总量的 16%。为了避免对即将进行的金星交会产生影响,姿控系统由基于陀螺定姿切换为采用太阳和老人星定姿的方式。不久发现 6 m 长的磁强计悬臂出现了振动(地面测试时无法完全确认其失重状态的特性),因此将扰动力矩引入了姿控系统。主配电系统发生了一次诡异的故障,使得后续飞行过程中能源余量很小。同时高增益天线馈源也出现了问题,限制了信号的输出功率[324]。

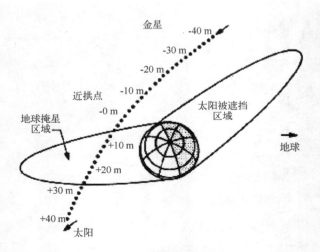

从北黄道极点视角绘制的水手 10 号飞掠金星的几何关系图,图中的点标记表示每 2 分钟间隔的探测器位置。需要注意的是探测器躲避金星阴影区的轨道设计(图中标出的太阳被遮挡区域)。(图片来源:NASA/JPL/加州理工学院)

尽管飞掠轨道的设计是用于实现水星交会,因此对金星科学探测并非最优,但还是可能进一步观测金星与太阳风的相互影响,并在飞掠金星边缘时采用无线掩星方法探测高层大气。而且,水手 10 号还特别装有研究金星的科学设备,例如带有紫外滤光片的相机用来拍摄可见云层的结构。但是,红外辐射测量仪的敏感区域是按照对水星表面温度预示而确定的，对太阳掩星不可测[325]。1 月 28 日探测器开始进入交会序列，所有设备相继加电开机、校准标定。UTC 时间 2 月 5 日 16 时 50 分，在金星背光面 8 000 km 高度，探测器开始对金星拍照。第一张照片拍摄到金星晨昏线尖端的细细的亮线，映衬在天空和黑暗的北极区域的背景下。虽然金星 2 号是首次近距离拍摄金星的探测器，然而却未能成功地将图像数据传回地球。水手 10 号拍摄的照片也因此被寄予厚望。17 时 01 分，水手 10 号到达与金星最近点，距离为 5 768 km，6 分钟后在赤道附近穿过了背光面边缘。实际上，本次实验充分利用高增益天线的可控性，通过快速瞄准实现波束尽可能长时间的覆盖地球，不但接收到了经金星大气折射的无线电波，还使得探测器下行信号与预期一致，在几何掩星后的几分钟后继续可见。第一个频率在到达 52 ~ 53 km 高度后丢失，第二个频率则持续到 45 km 高度[326]。探测器在中部偏南纬度区域的向光面上方再次出现。在无法通信的区域，探测器用磁带存储了图像信息和数据。飞掠过程使探测器绕太阳飞行的速度减少 4.41 km/s，达到 32.3 km/s，因此降低至 0.387 AU 至 0.839 AU 之间，周期为 176 天的轨道。按照预定要求，继续完成与水星的一系列交会任务[327 – 328]。按照预计，半人马座上面级也大约同时在 45 000 km 完成飞掠。

探测器传回的第一幅接近金星拍摄的图像。拍摄区域为金星背光面，明亮的条纹是极区尖端

金星交会获取了可观的科学结果。在以金星交会为中心的 10 余天内，通过科学数据的采集，完成了第三次金星质量估计，更新了质量估计的精度[329]。8 天交会过程总共拍摄了 4 165 幅图像，包括两次高层大气的完整旋转过程。最近距离的图像在云层附近的分辨率约为 120 m，但是在 2 月 13 日与金星交会末期，分辨率降低至 130 km（即便如此，仍然是在地面拍摄分辨率的 2 倍）。图片分 8 段进行拍摄，多数采用紫外滤光片，地面天文望远镜的研究已证明紫外滤光片是合适的，随后将图像制成了延时拍摄的视频。遗憾的是，为保证摄像机的使用寿命而缩减了交会后的拍摄计划，摄像机对后面水星飞掠是至关重要的，减少拍摄以免其因为任务早期热控系统故障而受损[330]。大气图像第一次记录了众所周知的“哈德里环流”（Hadley cell）的经度方向气流，其是一个循环系统，暖空气在

赤道附近上升，分别向高纬度南北半球的极区移动，随后受当地低温影响遇冷下沉，再返回赤道低纬度地区。18 世纪人们提出了这种由赤道分散太阳热量的简化模型，用于解释地球大气运动，然而地球快速自转使其大气运动更为复杂。然而金星的自转速度则要慢得多，较低的自转倾斜角度也使得金星没有明显的季节差异，因此出现了"哈德里环流圈"。即便金星自转极慢，高层大气每 4 天也会完成一次循环，结果导致在 60 km 高度，风速达到 100 m/s，高层大气的高速旋转使气流被"上紧发条"，令其朝极圈方向运动，产生了侧 Y 形状的(Y 转 90°)气流运动以及在每个极点的涡流，这些现象曾被望远镜模糊的观测过，而此时找到了确凿证据。此外，在日下点及其顺风向区域，存在许多微小"小格子"，意味着日晒会产生对流，其与高速旋转气流互相影响而产生涡流状结构。总的来说，金星大气非常平稳，未发现漩涡、飓风或其他大尺度的气流结构迹象[331-333]。在接近金星的 10 余天内将水手 10 号置于金星背向太阳的一面，其轨道对研究金星对太阳风的影响大有裨益，在飞掠的前 6 天，磁强计测出了金星磁场的扭曲与波动。等离子体探测仪也得益于这条独特的轨道，探测到了在金星顺风向的等离子体尾。此外，探测仪研究了朝向太阳一面电离层的弓形激波。紫外光谱仪探测到高层大气层氢、氦元素的存在，但未探测到氘元素，证明氢并非来自彗星撞击(因为彗星富含氘元素)，一定是伴随太阳风而来或由水分子分解产生。同时，探测到了巨量的原子氧(实际上远比水手 9 号在火星上发现的多)，进一步证明了在大气层某个高度上存在水蒸气。根据红外辐射计的探测结果，绘制了最接近金星之前 20 分钟内的向光面和背光面温度分布曲线，但是没有测到明显的温差，因此证实了 10 年前水手 2 号的探测数据[334-335]。

水手 10 号拍摄的金星紫外成像图，展示出 Y 形大气循环、极环和日下点发出的涡流状气浪。在晨昏线附近的黑点其实是相机本身的污渍造成的

随着水手 10 号冒险接近太阳，太阳翼逐渐抬起防止受照过热。在这个过程中，高温致使探测器脱落了颗粒物，它们飘过敏感器的视场造成了干扰，导致老人星敏感器屡次短暂的丢失目标。为防止继续浪费氮气，陀螺被关闭，并利用不同倾角的两个太阳翼产生的太阳光压力矩控制来修正探测器的自由漂移[336]。水手 10 号于 3 月 16 日完成了第三次中

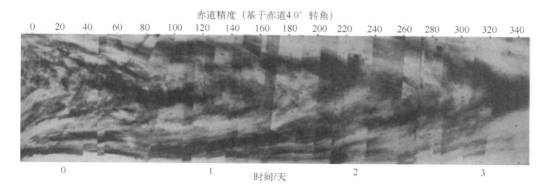

金星赤道及中纬度区域的投影图，随着大气层旋转，日下点从左至右运动，每 4 天为 1 个周期。（经 Murray，B. C. 等人授权许可重印，出版自"Venus：Atmospheric Motion and Structure from Mariner 10 Pictures"，183，1974 年，1307 - 1315. 版权信息：1974 AAAS）

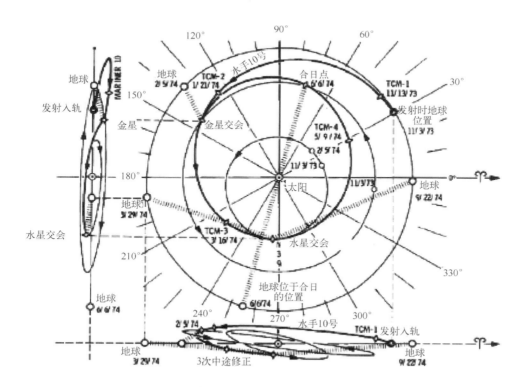

水手 10 号环日轨道示意图

途修正，速度增量为 17.8 m/s，探测器飞掠时由水星向光面移向背光面，实现了太阳和地球的掩星探测。为了避免探测器因主动调整姿态而消耗更多的氮气，点火时机延迟到发动机完全瞄准后才进行。虽然水手 10 号最接近水星的位置比预计的最优设计还要近 200 km，但由于可以第二次交会水星，因此没有额外增加中途修正[337-339]。翌日，除了相机，所有试验设备都加电工作。

在 3 月 23 日，探测器开始与水星远距离交会成像，成像持续了 6.5 天，直到飞掠前 17 小时。第一幅图是距离水星 531 万千米拍摄的，在日照面捕捉到一些光斑。除一些实时传回的图像外，磁带保存了 216 张照片。这些图像呈现了水星斑驳表面上的可能是撞击坑的亮点和暗点。第一个被单独地确定的撞击坑是在一片较大明亮区域上的黑点，被命名为杰拉德·柯伊伯(Gerard P. Kuiper)。目的是纪念地球科学和空间行星天文学先驱杰拉德·柯伊伯(Gerard P. Kuiper)，他也是 NASA 徘徊者号月球探测任务的主要研究人员和水手 10 号视频组的成员，然而，他在探测器发射不久后便离世了[340-341]。3 月 28 日，成像速率提高至 42 秒/帧，实际上成为了"现场"电视直播。UTC 时间 3 月 29 日 20 时 47 分，水手 10 号到达距离水星最近点，距离为 703 km。探测器经过行星边缘背面，飞经背光面的赤道上方，再次出现在向光面，开展了无线掩星探测，但以 1 Pa 和 100 个电子/ cm³ 的分辨率精度的探测数据看来，没有发现大气层或电离层存在的证据。在水星交会的主要阶段，探测器实时传回了 612 张图像，用磁带记录了 35 个整帧图像。在最接近的 30 分钟内，由于探测器处于背光面，因此并没有拍照。天体力学实验极大地完善了水星质量的认知，还详细描绘出水星的扁率及其形状，测定结果显示，水星平均密度比地球略低，比金星高。最意想不到的收获来自磁强计和等离子体实验设备的发现，尽管人们曾预测水星由于自转较慢而不存在磁场，并且在夜晚半球上方的太阳风内会出现空腔(与月球类似)，但却有明显的证据表明太阳风受到磁场的反射产生了弓形激波。接近水星过程中，测量到磁场强度平缓增长，超出了行星际磁场强度的 5 倍，这意味水星表面磁场强度是地球表面的 1/150。尽管无线电掩星试验获得了没有大气的结果，但紫外光谱仪还是检测到了稀薄的氦气层，而这很有可能源自铀或者钍元素的放射性衰变。氦气层的出现让人们进一步深入了解水星表面成分，即便探测器携带的仪器无法直接测量分析。与此同时，水手 10 号还探测到了其他惰性气体，如氩气、氖气和可能存在的氙气。上述测量结果证明水星表面大气压力上限为 10⁻⁷ Pa。红外辐射计探测到日照面的温度为 300 ~ 430℃，但在"下午中间时段"降到 190℃。探测仪器扫描晨昏线至背光面区域时，发现温度降为 - 120℃，表明水星表面可能存在着类似月球上的不导热的细灰层。温度波动最高到 2℃，这表明可能存在露出地表的无尘岩层。正值午夜时，当地温度骤降至 - 170℃，专家估计黎明前很有可能将降为 - 180℃[342]。尽管传回的图像显示出水星或者至少是光照面几乎全部覆盖着撞击盆地、撞击坑、陡坡和山脊，让人联想到月球，但水星依然保有自己的独特地貌。譬如，这里有数百千米高耸的悬崖峭壁。在接近水星过程中，接近晨昏线处拍摄到了一段丘陵、山谷和洼地组成的复杂地域，这里具有大量的分裂的撞击坑的边缘，而晨昏线的另一侧则是直径长达

1 300 km、由一圈圈陡坡和山脊组成的撞击盆地。上述特征地貌位于赤道上在近日点朝向太阳的两个"热点"区域中的一个，相较于水星其他地区，此处会接收更多的热量，之后这片盆地被命名为卡路里（Cloris）盆地。在飞掠水星后，水手10号继续拍照13天，为获得更多测量数据以测量水星的直径[343]。

在飞掠水星时，出现了一个有趣的小插曲。在接近水星和远离水星的行程中，水手10号都在搜寻水星的卫星，在飞掠前两天，紫外光谱仪在水星背光面上方探测到了一处光源，并且其"没有权利出现在那里"，3天后返回时又发现了另一处。如此短波的星体紫外辐射本应该完全被行星际介质中的中性氢吸收，这证实了一个推断：光源离探测器非常近。经过计算，表明这一不明物体正与水星以 4 km/s 的相对速度进行移动。研究团队旋即召开了"即时科学"记者招待会，声称他们发现了一颗小卫星。而后不久，轨道专家证明了这个在水手10号远离水星的行程中发现的不明物体实际上是巨爵座（Crateris）的 31 号恒星。尽管从名字上看，它好像是位于巨爵座之内，实际上它处于乌鸦座（Corvus）之中。这个偶然的发现证实了对一些特殊类型的恒星而言，其远紫外辐射仍然是可以探测到的，也由此为天文物理研究电磁波频谱推开了一扇窗。在接近的行程中发现的物体却始终未被验明正身[344]。

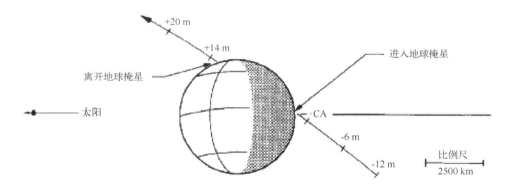

水手10号首次与水星交会时的几何关系图（地球视角）

水手10号飞离后，遭受了一系列大大小小的事故。首先，热控系统出现的问题提高了航天器的温度和功率消耗。随后，磁带记录仪工作异常（几个星期后彻底坏掉）；一台发射机出现了退化的现象，同时遥测系统一半的工程通道出现了故障。最终，由于等离子体探测仪也即将到达使用寿命，探测器在两次交会过程之间关闭了它。从科学探测的角度来说，最严重的问题出现在磁带记录仪上，但研究人员预计全分辨率和降分辨率的实时成像相结合完全可以满足第二次交会的要求[345]。针对"回访"水星的轨道设计，工程师们展开了激烈的争辩，而轨道必须在必要的轨道机动实施前确定。成像组希望能够飞掠向光面，拍摄南极区域并将其与第一次交会时接近过程和远离过程的图像拼接起来，然而粒子和磁场探测仪的工程师则更希望飞掠背光面以获取更多强磁场的数据。争论在于背光面的交会无法改善图像的覆盖，而向光面的交会则仅能够对磁场进行少量的观察。最终达成一致结果是：在第二次交会时实施成像，在第三次交会时(如果有的话)探测粒子和磁场。其部分理由是第三次交会时若进行拍摄，相机退化会影响拍照结果。5 月 9 日和 10 日将第四次轨道修正分成了两次进行：第一次速度增量为 50 m/s，将交会点由 800 000 km 降至 28 3000 km；第二次中途修正速度增量为 27.6 m/s，将交会点再次降低至 45 000 km。在轨道转移过程中，水手 10 号搜寻了天体紫外源[346-347]。自 5 月中旬至 7 月初，探测器处于合日位置，在 6 月 6 日到达距太阳最近距离，为太阳半径的 6 倍。为搜索相对论效应的例证，第一次使用双频无线电在高纬度探测日冕和太阳风[348-349]。7 月 2 日，探测器完成了 3.32 m/s 速度增量的中途修正，将第二次交会点移至水星 40°S，目的是将第三次交会距离降至 400 000 km。本次修正必须在所需的机动能力超出发动机所剩的修正能力前完成[350]。在第二次水星交会过程中，深空测控网采用了新的跟踪技术：用多台地面天线进行组阵接收信号，将产生比单天线更强的功率[351]。

9 月 17 日，第二次远距离交会成像开始，相机通过对木星成像完成了校准。按照预设的轨道，UTC 时间 1974 年 9 月 21 日 20 时 59 分，探测器于 48 069 km 的高度飞掠了水星向光面。尽管这一高度对水星表面分辨率无益，最高 1~1.5 km，却仍能使窄视场相机成像重叠。南极区域的成像将受照半球的覆盖率由 50% 提高到 75%，从制图和地质的方面将第一次交会时远离过程和接近过程拍照的水星区域关联起来。9 月 22 日拍摄了一系列远离过程的图片后，相机断电。在第二次交会时采用了新的导航策略，拍摄了 100 余张长曝光图像用于测定水星相对于探测器可观恒星的位置，验证了一项后续探测外太阳系的旅行者号任务所广泛采用的技术。由于飞掠距离过大及其不利的几何关系，只有紫外光谱仪能够跟踪观测到稀氢气层[352-353]。

1974 年 10 月 30 日到 1975 年 2 月 13 日，水手 10 号为了第三次水星交会修正了轨道。由于旨在探测粒子和磁场，因此本次需要低空飞掠水星背光面。为避免发生意外导致探测器撞击到水星，3 月 7 日额外增加了一次轨道机动，将飞掠高度增加了 160 km。最终探测器以 11 km/s 的相对速度，327 km 的高度飞掠了水星[354-355]。在第三次与水星交会之前的 100 小时，探测器又一次丢失了老人星目标。由于常规搜索老人星的方法会使磁强计悬臂产生震动，进而导致姿控系统将所剩无几的氮气耗尽，因此不能使用该方法。只用陀螺仪定姿的序列已经准备好，仅在定姿的初期利用老人星敏感器。3 月 12 日，探测器试图重新捕捉老人星，结果以失败告终，因此地面紧急调用了深空测控网的金石天文台和堪培拉地面站天线，而这两个天线当时正用于跟踪美 - 德联合研制的太阳神 1 号太阳探测器的第一次飞过近日点之旅。水手 10 号姿态终于收敛稳定，在 UTC 时间 3 月 15 日 10 时 08 分，即飞掠前 36 小时，相机(它的摄像管超出预期仍在工作)加电开机，随后水手 10 号于 UTC 时间 3 月 16 日 22 时 39 分在水星约 70°N 实施飞掠[356]。不幸的是，地面出现了问题：在探测器最接近水星时，只有堪培拉测站天线的指向范围可覆盖探测器，而天线的低噪声馈源出现了冷却剂泄露，因此只能用比原计划低得多的码速率接收实时图像。由于水手 10 号的磁带记录器早已损坏，因此意味着只有每一帧中间 1/4 的图像能够传回地面。在距离水星最近点前的 13 分钟，探测器拍照停止；在飞掠后 5 分钟，探测器一飞过向光面就恢复拍照[357]。在选定区域拍摄了约 300 个 1/4 帧的高分辨率图像。同时，水手 10 号还采集了紫外数据。由于红外辐射测量仪在探测器上的位置是固定的，而此时指向水星以外的区域，因此无法采集新数据。磁强计测量结果证明水星确实存在磁场，磁场的偶极子轴相对自转轴倾斜了 7°。等离子体实验设备也通过探测器以第一次与水星交会后预测的几乎精确位置穿过磁顶和弓形激波，进一步确认了水星存在磁场的事实[358]。

　　水手 10 号的三次飞掠传回超过 2 700 张照片，覆盖了水星表面 45% 的区域，图像分辨率在 100 m ~ 4 km 之间。水星在许多方面与月球类似（早期研究已对此做出了推断），然而探测器拍摄的图像依然揭示了水星独特的地貌。水星撞击坑与月球上被标记为崎岖地形中的撞击坑不同，受撞击产生的喷溅物都回落在更接近撞击坑边缘的地方。这是由于水星的引力场强度是月球的两倍，同样的撞击所产生喷溅射程都只是月球的一半。大小各异的撞击坑数量表明在太阳星云吸积衍生出水星后不久，发生了太阳系晚期重大撞击事件（Late Heavy Bombardment）（月球和火星也被认定出现过类似的过程）。这样大量的多坑地貌结构单位称为"坑际平原"，覆盖了所拍摄区域的 45%，可以追溯至水星形成之初。部分盆地和一些古老的撞击坑已被平原所覆盖（拍摄区域的 15%），而这些平原地区坑洼较少，说明其相对出现较晚。这两种平原的类型都有可能源自溢流玄武岩的地质结构，说明分布广泛的深深的地缝中喷射出大量低粘度熔岩，从而形成了大面积的平坦岩层。因此水星平原相当于月球上的月海。最有趣的地貌特征是因地形上蜿蜒的轨迹而被命名的叶状悬崖（lobate scarps），长度为 20 ~ 500 km，高度从几百米到几千米。探索崖（Discovery Scarp）跨度约为 400 km，有些地方高度达 2 km。叶状悬崖横切面包含除了最年轻的平坦平原地貌以外的其它各种地形，这说明叶状悬崖也较为"年轻"。经过几何分析表明，应力挤压使地壳断裂，一层略微倾斜，越过临近地表，形成了悬崖地形——即众所周知的逆向断层。根据某个理论，行星自转减慢至当前转速时会发生这一现象，即行星早期自转越快，就越容易变成椭球形，随着自转变慢，行星由椭球逐渐变成圆球的过程中产生的应力形成断层。然而，这种机制形成的断层应该沿着纬度方向分布，却未找到明显的证据。根据另一个理论，断层是由行星在早期受热膨胀后遇冷收缩而形成。有趣的是行星完全凝固将会使星体半径比实际观测到的数值小很多，因此不排除这种可能：水星内核仍在融化，至少是部分融化。

　　水手 10 号拍摄到的令人最为印象深刻的图像来自卡洛里斯（Caloris）盆地，由一系列的同心环、丘陵、台地、山脊和周边平坦的平原组成，总直径约为 2 500 km。很遗憾，水星公转轨道和探测器环绕轨道为共振状态，在每次交会时，盆地一半以上的区域都处于阴影中。前面已经提到，水手 10 号第一次与水星交会时，探测到复杂的丘陵地形占据了几乎 400 000 km²，随后发现这些丘陵地形位于水星上卡洛里斯盆地的正对面。丘陵地带宽 5 ~ 10 km，高至 2 km，被 120 km 长、5 km 宽的山谷隔断。此类地形确凿无疑地是由形成卡洛里斯盆地的撞击所形成，主要因为这种大型撞击可以产生非常强大的地震波，经行星内核向地表蔓延，能量最终在星体对面会合，形成超出 1 km 范围的强烈地裂和地壳运动，从而形成丘陵地带。月球上最大盆地区域的对面也存在类似的地带。最近一次对水手 10 号拍摄照片的校准证实，假彩色数据可以用于分析矿物的丰度和铁含量，进而为坑际平原由火山形成的理论提供确凿证据。此外，也得到了一些较大撞击坑喷溅物的实际覆盖范围[359]。

继水手 10 号任务完成之后，国际天文联合会(IAU)发布了水手 10 号所获得的地貌特征的命名规则。由于水星的别名赫尔墨斯是古希腊神话中艺术之守护神，因此，撞击坑以画家、作家和作曲家命名；平原以其他文化和神话中与赫尔墨斯所辖类似的神命名；山谷以射电天文望远镜命名；悬崖以探测地球的飞船之名命名。有两个名字是例外，一个以行星学家杰拉德·柯伊伯(Gerard P. Kuiper)的名字命名，以向其致敬；另一个直径 1.5 km 小撞击坑以 Hun Kal 命名(玛雅语中"20"之意)，这是由于天文学家定义的本初子午线在所有交会过程中都处于黑夜，而这一小撞击坑位于 20°线的一半，可用作绘制地图的初始参考。任务最后修正了水星原始数据：水星自转周期精确测量值为58.646 天，自转轴基本与轨道面垂直。最出人意料的发现是水星的磁场：尽管水星磁场强度比地球弱，但足以产生相当大的磁层。虽然探测器未对此进行详细探测，仍然可以通过建模确认，太阳风在其顺风向拖出了磁层的磁尾。磁场是人们始料未及的，主要由于要产生偶极子磁场，水星必须存在熔融态的内核和快速自转现象。因此水星的磁场也被认为是剩磁——由表面岩石磁化的综合作用所产生[360-362]。

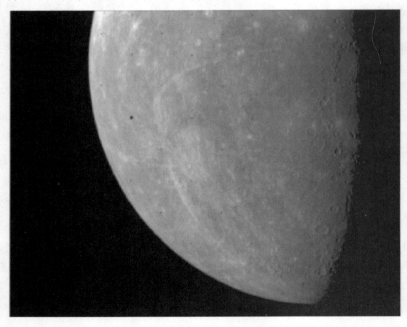

水手 10 号远距离观测水星成像图，表明水星与月球类似，遍布撞击坑和明亮喷发物亮光产生的条纹

水手 10 号观测到的晨昏线处的卡洛里斯盆地

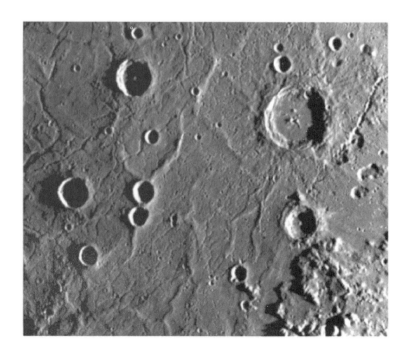

卡洛里斯盆地底部的一部分，表明这里遍布山脊和断裂的熔岩流，有些类似月球的月海。图中最大的撞击坑跨度 60 km

冲击波聚集到卡洛里斯盆地的对面，彻底改变了对面的表面地形结构，形成了丘陵地带。一些撞击坑的平坦底部据推测是后期形成的。图像的一边约 550 km

拉近距离放大观看上一幅图片的细节。大撞击坑(上一幅图右下角)跨度 31 km

　　1975 年 3 月 24 日，大约 UTC 时间 11 时 25 分，即在第三次飞掠以后的 8 天左右，水手 10 号姿控用的氮气终于消耗殆尽，整器姿态开始逐渐翻转，遮阳板未覆盖的区域暴露在太阳光下并开始变热。地面发送上行指令关闭了数传发射机，在 12 时 21 分遥测信号中断[363]。水手 10 号尽管存在一系列问题，但它仍然是最为成功的行星探测任务之一。遗憾的是，直到 30 多年后探测神秘水星之旅才得以续写。

水星坑际平原斜视图

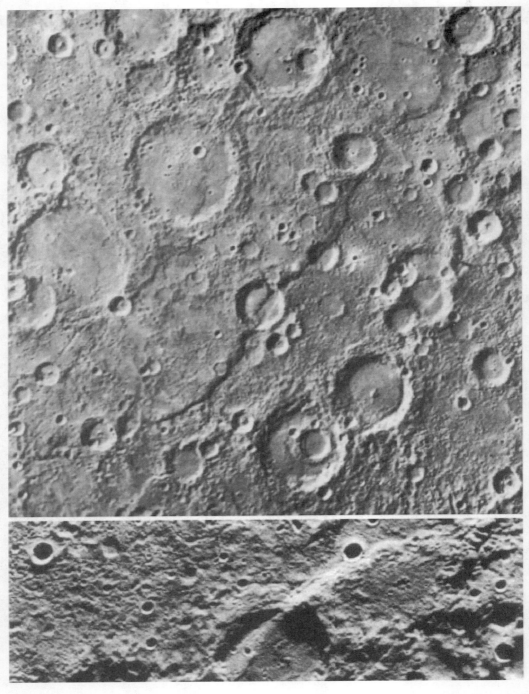

"探索崖"（Discovery Scarp）（上图）长 400 多千米，部分地区高 2 km。130 km 的"东方崖"（Vostok scarp）（下图）截断了直径约 80 km 的圭多·德·阿雷佐（Guido d'Arezzo）撞击坑。这种地形被认为是挤压断层

3.9　越来越热

1965 年底 NASA 和美国国务院提出了一项高科技合作项目，该项目旨在通过增加与西欧国家的科学合作来提高科技水平。其中特别提到，欧洲将在 NASA 的帮助下建造一个太阳探测器或木星探测器，由 NASA 负责发射，并由美国深空网提供通信支持。意大利和德国对此项目表现出了极大的热情，而英国由于财政支持上的困难无法参与，法国对此项目也不认可。有人指出，该项目中美国未公开的目的是转移欧洲航天工程师和科学家们在如运载火箭和通信卫星等战略领域的注意力，从而避开欧洲与其长期的竞争关系。1966 年秋天，鉴于欧洲各国的不同反应，原先庞大的计划变成了与仅剩的欧洲合作伙伴——西德之间的双边项目，并于 1967 年 6 月成立联合定义小组（Joint Definition Group）。初步研究表明，木星探测任务超出了德国的技术能力，因此关注点转移到了距太阳近或黄道倾角高的太阳探测器上。太阳神任务（该项目后来的命名）的目标是研究太阳、太阳的各种现象及近太阳处的行星际空间介质。德国将提供两个由 MBB（Messerschmitt – Bölkov – Blohm）公司制造的航天器，并建造对航天器进行操作和控制、分发数据的地面设施。NASA 提供运载火箭，对航天器的跟踪和早期操作进行支持，并对德国工作人员进行培训。航天器上的科学仪器由两国共同开发。在 1969 年 6 月由 NASA 和德国联邦研究与技术部（BMBF）共同签署的谅解备忘录中规定，德国将提供项目总经费 2.6 亿美元中的 1.8 亿美元[364 – 368]。

太阳神号航天器将进入近日点为 0.30 AU、周期约 180 天的太阳轨道，其标称任务为维持运行 3 种轨道，以便利用无线电波对不少于 7 个行星合日期间的日冕进行研究。其主要目标为：测量接近太阳位置太阳风的相关参数和磁场；研究太阳风的不连续性和冲击现象；研究等离子体振荡；测量太阳和银河系宇宙射线流随着与太阳距离的减小的变化；研究宇宙尘埃流量、动力学和组成等。航天器上共配备了 10 个科学仪器。黄道光探测仪由 3 个带有直径 4 cm 的光学照明光度计的望远镜组成，以监测黄道纬度 16°～90° 范围的黄道光。两个用来测量行星际尘埃颗粒质量和速度的微流星分析仪略有不同：一个在黄道平面附近进行扫描，另一个进行包含黄极在内的锥形扫描。对于更大的颗粒，由质谱仪对其成分进行测量。等离子分析仪则对带电粒子的到达方向和能量谱进行记录。3 个磁强计中，德国科研人员开发制作了感应式磁强计和磁通门磁强计；第 3 个三轴磁通门磁强计是美国 NASA 戈达德航天中心和意大利各高校及科研院所的一个合作项目。该项目由 NASA 和意大利国家研究中心联合主办，是 1962 年双方在包括先锋号太阳探测器等富有成效合作的延续。等离子体和无线电波实验利用一对总长为 32 m 的偶极天线来探测太阳风等离子体无线电噪声。科学载荷套件由两个宇宙射线望远镜组成，分别为 X 射线监测仪和低能量宇宙射线探测仪。航天器上并没有配备对太阳观测的光学仪器，因为与地球轨道卫星观测相比，尽管光学仪器的分辨率性能略有提高，但要遭受更恶劣的热负荷[369 – 377]。

"线轴形"的太阳神 1 号即将被封闭在大力神 Ⅲ E – 半人马座运载火箭的整流罩中。整个探测器表面布满镜子,以尽可能多地反射太阳的热能

　　航天器研制过程中,对多种姿态控制设计方案进行了审议,其中包括三轴稳定、自旋稳定及综合考虑不同数量移动机构的混合解决方案。但最终决定太阳神号航天器采用自旋稳定的姿态控制方式,航天器的一个天线将以航天器的自旋速率进行反向旋转,以保持天线波束始终指向地球[378]。太阳神号航天器的 16 面"线轴形"结构包括一个内部装有电子设备、配件和仪器的短而粗的圆柱结构和一个用于姿态控制的球形氮气贮箱,此外还包括锥形裙状的顶部和底部结构。航天器的结构主体高 2 m,最大直径为 2.7 m。由于太阳神号在近日点将遭受到特别严重的太阳热辐射,大约为近地热辐射的 11 倍,而且比水手 10 号在近日点承受的热辐射还要高出 2 倍,因此热控制是航天器设计的一个尤为重要的问题。这个问题可通过在裙状结构外表面太阳能电池片之间安装背面镀银的太阳板玻璃镜来解决,玻璃镜具有较高的反射率。通过计算,确定太阳能电池片与玻璃镜的混合比例为 50:50 时,可保证其最大温度不会超过 150℃,同时能够产生足够的功率。利用百叶窗的设计确保了设备支架的热控制,使航天器在轨期间可以保持基本恒温的状态。悬臂上安装了 20 W 通信系统的高增益柱形消旋天线和中增益天线,悬臂向顶部轴向伸出,使得整个探测器的高度增加到 3.79 m。此外,悬臂上还安装有全向天线和感应式磁强计。航天器和运载火箭之间匹配的锥形对接环装在裙体的下部。一对悬臂铰接在主体结构的圆柱段上,其上安装有两个磁通门磁强计和用于等离子体无线电试验的两个偶极天线。航天器将在黄道面上飞行,为了保持稳定性,它将围绕垂直于其轨道的轴线以 60 rpm 的转速进行自旋。航天器将由太阳敏感器完成姿态确定,并通过

氮气推力器控制姿态[379]。太阳神号传回数据的速率范围为 8 ~ 4 096 bps，最高速率为其飞行至近日点，进行多方面测量任务时使用；航天器的对地通信将由美国深空网的 64 m 天线和德国斯伯格 100 m 射电望远镜共同提供支持。

尽管形式上是美国与德国之间的合作项目，但是比利时、荷兰、英国和法国的公司都参与其中，意大利和澳大利亚的科学家也参与了一些科学仪器的开发和研究工作，都获得了深空任务的宝贵经验。同时，由于航天器早期的热试验、振动试验和其他必要的试验都是在荷兰的欧洲航天技术中心（ESRO）进行的，因此也给 ESRO 带来了非常宝贵的经验[380 - 381]。JPL 对太阳神的第一次任务在近日点 0.3 AU 处的热负荷进行了模拟，德国对第二次任务在 0.25 AU 处的红外载荷进行了模拟。

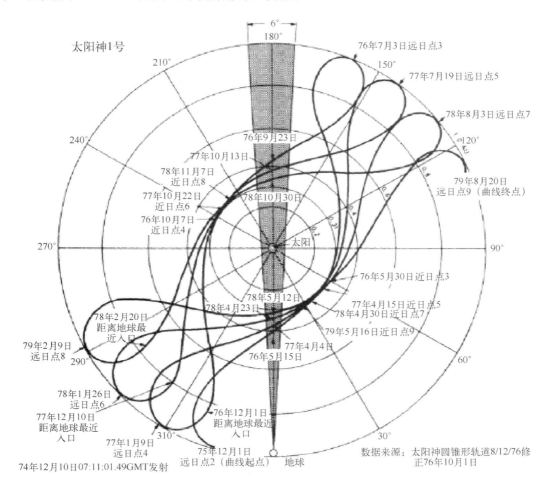

太阳神 1 号相对于地球于 1975 年 12 月—1979 年 8 月的轨道，其阴影部分表示合日发生的轨道（重印自 '10 Jahre Helios/10 Years Helios' – 版权 DLR 所有）

相比原计划唯一的重大改变发生在 1970 年，太阳神号任务原本打算使用宇宙神 – 半人马座运载火箭发射，但是由于飞往火星及外太阳系的海盗号任务需要使用新运载——大力神ⅢE-半人马座运载火箭，所以 NASA 提议将太阳神号作为新运载的先期发射试验任务，以增加成本更高的海盗号航天器成功发射的机会。作为太阳神号承担发射风险的回报，其质量可由原来的 254 kg 增至 370 kg[382-383]。1974 年 2 月 11 日，新运载火箭进行了第一次飞行，并利用仪器对放置有效载荷的位置所承受的动态负载进行了测量，然而任务由于半人马座火箭未正常工作而失败。如果同年晚些时候的太阳神号发射任务不成功，NASA 将面临是否冒险于 1975 年发射海盗号或错过当年发射窗口的窘境。

幸运的是，1974 年 12 月 10 日，太阳神 1 号成功发射，在停泊轨道停留 22 分钟后，半人马座火箭和固态助推上面级火箭依次点火，将航天器送入近日点 0.307 AU、远日点 0.985 AU 的目标轨道，轨道周期为 190 天。器箭分离后，半人马座火箭又进行了两次点火，以便工程师们对空间低温推进剂长期存储技术进行研究。这两次轨道机动使航天器脱离地球轨道，成功进入了太阳轨道[384-385]。太阳神 1 号在进行空间机构展开时，出现了一些小故障。首先，其中一个偶极天线没有展开，这限制了等离子体无线电试验中低频波段的接收能力。高增益天线展开后，发现其与粒子分析仪和无线电接收机之间存在干涉，这意味着高增益天线的传输功率将比预期低，同时分配给此任务的地面 26 m 天线将不足以支持太阳神 1 号的通信服务，需要使用更大的天线与航天器通信。除此之外，还有磁强计的热控及个别科学仪器与数据管理系统之间的相互干扰等问题。1975 年 2 月 18 日，太阳神 1 号从地球和太阳之间穿过，并于 3 月 15 日(水手 10 号飞掠水星的前一天)以 66 km/s 的相对速度到达其第一个近日点。在距日心 4 600 万千米时，航天器上许多部件温度升至 100℃，太阳能电池片温度更是高达 127℃，但探测器仍然得以毫发无损地幸存下来，而且高增益天线也对自身出现的问题进行了矫正。从 4 月 27 日—5 月 15 日，随着越来越接近太阳，航天器的跟踪出现了 20 天的间断期。6 月 17 日航天器飞至其第一个远日点。尽管远日点只有 1AU，但是此时航天器离地球远达 3 亿千米。从 8 月 29 日—9 月 1 日的短期太阳掩星现象后，航天器于 9 月 21 日到达了第二个近日点，在此期间太阳能电池的温度第二次升高，最高达到了 132℃，热应力、辐射应力引起了材料性能的恶化[386-388]。

同时，太阳神 2 号探测器正处于研制阶段。基于太阳神 1 号飞行任务最初几个月的经验，改进了太阳神 2 号的姿控推力器，并对高增益天线的馈源和偶极天线的展开系统进行了修改。此外，对 X 射线检测器进行了改进，使其可检测到能够触发维拉(Vela)军用卫星的伽玛射线能量，该卫星由美国国防部发射，位于地球轨道，用于监督核爆炸。利用三角测量法，通过太阳神 2 号和维拉军用卫星对伽玛射线爆发源进行追踪[389]。最后，由于太阳神 2 号比 1 号任务更接近太阳，因此对航天器的热屏蔽进行加强，使其可承受的太阳热量增加了 15%。太阳神 2 号原计划于 1975 年 12 月 8 日发射，与 1 号任务进入类似的轨道，但是由于 9 月海盗 2 号发射时损坏了发射平台，因此太阳神 2 号发射任务不得不推迟。由于 1976 年夏天美国深空网将全力投入海盗号的着陆任务，届时将无法跟踪太阳神 2 号对近日点的探测，因此任务变得更加紧迫。由此决定如果无法在 1976 年 2 月底前发射，那就只能将航天器存储于洁净室等待海盗号任务的空挡[390-392]；最终，太阳神 2 号于 1976 年 1 月 15 日成功发射，进入近日点 0.280 AU、远日点 0.995 AU 的目标轨道，轨道周期为

186 天。器箭分离后，半人马座上面级如前次任务一样进行了工程试验，包括史无前例的超过 5 小时内的 5 次点火试验，使其停留在近地的太阳轨道上[393]。本次航天器发射后的飞行操作由位于慕尼黑的德国航天中心进行控制。太阳神 2 号的自旋轴指向黄道南极，与太阳神 1 号相反，目的是使流星探测仪等仪器能够覆盖整个天球。尽管太阳神 2 号的发射条件大大优于太阳神 1 号，但是太阳神 1 号任务中曾出现故障的通信系统组件于 3 个月后在太阳神 2 号航天器上发生同样故障。4 月 17 日，太阳神 2 号以 70 km/s 的相对速度（当时航天器达到的最高相对速度）通过第一个近日点，由于更接近太阳，它比太阳神 1 号所承受的温度还要高 20℃，由此造成了其旋转推力器过热。

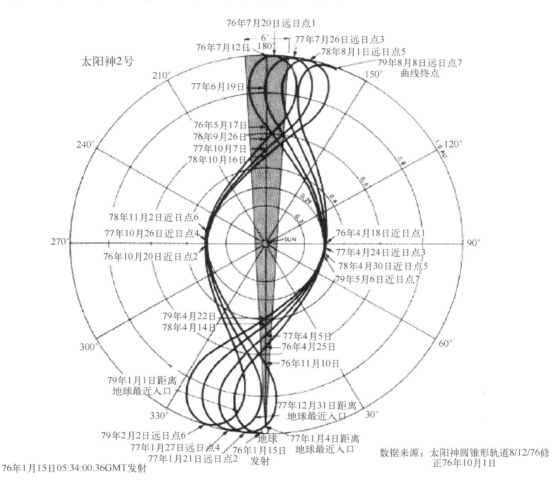

太阳神 2 号相对于地球从发射到 1979 年 8 月的轨道，其阴影部分表示合日发生的轨道（重印自 '10 Jahre Helios/10 Years Helios' – 版权 DLR 所有）

　　虽然这些任务的结果并没有像同时代的行星探测器那样吸引公众注意，但是获得了太阳活动 11 年周期中最低点（1976 年）和最高点（20 世纪 80 年代初）的良好环境数据，尤其是对太阳风的产生和加速机制、行星际介质和宇宙射线提供了大量科研数据。尽管太阳神

1 号的滤光轮电机在服役两年左右就发生了卡死的故障，但是它在离太阳 0.1 ~ 1 AU 的距离，利用黄道光探测仪对行星际尘埃的空间分布、颜色、偏振等特性进探测。太阳神 2 号任务中由于贮箱过热，出现了气体泄漏，所有的氮气都不得不被排放掉。科学小组利用排气来调整航天器的自转轴，使其垂直于行星际尘埃的对称平面，后续观察证明，尘埃受引力的影响比电磁力的影响更大，相比太阳自转赤道面，其对称面更接近于行星轨道的平均平面。太阳神 1 号上的传感器在非常接近太阳时检测到了行星际尘埃，表明太阳热能在距其 0.09 AU 处没有将尘埃耗尽。

太阳神任务通过对 1976 年返回太阳的大彗星威斯特(C/1975V1 West)及 1978 年 11 月的彗星迈耶(C/1978H1 Meier)的尘埃尾和离子尾的观测，对彗星天文学的研究做出了特殊的贡献。此外，在 1980 年 2 月，当太阳神 2 号在 0.15 AU 的距离掠过彗星布雷德菲尔德(C/1979Y1 Bradfield)"正面"的时候，发现彗尾受到了太阳风的扰动并且随后发生了中断现象。日冕结构在其光辉的映衬下变得很明显。在彗尾背景的影响下，难以分辨出流星群。太阳神 1 号的长寿命意味着其黄道光监视任务贯穿了整个太阳活动周期[394-402]。流星探测仪记录了几百次的撞击，在太阳附近的撞击率是地球附近的 10 倍。黄道敏感器和极区敏感器探测到了不同种类的粒子。黄道敏感器探测到的大部分粒子是那些环绕着太阳被航天器追上的粒子，然而极区敏感器也探测到了那些追上探测器的粒子，甚至有些来源于太阳的方向。粒子的速度方向表明大多数粒子不受太阳约束，或者因为粒子以某种方式被加速，或者因为粒子来源于星际之间，仅仅是太阳系的过客而已。粒子的构成类似于石质或者富含铁的陨石[403-404]。

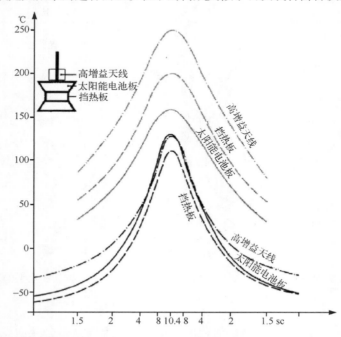

图为太阳神 1 号分别在 1975 年和 1984 年一条完整轨道上记录的温度曲线。横坐标为太阳常数，1 对应的是航天器与太阳之间距离为 1AU，10.4 对应航天器飞至近日点处。(改编自 '10 Jahre Helios/ 10 Years Helios' – 版权 DLR 所有)

等离子分析仪表明高速太阳风和太阳日冕洞的存在有一定的联系，同时还证明，一开始发现的太阳风中的单电离氦，由于其无法存在于日冕中，一定是来自于温度较低的色球层。人们偶然发现，在 1980 年太阳活动峰年期间，从地球看太阳神 1 号的轨道几何关系，航天器好像在太阳的东部和西部边缘徘徊。由此，美国军用卫星太阳风号（P78 - 1 Solwind）观测到在太阳边缘处的日冕物质抛射和太阳耀斑时常在几个小时后会猛烈"撞击"太阳神 1 号，太阳神 1 号这种直接采样的观测方式，对于地球附近的可见光观测来说是一个有益的补充[405]。太阳神号磁强计的测量结果与地球轨道的行星际监视平台（IMP）卫星的观测结果，以及与深空探测任务的先驱者 10 号、先驱者 11 号、旅行者 1 号和旅行者 2 号的观测相互配合，来共同测量距离太阳不同位置磁场的方向。通过对磁场极性的研究，无论是朝向太阳方向还是背向太阳的方向，均随着太阳自转而变化，表明"磁云"与日冕物质抛射有关[406-408]。等离子体和无线电波实验用于探测射电爆发和太阳耀斑产生的冲击波，大部分都在太阳峰值期间进行。两个探测器对无线电噪声源进行了三角测量，但是太阳神 1 号的一副天线展开失败，极大减少了仪器观测的次数。作为补偿，偶尔也会采用与月球轨道的 RAE2 航天器或地球附近的 ISEE3 航天器配合进行三角测量[409-412]。宇宙射线探测器研究了太阳和行星际介质对银河宇宙射线或太阳宇宙射线传播的影响。此外，太阳神号航天器还与其他配备了类似设备的航天器配合，对宇宙射线随着时间和与太阳距离变化而变化的情况进行了研究。特别要提到的是，先驱者 10 号携带的宇宙射线探测器，在 1977—1980 年间，从 12 AU 飞行到 23 AU，给出了一组与太阳神 1 号同期观测具有很好关联性的数据，因此，得到了距离太阳大范围内的宇宙射线梯度变化的精确测定结果[413-414]。太阳神 2 号上的伽玛射线爆发探测器在任务初始的 3 年中，记录了至少 18 次事件，其中某些辐射源的方向能够由地球轨道卫星配合进行三角测量[415]。由于相对于黄道而言，太阳神航天器的轨道倾角较小，它们发射的信号可用于研究太阳掩星时的内日冕。一般通过两种方式进行：1）航天器向地球发射信号，传输信号对日冕进行 1 次穿越；2）信号由地面发送至航天器然后再转发回来，对日冕进行 2 次穿越。这种信号能够"探测"到距离小至 1.7 倍太阳半径的距离，通过穿过太阳的信号研究其密度变化。某些时候，从太阳风号卫星（Solwind）观测的角度来看，太阳神号航天器的遥测链路穿过太阳耀斑和日冕物质抛射，太阳风号卫星得到这些结构中电子的密度和速度数据。不幸的是，太阳神 1 号为该实验服务的应答机在 18 个月后发生了故障。在太阳神号航天器已经完成其主任务后，经常分配给深空网更高级别的任务，但是一旦设备可以使用时，深空网还是会在合日时进行跟踪[416-419]。

在 1980 年 3 月 3 日，太阳神 2 号下行发射机失效。尽管进行了许多恢复通信的努力，但是仍没有收到可识别的信息，在 1981 年 1 月 7 日，地面上行发送了一条关闭探测器的指令，排除未来可能产生的无线干扰，以此方式结束了本次任务。太阳神 1 号仍然处于健康状态，但是仅采用较小的天线以较低的码速率进行跟踪。在第 14 圈轨道初期，性能已经退化的太阳电池阵仅能在近日点附近的几个月内给数据管理系统和发射机供电。到了 1984 年，太阳电池阵的温度达到了 183℃，天线杆上的温度达到了测量传感器的上限

250℃[420-421]。在 1984 年以后，主备两台接收机均发生故障并且高增益天线也不再指向地球。在 1986 年 2 月 10 日，地面收到了来自太阳神 1 号最后的遥测，人们预计航天器即将由于能量不足而自动关闭下行发射机[422-423]。太阳神 2 号仍旧保持着通过近日点最近距离(也是最快)的记录。多种可能的后续任务都在学习太阳神号探测器的构型，包括一个飞掠恩克(Encke)彗星的太阳神 C 探测器和欧洲空间研究组织(ESRO)的名为 SOREL(太阳轨道相对论实验)的任务，在此任务中将发射一个轨道周期为 6 个月的探测器，通过对探测器开展高精度的跟踪测量，以确定一些人们知之甚少的相对论参数值，并辨别不同可选的万有引力理论。然而，这个任务需要开发许多昂贵的新技术[424]。

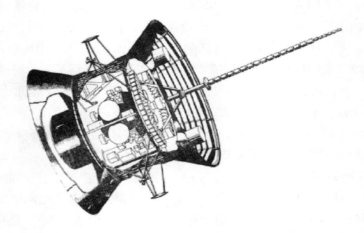

太阳轨道相对论实验(SOREL，Solar Orbiting Relativity Experiment)探测器由 ESRO 提出，通过将太阳神号航天器平台再利用，进行引力和相对论相关实验。中心的球体内装有质量测试块，通过监测其相对于探测器本体位移的变化而得到小于地球引力万亿分之一量级的加速度值。(图片来源：ESA)

3.10　雪球在等待

20 世纪 70 年代初，彗星科学取得了巨大的进步。1970 年 1 月，人类首次从地球大气层之外观测到了多胡 - 佐藤 - 小坂彗星(C/1969T1 Tago - Sato - Kosaka)。通过 NASA 的轨道天文台 2 号(OAO - 2)观测证实，该彗星外部围绕着一层极其稀薄、直径比太阳还大的氢云。3 个月后，在对贝内特彗星(C/1969Y1 Bennett)的观测过程中，也发现了类似的现象。氢云是由水分子在太阳光照射下发生了分解所形成的，从而证明了水是彗星的关键成分。科胡特克彗星(C/1973E1 Kohoutek)的发现也激发了人们对彗星的兴趣，美国天空实验室的航天员对它进行了观测研究。1970 年 4 月 NASA 在亚利桑那大学主办了一场关于彗星及其相关探测任务的会议。同年夏天，美国国家科学院举办了一次会议，推动电推进装置更好地用于行星际探测，并列举了一项彗星任务作为精彩案例。NASA 曾考虑拦截科胡特克彗星，但认识到 20 世纪 70 年代的后 5 年是更为现实的探测时机。

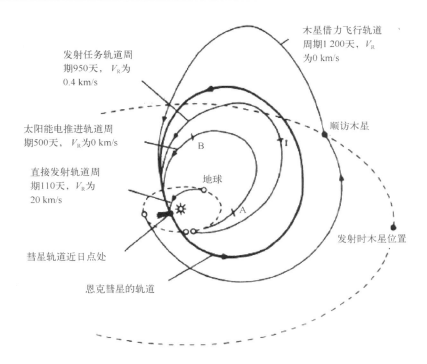

木星借力飞行轨道
周期1 200天，V_R
为0 km/s

发射任务轨道周
期950天，V_R为
0.4 km/s

太阳能电推进轨道周
期500天，V_R为0 km/s

直接发射轨道周
期110天，V_R为
20 km/s

顺访木星

地球

B

A

彗星轨道近日点处

恩克彗星的轨道

发射时木星位置

研究恩克彗星的可选轨道，包括快速飞掠轨道、交会轨道、木星借力轨道及太阳能电推进轨道。（图片来源：David W. Hughes）

　　1971 年 JPL 完成了一项内部研究，研究了在 1976 年发射基于水手探测平台的航天器来拦截达雷斯特彗星（16 P/d'Arrest）任务的可行性，届时彗星距离地球 0.18 AU。但是NASA 认为飞掠探测所获取的数据不值得耗费高昂的经费。1971 年下旬，戈达德航天中心认识到使用水手探测平台的成本过高，被资助的机会不大，于是又提出了通过安装轨控发动机和高增益消旋天线等手段，使已用于多颗探险者系列卫星的星际监测平台（Monitoring Platform）可用于彗星探索任务。新的彗星探险者任务计划于 1976 年 11 月发射，并于 1977年 4 月与格里格 – 斯克杰利厄普彗星（26 P/Grigg – Skjellerup）相遇，此时是一个绝佳的机会，因为彗星正好接近近日点，距离地球约为 0.2 AU。在接近过程中，探测器可以对彗星与太阳风之间的相互影响、彗星的灰尘环境和化学组成进行探测。彗核成像不是任务的首要目标。航天动力学专家罗伯特·法库尔指出，通过对彗星探险者任务的轨道设计，可使其在与彗星交会成功 1 年后返回地球，并且如果为探测器配备固体燃料火箭，其返回过程可进入地球高轨轨道，对磁层的未知区域进行研究。NASA 的彗星和小行星科学工作小组收到此方案后，积极地表示支持。虽然在前期经费资助下进行了彗星探险者任务的初步研制工作，但在 1973 年 2 月，由于预算限制不得已中止了此项任务。但是，这并不意味着彗星探测任务的终止。同月，法库尔提出可将原任务中把探测器送回地球轨道的火箭用于实现 1979 年探测器与另一颗彗星——贾科比尼 – 津纳彗星（21P/Giacobini – Zinner）的飞掠。最终，彗星和小行星科学工作小组同意重新考虑这项与彗星"双邂逅"的任务。

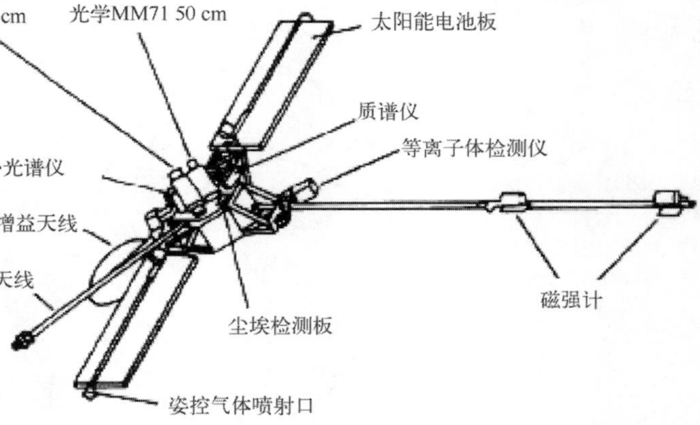

成像系统

光学MVM73 150 cm　　光学MM71 50 cm　　太阳能电池板

质谱仪

等离子体检测仪

紫外光谱仪

高增益天线

低增益天线

尘埃检测板

磁强计

姿控气体喷射口

基于水手 10 号的探测器对恩克彗星进行科学研究的提案

　　另一项提议是通过改造先驱者号木星探测器使其适应彗星任务需求，但是改造后的航天器与上述的彗星探险者号均为自旋稳定航天器，对成像系统的安装造成了很大困难。因此这两种方案中，彗星成像都不可能被列为任务目标。作为稳定平台成像技术的专业团队，JPL 提出可于 1980 年开展对恩克彗星的探测任务，通过使用太阳能电推进系统可逐渐调整航天器的轨道，以减小其与恩克彗星交会时的相对速度，使其小于 4 km/s，这样可进行一次较缓慢的飞掠，为一次时间比较充裕的彗星科学研究提供便利条件。在此任务先导下，涌现了一些更为雄心勃勃的任务，例如 1984 年对恩克彗星"编队飞行"任务和 1986 年哈雷彗星探测任务等。探测器有 6 种现成的仪器可选，仪器种类涵盖了水手 9 号曾使用过的窄角相机和阿波罗探月任务中应用的等离子传感器等。JPL 希望使用已在空间电火箭试验二号卫星(SERT – 2)上得以成功验证的离子推力器，该推力器由刘易斯研究中心(Lewis Research Center)制造。使用离子推力器需评估其对等离子探测仪和磁强计等设备影响程度，以及积聚的离子流是否会使太阳能电池板、光学仪器和天线的性能下降。1973 年 10 月，NASA 再次因为预算限制原因，停止了对彗星任务的支持[425 – 429]。

　　欧洲也对彗星探测器进行了研究。德国 MBB 公司提议通过对太阳神 C 航天器的轨控发动机和相机进行调整，使其满足 1980 年对恩克彗星进行 100 km 范围内的飞掠探测要求。该任务不仅可以继承其两个太阳神姊妹探测器对太阳活动峰年的观测，还可以对彗星环境进行研究。此外，由于太阳神系列航天器的轨道周期为恩克彗星轨道的 1/6，因此探测器希望于 1984 年当恩克彗星运行至近日点时，再次与彗星交会。该方案于 1974 年提交给 ESRO，但由于其成本过高被否决；而德国科学研究部长也对德国独自开发该任务的可能性表示了否定[430 – 434]。

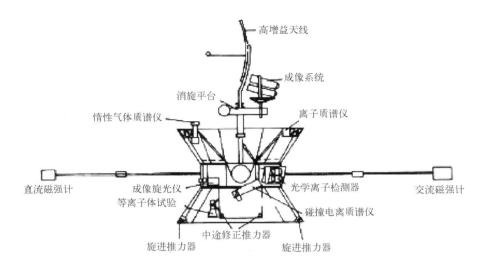

利用太阳神 C 研究恩克彗星的提案（图片来源：David W. Hughes）

3.11　来自地狱的明信片

苏联跳过 1973 年金星任务的发射窗口后，于 1975 年推出了第三代航天器，命名为 4V－1。其是在 M－71 和 M－73 探测器的基础上改造而成的，将采用四级质子号火箭发射。4V－1 探测器的底部是一个直径为 2.35 m、围绕一个 KTDU－425A 发动机的环形贮箱；发动机上部是一个直径 1.1 m 的增压圆柱体（与之前金星探测器相比，直径变窄为 1.8 m，长度也比之前探测器短 1 m），可容纳另一只贮箱和其他各类系统。变推力发动机推力范围在 9.86～18.89 kN，采用偏二甲肼和四氧化二氮作为推进剂，足以支持其进行 7 次累计 560 秒的点火。轨道器配置有两片太阳能电池板，展开时尺寸均为 1.25 m×2.1 m，这也使得轨道器总长为 6.7 m。两个太阳板之间布有热控散热器和冷却液循环管道，冷却液可流经轨道器；在着陆器释放前，也会同时流经着陆器。轨道器上的高增益抛物面天线比火星探测器略小。螺旋天线负责在着陆器进入金星大气期间及着陆在金星表面后进行通信信号的接收。轨道器的总高度为 2.8 m。到达金星后，第一个任务是释放着陆器，然后轨道器进入金星的环绕轨道。着陆器安装在轨道器顶部直径为 2.4 m 的球形舱内，球形着陆器直径为 1 m，具有一个钛制的耐压舱体、一个可以阻止热量向内部传输的塑料隔热层，以及一个钛制的外壳。着陆器内部温度可通过三水硝酸锂热缓冲器作进一步控制，此晶体在 30℃熔化时可吸收大量的热量。着陆器顶部有一直径为 80 cm、高为 40 cm 的柱形全向天线，柱体内部为降落伞系统，包括一个直径为 2.8 m 的引导伞和直径约为 4.3 m 的主伞。全向天线底部伸出的直径为 2.1 m 的环形"阻力板"可在着陆器进入大气层之后的下降过程中起缓冲和稳定作用，同时还是天线的反射面。环形着陆平台由减震支柱固定在着陆器底部。行星际巡航期间，着陆器壳外的一对"烟囱管"为冷却液循环流动的通道。苏联对新的着陆器进行了大量的试验：通过空投试验测试了其与防热罩的安全脱离性能，利用风洞试验验证了新开发的稳定系统的动力学性能[435-438]。4V - 1 轨道器干重为 2 300 kg，着陆器本体质量为 660 kg，与进入舱一起质量为 1 560 kg。4V - 1 轨道器和着陆器发射总质量约为 5 000 kg。

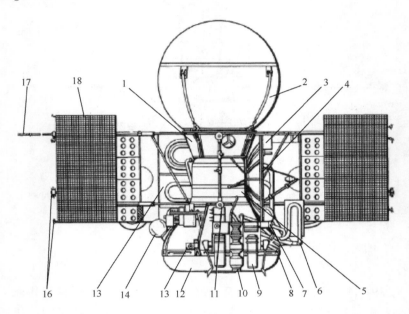

图为1975 年的苏联金星航天器结构图，其与1971 年和1973 年的火星任务使用了相同的平台
1—轨道器平台；2—下降舱；3—科学仪器；4—高增益天线；5—柱形推进剂贮箱；6—热管；7—地球敏感器；8—科学仪器；9—老人星敏感器；10—太阳敏感器；11—全向天线；12—加压仪器舱；13—科学仪器；14—姿控气瓶；15—主热控散热器；16—姿态控制气体喷嘴；17—磁强计；18—太阳电池板

　　为了对金星大气进行光度测量、偏振测量、分光谱测量和红外辐射测量，轨道器上配备有红外光谱仪、红外辐射测量仪、紫外光度计和两只基于火星任务应用的 VPM - 73 旋光计基础上改造的偏振测光计。除了其中一只偏振测光计，其余所有仪器的光轴必须经过校准。当航天器飞至近金点，金星一侧进入视场时，扫描启动；大约 30 分钟后，金星的另一侧离开视场，扫描结束。当航天器在距金星 5 000 km 的近金点处进行测量时，所有测量仪器都必须满足 50 ~ 100 km 分辨率的要求。轨道器上的紫外光度计能够实时测量上层大气密度和温度及氘与氢的比例。此外，红外光谱仪还可以通过搜索辐射谱线证明金星背光面大气光辉的存在。轨道器可通过其上的三轴磁强计、等离子光谱仪、离子能量仪和电子测试仪等科学仪器对金星与太阳风之间的相互作用进行监测[439]。航天器还安装了一个双频无线电掩星观测系统，还可能配备一个线性"推扫"式成像系统(该成像系统与 M - 73 探测器上的类似，增加了对金星大气中紫色可见光和紫外线的过滤)和法国制造的紫外成像光谱仪[440]。

着陆器的有效载荷同样令人印象深刻。在下降期间，着陆器可使用 5 个热线温度计和 6 个气压计对金星大气的温度和压力进行测量，同时通过与大气接触的细管获取大气样本，利用质谱仪分析大气样本的组成[441]。MNV－75 组件的作用是在着陆器下降过程中使用两个浊度计来研究大气特性，以确定大气透明度及云粒子的大小和光学特性[442]。着陆器上的成像系统是一次较大创新，在"阻力板"下面分别放置两个间隔 180°的 10 mm 厚的石英观察窗，下降期间需在观察窗表面覆盖厚重金属进行保护，并在着陆时丢弃金属保护层。金星着陆器上使用的相机与火星着陆器是同一类型，包含一个光度计和一个反射镜，可产生 517 条扫描线；其标称视场角为 40°×180°，在视场内可为光度校准提供灰度目标。然而，由于相机位置距金星表面仅 0.9 m，观测的视线与着陆器纵轴的夹角为 50°，因此探测器旁的地面景物有可能占据大部分的图像视场，在全景图的边缘部分才有可能看到地平线。尽管金星 8 号探测表明，部分阳光可穿过金星大气层，但是着陆器减震支柱上还是固定了探照灯来增加表面的亮度[443]。在与美国看似永无止境的竞争中，苏联希望在美国第一颗火星探测器海盗号着陆火星之前，能够于 1975 年年末获取金星表面的图像，成为世界上第一个从另一个行星表面传回图像的国家。着陆器上配备的简化版伽玛射线光谱仪可通过检测钾、铀、钍等来分析金星表面成分特征[444]。金星表面密度是由安装在短悬臂顶端的密度计测量，密度计内部装有铯－137 伽玛射线源，着陆过程中距星表越来越近，其发出的射线经星表散射，再由位于着陆器下方的 3 个闪烁敏感器接收并测量。为了确保敏感器仅接收反向散射的伽玛射线，着陆环内安装挡板以阻止发射源在直线可视方向的干

图为金星 9 号的模型。右边的两个管子用来在行星际巡航期间对密封的电子设备进行冷却。着陆减震支柱上装有探照灯。（图片来源：Olivier Sanguy/Espace 杂志）

扰。月球 13 号着陆器曾使用过类似的装置来测量月表的密度。伽玛射线源被放置的位置位于其中一个相机的视场内，两个相机既提供了采样测量区域的视图，又可以观测到 2 kg 弹簧式仪器撞击星表产生的效果，其作用类似于一个简易的硬度计[445-446]。着陆器的科学仪器组件还包括一对安装在器表阻力板上的风速计、太阳能磁通计、测量水蒸气和二氧化碳相对含量的光度计及记录下降和撞击过程动态变化的加速度计[447-449]。

1975 年 6 月 8 日和 6 月 14 日苏联相继发射了两个 4V-1 航天器，分别为金星 9 号和金星 10 号。其中，金星 9 号的发射总质量为 4 936 kg，而金星 10 号的发射总质量比前者略重一些，为 5 033 kg。二者质量不同的原因是后者的轨道器更重，分别为 2 283 kg 和 2 314 kg。此外，二者所携带的燃料质量不同。金星 9 号共携带燃料 1 093 kg，而由于金星 10 号需要稍长的变轨点火时间，因此其携带的燃料为 1 159 kg。两只探测器都被送到了介于 0.72~1.02 AU 之间的转移轨道，各需要进行两次中途修正(分别为 6 月 16 日和 10 月 15 日，以及 6 月 21 日和 10 月 18 日)，才能到达金星的向光面[450]。

ВЕНЕРА-9 ОбРАбОТАННОЕ ИЗОбРАЖЕНИЕ

图为金星 9 号拍摄的金星表面 180°全景照片。由于金星 9 号与金星 10 号传回的相机数据受到其他遥测数据干扰，原始图片中都能看到一些垂直的噪声带，所幸探测器工作时间够长足以支持下一次的全景拍摄，因此可通过重叠扫描的修补方式去掉这些噪声带，再对其他情况做一些"修饰"处理。图中右边的 T 型物体为着陆器上的伽玛射线密度计。(图片来源：Donald P. Mitchell 和 Yuri Gektin)

当金星 9 号接近目标时，其热控系统使着陆器冷却到 -10℃，电池被充电。10 月 20 日，轨道器释放着陆器后进行轨道机动以绕过金星的背光面，轨道器与星表距离最近可达 1 500 km。10 月 22 日，当运行到距离金星最近点时，轨道器进行一次长时间点火，使其相对太阳的速度减少了 922.7 m/s，进入远金点为 111 700 km 的金星轨道，从而成为金星的第一颗人造卫星。同时，着陆器与其之前探测器的下降过程并不相同，它于 UTC 时间 3 时 58 分进入大气层，沿着一条与水平面成 20.5°夹角的轨迹飞行，时速 10.7 km/s。着陆器本身与地球并无直接通信的机会，但是随着轨道器在向光面高度逐渐升高，可以接收到着陆器的信号。探测器进入大气后，从 100 km 降至 63 km 的过程中每秒测量两次加速度，在距离金星表面 63 km 时，速度减至 250 m/s，上部的防热罩被抛掉，之后打开降落伞。当着陆器下部的防热罩也被抛掉时，温度计、气压计和浊度计开始工作。在降落伞释放后，着陆器剩余部分下降至金星表面；在 UTC 时间 5 时 13 分，进入大气层约 75 分钟后，着陆器以 7~8 m/s 的垂直速度着陆在 31.01°N、291.64°E 的 β 区，降落地点的坡度约 15~30°，落点高度高出金星半径平均值约 2.1 km[451-452]。光度计对着陆撞击引起的尘埃进行了检测。然而，着陆器上携带的两个相机，由于其中一个相机盖未能成功打开，因此原计划的 360° 全景照片只传回了其中完好的 180° 的部分。与以往坚持对外保密的态度不同，此次苏联的科学家透露，着陆器所携带的两台相机中，第二台相机的数据不如第一台那么好[453]。光照条件比预期的要好得多，亮度达到了约 15 000 lux（或如阿诺德谢利瓦诺夫所述，"如六月莫斯科多云的日子一般明亮"），这表明着陆器上配备探照灯是多余的。尽管本次金星表面探测任务的预期寿命为 30 分钟，但是在着陆 53 分钟后，轨道器飞过它的地平线以下时，着陆器仍在发送信号。

金星 10 号与金星 9 号的飞行过程类似：10 月 23 日释放着陆器，10 月 25 日减速976. 5 m/s，成功变轨，进入 1 500 ～ 114 000 km 的金星环绕轨道。当天 UTC 时间 4 时02 分，着陆器进入金星大气层，UTC 时间 5 时 17 分，着陆器成功着陆，着陆点位于15. 42°N、291. 51°E 略有起伏的 β 区平原，距离金星 9 号约 2 200 km，高出金星平均半径1. 5 km[454 - 455]。值得注意的是，其中一个相机的镜头盖又一次卡住了！着陆后 65 分钟，当轨道器飞过地平线以下时，着陆器仍在工作。

金星 9 号和金星 10 号的着陆器通过测量均获得了有价值的金星温度和压力的分布数据，结果表明金星上空 50 ～ 63 km 高度之间，白天比夜晚温度高 30℃。金星 9 号测得在大气压力为 85 000 hPa 时的金星表面温度为 455℃；与其测试结果类似，金星 10 号测得在大气压力 91 000 hPa 时的金星表面温度为 464℃。着陆器上的质谱仪对金星大气的成分进行分析，对氨气和氩气的上限进行了详细测定，获得了宝贵的数据。遗憾的是，该仪器并不具备对含硫分子（如硫酸等）进行检测的功能。着陆器自 62 km 下降至 18 km 的过程中，浊度计对金星大气和云层的光学特性进行了测量。主云层一直向下延伸至高度约 49 km 处，并且在高度为 53 ～ 51 km 之间时，其水平能见度最小，为 0. 7 ～ 1. 5 km。该仪器还对云层中液滴的大小进行了测量[456]。伽玛射线光谱仪通过测量金星表面的钾、铀、钍的成分含量，证明了金星 9 号、金星 10 号与金星 8 号着陆点的岩石种类显著不同，两个新的着陆点附近的岩石与地球上的玄武岩成分相似。距离金星表面高度为 1 m 的风速测量值分别为0. 5 m/s（金星 9 号测得）和 1 m/s（金星 10 号测得），而且至少在高度为 30 ～ 40 m 时的风速与其相比基本不变，说明了金星表面大气基本处于停滞状态。幸运地出现在着陆器相机半个视场中的两个密度计，分别对两个着陆点的金星表面密度进行了测量，金星 10 号的密度测量结果显示其着陆点附近的土壤相对年轻，并未受到严重的侵蚀；但是金星 9 号的测量结果并没有对外公布[457 - 460]。显然，这两次成功着陆的最大成果就是获得的照片。尽管如上文所述，着陆器的两台相机中只有一台能正常使用，但是其在金星表面的延长工作期内，通过重复拍照传回数据，可恢复首次扫描图像的空白间隙。金星 9 号着陆的斜坡上散落着棱角锋利的深色板状岩石，岩石之间分布着颜色更深的土壤。还有一些更小的岩石碎片，有可能是密度计在与金星表面撞击时击碎了一块岩石造成的。金星 10 号着陆点位于一块较为平坦的区域，分散着一大片露出表面的不规则断裂岩层，岩石周围分布着与金星 9 号着陆区域类似的深色土壤。近处区域颜色较深的原因可能是稠密大气层中的灰尘在着陆瞬间扬起而后又沉淀引起的，而着陆 13 分钟后才通过全景相机对着陆区域进行了拍摄[461 - 464]。

ВЕНЕРА-10 ОбРАбОТАННОЕ ИЗОбРАЖЕНИЕ

图为金星 10 号拍摄的金星表面 180°全景照片。可以看出，其着陆位置比金星 9 号着陆位置的岩石更少，也更平坦。照片中间发亮的物体是被抛出的相机镜头盖。（图片来源：Donald P. Mitchell 和 Yuri Gektin）

　　金星 9 号和金星 10 号的轨道器在完成与着陆器中继传输任务后，修正了它们的轨道。金星 9 号通过第一次轨道机动进入 1 300 km × 112 200 km 轨道，然后又进入 1 547 km × 112 141 km 的目标轨道，其轨道倾角为 34.15°，周期为 48 小时 18 分钟。金星 10 号通过变轨进入 1 651 km × 113 923 km 的轨道，轨道倾角为 29.10°，周期为 49 小时 23 分钟[465]。每一次运行至近金点时，红外光谱仪采集光谱数据以便研究二氧化碳浓度随着纬度、与日下点距离等因素变化的情况；紫外光度计记录亮度分布，可用于分析云层顶端的速度和结构；红外辐射计对云层结构进行了测量，获取的数据比水手号探测器飞掠所得的信息更加详细。此外，红外辐射计所测得的一些特征与紫外光度计观测的特征具有一定关联性，表明金星云层的对流区域宽达 1 500 km[466]。偏振测光计对云层中微粒大小进行了测量。金星 9 号的线性"推扫"式成像系统在 10 月 26 日—12 月 25 日之间一共进行了 17 次扫描成像，但是所得数据没有对外公布[467]。根据 1969 年着陆器的记录，金星 9 号发现了金星云层中闪电和雷暴的迹象。事实上，在金星 9 号第一次飞行至近金点时，其中的一台光谱仪就检测到了背光面微弱的光辉；4 天后，再一次检测到了闪光，可能是由金星云层之间放电造成闪电所引起的[468]。等离子探测仪对金星弓形激波的位置和厚度进行了精确的测量；此外，还对金星背光面等离子体的特性进行了研究。磁强计测量到金星的最大磁矩是地球的 1/4 000[469-470]。1975 年 10 月—12 月，以及 1976 年 3 月一共进行了 50 次无线电掩星观测。在掩星过程中，轨道器一般夜晚消失，白天又重新出现；并且在一个较宽的太阳角度范围内，对金星的温度和压力分布进行了数据记录。此外，掩星观测还提供了昼夜半球的电子密度分布。利用双基地雷达测试方法，即轨道器对金星表面发射无线电波束，其反射波由苏联的天文射电望远镜接收并记录，对此数据分析后可推断出金星表面的介电特性、密度及粗糙度等。科学家们根据金星地表的岩石坚固程度，对金星表面纹理结构从坚固到疏松进行了分类。整体的反射率为大范围地貌研究提供了依据，然而这种技术的使用存在一定的几何约束条件，仅能映射出一小片区域，区域跨度仅为几平方度。虽然金星的一些山脉由于具有较高的反射率可被准确定位，但整个行星表面平均来看比月球的月海部分要平坦。金星 9 号任务被宣告于 1976 年 3 月 22 日结束，而同年 4 月—6 月，金星 10 号穿过"金星合日"期间，其与太阳最小夹角仅为 0.6°，对日冕中无线电波传输的数据进行了采集[471]。

图为金星 9 号轨道器拍摄的金星紫外云层的罕见照片。金星 9 号轨道器所拍照片几乎没有对外公布，而金星 10 号则对外宣称并没有携带照相机

3.12　着陆乌托邦

1967 年 9 月，在旅行者号火星着陆器任务被取消之后不久，NASA 召开了一次由所有曾经参与旅行者号研制任务的各领域中心出席的会议。会议上形成了共识：旅行者号火星着陆器任务被取消是因为项目预算失控，而不是失去对火星着陆任务的兴趣。几个月后，随着发射无人月球探测器的计划逐渐结束，以及没有在 1969 年之后获得经费支持的行星探测任务，NASA 开始为 20 世纪 70 年代的新计划征集提议书。这是 NASA 第二次较大幅度地修改行星探测计划，第一次是在 20 世纪 60 年代，水手号 A 和 B 任务由于半人马座上面级研发进度缓慢而无法按计划发射。另一方面，这次变动为制定一个更大的规划提供了机遇，但是此时 JPL 遇到了对手。NASA 的兰利研究中心在 1967 年完成了勘察阿波罗任务候选着陆点的计划。与此同时，作为 NASA 中进入大气飞行器动力学方面的领军机构，兰利对使用小型硬着陆探测器在下降到火星表面过程中对火星大气进行测量的计划进行了研究。该计划拟利用 1971 年最有利的发射窗口，由一个飞掠探测器负责着陆探测器与地球之间的中继通信。这次研究获得的专业设计经验使兰利成为研制旅行者号火星着陆器防热罩的不二选择。

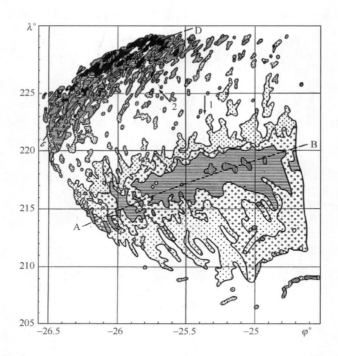

金星 9 号和金星 10 号利用双基地雷达方法绘制的部分金星表面雷达图。(重印于 Kolosov, M. A., Savich, N. A., Yakolev, O. L., "Spacecraft Radiophysical Investigations of the Sun and Planets". In Kotelnikov, V. A. (ed.), "Problems of Modern Radio Engineering and Electronics, Moscow", Nauka, 1985, 64 – 102)

海盗号探测器接近火星的艺术想象图。着陆器位于探测器顶部的生物隔离壳体中

　　此次变动的结果是 NASA 让 JPL 研制一个水手号火星轨道器于 1971 年发射，而让兰利研制一个由轨道器和着陆器组成的探测器于 1973 年发射（虽然轨道器很有可能是由 JPL 研制），并且严格规定项目耗资必须要比旅行者号大幅减少。鉴于宇宙神－半人马座运载火箭无法同时发射轨道器和着陆器，刘易斯研究中心被指定监督探测器与大力神－ⅢE 运载火箭的集成。1971 年所发射轨道器的任务是获取火星影像图供着陆点选取使用。1968 年底，轨道器/着陆器任务被命名为海盗号，以同旅行者号区分开来。到了 1969 年底，这个任务的耗资已经由乐观估计的 4 亿美元猛增到至少 7 亿 5 千万美元。由于当时 NASA 的经费预算紧随第一次阿波罗的月球着陆而缩减，NASA 为了缩减后续几年的经费需求而猛然做出三项决定：1）不再建造土星五号运载火箭；2）余下的阿波罗任务之间的间隔变长；3）海盗号任务将推迟至 1975 年。事实上 1975 年的火星发射窗口比 1973 年的发射窗口要差，意味着海盗号需要更加强劲的运载火箭和更长的行星际巡航时间，而这将延长火星轨道进入机动所需的推进剂在贮箱中保持增压状态的时间。虽然在当时并不明显，但是两年的延期实际上是一件好事，因为任务研制过程中遇到了非常多的问题，无论如何都无法赶上 1973 年的发射窗口。

　　苏联一般的做法是轨道器在接近火星时释放着陆器进行硬着陆，之后在火星表面开展 3 天的探测任务，而与此不同的是，海盗号着陆器将在环火轨道上释放，在火星表面软着陆并工作 90 天。这样的任务剖面要求使探测器的复杂程度大大提高，并且需要使用新型大力神－ⅢE 运载火箭－半人马座上面级发射，但是将着陆器留到进入环火轨道后再分离，可以将实实在在的质量余量分配给轨道器和着陆器，并且使得轨道器可以对一些预定的着陆点进行勘察[472 - 473]。虽然采取了节约成本的措施，但是海盗号还是成为了有史以来最昂贵的行星探测任务。截止到发射时，海盗号的总耗资估计约为 10 亿美元——目前汇率下超过 30 亿美元。

　　虽然 JPL 的海盗号轨道器最大程度地继承了水手号轨道器，但是它"背着"的着陆器的质量还是显著地增加了进入火星轨道所需的推进剂。功率需求的增加导致必须在现有的每个太阳翼上分别增加一节来使其输出功率翻倍，而高增益天线为进行数据中继任务需要扩大尺寸。然而，海盗号轨道器还是保留了水手号轨道器 2.4 m 宽、45.7 cm 高，由宽度为 140 cm 和 56 cm 交替连接面，以及 16 个内部舱组成的八边形构型。在短边的面上安装了 4 对 123 cm×157 cm 的太阳帆板，总发电面积为 15 m^2，位于地球附近时发电功率为 1 400 W，在火星附近减少为 620 W。推进舱通过 4 个连接点安装在轨道器的一边。单台的 1 323 N 发动机使用一甲基肼和二氧化氮作为推进剂，推进剂贮存在一对长 140 cm、直径 91 cm、总容量 1 600 kg 的贮箱内。两组互为备份的 6 个氮气推力器，分布在太阳帆板边缘，用于提供姿态控制。除了一个直径为 147 cm 的高增益天线外，还有一个安装在悬臂顶端的低增益天线，以及一个安装在太阳翼底面的天线，用于在着陆器下降过程和火星表面工作过程与着陆器通信。磁带记录仪可以存储多达 55 张图片并以 4 000 bps 的速率传回地球。专用扫描平台上只安装了 3 台设备。成像系统包括两个相同的焦距为 475 mm 的折反式卡塞格林望远镜和 3 色滤光轮，成像系统的工作方式与光导摄像管摄像机一样。成像系统在近火点拍摄火星表面图像,图像分辨率约为每像素 35 m,目的在于评估标称候选着陆点的可行性,以及在必要时寻找替代着陆点,并且如果需要,当着陆器一旦着陆火星表面后,监控着陆点的情况,为描述火星表面发生的现象提供帮助。当不为着陆器提供支持时,相机的任务是研究火星的地质构造并监测季节变化。在轨道器研制过程中,取消成像系统来为着陆器让出质量的意见被多次提起。还有人建议采用为 1971 年任务研制的更廉价的系统来替代成像系统,尽管这个系统使我们增加对火星的了解仅能带来微不足道帮助。红外光谱仪被用来在低空大气层中寻找水蒸气。包括 7 个探头的红外辐射计被用来扫描大气层的温度,探测表面组成差异并分析极地冰冠的组成。在太阳翼完全展开后,轨道器的跨度达到 9.7 m。发射时,轨道器的总质量(不包括着陆器)为 2 328 kg。在 1975 年 2 月,两个轨道器都转运至发射场,与着陆器和运载火箭的上面级对接。JPL 还设法将经费从 1.24 亿美元缩减至 1.03 亿美元[474-477]。

为了与兰利的一惯做法保持一致,着陆器的硬件部分将由一个承包商制造。几个公司给出了多种设计方案,包括 3 条或 4 条着陆腿,而麦道(McDonnell Douglas)公司提出了一个会在火星表面非常稳定的碟形设计。各个设计方案的争论焦点在于是使用太阳翼还是使用 RTG 为着陆器提供能源,以及是否携带两台全景相机。最终决定使用 3 条着陆腿的设计,这种设计的稳定性已经在 JPL 研制的勘测者系列月球着陆器和兰利研制的阿波罗月球舱的早期试验中(虽然实际的月球舱有 4 条着陆腿)得到了验证。这个使用 3 条着陆腿并使用 RTG 作为长寿命能源的着陆器由丹佛市的马丁·玛丽埃塔(Martin Marietta)公司承制[478]。绝大多数的电子器件和科学仪器安装在六面型的铝钛合金的平台结构中,平台结构为 1.5 m 宽、46 cm 高,边长为 56 cm 或 109 cm。每条短边上安装一条着陆腿,包括一个连接至 A 型框架的主支柱,以及一个可压缩的铝蜂窝缓冲器和直径为 30.5 cm 的足垫。在展开构型下,1.3 m 的着陆腿为平台底面提供了 22 cm 的离地间隙。平台的每条长边上都装有一组用于动力下降的推力器,所有推力器共同使用 85 kg 的肼作为推进剂。为了将排气对火星表面的腐蚀和污染程度降低到最低,每个推力器组均包括 18 个小型的推力器,其推力可在 276~2 840 N 之间调整。在平台的两条长边上装有两个球形的推进剂贮箱,使探测器的总长达到约 3 m。在每个贮箱上装有 4 个用于动力下降过程中滚转方向控制的推力器,每个推力器提供 39 N 的推力。在贮箱旁边装有一对 RTG,其类型与先驱者号外太阳系探测任务使用的 RTG 类型相同。RTG 可以提供最高 70 W 的电能和热能,并可以用可充电电池来辅助提供探测器所需的额外功耗。推进剂贮箱和 RTG 安装在两个近似于锥形的扁而宽的盖子下面。在剩余的一条长边(被称为"前阳台")上安装用来搜集土壤样品的机械臂的防护外壳和执行机构,以及一个铰链连接的桅杆,桅杆携带有内含热线风速仪、温度计和压力传感器的气象学套件。

机械臂实际上是一个由两个截面 Ω 型钢条焊接而成的可折叠悬臂,紧密地压缩在一个小盒子内,但展开后可变成一个 3 m 长的硬管。机械臂有 4 个自由度,可以到达着陆器前方的方位角和俯仰角 120°、总面积 9 m² 范围内的任意位置。机械臂的末端执行机构是一个组成复杂的铲子,它可以旋转 180°,将土壤倾倒至一个漏斗内以转移给科学设备。机械

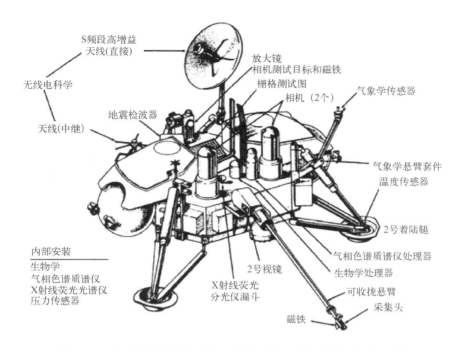

目前为止，海盗号着陆器仍然是在其他天体上着陆的最复杂的探测器

臂本身就是一个探测仪器，它可以测量火星表面的强度、温度，以及土壤和风尘的磁特性。但是，机械臂并不是全自主的，它必须由地球上的控制器进行一步步地指导，并且由于受制于从地球向火星发送指令和接收从火星传回的用于确认指令正常执行图像的较长的时间延迟，所以机械臂的动作必然缓慢又复杂[479-480]。着陆器上配备了一个全向天线接收来自地球的指令，通过万向节安装的 76 cm 直径的高增益天线以 1 000 bps、500 bps 或 250 bps 的码速率与地球直接通信，或者使用 UHF 天线通过轨道器以 4 kbs 或 16 kbs 的码速率与地球进行中继通信。工程数据和星务数据将实时传回地球，但是科学数据尤其是占用大量带宽的图像数据将被存储在磁带上并择机通过轨道器传回地球。着陆器有两台当时最先进的小型化制导、控制计算机，每台计算机的质量是 114.6 kg，由霍尼韦尔（Honeywell）制造。这两台计算机的内存由直径为 0.05 mm 的导线的矩阵组成。内存的研制遇到了比预想中更大的困难，造成了计算机研制进度的滞后，在这种情况下，科研人员采用一种最小容量的传统石墨芯设计作为内存的备份 – 虽然最终并未使用。一个由两部分组成的直径为 3.5 m、前锥角为 140° 的透镜状气动防护罩将在大气进入过程中保护着陆器。着陆器的铝蒙皮外表面覆盖着绝热材料，以起到防热层的作用，而内部是两个球形贮箱，存储 85 kg 的肼推进剂，用于四组、每组 3 个推力器在与轨道器分离后的姿态控制、降轨机动和大气进入阶段姿态控制等方面使用。

　　着陆器的科学探测组件可以检测土壤中的生命迹象和对表面环境进行常规研究。此外，位于防热罩前方的 4 台设备将在进入过程中直接进行大气采样。在距火星表面 250 km 高度处，减速电位分析仪将对太阳风和火星外层大气之间的相互作用进行研究。质谱仪可研究大气组成直到着陆器的高度下降至 100 km。而后随着着陆器高度继续降低,恢复温度传感器和驻点压力传感器采集的数据将便于得到大气温度和压力的分布曲线。加速度计将在下降段的大部分时间记录过载情况。在抛掉防热罩后,着陆器上的传感器将开始监测温度和压力。在火星表面使用的科学设备总质量为 91 kg,而装这些设备的着陆器干重为 576 kg。

两台用来进行立体成像的传真相机安装在着陆器的"前阳台"上,间距 80 cm,距地面高度为 1.3 m。对于苏联的月球和行星着陆器而言,通常采用光电传感器结合一个可作旋转和俯仰运动的镜子来观察周围的场景,可以通过选择不同的光电传感器来获得高分辨率的黑白、近红外或者红、绿、蓝图像,然后通过合成获得彩色图像。由于图像是通过水平旋转装有镜子的圆柱体单元得到的,所以图像的深度是 512 线,通过期望的方位角扫描得到宽度。但是,这种成像方式非常缓慢,获得一幅全彩的全景照片需要大约 30 分钟。除了拍摄外部区域外,相机还可以观察顶板上的许多目标,包括色彩标定芯片、镜片、放大镜和一个用来监测顶板上的风尘沉积的着色的栅格。正如大部分的着陆器设备一样,成像系统的研制经费超出了预算,实际耗资 2 730 万美元,而预算只有 980 万美元。着陆器采用一台由 JPL 为徘徊者号月球任务研制(但没有使用)的三轴电感式地震检波器检测"火星地震",并且如果两个着陆器均安全着陆,那么它们的地震检波器可以三角定位火星地震的震中。

将由机械臂实现土壤物理特性的研究,而土壤的磁特性研究将由着陆器顶板位于相机视场内的磁铁和采样铲上的磁铁完成,并同时配备了刷子来清理磁铁,使得其可以重复观测。土壤的无机化学特性将由一台 X 射线荧光光谱仪进行分析,分析用的土壤样品由顶板上相机之间的漏斗收集。一旦机械臂采集了一份最表层几厘米的土壤样品,采样铲中的样品可以简单地倒入漏斗中。漏斗中的滤网将筛选出尺寸小于 1.3 cm 的样品,而更细小的微粒样品会由采样铲上的 2 mm 的洞进一步筛选。分析室里最多可以容纳 25 cm³ 的样品。样品将被两种放射源照射,而分析被激发出的荧光可以确定样品的主要成分。样品可以倒入一个腔内供反复研究[481]。同时,一台大气色谱质谱仪(GCMS,Gas Chromatograph Mass Spectrometer)将首先分析火星表面上的大气组成,之后对一份土壤样品中除了例如硝酸盐和亚硝酸盐等无机成分进行分析,还可以对很宽分子量范围的有机成分进行研究。在研究过程中,将样品依次加热到 200℃ 和 500℃,每次都让挥发出来的物质通过气相色谱柱,这就可以把不同分子量的分子分离,并进行识别和分析。这是研制过程中最复杂的设备之一,在给定的尺寸和质量指标范围内很难制造。结果表明,最初的 1 780 万美元的预算是不切实际的,而当研制费用达到了 4 100 万美元后,这台设备的研制从 JPL 直接转到了海盗号项目办,之后研制了一个简化的版本。

精密的生物实验室被压缩至体积仅有 0.03 m³。它利用了 20 世纪 60 年代初期为旅行者号着陆器设计的自动生物实验室已完成的工作。机械臂将样品放入生物实验室的入口,之后在入口将指定质量的样品分发至各个科学设备,以供孵化和处理。鉴于大气色谱质谱仪的任务是寻找有机物,生物实验室内的设备将会寻找生物化学活动的证据。当 NASA 请求国家科学院的空间科学委员会协助研究用以确定火星生命是否存在的方法时,斯坦福大学在 1964 年举办了一次夏季研讨会来研究这个课题。在 1965 年 3 月名为"生物学与火星探测"的草案报告中写到："鉴于目前可以获得的一切证据，我们完全有理由相信火星上存在有生物体及原发性的生命。"然而，如果火星上有植物的话，那么肯定也有微生物，而且可能只有微生物，因此所有对生命的探测都应该针对微生物。报告中还指出："我们坚信早期的任务应假设所有火星生命最有可能的基础与地球的碳－水生物化学形式相同。"人们认识到火星生命的存在很难被直接证明。鉴于细胞活动的方式，一个探测生命的方法是寻找细胞繁殖的证据，但是由于细胞繁殖是一个不连续的过程，而且繁殖速率在物种间差异很大，甚至同一物种在不同的环境下繁殖速率差别也很大，所以利用这种方法在一个陌生的环境中探测生命将是非常困难的。由于一个不间断的过程(例如酸度变化或气体演化)可以用多种方法检测，因此新陈代谢是一个更加可测的项目并且更有可能给出明确的结果。这份报告极力建议进行多方面的测试，因为"没有一个单一准则可以完全令人信服，尤其是在解释否定的结果方面"。

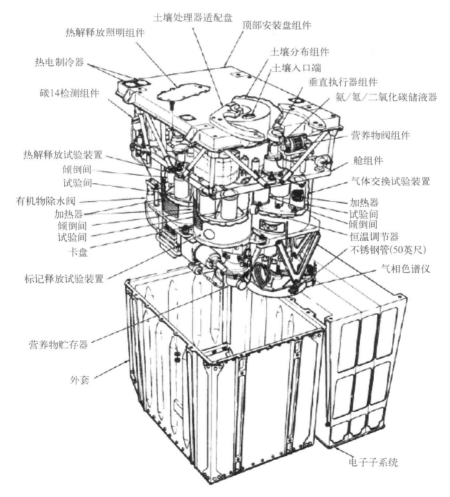

虽然海盗号生物集成包质量为 15 kg、尺寸为 28.75 cm × 33.00 cm × 26.34 cm 且体积仅为 0.025 m³，但 TRW 成功地将 3 个复杂的用来探测火星生命的设备装进了集成包

　　标记释放(LR，Labeled Release)试验装置在格列佛(Gulliver)设备的基础上进行了改进。被放射性元素标记的营养物(例如蚁酸和氨基乙酸)的稀释溶液倒入一个密封的样品内，然后测试样品新陈代谢释放出的放射性的二氧化碳。气体交换(GE，Gas Exchange)试验装置是在加入和不加入营养液两种情况下，分别测试在有水的条件下气体的产生或吸收情况。如果获得了表明生物活动存在的反应结果，那么将对样品进行热杀菌后重新测试，以确认之前获得的反应结果确实是由新陈代谢活动造成的。热解释放(PR，Pyrolytic Release)装置的不同在于，它主要观察光合作用或其他化学过程中有机物的合成过程，而不是分解过程。样品将在照射单元内孵化，照射单元中的环境气体富含放射性的一氧化碳和二氧化碳。将放射性气体释放并将温度升高至 700℃后，检测由于生物合成产生的放射性的碳[482]。各项生物试验拥有共同的电子设备、气体存储器及热控系统，热控系统在外表面温度每天变化的条件下保持孵化室内的温度稳定。最初的生物实验室曾包括第 4 台设备，进行与为旅行者号研制的沃尔夫阱(Wolf Trap)形式类似的水浊度试验，但是最终这台设备由于质量和预算方面的压力而被取消了。即使如此，生物实验室的耗资仍然几乎是最初 5 950 万美元预算的 5 倍。为了不危及生物实验的有效性，并防止地球有机物污染火星，着陆器及气动防护罩均在受控的氮气和高温环境下进行了 40 小时的杀菌处理。为了保证气动防护罩一直维持在无菌状态下，它被两片直径为 3.7 m、厚为 1.9 m 的增压玻璃纤维生物防护罩包裹住，并且一直维持密封状态，直到探测器离开地球前往火星[483-485]。

　　为了测试着陆器的大气进入系统，NASA 使用了苏联初步报告(后来被证明是错误的)的数据，报告中称火星 6 号着陆器已确认火星大气中 30%是氩气。在旅行者号的行星进入降落伞项目(PEPP)飞行后，1972 年夏天海盗号的降落伞系统在新墨西哥州的白沙市进行了一次全尺寸的气球试验[486-491]。之后对着陆器的部件进行了测试，以验证它们到达火星表面经受热环境和压力环境的能力。尽管采取了一系列控制经费的措施，着陆器仍然成为了整个探测器预算超支最严重的一部分，其实际耗资达到了 5.45 亿美元，而最初的预算只有 3.6 亿美元[492]。

　　补充的试验还涉及到大力神ⅢE 运载火箭 - 半人马座上面级。NASA 希望直至航天飞机出现前，大力神ⅢE 运载火箭 - 半人马座上面级成为行星探测使用的标准重型运载火箭。1974 年 2 月 11 日它的首飞采用与海盗号任务相似的轨道，目的是验证运载火箭的适飞性。它搭载了一个小型科学卫星和一个海盗号动力学模拟器，以确定海盗号发射过程中受到的力学载荷条件。大力神运载火箭运行一切正常，包裹着整个半人马座上面级和有效载荷的长整流罩也成功释放，但是半人马座上面级点火失败并坠入了大西洋。然而，1974 年 12 月 10 日大力神ⅢE - 半人马座的第二次发射圆满成功，将太阳神 1 号太阳探测器发射入轨，这次成功为使用其发射海盗号扫清了道路[493]。

　　此时，NASA 行星探测任务的规划者们第一次遇到了曾经在月球计划中对他们造成困扰的难题：着陆点的选择。虽然苏联由于缺少早期任务在火星环绕轨道上拍摄的火星表面的高分辨率图像，而只能把他们的着陆点选择在地球上可见的区域，但是 NASA 可以利用水手 9 号的图像来选择同时满足科学需求和工程约束(如可达性、温度、海拔、无障碍物等)的特定着陆点。当决定采取在环火轨道上释放着陆器的方式，而不是最初的轨道进入机动的方式之后，轨道器在释放着陆器前对候选着陆点进行高分辨率探测成为可能，并且在确定原定着陆点不合适时，可以搜寻新的替代着陆点。同时，水蒸气探测设备将对每个候选着陆点存在生命的可能性进行评估。虽然考虑过让一个着陆器在 65°N 以上靠近北极方向，并且在极地冰盖后退中刚刚露出的地点着陆，但是初步选定的 35 个候选着陆点实际上分布在赤道周围数十度的范围内。虽然地基雷达可以提供比当时最好的图像更精细的火星表面粗糙度的数据，但是基于雷达反射数据的地质学分析仍然处于非常早期的阶段，以至于几乎不能把雷达反射数据同图像中明确的地形地貌类型关联起来。首选和备选着陆点的最终筛选过程非常复杂，使得官方公告延迟了数月才发布。因为在任务执行期间火星北半球是夏天，所以所有选定的着陆点均位于赤道以北，以此增加找到水力驱动过程的可能性。第一个着陆器的首选着陆点是克律塞平原(Chryse Planitia)，其周围的几条"泄水渠"似乎在一个低洼平原中形成了一层沉积物，备选着陆点是妥里通湖(Tritonis Lacus)。第二个着陆器的首选着陆点是塞东尼亚(Cydonia)平原，备选着陆点是亚拔山(Alba Patera)的浅盾地区。如果一切进展顺利，NASA 希望在 1976 年 7 月 4 日，即美国建国两百周年纪念日这一天完成第一次着陆[494]。

　　运载火箭的硬件部分从 1974 年底开始陆续运抵卡纳维拉尔角。第一个着陆器在 1975 年 1 月运至发射场，2 月轨道器紧随其后进场。在进行了完整的单器测试后，着陆器与轨道器对接并重新进行了测试。6 月份完成了着陆器和气动防护罩的清洁、杀菌和检查工作，并确保清洁杀菌的高温环境没有对其产生任何损伤，最终其进行了密封处理。在 7 月 28 日，海盗号 A 探测器与运载火箭完成对接。在 8 月 11 日，当发射倒计时到达 T−15 分钟时，技术人员注意到大力神运载火箭推力控制系统的一个阀门出现了问题并且必须更换。在新的发射倒计时之前，技术人员发现轨道器一直在不停地消耗蓄电池的电能，而且几乎消耗殆尽。由于更换蓄电池是一个耗时较长的过程，NASA 选择用海盗号 B 替换海盗号 A 并继续执行发射任务。这次的发射倒计时过程很顺利，海盗号 B 探测器在 1975 年 8 月 20 日升空。在停泊轨道上进行短暂的巡航后，半人马座上面级点火进行逃逸机动，使海盗 1 号探测器(海盗号 B 现在更名为海盗 1 号)进入奔火轨道。太阳翼展开过程很顺利，星敏感器在第一次尝试时就捕捉到了老人星，之后生物防护罩被抛离。转移轨道位于1.003 ~ 1.672 AU 之间并且将扫过 180°以上到达火星，耗时约 10 ~ 11 个月。这样缓慢的接近过程可以使轨道进入机动所需的推进剂最少。在海盗号 A 与第二发大力神ⅢE 运载火箭－半人马座上面级对接并且转运至发射台之后不久，探测器的测控通信系统出现了问题，导致探测器不得不再一次从运载火箭上卸下。海盗 2 号探测器最终的发射日期是 9 月 9 日，发射时间只比一场将会造成发射推迟的风暴早了几分钟。一台固体燃料助推器点火时造成了发射平台、移动电子设备和仪器设备的严重损坏，而修复过程将会使太阳神 2 号探测器的发射日期推迟一个月[495 − 497]。虽然运载火箭上升过程中海盗 2 号探测器的遥测信号丢失了将近 6 分钟，引起了地面人员的忧虑，但是它还是被安全地射入位于 1.006 ~ 1.669 AU 范围内的转移轨道。海盗 1 号和海盗 2 号的初始地火转移轨道都设计成探测器在靠近火星时与火星之间有较大的距离(海盗 2 号是 279 000 km),这样做是为了确保未经杀菌消毒的半人马座上面级不会因为无意中撞击到火星而对火星造成污染。海盗 1 号在 8 月 27 日进行了一次中途修正以减少与火星的交会距离,海盗 2 号在 9 月 19 日也进行了相同的中途修正。

海盗 2 号着陆器正在准备中。着陆器安装在前端防热罩内部,技术人员站在两台相机(着陆器上方安装的白色圆柱体)的正前方

由于没有监测行星际空间环境的设备,轨道器在转移过程中没有之前的火星探测器那么活跃。除了一些基础性的系统和防止生物实验室的反应物和推进剂被冻住的加热器以外,着陆器的其余设备在转移过程中均关机,还定期用气体对色谱仪进行了清洗并重新进行了标定,数据记录器也进行了测试。飞行过程中出现了几个问题,海盗 1 号探测器经历了太阳风暴造成的电弧放电事件,海盗 2 号着陆器的蓄电池充电器出现了问题而不得不启用备用充电器进行操作。在 3 月底,海盗 1 号探测器对遥远的木星拍摄了几张校准图像。不久之后,海盗 1 号探测器的气相色谱分析仪 3 个加热炉中的 1 个发生故障,而且可能将无法继续使用。当距离火星还有 40 天航程时,相机平台解锁并对火星进行远距离拍照,以协助完成接近过程中的导航任务。随着距离越来越近,探测器开始采集火星自转的彩色图像序列和红外数据。在地火转移的最后几天,探测器通过对恒星背景下的火卫二进行拍照获得了更精细的导航修正。海盗 1 号计划在 6 月 10 日进行第二次中途修正。在中途修正的准备过程中,在 6 月 7 日打开了推进系统阀门,使用氦气对贮箱进行增压,但是遥测数据显示贮箱压力在达到调节器阈值后继续上升[498]。显而易见的解决办法是将阀门关闭,这样将会切断气流并阻止贮箱内的压力在轨道进入机动

前的 12 天内继续上升，但是一旦阀门关闭，这条增压管路以后将无法使用，而整个系统将只剩下一条可用的管路。如果这条唯一的管路在轨道进入机动点火前没有成功打开，那么探测器将掠过火星。由于不能放任贮箱内压力不断上升并造成贮箱破裂，NASA 决定将氦气供应管路保持在打开状态，并通过将最后一次中途修正分成 6 月 10 日和 6 月 15 日两次点火来尝试控制贮箱压力的上升速率。中途修正的日期和修正量经过了计算，以确保在轨道进入机动前贮箱压力不会过高以造成贮箱破裂。但是，由于对接近火星方案的修改，轨道进入机动推迟了 6 小时，进而导致近火点经度不再与首选着陆点一致。因此 NASA 决定让探测器首先进入一条比原计划轨道更高的轨道，轨道周期为 42.6 小时，这条轨道的近火点将在 49.2 小时后首次位于首选着陆点上空（如果按照原计划进行轨道机动，则是轨道第二次近火点时位于着陆点上空），此时将再次点火机动，并让探测器进入预定轨道[499]。为了防止在海盗 2 号上发生相同的问题，其推进系统增压被推迟到了一个月以后，即在轨道进入前 12 小时进行。

　　6 月 19 日，海盗 1 号探测器的发动机点火 38 分钟，使探测器相对于火星的速度减小了 1.2 km/s，成为了第 5 个进入火星环绕轨道的探测器。在轨道机动后探测器关闭了阀门，将氦气贮箱与失效的压力调节器隔离开。虽然轨道机动消耗了 1 063 kg 推进剂，但贮箱内的剩余压力仍足够以"排放模式"进行后续的轨道修正。6 月 21 日，在探测器到达初始环火轨道的首个近火点时，它为改变轨道形状点火 132 秒，进入了近火点 1 500 km、远火点 32 800 km、周期 24 小时 39 分钟（一个火星日）的环火轨道。修正轨道进入策略造成的唯一主要后果是推迟了首选着陆点的第一次拍照时间，之前的计划是到达首个近火点就拍照。当 6 月 22 日地面接收到首选着陆点的图像后，曾经耗费 4 年时间争论各个可能着陆点优劣的技术人员和科学家们受到了严重的打击。虽然首选着陆点在水手 9 号的图像中看起来是平坦的，但是新探测器的高分辨率相机发现了很多小型撞击坑。这是一个糟糕的消息，因为撞击会产生岩石喷出物覆盖层。后续的图像显示原定着陆点分布着大量的撞击坑、河道和带有陡峭悬崖的方山，所以在 6 月 27 日，NASA 决定将着陆时间推迟到 7 月 4 日之后，但是压力依然存在，因为海盗 2 号正在不断接近火星。由于在原定着陆点西北方向地形有变得平坦的迹象，海盗 1 号通过调整轨道对原定着陆点西北方向 250 km 处的一个着陆点进行了探测，探测结果显示这个着陆点也非常高低不平。之后将注意力转移到了更西边 580 km 处，那里新产生的撞击坑较少。选择一个着陆位置并不是简单地选择一个点，因为大气进入的不确定性使目标点形成一个轨迹径向 ±120 km、横向 ±25 km 的椭圆形"覆盖区域"。如果着陆器瞄准这个椭圆的中心，那么它有 99% 的概率会落在这个椭圆形区域内。每一个候选着陆点均用地基雷达进行了探测，这种方法可以有效地获得着陆区域的粗糙度信息，其分辨率可以满足着陆的要求。经过了 20 天的激烈讨论，科学家们终于在 7 月 12 日，在同时考虑图像中可以看到的粗糙度和从雷达反射图推断的高精度细节后，对一个着陆点达成了共识，在 7 月 16 日，探测器调整了轨道并为着陆做好了准备[500]。在 7 月 20 日 08 时 32 分，爆炸螺栓切断了轨道器与大气防护罩之间的连接，着陆器进行了 7 分钟的漂移过程以保证着陆器与轨道器之间留有一定的安全距离。之后着陆器开始使用它的小推力俯仰和偏航控制推力器进行了 23 分钟的机动控制,使着陆器的速度降低了 160 m/s,并使着陆器处于要求的进入大气窗口。几个小时之后,轨道器抛离了生物防护罩及其支架的剩余部分。

着陆器在降低高度的过程中受到重力的影响而逐渐加速,以 4.4 km/s 的速度进入火星大气。着陆器的下降过程比以往任何行星着陆器(尤其是苏联坠入大气的"卵形"着陆器)都要复杂。减速电位分析仪在离轨机动后 3 分钟就已开机,现在开始测量;同时,用来密封高空大气质谱仪上小孔的盖子也被释放。这些设备在高度降至 100 km 之前进行测量,在此期间防热罩的温度升高超过 1 500℃。一旦过载达到 0.05 g,防热罩内的温度计、气压计及降落雷达开始工作。减速电位分析仪在高空大气层中发现了大量电离的分子氧,他们可能是由逃离火星的水蒸气分解形成的。质谱仪发现火星大气主要由二氧化碳组成,其余部分包括一些氮气、氩气、氧气和其他气体。氮 – 15 与氮 – 14 的比例比地球大气要高,说明火星大气过去曾经密度较大。这与火星表面大范围的被流动液体所侵蚀的现象是一致的。火星大气中低浓度的氩气(1.5%,而不是从火星 6 号数据中显示的 30%)说明大约为现在稀薄大气中含量的几十倍的二氧化碳存在于火星表面的某些区域,同时还存在于几米深的永久冻结的水中[501 - 502]。当着陆器在 27 km 的高度处达到最大过载 8.4 g 时,它开始了一段很长的滑翔过程。着陆器的过载比预想中的要小,因为它实际上在进入过程中产生了一部分升力,而升力平衡掉了一部分重力。在到达 5.9 km 的高度时,着陆器的速度依然高达 400 m/s,这时计算机快速连续地发出指令,连珠炮似地展开直径为 16.2 m 的降落伞、释放气动防护罩的下半部分、激活末期下降雷达并展开着陆腿。在高度下降到 1.5 km,下降速度为 54 m/s 时,着陆器与降落伞及气动防热罩的上半部分分离。着陆器将使用它的火箭发动机完成剩余的下降过程。首先着陆器将自己的水平速度减少到 0,然后将垂直速度降低到飞行程序预先计算的速度范围内,以保证着陆器以可承受的速度着陆。在 610 m 处,雷达切换至低空模式。一旦着陆腿上的触地敏感器中有一个给出了触地信号,则发动机立刻关机。着陆器在 UTC 时间 7 月 20 日 11 时 53 分 06 秒着陆,着陆速度为 2.44 m/s,垂直方向的偏差不超过 3°,着陆点位于 22.48°N,47.94°W 的克律塞平原(Chryse Planitia),着陆精度约为 28 km,着陆时间在火星下午三点左右。触地信号经过了 19 分钟的时间才传至地球。导航系统关机前的最后一项任务是确定着陆器的方向,以使着陆器能够在天空中定位地球的位置[503 - 504]。

轨道器将在着陆器着陆后的几分钟内飞至着陆点当地地平线以下,而且下次从地平线升起要等到 19 小时以后。因此要求着陆器在着陆后立即传回两张图片,一张是着陆器前方的景象,另一张是地平线的景象。着陆后大约 25 秒,相机中的一台开始扫描其中一个足垫旁边的地面,而轨道器将这一历史性的图像传回了地球,之后花费了 20 分钟的时间将图像在屏幕上按照从左到右的顺序一列接着一列地进行拼接。这个视角是为了提供最多的信息而精心选择的,以防止着陆器没有成功度过第一个火星夜。这张图片高精度地覆盖了方位角方向 60°范围内的区域,显示出了微尘上的几个有棱角的岩石及一些受到发动机排气扰乱的类似于砂砾的碎岩屑。事实上，图像左侧的深色条带是明显受到发动机排气影响而在相机扫描时仍然如波浪般翻滚的尘土。图像的右侧，尘土已经盖在了凹形的足垫上。然后，相机拍摄了一幅方位角 300° 的低分辨率全景图。除了探测器的很多结构部分(气象研究悬臂、卷起的取样器、各种天线、RTG 的一个防护盖及校准辅助设施等)外，图像显示出的火星缓和起伏的表面让人联想到美国西南部乱石横布的沙漠。图像中显示出一片片的细沙和一小片沙丘。一些岩石的下风口处形成了洼地，这与在轨观察到的风场类型一致。大多数的岩石是棱角状的，说明它们是最近因为撞击而产生的。其他还有一些颗粒状的、泡状的，甚至是层状纹理的岩石。在一些地方发现了可能是暴露的基岩的东西。在地平线没有被山遮挡的地方(大约 3 km 远)，可以在地平线上或者靠近地平线的位置看到一些地形结构，他们看起来像是很遥远处撞击坑的边缘，而附近充满尘土的浅凹陷看起来应该是由二次撞击造成的。在图像传输完毕后，着陆器关机并做好过夜准备。轨道器几乎在每次经过着陆器都可以为其提供中继通信，一旦着陆器完成了地球定位，它将可以直接与地球进行通信。

在着陆后的第二个火星日(Sol2)，着陆器使用彩色相机重复了第一天的拍照过程，发现整个火星风景主要是锈红色调，与望远镜观测到的火星特征一致。起初，图像处理实验室通过合成红、绿、蓝画面来生成稀薄大气预期应产生的深蓝 – 黑色的天空，然而当图片被重新校准后，研究人员发现火星的天空是橙红色的，天空的明亮度显然是受到了阳光对悬浮的灰尘颗粒散射的影响。火星表面的颜色可能是由于褐铁矿造成的，这是一种氧化铁，在地球上通常在有水的地方形成，但是在火星上可能是由于在无大气保护情况下经受紫外线照射而在无水条件下形成的。最初的图片都是由 2 号相机拍摄的，这台相机被称为着陆器的"右眼"。着陆器的"左眼"在第三个火星日开始工作。第一张由 1 号相机拍摄的全景图显示出一部分之前没有看到的地区，并且在距离着陆器 8 m 左右的碎石区内发现了一块 3 m 宽、1 m 高的巨石碎片。如果着陆器在那里着陆，很有可能已经被撞碎了。最开始这片巨石被称为大贝莎(Big Bertha)，但是因为有性别歧视而遭到批评，所以它被重新命名为大乔(Big Joe)。在它左侧 300 m 处是一个小型撞击坑的边缘。研究人员仔细地研究了这些图像，以寻找宏观上的生命迹象，例如一片植被、苔藓类有机体、看似有机物的特征或者任何其他异常的物体，但是没有找到任何迹象。事实上，相机测试已经证明了慢速扫描图像获取技术将会在获取连贯图像上遇到困难，即使拍摄目标是移动缓慢的动物，例如一只乌龟、一条变色龙或者一条蛇，这种技术最多只能够拍摄到这些动物经过的证据。在仔细检查了第一周获得的图像后，并未发现任何火星表面的变化，所以相机切换了工作模式，通过在固定的方位角处反复进行垂直方向扫描来寻找风场造成的变化[505 - 506]。很多年后，通过比对在火星表面看到的地貌特征和在轨高分辨率图像，这个着陆点被精确定位。但是，它的位置在 20 世纪 90 年代末期遭到了质疑，并且直到 21 世纪 00 年代早期才确定了正确的着陆点，人们终于看到了这个站立在火星表面、已经布满尘土的着陆器[507 - 508]。

海盗 1 号着陆器的第一张图片（上图）展示了它与火星表面接触的足垫之一。图像按照从左至右的顺序进行拼接，而最左边的深色条带可能是由着陆时扬起的尘土造成的。1 号相机在第三个火星日拍摄的第一张全景图（下图）中展示出了山，岩石和沙丘。3 m 宽的巨石大乔（Big Joe）位于气象学桅杆和核源保护罩中间

海盗 1 号着陆器拍摄的一些照片。左上：一个被沙子埋住的足垫。右上：机械臂持续挖掘数天后的工作区。下面一排：被送往 X 射线荧光设备入口的样品；完全展开的机械臂；被灰尘覆盖的顶板，其中包括天线执行机构、两个标定靶标（左边靶标上方的小圆圈是一个灰尘磁铁）及圆形镜子；机械臂推动一块岩石；一张利用"凝视模式"在日蚀时拍摄的火卫一照片，图中序列中间的暗色条纹即火卫一

　　与此同时，其他设备也在传回数据。气相色谱分析仪在初始运行时对大气的组成进行了分析，发现大气由 95% 的二氧化碳、2% ~3% 的氮气、1% ~2% 的氩气及不到 0.5% 的氧气组成。1983 年，人们发现一些在地球上的陨石内含空腔气体，其组成和同位素比例与火星大气相同，认为这些陨石来自于火星。它们被称为辉熔长石无球粒陨石 – 透辉橄无球粒陨石 – 纯橄无球粒陨石（Shergottite – Nakhlite – Chassignite，SNC）类陨石，其命名来自于首先发现它们的地点：印度的休格地（Shergotty）（1865 年）、埃及的那喀拉（Nakhla）（1911年）和法国的沙西尼（Chassigny）（1815 年）。这一类陨石中的绝大多数都远比太阳系和其他"寻常"的陨石要年轻，而研究这些陨石对阐明火星地质历史的很多细节带来了很大的帮助。在某种意义上来说，对 SNC 陨石的研究补偿了一次早就应该进行而尚未进行的火星采样返回任务，而火星采样返回任务大概是最为重要的行星探测任务[509－510]。海盗 1 号着陆器上气象学设备记录到的平均气压只有 7.7 hPa，而温度的变化范围从早上 5 点的 –86℃到下午 3 点的 –31℃之间。此外，气象学设备还检测到了下午晚些时候的微风和夜间的转

向风,但是这些风都太微弱,既无法产生着陆器观察到的岩石上的尘土沉积,也无法形成轨道器观测到的撞击坑顺风向的"尾状"痕迹,这些现象有可能是偶发的尘暴造成的[511]。着陆器任务仅有的主要故障是无法成功释放地震检波器,使地震检波器几乎无法完成既定任务。之后地震检波器只能被用来测量强风使着陆器产生的晃动程度。在 7 月 22 日,机械臂需要按照指令展开 30 cm,通过旋转来抛掉采样铲上的保护罩,之后再回到收拢位置。机械臂成功地展开并抛掉了保护罩,但是在收拢过程中发生了卡滞。这个故障很快被定位在连接保护罩的插销上,而机械臂没有展开到能够让插销完全掉落的长度。由于这项工作计划在 3 天的上行周期内完成,因此研究人员在指令序列中加入了新的指令,并于 7 月 25 日发送给着陆器,命令机械臂展开至 35 cm,并且通过晃动使插销松动。着陆器上的相机证明这个努力是有效的,因为它在火星表面上拍摄到了掉落的插销,并通过分析抛掉的采样器保护罩和插销的图像来估计火星表面的硬度[512]。

由于机械臂出现了问题,因此比计划推迟几天,在 7 月 28 日第一份样品被抬起并运送至 X 射线分光计和生物实验室。向气相色谱分析仪运送样品更加困难。可能是由于样品中最大的碎片无法通过漏斗上的筛子,第一次运送至气相色谱分析仪的样品并未成功触发"样品满"信号。8 月 3 日,由于在机械臂完全收回前控制系统发生了故障,第二次尝试不得不终止。几天后,控制系统对机械臂的控制恢复正常。同时,气相色谱分析仪进行的一次"干式测试"显示一些尘土已经在第一次运送样品时进入了设备内部。为了在 8 月的后半个月中采集到更多的样品,机械臂在地面上挖了一条沟,以此来研究土壤的物理特性[513]。在 8 月 20 日(第 30 个火星日),着陆器按照指令对火星落日的壮观景象拍摄了一系列照片。X 射线分光计直到第 31 个火星日才完成对第一份样品的分析,随后又收到了两份不同的样品,这两份样品勉强填满了分析室的一半。火星土壤样品与任何已知的地球或月球土壤样品都不同,其中富含硫元素,但是铝等其他微量元素则很少。火星土壤中大约 13%是铁,这也确认了褐铁矿等氧化物的存在[514]。

当海盗 1 号着陆器在火星表面安全地工作时,工程师们将注意力转移到了它的"双胞胎"兄弟海盗 2 号探测器上,而海盗 2 号探测器正在快速地接近火星。主着陆点选择在靠近冬季北极冰盖的最南端,而由于着陆点的海拔大约比火星的平均海平面低 6 km,因此从原理上讲所有湿气都将集中在压力更高的低洼地区。海盗 1 号轨道器对这个位于塞多尼亚(Cydonia)的着陆点的探测结果显示,虽然这片地区内有几个看起来安全的区域,但是没有一个安全区域的面积大于着陆椭圆要求面积的 1/10。在寻找更加合适的着陆点的过程中,第 35 轨得到的一张照片很快引起了广泛关注。这张照片展示了一组方山和低矮山丘,在一次记者招待会上,有人异想天开地指出其中一个山丘像一张人脸。独立分析家们很快发表报告称在附近找到了金字塔和被摧毁的城市。虽然严肃的科学家们不相信任何关于这些建筑物来自人造的说法,但是自称为"UFO 专家"和"阴谋论者"的人坚持认为 NASA 为了防止全球范围内的恐慌而隐藏了地外文明存在的证据!

8 月 7 日,海盗 2 号探测器点火 40 分钟,将其速度降低 1 100 m/s,并进入近火点 1 502 km、远火点 35 728 km、倾角 55.6°的火星环绕轨道。在环绕火星的第 4 圈,海盗 2 号拍摄了校准图片并加入到对着陆点的搜寻中，对亚拔山（Alba Patera）进行了探测。虽然这个着陆点最开始看起来很有希望被选中，但是后续的图像显示它被古老的熔岩流覆盖而过于粗糙。8 月 17 日开始，海盗 2 号开始对另一处看起来很有希望的位于乌托邦平原（Utopia Planitia）上的着陆点进行探测，在乌托邦平原上直径达到 100 km 的米氏（Mie）撞击坑的喷出物均被沙丘掩埋，而且很有可能掩埋的深度足够令障碍物隐藏在其中。这个着陆点由于太偏北边所以无法使用雷达对岩石进行探测，但是在轨红外扫描的热量数据令人鼓舞。工程师们决定在 8 月 21 日尝试着陆，着陆点位于米氏撞击坑（Mie）西南方向 200 km 处[515]。海盗 2 号的发动机进行了两次点火，第一次使其轨道经过着陆点上空，第二次将环火轨道的远火点高度降低了 3 000 km，以建立所需的着陆窗口。虽然着陆器的降落雷达和陀螺出现了一些小问题，但着陆器仍然在 9 月 3 日 20 时 19 分与轨道器分离。然而，仅仅分离 26 秒后，轨道器的姿控系统失去供电，而由于轨道器开始处于不稳定的漂移状态，高增益天线无法锁定地球。幸运的是，不需要精确指向的低增益天线仍然维持了轨道器与地球之间的通信链路，并使工程师们可以监测着陆器的进程。UTC 时间 22 时 37 分 50 秒，遥测数据显示轨道器已将数据记录仪切换到了高数据率模式，来接收着陆器着陆后的状态报告，工程师们知道海盗 2 号着陆器已成功着陆。着陆点位于 47.97°N，225.71°W 的乌托邦平原上，当地时间是上午。海盗 1 号和海盗 2 号的着陆点相距 6 460 km，经度几乎相差 180°，这是为了在任意时刻都只有一个着陆器能与地球直接可见。海盗 2 号着陆器拍摄了初步的图像并传给了轨道器，由轨道器存储。在对轨道器的遥测数据进行研究之后，工程师们设法恢复了其姿控系统，而高增益天线一重新指向地球，轨道器立即将着陆器的图片传回地球，已比预定的时间晚了 9 小时。这次异常导致的结果是，两个互为冗余的陀螺平台中的一个被禁用。工程师们怀疑轨道器供电中断可能是由于与着陆器分离的火工品起爆造成的，因此决定推迟抛离剩余的生物防护罩及其支撑结构，即使这会对扫描平台的工作产生少许阻碍[516-517]。

　　着陆后海盗 2 号着陆器的倾斜角是 8°，它的"阳台"（相机均装在上面）大约朝向北方。它传回的第一张图片显示，它的一个足垫落在了两块小石头上，而且这片着陆点周围的岩石比克律塞（Chryse）地区的岩石更加多孔，岩石之间的尘土较少，而发动机排气使一块更加坚硬的地壳裸露出来，这块地壳类似于被称为"铝铁硅钙壳"或"钙质层"的蒸发形成的地形。虽然海盗 2 号拍摄的全景图在最开始看起来与克律塞（Chryse）类似，但是海盗 2 号的着陆区实际上是一片非常不同的地形。这片区域非常平坦，在地平线上几乎没有明显的地形起伏，唯一一个地平线上的特征是一片由米氏撞击坑的喷出物沉积形成的低矮明亮的高原。此外，最令人担忧的是当初选择它的原因，这片区域几乎完全布满了各种尺寸的石块，与之前选择着陆点时获得的信息完全不同。有趣的是，这片区域内有一些宽约 1 m 的多边形水槽，水槽中没有岩石，底面上有尘土小范围漂移的迹象。关于这些水槽的成因众说纷纭，有人认为是河流冲刷，也有人认为这是地下水不断结冰和融化的循环过程而造成的裂纹，而考虑到当地的纬度，第二种说法在这片区域更有可能发生。与海盗 1 号的着陆点相反，这里没有裸露的基岩或是大型尘土沉积物的迹象，事实上，这里并没有发现从在

海盗 2 号着陆器的第一张图片(上图)。注意图中的岩石几乎都是多孔型的。下图是最初拍摄的全景图。着陆器的倾斜使地平线看起来是弯曲的。在图片序列的最右侧,相机已经停止了在方位角方向的扫描,并在对同一条图像方向俯仰进行重复扫描

海盗 2 号着陆器机械臂采集样品的区域。右侧的圆柱状物体是被抛掉的机械臂保护罩。

海盗 2 号着陆器拍摄的图像。从左至右依次是：机械臂头部背面的两个小的圆形磁铁；日出；1977 年 9 月早晨地面上的霜；穿过着陆器顶板向后看到的景象；夜空中明亮的火卫一

轨图像中推断出的沙丘地貌，而沙丘地貌曾使这片区域看起来很有吸引力[518-519]。由于缺少进行三角定位所需的地标，所以很难在海盗号轨道器拍摄的图像中分辨出着陆点，直到大约 30 年后人们才从超高分辨率的图像中找到了海盗 2 号着陆器，由此确定了海盗 2 号的着陆点位于一个叫做戈德斯通(Goldstone)的小型基座撞击坑西南偏西方向的几千米处[520]。

　　当工程师们意识到海盗 2 号由于着陆在一块石头上而造成倾斜时，他们担心着陆器的腹部可能会受到损伤。如果隔热层被破坏了，那么器上的电子器件也许会在第一个火星夜中由于寒冷渗入到仪器室内部而失效。但是海盗 2 号很幸运地度过了第一个火星夜，并且在第二天轨道器经过上空时与轨道器建立了通信链路。当海盗 2 号的大气进入和降落数据通过轨道器的中继通信最终传至地球时，尽管海盗 2 号是在火星的上午一侧进入大气的，大气温度比海盗 1 号进入时低得多，但仍佐证了海盗 1 号获得的数据。工程数据显示，在着陆器着陆前不到半秒钟的时间内，海盗 2 号的雷达锁定了一个错误的目标并对发动机发出了增大推力的指令。这不仅将着陆速度降低至 2 m/s，还在地面形成了一阵冲击波，吹散了下方的尘土并对火星表面造成了第一张图片中看到的增强的腐蚀[521]。海盗 2 号记录的每日温度变化在 -32 ~ -82℃ 之间，微风在日出之后演变成了阵风[522]。海盗 1 号和海盗 2 号的着陆点的大气压均在平稳下降，也许是由于二氧化碳不断在冬季冰盖上凝结造成的。

　　海盗 2 号成功地解锁了地震检波器，但是事实证明将这台设备安装在顶板是一个糟糕的设计，因为这使得地震检波器对于风和其他设备(例如数据记录器、机械臂、高增益天线传动装置和相机马达)的机械操作产生的扰动极为敏感。在第 80 个火星日，地震检波器检测到了一次微弱的自然地震，但是由于不停地受到扰动，导致它无法对震中进行三角定位[523]。机械臂的工作一切顺利，并于 9 月 12 日向生物实验室和 X 射线分光计分别运送了土壤和石头。虽然有了一个很好的开局，但机械臂的一个限位开关还是出了问题并且对一些操作造成了阻碍。9 月 25 日，机械臂开始为气相色谱仪采集第一份样品。由于试验主要针对有机化合物，因此工程师们决定用采样铲击穿一块铝铁硅钙壳，以采集可能被保护起来没有受到太阳紫外线杀菌消毒作用影响的样品。在 10 月上旬继续进行样品采集时，机械臂将一些小石头推开，以采集下方的受保护的样品。10 月 8 日，作为海盗 1 号拍摄的日落照片的补充，海盗 2 号拍摄了日出的照片。之后海盗 2 号着陆器首次遇到了严重的问题，无法利用两台发射机中的一台与地球直接建立通信链路。由于新暴露出的土壤会受到阳光照射，所以工程师们优化了采样流程，将移动石块和采集样品之间的时间缩减至不到半个小时，并且在 10 月晚些时候从小石块下方获得了新的样品[524]。在第 48 个火星日（10月 23 日）的夜晚，着陆器上的相机首次转向天空，并利用不同的滤镜拍摄了一系列火卫一的照片。这颗卫星的反射率、光谱和组成与碳质球粒陨石类似，因此年代应该非常古老，而不是从一个热分化的星体上剥落下来的。这与当时的太阳系形成理论有很大差别，当时的太阳系形成理论认为火卫一的组成物质应该来自于远离太阳的寒冷区域。似乎在早期历史中，火星捕获了火卫一，可能也捕获了火卫二[525]。通过分析着陆器顶板和机械臂采样铲上磁铁的照片，对火星土壤的磁性质进行了检测，图片中显示出了很多被强烈磁化的尘土。通过足垫推开土壤的程度、机械臂挖掘时所需的力及挖掘产生的浅沟的视觉外观等方面可以推断出，即使“乌托邦”的着陆点有更多的卵石，但海盗 1 号和海盗 2 号的着陆点的土壤特性也非常相似[526]。然而，两个着陆点的尘土也有着明显的差别，说明虽然火星上有全球性的尘暴，但火星的尘土仍然没有完全混合均匀[527]。

由火星勘测者号轨道器在 2006 年拍摄的火星表面上的海盗 2 号着陆器

当然，研究人员最期待的还是生物实验室关于火星上是否存在微生物的研究结果。对于海盗 1 号来说，机械臂的问题导致样品采集直到 7 月 28 日才完成。热解释放试验是最先进行的试验。在 5 天的孵化之后，从孵化室中将大气提取出来，样品的温度升高到

625℃以蒸发(或者热解)任何可能由微生物合成的有机物质。计数器将测量样品吸收放射性碳的程度,试验获得的强烈的阳性信号引起了轰动。第 2 份样品给出的结果则弱得多,第 3 份样品虽然是在接近正午的时候从与第 1 份样品相同的地点采集的,但是试验结果也很弱。在这之后又采集了两次样品并进行分析,期待能够重现最初的强烈的响应,即使最后一份样品被孵化了长达 139 个火星日,但是最后都只得到了微弱的阳性信号。对于海盗2 号来说,工程师们决定将第 1 份样品放在一个暗室内进行试验(这是唯一一份用这样的方式处理的样品),而试验得到的微弱的阳性信号证明光不是驱动反应的必要条件。第 2 份和第 3 份样品(晚些时候从岩石下方采集的)给出了唯一肯定的阴性结果。硬件的故障导致第 4 次试验的结果无效,并且使试验无法继续进行[528]。

虽然气体交换试验不是第一个开始的,但却是第一个获得试验结果的。该试验将二氧化碳、氪和营养物加入到样品中,只用了 2 小时的孵化时间就获得了一份光谱。但是,这只是为后续的完整试验提供的一个参考点。在长达 7 天的"潮湿"阶段,营养液被注入孵化室以使样品变得潮而不湿。在接下来的"湿润"阶段,样品将被浸湿并孵化 7 个月的时间。超出预期的是,在潮湿阶段开始后,孵化室内的二氧化碳含量增长到了原先的 5 倍,而氧气含量比预估的含量多出了 15 倍。一天之后,光谱中除了氧气之外没有任何变化,氧气含量增加了 30%。样品中的某些物质正在产生氧气,但是很难说到底是微生物还是仅是一个无机化学反应。与之相反,湿润阶段是令人扫兴的,二氧化碳的释放逐渐放缓,而氧气浓度也在降低。第二份样品在试验前首先进行了高温杀菌处理充当"控制"和加湿,其在之后也释放了氧气。在乌托邦平原上总共进行了 3 次试验,其中一次的样品是从岩石下方采集的。乌托邦的样品产生的二氧化碳比克律塞(Chryse)的样品少,而从岩石下方采集到的样品释放的二氧化碳是最少的。

海盗 1 号的标记释放试验在第 8 个火星日获得了第一份样品,并在两个火星日后向样品中注射了营养液。令人意外的是,样品迅速开始释放放射性气体,就像是微生物正在享受营养液一样,但是放射性气体计数在 10 小时之后开始降低。在 7 个火星日之后进行第二次营养液注射,然而这次注射后计数非但没有上涨,反而降低。之后利用第一次样品的另一半(一直被保存在设备中)对该化学反应的生物特性进行测试,在将样品加热到 160℃后,于第 29 个火星日进行了第一次营养液注射,然而这次注射并没有带来任何响应。最终,于第 39 个火星日开始第三次试验,在 50 个火星日的孵化期内进行了 3 次营养液注射,获得了和第一次试验相似的结果。海盗 2 号从第 11、34、54 个火星日分别开始进行孵化。在第二次试验中,样品仅仅被加热到了 50℃以进行"冷杀菌",这样做的原因是任何现存的微生物都将在一个温度明显高于自己所习惯的温度环境中被杀死,而化学试剂则不会受到影响,除非它的挥发性很强。在这次试验中,化学反应发生的程度降低了一半。第三份样品是从岩石下方采集的,并且在试验中得到了相似的结果[529]。由于在火星相对面的两个着陆点获得了相似的试验结果,那么说明这个化学反应很可能是普遍存在的。

当生物探测设备耗尽了它们的营养液和用来清洁样品室的氪气后,结束了使命。海盗2 号的生物实验室在 1977 年 5 月 28 日关闭,共计工作了 259 天,而海盗 1 号的生物实验室在 1977 年 5 月 30 日关闭，共计工作了 308 天。

在回顾试验结果时，多数的科学家都认为气体产生是由于化学反应而不是生物反应。这样判断的依据是，如果土壤中富含过氧化物（可能是土壤长期受到太阳紫外线照射刺激发生化学反应的结果），而由于土壤中富含铁元素，那么土壤中的过氧化物在遇水后会发生分解。这解释了标记释放试验中最初获得的强烈阳性响应，为什么第二次注射营养液后现象没有复现（过氧化物已经被完全分解了），以及从"杀菌"后的土壤得到的阴性结果（过氧化物对温度很敏感）。只有热解释放试验中获得的弱阳性信号需要进一步解释，而且该试验中的反应不像是由生物活动产生的，尤其是在那次进行了 3 小时的 175℃ 热循环后的试验中的反应。关于存在微生物生命的理论需要解释有机物质是如何在其他试验中发现的高度氧化环境中存活下来的[530]。甚至有人提出，氧化剂可能是由使用过氧化氢和水的混合物而不只是水作为细胞内液的微生物产生的。这样的特性不仅使微生物能够很好地适应火星的低温环境，而且也会使它们在液态水面前非常脆弱，在这种情况下，之前进行的"湿润"试验对于微生物来说是致命的[531]。气相色谱仪的结果为关于火星生命是否存在的讨论盖棺定论。气相色谱仪能够检测土壤中含量超过 (10 ~ 100)/10 亿的有机化合物。事实上，在地面测试中曾在阿波罗计划带回的月壤中检测到了有机物，这部分有机物可能来源于碳质陨石。在第 17 个火星日，海盗 1 号将第一份样品加热到 200℃，并维持了 30 秒。与预期中一致，气相色谱仪并未检测到任何有机物，因为温度太低，尚不足以分解复杂的化合物。6 个火星日后，样品被加热到了 500℃，令科学家们感到惊讶的是，样品释放了大量的水，但是除了设备内已知存在的洗涤溶剂的痕迹外，并未发现任何有机物。每个着陆器均对两份样品进行了分析，分析结果是一致的。碳基物质的缺乏使得任何将生物实验室的试验结果归结于微生物活动的理论都很难站得住脚。即使火星已被证明是无菌的，但是人们仍然对陨石带来的有机物质抱有期待，而这些有机物质的缺乏清晰地表明火星土壤不适合有机物存在[532 - 535]。科学界在海盗号之后形成了共识，认为火星表面不存在生命。这没有排除地下存在生命的可能性，地下土壤由于不受紫外线照射，因此可能不存在紫外线产生的杀菌成分，而且水可能以冰粒的永久冰冻的形式保存下来。未来进行生命搜寻的唯一可信的方式是利用轨道器定位地表下的冰，然后让一个带有钻头的着陆器在该区域着陆，并从几米深的地方采集样品。

虽然大多数科学家达成了一致意见，但是一些科学家，特别是标记释放试验组组长吉尔伯特·莱文（Gilbert Levin）坚持认为海盗号找到了生命。他们认为没有设备真的检测到了假定的氧化化合物，而这个假设对于解释试验结果是必要的。对于气相色谱仪没有检测到碳的问题，他们注意到，虽然这台设备没有在南极所谓的无菌土壤中发现有机物，但是当同一份样品在更加敏感的标记释放设备中被孵化时却得到了阳性响应。此外，在地面上制作的含有适量过氧化氢的样品在试验过程中并未得出与在火星上试验相同的结果[536 - 537]。气相色谱仪小组组长、麻省理工学院的克劳斯·比曼（Klaus Biemann）指出，按照设备的精度，样品中至少需要有 1 百万个微生物才能使它们的有机物被检测到。一个典型温度下的地球土壤样品每立方厘米会包含几千万个细菌。如果只能分析活的细胞，那么

1 百万个细菌数量太少，无法被设备检测到。在地球土壤中，死的有机物质的数量一般是活的有机物质数量的 10 000 倍。如果火星上的微生物和地球上的微生物相同，那么可以通过它们的有机废物和产生的死细胞来检测到它们。但是，如果它们适应了火星当地的环境并且回收它们自己的废弃物，而死细胞被太阳光紫外线摧毁，那么虽然微生物无法被检测到，但是它们仍然可能进行生物实验室试验中发现的化学反应。最近的测试表明气象色谱仪可能并不适合用来在火星上搜寻有机物，因为在高温情况下，富含铁的土壤会将有机化合物氧化成二氧化碳，因此减小了发现生命的可能性。由于氧化反应很可能歪曲了色谱分析仪的结果，而微生物确实造成了其他试验的结果[538]。总之，吉尔伯特·莱文（Gilbert Levin）认为：“越来越多的证据倾向于生物反应而不是化学反应，每一个新的试验结果都使得找到一个化学方面的合理解释变得更加困难，但是每一个新的结果都可以用生物方面来解释。”即使其他因素都一样，他指出如果一份地球土壤样品给出了相同的观测结果，“我们会毫不犹豫地将它描述成生物活动”[539]。气体交换试验首席研究员万斯·欧亚马（Vance Oyama）对此持怀疑态度，认为：“没有任何必要考虑生物过程。”[540]热解释放试验领导人诺曼·霍洛维茨（Norman Horowitz）同意这种看法，但也承认“证明任何一个反应不来自于生物反应是不可能的”[541]。生物探测总负责人哈罗德·克莱因（Harnold Klein）之后建议不再考虑火星微生物应与地球微生物类似的假设，科学家们应该考虑海盗号的数据是否有任何关于“火星上可能存在一些不够明显的生命类型”的线索[542]。

　　1976 年 9 月 30 日，在释放了着陆器后，海盗 2 号轨道器将环火轨道倾角增加到 75°，以更好地对北极区域进行观测。北极区域的夏天从 7 月份正式开始。同时，海盗 1 号轨道器修正了自己的轨道，转而为海盗 2 号着陆器提供中继通信链路。海盗 1 号着陆器在失去了中继通信链路后，进入缩减工作量的时间段，在这段时间内它主要是将气象数据直接发回地球。仅在 10 月份，海盗 2 号轨道器就拍摄了 700 张高分辨率的北极区域图像，记录了最接近极地的分层地形和附近的黑色沙丘，以及位于它们下方的平原。分层地形与在南极看到的类似，而且似乎包含了与冰和其他积攒多年的挥发物混合的沙层。它如此广阔地覆盖着更加古老的地形，导致只能识别出很少的几个古老的撞击坑。通过对这些分层地形的研究，科学家们意识到这里可能保存着千百万年来火星气候的演化史[543]。这使得科学家们更加想要让一个着陆器钻进这片土地来“阅读”它的历史。水探测仪在两极地区找到了大量的水蒸气。事实上，数据显示北极冰盖的剩余部分（即在夏天也不会融化的部分）是水冰，深度也许达到几千米。但是，如果让所有的水蒸气凝结然后平均分布在火星表面，那么会形成一个只有 1/10 毫米厚的水层。之后对南极的探测显示南极冰盖中主要是二氧化碳，虽然不排除下方有一小块水冰的可能性[544]。

　　海盗号获得的在轨图像远远好于水手 9 号获得图像，一方面是由于相机技术的进步，另一方面是因为大气更加干净。虽然水手 9 号等到全球性沙尘暴结束后才开始进行拍照，但是大气中还是有大量的尘土。此外，水手 9 号只发现了很少的小型撞击坑，并且使地质学家相信只有这么多的小型撞击坑存在，然而海盗号发现了数以千计的小型撞击坑。另外，被水冲刷的地形比以往识别的尺度更加精细，并显示出比人们曾认为的更加复杂的排水系统。虽然水手谷(Valles Marineris)有一些支流峡谷，但是新的图像显示它形成的主要因素不是腐蚀，而是陡峭的地壳断层和沉降使它成为了一个裂开的山谷或地堑，而众多的峡谷之间几乎没有连接，其底部也没有显示出与水流作用一致的斜坡。海盗号轨道器对不同类型的河道［当然，与斯基亚帕雷利(Schiaparelli)和洛厄尔(Lowell)绘制的"水道"(Canali)无关］进行了测绘，那些拥有发达的支流网络的河道一般位于南半球和赤道区域的古老地形中，而宽达数十千米的外流河道主要从水手谷北边的混沌地形中起源，向北流到低洼的克律塞平原。这些河道中布满了阶地和独特的泪珠状小岛。所有这些地貌特征，尤其是南半球发达的河道网，都意味着在火星历史早期具有更加温暖的气候。科学家们仔细研究了各种各样的气候现象，从云和雾到尘土的悬浮层。对天文观测者来说非常熟悉的"W 型"高空云层［水手 9 号发现这些云层与塔尔西斯(Tharsis)地区的火山有关］进行了仔细的监测。具有重复特性的"波状云"是在盛行风扫过如撞击坑边缘等起伏的地形时形成的。新获取的图像和热成像数据可以用来改进目前的火星气象和气候模型[545-547]。通过比对海盗号和水手 9 号的图像，其中唯一的不同就是时有时无、或明或暗的被风吹起的尘埃条纹。火山的形态和其熔岩流引起了广泛的兴趣。拍摄的奥林匹斯山(Mons Olympus)火山口的图像分辨率达到了每像素 18 m，其总高度则被修正为 27 km，而它也成为了太阳系内已知的最高山峰。

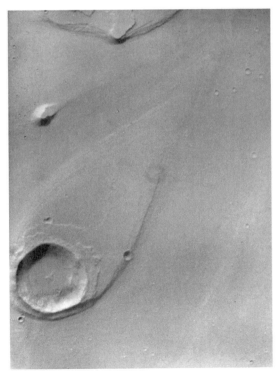

在海盗 1 号轨道器的第 4 圈轨道上，拍摄到一个奇异的泪滴状"小岛"，长约 40 km，位于南部克律塞(Chryse)地区

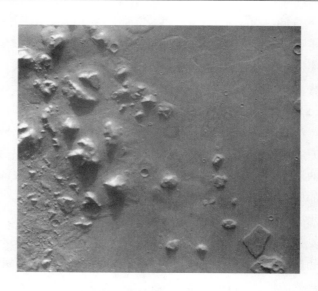

1976 年 7 月 26 日，海盗 1 号轨道器拍摄的塞多尼亚地区的(Cydonia)图像，这是 NASA 所有行星计划中最著名的一幅图像，因为它包括一个看起来像斯芬克斯狮身人面像面部的沙丘

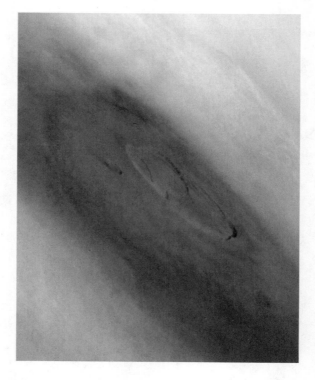

穿过云海的奥林匹克山(Olympus Mons)山峰，由海盗 1 号轨道器于 1976 年 7 月 31 日拍摄。这片区域明亮的云层至少从斯基亚帕雷利(Schiaparelli)时代就开始为人所知，他也因为这片明亮的云层而将这片地区称为"Nix Olympus"(奥林匹克之雪)

这张阿尔古瑞（Argyre）盆地和大气层的斜视图是海盗号轨道器拍摄的最美的图片之一

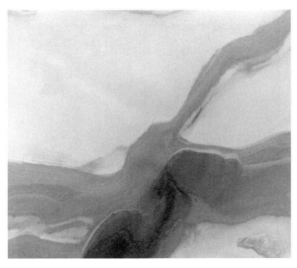

由海盗 2 号轨道器拍摄的正在后退的北极极盖的高分辨率照片。图片中展示出广泛分布的分层
地形和悬崖，以及多种多样的腐蚀地貌

　　1976 年 11 月 11 日—12 月 13 日，火星和地球位于太阳两边相对的位置，海盗 2 号通
过试验，以最高精度测量了太阳附近的无线电波的往返时间。该结果与广义相对论预测的
结果相差 0.1%[548]。在火星合日的过程中，着陆器可以自主继续开展生物样品的长期培
养。在 11 月 16 日，NASA 宣布该任务已经完成了主要的科学目标，但希望 4 个探测器继
续再工作至少 18 个月，无论是从轨道上的全球范围还是在着陆点的局部范围，可以在一

个完整火星年里监测季节性变化。任务也可能继续对目标开展第二次成像。特别是，当轨道器的轨道和火星卫星的轨道相交时，则轨道器可能与火卫一和火卫二交会，任务规划者计算发动机点火的最佳时间，以实现一连串的近距离飞掠。海盗 1 号在 1977 年 2 月有机会和火卫一交会，海盗 2 号在 10 月有机会和火卫二交会。巧合的是，1977 年也是阿萨夫·霍尔(Asaph Hall)发现火星卫星的一百周年。海盗 1 号在一月进行了一连串三次的轨道机动，二月初建立的轨道使探测器在二月的最后两周反复与火卫一交会。共计进行了 17 次交会，其中第 8 次(在 2 月 20 日)交会时探测器距离火卫表面在 80 km 以内。通过前所未有的运管工作，几乎实时利用无线电跟踪对火卫一进行位置测量和质量估计，以确保扫描平台在飞掠过程中指向正确。这种"自适应"技术的成功使用，共获得 125 幅有用的照片。针对火卫一开展探测活动的目的是估计它的质量和体积，获得分辨率在每像素 10 ~ 20 m 的部分表面图像，并获得高分辨率的红外影像覆盖。绘制了火卫一表面 80% 左右、分辨率为 30 m 的地图，精确地测量了它的质量和体积(因此可以得到密度)，以约束其组成，并确认了着陆器得到的证据，即火卫一类似于碳质球粒陨石。像水手 9 号之前已经证明的那样，火卫一表面主要是陡峭的撞击坑和数百米宽的线状沟槽[549]。3 月 11 日，海盗 1 号下调其近拱点到 300 km，在这个高度上它能拍摄到火星表面最小到 20 m 的目标。在 3 月距离 300 km 的飞掠过程中，海盗 1 号又拍摄了火卫一的照片，然后在 3 月 15 日执行了小的变轨机动，以确保探测器不能太靠近火卫一。

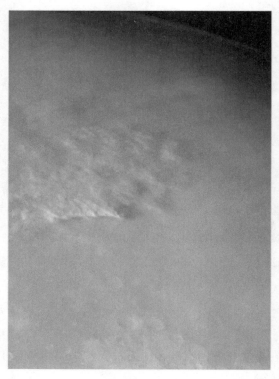

1978 年 9 月 28 日，海盗 1 号轨道器拍摄的经过海盗 1 号着陆位置的沙尘暴

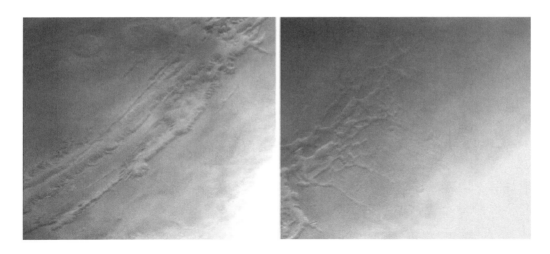

海盗 1 号轨道器拍摄水手谷的两部分，左图是并行的提托努利林深谷（Tithonium Chasma）和尤斯深谷（Ius Chasma），右图是诺克提斯迷宫（Noctis Labyrinthus）地区复杂的侵蚀地形

在结束了他们最后的孵化以后，着陆器挖了壕沟，搭建了尘埃小土堆，以确定这类颗粒尺寸的信息。气象包跟踪观测变化的季节，发现在遭受季节性的低气压以后，随着南极冰盖开始解冻，释放二氧化碳进入大气，大气压力增加。在 1977 年 9 月火星北半球冬季来临之际，海盗 2 号着陆器观测到了早晨的霜冻。有趣的是，即使在温度达到二氧化碳的蒸发点后霜冻仍然存在，这表明它是由水冰或水和二氧化碳冰的混合物组成的，但是无法得到确认，因为化学分析仪器已不再工作。在火星南方的早春和夏至以后，轨道器监测到两次沙尘暴，虽然也是在全球范围内发生，但没有 1971 年的那次强烈。从沙尘暴在陶马西亚 – 索利斯高原（Thaumasia – Solis Planum）地区发起一直到 2 个月或 3 个月后大气再次清澈，整个过程都被记录下来。从着陆器的角度来看，天空昏暗，风速达到每秒几十米，灰尘沉积在他们的舱板上，昼夜温差显著缩小。

在 1977 年 6 月 23 日，海盗 2 号轨道器拍摄了引人注目的图像序列，展示了以塔尔西斯地区为背景的火卫一。除了他们美学上的价值外，这些图片确认了对火卫一形状和体积的测定，因为甚至其黑暗半球在行星更亮的表面的映衬下也被清晰地勾勒出来[550]。在 9 月 24 日（第 419 个火星日），火卫一的阴影经过海盗 1 号的着陆点，着陆器和轨道器对"日食"开展了同步观测，以对着陆器进行精确定位。当然，较小的火卫一未将太阳完全遮蔽，只生产了日偏食。因为它的轨道与火星很接近，所以迅速移动的阴影会在 20 秒内通过。因此着陆器监测该事件采用"凝视模式"，反复扫描相同的垂直线来记录阴影如何造成天空中亮度短暂的下降[551 – 552]。在 1977 年 10 月初，海盗 2 号变轨进入从 10 月 5 日开始为期 5 天的距离火卫二 1 000 km 的轨道。10 月 15 日，探测器仅以 26 km 的距离从小卫星表面上方飞过，其高分辨率图像为火卫二明显缺乏撞击坑提供了解释（对火卫一来说，布满了大大小小的撞击坑）。火卫二没有同斯蒂克尼（Stickney）比例相当的撞击坑；最大的撞击坑也只有 3 km，且表面覆盖了一层厚厚的风化层，风化层覆盖了除最大的地形特征外的其他区域。事实上,火卫二环绕火星的轨道比火卫一更大,虽然体积比火卫一小,但能更好地保留被流星体撞击从地下翻出来的物质。火卫二表面上布满了巨石,没有如毁容般的火卫一的沟槽。这些观测进一步提高了水手 9 号对火卫二轨道和尺寸测量的精度[553]。在 10 月 23 日,海盗 2 号下调其近拱点至 300 km。在接下来的 6 个月获得的跟踪数据测量了航天器相对于火星的径向加速度,不仅促进了经度在所有范围、纬度位于 30°S 和 65°N 之间的详细引力场地图的绘制,而且识别了每个大火山位置的质量浓度——最大的质量浓度与奥林匹斯山相关;也发现了重力"低点",特别是与水手谷有关[554]。在任务低拱点阶段的其他活动包括,轨道器发出的无线电波反射后被地球双基地雷达接收(如苏联采用环绕金星的探测器已经实现)。这项研究的目标是希腊(Hellass)盆地,而目的是测量它的粗糙度和表面坡度[555]。

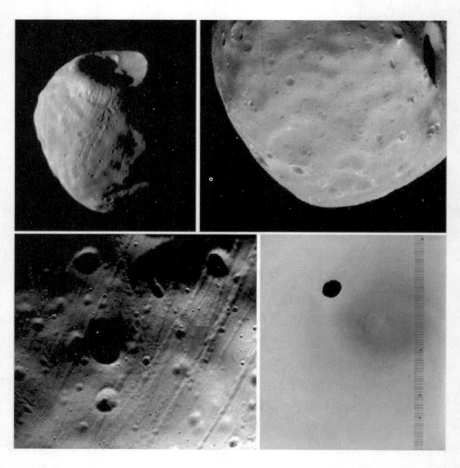

海盗号轨道器拍摄的火卫一图像。左上图表示大的撞击坑斯蒂克尼(Stickney),以及从该撞击坑向外的沟槽。沟槽高分辨率图像见左下图。右下图表示经过火星前方的火卫一的轮廓,背景是艾斯克雷尔斯山(Ascraeus Mons)

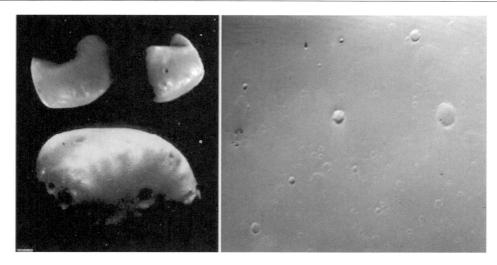

海盗 2 号轨道器拍摄的火卫二图像。在右图的高分辨率图像中表面光滑更为明显

　　海盗号操作团队的人数从 1976 年夏天的 1 000 人减少到扩展任务的不足 100 人，然后到 25 人，JPL 的工程师设计了轨道器计算机监视自身遥测并自动处理任务的方法，之前这些任务由地球上的控制器处理。在 1978 年 2 月和 3 月，海盗 2 号已经遭受了一系列姿态控制系统的气体泄漏，这是最先要被改进的。当检测到泄漏时，通常的措施是尽快地将推力器点火，将堵塞阀门的微粒驱逐走。因为两个轨道器都不再能被全时段跟踪，因此从检测到可能泄漏到采取补救行动之间已经过了几个小时。自动诊断软件提供了立即干预的希望，通过减少珍贵的气体的浪费，将会延长探测器的寿命。虽然泄漏率减少到之前的 1/3，但海盗 2 号仍在 1978 年 7 月 25 日排空了氮气，结束了它的任务。在之前的时间里，轨道器一直拖着对接装置和着陆器生物防护罩的剩余部分，直到 1978 年 3 月才丢掉了这部分"自重"。从 1978 年 6 月开始的"海盗号延续任务"和在 1979 年底的"轨道器完成任务"都采用了"额外生命延续软件"，以保护幸存的海盗 1 号轨道器抵制来自火星、火星卫星、航天器结构的杂散光，杂散光将导致老人星敏感器失去姿态参考。该软件还能使探测器在电池异常放电时，关闭它的设备和其他硬件。深空网对海盗号延续任务的支持大大减少，将资源用于旅行者号同木星的交会。在 1980 年，它重新恢复全部操作，目的是弥补火星的高分辨率图像覆盖的间隙，用于对未来着陆器潜在的着陆位置拍照（包括提供给 1997 年的火星探路者号着陆区的选择），并进行无线电掩星试验。到 1980 年的夏天，海盗 1 号轨道器在火星轨道运行了 4 年，其姿控气体的剩余很少，很明显任务就要结束了。进一步的软件更新使航天器一旦失去了姿态控制就关闭它的发射机，这个动作最终发生在 8 月 6 日的第 1489 条轨道上。轨道外推表明，海盗 1 号将大约在 2019 年进入火星大气层[556-557]。同时，在海盗 2 号着陆器缓冲电池的功率已经损失殆尽，导致其相机和剩余的科学仪器关机。这个问题发生在 1980 年 1 月 31 日，在 3 月中旬地面开始收到莫名其妙的传输数据。尽管海盗 2 号着陆器从这个问题中幸存下来，但它也不会持续更长的时间，因为 1978 年底它已经失去了主份和备份高增益天线的发射机，并依赖于轨道中继星将数据返回到地

球。因此，任务和最后一个运行的轨道器的持续时间一样长。1980 年 4 月 12 日，地面发送命令关闭了海盗 2 号着陆器。

该项目的最后阶段是海盗号的监控任务，只涉及海盗 1 号着陆器。在第 921 个火星日，重新制定了每周的天气报告，并且每隔 37 天拍摄 5 幅一组的图像，以监测短期和季节性的变化，希望探测器能够在 1994 年前一直返回数据，这是天线指向软件规定最后的可能日期。海盗 1 号监测由机械臂建立的 5 个土堆的腐蚀性，以及灰尘沉积和风的影响。在第 2 个火星年秋季和冬季的全球性沙尘暴以后，沙尘看上去沉淀下来。在第 3 个冬天，大乔(Big Joe)附近的图像序列显示了一个小沙尘暴如何大大降低大气的透明度。不幸的是，当时的风速计出现部分故障，而只给出了压力的数据。在第 2 230 个火星日，第 4 个秋季拍摄的图像显示另一个沙尘暴正在进行中，着陆器出现故障，4 个电池中有 3 个充电不正常。1982 年 11 月 19 日，虽然解决充电问题的新程序已经上传，但没有接收到着陆器

海盗 1 号着陆器拍摄的大乔(Big Joe)的三幅图像，从左到右依次是在第 1 705、1 742 和 1 853 个火星日拍摄的。在拍摄中间图像的时候，大气中充满了沙尘暴带来的尘土

的确认。当地面进一步尝试与着陆器通信连接失败后，人们重新检查了软件更新情况，发现程序被加载到内存中的那部分空间是为至关重要的天线指向软件预留的！虽然高增益天线已不再指向地球，之后 3 个月继续尽力进行通信连接，但仍无济于事。不幸的是，用于接收指令的低增益天线，在任务早期就发生了故障。1983 年 3 月，海盗监控任务的支持被终止了，而这个最成功的 NASA 行星任务在 5 月 21 日宣布结束。海盗 1 号着陆器已经在火星表面工作了 2 245 个火星日，即 3.3 个火星年[558-560]。

总的来说，海盗号轨道器共返回 52 663 幅图片，绘制了 97% 火星表面 30 m 分辨率的地图，此外还从着陆器转发了 4 500 幅图像，并提供丰富的其他数据。1980 年，着陆器成像小组的组长托马斯·马奇（Thomas A. Mutch）在喜马拉雅山旅行中去世。人们以海盗 1 号着陆器来纪念马奇，为他制作了纪念牌，未来的航天员登陆火星后将会把纪念牌贴在海盗 1 号上[561-562]。2000 年，海盗号项目的首席科学家杰拉尔德·索芬（Gerald A. Soffen）去世，人们以海盗 2 号着陆器来纪念他。

3.13　鸽子，巡视器，嗅探器

在海盗 1 号成功着陆火星以后，JPL 紧接着提出了他们对未来太阳系探测的愿景，其中包括一系列令人惊奇的"紫鸽"任务。与无趣的"灰鼠"科学探测任务相反，这些 20 世纪 80 年代的任务激发了公众的想象力。该计划包括一个利用太阳辐射光压驱动，并在 1986 年与哈雷彗星交会的探测器；一个利用雷达对金星进行测绘的轨道器；一次任务实现土星环绕探测和土卫六大气进入着陆探测；一次"小行星之旅"；一个进入环绕木星轨道并对木星最大的卫星伽倪墨得斯（木卫三）进行硬着陆的探测器，以及一个重启月球探测的无人基地。这些计划中，只有金星雷达测绘轨道器和土星轨道器得以实施。土星环绕探测和土卫六大气进入着陆探测就是后来的卡西尼 – 惠更斯（Cassini – Huygens）任务，从概念提出到目标实现用了将近 30 年时间。对于火星探测，"紫鸽"计划在 1981 年或 1984 年发射两个着陆器，每个着陆器均携带两个远程遥控的巡视器。巡视器将在两年内行驶 1 500 km。巡视器质量约 200 ~ 250 kg，将搭载一台相机、一个机械臂及用来进行地质化学和生物学分析的设备，巡视器间将协同工作[563-564]。

事实上，在 20 世纪 70 年代初科研人员就提出发射几个巡视器来跟进海盗号着陆器的建议。在当时，最显而易见的选择是对已有的备份系统进行改造，以适用于第三个轨道器/着陆器，这个新任务的发射时间最早可在 1979 年。海盗 3 号着陆器的有效载荷包括新的生物学设备，这些设备将研究之前探测器探测到的潜在生命反应的特性。当人们意识到海盗号有足够的拓展能力来携带一台巡视器时，在 1973 年提出的方案包括：1）一个移动范围为 100 m 的小型系绳的巡视器，对着陆发动机影响之外的区域开展试验，对远距离的目标进行立体成像，并采集样本用于分析研究；2）或者一个 100 kg 的巡视器，通过一个可折叠的桁架将巡视器安装在着陆器顶部，着陆后桁架展开，巡视器能够自主行走几千米。除了携带分析样品的设备以外，巡视器上的相机将可以通过观察静止的着陆器周围的地平线，来辅助识别周围的地形特征。在德国 MBB 公司的帮助下，马丁·玛丽埃塔公司(Martin Marietta)对巡视器的构型进行研究，并组建起了一个 30 人的团队从事该项目的工作。虽然有人建议欧美合作实施这次任务，但是 NASA 和 ESRO 之间好像没有对此进行任何官方的联系[565-567]。海盗号无法移动的事实重新激起人们对巡视器的兴趣。马丁·玛丽埃塔公司针对 1981 年的发射窗口提出了一项不同寻常的研究计划，将海盗号备份着陆器的足垫替换为一对由电机驱动可各自独立转动的履带，这套系统具有最大每小时 150 m 的移动能力和 20°斜坡攀爬的能力，以及大约 50 km 的总航程，并会在移动过程中频繁停驶来进行实验。相比于更加小型的自主巡视器，这个计划的主要优势在于整个有效载荷组件在每个研究地点均可以开展探测[568]。

"紫鸽"伽倪墨得斯(木卫三)着陆器

20 世纪 80 年代的任务考虑使用总质量达到 400 kg 更大型的自主巡视器。备选方案包括一个安装在电机驱动履带上的桌子大小的巡视器，以及一个铰接式车体的六轮巡视器。由同位素温差电池(RTG)驱动的巡视器将在无需地面干预的情况下完成自主导航、检测和躲避障碍、识别有科学价值的地点并进行初步分析[569-571]。此外还对一些更简单的方案进行了研究。特别是由于发现稀薄的火星大气可以产生强风，所以研究了一个极其简单的"火星球"的可行性。"火星球"是一个类似于沙滩排球一样可充气的巡视器，可以像风滚草一样随风而动或者利用搭载的系统在其行进方向上实现多自由度的推进和控制，以此实现巡视器在火星表面的滚动。它可以简单地通过放气的方式停留在感兴趣的位置进行探测。"随风而动"版本的巡视器直径大约几米，可以携带 30 kg 的有效载荷。有效载荷位于质心，可能包括一个取样器。火星球由法国人发明，在 JPL 进行研究，并于 1985 年交于亚利桑那大学的学生开发。作为与 NASA 的合作任务，一个探测器运送多个火星球的计划在 1979 年由法国提交给 ESA，但是并未获得资金支持[572-575]。

一种完全不同形式的自主飞行器可以在空中勘察火星。1975 年，NASA 德莱登飞行研究中心（Dryden Flight Research Center）的戴尔·雷德（Dale Reed）在一个与行星探测无关的课题中开始进行高海拔空气采样项目的研究。一个叫做"迷你嗅探器"（Mini – Sniffer）的小型无人机随着 SR – 71 间谍机以 3 马赫的速度在超过 30 km 的高空飞行并采集空气样品，以评估大型超声速客机可能在平流层飞行排出的尾气对臭氧层的破坏。无人机的机翼是为了适应高空极其稀薄的大气（或者用工程术语来说，低雷诺数）而专门设计的。由于吸气式发动机在稀薄大气中工作需要安装大型压缩机，为了避免这个问题，无人机配备了一台"厌氧"肼发动机，它利用肼经过催化床分解释放的气体来驱动活塞发动机。在连续使用几个小时后，催化剂将会开始释放阻塞阀门的颗粒并降低发动机效率，为了解决这个问题，雷德向曾经在航天器上使用过肼分解系统的 JPL 求助。由此，人们认识到迷你嗅探器可作为海盗号之后的火星飞行器的潜在可能。事实上，地球上 30 km 海拔处的空气密度与靠近火星表面的空气密度相似，而且在火星的 1/3 重力下，飞行器不需要很高的速度来产生升力，因此所需的能量也更少。计算显示，迷你嗅探器可以在火星持续工作 40 小时，飞行 8 000 km[576]。由于迷你嗅探器低升力和高阻力的设计造成的空气动力学损失将导致性能的下降，因此 JPL 资助发展科学公司（Developmental Sciences Inc.）进行新机身的设计。这台 300 kg 的"航天飞机"为了在火星飞行专门设计了一个大展弦比的机翼。机翼上共有 6 个铰链连接点，相邻铰链点之间间隔 3 m，使它可以存放在海盗号的减速伞内，并可以展开成 21 m 的机翼。机身由一台电动的或肼驱动的发动机、一个牵引式螺旋桨、燃料箱和舱体等组成，舱体装有电子仪器和 40 ~ 100 kg 的科学载荷，其中包括一台安装在机身下方透明圆罩中的半球视场的 12 cm 分辨率相机。此外，机身上还安装了两台海盗号着陆发动机吊舱，以确保软着陆和可能发生的数次垂直起飞。飞行器可以在其航线上抛下地震检波器、气象站、甚至是小型巡视器。这个任务需要使用航天飞机（人们乐观地认为航天飞机的运转周期为一周）在一个月的窄窗口内发射 3 个运输探测器，运输探测器携带由 12 架飞行器组成的"空军"。运输探测器将进入一条近火点 500 km、周期为 24 小时的环火轨道，并按照要求逐一定向释放飞行器。在进入大气层时，减速伞将会打开，飞行器利用降落伞减速下降，展开其 6.35 m 长的机身及机翼，并在此时启动发动机，释放降落伞并开始巡航。虽然在高度 7.5 km 以下都是可行的，但是这个任务将主要在海拔约 750 m 处执行，并将持续 7 ~ 31 小时（取决于发动机、载荷质量和停泊次数）。在这个过程中飞行器将飞行长达 10 000 km，并进行磁场、重力场和地质化学研究，分析火星大气，拍摄高分辨率图像，并寻找地下水、地热区域及活火山存在的证据。在导航方面，飞行器将使用惯导系统、雷达测高计及地形避障系统。通信将完全通过运输探测器。在飞行结束后，飞行器将着陆在火星表面并工作直至寿命终止[577]。为了测试着陆策略，NASA 对一架滑翔机进行了修改，使它的水平尾翼可以在低空"弹出"，使机翼进入严重失速状态，以使飞机在近乎垂直的情况下坠落[578]。但是，NASA 最终决定将重心放在其他优先项目上，而搁置了火星飞机概念。

此外还进行了利用为金星任务研制的先驱者号平台来开发低成本火星轨道器的研究，

并提出了两个先驱者火星任务的基线。其中一个是使用穿透器在多个地点进行表层和次表层的研究，另一个是对跨越火星的大气和表层运动进行在轨观测。矛状穿透器的设计是为了高速撞击并嵌入到深层地下。这项技术已经由美国军队开发完成，被用来部署敏感的地震检波器网络以暗中监视军队移动和秘密地下核试验。火星穿透器将利用美国原子能委员会的桑迪亚实验室(Sandia Laboratories)已开展的研究项目，此项研究的目的是将核弹头高速送入地底深处，使核弹头可有效地用于地堡等"难以击毁的目标"，同时(或者说因此人们相信)可以使放射性尘埃和污染最小化。从 20 世纪 60 年代开始，桑迪亚实验室已经利用上千种不同尺寸和质量的"地面动力学"飞行器进行过试验，到达速度接近 1 km/s；到了 20 世纪 70 年代中期，这项技术已经足够成熟，可以用于行星探测。在撞击时，穿透器一分为二，安装有天线和数据传输系统的后半部分留在表面，而安装有探测设备并用绳拴着的前半部分进入约几米深的地下。每个穿透器将携带一个记录撞击时的动态响应的加速度计、一个地震检波器及其他分析土壤组成的设备。包括电子产品、同位素温差电池能量电源及其他设备等在内的所有硬件都需要设计保证可承受 1 800 g 的冲击过载。一个小型的穿透器甚至被设计成可以在海盗号着陆器下降过程中释放，并且携带有探测近次表层地下水的设备。1975 年，美国国家科学院的空间科学委员会推荐将穿透器列为海盗号之后最高优先级的火星任务。穿透器的一个重要优势在于可以到达火星高海拔地区，例如塔尔西斯(Tharsis)火山群的侧翼，而常规着陆器由于缺少足够的大气减速难于到达这些区域。由艾姆斯研究中心、休斯公司(Hughes)和桑迪亚实验室共同设计的"先驱者号火星轨道器"携带 6 个罐子，每个罐子将向极地令人感兴趣的分层地形发射一枚穿透器[579-581]。先驱者号金星轨道器仅需要进行简单的修改就可以执行气体测量任务。它将进入一条椭圆轨道，轨道的近火点尽可能地深入大气层中，以测量电离层和高层大气的组成和热平衡，以及与太阳风间的相互作用。当位于近火点时，一台伽玛射线光谱仪将会收集火星表面的元素丰度数据[582]。其他研究选项包括发射一个携带多个小型硬着陆器的先驱者号平台舱，以及一个携带探测水沉积设备的轨道器[583]。

　　虽然火星采样返回将会是无人任务的最终挑战，但是最终带回地球的样品可能少到只有几克。人们研究了两种返回地球的方案，一种使用单个航天器，而另一种使用两个航天器。在这两种方案中，航天器携带样品从火星起飞后都将进入环火轨道。在单个航天器的方案中，航天器将在环火轨道上等待数百天，直到返回窗口出现后返回地球，但是这种方案需要在火星上着陆部分的质量很大，可能重达海盗号着陆器的 5 倍。在另一个方案中，携带样品的航天器将与另一个实施"逃逸机动"的航天器对接。这种方案将极大地减少需要在火星上着陆的质量，然而，由于地火之间通信延迟长，将需要一个无需地球干预的可靠的交会对接系统。两个航天器的方案具备一定的灵活性：如果无法在同一个窗口内发射第二个航天器(如采样航天器)，那么可以待后续再发射；实际上，虽然采样航天器需要等待交会对接的时间越长，运管费用就越高，但是也可以为了减少高峰期的资金需求而推迟发射第二个航天器。一旦回到地球，样品将交由顶尖的实验室，对样品的化学、矿物学和绝对年龄进行鉴定，以更为深刻地理解样品的潜在有机体的历史[584-585]。为防止地球受到传染性的火星生命形式的污染，科研人员对使用在轨隔离设施来接收样品并评估其生物威胁的方案进行了可行性研究。但是研制一个空间站将使得本已相当复杂的任务变得更加复杂，因为这种方案需要给返回器配备用来减速并进入地球轨道的发动机，而不是简单地释放一个高速大气进入的返回舱[586]。

　　然而，这些方案由于两个主要原因都半途而废了。首先，航天飞机旷日持久的研制迫使 NASA 在将近 10 年的时间内从科学项目中拨用资金。另外，无论如何，海盗号未能在火星上找到生命的事实打击了公众对于探索火星的兴趣。

海盗号之后的火星探测任务方案。上图：①由航天飞机在地球轨道上组装的海盗号着陆器的不成熟构想；②JPL 的设想图，由一个类似于艾姆斯研究中心提出的先驱者号火星轨道器的小型探测器携带 6 个穿透器，并有一个穿透器插入极地。中图：③为了移动而配备履带的"海盗 3 号"；④JPL 设计的大型履带巡视器的模型。（图片来源：NASA/JPL/加州理工学院）下图：⑤作为火星飞机计划基础的迷你嗅探器 3 号高空无人机；⑥基于海盗号的火星采样返回探测器

3.14 金星舰队

在 1978 年的金星窗口至少进行了 4 次发射，美国和苏联各两次，总计达到非常可观的 10 个探测器。

在金星 4 号和水手 5 号造访金星后不久，渴望进入行星探测领域的戈达德航天中心开始研究包含一个金星大气进入舱的低成本任务，但是因为 NASA 总部想让戈达德航天中心专注于空间科学的其他领域，而将这个项目转给了艾姆斯研究中心。其实，艾姆斯研究中心在 20 世纪 60 年代就开始进行行星进入舱的研究，并且在 1971 年 6 月开展了 PAET 试验（行星大气验证试验），该试验中一个原型机从亚轨道飞行再入地球大气，测试行星探测任务的大气进入舱将如何采集科学数据[587]。为了与它的太阳和行星探测器命名方法保持一致，艾姆斯研究中心将新的项目命名为先驱者号金星探测。最初的建议是在 1976—1977 年的窗口发射两个独立的平台舱，每个平台舱携带 4 个大气进入探测器以确认云层的组成及从高空到金星表面的大气组成和结构。另外一个轨道器将随之在 1978 年发射，目的是确认高空大气层和电离层的结构、其与太阳风的相互作用、行星尺度的大气特性及金星的重力场。此外，这个轨道器将协助对天体伽玛射线爆发的方向进行三角测量[588-590]。

几乎与此同时，欧洲的行星科学家开始研究一个金星轨道器的建议书。在 ESRO 仅仅因为预算的原因而拒绝了 MESO 的水星任务建议书后，MESO 意识到可以使用美国的德尔它火箭以较低的价格将携带约 80 kg 有效载荷的探测器送到金星，实际上，艾姆斯研究中心也是出于这个原因而在其任务设计中使用了该火箭。ESRO 给德国和意大利的公司发布了初步研究的合同，这些公司分别基于太阳神号探测器和 SIRIO 试验通信卫星提出了简单的自旋稳定探测器。原先的计划是在 1972 年完成可行性研究，并在 1973 年完成预算决策。然而，在 1972 年 4 月，NASA 和 ESRO 召开了一次空间科学项目合作的会议，议题之一就是欧洲参与先驱者号金星计划。在预期分工破裂的情况下，NASA 将提供平台舱并交付给 ESRO，ESRO 将安装任务系统，装配科学设备（由美国和欧洲科学家提供），进行确认和验收测试，之后将航天器返还给 NASA 进行发射和飞行控制。共同分担成本是为了让每个组织机构都能更容易地获得资金。但是在 1973 年 2 月，就在 ESRO 将要通过预算的时候，NASA 告诫除非美国国会批准先驱者号金星任务，否则自己无法保证会参与这个项目，而对于国会来说这并不是一个迫在眉睫的决策。由于项目悬而未决，ESRO 将资金分配到了其他地方[591]。

NASA"推销"先驱者号金星任务的困难之一在于这个任务获得激发公众兴趣的成果的可能性不大。不过，项目最终在 1974 年 8 月获批。当时，在不同窗口分别发射大气进入探测器和轨道器的想法在一次审查中被驳回，新的计划是在 1978 年间隔几个月发射一个轨道器和一个携带几个探测器的平台舱。休斯公司(Hughes)赢得了这个自旋稳定航天器的供应商合同[592]。节约预算的方式是最大化两个航天器之间的共同点（平台舱多达 78% 的系统和结构部分是相同的）及尽可能地使用以前任务的组件。虽然最终选择了宇宙神 – 半人马座火箭而不是德尔它火箭，但是宇宙神 – 半人马座火箭放宽了质量限制，从而允许探测器系统采用更廉价的技术。此外，该项目没有建造任何原理样机或备用探测器[593]。整个项目的成本被控制在相对低廉的 2 亿美元。两个探测器均使用的直径为 2.53 m、高为 1.22 m的鼓状平台舱，它来源于休斯公司一颗成功的通信卫星。

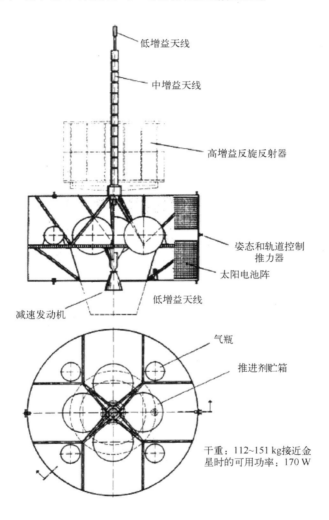

由德国 MBB 公司向 ESRO 提交的金星轨道器的线条图（图片来源：ESA）

对于轨道器而言，一台推力为 17.8 kN 的 Thiokol TE – M – 604 固体火箭安装在平台舱的推力管中，用于实施轨道进入机动，这是首次为了这样的目的而使用该火箭。由星敏感器和太阳敏感器进行姿态确定，由 7 台 6.5 N 的推力器执行姿态控制。这些推力器的推进剂为总计 32 kg 的肼，装载在一对贮箱里，其中包括为了可能的拓展任务而预留的超过 6 kg的推进剂。这些推力器还将执行行星际巡航的中途修正和环绕金星的轨道维持。设备支架通过 24 个支柱连接在推力管上，搭载了所有的电子设备、大部分的科学设备、一个数据存储系统及在探测器进入行星阴影区时使用的可充电电池。在其他情况下，鼓状舱段上 6.4 m² 的圆柱状太阳电池片可以提供最多 312 W 的功率。在鼓状舱段的顶板上安装有星图仪、一个装有磁强计的 4.78 m 长的可折叠悬臂、一个装有直径为 1.09 m 的抛物线型高增益天线的 2.99 m 高的消旋桅杆、一台备用的高增益天线及一个全向天线。第二个全向天线安装在平台舱的底部。通信系统可以按照要求以 10 W 或 20 W 的功率进行传输。总发射质量为 553 kg[594-596]。轨道器共携带不少于 12 台科学设备。一台偏振测光计将使用一个直径为 3.7 cm 的望远镜收集金星云层的偏振数据，并使用与木星和土星先驱者任务相同的方式拍摄旋转扫描图像。一台中子和离子质谱仪将在 500~150 km 的高度范围内测量中子和带电粒子的数量。一台 8 通道的红外辐射计将记录 150~60 km 范围内的温度分布曲线。一台紫外光谱仪将测量云层反射的阳光，并研究"灰光"现象。最后一台设备是器上能源需求和带宽需求最大的设备，重达 9.7 kg。这是一台可对云层下方的行星表面性质进行深入探测的 20 W 的雷达系统。

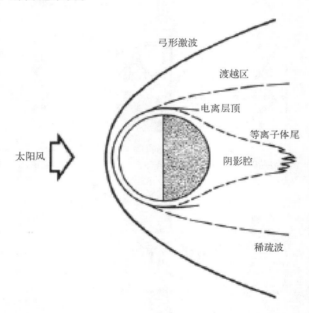

在先驱者号金星任务规划中使用的金星环境及其与太阳风相互作用的模型

在轨道器上安装雷达对金星表面进行测绘并不是一个新想法。NASA 早在 1959 年就分派过相关研究的合同，JPL 也考虑过一个适用于水手 A 飞掠之后任务的雷达系统。相关技术在 1964 年就已进入实用阶段。考虑到平台舱、雷达系统和轨道的技术约束，预计可以获得 15~20 km 表面分辨率的金星图像，在近金点将获得更高的分辨率[597-598]。1964 年12 月 21 日，美国军方首次发射了绝密级雷达侦察卫星，代号为翎管(Quill)。这颗卫星虽然成功运行了几天，但得到的数据无法被充分的使用，尤其是在应对如移动的船只和军舰等目标时缺乏有效性，无法支持其所采用的雷达技术用于未来的飞行任务[599-600]。在整个20 世纪 60 年代和 70 年代，地基雷达已经完成了金星部分表面的探测，分辨率最高可达10 km，展示了一系列射电明亮的区域，如麦克斯韦山(Maxwell Montes)等高海拔地形、弐

先驱者号金星轨道器在肯尼迪航天中心的航天器总装厂房中为发射做准备

伊亚山(Theia Mans)和瑞亚山(Rhea Mans)等可能的火山结构及一些看起来像是撞击坑的圆形结构[601]。苏联的轨道器也在金星表面双基地雷达测绘方面进行了有限的试验。此外，ESRO 也设想过在其金星轨道器上安装一台雷达测绘仪。

　　先驱者号金星轨道器上的雷达也由休斯公司负责制造。它使用一个小型的直径为 38 cm 的天线进行两种模式测量：在测高模式中，它将实时测量轨道器距离下方金星表面的高度；在测绘模式中，它将补偿探测器的复杂运动，并将对正下方 7 km×23 km 的椭圆形区域进行探测。当轨道器在椭圆轨道上运行进入金星 4 700 km 的范围内时，雷达将在测高模式下激活，并在接近到 500 km 时切换至测绘模式。由于探测器以 5 rpm 的速度自旋，所以雷达将大约在每 12 秒的旋转中工作 1 秒[602]。轨道器携带的设备还包括一台磁强计、一台太阳等离子体分析仪、一台带电粒子分析仪、一台电场探测仪、一台电子温度探针及两台用于检测天体伽玛射线爆发的光电倍增管。按照惯例，还将开展天体力学试验及近金点时的气动减速测量[603]。

　　881 kg 的携带多个探测器的平台舱和轨道器类似，但是没有轨道进入发动机、数据存储系统和高增益天线，取而代之的是一对分别装在顶板上和底板上的全向天线及一个中增益喇叭天线。面积减少至 5. 22 m² 的太阳电池片提供 214 W 的功率。顶板上安装有 4 个大气进入舱及它们的连接和释放系统。大气进入舱包括 1 个安装在平台舱自转轴上的大型探测器、3 个相同的但小得多的以 120° 为间隔分布在舱板外围的小型探测器[604-606]。

　　316. 5 kg 的"大型"探测器包括一个直径为 79 cm 的锻造钛球形外壳、一个铝和碳酚醛的宽为 142 cm、前锥角为 90° 的锥形隔热罩及一个装有聚四氟乙烯窗口的芳纶尾盖，聚四氟乙烯窗口可以透波，用来传输数据。为了应对金星低层大气的外部压力，探测器内部利用氮气加压至 2 000 hPa,而在 1 cm 厚的外壳里面是一层 2.5 cm 厚的热控用聚酰亚胺材料及为科学设备、蓄电池和 10 W 发射机提供支撑的铍支架。外壳上留有一些孔,以容纳 8 个用于热控的工业蓝宝石设备窗,以及 1 个从品质不足以用作珠宝的南非褐色钻石上切割下来的窗口。其他两个入口的目的是让大气气体进入设备。在外壳的外侧是一系列叶片,其布局被设计成可以让探测器在下降过程中以约 1 rpm 的速度自旋,此外还有阻力板及降落伞固定装置。直径为 3.6 m 的主降落伞首先在无横向风的肯尼迪航天中心航天器总装厂房中进行了下落测试,这是世界上最高的封闭式建筑之一。然后,通过从一架 F - 4 幻影战机将试验飞行器抛下的方式,以高达 0.8 马赫的速度对整个降落伞系统进行了测试。最终,通过一系列高空气球抛落试验对全尺寸系统进行了验证[607-608]。器上包括 7 台设备:一台基于海盗号的气相色谱仪将在下降过程中的 3 个点分析大气样品;此外,一台中性质谱仪将在 67 km 至金星表面的范围内不间断地监视大气。在它的控制系统中,所采用的英特尔 4004 微处理器标志着 NASA 首次在行星探测任务的设备上使用了单片机;一台使用

包含多个探测器的先驱者号金星探测器在做发射前准备。可以明显地看到大型探测器和三个小型探测器中两个的锥形隔热罩

置于气流中的热线温度计、压力应变传感器及多种加速度计的大气结构探测设备被用来生成温度、压力和密度的分布数据；一台美国和法国联合制造的浊度计将确定垂直方向的大气结构，以证明微粒和分层是否存在；热流、云层不透明度及水蒸气密度将由一个 6 通道红外辐射计进行测量，云层颗粒的尺寸和密度将由一台可以检测 0.005 ~ 0.5 mm 尺寸颗粒的激光分光计在多个高度进行测量；穿透不同深度大气层的太阳辐射量将由一台辐射计进行测量，由此确定极高的金星表面温度在何种程度上是由温室效应造成的[609]。每个 93 kg的"小型"探测器包含有一个直径为 46 cm 并利用氙气加压的钛的球形外壳、一个 76 cm 宽的锥形隔热罩及一个铝制的尾盖。由于没有配备降落伞，因此探测器在下降过程中不会抛掉隔热罩和尾盖。为 3 台设备留的孔位于外壳上半球的突起物，并配有弹簧门。大气结构探测设备和浊度计与大型探测器上所用的相同，此外还有一台探测净热流随高度变化分布的辐射计。器上有两个小的钻石窗口及气动叶片，以保证探测器在自由落体过程中旋转，为器上设备提供全方位的视角[610 - 611]。

所有探测器都被设计成可以承受 495℃ 的高温和 115 000 hPa 的外部压力。作为一项需要大量修改的后期增加项，所有探测器都为了一项升温速率试验而在隔热罩中埋设了温度传感器。按照设计，大型探测器可在大气进入过程中承受 400 g 的过载，而小型探测器可承受 565 g 的过载，但是没有探测器为了接触金星表面而进行特别的设计[612]。运载多个

为了测试先驱者号金星任务大型探测器的降落伞系统，在地球上最大的封闭建筑之———肯尼迪航天中心的航天器总装厂房内，释放了降落伞系统模型

探测器的平台舱自身携带有中性质谱仪和离子质谱仪，可以在进入大气破裂前测量高空大气层的组成，这些数据是运载的探测器在低海拔区域获得数据的必要补充[613]。

为了在紧张的行星研究预算范围内研发新的科学设备争取时间，苏联跳过了 1977 年的金星窗口。除了平台舱不进入环绕金星轨道之外，新的任务与金星 9 号和金星 10 号非常相似。在释放着陆器后，探测器将进行飞掠探测[614]，这样做有两个原因：第一，由于 1978 年窗口所需的能量比 1975 年窗口大得多，所以不得不减少科学载荷以携带额外的推进剂，额外推进剂用于质子号火箭的转移轨道机动；第二，也是更重要的一点是，远距离飞掠相比于进入金星轨道可以使平台舱与着陆器的通信时间增长，因此可以传回更多的金星表面数据（最近一次与着陆器失去联系并不是因为周边环境使着陆器失效，而是因为它们的在轨中继卫星飞到当地地平线以下）。按照惯例，同时准备了两个探测器。由于平台舱将不再传回有关金星的数据，它的科学载荷被大量减少，留下的大部分是用来研究深空的仪器，包括多种等离子体和带电粒子探测仪、计数器和光谱仪，以及一台磁强计和一台法国制造的极紫外分光光度计。然而，还是加入了两台新的设备：法国和苏联联合制造的 SIGNE–2MS（俄语的名字是 Sneg："雪"），以及使用了 6 个闪烁装置的苏联的科尼斯装置（Konus）。这些设备将与苏联及美国的探测器和卫星（包括先驱者号金星轨道器）上的类似设备一同对天体伽玛射线爆发源进行三角定位，精度约为 5 角分，并对单次爆发的时间结构和演化进行研究。为覆盖整个天区，每个探测器上携带了两个 SIGNE 探测仪[615]。

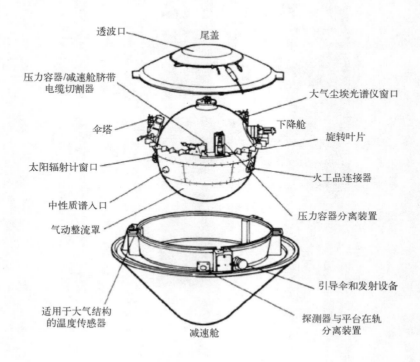

先驱者号金星探测器的大型探测器

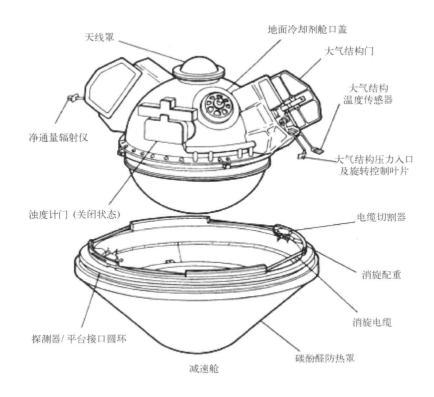

天线罩

地面冷却剂舱口盖

大气结构门

大气结构温度传感器

净通量辐射仪

大气结构压力入口及旋转控制叶片

浊度计门（关闭状态）

电缆切割器

消旋配重

消旋电缆

探测器/平台接口圆环

碳酚醛防热罩

减速舱

先驱者号金星探测器上的一个小型探测器

　　由于金星 9 号和金星 10 号工作得非常好，所以着陆器的设计被保留下来，但是主伞系统从三扇伞衣被砍为单扇伞衣，从而增大下降的速度以适应新的设备。依照惯例，器上携带了温度和压力传感器，以及浊度计和风速计。两台彩色相机的分辨率在 1.2 m 范围内提升到了 3.8 mm（相比于过去的 5.5 mm）。科研人员重新设计了相机的镜头盖，以排除一个反复出现的问题，这个问题分别造成了金星 9 号和金星 10 号上一个镜头盖的卡滞。这次，一个相机将利用透明滤镜进行 180° 的完整的扫描，然后反向使用彩色滤镜进行 60° 的扫描，最后使用透明滤镜完成其余部分的扫描。另一台相机将使用彩色滤镜进行完整的 180° 全景扫描。每个相机的视场中都有彩色标定卡[616]。视场中还有由全俄车辆工程研究所制造的 60 cm 长的 PrOP – V 透度计。这台 2.1 kg 的设备将由一个单折的悬臂降下，利用一个旋转楔子对土壤的物理和力学特性进行测量（使用两个刻度盘显示转动的角度及达到指定深度所用的时间），并由一个传感器对电阻率进行测量[617 - 618]。探测器还携带了三台设备对大气进行研究。"西格玛（Sigma）"气相色谱仪检测硫化物、惰性气体、一氧化碳等。一台全新的 9.5 kg 的质谱仪将确定主要成分中的同位素比例及少量成分的丰度，特别是惰性气体。器上还有一台 10 kg 的大气 X 射线荧光分析仪[619 - 622]。金星 9 号和金星 10 号携带的光度计被一台光学分光仪和光度计的集成设备所替代[623]。伽玛射线光谱仪被一台用来进行土壤分析的更加复杂的设备所替代，这台设备使用一个由巴尔明（I. V. Barmin）

制造的质量为26 kg、功率为90 W的表面钻头从表层中采集样品。虽然这个空心螺旋钻的设计初衷是仅在表面环境下工作几分钟，但是这已经为它钻入几乎任何硬度的岩石3 cm深留出了足够的时间。之后，一系列隔膜将缩回，以利用大气压力推动样品通过管道进入分析室[624]。分析室密闭在一个双层壁的钛容器中，两层容器壁中间夹有可以承受100 000 hPa压力的"吸热"材料，以免危害到主耐压壳体。一旦装满样品，分析室将被密封并降至非常低的压力(与周围环境相比)，之后样品将被两个辐射源照射，其X射线荧光将由放电计数器检测[625]。最后一台设备是"雷暴(Groza)"。这台设备包括一个外置声学传感器和一个直径为25 cm的环形天线，用来检测闪电的低频无线电辐射。此外还考虑过增加一台降落相机，在探测器穿过了云层底部之后的35～40 km高度范围内拍摄金星表面的图像，但是由于稠密大气的光学特性，在1 km以上的高度拍摄表面图像被认为是不现实的，即使是在1 km以下时，拍摄效果也会很差[626]。任务简化的结果是，1978年窗口的两个金星探测器的质量分别为4 450 kg和4 461 kg，都比之前的探测器要轻约500 kg左右[627-628]。

　　第一个上发射台的探测器是先驱者号金星轨道器(也叫做先驱者12号和先驱者金星1号)。它在21天的发射窗口的第一天，即1978年5月20日升空。半人马座上面级将探测器送入范围在0.7～1.3 AU之间的环绕太阳轨道。它将飞行在一条大日心角的行星际转移轨道并缓慢地接近金星，可以使轨道进入的机动量最小。发射后3.5小时，磁强计的悬臂展开，并在第二天完成了高增益天线的首次消旋。同时，通过拍摄地球的新月状图像对偏振测光计进行了测试。6月1日进行了一次中途修正。先驱者号金星多器探测器(也被称为先驱者13号和先驱者金星2号)随后在1978年8月8日发射，即它的27天发射窗口的第二天，推迟一天是由于运载火箭的一个问题。它进入了范围在0.7～1.11 AU之间的环绕太阳轨道，转移速度比先驱者12号更快。8月16日先驱者13号的一次中途修正将14 000 km的飞掠距离降低至要求的碰撞航向[629]。

安装在金星11号和金星12号着陆器上用来测量金星表面强度的PrOP–V设备。(图片来源：VNII–TransMash)

在发射窗口即将关闭之前的 1978 年 9 月 9 日和 14 日，苏联的两个探测器由小幅度更改过的深空质子号火箭完美发射。金星 11 号进入了一个范围在 0.69 ~ 1.01 AU 之间的较为缓慢的环绕太阳轨道，并在 9 月 16 日进行了首次中途修正。金星 12 号进入了一条范围在 0.67 ~ 1.01 AU 之间的更快的轨道，并在 9 月 21 日修正了它的轨道[630-631]。

由于先驱者号金星轨道器是舰队中第一个出发的，因此它也是第一个到达的。12 月 2 日，它调整到了合适的轨道进入姿态，并开始自旋以抵消固体火箭发动机的推力不对称性。12 月 4 日，它在距金星大约 10 000 km 的范围穿过了行星的弓形激波，从地球上看探测器在 UTC 时间 15 时 51 分消失在了金星的边缘后面。7 分钟后，器上轨道进入发动机持续点火 30 秒。由于怀疑固体推进剂发动机在太空中经过几个月之后工作的有效性，当探测器从掩星后出现时，地面在 16 时 14 分发送了一个备用的轨道进入指令。初期的测定轨结果显示探测器的轨道周期是 23 小时 11 分钟，比目标值少了 42 分钟，轨道最低点高度为 378 km，比目标值低了 15 km，但是其他轨道参数都与计划一致，特别是 105°的倾角和 66 900 km 的远金点高度[632]。它是第三个从地球进入环绕金星轨道的探测器，也是 NASA 的第一个。几小时后，探测器的自旋速度被降至 5 rpm。在第二次接近远金点时，偏振测光计拍摄了金星新月状态下的第一幅紫外图像。对于其他设备，只有雷达未能传回有用的数据，这是因为雷达在错误的自转角度被激活，以致于雷达扫描的是星空而不是金星（虽然这个问题在之后被纠正了）[633]。同时，探测器将轨道最低点降到了 160 km 的工作高度。

由于采用了较快的飞行轨道，先驱者号金星多器探测器并没有落后很多。11 月 16 日，大型探测器被释放到一个会将它送至向光面赤道附近的轨道上，在 4 天后，小型探测器在精确的自旋速率和自旋角度下被释放，用来保证他们能够像散弹枪发射出的小子弹一样散开，按照相应的轨道把小型探测器命名为北部探测器、阳照区探测器和阴影区探测器等。最终，在 12 月 9 日，平台舱在到达金星几小时前进行了自己的目标机动。每个探测器均保持静默直到计算的大气进入时间点前 22 分钟，随后一台内置计时器将探测器激活。大型探测器是最先到达的，并于 UTC 时间 12 月 9 日 18 时 29 分发出了第一次遥测信号，小型探测器在 10 分钟后也完成了同样的工作。在 UTC 时间 18 时 45 分，大型探测器以 11.6 km/s 的速度剧烈地进入金星大气层，承受的峰值过载为 280 g，在仅 38 秒内减速到 200 m/s。之后它抛离了尾盖并开始执行降落伞展开序列，该序列以释放消耗殆尽的隔热罩和在海拔高度 64 km 处激活器上的科学设备结束。大气进入后 18 分钟，降落伞被释放，球形的探测器在海拔 45 km 处进入了自由落体阶段。UTC 时间 19 时 40 分，在经过了 54 分 21 秒的持续下降后，探测器在 4°N、304°E 的纳乌卡（Navka）平原以不到 9 m/s 的速度着陆，数据传输随即终止。在预计的大气进入时刻 5 分钟前，每个小型探测器沿直径方向展开了两个相对的 2.4 m 长的电缆，目的是（根据角动量守恒）将之前展开时为了稳定转移而获得的 48 rpm 的自旋速度降低至大气进入所需的 15 rpm，之后电缆均被切断。这些小型探测器经受了更大的过载，之后在大约 70 km 高度处打开了它们的设备窗口并开始数据传输。它们用了 53 ~ 56 分钟到达金星表面。北部探测器着陆在 60°N，4°E 的伊斯塔（Ishtar Terra）高地。阴影区探测器在以 2 m/s 的速度撞击 27°S，56°E 地点之后还继续传输了 2 秒的数据。着陆在32°S，318°E 地点之后，阳照区探测器直到它的内部温度升高且射频放大器失效之前，共进行了不少于 67 分 37 秒的数据传输。当然，不同于苏联的着陆器，先驱者号金星探测器没有携带进行金星表面试验的设备。当阳照区探测器临时的金星表面任务执行到一半时，平台舱剧烈地进入金星大气并传回了 63 秒的环境数据，直到在 110 km 高处解体，碎片散落在 41°S，284°E 周围。在这个过程中，先驱者号金星轨道器处于很好的位置对大气进入点进行了观测[634 - 636]。

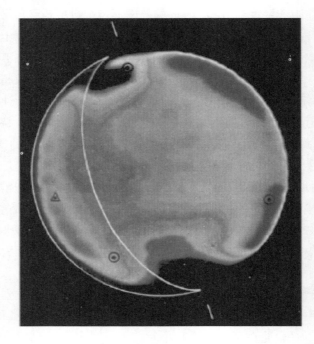

金星的地基红外图，图中显示出了先驱者号金星小型探测器(圆形)和大型探测器(三角形)的进入点。图中还显示出进入时的金星光照情况

平台舱上的光谱仪传回了高度从 700 km 下降到 150 km 范围内高空大气层的组成数据，其中发现了氢、氦、原子氧、分子氧、氮、二氧化碳和碳原子[637]。在 50 km 高度以下，虽然 4 个探测器的进入点之间相差几千千米，但是它们记录的温度分布数据之间相差不超过几度。数据显示高空大气层是等温的，但是在 60 ~ 70 km 高度范围有一个急剧的逆温，可能是由 4 天周期转速极快的高空大气风形成的水平剪切带造成的。温度计和水滴中硫酸之间的化学反应使云层中的测量变得复杂。所有 4 个探测器均在 12 ~ 14 km 高度范围内失去了温度数据，与此同时，其他几台设备也出现了异常，而浊度计记录下了周围环境光线亮度的增加。设备失效的原因尚未有明确的结论，但是曾经有人指出这可能是因为当时正在发生一场全球性的雷暴。测量得到的表面压力在 86 200 ~ 94 500 hPa 之间，而推测的温度范围是 448 ~ 459℃[638]。浊度计识别出了三个不同分层和颗粒尺寸的云层，证实了苏联金星系列探测器在约 50 km 高度处发现的云盖。测量颗粒尺寸的光谱仪同时发现了硫酸以及单体硫的云层，以及一个从云盖下方延伸至 30 km 高度处的薄雾层。光照区探测器

的浊度计还对被探测器自己撞击沉淀物扬起的尘土进行了几分钟的记录[639-640]。辐射计对云层也进行了探测，得到了到达金星表面太阳能量的准确数据[641]。气相色谱仪测量了二氧化碳、原子氮、原子氧、二氧化硫、氩、氖和水蒸气的丰度，大部分与苏联金星系列探测器获得的数据相同。事实上，已知的二氧化碳98%的丰度水平不足以解释金星表面的温度，而探测到的水和二氧化硫补全了大气"失控温室"模型[642]。质谱仪在落至金星表面前，每千米均会吸入一份气体样品，但是在经过一片云层时它吸入了一滴水，而一直到这滴水蒸发前，它挡住了部分气体样品入口。一项特别有意思的发现是金星大气中氩-36与氩-40的比值比地球大气中大得多。氩-40是由岩石中的钾-40放射性衰变产生的。氩-36不能由类似的放射性衰变产生，因此被认为是来自行星凝聚时形成的原始太阳系星云遗迹。地球上较低的氩-36与氩-40的比值被认为是地球大气比地球本身要年轻得多的证据（事实上，目前的假设是地球的原始大气在产生月球的巨大撞击中被摧毁了）。因此，先驱者号金星探测数据表明金星大气的历史非常不同[643]。最后，就像苏联的金星系列探测器一样，为了测量金星的风速，先驱者号进入器一直被跟踪。在中层云层中测量到了200 m/s的风，在云层底部风速减小到了50 m/s，而在靠近表面时只有1 m/s[644-647]。

　　对于两个苏联探测器而言，金星12号由于在一条速度更快的轨道上，所以首先到达。它在12月14日进行了第二次轨道修正，并在12月19日释放了着陆器，之后平台舱进行了偏转机动以完成35 000 km的飞掠探测。在12月21日，着陆器以11.2 km/s的速度进入金星大气，在海拔62 km处打开降落伞，并在40 km处释放降落伞。不幸的是，下降中的过量振动损坏了用于将表面样品传输到分析室的密闭管的密封条。UTC时间3时30分，着陆器在7°S，294°E的福柏区（Phoebe Regio）着陆，当时太阳位于地平线以上70°。着陆器从金星表面创纪录地传回了110分钟数据，但是由于两个相机的镜头盖都未能成功弹出，而且采样系统不可用，获得的结果远远不及预期。虽然工程师们无法确定镜头盖卡滞的原因，但一种推测认为是气体弹射系统的加热器失效，而另一个可能性是由于意外的热膨胀导致镜头盖被密封住了。金星11号在12月17日进行了轨道修正，于12月23日释放了着陆器并建立了飞掠探测状态。着陆器在12月25日早期开始进入大气并于UTC时间3时24分在14°S，299°E着陆，着陆点位于金星12号着陆点以南约800 km。它传回了95分钟数据，传输链路在平台舱飞到地平线以下时中断。令人沮丧的是，金星11号恰好遇到了和金星12号完全相同的问题，未能传回图像数据和采集样品[648-650]。从积极的一面来看，两个探测器的大多数其他设备均传回了较好的数据。质谱仪共吸入了22份气体样品，产生了总计176份光谱。对碳和惰性气体的同位素进行了测量，并且对水、硫及可能存在的氯进行了检测。先驱者号探测器意外发现的氩同位素比例也被证实：测量出的比值接近于1，而地球的氩-40是氩-36含量的300倍。气相色谱仪在65～54 km的高度范围内进行了标定，之后共进行了8次分析，除了微量的硫化物之外还识别出了二氧化碳、氮气、氩气和一氧化碳。由于测量氧的丰度的试验证实被污染了，所以只可能获得氧含量的上限。总体来说，金星号探测器获得的这些数据与先驱者号探测器获得的数据一致性较好。金星12号上的X射线荧光装置在探测器下降通过高度范围60～45 km时被激活，证明这片区域中的气溶胶主要由氯化物和硫化物组成。鉴于没有任何金星 11 号探测器的这个试验结果被公布，也许可以说明金星 11 号的 X 射线荧光装置试验失败了。分光光度计在大约 65 km 的高度处开始工作，结果表明，虽然在金星 11 号着陆点的太阳高度角是 20°~25°，但是只有 3%~6% 的阳光到达了金星表面。此外结果还显示出云层中二氧化碳和水滴对阳光的吸收作用，阳光在 47~48 km 高度处从云层底部显露出来。浊度计给出了与金星 9 号和金星 10 号设备相似的结果。在着陆器下降时，它的平台舱记录到了着陆器上一台振荡器的多普勒频移，随后将其传回地球，用来在整个高度范围内计算风速的分布曲线。金星 11 号获得了一些模棱两可的结果，但是金星 12 号确认了之前探测器的大部分结果，测得高空大气层中的风速是 40~50 m/s。平台舱上的紫外分光光度计对行星圆面沿直径方向进行了扫描，并且记录了高层大气中氢和氦的含量。金星 11 号的雷暴(Groza)试验设备检测到了脉冲电磁场，特别是在探测器下降穿过高度范围 17~13 km 时检测到了 6 次强爆发。强度随着高度下降而降低，表明最远 7 000 km 外有猛烈的雷暴[651]。金星 12 号遇到了更加平静的大气环境。探测器下降过程中的气动噪音使它的声学探测器饱和，但是仍记录下了设备工作及之后表面活动的声音。金星 11 号还在着陆后大约 32 分钟记录下了一次巨大的噪音[652-659]。

金星的重力偏转了金星 11 号和金星 12 号平台舱的轨道，使它们进入一条环绕太阳运行的轨道，两个探测器轨道的近日点距离都是 0.715 AU，远日点距离分别为 1.116 AU 和 1.156 AU。在飞往金星的过程中及飞掠探测之后，两台探测器均使用它们的伽玛射线爆发检测仪得到了爆发现象的相关数据，产生了 143 次爆发事件的详细时间表，并由此编辑出了一份大范围的名录(这种类型中的第一个)。这些数据与高轨地球卫星预报(Prognoz)7 号的数据相结合，对天球中伽玛射线爆发的源头进行三角定位。虽然一些爆发的方向可以被定位在很精确的范围内，但是其中有一次天区搜索未能成功定位爆发源。这次特例是 1979 年 3 月 5 日发生的一次爆发，至少被 9 个苏联和美国的航天器检测到，并且在很小的误差范围内定位到一个位于大麦哲伦星云中令人感兴趣的超新星遗迹，然而人们尚不清楚这个定位是不是仅是巧合。另一方面，科尼斯设备(Konus)的数据拥有足够高的分辨率，可以显示一个紧密星体(例如中子星或黑洞)非常强大的引力场和磁场的"指纹"，并首次提供了可能造成伽玛射线爆发的这类天体的迹象[660-665]。法国的紫外分光光度计通过观测金星进行了标定，并继续收集太阳系内星际介质的莱曼－阿尔法和氦喷射的广泛数据[666]。这些设备都朝向施瓦斯曼－瓦赫曼(Schwassmann－Wachmann)彗星[或者按照其他资料的叫法是布拉德菲尔德(Bradfield)彗星]，但是由于未能对杂散光进行标定，所以无法解读获得的数据[667]。平台舱最后一次数据传输的时间没有公布，但是金星 12 号最后一次伽玛射线爆发检测的时间是已知的，是在 1980 年 1 月 5 日，并且探测器直到 3 月 19 号都在传回分光光度计的数据。金星 11 号最后一次伽玛射线爆发检测是在 1980 年 1 月 27 日[668-669]。

先驱者号金星轨道器在发射后的第二天——1978 年 5 月 21 日进行了第一次伽玛射线爆发检测[670]。它的金星环绕轨道使它在每个周期内两次通过金星的弓形激波，而且随着时间的推移，磁强计观察到电离层如何与太阳风之间相互作用，激波的几何形状如何随太

先驱者号金星轨道器在不同的光照相位拍摄的金星紫外光图像

阳的活动周期而变化，以及勘测到金星太阳风"下游"中的空洞。探测器观察到被太阳紫外线电离后的最高空大气层的氧离子，甚至是弓形激波自身的逆风部分，都会随着太阳风逃逸。事实上，轨道器发现虽然大气中的主要气体是二氧化碳，但是复杂的化学反应使电离层主要由氧离子组成。在背光面也发现了微弱的电离层，向光面产生的离子可以在没有全球磁场的情况下迁移至背光面的电离层。紫外光谱仪观测到了气辉现象，并且第一次在背光面探测到了由于太阳高能粒子与高空大气层中的原子碰撞产生的"不完整的"极光。最重要的发现之一是证实了氢离子和氢原子向空间逃逸，以此推理可知金星大气中（如果不是在金星表面的话）曾经拥有丰富的水，经过了漫长的年代，到达高层大气的水因为太阳紫外线及与太阳风之间的相互作用而被分解。由轨道器上的离子质谱仪和大型探测器上的质谱仪分别在电离层和低空大气层中测得的氘和氢的比值，支持了这项推论[671]。紫外光谱仪在高空大气层中识别出的化合物，可以揭示二氧化硫、水蒸气和硫酸在云层中"硫循环"里的作用。一项有趣的观测结果是二氧化硫的浓度多年来逐渐降低，这可能是由于在探测器到达时活跃的火山活动逐渐趋于平静，或者可能仅仅是因为大气环流变化[672]。电场传感器探测到了可能是与火山喷发有关联的闪电形成的信号，因为翻滚云层中的尘土将变得带电并发生静电放电现象。

虽然受限于操作的约束，偏振测光计仍在不同的相位角拍摄了金星的图像，不仅记录了 4 天高层大气的超旋现象，而且记录下了更长时间内云层形态的变化。望远镜观测者利用紫外滤镜观测到了侧 Y 向的云层样式，并且被水手 10 号清晰地拍摄到，这虽然仍是最重要的气象特征，但它在长约一周的周期内并不是很明显。偏振测定法测量出形成云层的硫酸烟雾中的颗粒尺寸，并指出云层上方存在一层薄雾[673]。红外辐射计直到 1979 年 2 月 14 日失效前一直在提供有关大气层的数据。它发现向光面和背光面的高空大气层的温度非常相近，向光面略微温暖一些，这证实了大气进入探测器得到的结论，即大气层的最高处是等温的。此外，轨道器发现在云顶的上方，极区的大气比赤道的大气更温暖，可能是因为有一层巨大的雾层覆盖了除极区外的所有地区，或者可能是因为一种未知的热量输送机制。一个首次被发现的升至海拔 75 km 的"项圈状"寒冷云层包围着北极，云层中有两个温暖的"眼睛"，分布在极区的两边，并常常由一个 S 型的特征连接。两个"眼睛"是在某些波长下整个金星上最温暖的地区，可能曾是主云盖中的空白区域[674-675]。很多无线电掩星测量是由双频技术完成的。高空大气层被证实是足够稠密的，可通过测量探测器受到的阻力来进一步得到空气的密度和组成[676]。

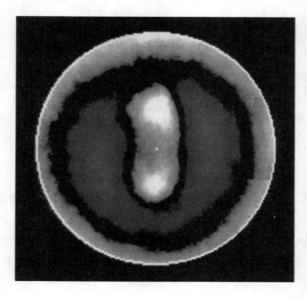

这张图是金星北极红外测量的平均状态，它显示出了神秘的双极涡流，其中两个"眼睛"是在某些波长下大气层中最温暖的部分

环绕金星最初两圈轨道的雷达数据丢失了，而在第 14 圈后设备出现故障，迫使探测活动暂停了较长时间以了解并解决问题。丢失的数据并未能按照计划在 1979 年 9 月恢复，原因是深空网被先驱者 11 号与土星的交会所占用，但是在 1980 年 4 月—1981 年 3 月 19 日雷达失效之前测控一直支持着金星任务。雷达高度计覆盖了 74°N 到 63°S 间 93% 的区域，高程精度优于 200 m，表面分辨率优于 150 km。虽然金星表面几乎是平坦的，只有 5% 的表面区域与金星平均半径相差超过 2 km，但是探测设备展示出以前地基雷达未曾看到过的平原和大陆。引起人们特别兴趣的是阿芙罗狄蒂（Aphrodite）大陆东部的一片直径为 1 800 km 的圆形地形，看起来可能是一个巨大的撞击坑，还有可能是在某些部分深度突然达到 4 km 的一条很长的山谷［后来命名为黛安娜裂谷（Diana Chasma）］。事实上，这是整个金星的最低点，如果能够证明这是一条裂谷，就将是在地球之外的其他行星上首次发现类似于"板块运动"活动的证据。金星上的最高点被确认是麦克斯韦山脉（Maxwell Montes），比平均半径高出约 11 km。即使数据的分辨率很低，也可以清楚地看到这是一个有着阶地、支脉山脊和雷达探测明亮山峰的复杂地形[677－679]。受限于操作的约束，雷达测绘仪只能在 50°N 到 20°S 范围内传回数据，尽管它 20～40 km 的分辨率与地基雷达在某些特定区域能达到的 1 km 分辨率相比较低，但是它对地基雷达无法探测的部分区域进行了测绘。虽然依据不同表面单元在雷达波长下的亮度，雷达数据可以将他们识别出来（这个参数不仅取决于地形的剖面和结构，还与组成物质有关），但却几乎不能推断出真实的地质情况。然而，许多赤道区域的地形特征被分类为火山圈，这是一种地球上不存在的地貌类型[680－682]。通过探测器轨道随时间演化情况推断出的引力场分布图说明，伊斯塔（Ishtar）和阿佛罗狄忒（Aphrodite）大陆可能处于地壳均衡状态，在这种状态下金星表面升高是由致密的上层地幔施加的力支撑引起的[683]。

甚至在探测器到达金星之前，NASA 就已经批准了经费，用于将环绕任务的时间由原先的标称 243 天周期（即一个当地年）延长，以此允许进行更广泛的科学监测，并填补任何可能出现的雷达高度计探测覆盖范围的间隙。在最初的两年中，探测器进行了超过 100 次机动并传回了超过 40 Gb 的数据。在 1980 年 7 月 27 日的第 600 圈后，发动机不再被用来维持近金点的高度，而是允许轨道被太阳和金星的引力及太阳辐射光压所扰动。近金点的纬度可以自由的迁移，在 1986 年到达了赤道，之后继续向南移动。同时，近金点的高度从最初的 160 km 提升到了 1986 年 6 月的 2 270 km，之后开始以一定的速率降低并将在 1992 年进入金星大气。由于近金点达到了最大高度，探测器可以穿过弓形激波上游极少探测到的区域，以对多种激波前驱波现象进行研究[684]。允许轨道漂移不仅节省燃料（在这项新的方案开始时只剩下 4.5 kg），而且可以进行"无噪声"的引力场测量。

在环绕金星的过程中，探测器还进行了一系列的天文观测。首先，它观察到在金星与小行星（2201）奥加托（Oljato）会合时发生（很大程度上）的一系列磁场扰动，奥加托是一颗彗尾长达数百万千米的灭绝彗星[685]。之后在 1984 年 4 月，先驱者号金星轨道器在恩克（Encke）彗星到达近日点时对其进行了紫外扫描，并且测量了彗核排水的速率。它在 1985

年 9 月观测到了贾科比尼－津纳(Giacobini－Zinner)彗星,另一个任务①首次对该天体进行就位探测之前[686]。但是恩克(Encke)彗星和贾科比尼－津纳(Giacobini－Zinner)彗星只是一项更令人兴奋的研究的预演,这项研究将使先驱者号金星轨道器在 1986 年再次登上科学界头条。经过计算,哈雷彗星将在 2 月 3 日距离金星 0.27 AU 的地方经过,而且由于它位于 76 年周期轨道的近日点,所以即使 6 天后也还将处于金星天空的有利位置,但是由于它接近与太阳会合的位置,所以很难从地球上进行观测。除了 1 月有 25 天由于探测器到地球的视线被太阳遮挡而无法与地球通信以外,从 1985 年 12 月 28 日—1986 年 3 月 7 日,紫外光谱仪每天都对哈雷彗星进行观测。这次观测填补了其他卫星和空间探测器在哈雷彗星的观测中留下的空白。事实上,2 月初的几何关系使紫外辐射可以显示为一张氢的彗发横跨 1 250 万千米的图片。此外,通过氢离子、氧离子和碳离子的辐射可以计算出在近日点产生水的速率大约是 40 000 kg/s[687-688]。在后面的几年中对其他彗星进行了观测,包括威尔逊(C/1986P1 Wilson)、西川－高见泽－田子(C/1987B1 Nishikawa－Takamizawa－Tago)和麦克诺特(C/1987U3 McNaught)[689]。

如预测的一样,1991 年时探测器轨道的近金点位于南半球并且高度下降至 700 km。原先令雷达重新开机以改善南半球测绘情况的计划显然被搁置了,原因是麦哲伦探测器在 1990 年 8 月 10 日进入了金星环绕轨道,并携带了一台可以对整个金星进行更高分辨率测绘的雷达。1992 年 9 月,先驱者号金星轨道器进行了一系列轨道机动中的第一次,目的是防止近金点降至 130 km 以下,从而在 10 月下旬之前减少大气阻力,而在这之后多种扰动力将再次开始升高近金点高度。但是在第 6 次轨道机动后,剩余的燃料显然太少,以致于推力器排出的大多数是用于给贮箱增压的气体。在 10 月上旬,最后的少许燃料被用来让探测器进入自旋状态。最终的低空轨道提供了独一无二的就位观测大气层的机会。在 10 月 8 日,探测器结束了它的第 5 055 圈轨道,高度降至 128 km 并由于大气阻力而烧毁,结束了 14 年的卓越任务历程[690-691]。

苏联和美国在 1978 年窗口的金星探测任务的结果显示,在 90～70 km 高度范围内有一层薄雾(一层细的烟雾),主云层底部是在 48 km 处,并且在约 30 km 处还有一层薄雾,而在这层薄雾下的大气是清澈的。最不透明的区域是在 50 km 高度处。由于低空大气层是不流动的,所以对流层(大气中的对流部分,在地球上是高度最低的一层)的底面是从云盖的底面开始并向上延伸至高空大气层。在 1969 年,望远镜测量的折射率结果显示大气层中的冷凝物是含有酸的水滴,而事实证明确实如此。硫酸气溶胶是在海拔 60 km 以上的光化学氧化反应的结果。高空大气层中二氧化碳和二氧化硫分解产生了原子氧,原子氧将二氧化硫氧化成三氧化硫,而三氧化硫与水结合形成硫酸水滴。当这些水滴"下雨"并下落时,它们在温度达 100℃、高度约为 49 km 处被分解并产生了三氧化硫,三氧化硫在遇到一氧化碳后重新产生了二氧化硫和二氧化碳,由此形成降雨循环。在低空大气层,温度分

---

① 美国的国际日地探险者 3 号卫星于 1985 年 9 月 11 日与贾科比尼－津纳彗星交会,成为世界上第一个与彗星交会并穿越彗尾的探测器。——译者注

先驱者号金星轨道器获得的一张金星雷达高程图

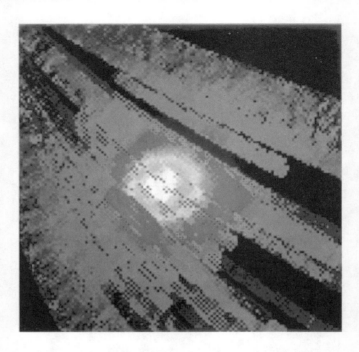

利用先驱者号金星轨道器的紫外扫描构建的哈雷彗星图像。在紫外线区域中，通常的彗星结构(彗发、彗尾等)由一个大的近似球形的氢云表示

布曲线很陡峭，温度随高度增高而下降的速率是 8℃/ km。因此，虽然对于特定的高度，表面温度不论是从南极到北极还是从向光面到背光面都是一致的，但是在最高峰和最低洼地区的地面之间 13 km 的高程范围内温度差异较大。在金星表面没有静态的水。尚存的水仅存于寒冷的高空大气层中，并且由于被光解作用释放的氢原子向空间逃逸导致水含量不断减少。自由的羟基与上升的二氧化硫结合并增强了硫酸的产生。任何到达金星表面的自由氧都将氧化高温岩石，并从大气中消失。回顾过去，20 世纪 50 年代的天文学家难以理解金星上的环境就不令人感到意外了。

3.15 金星的颜色

苏联在 1980 年并未开展任何金星任务，这是它自 1961 年之后仅第三次错过探测机会，但是它为下一个发射窗口准备了两个改进的 4V－1M 探测器。由于科研人员再次决定将环绕探测任务更换成任务周期更长的表面着陆任务，所以平台舱只携带了一个简化的设备套件，其中包括宇宙射线敏感器和太阳风敏感器，再加上新的 SIGNE－2MS 伽玛射线探测仪。澳大利亚制造的设备第一次搭载于深空探测器上。在 1976 年的一次 IKI 负责人对澳大利亚的访问中，双方同意由苏联的探测器在轨进行一项由澳大利亚科学家提出的试验。由于受到可用的研制时间的限制，所以澳方决定对一台为航天飞机携带的空间实验室而研制的磁强计进行改造，并安装在两个探测器一面太阳翼上 2 m 长悬臂的顶端。磁强计将记录行星际磁场结构数据及激波通道数据，并在飞掠过程中研究太阳风与金星电离层的相互作用[692-693]。着陆器经过改造，在它的边缘增加了齿间距 5 cm 的小型锯齿楔，以此提升着陆器的空气动力学稳定性，目的是防止出现在最近任务中造成表面取样回收系统密封条失效的振动情况。包含多种设备的套件使着陆器的质量增大到 760 kg。彩色相机镜头盖的弹射机构被重新设计。钻头和 X 射线荧光土壤分析仪（这台设备之前的工作情况令人失望）被保留下来，其他的还有加速度计、温度和压力传感器、X 射线荧光气溶胶分析仪、浊度计及 PrOP – V 透度计。气相色谱仪已被极大地改进，升级为 Sigma 2。还包括一台重达 9.5 kg 改进的更加灵敏的质谱仪，用于确定氪、氙及氩的同位素，并细化氩相对丰度的测量结果，作为对之前令人惊讶的测量结果的检查确认[694]。雷暴 2 号（Groza 2）包括用来检测日冕放电的新传感器及一台 0.88 kg 的单轴地震检波器，地震检波器通过高精度测量一块电磁铁的竖直位移来检测小到百万分之一厘米的扰动[695-696]。可见分光光度计也进行了改进，可以得到紫外辐射穿透大气程度的分布曲线[697]。VR – 3R 湿度分析仪是一台全新的设备，主要用来测量高空大气层的水分含量，并验证由地面和之前探测器进行的光谱测量的结果[698]。此外，还设计了简单的"Kontrast"试验来评估大气层的氧化特性：在着陆环上安装了一个被化学试剂（一种航天时代的石蕊试纸）浸透的石棉框架。这个框架将被一块金属盖保护起来，以防止与酸性的云层发生反应，但是在云层下方的高温环境中铆钉将融化，使得金属盖可以被气流撕扯掉。着陆后试剂颜色的变化将被其中一台相机记录下来[699]。最后，一个小型的太阳电池板被安装在着陆环上，用以测量到达表面的光照情况。最初的计划是将探测器的目标设定在福柏区（Phoebe Regio）山岭东部、贝塔区（Beta Regio）山岭东南部的平原上，但是在咨询过美国地质勘探局的地质学家哈罗德·马苏尔斯基（Harold Masursky）并研究过先驱者号金星轨道器的雷达数据之后，决定将一个着陆点移到更靠近山岭的绵延起伏的平原地区，这片区域看起来像是古老地壳的一部分[700-701]。总计 4 363 kg 的发射质量中包括了 1 645 kg 的进入舱及其携带的 760 kg 的着陆器。

　　1981 年 10 月 30 日，质子号火箭成功将金星 13 号送入轨道。在 11 月 4 日，金星 14 号发射展开追逐。两个探测器都进入了范围在 0.99 ~ 0.7 AU 之间、周期为 285 天的环绕太阳的轨道。金星 13 号在 1981 年 11 月 10 日和 1982 年 2 月 21 日进行了中途修正。当接近金星时，它的着陆器内部温度下降至 – 10℃，而进入舱在 2 月 27 日被释放。为按计划进行 36 000 km 的飞掠探测；公用舱进行了偏转机动。进入舱在 UTC 时间 3 月 1 日 2 时 55 分开始进入大气层。90 秒后降落伞在 62 km 高度处打开，器上设备开始工作。UTC 时间 3 时 5 分降落伞在大约 47.5 km 的高度处释放。着陆器在 3 时 57 分 21 秒以大约 7.5 m/s 的垂直速度着陆。着陆点位于 7.55°S，303.69°E，高于平均海拔约 1.4 km。此时太阳的天顶角为 36°[702]。表面温度为 465℃，压强为 89 500 hPa，并且有 0.57 m/s 的微风。表面数据传输持续了 127 分钟，几乎是预期的存活时间的 3 倍，并且在此期间，两台相机对它们之间的区域拍摄了 11 幅 180°全景图及 10 幅 60°方位角范围的部分图像。着陆位置看起来是一片在两个低矮山丘之间的略微起伏的平原，在山丘之外可以看到一个更远处的山丘的剖面，山丘的侧面呈纹状和阶梯状。在前方的地面上是浅色的平板状岩石，这些岩石比尘土和岩石碎片的混合物高出几厘米，混合物填补了岩石间的空隙。尘土看起来颗粒非常细。设备读数显示由着陆器的冲击激起的尘土云大约过 40 秒后落地。此外，全部的相机数据不仅记录下了微风吹走落在着陆环上尘土的过程，而且记录下了亮度的变化。随着着陆器着落到的地面变得稳定，图片还显示出着陆器在着陆后大约 50 分钟时轻微地移动了[703 - 707]。

ВЕНЕРА-13 ОбРАбОТКА ИППИ АН СССР И ЦПКС

由金星 13 号上的两台相机拍摄的金星 180°全景图。这片区域平板状岩石较多。地面上可以看到多种探测器的附件，包括 PrOP – V(上图)、抛掉的相机盖(两张图都有)、光度计的基准薄片及着陆环上用于在自由落体过程中稳定着陆器的锯齿形结构。着陆环上还有一个五边形的列宁旗(上图)。(图片来源：Donald P. Mitchell 和 Yuri Gektin)

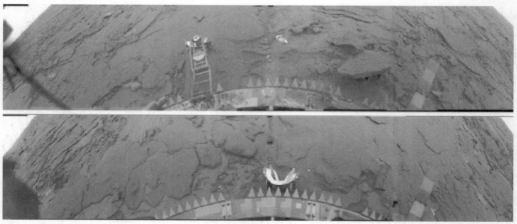

ВЕНЕРА-14 ОбРАбОТКА ИППИ АН СССР И ЦПКС

金星 14 号的两台相机拍摄的金星 180°全景图。这片着陆区比金星 13 号着陆区尘土少得多。在上图中，PrOP – V 直接落在了相机盖上！(图片来源：Donald P. Mitchell 和 Yuri Gektin)

金星 14 号在 1981 年 11 月 14 日尝试进行了一次中途修正，但是由于故障未能成功点火。中途修正重新安排到 11 月 23 日，这次实施获得成功。在 1982 年 2 月 25 日修正探测器的轨道[708-709]。在 3 月 3 日进入舱被释放后，在 UTC 时间 3 月 5 日 5 时 53 分开始进入大气层。降落伞在 5 时 54 分打开，并于 6 时 6 分在和金星 13 号相似的高度释放。着陆器在 7 时 0 分 10 秒着陆在 13.055°S，310.19°E，高于平均海拔 1 km 处，距离金星 13 号大约 1 000 km，太阳天顶角为 35.5°[710]。表面温度是 470℃，压强为 93 500 hPa，风速为 0.37 m/s。它在 57 分钟的表面工作时间内拍摄了 6 幅全景图片，显示出着陆点位于一个几乎没有尘土的 500 m 高的山上，岩石分层情况可能是由重叠的熔岩流造成的，并且露出部分的颜色较浅[711-714]。事实上，两个着陆点的岩石都是一种独特的橘红色。第二个着陆点唯一较大的问题是其中一个抛掉的镜头盖刚好落在了 PrOP - V 悬臂展开的位置，导致透度计测量的是镜头盖材料的强度而不是金星表面的强度[715-716]！大约 10 年后，由麦哲伦轨道器完成的雷达测绘图表明金星 14 号着陆在了一个直径为 75 km 的火山圈地形的东部斜坡上。与此相反，修正后的金星 13 号着陆椭圆位于一个包括两个陡峭火山和一个小型撞击坑的复杂地形区域，这可能可以解释着陆点的尘土和卵石[717]。通过 Bizon - M 加速度计对撞击动力学进行研究，它还得到了下降过程中密度分布曲线的数据[718-719]。钻头系统在着陆大约 1 分钟后开始工作，此时它的组件温度已经稳定。由于钻头系统被设计在 500℃ 下工作，因此它的机械部件之间的公差取值都是为了保证各部件在热膨胀状态下可以良好地协同工作。此外，运动部件均使用二硫化钼进行润滑，二硫化钼可以在 1 000℃ 以下保证润滑效果。1 分钟的钻孔获得约 1 cm^3 的样品，样品在着陆 4 分钟后被转移至聚四氟乙烯涂层的分析室中。金星 13 号上的 X 射线荧光分析仪生成了关于样品元素组成的 38 份光谱，而金星 14 号又获得了 20 份，得到了相似的结果[720-721]。岩石的硬度由 Bizon - M 加速度计的数据、钻头的遥测数据及 PrOP - V 试验装置获得。金星 13 号的 PrOP - V 试验装置穿透进入 31 mm 深的地下。这证明了金星的岩石同如凝灰岩等地球上的火山多孔岩石类似。金星地表的形貌特别是小型岩石的尺寸分布证实了这些测量结果[722-724]。

在进行了详细的分析后，着陆器下降穿过大气层的过程中无线电传输的多普勒测量得出的风速大约是 50 m/s，且高度越高风速越快。在 60~50 km 范围内的云盖有很明显的湍流，振荡幅度达到 2.5 m/s[725]。可见光和紫外分光光度计测量了高海拔区域的水蒸气含量。此外还发现 90% 的太阳紫外线都被 58 km 以上的云层吸收了。金星 13 号和 14 号测得的云层底部高度分别为 49 km 和 47.5 km。首次对云层中的水蒸气同时进行了直接测量和光学方法测量，证实了大气层的确是很干燥[726]。事实上，在高度 50~46 km 范围内工作的湿度分析仪测得的水蒸气体积含量仅为 0.2%。在 62 km 到金星表面范围内工作的浊度计显示出云层中的部分精细结构，特别是刚好在云层底部上方的 100 m 厚的云层[727-729]。金星 14 号的气溶胶分析仪在 63~47 km 高度范围内工作，与金星 12 号的数据相比，此次发现了更多的硫和更少的氯。金星 13 号没有发布这方面的结果，可能是这台设备失效了[730-731]。在大气进入前 4 小时开机完成标定的 Sigma 2 气相色谱仪收集了 58~49 km 高度范围内的样品，并进行了总共 9 次分析，首次识别出了氢分子、氮分子和硫酸分子，以及氯酸存在的线索[732]。质谱仪在 26 km 到表面范围内工作并获得了总计 250 份光谱。一个争议较大的结果是这次测得的氩 -36 与氩 -40 的比值与地球的相似,而不是之前由苏联和美国探测器测得的接近于 1[733]。雷暴 2 号试验设备测量了不同高度的电磁场,但是没有探测到任何闪电和放电现象[734]。麦克风记录了下降过程和表面工作期间的声音,其中包括相机镜头盖落地、钻头工作及样品转移到分析室。其他噪音可能是风掠过表面形成的;相机明确地显示出了着陆环上的尘土移动[735]。超高灵敏度的地震检波器一直到其他设备完成表面活动后才开机,之后它进行了 8 秒的检波。金星 13 号上的地震检波器没有发现任何有趣的结果,但是金星 14 号检测到了两次位移,一次大约是在着陆后 950 秒,幅度不超过 0.000 1 cm,另一次大约是在着陆后 1 361 秒,幅度甚至更低,因此无法判断这些是地震活动、着陆器移动,还是风的作用[736]。最后,“Kontrast“试验发现,地面大气的氧化程度比根据之前探测器测得的氧浓度数据推理得出的氧化程度更高[737]。

与金星的交会将平台舱偏转至范围为 0.715 ~ 1.123 AU 的环绕太阳的轨道。它们利用 SIGNE 设备采集了太阳 X 射线爆发数据,并参与了三角测量伽玛射线爆发的第二个行星际网络,共检测到约 150 次爆发事件,其中很多可以被精确定位[738-740]。金星 13 号和金星 14 号分别在 6 月 10 号和 11 月 14 号再次点火,为在 20 世纪 80 年代中期将要执行的金星 - 哈雷(Vega)任务的轨道机动进行演练,并提供演练的工程数据[741-742]。金星 13 号和金星 14 号分别至 1983 年 4 月 12 日和 1983 年 3 月 16 日,一直在传回太阳风数据,在那之后它们可能被关闭了[743]。

3.16 来自冰冷世界的“紫色信鸽”

1966 年 5 月,NASA、法国国家航天研究中心(CNES, Centre National d Études Spatiales)与阿根廷国家空间研究委员会(CNIE, Comision Nacional de Investigaciones Espaciales)制定了科学合作项目,共同对南半球高空风的环流进行研究。因此,NASA 于 1971 年 8 月发射了 84 kg 的合作应用卫星 1 号(CAS1, Cooperative Application Satellite)。该卫星由法国研制,法国借用希腊神话中风之神的名字将其命名为“风神”(Eole)。卫星运行于极轨道,阿根廷为配合研究,在 3 个月间释放了至少 479 个氢气球,每个氢气球都携带了若干压力、温度传感器及一个转发器。“风神”的任务是统计每轨的气球数量,下传其载荷数据并在数千米范围内测量气球位置,这样就可以检测风的方向和速度。“风神”计划取得了巨大的成功,在 1972 年 12 月最后一个气球被有意破坏后,卫星还对许多航标和船舶进行跟踪,任务一直持续到 1974 年[744-746]。在 1967 年年末,法国科学研究中心(French scientific research center)的高层大气物理科学家,也是曾在“风神”项目中工作过的雅克·布拉芒(Jacques Blamont)提出在金星上开展类似任务的想法。初始概念是设想一个类似于金星 4 号的进入舱,它在金星高空释放 6 个气球。由于气球总质量必须与金星进入舱 300 kg 的载重能力相匹配,因此每一个直径为 2.5 m 的氢气球质量应为 50 kg,包括其充气系统和5 kg 的有效载荷。与此同时,另一个飞行器需要进入环绕金星的圆轨道,从而将气球上的数据转发回来，其工作的时间需要尽可能长。这个项目被命名为"厄俄斯"（Eos），这综合了"Eole"和"Venus"两个单词的缩写，并且参考了古希腊时金星的名字"Eosforos"（意为带来黎明的人）。法国打算在 1966 年协议框架下联合苏联共同实施该任务，这样可以使法国的设备既参与到月球探测，也参与到火星和金星探测。由苏联负责提供运载工具并进行飞行控制，法国负责提供气球及转发所使用跟踪系统[747]。与此同时，苏联工程师正在开展一个质量为 3 000 kg 的进入探测器的概念研究，它能够释放一个 5 kg 的高层大气探测器，一个 400 kg 的中等高度探测器和一个 600 kg 的着陆器，但是巴巴金本人反对这项概念研究，因为其超出了苏联当时的技术水平。20 世纪 60 年代，美国马丁·玛丽埃塔公司和固特异公司（Goodyear）在建造旅行者号金星轨道器的背景下也提出高空气球的想法，固特异公司还计划将气球"身兼两用"，用作进入阶段的充气减速装置和降落伞[748 - 749]。

1972 年，苏联接受了法国的提议，但是因为苏联即将放弃金星 4 号平台而用更大的 4V - 1 代替，因此他们建议与其释放一堆小气球，不如用新的进入舱释放一个大的航空漂浮观测站（PAS，法语 Plavalyuschaya Aerostatnaya Stantsiya 的缩写）。当苏联人建议取消轨道中继卫星时，法国人提议是否可以用 NASA 的先驱号金星轨道器作中继，可苏联人并不感兴趣。法国人又提议采用地球上的射电望远镜组成观测网络来跟踪气球，定位精度约 6 km。然而，由于如此规模的观测需要全球不间断进行监测，这涉及到大规模国际合作，苏联还是决定不取消轨道器。此后，项目计划于 1981 年发射两个航天器，一个进入金星环绕轨道，另一个携带进入舱进入金星大气层。进入过程和金星 9 号比较相似，不同点在于当巨大的降落伞展开时，装载气球（气球折叠收拢在长 1 m、直径为 50 cm 的容器内）和氢气瓶的吊舱将被打开。气球在缓慢下降过程中进行充气，气球充满气后直径为 9.5 m，体积超过 3 500 m³。气球使用多层的特氟龙材料以抵抗酸性云层；利用铝材料来反射热量；利用聚酯纤维材料进行密封；利用凯芙拉材料来提高刚度。气球布厚度需要小于 0.1 mm，质量轻于 50 g/m²。气球一旦充气完成后，降落伞和空的氢气瓶都将被丢弃，这使气球能够升到 55 km 的工作高度。此工作高度是经过权衡后得到的：高于此高度，气球则需要加强以防在高空低气压的环境下爆炸；低于此高度，气球则需要承受更高的温度环境，两者都会使气球质量增加。探测器总质量为 600 kg，包含 20 kg 科学载荷、140 kg 吊舱、35 kg 气球、15 kg 绳索、55 kg 压舱物和 300 kg 降落伞、充气系统及氢气瓶。气球计划在金星背光面的边缘附近释放，然后会被金星上的高速环流风吹到向光面一侧，将离开能够与地球通信的区域。为了使气球探测器在寿命期内至少有两次机会能够出现在与地球通信的半球里，寿命应为 10 ~ 20 天。寿命需求决定了对气体泄露总量的要求，从而决定了压舱物的质量。在整个任务中，包括气球对地球不可见的时间在内，轨道器需要在周期 24 小时、高度介于 1 000 km 和 60 000 km 的轨道上对气球进行跟踪。除了法国提供的"风神"跟踪系统外，轨道器还有约 100 kg 的科学载荷。

项目初始进展的很顺利，但后来法国国家航天研究中心决定参与欧洲航天项目重组，撤销欧洲运载器发展组织（ELDO）和欧洲空间研究组织（ESRO），建立唯一的欧洲航天局（ESA），并开始研发阿丽亚娜（Ariane）运载火箭。对于法国来说，这意味着需要增加在新机构中的参与程度，放弃独立发射运载工具的能力，并且缩减科学项目的规模，而法国的运载能力曾经使其成为世界上第三个可独立研发火箭并发射卫星的国家。在 1974 年 10 月，法国国家航天研究中心虽然已经完成一系列飞行充气试验，但还是宣布退出"厄俄斯"计划，并在 1975 年年中彻底停止该计划。寄希望于法国人仍然会提供气球和充气系统，苏联决定继续该计划，但将发射时间从 1981 年推迟，或者在 1983 年(庆祝孟高尔费(Montgolfier)兄弟的"比空气还轻"运载工具首飞成功 200 周年[1])发射，或者甚至是 1985 年[750-751]。

法国"风神"卫星模型，"厄俄斯"方案的雏形，法国 – 苏联提出的通过气球探测金星大气方案(图片来源：Patrick Roger – Ravily)

事实上，苏联还研究了更多雄心勃勃的金星探测计划。在金星 9 号和金星 10 号任务之后，科学家立即宣布后续着陆器任务将致力于金星地震学的研究。这类研究有两个问题：一是着陆器要有较长寿命，至少一个月；二是研究"主动地震学"需要使用炸药，而炸药需要承受发射、进入和着陆阶段的加速度载荷，并经受热环境考核。科学家也考虑过使用类似于金星 4 号的独立进入舱运送一个核反应装置到金星表面来引发地震波，但是国际公约禁止在太空部署原子武器，即使是像这样用于科学目的也不行，于是这个想法就被放弃了。人们把注意力转移到研制长寿命金星探测器(DZhVS, Dolgozhivushaya Veneryanskaya Stanziya)的可能性上来，探测器包括了地震检波器并能工作至少一个月以上。探测器有点类似于杜瓦瓶[2]，外

---

① 1783 年，孟高尔费兄弟在法国将第一个载客气球送上天空。——译者注
② 杜瓦瓶，即热水瓶，保温瓶，利用双层容器保温，现代杜瓦瓶是 1892 年由苏格兰物理学家和化学家詹姆斯 – 杜瓦爵士发明。——译者注

层是承压壳体，内层是仪器容器，内外层之间由真空隔离。为了使探测器能够承受进入和着陆时的减速过载，内层容器采用能够吸收能量的若干金属钛杆连接。然而，内层容器还是有三种漏热渠道：1）连接杆的热传导；2）外层承压壳体的内表面金属升华成气体，破坏真空造成内外层容器之间热对流；3）外层承压壳体的内表面温度升高，向内层容器进行热辐射。实际上，这种设计的金星表面任务不能确保寿命长于 5 天。研究人员也考虑将真空替换成厚厚的气凝胶并增加一个坚固的三水合硝酸锂散热片，该散热片与已经在 4V – 1 金星着陆器上使用过的类似。当时白俄罗斯明斯克无线电电子研究所（Radioelectronic Institute of Minsk）的工程师已经成功研发出用于地质钻井和探矿的耐高温电子元器件，其最高耐受温度可达 250℃，于是人们决定将这些电子元器件用于金星着陆器上，看看它能在金星表面工作多长时间。长寿命金星探测器的最终设计分为两个舱：上舱装载低耐受元器件组成的仪器，下舱为加压舱，装载长寿命的组件和仪器。"常规"的仪器在着陆一小时内进行着陆点初步探测，之后上舱设备关闭，下舱设备启用并开始长期探测任务。下舱使用 RTG 供电，功率 30 W，探测范围将涵盖地震、火山活动、气象学、风噪声、放射性及可见光和红外光的光度变化。着陆器能够和地球直接通信，也可通过环绕金星的轨道器进行中继通信。许多长寿命金星探测器的仪器完成了投产及相关测试，包括耐高温电连接器和电缆、辐射传感器、RTG、地震检波器及一些其他设备。不幸的是，到 20 世纪 80 年代早期，拉沃奇金设计局由于负荷过重，一些长寿命金星探测器的工程师投入到其他项目，比如金星雷达成像轨道器和国际合作的织女星（Vega）任务。尽管长寿命金星探测器没有实际飞行，但为其研发的相关技术用在其他金星探测器（实际上，金星 11 号等任务的土壤采集器和地震检波器都是来源于长寿命金星探测器）和其他航空项目上[752]。

设计用于金星探测的风驱动 KhM – VD 巡视器原理样机（图片来源：苏联全俄车辆工程研究所）

　　全俄车辆工程研究所还进行了某种金星车的初步研究,包括一些基础硬件的选型(例如材料、电机、电缆和润滑系统)。事实上,苏联全俄车辆工程研究所研制出金星着陆器能够携带的 PrOP – V 穿透探测器,用来测量金星车着陆点附近的金星土壤机械特性,以决定金星车如何设计。同时还研究了如何更好地给"金星车(Venerakhod)"供电,由于金星表面光线不足且十分炎热,不利于太阳翼的使用。苏联工程师想出一个办法,使用两个风车和电池来为金星车供电。两个质量约为 160 kg 的原理样机分别于 1984 年和 1987 年完成研制,并在堪察加(Kamchatka)半岛的火山群中完成了测试,但是这些研究都没有促成项目立项[753 – 755]。

参考文献

本章所引用的参考文献附在书后。

1	Stuhlinger – 1970	36	Siddiqi – 2002k	71	Kliore – 1973
2	Perminov – 2002	37	Kraemer – 2000a	72	Sheehan – 1996b
3	Mitchell – 2004f	38	Koppes – 1982k	73	Hartmann – 1974
4	Varfolomeyev – 1998c	39	Harvey – 2007b	74	Dolginov – 1987
5	Perminov – 2002	40	Huntress – 2002	75	Botvinova – 1973
6	Mitchell – 2004f	41	Dawson – 2004a	76	Caroubalos – 1974
7	Kerzhanovich – 2003	42	Kraemer – 2000a	77	Steinberg – 2001
8	Lardier – 1992f	43	Caroubalos – 1974	78	Epstein – 1974
9	AWST – 1971a	44	Perminov – 1999e	79	PoqueÂrusse – 2004
10	Marov – 1974	45	Ezell – 1984n	80	Wilson – 1987i
11	Bertaux – 1976	46	Bohlin – 1973	81	Siddiqi – 2002l
12	Wilson – 1987i	47	Kliore – 1973	82	AWST – 1972a
13	Perminov – 1999e	48	Hartmann – 1974	83	Kliore – 1973
14	Gatland – 1972g	49	Ezell – 1984o	84	Barth – 1974
15	Botvinova – 1973	50	Wilson – 1987j	85	Ness – 1979a
16	Caroubalos – 1974	51	Siddiqi – 2002k	86	Dolginov – 1987
17	Steinberg – 2001	52	Veverka – 1977	87	Wilson – 1987i
18	Epstein – 1974	53	Huntress – 2002	88	Siddiqi – 2002l
19	PoqueÂrusse – 2004	54	AWST – 1971b	89	Kolosov – 1985
20	Wilson – 1987i	55	Huntress – 2002	90	AWST – 1972c
21	Perminov – 1999e	56	AWST – 1971b	91	Wilson – 1987j
22	Gatland – 1972g	57	AWST – 1971d	92	ESRO – 1966
23	AWST – 1971c	58	Perminov – 1999e	93	Kraemer – 2000b
24	Kemurdjian – 1992	59	Gatley – 1974	94	Wolverton – 2004b
25	Kovtunenko – 1992	60	Zellner – 1972	95	Fimmel – 1976a
26	VnIITransmash – 1999	61	Murray – 1973	96	Wilson – 1987k
27	Ball – 1999	62	Pollack – 1975	97	Gatland – 1972i
28	Kemurdjian – 1990	63	Carr – 1976	98	Dyal – 1990
29	VnIITransmash – 2000	64	Hartmann – 1974	99	Fimmel – 1976b
30	AWST – 1971c	65	Arvidson – 1974	100	Van Allen – 1972
31	Perminov – 1999e	66	Born – 1975	101	Judge – 1974
32	NASA – 1971b	67	Veverka – 1977	102	Fimmel – 1976c
33	Ezell – 1984m	68	Barth – 1974	103	Judge – 1974
34	Wilson – 1987j	69	Barth – 1974	104	Gehrels – 1974
35	Gatland – 1972h	70	Pearl – 1973	105	Burgess – 1982a

106	Davidson – 1999c	145	Fimmel – 1976i	184	Butrica – 1996c
107	Dawson – 2004b	146	Kliore – 1974b	185	Fimmel – 1980a
108	Lozier – 2005	147	Chase – 1974	186	Wolverton – 2000
109	Teegarden – 1973	148	Woiceseyn – 1974	187	Dyer – 1980
110	Fimmel – 1976f	149	Fjeldbo – 1975	188	Turnill – 1984c
111	Webber – 1975	150	Fountain – 1974	189	Covault – 1979
112	Fimmel – 1976d	151	Swindell – 1974	190	Elson – 1979a
113	Turnill – 1984b	152	Coffeen – 1974	191	Fimmel – 1980b
114	Cunningham – 1988a	153	Ingersoll – 1976a	192	Wolfe – 1980
115	Wolverton – 2004c	154	Fimmel – 1976j	193	Ingersoll – 1980
116	Schuerman – 1977	155	Fountain – 1978	194	Elson – 1979b
117	Soberman – 1990	156	Ingersoll – 1976a	195	Fillius – 1980
118	Toller – 1982	157	Ingersoll – 1976b	196	Anderson – 1980
119	van der Kruit – 1986	158	Wolfe – 1974	197	Van Allen – 1980
120	Kinard – 1974	159	Keenan – 1975	198	IAUC – 3483
121	Fimmel – 1976e	160	Mudgway – 2001a	199	Simpson – 1980
122	Zwickl – 1977	161	Dawson – 2004c	200	Van Allen – 1980
123	Wolfe – 1974	162	Fimmel – 1976k	201	Trainor – 1980
124	Prakash – 1975	163	Humes – 1975	202	Fillius – 1980
125	Kennel – 1977	164	Wilson – 1987l	203	Null – 1981
126	Null – 1976	165	Fimmel – 1976l	204	Kliore – 1980
127	Cruishank – 1976	166	Smith – 1975	205	Smith – 1980
128	Wu – 1978	167	Mihalov – 1975	206	Acunha – 1980
129	Fimmel – 1976g	168	Fimmel – 1976m	207	Humes – 1980
130	Wu – 1978	169	Swindell – 1975	208	Elson – 1979c
131	Chase – 1974	170	Null – 1976	209	Dobbins – 2002
132	Smith – 1974	171	Baker – 1975	210	Gehrels – 1980
133	Prakash – 1975	172	Duxbury – 1975	211	Judge – 1980
134	Simpson – 1974	173	Simpson – 1975	212	Mudgway – 2001b
135	Van Allen – 1974	174	Fillius – 1975	213	AWST – 1979
136	Trainor – 1974	175	Ip – 1980	214	Ingersoll – 1980
137	Fillius – 1974	176	Null – 1976	215	Judge – 1980
138	Null – 1976	177	Kliore – 1975	216	Anderson – 1980
139	Kliore – 1974a	178	Baker – 1975	217	Wolfe – 1980
140	Fimmel – 1976h	179	Ingersoll – 1975	218	Helton – 1975
141	Cruishank – 1976	180	Smith – 1975	219	Wilson – 1987k
142	McElroy – 1975	181	Peters – 1987	220	Flight – 1990
143	Kliore – 1974a	182	Jopikii – 1995	221	Wu – 1988
144	Ingersoll – 1976a	183	Wilson – 1987l	222	Gangopadhyay – 1989

223	McKibben – 1985	237	Brooks – 2005	251	Marov – 1974
224	Jokipii – 1995	238	Mudgway – 2001c	252	CIA – 1973a
225	Verschuur – 1993	239	Wolverton – 2004d	253	Surkov – 1997a
226	Kayser – 1984a	240	Giorgini – 2005	254	Perminov – 2002
227	Gazis – 1995	241	Cesarone – 1983	255	Mitchell – 2004e
228	Van Allen – 1984	242	NASA – 1971c	256	Wilson – 1987m
229	Landgraf – 2002	243	Gregory – 1973a	257	Siddiqi – 2002m
230	Armstrong – 1985	244	NASA – 1974b	258	AWST – 1972b
231	Anderson – 1985	245	Dixon – 1974	259	AWST – 1972d
232	Armstrong – 1987	246	Perminov – 2002	260	Dollfus – 1998a
233	Anderson – 2001	247	Mitchell – 2004e	261	Perminov – 1999f
234	Nieto – 2001	248	Surkov – 1997a	262	Wilson – 1987n
235	Anderson – 1998	249	Blamont – 1987b	263	Siddiqi – 2002n
236	Nieto – 2005	250	Marov – 1974	264	Lardier – 1992g

第4章 最宏大的旅行

4.1 三辈子的旅行

首批水手任务正在进行，旅行者号火星（Voyager Mars）着陆器显然要在20世纪60年代末才能启动。于是，JPL开始考虑实施领航者（Navigator）任务，该任务将穿越小行星带，探测外太阳系。这种航天器的设计既需要足够的灵活性，以适应行星飞掠或者环绕任务（甚至于运送软着陆器），又要能够获取高分辨率图像并开展多种实验。任务使用推力最大的（也是最昂贵的）土星五号运载火箭，探测器采用核动力，因为行星际转移所需的时间非常长，因此使用常规化学推进进行外行星探测任务并不可行，使用离子推力器连续加速则更为合适。JPL同时与洛克希德公司和通用动力公司签署合同，研究已实现或即将实现的技术能否在1967—1975年间尝试探测小行星带，并在1973—1980年间实施一次木星飞掠任务。通用动力公司提供了四种方案，均采用RTG作为动力，方案覆盖了从简单的携带有限科学载荷的"自旋稳定"方式探测，到复杂的能进行全面探测的三轴稳定方式探测[1-3]。与此同时，人们发现了一种使外太阳系探测任务更为容易，且花费时间更少的方式，引发了行星探测的革命。

到1965年，JPL的轨道工程师认识到如果探测器飞掠金星的轨道参数满足一定条件，就可以利用金星引力飞向水星，于是他们开始着手研究借力飞行技术是否也适用于外太阳系的探测。木星是太阳系内质量最大的行星，其轨道比小行星带远一些，是航天器飞向遥远目标时唯一能够借助的强大引力助推来源。几个世纪以来，人们经常观测到一些彗星因为与木星飞掠距离太近而改变了轨道。高级项目组组长埃利奥特·卡廷（Elliott Cutting）要求研究生盖瑞·弗兰德罗（Gary Flandro）研究其可能性。沃尔特·霍曼（Walter Hohmann），加埃塔诺·阿图罗·克罗克（Gaetano Arturo Crocco），迈克尔·米诺维奇（Michael Minovitch）和克拉夫特·戈瑞科克（Krafft Ehricke）都论述过相关理论，但弗兰德罗实现了这个理论。为了获得一级近似结果，他用相对粗略的方法把一条摄动的轨迹描述成一系列"拼接"的轨道，这些轨道的焦点分别是太阳或者借力的行星。他发现20世纪70年代的后半期有很多通往外行星的发射机会，这是因为外行星的日心经度（heliocentric longitudes）都落在一个相对较窄的弧内。这种排列每隔170年才会有一次，也就是说如果不抓住这次机会，那么下次就要等到22世纪中叶！

三个主要方案被确定下来。第一条轨道的发射窗口在1977年夏末，这条轨道能够飞掠木星、土星和冥王星。事实上，木星-土星-冥王星（J-S-P）任务能够在1986年访问冥王星，比其他轨道到达海王星的时间还要早很多。第一条轨道的另一个好处是与冥王交会时的飞行方向指向太阳向点(solar apex)(太阳绕银河系中心运行的方向)，并带来一个尽早穿过日球层顶的机会(当时乐观估计日球层顶距太阳只有20AU)，而且可以获得星际空间的环境条件。第二条轨道依次飞掠木星－土星－天王星－海王星，与第一方案的发射窗口相同，并全面实现了与每一个"气态巨行星"的系列交会，并于1989年到达海王星。尽管也有可能实现木星－土星－天王星－海王星－冥王星的完整探测，但这种机会每一千年仅有两次。第三条轨道的发射窗口在1979年末，能够飞掠除了土星以外的每一个气态巨行星，因此被称为"木星－天王星－海王星"任务。事实上，后续还存在探测机会，发射窗口在20世纪80年代中期，但早期的发射窗口最适合中型运载火箭。20世纪90年代中期还有几次发射机会，届时木星将回到相同的位置，但每次发射仅能与一个外行星交会。相比与"弹道"轨道，借力飞行轨道会大大缩短到达外行星的飞行时间，飞往海王星的时间可以从30年缩短到只有10年，而飞往冥王星可以从45年缩短到9年。另一方面，航天器的环日速度在每次借力过程中都会增加，当其到达外行星时，由于速度太快而无法进入行星环绕轨道，只能进行飞掠探测。由于木星－土星－冥王星轨道和木星－天王星－海王星轨道的飞行时间较短，因此航天器到达冥王星或海王星时依然能够正常工作的概率更大一些，从工程设计角度考虑更有吸引力。木星－土星－天王星－海王星轨道的缺点是航天器需要穿过土星环平面，穿越点位于土星环A环外侧，增加了与土星环物体碰撞的风险，可能导致损坏，甚至摧毁航天器[4-5]。在1965年中期，弗兰德罗将他的发现告诉了JPL首席科学家霍默·乔·斯图尔特(Homer JoeStewart)，斯图尔特将其命名为外太阳系的"大旅行"(Grand Tour)[6]。事实上，克罗克(Crocco)曾于1956年将地球－火星－金星－地球的载人飞行命名为"大旅行"。这也是18—19世纪间北欧上流社会人士进行游学活动的名字，最著名的是1786—1788年间约翰·沃尔夫冈·冯·歌德(Johann Wolfgang von Goethe)在意大利进行的旅行。这个诱人的机会公布于众之后，JPL开始着手确定实施该任务的可行性[7]。

加里·弗兰德罗(图片来源：加里·弗兰德罗)

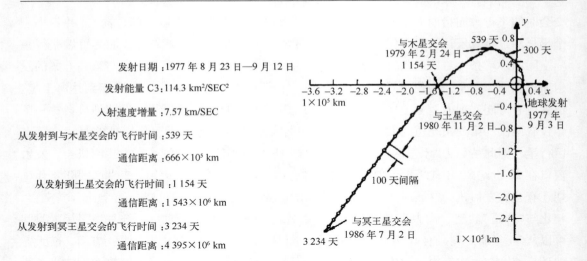

发射日期：1977 年 8 月 23 日—9 月 12 日

发射能量 C3：114.3 km²/SEC²

入射速度增量：7.57 km/SEC

从发射到与木星交会的飞行时间：539 天

通信距离：666×10⁵ km

从发射到土星交会的飞行时间：1 154 天

通信距离：1 543×10⁶ km

从发射到冥王星交会的飞行时间：3 234 天

通信距离：4 395×10⁶ km

加里·弗兰德罗发现的"大旅行"轨道能够在 20 世纪 70 年代末至少发射两个航天器，借助木星引力探测所有外行星，其运行时间比常规轨道大大缩短。在此情况下，1977 年发射的木星—土星—冥王星探测器将于 1979 年访问木星，1980 年访问土星，1986 年访问冥王星。JPL 打算将其定义为首个"大旅行"任务，但是这个任务被取消了。后来，旅行者 1 号实际飞行了这个轨道，不过为了更靠近土卫六，失去了与冥王星交会的机会

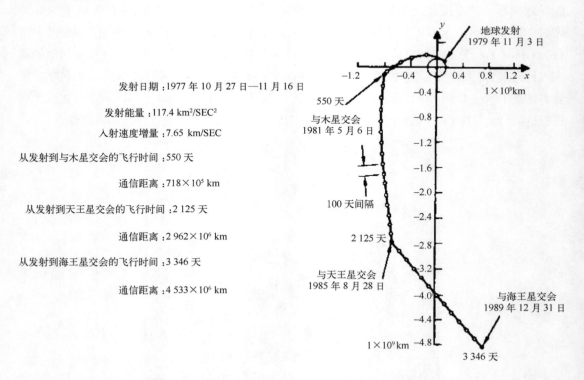

发射日期：1977 年 10 月 27 日—11 月 16 日

发射能量：117.4 km²/SEC²

入射速度增量：7.65 km/SEC

从发射到与木星交会的飞行时间：550 天

通信距离：718×10⁵ km

从发射到天王星交会的飞行时间：2 125 天

通信距离：2 962×10⁶ km

从发射到海王星交会的飞行时间：3 346 天

通信距离：4 533×10⁶ km

木星－天王星－海王星轨道的发射窗口在 1979 年，并将于 1981 年访问木星，1985 年访问天王星，1989 年访问海王星。这将是第二次"大旅行"任务

　　同时，苏联也在进行无人木星探测研究，但不知道是否是由于"大旅行"机会的影响。鉴于苏联航天器的低可靠性并且缺少世界范围的深空跟踪网，其研究自然也就仅仅停留在学术层面上。但在 1971 年 5 月《纽约时代周刊》的一次采访中，苏联科学家仍然吹嘘他们正在研究向气态巨行星投放携带探测仪器的气球的可行性[8-10]。

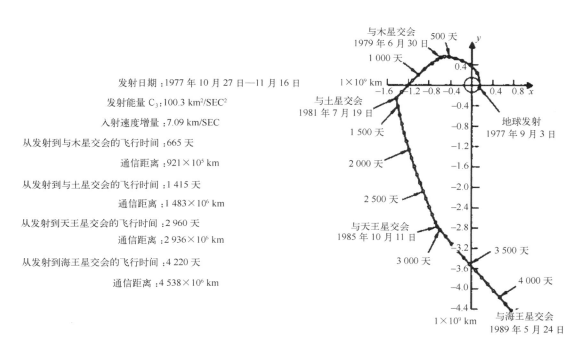

发射日期：1977 年 10 月 27 日—11 月 16 日

发射能量 C_3：100.3 km²/SEC²

入射速度增量：7.09 km/SEC

从发射到与木星交会的飞行时间：665 天

通信距离：921×10⁵ km

从发射到与土星交会的飞行时间：1 415 天

通信距离：1 483×10⁶ km

从发射到天王星交会的飞行时间：2 960 天

通信距离：2 936×10⁶ km

从发射到海王星交会的飞行时间：4 220 天

通信距离：4 538×10⁶ km

1977 年是木星—土星—天王星—海王星轨道的发射窗口，1979 年访问木星，1981 年访问土星，1985 年访问天王星，1989 年访问海王星。一开始没有将该轨道用于"大旅行"方案是因为当时认为这个方案需要航天器运行的时间太长了，但随着事态的发展，最终旅行者 2 号还是按照这个方案进行了探测（修改了部分日期）

　　直到 1968 年，NASA 在仔细计算了运行轨道后才真正开始实施"大旅行"任务。与此同时，水手 4 号于 1965 年对火星的成功飞掠及水手 5 号于 1967 年对金星的成功飞掠，使 JPL 工程师们对研制 10 年或更长寿命的航天器有了极大的信心。NASA 考虑发射两个航天器：一个适用于美国空军的大力神Ⅲ运载火箭和半人马座上面级，再加上一个小型的一次性助推器；另一个是使用土星五号的"中级 20"版，包括标准土星五号的第一级和第三级，外加一个半人马座上面级。相比于大力神Ⅲ能够发射 700 kg 载荷进入"大旅行"轨道，土星五号可发射 4 300 kg。航天器能够保证在"大旅行"任务中长时间运行的前提条件是，探测器上需要有人工智能和高度冗余系统以保证其较强的复原能力。事实上，也是为了深入地应对元器件在极端恶劣的工作环境中失效。这就使航天器的质量比同期的水手号探测器更大，水手号探测器的设计约束是与宇宙神火箭相匹配。选择土星五号看上去更有吸引力，因为它一次就能发射一对航天器。NASA 的三个研究中心提交了建议书。艾姆斯提交了一种类似于先驱者号木星探测器(Pioneer Jupiter spacecraft)的自旋稳定航天器,可以携带一个进入舱到木星,其同类探测器寿命预计约 5 年。马歇尔航天飞行中心(MSFC, Marshall SpaceFlight Center)管理所有载人运载工具(包括土星五号和航天飞机),提出使用航天飞机技术发射系列航天器,在木卫一(Io)和木卫三(Ganymede)释放着陆器,并研究土星环系统。因为这个方案的质量比其竞争对手的方案大四倍以上,所以人们认为这个方案费用巨大,毫无疑问是不可行的[就像运气不佳的旅行者号火星着陆器(Voyager Mars landers)一样],认为其是"浮夸的旅行"而弃之不用。无论如何,因为航天飞机尚不具备在1977 年窗口发射的条件,马歇尔航天飞行中心的方案不得不使用更迟一些的窗口发射,以等待比大力神Ⅲ运载能力更强的运载工具,至少要等到 1984 年 1 月才可能具备条件。更强的运载工具将飞抵海王星的时间缩短至 6 年,代价却是增大了飞掠速度(即使其无意进入海王星轨道),使掠过海王星的观测时间非常有限。现在看来,航天飞机能否在 1983 年或 1984 年尝试如此复杂的发射也是值得怀疑的[11]。

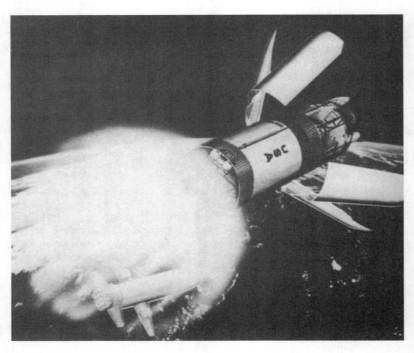

马歇尔航天飞行中心提出的"大旅行"的方案设想由航天飞机运送航天器及专门研发的上面级进入地球轨道,之后由上面级将航天器推离地球。鉴于其巨大的规模和花费,人们批评其为"浮夸的旅行"而弃之不用。

JPL 提出的"大旅行"方案最终胜出,航天器的质量为 656 kg,命名为温差发电外行星探测器(TOPS, Thermoelectric Outer Planet Spacecraft)。它由一个中心平台加一个高增益天线组成,高增益天线在太空展开呈雨伞状,展开直径为 4.3 m,木星附近的数据传输速率为 90 kbps,根据旅程的选项,在海王星或者冥王星附近,数据传输速率为 1.1 kbps。它有两组短粗的桁架结构，每组支撑一对 RTG，科学探测仪器被安放在相反方向的悬臂上，以防护核电池发出的中子辐射影响科学探测仪器。为了使航天器能够对外太阳系的气态巨行星、他们的卫星及行星际空间粒子和场有一个全面的研究，配置质量超过了 90 kg 的科学有效载荷，其中包括：磁强计、等离子体探测仪、辐射探测仪、宇宙射线探测仪、三个不同视角的相机、紫外分光计、红外分光计、光度计、红外辐射探测仪和射电天文学接收机。因为航天器需要在距离地球极远的位置上工作，因此最主要的创新是一台三重冗余票选机制的计算机，命名为 STAR(Self – Testing And Repairing，"自测试并修复"几个单词的首字母缩写)。计算机需要监控内部遥测系统，识别出错误后自动切换到备份系统。1969年，JPL 制造了一台具有三架"面包板"的 STAR 原型机以验证其工作原理[12]。JPL 计划设想于 1977 年发射两个探测器进入木星—土星—冥王星轨道，另外在 1979 年再发射两个探测器进入木星—天王星—海王星轨道。尽管如此，一些有趣的科学事件可能还是观测不到。比如，地球在 1979—1980 年会经过土星环系统平面，届时将是一个利用无线电掩星直接测量土星环系统厚度及组成的好机会，但那时在土星附近却没有探测器。还有，飞掠土星 C 环内侧能够近距离对土星进行观测，但这样不仅使航天器有碰撞的风险，而且会使航天器在飞掠后续探测目标时速度过快至不可接受的程度[13 – 18]。

尽管到 20 世纪 60 年代，阿波罗登月任务的经费已经下调了，但 NASA 的预算也在急剧下降。除此之外，还要将发射海盗号探测器的轨道器和着陆器到火星，因此在 20 世纪70 年代的美国行星探测计划中，"大旅行"只能有两次主要任务，每次任务的预期花费不能超过 10 亿美元。NASA 同时要求美国国家科学院空间科学委员会比较两种任务的优缺点，一种就是包含木星、土星的全部外行星探测的任务，另一种是通过轨道器对木星和土星进行详细探测的任务。在 1969 年，当时 NASA 的预算看上去依然能够同时支持"大旅行"和一个木星轨道器，空间科学委员会建议两个项目都上，并建议在 1974 年或 1975 年发射一个 TOPS 探测器的验证任务，接近木星并借力飞到黄道面之外，之后飞越太阳系极区。在 1970 年 3 月，"大旅行"获得了暂时性的官方的总统签署，而且理查德·尼克松(Richard Nixon)总统在关于美国未来空间计划的声明中有所提及，他被描述为一个能够揭示"外太阳系神秘行星"的任务。但一年之后，空间科学委员会的科学家们和天文学家们为建造一个大型空间望远镜而进行游说(该项目后来发展成哈勃太空望远镜)，导致了"大旅行"任务预算优先级降低至最低级，项目被叫停。空间科学委员会包括主席在内的许多成员，都认为这个任务太过冒险，许多必需技术尚未掌握或仍待验证。NASA 重新对其进行评估，但因为"大旅行"的经费一定会超过 10 亿美元(尽管只占很小的一部分)，这迫使NASA 考虑用一个更简单更经济的水手号级探测器进行木星和土星飞掠探测来取而代之。然而，最终"大旅行"计划还是让位于航天飞机。航天飞机的理念是用较小的运行费用充分弥补高昂的研制费用，它将成为国家空间运输系统(NSTS，National Space Transportation System)，所有现役火箭都将成为历史。但其研发费用之高使得 NASA 不得不放弃其他项目以重新分配资金。到了 1971 年 12 月，航天局同意将"大旅行"计划和"运载火箭核发动机"(NERVA，Nuclear Engine for Rocket Vehicle Application)计划全部取消，后者于 20 世纪

60 年代中期开始,以期望减少载人火星任务的飞行时间。一个月后,仅仅在航天飞机被正式批准的几个星期之后,这个决定被公之于众。NASA 决定取消"大旅行"的另一个因素是该航天器完全由 JPL 内部研发,没有让工业承包商参与进来(也就是缺乏政治影响力)[19-20]。

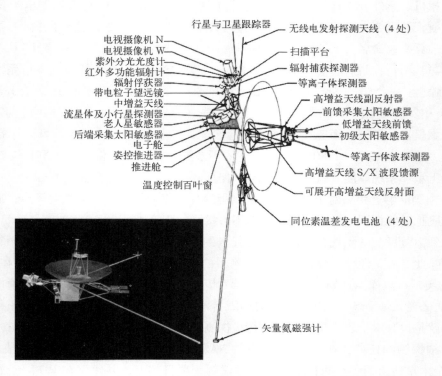

JPL 为"大旅行"任务设计的 TOPS 航天器的示意图

4.2 "大旅行"的重生

JPL 很快从"大旅行"的撤销中恢复,给空间科学委员会提交了一个更加简单、务实并且费用更低的任务建议书。就像它的名字所表达的那样,新的水手木星–土星[Mariner Jupiter –Saturn(MJS)]任务是继先驱者木星飞掠之后,进一步研究木星和土星及其卫星的任务,当时的先驱者号探测器并没有装备用于这种研究的仪器。按照 JPL 的运作风格,将会同时建造两个相同的航天器。和 TOPS 相同,水手号木星–土星探测器将有能力自动处理突发异常情况,因为距离 1977 年的发射窗口还有 5 年时间,研发出一台合适的计算机应该不是问题。基于"大旅行"任务曾获得的支持,JPL 迅速为水手木星–土星任务寻求到了广泛的支持。1972年 2 月 22 日,仅仅在"大旅行"取消 6 周后,空间科学委员会批准了其后续任务,这是经费可承受的一等科学任务。NASA 于 5 月 18 日正式拨款 3.6 亿美元,国会还特别增加了一部分拨款,以能够快速启动[21]。由于继承了水手号和完成设计的海盗号轨道器,该探测器的研发工作相对较为简单。7 月，NASA 邀请科学界为科学载荷提出建议方案，最后在 77 个方案中选出了 9 个科学载荷。1974 年 7 月，增加了第 10 个科学研究有效载荷，研究空间等离子体波，其质量非常小并且能够充分利用原有可用于行星无线电天文学研究的天线系统[22-23]。

1973 年 12 月，先驱者 10 号飞掠木星的事件对水手木星－土星任务的早期设计产生了重大影响，它表明接近木星的辐射强度要比预期高上几千倍。虽然水手号木星－土星探测器不会像先驱者 10 号那样在较近的距离处掠过木星系，但由于工程仅启动了 18 个月，硬件产品还没有生产，使得工程师有机会重新审查电子元器件的设计，并决定安装防辐射板以增强航天器结构分系统的防辐射能力，该分系统已经设计即将交付。幸运的是，预算增加了 1 300 万美元。所有电子元器件都设计成能够承受预期辐射剂量的 2 倍。并且，对一些特别敏感的元器件进行了严格筛查，比如相对较新的用于数据管理系统的集成电路和一些复杂的仪器。这些工作并没有即刻发挥作用，但人们相信对电子元器件的严格把关复查是后来航天器持续可靠工作 30 年的因素之一[24-25]。与此同时，轨道工程师计算了超过 1 万条轨道，以进行全面的轨道优化设计。考虑多种约束条件之后，确定了最具可行性且科学回报率最高的若干条轨道。比如，交会时地球、太阳及探测器的相对位置关系必须要利于通信，如果航天器在太阳的另一侧，此时安排交会则毫无意义。轨道设计不仅要考虑借助木星引力到达土星，而且还要在两个行星系统中尽可能多的近距离掠过它们的卫星，并且除了让航天器飞过行星阴影，还要飞过从地球上看行星的背面，以期进行掩星观测。在某些情况下，还会安排一些卫星的掩星观测。从科学需求考虑，航天器至少需要飞掠木卫一，因在先驱者号飞掠后，木卫一被认为是最有趣的木星卫星，并且不会太过深入地穿过木星辐射带。航天器还要飞掠土卫六，因为土卫六可能具有富含有机物的大气层，而且距离土星环不会太近[26]。

行星排列所提供的机会使得"大旅行"方案具有极大的吸引力而不会被轻易地放弃，轨道的深入研究又带来许多额外的好处。JPL 想要借助"大旅行"任务获得大量的科学发现，因此急于利用木星－天王星－海王星窗口发射一颗或两颗水手号木星－天王星航天器以将进入舱送到天王星或者海王星。但是 NASA 没有采纳这个方案，主要因为这需要额外从空军手里购买大力神运载火箭，而 NASA 希望启动航天飞机的测试[27-28]。

1974 年，JPL 提出了成本更低的方案，在窗口期发射一个水手号木星－土星航天器就能够覆盖木卫一和土卫六的近距离观测，如果成功，将完成项目的所有科学目标。其他水手号木星－土星航天器就可以在木星－土星－天王星－海王星发射窗口发射。这两个窗口都在 1977 年夏天的几周之内。第一个探测器若完全成功，且如果第二个探测器安全抵达土星并保持正常，那么就还可以继续飞往天王星，如果活的更长，甚至到达海王星。尽管 NASA 对这个方案很感兴趣，但它命令 JPL 不要公开宣传这种任务扩展的可能。将第一个探测器送往木星－土星－冥王星轨道也有可能，但由于对冥王星知之甚少，那么对土卫六开展近距离详查则显得更有意义，这将导致航天器向北飞离黄道面，从而失去和更远行星交会的可能。对天王星和海王星探测的机会取决于第一个探测器是否成功，如果失败，那么它的同伴就将尝试飞掠土卫六。

　　尽管人们广泛猜测水手木星－土星任务的两个航天器将是水手 11 号和 12 号，但在 1977 年初，决定给这个工程起个新名字。在工作人员当中征集的名字中，诸如流浪者(Nomad)，朝圣者(Pilgrim)，甚至行星旅行(Planet Trek)都被驳回，最终命名为旅行者(Voyager)。尽管木星－土星－天王星－海王星轨道的发射窗口在前，但这条轨道的运行速度低，因此按照探测器到达木星和土星顺序来命名的原则，先发射的探测器被命名为旅行者 2 号[29]。

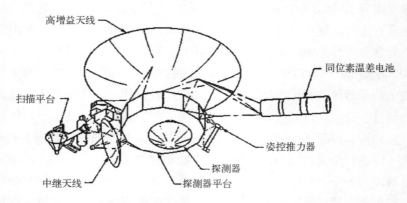

水手－土星－天王星航天器携带天王星进入舱的示意图

4.3　旅行者号的能力

　　旅行者号探测器的主结构单元是十面体的铝制平台，相对面的间距为 1.88 m，高度为 0.47 m。大部分电子元器件和系统都安装在舱内，这样可以有一个良好的热环境，同时也可以避免微流星体和木星强辐射环境造成破坏。探测器中心是一个直径为 71 cm 的球形钛贮箱，可装载 104 kg 肼推进剂用于轨控和姿控，这些推进剂能够提供的总速度增量为 190 m/s。舱体顶部桁架支撑起直径为 3.66 m 的铝蜂窝高增益天线，用于在深空中科学数据和器务遥测数据的下传。探测器早期在地球附近的通信可以使用高增益天线馈源上安装的全向天线。测控发射机可工作在 2.3 GHz 的 S 频段或者 8.4 GHz 的 X 频段。木星飞掠时使用高频段将获得 115.2 kbps 高传输速率，对预定科学成果的实现至关重要，尽管这项技术已经在水手 10 号和海盗号轨道器上进行过在轨测试，但在旅行者号的使用具有试验性质。S 频段和 X 频段的发射机和接收机都是有冗余备份的(一共有 4 台)。500 M 容量的磁带记录仪能够存储 100 张照片或其他数据以传回地球。尽管这个高增益天线已经是当时行星任务飞行中所使用过最大尺寸的天线，但从木星传回的信号功率密度依然只有 10^{-18} W/m^2 量级。为进一步提高通信能力，深空网的天线和放大器都进行了升级以降低系统噪声[30]。

　　研发过程中遇到了较为严重的问题，X 频段系统的一些电子元器件无法获得。与木星交会时还能勉强用 S 频段系统通信，但到达土星时数据率就会急剧减少，更远处能够传回的数据量就更少，以至于拓展任务显得毫无意义。然而在发射前不到一年的时间里，得到了所需的电子元器件[31]。此次危机却给拓展任务带来了良好的副作用：为减少了需要传回地球的数据量，数据管理系统设计了一种专用的数据纠错算法。理论上，这是为防止在土星交会时不能使用 X 频段通信系统所设计的，但这项功能却能够在天王星和海王星等拓展任务中增加回传的数据量也是公开的秘密。

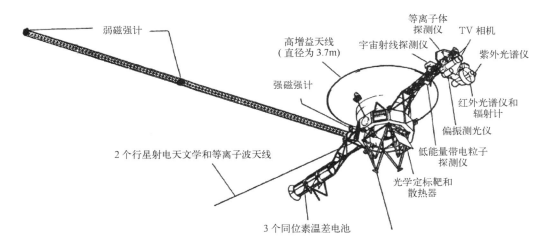

旅行者号探测器主要靠高增益天线来保证与地面的超远距离通信

　　四根桁架将航天器舱体基座与固体燃料上面级相连，相同的发动机在先驱者木星任务中曾经使用过。在 43 秒点火期间，旅行者号航天器将使用自己的推力器进行姿态维持，之后与上面级分离。安装在桁架上的矩形散热器由于具有特殊涂层因而还能够作为科学仪器的校准面板。三根悬臂伸到舱体之外。其中一根用于安装 3 个 39 kg 的钚 RTG 组件，以与舱内敏感电子器件保持一定安全距离。航天器进入太空之后，悬臂的铰链展开 90°。RTG 组件在初期能够提供 450 W 电能，但 5 年后到达土星时，自然衰减到 400 W。与 RTG 悬臂相对的舱体反面安装可展开的长 2.3 m 的碳纤维环氧树脂悬臂，悬臂沿其长度方向安装有一些仪器设备，末端有一个扫描平台，用于成像、光谱、辐射、极化测量设备的安装，这些设备需要有两个旋转自由度以进行观测。靠近 RTG 悬臂的基座安装另一种玻璃纤维环氧树脂的桁架，以压紧形式安装，在太空中展开为具有一定向上倾角的长杆，长约 13 m，将弱磁强计安装于此，使其远离航天器本体。另外在本体外侧展开的还有一对长 10 m 铍铜合金制成的天线，两个天线相隔 90°分布。

　　有别于先驱者号木星自旋式探测器，旅行者号采用三轴稳定的控制方式，高增益天线指向地球。这一控制方式主要应用在成像及其他遥感观测上。然而，航天器有时与星体交会时需要提高对粒子和场的探测效果，航天器会执行一个 360°旋转机动以对周围空间环境进行扫描探测。航天器使用位于高增益天线顶端的太阳敏感器及星敏感器来确定自身姿态。为拓展任务准备的另一项工作是给太阳敏感器安装放大器以提高灵敏度，使得探测器飞掠土星后在昏暗的阳光中也能够识别太阳。探测器使用 16 台推力器来进行姿态控制和中途修正，每个推动器的推力为 0.89 N，在探测器本体顶面和底面以机组形式安装。与 JPL 的传统用法不同，这些发动机使用更高效的单组元肼作为推进剂而非压缩氮气。姿态控制系统需要保证高增益天线的"笔形"波束能严格指向地球,因为在任务的绝大部分时间里,这是唯一的与地球通信的方式,波束宽度需优于 1/6 度,这是相当大的挑战。每一个航天器都有三台冗余计算机,内存为 4 ~ 8 kb:一台解译从地面接收的指令并发送给其他计算机;另一台负责处理仪器设备产生的数据;第三台负责管理并控制航天器姿态和扫描平台。所有计算机都能够在没有地面输入的情况下自主的应对问题而运行。每一台计算机中 1/3 内存可进行在轨重新编程,这种能力也是为扩展任务准备的[32-33]。事实上,在"大旅行"任务取消时正处于研发状态的 TOPS 探测器的大部分技术,都用于旅行者号探测器。STAR 计算机和伞状天线是两个例外,后来,伞状天线技术被 JPL 用于伽利略号木星轨道探测器[34]。

旅行者号探测器在进行发射准备。注意扫描平台处于收拢状态,光学保护罩尚未拆除(图片来源:NASA/KSC)

因为旅行者号是要离开太阳系的,所以它们搭载了地外文明也许能够译出的信息。这些信息以音频或图像的形式刻录在直径为 30 cm 的镀金铜质磁盘上。它被封闭在一个保护套内,保护套上刻有一些符号指示地球相对几颗脉冲星的位置(类似于先驱者 10 号和 11 号的铭牌),附以胶片盒和唱针播放磁盘的使用说明,胶片盒和唱针都提供在内。这个信息放在平台的一侧,同时还有一台超纯铀 238 制成的"任务计时器",通过计算放射性衰变产物的比例来确定航天器旅程的时间,超纯铀 238 的半衰期长达 45 亿年。磁盘中的音频包括 55 种语言的问候,涵盖了人类历史,代表了约 87% 约人口。从古老的阿卡德语(Akkadian)和赫梯语(Hittite)到中国方言和非洲方言，还有精选的 35 种地球上能听到的声音，包括鲸鱼歌唱的声音、海浪的声音、笑声和亲吻声，以及 90 分钟的音乐，包括东方的、西方的、经典的或民族音乐，例如保加利亚的牧羊女之歌(shepherdess's song)、查克·贝里(Chuck Berry)的约翰尼·B·古德(Johnny B. Goode)、莫扎特(Mozart)的魔笛(Magic Flute)咏叹调等。磁盘上的 115 张图像以模拟形式进行编码，并附以如何解码的说明。这些图像包括许多地球美景、动物和人类的各种职业。最后，磁盘刻录了时任美国总统的吉米·卡特(Jimmy Carter)和联合国秘书长库尔特·瓦尔德海姆(Kurt Waldheim)的问候。尽管先驱者号的铭牌受到过于色情、性别主义或种族主义等批评，卡尔·萨根(Carl Sagan)还是肩负起磁盘内容的设计工作，他尽可能选取世界上全部的种族特征作为磁盘照片和信息，并尽量以中性的方式来展示人类性别，但依然受到批评，认为他给出的只是人类充满和平和爱的假象，类似于让人安心的电视商业广告[35-37]。

　　10 种科学载荷的总质量为 115 kg。最重要的是由 JPL 内部团队制造的成像系统。成像系统质量为 38.2 kg，包含一对 800×800 像素的光导照相机。广角相机光学系统焦距为 200 mm、视场角为 3°，窄角相机光学系统焦距为 1 500 mm、视场角为 0.4°。为进行彩色成像并分析大气中的多种化学成分，两台相机都携带了多种滤光镜。广角相机的滤光镜有透明、蓝色、绿色和橙色，还有一种探寻钠元素的滤光镜和两种探寻甲烷的滤光镜(其中之一进行改进以对天王星大气层成像)；窄角相机有两个透明、两个绿色、紫色、蓝色、橙色和紫外线滤光镜[38]。

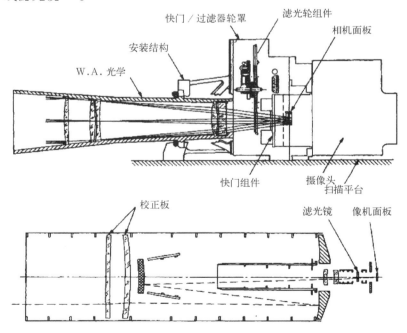

旅行者号相机的光学装置：广角相机(上)和窄角相机(下)。［图片来源：布拉德福德·A·史密斯。转载自史密斯.B.A 等人发表的 Voyager Imaging Experiment，Space Science Reviews，21，1977，103－127。得到施普林格(Springer)科学与商业媒体许可］

　　红外光谱仪能够区分 2 000 种波长，可以分析大气结构和组成，为木星大气而特别定制。它能够识别氢、氦、甲烷、氨、磷化氢、水、碳氧化物、硅的简单化合物和一些有机化合物。它也可以用来研究大气结构，并绘制行星及卫星的温度分布图。红外光谱仪的光学系统使用了直径为 51 cm 的镀金望远镜。为适应远离太阳环境而升级的新型红外光谱仪在即将发射时才制造出来，但由于振动试验没有通过，只好使用原先的设备替代。升级的红外光谱仪直到任务发射 6 周之后才通过了飞行鉴定试验[39]。紫外光谱仪用来研究高层大气区域，以及它们与磁层相互作用的现象（如极光）。安装在扫描平台上的偏振测光计用来测量行星、卫星和环所反射的光强度和偏振状态。10 m 长天线用来进行两项研究：一是利用行星射电天文学组件近距离研究行星发射的无线电。20 世纪 50 年代中期，人们发现木星是一个无线电噪声源，而且发现木卫一围绕木星运转所处的位置会影响木星发出的无线电信号；二是等离子体波探测仪也需要使用这两根天线。13 m 长悬臂安装有若干 3 轴磁强计，一对安装在长度方向的中间位置来测量强磁场，另一对安装在末端测量弱磁场，这样布局将使科学家能够对弱磁场传感器进行校准，不受航天器大量金属产生的剩磁影

旅行者 2 号的火箭气动整流罩合罩。平台侧面的圆形磁盘就是"地球之声"的记录盘

响。科学套件还有三台粒子和场探测设备，分别是等离子体分析仪、低能带电粒子检测器和宇宙射线检测器。像往常一样，航天器的无线电信号有多种用途，既可以为导航服务，也可以测量重力场，并在掩星过程中研究行星及卫星的大气层和电离层[40-41]。

　　每个旅行者号探测器包括燃料和其他消耗品，发射质量为 825 kg，但加上装满燃料的固体火箭发动机后质量为 2 066 kg。它们使用了 NASA 采购的 7 个大力神 ⅢE 火箭 – 半人马座上面级中的最后两组。

4.4　发射和初期的困难

　　三个航天器分别命名为 VGR77 – 1 号、2 号和 3 号，于 1977 年运到卡纳维拉尔角。按计划将发射其中两个，如果有问题可以用第三个替换。如果没有问题，第三个将被分解成零件用作备份。木星 – 土星 – 天王星 – 海王星轨道窗口在 1977 年 8 月 20 日开启并持续 30 天。在 8 月开始的测试中暴露出 VGR77 – 2 号的两台计算机出现错误，因此用 VGR77 – 3 号替换了 VGR77 – 2 号，尽管 VGR77 – 3 号也遇到一些小麻烦，包括由于低能粒子实验仪器部分组件故障而对其进行了更换，但最终这个航天器的所有障碍都被清除准备发射。此外，在发射前几分钟，火箭的一个阀门被卡住，还好及时解决并于 UTC 时间 8 月 20 日 14 时 29 分发射成功，比预定时间晚了不到 5 分钟。几乎同时，JPL 工程师们接到系统报警：运载火箭滚动速度大于探测器陀螺仪的设计量程，陀螺仪在太空中无法使用，从惯性平台输出的结果毫无意义。在停泊轨道停留了 43 分钟后，半人马座上面级开始"逃逸"机动，之后，固体火箭发动机点火以完成分离动作[42]。旅行者 2 号进入近日点 1AU，远日点 6.28AU 的日心轨道，并将于 1979 年 7 月到达最接近木星的位置。

　　旅行者 2 号在发射后几个小时内进一步警告了它的制造者：尽管各种展开机构和天线都成功解锁展开，但唯独没有收到扫描平台悬臂展开到位的信号；另外，在试图轮流使用主发动机和辅助发动机来稳定航天器姿态的过程中，计算机激活了备份姿态控制系统；此外，和其他探测器一样，在任务开始时，星敏感器会被漂浮在其周围的一些绝缘碎片干扰。解决这些问题的新版软件被匆忙编制出来并完成测试，注入到了探测器上[43]。试图使松弛状态的悬臂进入锁紧状态的努力没有成效。对拍摄星空所生成的图像进行仔细检查后发现，悬臂距离其锁定位置 0.5° 以内，表明可以通过晃动探测器使之锁定，传感器也间接证明了这一点。

　　十天后，探测器的主发动机第一次点火进行中途修正，却发现发动机推力值低于技术要求。科研人员通过分析指出发动机"视场"被探测器结构遮挡的情况比预期要严重。以这种糟糕的状态向前推进，推进剂勉强维持到达土星，但无法执行拓展任务。然而，通过优化导航并将飞向土星目标机动的时间提前，从原计划的飞掠木星 70 天以后提到尽可能接近到达木星最近点时刻进行，只有这样才有希望拯救这次任务。此外，还可以调整航天器姿态使星敏感器对准天津四（Deneb，天鹅座最亮的星）来取代老人星以减少太阳光压对其造成的扰动。尽管初期存在这些困难，9 月 2 日前还是把所有设备都测试了一遍，设备均

大力神ⅢE–半人马座上面级携带旅行者 2 号发射

工作正常[44]。

　　与此同时，即将发射的 VGR77 – 2 号进行了一系列硬件和软件修改，尤其加强了扫描平台悬臂的展开弹簧，第二枚运载火箭在发射台就位。发射推迟 5 天以便检查这些修改，即于 1977 年 9 月 5 日发射。然而，大力神第二级火箭燃料与氧化剂混合比出现偏差，故障虽然没有威胁到整个发射任务，但是造成发动机关机时半人马座上面级未达到预定速度。在经过 45 分钟停泊轨道后，半人马座上面级点火进行速度补偿，整个过程额外消耗了 550 kg 的推进剂。这真是千钧一发，当半人马座上面级达到期望速度而关闭发动机时，所携带的燃料仅还够用 3.4 秒。如果大力神火箭的速度损失再略大一点，旅行者 1 号将无法到达木星。此外，如果用这枚大力神火箭去发射旅行者 2 号，而旅行者 2 号的速度要求不同，那么旅行者 2 号将无法进行土星之后的探测任务[45]。旅行者 1 号离开地球进入近日点 1.01 AU、远日点 8.99 AU 的环日轨道，之后将比旅行者 2 号早 4 个月到达木星。吸取了旅行者 2 号的教训，JPL 工程师们在激活旅行者 1 号时遇到的问题少了许多。9 月 18 日，飞行了 1 166 万千米之后，探测器将它的扫描平台指向"家乡"，给地球和月球拍了有史以来的第一张合影。

　　两个航天器都平安进入飞往木星的途中，旅行者团队的心情不错。但是也有一些让人感到不安和悲伤的事情。尽管 7 月伽利略木星轨道器任务的批准使 JPL 不必担心会由于缺少项目而放弃深空探测，但大家还是面临严重的两难选择，除了伽利略和先驱者任务，就只有艾姆斯研究中心管理的金星探测项目，NASA 没有再进一步批准其他项目。此外，10 年间发射了各种美国探测器的半人马座上面级也到了退役的年限，一次性运载工具将让位于航天飞机。航天飞机将开启行星探测任务的下一个时代，用它的有效载荷舱加上第三级固体燃料火箭发送探测器。

1977 年 9 月 18 日旅行者 1 号拍摄的第一张地球和月球的合影照。（图片来源：NASA/JPL/加州理工学院）

两个旅行者号探测器离开内太阳系之后，继续遭遇各种各样的问题。例如：当旅行者2 号抛掉红外光谱仪的镜头盖之后出现短暂姿态失控的情况。12 月，部分粘合材料在深空中遇冷结晶，使反射镜和光学器件产生轻微污染，仪器灵敏度显著降低，为解决这个问题，开启了仪器的加热回路以使污染物蒸发[46-47]。在 12 月 15 日，速度更快的旅行者 1号在距离地球 1.24 亿千米处超越了旅行者 2 号。当时，两颗航天器相距 1 700 万千米。两个月后，发生了更严重的问题。1978 年 2 月 23 日，地面对旅行者 1 号发送指令使其进行一系列回转动作以测试扫描平台的铰链机构，结果铰链卡死。扫描平台的损失对成像任务来说是灾难性的打击。JPL 在地面使用工程样机进行一系列测试后，在三月份命令航天器再对自身平台进行一系列回转动作，开始时进行缓慢的小角度转动，之后进行大角度转动。5 月 31 日，在上次发生卡死的位置没有再次卡死，扫描平台这次看起来表现得不错。这个问题估计是由于小灰尘颗粒污染了执行机构的齿轮而造成的，这些颗粒已经被随后的测试动作压碎或者移除[48]。正当工程师想方设法使旅行者 1 号难以处理的扫描平台恢复正常的时候，旅行者 2 号却遭受了重大创伤。

由于他们的注意力牢牢集中在旅行者 1 号上，JPL 飞行控制人员忘了给旅行者 2 号发送遥控指令。到了 4 月 5 日，因为旅行者 2 号已经持续一周接收不到任何地面指令，"指令失效定时器"警告了计算机，根据预先设置程序，旅行者 2 号认为接收机失效，并将主份接收机切换到备份接收机。然而，备份接收机发生了一个几乎使探测器致命的小问题，其频率跟踪环路电路中的一个电容器失效，接收机无法锁定来自地面的信号。由于包括地球自转在内的多种因素引起多普勒频移，造成接收机接收信号的频率是不断变化的。这个问题在发射机地面测试时就已发现，但并没有完全研究清楚。如果没有此电路，系统只能在很窄的带宽（可被检测出频率范围的宽度）上接收信号，带宽小于标称值的千分之一[49]。工程师并没有太在意这个问题，因为 12 小时后，如果探测器备份还没有接收到任何信号，它会由备份切回主份，事实也的确如此。然而主份接收机被激活不到 30 分钟就遭遇电源短路，烧断了保险丝并彻底失效。如果任务还想继续下去，如果人类还想获得近距离了解天王星和海王星的机会，就不得不依靠旅行者 2 号"五音不全"的备份接收系统。切换到主接收机的 7 天后，由于未曾接收任何地面指令，探测器再次切换到备份接收机。幸运的是，深空网为其发射机开发了可由计算机控制的振荡器，从而能够容易地改变其频率。考虑天线随地球自转而产生的运动，深空网准备了一串指令序列，并以变化的频率发送。在 4 月 13 日，旅行者 2 号终于接收到地面指令。当人们发现不是每条指令都被成功接收时，认识到接收机的频点，也就是窄频带的中间值，会随着硬件温度变化而变化，温度变化主要取决于探测器的朝向和到太阳及附近行星的距离，但最主要还是随着设备开关机的电流负载而变化。当接收机危机慢慢得到控制后，在 5 月 3 日通过一次关键中途修正以瞄准木星的飞掠，探测器的状态逐渐改善。任务还将继续，但与境况不佳的探测器保持通信是一件比想象中要难得多的事情。发射给旅行者 2 号的信号必须考虑到每一个可能产生的频率漂移的因素，包括地球与航天器的相对速度，还有地球自转，仅自转一项产生的频率漂移就是缺陷接收机带宽的 30 倍。JPL 建立了航天器各分系统的详细热模型，以便能够精确预示接收机的温度，准确度在 0.1℃以内。尽管地面持续地监控着实际温度和电流负载，且定期检查中心频点，但通信仍然时断时续[50-51]。问题直到 10 月份才得到彻底解决，即向航天器内存中注入指令序列，后续即使接收机彻底失效，这些指令序列也能够指引探测器完全自主地执行木星和土星"最简版探测任务"。此外，旅行者 1 号在 1978 年 12 月 12 日—14 日间进行了一次模拟演练，包括飞掠木星时扫描平台的全套动作序列，在此之后，对旅行者 1 号扫描平台的担心也被宣布结束。

同时，两个航天器都传回关于太阳风和行星际环境的数据，并完成对太空红外和紫外谱段的观测。他们还安全地通过了小行星带，但与它们的前辈先驱者号不同，它们未安装任何粒子观测仪器，不能对太阳系的这部分空间进行探测[52]。

4.5　木星：环，新卫星和火山

1978 年 6 月，当旅行者 1 号探测器距离木星还有 9 个月的航程时，开始对木星进行成像和射电天文测量。旅行者 1 号拍摄的图像虽然描述了木星大气中相当多的细节，但是效果还是比任务支持中采用地面望远镜监测可见光和红外线长期变化而得到的最佳图像的分辨率低一些。但到了 12 月，探测器拍摄的图像清晰度已经超过了从地球观测到的图像，这些图像被用来详细分析木星大气的特征并确定出即将到来的交会中的最佳探测机会，以便提前进行程序设定。

1979 年 1 月 4 日，旅行者 1 号从"巡航阶段"切换到"观测阶段"，在接近木星的过程中将对其进行定期监测。两天后，探测器开始每隔 2 小时进行一次图像拍摄，使用 4 个滤镜可拍出彩色图像。木星大气与几年前先驱者号探测器到访时相比稍有改变，南赤道带变得更暗，而赤道北边的一些地区变得更加明亮。大气的动态变化远超预期，木星大红斑周围发生了显著的变化。此外，探测器首次获得了关于木星卫星的清晰图像。1 月 22 日，旅行者 1 号首次发现热等离子体流，它以每秒数千千米的速度从木星的磁层逃逸而出，而在接下来的几周内随着探测器更加靠近木星，发现这些流的物质组成开始发生变化：氢离子和氦离子为主的等离子体流中硫的含量逐渐增多。从 1 月 30 日起，探测器开始每隔 96 秒拍摄一张木星图像，共持续 100 小时，形成一部记录木星 10 个自转周期的彩色电影。当月还拍摄了另一部间隔定时影片，影片由每个木星日拍摄一张以大红斑为中心的彩色图像连接而成，其目的是研究大红斑的循环流动。这部连续影像表明许多较小的白斑从东面逐渐靠近大红斑，以 100 m/s 的速度围绕大红斑旋转一周或两周，盘旋每周用时约 6 ~ 7 天，在被截断之前，约一半的小白斑都将被风暴吞噬，而另一半则成功逃逸。这些影像强有力地证明了大红斑的反气旋运动，表明大红斑是一个比周围地区高度高得多的高压区。20 世纪 30 年代首次出现在大红斑南部的 3 个白色椭圆形漩涡也呈现出反气旋运动，暗示着其内部存在螺旋状气流。至少有 4 个细长的棕色斑点（被称为"驳船"）位于北赤道带的南缘附近，沿着西向北气流和东向南气流的分割线分布。红外测量表明，这些棕色斑点是"温和的"，它们在云层中被改变方向并在图像中显示为颜色较深的区域。旅行者 1 号在到达木星之前就已确认，尽管从地球或先驱者号探测器拍摄的低分辨率图像上看，木星大气流动在大尺度上似乎是规则的，但是实际上在低于 1 000 km 的尺度之下却是杂乱无章的[53-54]。

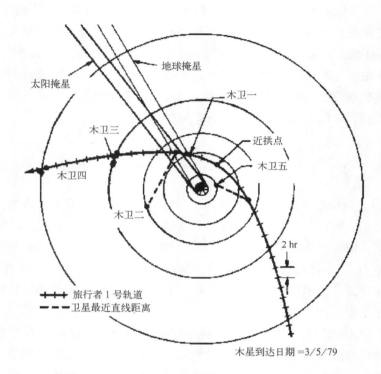

旅行者 1 号通过木星系内部的轨道（木星北极上方视图）

旅行者 1 号于 1979 年 2 月 1 日与木星相距超过 3 千万千米时拍摄的木星和大红斑的图像，
显示了木星大气层纷乱的复杂性

　　旅行者 1 号与木星交会时恰逢先驱者号金星轨道器任务最为繁忙的时候，从地球上看大多数时候木星和金星分别位于天空两侧。但是随着一个航天器"升起"而另一个航天器"落下"，这让深空网的 64 m 天线不间断地对两个航天器进行任务支持，负担过重，因此几乎没有空闲时间用于日常维护、标定和其他的故障处理等[55]。到了 2 月，旅行者 1 号距木星已非常近，以至于行星圆面超出了图像边框，不得不陆续使用 2×2 和 3×3 的图像拼接来记录完整的木星。2 月 10 日，旅行者 1 号穿过了木卫九的轨道，木卫九是一颗距离木星 2 300 万千米的小卫星。三天后，探测器传回了当时行星任务探测史上令人印象最为深刻的图像之一。这幅图像描绘了 2 000 万千米之外木星的南半球，生动地展示了大红斑和途中观测到的木卫一微红圆面上存在的几个模糊的亮白色和黄色斑纹。旁边还可以看到木卫二的白色圆面，几乎没有任何别的特征。与此同时，探测器上的其他仪器也在对木星进行观测。尤其是紫外和红外光谱仪，每天都要对木星圆面和其周围空间进行几次扫描。粒子和场探测设备的科学家们都热切地等待着探测器穿越弓形激波，并随后穿越木星磁层的日子的到来。到二月中旬，旅行者 1 号开始沿着其轨道依次对木星的四大伽利略卫星进行远距离成像。选择此交会轨道的原因之一就是因为它可提供与每颗大卫星之间距离较近的飞掠机会。这些卫星的自转与其公转轨道是同步的，因此有机会拍到最内层卫星的特写镜头，而不仅仅是外层那些轨道较慢的木星卫星，而这些远距离图像在某种程度上填补了历史空白。在飞掠前 60 天到前 12 天这段时间内，探测器一共拍摄了 9 300 张图像。紫外光谱仪意外在木星两极外观测到了壮观的极光大量辐射的现象。同时，等离子波和射电天文仪器观测了带电粒子辐射和甚低频射电爆发，此现象似乎与木卫一的运动有关。

　　2 月 26 日，旅行者 1 号到达了距木星约 100 个木星半径的位置，也就是先驱者号发现弓形激波的地方，但已没有弓形激波的踪迹。此时太阳活动的强度比 1973—1974 年间更为强烈，太阳风的压力不断增强，进而压缩了木星的磁层。在这一位置，紫外光谱仪团队还解开了木卫一的另一个谜题。他们发布消息宣称，自前一年紫外光谱仪距木星 1 AU 时第一次瞄准木卫一后，他们在木卫一的轨道上检测到一个显著的由二次电离硫和二次电离氧组成的圆环与已发现的钠圆环重叠。随着交会时刻即将到来，越来越多的新闻记者和电视台工作人员来到 JPL 进行现场采访[56]。2 月 28 日，终于迎来了万众期待的穿越弓形激波之旅，当时距木星约 86 倍木星半径的位置。根据旅行者 2 号探测器上携带的粒子与场测量仪器显示，从当时到几个月后，太阳风都是相当强烈的。随着磁层迅速地扩张和收缩，接下来的两天内弓形激波来回冲击了旅行者 1 号 4 次，直至探测器与木星距离 56 倍木星半径时停止，该距离只有先驱者号遇到弓形激波时距离的一半。磁层如此狭窄的事实引发了人们对于木星辐射带有可能过于强烈的担忧，尽管探测器具有厚重的屏蔽层及内部安全裕度设计，其上的电子设备及其他部件仍有损坏的可能。

2月13日在2 000万千米处拍摄的木星、木卫一(盘旋于大红斑)和木卫二的壮观画面

3月3日,在距离木星47个木星半径时,磁层顶最后一次冲击了旅行者1号,之后探测器就进入了相对较平静的磁层。几小时后,探测器穿越了最外层的伽利略卫星(木卫四)的轨道,但该卫星当时并没有运行到轨道交会点;探测器与木卫四的最近点是其飞离木星时与木卫四的轨道交会点。到目前为止,木星大卫星中的最佳成像分辨率是每像素200千米,大致相当于从地球上用肉眼观看月球,这样的分辨率尚不足以对这些卫星的地质情况作出重要推论。然而,随着探测器继续接近,木卫一上出现了一些明显的圆形地貌特性,看起来像是撞击坑,还有一个直径超过1 000 km看起来很有趣的心形黑暗的坑,在过去20年的太阳系探测中还没有发现过任何与之相似的特征。3月4日探测器穿越了木卫三的轨道,而与此卫星最近的交会点同样也发生在飞离木星的途中。紧接着探测器在距离200万千米的地方飞越了木卫二,拍摄了整个交会过程中木卫二的最佳图像。从分辨率为每像素40 km的图像上来看,木卫二表面大部分区域为白色的、平淡无奇的且没有撞击坑,这表明其比较年轻;而且整个木卫二的表面看起来似乎纵横交错着上千千米的深色条纹组成的复杂网状结构。但是旅行者1号拍摄的这些图像仅能作为木卫二的"预告片",因为旅行者2号的轨道将更接近木卫二。除此之外,旅行者1号还获得了当时已知的最内层卫星木卫五的图像。当天晚些时候,旅行者1号从860 000 km之外传回一系列木卫一加滤镜拍摄的图像,图像分辨率为每像素16 km。这些图像被组合成一副彩色还原画面并被命名为"披萨",因为图片上鲜艳的红色、橙色和白色斑点使木卫一看起来特别像一张披萨,至少依据美国人对披萨的标准来看是这样的。对于这些地貌特征到底是什么还不清楚。虽然无法识别这些圆形地貌特征是否是撞击坑,但是从图上发现了一些有趣的深色圆形物体。随着探测器继续接近这颗神秘的卫星,每一张新获得的图像都将被仔细地观察和研究。

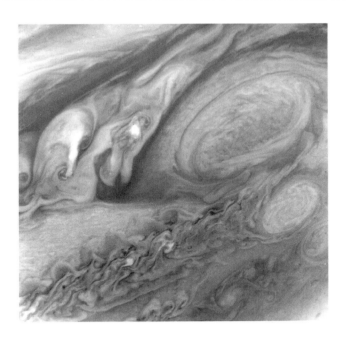

3 月 1 日从 500 万千米外透过橙色滤镜成像，大红斑显示了丰富的细节。可分辨的最小特征约 100 km。特别关注大红斑左侧的湍流区域和紧挨着大红斑南部的白色椭圆之一

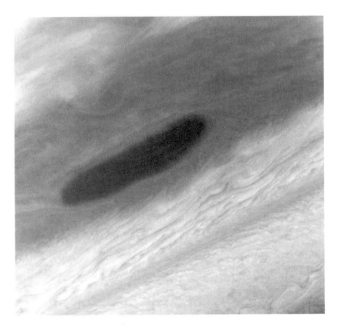

这张图像摄于 3 月 2 日，当时距离木星为 400 万千米，显示了北赤道带较大的褐色椭圆形之一。它有可能是氨云上层的一个洞，其表现为下层颜色较深、化学性质不同而且大气更温暖的景象

　　旅行者 1 号比原计划提前 16 小时 52 分钟飞过木星系的赤道平面。木星周围可能存在木星环的理论是由苏联的天文学家福塞赫斯瓦斯基(S. K. Vsekhsvyatskii)于 20 世纪 60 年代早期第一次提出的,他认为伽利略卫星上的火山会喷发出大量的碎片,其中一些将组成一个受制于木星的彗星族,而其余的碎片将在木星周围形成一个圆环。当先驱者号从距木星特定距离飞掠时曾统计到了带电粒子数目的异常下降,该迹象表明带电粒子受到了未知物体的吸收,可能是卫星或者木星环。提出这一发现的两位先驱者号的科学家建议,当旅行者 1 号通过木星赤道平面时应将相机瞄准木星环所在的区域以观察木星环边缘的状态。除了背景中有许多星体(视场背景中碰巧包含了 M44 星云,又称蜂巢星团)的踪迹外,通过窄角相机在木星边缘和木卫五轨道之间长达 11 分钟的曝光清楚地显示了在木星赤道平面上的一条亮线,相当于一个厚度约 30 km、从云层顶端向上延伸 57 000 km(或者说相当于到木卫五轨道距离的一半)的环。同一时刻拍摄的广角图像,由于辐射的"雾化"作用使其看起来完全是白色的。因此专家们决定对旅行者 2 号的交会程序进行修改从而拍摄额外的图像,以期对全部的木星环进行充分测量和研究。这一发现使得木星成为第三颗已知拥有环系统的行星,因为早在两年前有人通过望远镜发现了天王星的光环,尽管其光环并不十分引人注意。讽刺的是,现在仍然不清楚木星环是否足以导致先驱者号发现的带电粒子消耗问题,也有可能这仅仅是一个非同寻常的巧合。然而,虽然福塞赫斯瓦斯基(Vsekhsvyatskii)正确地预测了光环和火山(至少对木卫一来说)的存在,但实际上他的推理过程却是错误的[57]。

　　旅行者 1 号沿其轨道飞行至距木卫五 420 200 km 时,第一次获得了对这种大小介于火星微型卫星与月球、木星的伽利略卫星或水星等星体之间的中等星体进行观测的机会。除了轨道,人们对于木卫五的其他特性几乎一无所知。根据观测显示,木卫五是一个长约 270 km,宽约 160 km 的细长星体,其表面呈明显的淡红色。即使在每像素 8 km 的最高分辨率条件下,仍然没有获得明显的细节信息。但是在星表发现了类似撞击坑的凹陷和一些神秘的白色斑块。红外光谱仪显示木卫五本身的温度比假如它仅被太阳和木星加热的情况要稍微高一些,表明它有可能从辐射带获取了能量[58-59]。一年后,在仔细审查旅行者 1 号与木卫五交会不久后拍摄的图像时,发现一个微小的黑点,与其相对应的是一个之前未知的直径约 80 km 的卫星轮廓视图。在过去的轨道上偶然拍摄的图像中出现了这个物体和它的阴影。该卫星最初由国际天文联合会(IAU, International Astronomical Union)标记为 1979J2,后来命名为木卫十四(特贝),运行于木卫一和木卫五的轨道之间[60]。于探测器距木星最近点之前 20 小时拍摄的图像中发现了另一颗卫星。最初误认为是木卫十五(一颗将由旅行者 2 号发现的小卫星),但实际上它是木星卫星群中最靠近内侧的卫星,与木卫五相距超过 50 000 km。最初被定名为 1979J3,后来命名为木卫十六(梅蒂斯),其直径约 40 km[61]。UTC 时间 3 月 5 日 12 时 05 分,旅行者 1 号在通过木卫一轨道内侧时,到达了距木星中心 348 890 km 的最近点,探测器从云层顶部上方约 280 000 km 的高度飞过并每隔 48 秒对木星成一次像。借助木星的重力辅助,探测器运行的太阳偏心轨道变为了偏心率为 2.3 的可飞往土星的双曲线轨道。

图中明亮的斜条纹代表薄薄的木星环，由旅行者 1 号采用长时间曝光技术于格林尼治标准时间 3 月 4 日 19 时 12 分 36 秒拍摄而成，是有史以来第一幅展示木星环的图像

　　木卫一的轨道位于辐射带中辐射最强的区域，它与木星之间的"联系"是被称为"流管"的百万安培电流。旅行者任务的规划者决定让旅行者 1 号飞过这种特殊的结构，即使有可能会错过后续的木卫三掩星。尽管使用仪器对这次穿越进行了测量，但是随后的分析表明探测器错过了管道的中心，穿越时的位置距离流管中心约有 5 000 ~ 10 000 km[62]。与此同时，探测器"从后面"快速追赶并接近木卫一，对其后随半球成像。UTC 时间 15 时 47 分探测器到达了与木卫一的最近点，从海拔 21 000 km 的上空通过其南极地区。这是旅行者号探测器在木星系内最接近其卫星的一次，而这次安排也是整个旅行者项目的科研重点之一。近距离观察木卫一给人们带来了极大的震撼。尽管人们预计木卫一的表面是类似月球表面的密集陨石坑，但是以当时最高达到 600 m 的分辨率却无法辨别任何一个陨石坑。进一步证实在远距离观测时被认为是陨石坑的黑点其实是一种迄今未知的特征结构。部分黑点是由中心的小黑点，外围颜色稍浅的斑块和最外层的深色光晕组成。光晕多为扇形，有时也会出现蝴蝶形或是心形。据统计有超过 100 个直径大于 25 km 的类似地貌结构。木卫一表面也呈现大片的淡黄色或白色区域。显然木卫一或者是出于某种原因避免了由于木星引力加速带来的众多陨石的激烈碰撞，之前认为木卫一应该是伽利略卫星中遭受撞击最为激烈的卫星而形成大量陨石坑，或者它的确曾经受到了强烈的碰撞，但在过去的上亿年内却已复原。在成像最佳的图像中发现，似乎存在从一些黑点中向外延伸的蜿蜒流动的流体，表明其表面重构的过程是火山活动的结果。如果真是这样，这些黑点就是类似于美国怀俄明州黄石公园的破火山口，只是面积更大而已。南极附近的层状地形看起来似乎是由一连串火山喷发沉淀所形成的。虽然木卫一表面非常平坦，但山的存在却表明地壳曾经破

裂过,一些大的板块被推升至一定角度。尽管如此,科学家们无法从当时拍摄到的图像中推断出这一活动的发生时间[63-65]。

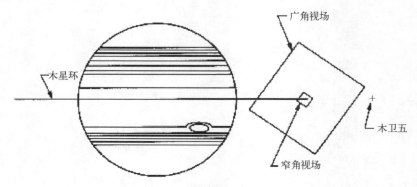

旅行者 1 号对木星环成像的几何图形,其广角帧被辐射破坏

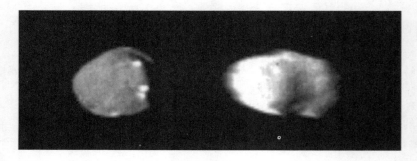

木卫五图像中最好的两张,这颗不规则星体长约 270 km,宽约 160 km

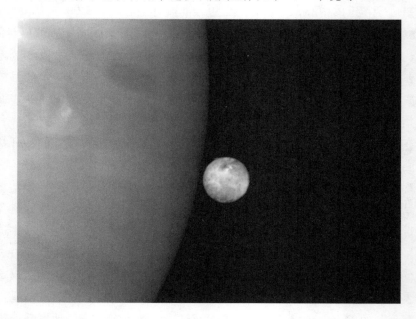

1979 年 3 月 4 日,旅行者 1 号在木星边缘拍摄到的一张木卫一的美丽图像。卫星表面明显能看到一些有趣的黑点

3 月 4 日，旅行者 1 号距离木卫二这颗神秘卫星约 200 万千米时拍摄到的木卫二的图像。
尽管分辨率较低，仍能看到一些深色条纹纵横交错在卫星表面

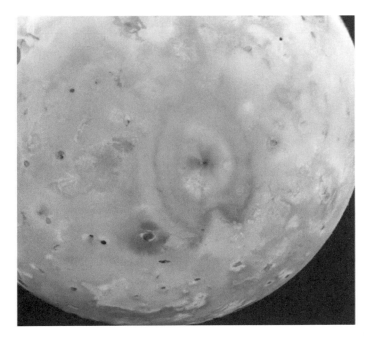

3 月 5 日，旅行者 1 号距离木卫一 400 000 km 时拍摄的图像。当时巨大的心形结构使科学
家困惑了数日，直到确定其来自中心贝利火山喷发形成的高羽流的"余波"

从地球上观察，旅行者 1 号飞掠木卫一之后不到 30 分钟就已通过了木星的边缘。探
测器将发射机切换到强载波信号状态，通过计算并考虑信号会受到木星大气的折射，使探
测器以一定的速度进行转动，从而保持其高增益天线波束能够持续指向地球。这种方式获
取到了电离层和高层大气的数据。大约 53 分钟后，开始进行时长 126 分钟的无线电掩星
实验，探测器进入木星的阴影后，通过仪器扫描其边缘对太阳光的选择性吸收进行测量，
以进一步得到大气成分信息，并推导出独立于无线电掩星实验之外的温度分布曲线，这些
分析基于记录在磁带上随后回放的数据。

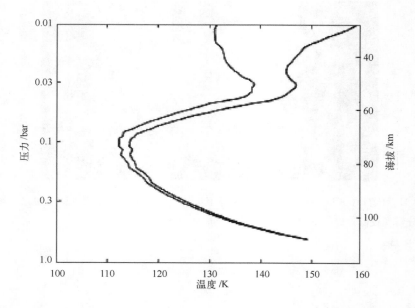

从地球上看旅行者 1 号从背面通过木星圆面又重新出现，对飞行期间探测器的无线电信号进行监测，获得了木星大气的温度和压强分布曲线。图中两条曲线代表的是不同边界条件下的相同数据

当探测器飞行至木星的背光面时，红外光谱仪测量了大气温度，相机拍摄了长时间曝光的图像，这些图像会展示出大量闪电照亮云层的景象及在北极附近神秘的双极光的存在。甚至还有流星以 60 km/s 的速度在大气层中燃烧形成的明亮轨迹。射电天文仪器在大

旅行者 1 号在木星阴影中拍摄的木星背光面的图像。左边的电弧是木星极光的光辉，而右侧为闪电强烈的闪光照亮了云层

气深处的风暴中检测到闪电放电时的射电暴发。鉴于 20 世纪 50 年代哈罗德·尤里(Harold Vrey)的学生斯坦利·米勒(Stanley Miller)所做的实验,通过将甲烷、水、氢和氨的混合物置于重复的放电之中就简单合成出了生物分子,闪电的存在使得科学家们进一步推断木星大气层中有可能漂浮有某种生命形式[66-68]。

在与地球失去联系的这段时间里,旅行者 1 号在距离 733 760 km 的位置飞掠了木卫二,但是由于视场在卫星的背光面,因此没有拍摄图像。无线电掩星结束后不久,探测器离开了木星的阴影区。先驱者号曾获得了令人置疑的大气分布曲线,旅行者号任务团队决定使用双频系统,更大的功率及具有更强防辐射保护的振荡器。当旅行者 1 号被掩蔽时,它几乎于木星边缘 12°S 的位置垂直飞行,在当地经度太阳即将落下,再一次出现时位于 1°N,当地即将日出。正如预期的一样,探测器获得了非常好的温度分布数据,还有日落和日出时电离层中的电子浓度分布情况,这与先驱者号获得数据差异很大,可能是由于过去几年太阳活动的变化所致。木星掩星前后,探测器与地球的视线均要穿过木卫一轨道上的圆环,这对无线电信号的传输产生了影响,通过这种方式可以测量出圆环内部等离子体的密度。理论上,在木星背后的低纬度掩星出现处视线应该也会穿越木星环,但是没有无线电信号"下降"的证据表明发现了这一事件[69-70]。掩星之后的时间专门用于下载存储数据的任务。

木卫三的中等分辨率的图片呈现了深色多边形地形、直线沟槽及明亮的撞击坑溅出物

　　3 月 6 日早,旅行者 1 号在 114 710 km 的距离经过了木星卫星群中体积最大的木卫三。木卫三上许多陨石坑被白色斑点物质所包围,这些白色斑点是冰体表面遭受撞击而产生的。此外,一些白色条纹代表着地壳水平移位所产生的断层线。在更大的尺度上来说,表面由两种不同地形构成:一种是较暗的区域,通常呈多边形,看起来极其古老;另一种是明亮的沟槽区域,看上去似乎跨越了不同年代。明亮区域(称之为沟槽)由宽 10 ~ 15 km,高约 1 000 m 的平行山脊组成,几乎是整个星体表面海拔最高的标志[71-72]。探测器距离木卫三最近时,其紫外光谱仪对木卫三遮掩紫外亮星半人马座 κ 星(Kappa)进行了几分钟的观测,数据给出了木卫三可能具有的包层的表面压力上限[73]。

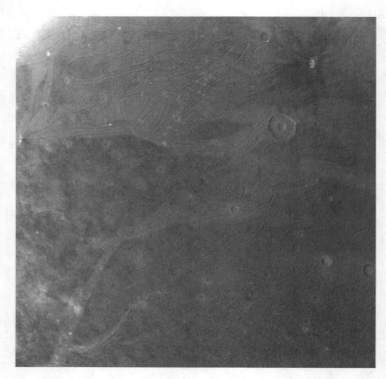

近距离观测木卫三沟槽地形的图像

　　旅行者 1 号通过木卫三的 13 个小时后,在 126 400 km 的距离处飞掠了木卫四,揭示了其表面大量的陨石坑,其中著名的撞击盆地[后来被命名为瓦尔哈拉(Valhalla)]是由直径约 600 km 的中央明亮区和一连串像涟漪般向外延伸出 1 500 km 的同心圆组成。一段时期之内,瓦尔哈拉盆地被认为是整个太阳系中该类结构特征中规模最大的一个,但后续研究将这一地位给予了月球背面南部地区的艾特肯(Aitken)盆地。对于瓦尔哈拉多环盆地,一个显著的事实就是该地形没有表现出任何起伏,实际上,整个木卫四都几乎不存在地势的起伏。显然,冰冻物质经过充分地移动来降低地形的突起并填补凹陷。这种固态流动将撞击坑削减为平滑的环形斑点,称之为变余构造。类似的过程也明显地发生在木卫三上,然而木卫三的地质活动却打破地壳并使之移位[74-75]。紫外光谱仪试图寻找由太阳光线激发的原子物质的辐射，却发现木卫四周围并不具备可以测量的大气[76]。

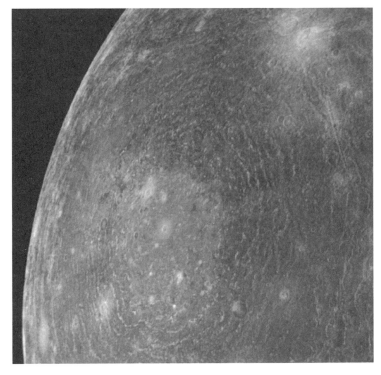

3 月 6 日，旅行者 1 号在距木卫四 350 000 km 的距离对瓦尔哈拉撞击结构进行图像拍摄。实际的盆地（"靶心"中央的亮区）直径为 600 km，同心圆向外环延伸出 1 500 km

　　到 3 月 8 日，探测器与木星系的交会逐步结束，新闻界和科学界的团队都开始离开 JPL，后者带走了需花费数年进行全面分析和理解的探测数据。然而，就在那一天，出现了整个交会过程中最伟大的发现，而且很可能是整个项目中最伟大的发现。当时距离木卫一约 4 500 000 km，旅行者 1 号被控制转向木卫一并进行长时间曝光成像，从而获得一系列相对于背景恒星的木卫一蛾眉月的过曝光照片。该活动的目的是尽可能多的测量木卫一相对其他恒星的位置，使导航能够精确定位以准确计算出探测器在木星系的飞行轨道，从而确保其准确借力飞往土星。这幅图像交由导航工程师琳达·莫拉比托（Linda Morabito）进行研究，她必须尽最大可能找出更多的恒星。她发现从木卫一边缘投射出的一个"隆起"看起来很像一个远处的被木卫一部分遮挡的卫星，但是她清楚在这个位置不太可能存在有卫星。这引起了她的兴趣，在随后的日子里，她与同组的同事们对此进行了研究，一位来自成像组的成员最后宣布这是来自于卫星边缘的一座火山喷发出的一缕伞状气体和尘埃的羽流。这是人们第一次在太阳系内的另一个星体上发现活火山！与此同时，凭借这个结论，图中位于晨昏线上的一个亮点被解读为另一个火山喷射的羽流，高度足以被太阳照亮。

　　接下来的几天中，科学家们对早期的木卫一图像进行了分析，共找到了 8 座活火山。国际天文联合会后来决定用关于火焰和火山喷发的神话传说来为木卫一上的火山命名，并在不同的文化中寻找灵感。在 3 月 8 日拍摄的图像中，位于边缘的火山被命名为夏威夷的火之女神贝利(Pele)，而位于晨昏线上的那座火山则以挪威锻造之神洛基(Loki)命名。进一步的分析表明，贝利火山的喷发口位于曾经令科学家们感到困惑的宽约 1 000 km 的心形结构中央，而现在人们认识到心形结构其实是由火山喷发物质沉淀形成的，它们喷出后呈弹道的弧形落在了远离火山口的位置[77-78]。此外，红外光谱仪偶然发现一个点的温度比其周围地表温度高出了约150℃，从而发现了另一座活火山。通过将红外数据与图像比对后发现，这个"热点"是洛基火山口稍微偏北方向的一个黑暗的裂缝。最初，这个发现令人感到十分惊讶，因为测量的温度太低约 100℃，并不足以形成液态硫。后来发现，传感器所测的温度值表征为视场内的平均值，而木卫一表面通常都是冰冻的，因此那个活动点的温度很可能要高得多，也许这个温度甚至已经足够形成含硅酸盐的火山流体。红外数据还显示有许多较小的"热点"存在，可能是规模较小的火山、物质的冷却流或是地下火山的活动区域等[79]。

木卫一上存在火山的这一发现为多年来科学家建立的拼图补全了最后一块。具体来说，这一发现解释了木星系中硫和氧的来源：火山喷发的羽流中富含二氧化硫。事实上，尽管木卫一喷发出的大部分物质最后又落回到了其表面，但其中的一小部分(可能不足0.1%)却成功逃逸并成为辐射带中循环流动的带电离子，被木星磁场"束缚"并组成木卫

这张不起眼的图像拍摄于 UTC 时间 1979 年 3 月 9 日 13 时 28 分 25 秒，它成为了旅行者 1 号在整个木星系的航程中最重要的发现。这张导航图像的目的是测量木卫一相对于背景恒星(在图像中较为明显的那些恒星)的位置，同时还记录了卫星上的两个火山羽流：一个在边缘附近呈伞形分布，另一个晨昏线上，被太阳照亮。通过对木卫一的早期图像进行识别确认上述两个羽流所在的位置是两座活火山，后来被命名为贝利(Pele)和洛基(Loki)

一轨道上的圆环[80]。硫的存在也许是木卫一表面部分区域呈黄色的重要原因。实际上，多亏对木卫一进行光谱观测，发现了地球火山喷发物中通常包含的二氧化硫气体，这可能是沉淀物呈现白色的主要原因。而一些硫化物和盐类，如硫酸盐、硝酸盐、碳酸盐及其他火山喷发产物则可能是对木卫一光谱观测时发现的其他特征的成因。有趣的是，在火山口处存在一些早期图片中没有而后期图像中很明显的蓝白色斑区，可能是二氧化硫"雪"组成的新云团[81-82]。值得注意的是，在 3 月 8 日拍摄导航图像的前一周，《科学》杂志上发表了一篇论文，三位研究人员认为，既然木卫一能在木星和其他伽利略卫星造成的潮汐引力下保持轨道椭圆率不变，那么潮汐引力引起的形变就足以融化木卫一内部，由此可以推测旅行者 1 号可能会在木卫一上发现广泛的火山活动。另外还有一种可能是将木卫一与木星连接在一起的流管中的电流促使木卫一内部不断加热。活跃的火山口向空间释放巨大的热量，其释放的总热量远远大于地球上的火山喷发。对来自其他科学仪器的数据与图像进行关联分析，如果目前观测到的火山活动是一种普遍现象，那么每隔一百万年，火山活动就会在整个木卫一上覆盖一层 10 ~ 100 m 厚的沉积物，这也解释了木卫一表面不存在撞击坑的原因[83-84]。

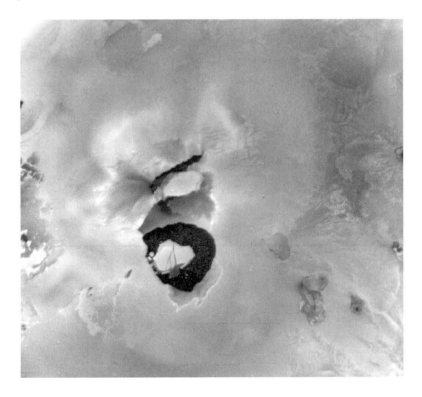

图为旅行者 1 号对洛基火山口附近的熔岩湖拍摄的特写照片。值得注意的是，湖面漂浮有"冰山"。位于北部的呈蝴蝶形的暗纹就是火山羽流的源头

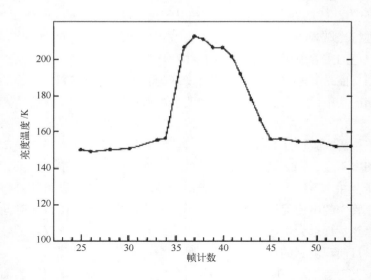

旅行者 1 号的红外光谱仪和辐射计对洛基火山口进行扫描并记录其温度的变化

旅行者 1 号飞掠木星所获得的科学成果是惊人的，所携带的大量科学仪器传回了前所未有的庞大数据量，并揭示了木星系中多颗星体的令人意想不到的特征。它是继先驱者号勘查任务后又一引人注目的行动。从某种意义上说，由于木星系中的各星体之间及这些星体与类地行星之间相比几乎没有相似之处，因此这次任务就像是在探索另一个不同的太阳系。旅行者 1 号总共传回地球约 18 000 张关于木星与其卫星及木星环的图像。通过紫外光谱仪测量发现，木卫一的圆环位于木星向外延伸约 6 个木星半径的位置，而在其运行的木星磁赤道平面向上或向下均延伸约 1 个木星半径，该平面与旋转赤道平面相同，而不同于木卫一轨道平面。木卫一圆环内的等离子体能够保持在 100 000℃ 所需的巨大能量全部来自于磁场。当然，由于圆环内的等离子体密度极低，因此航天器能够毫发无损地穿过圆环，旅行者 1 号就曾经两次通过环面。紫外光谱仪还对木星最上层大气层的温度进行测量，并识别出一些碳氢化合物的存在。事实上，科学家们发现木星会辐射出强烈的紫外线，这不仅是由于太阳光激发了其上层大气分子所致，还因为高能粒子沿着磁力线运行至极区激发了极光的辐射。有趣的是，极光经常发生在磁力线穿过木卫一圆环而与大气层相交的纬度附近。通过将先驱者任务与旅行者 1 号的紫外观测数据，以及几年来一系列探空火箭和天文卫星的数据相关联，科学家们发现木星的外观发生了一些变化：1973 年木星圆面（实际上是等离子体环）更加的黯淡，且没有检测到有极光现象发生[85]。红外光谱仪测量了超过 50 000 个光谱，其测量结果提供了木星大气层中存在氢、甲烷、乙烷、水蒸气、氨及各种碳和磷化合物的证据，但无法识别促使云团呈现各种颜色的"发色团"；然而，这些化学物质被认为包含有多种硫化合物，其中含有大量的氦，且证实与太阳的氦含量相当。辐射计对大气层中温度的垂直分布曲线进行了有效测量，并对平流层和对流层进行了扫描。特别值得注意的是高耸于氨云之上的大红斑，经测量为平流层的一种"低温点"，符合其高压结构的特性[86]。由于在木星系中使用了推力器来控制探测器的姿态，从而导致了较大的轨道误差，因此旅行者 1 号和 2 号都没有测量天体力学数据，然而他们计划在土星进行测量[87]。先驱者任务已经提供了完善的测量数据。

当旅行者 1 号到达与木卫一的最近点时，拍摄了木卫一南极地区不规则的高原和倾斜山丘的高分辨率图像

　　旅行者 1 号遇到了许多由于辐射而引起的问题，但都在可控范围内。主时钟和计算机失去彼此的同步，而相机则在设定时间前 40 秒就打开了快门。该问题时常在扫描平台转向探测目标时发生，结果导致木卫一和木卫三的许多照片过于模糊而无法使用。偏振测光计滤镜转盘在探测器到达木星最近距离的 6 小时前发生了故障，导致木星云层及其粒子数据的丢失。这种偏振测光计上具有 3 种不同的转盘：一个转盘上包含了一系列彩色滤镜，另一个转盘上是用来控制视场角宽度的不同大小的孔，第三个转盘则包括了不同方向的偏振滤光镜。故障的最终结论是：在与木星交会前对三个转盘的过度使用导致其开始不正常的工作，辐射在最后给了该仪器致命的一击。此外，由于降雨对深空网各地面站的影响，造成 X 频段数据链路的衰减增大，导致几小时的数据丢失且不可能再被恢复。尽管如此，相比于之前的探测器，旅行者 1 号以更健康的状态离开了木星。如同到达木星时那样，旅

行者 1 号离开木星的过程中也反复穿越了磁顶层和弓形激波，这也是由于太阳风阵风造成磁场的波动而引发的。事实上，探测器在 3 月 20 日最终离开木星环境前，从距木星 199～258 个木星半径的距离外至少穿越了弓形激波 6 次。4 月 13 日，探测器的木星交会序列圆满完成，从而结束了 98 天内近乎连续的木星观测。然而，工程师和科学家们却没有一点喘息的时间，尽管旅行者 1 号离开了舞台，但是它的"姊妹"探测器却正在开始进入木星系[88]。

琳达·莫拉比托（Linda Morabito）展示了她发现活火山羽流的木卫一图像。（图片来源：NASA／JPL／加州理工学院）

4.6　重返木星：也许存在生命吧

　　旅行者 2 号与木星邂逅的过程与其姊妹探测器十分相似，而它们的区别在于：旅行者 1 号在飞出木星系的途中与外围的伽利略卫星进行了近距离飞越探测，而旅行者 2 号则在接近木星途中拜访外围的伽利略卫星。之所以提出这种策略是由于每个伽利略卫星的自转都与其轨道同步，因此从卫星轨道的两边对这些卫星进行探测可以使这对姊妹探测器在可用的分辨率条件下尽可能多的勘察到卫星的表面情况。由于在之前的探测中对木卫二的情况了解甚少，因此这次将对其安排一次近距离飞掠探测。总而言之，旅行者 2 号的轨迹虽然并非探索木星科学的最优设计，却保留了探测木星 – 土星 – 天王星 – 海王星的可能性。但是也曾出现过在最后时刻发生变更的情况。比如旅行者 1 号曾对木卫一给予了特别的关注，而在旅行者 2 号任务中木卫一并不是探测计划中的重点，但是火山的发现促使了对木卫一的几次远程观测，以期寻找活火山的存在，以及一次木卫一近距离的"火山监测"。此外，还增加了对木星背光半球、极光的光谱测量和成像，以及为确定木星环的尺寸而拍摄的系列图像，还对探测器进行了几处工程上的改进。由于旅行者 2 号的轨迹不会通过木卫二轨道的内部，因此不会遭受与旅行者 1 号相同程度的辐射。尽管如此，探测器被设定为每小时对主时钟和计算机计时器进行一次再同步，力争将辐射引起的时间基准漂移控制到最小。除了已知的影响指令接收机的问题，从而不可避免地减少科学成果产出之外，唯一的硬件问题就是偏振测光计的转盘卡滞后仅能获得彩色偏振图像[89]。

在旅行者 1 号完成最终观测的短短 6 周内，旅行者 2 号就开始了对木星系的探测，很快就取得了成果：例如，旅行者 1 号在接近木星 600 个木星半径时才遇到等离子体流，而旅行者 2 号在距离 800 个木星半径处就检测到了等离子体。探测器上用来测量粒子和场的仪器则试图寻找太阳风与木星磁层间相互作用的证据。相机的视场围绕大红斑对木星每一圈的转动进行彩色成像，并制作成了一部延时影像。在 5 月 27 日完成这部影像后，探测器又用接下来的 2 天对木星的 5 个自转周期进行了拍摄。同时，从地球使用天文望远镜进行监测提供比对，来协助旅行者 2 号对目标进行定位。NASA 在美国夏威夷的莫纳克亚（Mauna Kea）山顶建造了一个直径为 3 m 的红外望远镜，专门用于支持旅行者项目的观测需求。尽管该望远镜无法为旅行者 1 号所用，但恰好在旅行者 2 号到达木星时开始提供支持[90-91]。科研人员曾发现在不同的先驱者号飞掠木星的几年时间内木星几乎没有变化，但在旅行者 1 号、2 号与木星先后邂逅的 4 个月内，木星的大气结构发生了显著的变化。特别发现了大红斑在经度上的漂移，以及其细节的变化：位于其南部边界与其相切的宽阔白色地带现在变成了一个细长的薄带；其西部汹涌动荡的区域被拉伸，并由白色变为橙色；而一连串白色钩状区从北部延伸至赤道。事实上，当前的大红斑从色调看来似乎与其周围的环境脱离，变成了均匀的橙红色，让人联想到先驱者号时期的大红斑外观。通过几次探测器轴向自转时进行的百千米级精度的表面位移观测，得到了较宽纬度区域内高空风速的测量数据：在赤道南部和北部的风速最大，最高可达 150 m/s。通过比较记载的有关木星气象的绘图和天文图像可知，这样稳定的气流已持续了几十年[92-93]。

3 月，太阳风降低到一个更"正常"的状态，经历了为期 1 个月的专注于木星气象探测的远距离交会阶段后，旅行者 2 号于 7 月 2 日在精确地预测下在 99 个木星半径的距离处第一次穿越了弓形激波。由于环境动态多变，在接下来的 3 天里探测器重复穿越弓形激波的次数不少于 11 次，最后一次发生在距离 67 个木星半径处。此外，激波层自身厚度更厚一些：比如激波层在冲击旅行者 1 号时不超过 1 分钟，而激波冲击旅行者 2 号其中一次达到了 10 分钟。木星磁层也不那么密集，最后的几次磁层穿越都发生在距离 62 个木星半径处。

同时，旅行者 2 号开始对木卫一进行远程观测以搜寻火山喷发的羽流。然而，低能带电粒子探测仪所观测到的硫离子和氧离子浓度较 3 月份下降了许多，表明火山活动可能进入了衰退期。但是，探测器于 7 月 4 日在 470 万千米距离外(其距离相当于旅行者 1 号在 3 月 8 日拍摄图像的位置，但两者视角完全不同)拍摄的图像表明在大约 200 km 的高度至少存在一束羽流。通过观测发现，随着木卫一的逼近，围绕在贝利火山附近的心形特征变得更像椭圆形，同时，木卫一上面积约 10 000 km² 的表面经历了地表重塑的过程，但是其深度无法得知。此外，从图像中可以看出贝利火山的羽流已不复存在，表明贝利的喷发已经终止。贝利火山曾经是木星系中离子浓度增加的主要贡献者，然而随着火山活动的终止，其影响已经逐渐减弱。在另一侧，3 月份发现的火山中至少存在 3 处活跃的火山：普罗米修斯火山(Prometheus)、洛基火山(Loki)和马杜克火山(Marduk)。洛基火山口中熔岩湖北部边缘的形状曾发生变化，而且洛基火山当前存在一对圆柱状的羽流流束。洛基曾毗邻一个扇形的沉淀区，然而形成该沉淀区的火山口显然已经不再活跃[94-95]。

旅行者 2 号于 1979 年 5 月 9 日在距木星 4 600 万千米时拍摄的木星图像。可以看出自从旅行者 1 号之后，木星大气层发生了巨大变化，尤其是大红斑附近

与旅行者 2 号首个近距离交会的伽利略卫星是木卫四，旅行者 2 号对旅行者 1 号未能观测的半球所获得的初步图像表明该半球表面布满了撞击坑。事实上，还曾有人预测说，木卫四是整个太阳系中撞击坑密度最高的卫星。但是，旅行者 2 号观测的半球得以幸免于剧烈的大型撞击，因此在星表并未形成多环结构。木卫三的图像显示出一个直径为 4 000 km 的深色结构特征，以明亮的槽道为界限，后被命名为伽利略区。这项发现与地面望远

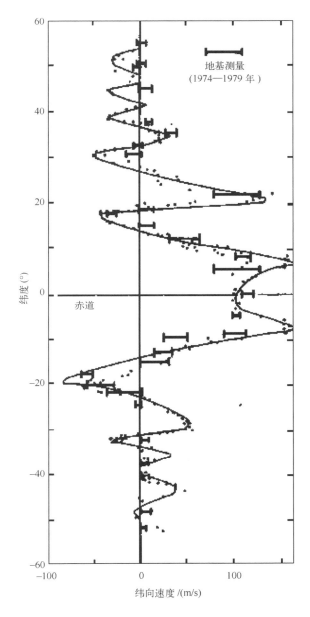

通过比较旅行者任务的测量数据和地面的观测数据，科学家们针对木星系中风速随纬度
变化的情况编制了上表。图中交替的高速气流表明暗带于明亮区域之间的交替

镜在条件特别好时观测到的深色斑点的位置相吻合，同时也能在先驱者 10 号的低分辨率
图像中明显识别。7 月 8 日，旅行者 2 号从不同的倾斜角度对木星环进行拍照，显示木星
环是一个宽度仅有几千千米的淡淡的带状结构。大约 3 小时后，探测器在 214 930 km 范围
内飞越木卫四，对其成像，最佳分辨率为每像素 4 km。总体而言，旅行者 1 号、2 号两个
任务的图像证明了木卫四全球范围内的不对称性，较大的撞击坑集中分布在旅行者 1 号所

观测到的那个半球表面。木卫四的图像有助于对其直径及体积密度进行进一步测量；体积密度值非常低，表明大部分组成成分是水冰[96-97]。

旅行者 2 号在到达木星最近点前 23 小时，距离木星中心 100 万千米时，越过了木星系的赤道平面，从边缘视角对木星环进行了长时间曝光成像。数月后，对这些图像研究时发现，一个亮点出现在广角镜头拍摄的赤道平面内，但其位置与其他任何恒星都无法匹配。该目标也被 5 分钟前拍摄的窄角镜头所捕捉到，但是它在不同方向被"追踪"，且相对背景恒星所占的像素数量不同，这种情况表明该目标具有一定的"自行运动"，且与探测器距离相对较近，因此可以推断其是一颗迄今为止身份仍然不明的卫星。木卫十四和木卫十六的存在将由旅行者 1 号拍摄的图像所证实，但当时还未对这些图像进行相关分析。因此旅行者 2 号发现的这颗卫星成为第一个新发现的木星卫星，临时编号为 1979J1。这颗卫星后来被命名为木卫十五，直径约 40 km，其环绕轨道在木卫十六的数千万千米之外，刚好在木星环的外围边缘运行；事实上，似乎木卫十五、木卫十六和木星环之间存在着某种联系。尽管在旅行者 1 号所拍摄的图像中并未发现木卫十五的踪迹，但木卫十四和木卫十六都能够在旅行者 2 号的图像中识别出来，这有助于完善它们的轨道参数[98-99]。

7 月 9 日，旅行者 2 号迎来了最忙碌的一天，因为在接下来的几个小时之内，它要依次飞掠和木卫三、木卫二及木星本身最近的交会点。大约 4.5 小时后，探测器在 62 130 km 范围内飞越了木卫三，获得了红外光谱和紫外光谱，以及 217 张图像。木卫三上有大片古老的深色多坑地形，其间点缀着火山喷发物及环形的变余结构组成的明亮斑点区。明亮的密集的沟槽地形是由近期冰壳的破裂与滑移作用形成。伽利略区的一系列同心的山脊看上去似乎是多环结构的遗迹，周围明亮地形的形成将这些多环结构的中央盆地抹去。旅行者 1 号和 2 号以至少每像素 5 km 的分辨率对木卫三和木卫四约 80% 的星表进行了详细勘查。总的来说，木卫三上似乎存在着 4 种主要地形：古老的深色多坑平地、跨越不同年龄段的沟槽地形、较年轻的被火山喷发物覆盖的撞击盆地（由旅行者 2 号在南极附近发现）及年轻的地形平坦的斑区。旅行者号在木卫三和木卫四上还发现了一系列被称之为"锁链"的神秘陨石坑。这些陨石坑的起源一直是个谜，直到 1993 年，苏梅克 - 列维 9（Shoemaker - Levy 9）号彗星在与木星近距离交会中被引力潮汐撕碎，并如同"珍珠项链"一样围绕木星运行。在木星的历史中，这样的事件一定会经常发生，木星的卫星则可能遭遇一系列碎片的轰击，从而形成了陨石坑组成的"锁链"。木卫三的体积密度稍大于木卫四。最后，当探测器飞掠木卫三时，其携带的磁强计在环境磁场中发现了扰动[100-101]。

在旅行者 2 号飞过木卫三的几小时后，它把扫描平台对准了木卫二以对其进行第一次近距离检视。旅行者 2 号获得木卫二图像的最佳分辨率为 4 km，与之前任务相比图像质量改善了近 10 倍，主要原因是之前任务的轨道似乎并不偏爱这颗卫星。木卫二是一颗可与木卫一争夺"木星最奇特卫星"称号的卫星。木卫二似乎完全被冰壳所覆盖，一些地方像鸡蛋一样存在裂缝，其余地方全都是冰块。大片的白色地壳掺杂着一些昏暗斑驳的地形。几乎整个星表被长达数百、甚至数千千米横切的褐色裂纹所占据，形成了大大小小的圆圈，互相纵横交错。还存在一些长约数百千米的明亮山脊，构成了多重的弧形或尖角形。

旅行者 2 号第一次穿越木星环平面时拍摄的一张图像。木星环是图中较模糊的对角线带。右边那颗较亮的星拖尾更长，且与左边的星呈不同角度，因为右边的亮星是微小的木卫十五

旅行者 2 号观察到的木卫四半球，并不存在任何新的多环结构

尽管看上去没有结构完备的撞击坑,但是发现了3个较小的圆形深色斑点,其中一个可能为多环结构;还有一种可能是数量众多的深色圆形斑点实际都是陨石坑,但由于尺寸太小而不能被识别。木卫二表面缺少撞击坑的现象表明其地质条件相对年轻一些。其晨昏线上几乎没有地势的高低起伏,极其光滑,"就像一个弹子球"。仅有的较高地势就是一些高度不超过几百米的明亮且单薄的山脊。木卫二的地壳似乎不是刚性的,而是一个柔软的冰壳,其柔韧性是由木星及其他卫星引力潮汐所产生的热量所维持的。与木卫三和木卫四相比,木卫二的体积密度更高,表明其星核内含有大量的岩石。这意味着,星表周围冰幔的厚度约为100 km,如果仅外壳是固体,那么其下面会有深层的碎冰,甚至液态水的存在。各种先进的理论用以解释不同类型的裂缝和山脊,涉及到木卫二内部演化方式的各个方面[102-103]。与木卫二的交会点距离约为205 720 km。一个小时内,木卫二从一个具有模糊斑纹的未知球体成为了太阳系中(地球除外)最有可能找到液态水的地方。如果引力潮汐也能在海底引起火山活动,那么就会具备生命发展所需的所有成分[104]。这些大事件的发现和公布,也成为了未来20年人们对这精彩世界——实际上是对所有伽利略卫星的最后一次近距离俯瞰。

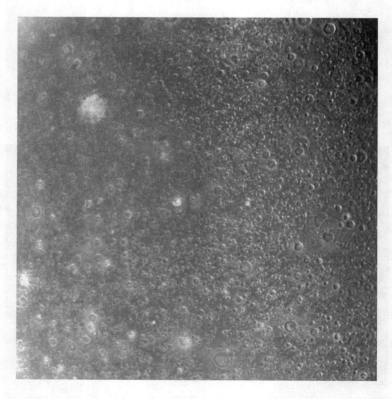

木卫四的表面被认为是太阳系中已发现的陨石坑最多的星表

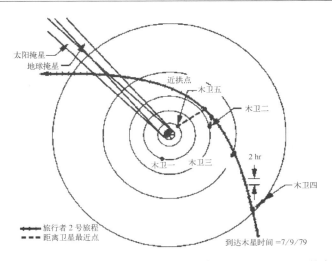

旅行者 2 号穿过木星系的旅程与旅行者 1 号不同，其与木卫四和木卫三的交会均发生在进入段，而且与旅行者 1 号近距离对木卫一以及木星本身进行探测相比，旅行者 2 号对木卫二的勘察距离更近一些，也不会与木星有如此近距离的交会

　　虽然旅行者 2 号进入木星系的深度不及旅行者 1 号，但是实际上受到的辐射比预想中的更严酷，并且造成旅行者 2 号上已经损坏的接收机的主频发生了不可预测的偏移，使得地面上行链路中断，而深空网不得不使用多种不同的频率重新发送指令，希望其中的某个频率能够落在接收机狭窄的频带带宽内。此外，鉴于环境的严酷性，灵敏度较高的紫外光谱仪暂时关闭。在接近木星的过程中，探测器在 500 000 km 远的距离上以木星云层为背景观测到了较小的木卫五，从而精确地测定了木卫五的尺寸和形状。木卫五的尺寸大约为 270 × 170 × 155 km，呈明显的多面体或"钻石"形状，其长轴与木星半径方向保持一致[105]。

旅行者 2 号观测到的木卫三的半球主要是伽利略区的深色地形，这是这颗卫星上为数不多的能够从地球上看到的表面特征之一

　　探测器的木星飞掠过程始于 UTC 时间 7 月 9 日 22 时 29 分,以超过 20 km/s 的速度在木心距 721 670 km、木星云层上方约 650 000 km 处飞过。在引力辅助下探测器的日心轨道偏心率增大到了 1.34,这足以让探测器飞往土星。通过近木点后大约 2 小时开始的时长76 分钟的轨道机动不仅使得探测器的轨道瞄准了土星交会,而且节省了大约 10 kg 的无水肼推进剂,以保留继续飞往天王星甚至是海王星的可能性(为了弥补推力器工作状态不佳造成的额外推进剂消耗,于是决定提前进行了这次机动)。碰巧的是,探测器是在上行链路由于辐射而中断的期间进行的这次点火机动。在完成这次机动后,探测器对木卫一进行了 10 小时的"火山观测"。这是一个完美的观测时机,因为木卫一正处于其轨道的远端,大约 100 万千米远的位置,而观测期间视线的变化使得新月的边缘横贯较大的经度范围,火山羽流甚至比颇具历史意义的 3 月 8 日所拍摄的图像更为突出。阿米拉尼火山(Amirani)和毛益火山(Maui)的羽流在落日的光亮下出现在图像边缘,而洛基火山(Loki)高达 250 km 的羽流则伴随着清晨的阳光出现。同时,红外光谱仪对暗色的半球进行了热扫描,以寻找其中的"热点"。旅行者 1 号的图像、旅行者 2 号断断续续的低分辨率图像及旅行者 2 号"火山观测"的结果结合在一起,基本上完成了所有预期中的边缘测绘,因此也完成了所有 100 km 以上的喷发物的测绘。然而,在两次交会过程中都未观测到 70 km 以下的火山喷发,所以推测大型的火山喷发可能比小型的更为常见[106]。

旅行者 2 号拍摄的木卫三上的撞击坑和纵横交错的地形

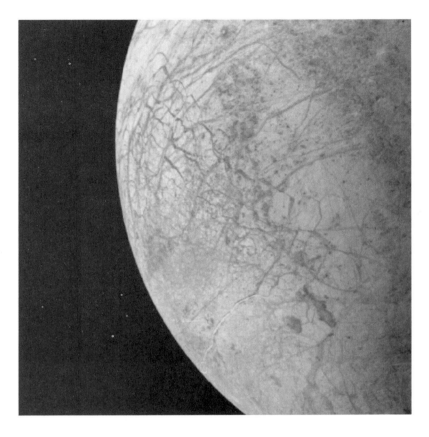

在近距离飞掠木卫二的过程中，旅行者 2 号发现了一片令人惊奇的由暗色裂纹、点和斑组成的网状结构，但是值得注意的是，并未发现明显的撞击坑，意味着这颗卫星的表面可能是在过去的几百万年中重新生成的

　　在旅行者 1 号飞掠后的 4 个月内，地球、太阳和木星之间的相对几何关系变化到了某种角度，此时旅行者 2 号的无线电信号穿透木星大气层的无线电掩星和穿过行星阴影的时段重叠非常少。因此在这种情况下，探测器能够实时地传回在锥形阴影区里收集到的数据。

　　在 UTC 时间 7 月 10 日 21 时 21 分，从地球上看来，旅行者 2 号进入了木星边缘的背面，进入点位于背光面，纬度为 66.7°S，飞出点在向光面，纬度为 50.1°S。在此期间，强烈的折射使得在大部分时间内地球均能收到信号。但是，由于探测器瞄向土星的轨道机动的影响还没有完成精确测量，探测器位置精度不高，从而无法获得准确的大气数据[107]。探测器在即将飞出地球掩星时，进入了木星的阴影区。在 24 分钟的时间内，探测器在赤道面以下几度的有利位置上拍摄了一组 6 张远距离图片，以寻找两极的闪电和极光，并且观察到了木星环被前向散射的阳光照耀并被行星的阴影所遮蔽的壮观景象，而木星环自身则由于最外层大气层折射太阳光而呈现暗色轮廓。在此之外，还拍摄了木星环的窄视角图

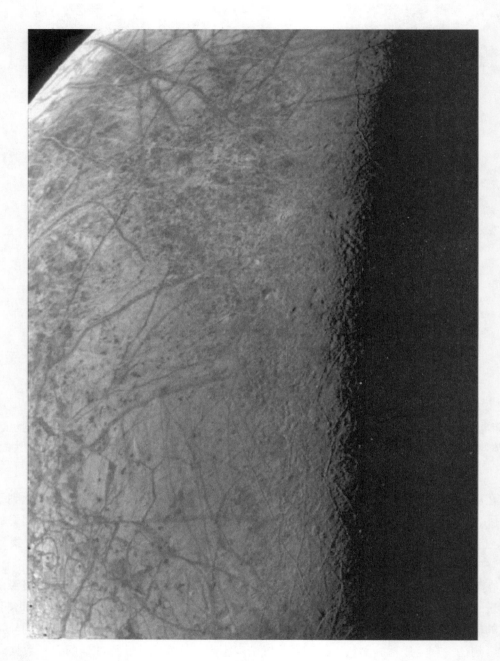

旅行者 2 号拍摄的木卫二的晨昏线，说明这颗卫星几乎没有地表的起伏

木卫五在木星云层前方经过。这些照片有助于确定木星的第五大卫星的尺寸，从而确定体积和密度

像，但是红外扫描未能对其进行成功地探测。看起来很薄的木星环的最外层大约 800 km 宽，边缘明亮、规则并且较为清晰。较暗的部分大约 5 200 km 宽，而且内层边界不清晰。木星环的内部包含物质的密度不断减小，这些物质可能一直延伸至木星的大气层。不幸的是，所有的长时间曝光图像都有些许的模糊，所以测量出的木星环厚度的精度不会比从旅行者 1 号的单张图像中得到的精度更高。木星环看起来是被一个大约 22 000 km 厚的"光环"环绕着，这个"光环"的厚度是木星环本身的 1 000 倍。木星环在不同阳光照射角度下的亮度说明木星环主要由微米级的颗粒组成，但是考虑到先驱者号探测到的带电能量粒子的损耗，木星环中还应该有厘米级的砾石。由于木星大量的辐射热能，木星环中的这种物质，可能是硅酸盐，其光谱是红色。以木星环处于稳态为基础，此时物质的失去和补充的速率相同，理论上认为木星环的起源涉及到彗星和陨石碎片、内部卫星的喷出物及由磁层力运送的木卫一的火山颗粒等[108 - 109]。

　　除了大约 17 000 张图片之外，旅行者 2 号还获得了大量的木星系统数据。木卫一的环面紫外亮度是 3 月份的两倍，但是它的温度降低了 30%。木星的极光在木卫一的磁流管与大气层相交的经度处更加明亮。在飞掠期间，探测器观测到了木星与明亮的狮子座 α 星之间的掩星现象，使得紫外光谱仪获得了更多的大气层的化学、温度和结构数据[110]。红外光谱仪对氨的丰度和高海拔区域温度进行了一个完整转动周期的扫描，在这个周期内，获得了木星整体条带区和块状区清晰的大气结构；大红斑的低温表明它远远高于氨云层，而拉长的棕色椭圆的温暖环境表明它们是氨云层中的缝隙，从中可以看到氨云层的内部[111]。

　　在木星的磁尾中飞行了两个星期共 1 600 万千米后，旅行者 2 号在 169 ~ 279 个木星半径的距离之间进行了一系列的磁层穿越，在 283 个木星半径处进行了几次弓形激波穿越，之后 8 月 3 日重返行星际空间。与木星的交会在 8 月 5 日正式结束。在交会期间,两个旅行者号探测器建立起了长达 7 个月的木星大气研究的基础,并建立了更长时间的木卫一环面研究的基础[112]。

旅行者 2 号"火山观测"得到的 3 张木卫一的图片。阿米拉尼火山和毛伊火山的羽流位于左侧边缘,而洛基火山的羽流位于最后一张图片的右侧边缘。第一张图片中新月相位上的一个亮点显示的是玛苏比火山的位置

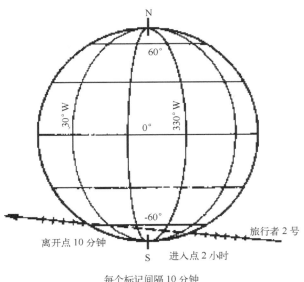

每个标记间隔 10 分钟

从地球看来，旅行者 2 号的轨迹穿过了木星的南半球。事实上，木星的大气对信号造成了足够的折射，使得探测器在掩星的大部分时间内都可以同地球保持通信

当旅行者 2 号位于木星阴影区时，对木星环成像并将这些图片进行拼接，以此确定木星环两个环脊的长度

对木星环近距离局部成像，可以看出其外边缘具有明显的界限，但是其内部却呈扩散状。该图像包括星轨

4.7　土星和神秘的土卫六

虽然两个探测器到达木星的时间相隔 4 个月，但是由于旅行者 1 号探测器在飞掠木星时更接近木星，从而获得更大的引力借力，因此旅行者 1 号将比旅行者 2 号提早 9 个月到达土星。探测器在两个巨行星之间远距离飞行的过程中，地面给探测器规划了一系列的工作内容。首先，对所有的科学仪器进行了全面的重新校准。在这个过程中，发现棘手的偏光测光计几乎对光不敏感，后续无法使用。随后，探测器还开展了多次轨道修正。探测器在 1979 年 4 月 9 日进行的轨道修正将使其以更近的距离飞掠土卫六，而 10 月 10 日进行的另一次轨道修正将确保探测器不会撞向土卫六！在 1979 年 12 月 13 日，旅行者 1 号进行了最后一次轨道修正。按照原计划，地面发送指令使旅行者 1 号进行必要的调姿以满足轨道修正要求，这样就会断开与地球的通信，等待发动机点火之后才能再次与地球建立通信，但在预定的时间内地面却没有接收到探测器的信号。几小时后，深空网检测到非常微弱的信号。第二天地面发送指令让探测器重新定向，以使其高增益天线指向地球，探测器执行了这条指令，结果人们发现探测器的星敏感器错误地锁定了半人马座 α 星而不是老人星[113]。两个探测器在巡航的不同阶段，多次对大量的"炽热"恒星和白矮星进行了紫外观测，以填补对行星际空间的完整探测，白矮星是类似太阳的恒星在寿命末期残留的余烬[114-116]。与此同时，JPL 制定、测试和演练了探测器与土星交会时观测土星的详细工作程序。土星系具有丰富的卫星、环和其他现象，为探测器提供了两倍于木星系

的研究对象，但他们在交会点的时间却从木星系的 3 天时间缩短为略大于 24 小时。而且，由于土星距离地球更远，使得遥测和数据传输的速率由木星的 115.2 kbps 减少到仅 44.8 kbps。

　　土星系接近段探测计划要求开展一系列连续的事件，包括近距离飞掠土卫六，土卫六无线电掩星测试，向南穿过土星环面。与土星交会的借力作用使探测器的轨道向北偏转，因此在穿过土星阴影区时可开展无线电掩星测试。随后穿过土星环时也可开展无线电掩星测试，并再次穿过土卫四和土卫五轨道间的土星环面，人们认为该环面是由这两个卫星将内部系统的微粒扫清而得到的区域[117]。

　　在 1980 年年初，土星经过了春分点，太阳穿过了土星环所在的平面而照亮环系的北侧。旅行者 1 号在 8 月 23 日开始拍照。在接下来的几个月，随着探测器几何视角的改变，土星环逐渐"展现出来"，图像的分辨率也逐渐增加，接近甚至超过了地球上最好的望远镜观测的结果。同时，在 1980 年 1 月上旬，旅行者 1 号的无线电天文设备开始接收到土星发出的甚低频的射电爆发，并被土星仍不确定的自转周期所调制。无线电发射仿佛进一步受到与土卫四自转周期匹配的周期调制，表明该卫星与土星磁层互相影响，但是为什么会有这种作用却令人疑惑，这要求土卫四和木卫一一样是等离子体源，虽然能量上弱很多。与靠近木星时相比，微粒和场测量设备未探测到高能带电粒子流。很显然，要么在木星磁层中将粒子加速到足够逃离巨行星引力的现象在土星系中并没有出现，要么出现了却由于能量较弱而未能探测到。

　　随着旅行者 1 号临近土星，发现了土星的经典环包括许多狭窄的环带，原来认为最外面的 A 环和 B 环之间可能没有物质存在的卡西尼环缝（Cassini Division）包含了一片模糊的物质，而在 C 环内多个宽的环间存在着狭窄的缝隙。对 B 环图像的详细分析表明其存在黑暗的辐射条纹，他们呈放射状，类似长度为上万千米的车轮辐条结构。由于土星环由一个个颗粒组成，每个颗粒均按照各自的轨道运行，越外边的微粒运行轨道速度越慢，越靠近里侧的微粒运行越快，致使任何大尺寸的放射状结构将会在数小时内被剪切而分离。但是，那些已变得众所周知的"辐条"似乎会长久保持这种形态。而且，当"辐条"处于环系统的一个环脊上时比处于其他地方更容易被观察到。地面要求探测器对此进行了额外的成像，以进一步研究这种现象。对其他一些土星环特征的研究包括 A 环外缘有一条不明显的环缝。利克天文台（Lick Observatory）宣布那条环缝是 J·E·基勒（J. E. Keeler）在 1888 年测试 36 寸折射望远镜时发现的，但实际上这个环缝早几十年前就被几位眼光敏锐的天文学家观察到了[118-119]。长久以来，人们假设环系统中环缝是由于同更外侧轨道的卫星共振造成的，但是通过高分辨率图像分析，部分环缝并不符合与已知卫星产生共振的现象。这样就产生了一个观点，即千米级的物体可能在环缝中运行并"清扫"了环缝。旅行者 1 号也对土星的几个小卫星进行了观测，在 1966 年和 1980 年土星环面穿越时（即土星环侧面正对地球），在地球上也观察到了这几个小卫星[120]。

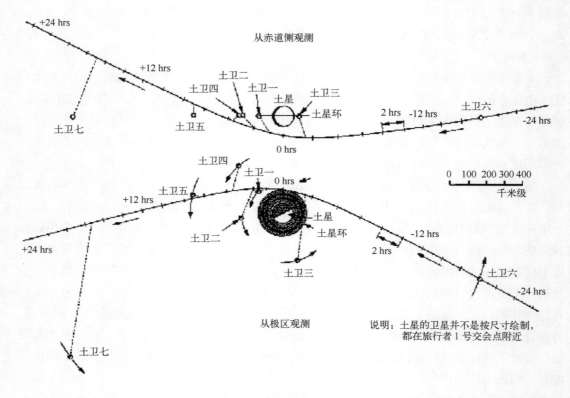

旅行者 1 号通过土星系的轨道

　　土星圆面的图像表明其拥有与木星类似的明暗斑点,但是弥漫在高空中的雾霾使得在地球上的望远镜观察者特别难于看到表面状况。旅行者 1 号红外光谱仪测量了土星大气的温度,紫外光谱仪扫描了土星、土星环和周围空间,以探测原子氢的辐射。在 10 月 25日,为了分析"辐条"结构或其他新的现象,对新发现的环进行动态图像检查,从中识别出了两个小卫星,其中一个卫星的轨道位于 F 环内侧,另一个位于 F 环外侧。起初将这两个卫星分别命名为 1980S26 和 1980S27,后来分别命名为土卫十七(Pandora)和土卫十六(Prometheus)。土卫十六是距离土星最近的卫星之一。然而,它们以"牧羊犬"卫星[①]而更加著名,这是由于 F 环几乎完全是由于它们的引力而限制在一个狭窄的范围内。先驱者 11 号探测到带电粒子数量的减少可能是由于探测器的轨道靠近了其中一个卫星所致。对这些已知卫星仍需进行定期的观测,以确定它们的形状、尺寸和密度。令人沮丧的是,对土卫六的探测依然乏味,即使辨别其橙红色雾霾中些许结构的迹象,也需要大规模计算能力的提升。旅行者 1 号计划在 11 月 6 日进行一次速度增量为 1.52 m/s 的轨道机动,以使其轨道与土卫六再靠近 650 km,这样可以将原来仅仅擦过土卫六边缘的掩星观测调整为探测土卫

　　① 在类似土星这样有光环的行星上,一些比较大的卫星通过其重力限制行星的光环,就好像牧羊犬看管住羊一样,这种卫星被称作"牧羊犬卫星"(Shepherd Moon)。——译者注

六大气的掩星观测。然而，JPL 主任布鲁斯·默里（Bruce Murray）及其团队对是否实施这次轨道机动还未下定决心，担心如果探测器像 1979 年 12 月 13 日那样再次失去姿态控制，将危及所计划的探测器通过土星系内部的活动，不过 JPL 最后还是决定进行轨道机动，而且本次机动也完成的很完美[121-122]。当天晚些时候，第一组图像给出了遥远的土卫八的详细信息，证实其后随半球①是明亮的，而前导半球却是黑暗的，然而图像显然无法表明为什么会产生这种现象。关于这种亮度"一分为二"特点，一些作家将土卫八描述为"阴阳卫星"。此时，图像分辨率已提高到一定程度，可以确认"卡西尼环缝"（Cassini Division）看起来是由多个间隔为几百千米的窄环组成。在 A 环和 F 环之间发现了一颗卫星，最初将其命名为 1980S28，后来正式命名为土卫十五（Atlas），尺寸约为 100 km，看来土卫十五起到了限定 A 环清晰的外侧边缘的作用[123]。科学家在土星环系中还在不断地寻找卫星。随着图像分辨率的提高，土星上的明暗斑点、细长的云彩、大量的条带和区域逐渐清晰起来。在 11 月 8 日，F 环清晰的图像显示其宽度不超过 100 km，除了模糊的部分外，其亮度并不均匀，存在明亮的结和凝聚物。在 11 月 10 日，首次获得了土卫五、土卫三和土卫四的中等分辨率图像。土卫三的后随半球有一个奇特的直径为 200 km 的圆形斑块，然而当时的光照说明它不是一个撞击坑，但也不能明显地看出是什么其他东西。不幸的是，旅行者 1 号的轨道无法以更高分辨率来观察其特性（旅行者 2 号将会表明这个圆形斑块实际上就是撞击坑）。虽然土卫五和土卫四的图像分辨率只有每像素 100 km，但其细节仍变得清晰可见。这些卫星上引人入胜的明亮条纹提高了卫星在过去某一时期曾经发生过地质活动的可能性。随后当天晚些时候，探测器获得了首张土卫七的图像，但是从图像中获得的信息极少，这是因为探测器距离土卫七约 5 百万千米，该卫星只占几个像素。

原本希望随着旅行者 1 号的不断接近，可以有效的提高土卫六的图像分辨率，进而可以透过其雾霾缝隙获得其表面的一些情况，但是土卫六的大气至少与 1971 年火星沙尘暴的透明程度相当，计划因此落空。不过地质学家失败的挫折被气象学家发现的喜悦抵消，气象学家在研究卫星边缘视图时，在主要雾霾区域发现了一个 100 km 以上的"断层"。土卫六南半球的外观相当一致，而北半球的颜色却更黑暗、更红，并被一个更黑暗的极罩所覆盖，看起来可能受到了季节的影响。随着土卫六飞掠的临近，对土卫六的圆面和边缘的光谱测定方法逐渐变得有效。同时，科学家们还希望土星的磁层扩展至土卫六轨道以外，这样航天器就可以高灵敏度搜索土卫六是否具有自身的磁场。科学家预测探测器会在 11 月 10 日遇到弓形激波，但在 11 月 12 日初才遇到，此时距离土星中心约 26.2 倍土星半径，比先驱者 11 号遇到弓形激波的距离稍远些。之后探测器穿过了 5 次磁层顶，最后一次位于 22.9 倍的土星半径处，当时距飞掠土卫六还有 3 小时。虽然预先制定的土卫六探测任务中包括了成像，但是最吸引人的数据却是由红外和紫外光谱仪得到的。受挫的地质学家们提出了一个采用雷达绘制土卫六表面地形图的任务，这与金星探测任务中的方式相同。

---

　　① leading hemisphere，前导半球，指的是在公转中朝向飞行方向的一面；railing hemisphere，后随半球，指的是在公转中背向飞行方向的一面。——译者注

旅行者 1 号获得的土星远距离照片，一些卫星类似星状点，B 环左侧环脊上的黑色辐条结构

在旅行者 1 号土星系探测多年以后，人们认识到土卫六表面对于近红外光谱若干窄的窗口频段是可见的。当这种方法在 20 世纪 90 年代中期被确认可行后，通过橙色滤光镜对旅行者 1 号的图像重新处理后，发现了土卫六表面的一些详细信息，而这些信息在当时由于对比度低而被遗漏了。通过对间隔 20 年的表面标记的位置进行关联分析可以得出，土卫六的自转周期与其公转周期同步[124]。在 UTC 时间 11 月 12 日 5 时 41 分，旅行者 1 号以 17 km/s 的速度飞掠了土卫六，距离土卫六顶部的雾霾层约 4 000 km。约 6 分钟后，探测器进入了土卫六的阴影区，又过了 1 分钟后，无线电掩星开始。旅行者 1 号与地球失去联系的过程中，穿过了土星环面的南侧。在后续飞掠土星后，直到探测器北向穿越土星环面，探测器才看到土星环的背光面。在不到 15 分钟后探测器又处于光照之下。无线电掩星提前 43 秒结束，这意味着探测器同预设的位置相差 200 km。探测器上扫描平台的工作程序不得不针对飞往土星系内部进行了匆忙的修改，以适应这个偏差。虽然探测器的轨道

与环面的第二个交点改在距土卫四的轨道约 1 500 km 处，但由于这个区域内没有环微粒所以问题不是很大[125]。

土卫六北极区的厚重雾霾

　　为了给旅行者 1 号飞掠土卫六做准备，科学家开发了两个土卫六的大气模型：一个是以氮气为主表面气压较高的模型，另一个是以甲烷为主表面气压较低的模型。掩星实验得到了较好的温度和气压的分布曲线。为了简化模型，假设土卫六的大气完全是由氮气组成，则得到表面压力高达 1 600 hPa（超过地球大气压的 50%）、温度为 -179℃。考虑到低重力和大气厚度，土卫六的"大气"是地球海平面大气密度的 5 倍。掩星实验也测量得到土卫六的直径为 5 140 km，是太阳系中仅次于第一大卫星木卫三(5 280 km)的第二大卫星。然而，由于定义的问题，土卫六的大气使其可见圆面直径看起来扩大了约 400 km。紫外光谱仪的探测结果证实了土卫六的空气主要是氮分子、原子和离子。土卫六是除了地球之外的唯一一个大气中富含氮气的星球。通过监测土卫六边缘对一颗恒星的掩星过程，光谱仪还检测出甲烷和更多复杂碳氢化合物的迹象。由于土卫六相对微弱的重力环境，使得最高层雾霾的高度超过 400 km，比可见大气层还高数百千米。土卫六的雾霾明显的分为两层：上层吸收紫外线，下层吸收可见光，这可以通过土卫六的边缘图像观测到。由于土卫六存在一层厚厚的气溶胶覆盖层，使土卫六的表面变得模糊。大气模型显示在低层大气中可能存在甲烷云。红外光谱仪的结果证实了氮气的存在，也探测到了不同的碳氢化合物、氰化氢和最简单的腈类。这些物质可能是氮气和甲烷在太阳紫外线和土星磁层中循环的带电粒子作用下发生反应而产生的。特别的,当上层大气暴露在紫外线环境中时,氰化氢将会发生聚合反应形成多样的红褐色化合物,使得大气呈现出特有的颜色。如果该模型是正确的,那么这些化合物就会是气溶胶覆盖层的主要成分,并且甚至类似碳氢化合物"雪"降到土卫六表面。计算结果表明,碳氢化合物冰的沉积厚度至少达 1 km,这是长久以来逐渐形成的。考虑到低层大气中的压力和温度,土卫六表面可能存在一个与地球的水循环类似的机制,甲烷雨会降落到表面,然后流进湖泊、大海甚至是大洋,然后蒸发,从而完成循环。因此土卫六是太阳系中除地球外第一个表面有望存在液体的天体。然而,需要说明的是,这些结论都是通过遥感数据推测的,为了验证这种假设需要发射雷达测绘探测器,直至最终发射着陆器。

土卫六存在的氮气、甲烷和复杂的碳氢化合物使其成为生命起源的化学实验室。氰化氢特别重要,因为它是合成氨基酸的中间分子。地球早期大气环境类似于现在土卫六的情况,不过地球温暖的环境使得液态水稳定地存在地球表面。不幸的是,土卫六的低温环境几乎可以确定在其表面尚未形成生命。

最后,粒子和场的仪器探测结果表明土卫六在土星磁层制造了一个空洞,证明土卫六并不拥有一个全球的磁场[126 - 130]。

在飞掠了土卫六之后,旅行者 1 号经历了忙碌的 24 小时,近距离探测了大多数已知的卫星,也探测了近期重新发现的土卫十(Janus)和土卫十一(Epimetheus)①。虽然旅行者 1 号的轨道会近距离地经过其他一些小卫星,但是由于它们的轨道非常不明确,从而无法开展有效的探测。探测器从土星环面南侧的有利位置观测到了其环系背光面。土星环上的这部分包含的物质最为致密,在阳光下看起来应该最明亮,但现在由于阳光无法透过而显得最为黑暗。

旅行者 1 号在飞掠土卫六约 16 小时后,在距离 415 670 km 处飞掠了土卫三。土卫三直径为 1 060 km,其表面不但非常多坑,而且在朝向土星的半球上有一条宽度为 100 km 的峡谷,表明该卫星在过去遥远的一段时间里经历了强烈的地质活动。在 UTC 时间 11 月 12 日 23 时 46 分,旅行者 1 号到达最接近土星的位置,在其云顶以上约 126 000 km 处经过。然后紧接着飞掠了距土星最近的经典卫星土卫一,距其为 88 440 km。然而,在最靠近土卫一的时候,旅行者 1 号的视场位于土卫一黑暗的半球,当光线转好有利于拍照时,距离已经增大了 20 000 km。当地面接收到土卫一的图像时,引起一时轰动。虽然这颗卫星的直径只有 390 km,但是其前导半球却有一个直径为 130 km 的撞击坑,包括凸起的边

---

① 土卫十一和土卫十占有相同的轨道,奥杜安·多尔菲斯(Audouin Dollfus)在 1966 年 12 月 15 日观察到一颗卫星,他建议命名为土卫十。在 12 月 18 日,理查·沃克也做了相似的观测,发现了土卫十一。然而,当时人们认为应该只有一颗卫星——土卫十在给定的轨道上。12 年后,在 1978 年 10 月,史蒂芬·拉尔森(Stephen M. Larson)和琼·方顿(John W. Fountain)认为有两个不同的天体(土卫十和土卫十一)共用了非常相似的轨道,为 1966 年的观测做了最好的解释。在 1980 年,旅行者 1 号证实了这一点,所以拉尔森、方顿和沃克分享了土卫十一的发现,所以说是当时重新发现的。——译者注

沿和中央尖峰。这个在晨昏线处出现的显著景象引起人们将其与乔治·卢卡斯（George Lucas）的电影《星球大战》中的死星进行了对比。后来这个撞击坑以发现了土卫一的天文学家威廉·赫歇尔（William Herschel）命名。撞击坑的底部距边沿约 10 km，而中央凸起距坑底约 6 km。如果撞击再猛烈一些的话，则可能把这个卫星撞碎。该卫星表面的其余部分布满了撞击坑。虽然在面对土星的半球（图像最清晰的区域）有超过 90 km 的沟壑，但是不能证明该卫星曾有过地质活动[131-132]。

土卫一的两个图片，左图显示了巨大的赫歇尔撞击坑，绰号"死星"。右图是分辨率相对较高的朝向土星的半球，展现了大量的撞击坑和沟壑（特别是在晨昏线附近）

UTC 时间 11 月 13 日 1 时 44 分，旅行者 1 号在 75°S 飞到土星边缘背面，无线电掩星实验得到了较好的土星温度和大气压力分布曲线，分布曲线穿过电离层和大气层，高度范围超过 200 km。在探测器进入土星阴影区几分钟之后，探测器的紫外光谱仪对土星边缘进行观测，在该区域探测到了氢的光谱。当探测器与地球通信中断后，探测器在距离 202 040 km 处飞掠了土卫二。但是，最高分辨率的图像是在距其 600 000 km 时拍摄的，分辨率接近每像素 15 km。然而，土卫二的直径为 500 km，很明显它不是所期望的土卫一的"孪生星球"。受最高分辨率所限，没有发现明显的撞击坑。实际上，在土卫二图像中出现的线状痕迹引发人们将其与木星系中木卫二的表面特征进行比对。土卫二的轨道周期正好是土卫四的一半，这个事实说明引力潮汐是土卫二地壳弯曲变形的原因，但是科学家们还需要等待旅行者 2 号的到达，来更近距离地观测这个神秘的卫星[133-135]。由于阳光照射在环上形成反射，致使土星的背光面不像木星背光面那样黑暗，使得在土星的背光面探测闪电和极光现象比较困难。然而，在纬度 80° 以上采用紫外线首次清晰地探测到了极光，说明这是磁场作用的结果，类似地球极光产生的原理，而不像木星的极光是由于木卫一的诱导效应产生的。紫外光谱仪同时也观察到了土星环系的氢"大气层"的存在，在土卫五和土卫六轨道之间的原子氢环非常有可能是由土卫六大气层泄露的氢原子组成的[136]。

在 3 时 11 分, 旅行者 1 号从土星约 2°S 背后出现, 该位置位于环系统的东侧环脊, 接着依次通过了 C 环、B 环和 A 环。为了研究这些环的结构, 在通过这些环时始终令发射机处于无线电掩星模式。同时, 因为从探测器的视场刚好可看到这些环从太阳前方经过, 所以可以利用红外设备测量太阳光穿过环系统的情况。无线电掩星的测试数据表明: 位于 C 环的物体平均大小为 2 m, 卡西尼缝中的物体大小平均为 8 m, A 环中的物体平均大小为 10 m。但是, 这些数字并不是环中物体的真实大小, 这是由于掩星方法适合于探测直径较大的物体, 而对于每一个大小为 1 m 或更大的物体可能包含有成千上万的微小物体, 尺寸可小至几微米。但是没有获得 B 环中物体的相关数据, 除了由于其本身不透光以外, 还表明它密度很大而无线电信号无法穿透[137]。

当旅行者 1 号位于土星环阴影区时, 在 161 520 km 的距离处飞掠了土卫四。土卫四的直径为 1 120 km, 比土卫三的直径稍大。其前导半球遍布撞击坑, 但是在后随半球却拥有丰富的地质结构, 包括明亮的宽的"线束"、不规则的山谷和断层等。这些线状物看起来像是从星球内部喷出的纯净水冰的沉积物, 很可能是与土卫二共振的结果。可对这个猜测提供支撑的事实是前导半球的撞击坑不是均匀分布的, 这表明土卫四的部分区域的表面曾一度发生了变化[138-139]。

在旅行者 1 号回到环平面的北侧之后, 可以再次看到环的光照面, 本次在接近的位置, 环的轮辐比环面更明亮, 这表明轮辐是由微米级的颗粒组成, 能够有效的向前散射太阳光, 从朝向太阳的角度看去, 仅能通过轮辐投射到环上的阴影表明他们是明显存在的

　　旅行者 1 号在离开环面的过程中，还成功地对非常稀薄但很宽的 E 环进行了成像，E 环上最致密的部分与土卫二的轨道重合，更验证了这个卫星可能是这些颗粒来源的推测。考虑到这些颗粒前向散射太阳光的方式，表明它们显然非常小。旅行者 1 号首次获得了共轨卫星土卫十和土卫十一的清晰图像。这两个卫星都是由法国天文学家在 1966 年首次发现的，那时正好是土星环侧面对着地球，下一次出现这种排布的情况是在 1980 年。先驱者 11 号差点撞到两个卫星其中之一。这两个卫星尺寸都很小且形状很不规则，表面布满了撞击坑。土卫十的尺寸为 160 km×200 km，土卫十一的尺寸为 100 km×140 km。它们的长轴都对准土星。它们的轨道周期只有几秒的区别，较慢的卫星比较快的卫星的轨道只向外远了 50 km。然而，由于引力"舞步"的显著作用，每隔 4 年内侧的卫星就会赶上外侧的卫星，但不会碰撞，内侧卫星加速进入更高的轨道，外侧卫星运行变慢降到低轨，实际上两个卫星交换了位置。科学家预测下一次"交换"位置的时间是在 1982 年[140-142]。

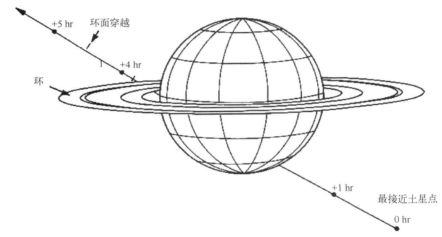

从地球上观察，旅行者 1 号在靠近土星和到达环平面北侧之间，先是土星掩星，然后是环系统的斜截面掩星

　　本次拍摄的 F 环图像的分辨率约为每像素 15 km，表现出 F 环具有复杂的结构，包括一个宽的扩散带和至少两条窄线，而且这两条窄线看起来是曾缠绕在一起的。但实际上不一定如此，因为这些条线可能在倾角稍有不同的椭圆轨道上。另外，F 环明亮的部分显示有结节、交结和簇。科学家们很难解释这种现象是如何形成的，更不用说预测它们的稳定性。

　　旅行者 1 号最后近距离的交会是与直径为 1 500 km 的土卫五，它是土星诸多卫星中的第二大卫星。离开轨道的角度给旅行者 1 号提供了距离为 73 980 km 的土卫五北极区域观测视场，图像表明这颗卫星撞击坑分布最多，而且是所有已探测到的卫星中最无趣的。在分辨率为每像素 1.3 km 的图像中，前导半球和极区布满了撞击坑，使它的外表类似一个冰冻的水星或月球。然而，内太阳系撞击坑的形成主要是由于小天体进入了行星运行的轨道，而外太阳系的撞击多数是由短周期的彗星引起的。早期的远距离图像显示后随半球在较黑的表面上有一个明亮的斑点，类似土卫四，但不幸的是，当探测器最接近卫星时这个区域却在黑暗之中。在探测器经过土星阴影区时，它的红外光谱仪观测到了土卫五光照部分的温度，红外热惯量数据表明虽然土卫五表面大部分为固态冰，但也有少部分薄霜[143-145]。

尽管土卫四的前导半球撞击坑密布，但也展现了沟槽和其他过去内部活动的标记

旅行者号拍摄的土卫十的图像

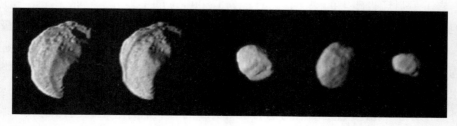

旅行者号拍摄的土卫十一的图像。需要注意的是左侧的两个视图捕捉到了 F 环弯曲的阴影经过小卫星的前面

　　旅行者 1 号在 11 月 14 日开始离开土星系，将注意力又转向了土卫八，在探测器之前进入土星系时已经对它进行过探测。探测器与土卫八的距离从未小于 300 万千米，但除了卫星明暗半球的清晰分界以外，新的图像表明在明亮半球靠近黑暗半球处存在一个直径为 200 km 的圆形结构。这个圆形结构看起来就像是一个撞击坑。还存在许多未能清晰识别的黑暗斑点。在旅行者 1 号通过土星系的过程中，对除土卫九以外的所有已知卫星进行了成像，并发现了 3 颗小卫星。旅行者 2 号的轨道使它更近距离的对土卫二、土卫三、土卫八、土卫七和土卫九进行了观测[146-147]。旅行者 1 号离开土星之后，在土星系平面以上有利位置远距离对土星系统进行了俯视成像，拍下了整个任务中最著名的图像之一，显示土星的黑暗面及其阴影投影到了广阔的环系之上的景象。从这个角度来看，环系统的多个辐条结构是明亮的，表明辐条结构上的微粒能有效地前向散射太阳光。探测器在 11 月 14 日先后经历了 5 次磁层顶的波动，距离在 42.7 和 46.9 个土星半径之间。11 月 16 日，探测器在 77.4 个土星半径处再次进入了行星际介质[148]。

旅行者 1 号拍摄的最令人震惊的图片之一，展示了带有辫、扭和结的 F 环的独特线缕

土卫五北极区稠密的撞击坑

与先驱者 11 号相比，旅行者 1 号通过土星系的科学成果特别巨大。长久以来，人们认为土星是比木星更弱的射电源，如果围绕地球和月球轨道的射电天文卫星真的探测过的话，那也是只有极少数的情况下能探测到，但是旅行者 1 号首次详细地探测到了这个频谱。近 9 个月的数据表明射电源的周期为 10 小时 39 分钟 24(±7)秒，人们推测这与土星内核的自转周期一致[149]。射电天文学设备还检测到一种新形式的射电爆发，这种爆发的波长很长以至于无法通过电离层，因此射电源一定是来源于电离层高度之上。人们认为这些射电爆发是由土星环中不可见的闪电造成的，土星环中数十亿的微小颗粒通过与陷入磁层的等离子体相互作用而可能带电[150]。红外光谱仪和辐射计的测量结果表明土星云顶的氦氢分子数量比为 6%，而木星的为 13±4%，与太阳 13±2% 的丰度一致。考虑质量分数，氦的质量分数为 11±3%，木星的为 19±5%，接近期望值 20%。由于木星和土星在形成时都接近太阳的丰度值，因此表明土星外层大气存在氦气消耗。这是由于土星的温度足够低，可以使大气分解，这在木星中是不可能出现的现象，因为木星含有一个更热的内核。这也解释了另一个仪器的测量结果。与木星的情况一样，土星比它仅靠太阳能加热获得的温度要更热一些。实际上，土星辐射到空间中的能量是其接收到的 1.8 倍，而木星是 1.7 倍。但是，木星被加热是由于不断进行的引力塌陷，而土星被加热的机理看起来是上层大气中氦气凝结然后到内部的"降雨"，从而造成重力势能转换为热能的缘故。光谱仪也探测到了可见大气的成分，除了氢气和氦气，也探测到了氨气和甲烷，以及包括微量的碳、氢和磷的复杂复合物。辐射计温度分布曲线与根据无线电掩星测量结果非常一致[151]。虽然木星和土星均为"气态巨行星"，但是它们的大气结构却不一样。木星上交替的带状气流形成了一系列窄带和区域，但是在土星赤道附近 70° 宽的区域内，大部分大气是单一的、向东的急流，速度高达 480 m/s，或者说相当于当地环境条件下声速的 2/3。在向木星长时间飞行过程中拍摄的图像可以跟踪其大气的特征，但是土星大气的特征则不够鲜明。然

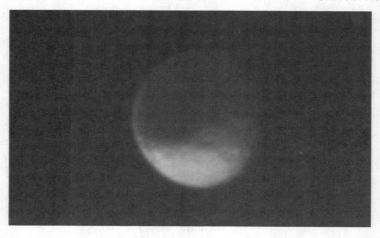

旅行者 1 号远距离拍摄的阴阳卫星土卫八，图中可见黑暗的前导半球和明亮的后随半球的分界线。可以看见在分界线附近明亮区域内有一些大的撞击坑

而，通过跟踪少量特征所获得的结果与地球望远镜观察到的有限数据是一致的。人们在土星南北两个半球高纬度区域发现一种与木星类似的结构，实际上观察到的大多数大气特征都出现在北温带。另外，在高纬度区域出现了反气旋的斑点，与木星的卵形斑点类似，但要比其更小。

与地面和先驱者 11 号的观测结果相反，旅行者 1 号发现土星环系统是高度动态变化的。或许最意外的发现是辐条结构。重要的是，它们的运动与行星的磁场相关联。实际上，从行星中心开始，辐条结构变得最窄的位置正是轨道周期与磁场周期匹配的位置，但是有效的数据无法说明辐条结构的运动是取决于引力还是磁力。一种假说认为，辐条的形成源自环上微米级的微粒，在微粒经过环上行星阴影笼罩的区域时，以某种方式成为带电粒子而漂浮离开了环面。这解释了为什么辐条结构最清晰可见的部分出现在环系统刚刚从阴影出来的部分。在阳光下，电荷逐渐消散，然后等到微粒进入阴影区时再次稳定下来。人们还认为这些微粒的放电过程引起了射电爆发。然而，理论学家们很难建立统一的框架来解释所有发现的特征，使得辐条结构准确的形成原因成为未解之谜。

旅行者 1 号对经典土星环系统拍摄了很多照片。看起来最整齐有序的 C 环包括了至少两条环缝，每一个数百千米宽：一条环缝可能是由于与土卫六的轨道共振形成的；另一条环缝里包括了一个神秘的几千米宽的小环，小环具有椭圆轨道。虽然小的卫星无疑是形成环清晰边缘的原因，但是也无法充分解释 C 环的内侧边缘为何如此清晰。B 环在结构和亮度上与 C 环存在巨大的差异。虽然在 C 环和 B 环中间存在突变的分界线，但是并不是被环缝甚至轨道共振等所划清的界限。B 环被分为 4 个等宽的不同不透明度的区域。B 环的外边界被命名为卡西尼环缝，其很久以前就由于与距离土星最近和最小的经典卫星土卫一存在强烈的共振而闻名。在卡西尼环缝中至少发现了 5 条宽带和 1 个次级偏心小环，展示了丰富的结构。A 环看起来比较细且更均匀一些。恩克环缝（Encke Division）包括至少两条主要由小颗粒组成的狭窄的小环。在外环中有 5 个明暗交替的小环，至少有 4 个小环明显的与两个或多个与经典卫星的共振作用有关联。环的首要特征是相对平均环面稍微倾斜，这可能是由于与土卫一相互作用的结果。A 环的清晰外缘是小卫星土卫十五造成的，轨道在其 3 600 km 以外。

旅行者 1 号从不同角度观测到的 F 环信息表明，它是由小微粒组成，很可能类似木星细环的组成。除了发现两个小卫星对守护 F 环起作用外，它还将 F 环分解成为包括明亮的块和结的各自独立的小环。F 环复杂的结构可能是"牧羊犬卫星"引力作用的结果，但是图像的分辨率不足以详细地解释它们的相互作用。据此决定调整旅行者 2 号的交会轨道以便更进一步观察这种现象。

土星和 C 环之间区域的长曝光图片揭示出这个区域是由多个宽度从 100 km 到最小分辨率的窄环组成，可能下延至土星的大气层。有趣的是，1969 年地球望远镜发现了在这个区域有一个稀薄的环，但是通过旅行者 1 号观测到的环结构由于太稀薄而不可能在地球观察到。不过，人们仍采用这个环最初的名字 D 环。另一个靠近土卫十和土卫十一轨道的稀薄环被命名为 G 环。在探测器与土星即将交会之前几天拍摄的图片中，确认了地球望远镜

两个前所未有的视场角度的土星蛾眉相位时的照片，这是旅行者 1 号离开土星和再次看
到土星环明亮面时拍摄的。上图为宽视场角，下图为窄视场角，靠近环系统的阴影区

发现的两环脊间的亮度不对称，并揭示了不同环上的微粒颜色上存在微小的差异[152－153]。

旅行者 1 号对土星卫星的直径和密度进行了准确的测量，结果表明它们主要的成分为水冰，同时还有少量的岩石或者金属。通过对它们反照率分析表明，即使是那些小的卫星也看起来大部分是冰。然而，通过深空网跟踪探测器飞掠土卫六，人们发现土卫六由约50% 的岩石组成，这很有可能是它的内核。探测器第二次近距离地飞掠了土卫五，使得对其质量的估计比先驱者 11 号的数据更准确。需要特别指出的是，在木星系中卫星的密度是随着距行星中心距离的增加而减少的，但是土星经典卫星中，这个情况似乎是相反的[154]。

通过土星飞掠的借力使得旅行者 1 号的轨道偏心率增加到了 3.73，等同于相对太阳速度 3.5AU/年，这使得旅行者 1 号成为当时离开太阳系的 4 个探测器中离开过程最快的一个。为了飞掠土卫六所施加的约束条件使得旅行者 1 号的离开轨道相对于黄道面的倾斜角度约为 35°。在接下来的几年，也可能是几十年，它的使命将包括探测行星际的介质。同时旅行者 1 号也为其"孪生探测器"提供工程上的支持，只要首个探测器完成了计划目标，第二个就可以自由尝试外太阳系具有挑战性的"大旅行"，但这并不保证一定能够成功。负责任务规划的柯尔海斯（C. E. Kohlhase）给出旅行者 2 号在正常状态下于 1986 年到达天王星的概率为 65%。没有人可以给出正常状态下于 1989 年到达海王星的概率。考虑到这个极其悲观的前景，一些科学家倾向于旅行者 1 号最好放弃飞往天王星和海王星，而是接着探测土卫六，但在 1981 年 1 月 NASA 获得准许开始进行土星以外更远的新征程，这种探险的感觉是无法抗拒的[155]。

4.8　最后一两击

开展大旅行的决定要求旅行者 2 号接近土星的轨道要恰好经过土卫六轨道的北侧，然后在到达土星最近点时刻左右唯一一次通过环面，位置还要恰好在经典环系外侧，这条轨道已经被先驱者 11 号证明是安全的。幸运的是，这条通过土星系的轨道不妨碍旅行者 2 号进行针对旅行者 1 号的补充观测。在旅行者 2 号接近土星过程中，它将对环系统的辐条结构拍摄视频进行研究，同时也会观测 F 环。在进入土星系的途中，它能够从 100 万千米的距离开始对土卫八进行探测。虽然旅行者 2 号与土卫六的交会距离为 665 000 km，并不是特别近，但是探测器可以研究土卫六上层大气的雾霾层。一旦探测器深入土星系，它会将近期发现的小卫星作为研究目标，并对之前未得到详细探测的经典卫星也进行探测，其中最令人期待的是在 87 000 km 距离处飞掠土卫二。而且，利用旅行者 1 号的经验，科学家们可以更恰当地选择相机的曝光时间和滤光镜设置，以获得更好的土星天气系统的观测结果。旅行者 2 号还可以提供一个新的探测机会。旅行者 1 号的偏振测光计由于木星系的辐射而损坏。虽然旅行者 2 号的这个设备也存在问题，但在木星之后的飞行过程中的测试表明其仍具备一定的功能，因此决定尝试采用其开展独一无二的土星大气和环系统观测。实际上，从探测器的视角来看，土星环将从天蝎座 δ 星前经过，偏振测光计可以监测有多少星光通过了土星环，以绘制微粒的分布和尺寸，分辨率达到 100 m，这要高于图像能达到的精度。科学家认为这个观测非常重要，以至于在探测器飞掠土星的过程中，扫描平台分配给偏振测光计单独使用的时间达 2.5 小时。

在 1981 年 6 月 5 日，旅行者 2 号开始与土星交会，距土星的距离为 7 700 万千米，对土星大气特征进行为期 10 个星期的观测。此时的环系统展示度更高，由于受到更多的太阳照射从而显得更明亮。虽然窄视场角相机的分辨率只有 2 000 千米/像素，但辐条结构几乎清晰可见。旅行者 2 号拍摄了许多的视频用来研究辐条结构从土星阴影区出来后的演变过程。科学家们直到探测器与土星交会几天后才惊奇地看到土星的大气结构，它在旅行者1 号任务中不是很清晰。同时，深空网的跟踪表明旅行者 2 号必须进行轨道修正以使交会点再移近土星约 900 km，在 8 月 19 日此次操作顺利完成。两天后，旅行者 2 号的注意力转向了阴阳卫星土卫八，在 8 月 23 日旅行者 2 号最接近土卫八时拍摄了照片，分辨率较好达到 18 km，照片显示该卫星明亮部分撞击坑密布，与土卫五类似。不幸的是，对于黑暗半球没有更详细的信息。虽然没有信息能够表明黑色物质的来源，但是在靠近黑暗半球附近一些撞击坑的底部也存在黑色物质，说明其可能也是内部产生的；可能是从卫星内部泄露出的黑色富含碳氢化合物的流体，类似月球上的许多撞击坑底部覆盖的从内部裂缝喷出的硅酸盐熔岩。土卫八的质量和大小意味着它比内部是冰的卫星密度要小，表明其主要是由甲烷、氨气和碳氢化合物组成。这支持了黑色物质是由卫星内部形成的观点，但如果这情况属实的话，那为什么只有前导半球被全覆盖呢？另外一种观点认为物质是来自外部的。土卫九有一个逆行轨道和黑色表面，被微流星体撞击后溅射的灰尘会倾向于螺旋上升，从而被土卫八的前导半球清扫掉。虽然红外光谱仪的数据发现土卫八黑暗半球的温度比高反射的冰面温度高，但是，类似像煤那么黑的物质吸收太阳能是符合逻辑的[156 - 158]。

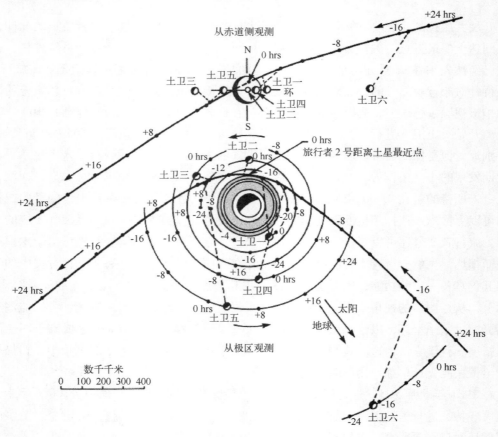

旅行者 2 号穿过土星系的轨道。土卫九、土卫八、土卫七的轨道太远而没有绘出

在 8 月 23 日晚些时候，旅行者 2 号对土卫七进行了首次成像，土卫七的轨道处于土卫八和土卫六之间，与它们的距离小于 120 万千米，图像表明它拥有令人吃惊的细长形状。实际上，最初成像时刚好捕捉到的是它的侧视图，接下来几天在 480 000 km 飞掠拍摄的图像显示它的形状类似"汉堡包"，尺寸大约为 400 km × 250 km × 200 km，其冰冻表面布满了撞击坑。旅行者 2 号观测到的最大撞击坑的尺寸约为 120 km。然而，直径为 200 km 的撞击坑遗迹的弓形内斜坡表明土卫七可能是一个更大卫星受到灾难性撞击后产生的部分碎片。科学家可以马上得到的结论是，土卫七的长轴并没有因为重力稳定的原因而指向土星。实际上，对所有图像的分析不能确定土卫七自转轴的指向或者自转速率。当时的主要困难在于可供观测的有效时间很短，但是多年后发表的理论模型给出了吸引人的解释：土卫六"统治力"的存在使土卫七的轨道变成偏心轨道，使土卫七在完成 3 个公转时土卫六完成了 4 个公转。这些扰动再加上土星的潮汐力，导致了土卫七处于不确定的平衡状态，使土卫七的自转轴指向和自转周期在一定区间内在几条短暂的轨道间急剧变化，使之成为太阳系中首个被发现为"混沌"自转的情况。实际上，模型表明仅仅在时间间隔 6 个星期的两条土星轨道上，卫星可以从一种不自转的状态转换为周期为 10 天的自转状态，自转轴的方位持续变化。这意味着，即使旅行者 1 号的轨道使它可以对土卫七进行足够分辨率的成像来确定土卫七的自转状态，但是不能将其与旅行者 2 号观测到的自转状态联系起来。而且，该模型也表明土卫七仍处于混沌状态。虽然旅行者 2 号提供的观测结果由于时间太短而无法证明或证伪该数学理论，但地球望远镜持续的观测，特别是在 1987 年的观测验证了该理论，结论是土卫七"不处于任何有规律/周期的自转状态"。在那之后，人们也发现了太阳系中其他几个混沌转动的例子[159－161]。

旅行者 2 号拍摄到的土卫八最好的照片之一，在明亮地形上看到一些撞击坑底部有可见的黑色物质

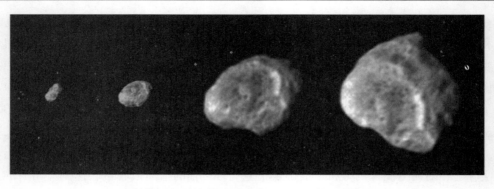

歪斜状不规则的"汉堡包卫星"土卫七的 4 张照片

当时地面对接收到的土卫七的图像进行了详细的分析,想通过土卫七反照率的任何不对称情况来证实土卫八清除了黑暗物质的观点。虽然没有发现反照率的差异而不能支持这种理论,但是随后发现土卫七的自转是混沌的这一事实,证实了原本也不该存在这种不对称[162-163]。

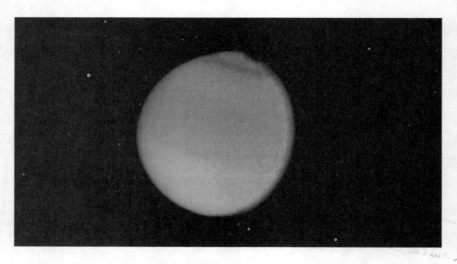

旅行者 2 号的轨道恰好适合观测土卫六的北极极冠

在 8 月 24 日,旅行者 2 号在 31.7 倍和 28.1 倍土星半径间穿过了三次弓形激波。不幸的是,此时没有其他探测器朝向太阳以发出太阳风爆发的警告,因此无法准确预测弓形激波的位置。实际上,几小时后,太阳风的爆发使得弓形激波退却的速度比探测器飞向土星的速度快,令探测器又返回到行星际介质中。在 8 月 25 日早些时候,探测器在 22 倍土星半径处第五次也是最后一次穿过弓形激波。在 18.6 倍土星半径处经过了磁顶层。太阳风的压力非常高使磁顶层已经进入到了土卫六轨道内侧。大约在此时,探测器到达距离土卫六最近点,距离不超过 500 000 km。探测器所处的位置是观察土卫六北半球的有利观测点,是观测北极冠状区域的极佳位置,随后带有高海拔雾霾层的背光面在边缘处产生了背光。自从旅行者 1 号探测以来,观测到土卫六北半球比南半球更黑一些,存在一分为二的变化,这个探测结果没有变;但是旅行者 2 号发现南半球可见雾霾层的高度要比北半球高约 50 km。探测器也利用偏振测光计尚可用的功能测量了雾霾层中气溶胶的尺寸。

由于看不到土卫六的表面，科学团队的地质学家们暂时失去了对土卫六的兴趣，他们希望更近距离地观察土卫二，以确定它是否与木卫二相似。随着旅行者 2 号进一步进入土星系，它传回了这个冰冻卫星越发让人着迷的图像。

令人失望的是，旅行者 2 号拍摄的 F 环高分辨率照片迄今为止没有给出旅行者 1 号曾观察到的任何结、块或簇的信息。然而，旅行者 2 号对土卫十二、土卫十三和土卫十四进行了成像。在 1980 年，通过地球上的望远镜发现了这些小卫星，当时土星环系统正侧向对着地球。最初将其命名为 1980S6，土卫十二与土卫四在一条轨道上，土卫十二领先土卫四 60°。以前人们只知道特洛伊（Trojan）小行星带位于引力稳定的位置，在木星围绕太阳轨道上木星的前方和后方运动，这是由法国数学家拉格朗日（J. L. de Lagrange）在 1772 年推导出来的。土卫十三和土卫十四分别位于土卫三的前方和后方。不幸的是，由于它们距离较近，根据图像不能将它们区别开。然而，很明显的是它们的尺寸都是在 30~40 km 之间[164]。

旅行者 2 号也获得了土卫三的图像，显示的地形特征尺寸小至 5 km。主要特征是宽度达 400 km 的撞击坑［被称为奥德修斯（Odysseus）］，奥德修斯撞击坑相对于土卫三的尺寸比赫歇尔（Herschel）撞击坑相对土卫一的尺寸还要大。但是，相比赫歇耳撞击坑的轮廓分明，奥德修斯撞击坑塌陷的坑唇和突起的坑底几乎贴合了卫星的球形外形，使它看来非常不明显。旅行者 2 号飞掠土卫三的结果显示，旅行者 1 号观测到的土卫三面向土星半球的巨大鸿沟实际上占了至少 75% 的周长，鸿沟被命名为伊萨卡裂缝（Ithaca Chasma）。一种观点认为是由内部的冰冻和膨胀形成了表面断裂，但这不能解释为何形成单一的巨大鸿沟而不是整个表面的网状裂缝；另一种观点认为由于这个巨大鸿沟位于以奥德修斯撞击坑中心作为轴极点所对应的赤道位置上，这个大鸿沟可能是巨大冲击的副作用而产生的。旅行者 2 号进行了三次表面温度测量。和土星的其他卫星相同，对土卫三的探测结果也表明在其历史上某些位置上发生过内部运动，并且一些看起来年老的区域颜色更深一些，存在更密集的撞击坑[165-167]。

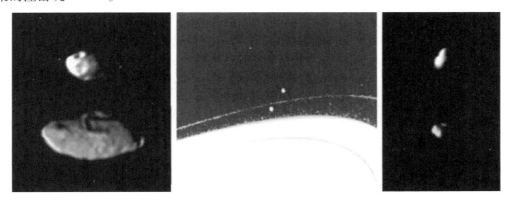

旅行者 2 号拍摄的土星 4 颗小卫星，土卫十七（左上）、土卫十六（左下）；F 环的内侧和外侧的牧羊犬卫星（中间）；土卫十四（右上）、土卫十二（右下）

　　在旅行者 2 号到达土星交会点之前约 3.5 小时，平台调整姿态使偏振测光计指向天蝎星座 δ 星从土星圆面背后出现的位置，同时测量设备开始记录数据。该恒星一出现，探测器就从环系统背面经过。在接下来 2 小时，为了得到依次穿过 D 环、C 环、B 环、A 环和 F 环的径向采样，偏振测光计以每秒 100 次的频率进行亮度测量，获得的图像分辨率等效约 100 m。F 环中 40 km 宽的主要条带包含了至少 10 条小环。而且，部分区域界限分明，宽度不超过 3 km，具有陡峭的内外边缘。但是将物质限制的如此紧密的原因尚不清楚。由于偏振测光计只能对穿过环非常狭窄的部分进行测量，所以环圆周上物质的差异情况无法推测出来。虽然数据表明在恩克环缝中有多个小环，但是旅行者 2 号的图像显示仅有一个环。由于卫星共振的影响，在恩克环缝内侧的 A 环上有波浪状的特征，B 环有螺旋状波纹特征。没有非常窄的环缝意味着环中几乎不存在超出相机分辨率的小卫星。探测结果也给出了土星环厚度更多精确的参数：环中环缝物质的厚度不超过 200 m，这比地球望远镜依靠当土星系侧向地球时测量的数值更准确[168]。紫外光谱仪也通过天蝎星座 δ 星进行了土星大气掩星监测，红外光谱仪对 A 环、B 环和 C 进行了热扫描[169-170]。

旅行者 2 号拍摄的土卫三满月照片，(上图)唯一的高分辨率图片显示了其部分撞击坑边缘

　　虽然旅行者 2 号飞掠土卫一的距离在 310 000 km 以内，但是此时探测器正忙于开展恒星掩星测试，在完成了这些动作后才将扫描平台对准土卫二。在旅行者 1 号探测之后，科学家开始相信土卫二类似木卫二，冰冻表面具有较少的撞击坑。但是旅行者 2 号对土卫二的远距离成像显示出一些撞击坑。现在近距离成像表明在大面积范围内几乎没有撞击坑。在距土卫二 119 000 km、分辨率为 2 km 的图像中，科学家至少识别出 6 种地形。根据不同地形的撞击坑尺寸和数量判断，两种地形的年代是古老的；另三种地形是平原，平原上的撞击坑表明其处在中等年龄；最后一种是年轻的无坑平原，包括山脊和沟槽的复杂的网状结构。很显然，在土卫二的历史上，物质从内部被挤压出地表，而重新构造表面广大区域的事件发生过几次；最近的一次显然发生在过去的几亿年里。虽然没有发现火山口的迹象，但是人们猜测可能还有残余的火山活动，正是火山活动将冰颗粒撒向 E 环。红外光谱仪对土卫二开展了 5 次热扫描成像，结果表明其温度与土卫三的类似[171-173]。

旅行者 2 号飞过环系统的光照面时，得到了 B 环中黑色辐条结构的清晰照片

　　在 UTC 时间 8 月 26 日 1 时 21 分，旅行者 2 号在 101 000 km 的距离飞掠了土星云顶。约 20 分钟后，旅行者 2 号在距土卫二 87 140 km 处飞过，在接下来 2 小时内对其进行高分辨率成像。仅仅在到达土星最近点 36 分钟以后，探测器在土星 36.5°N 处飞到土星傍晚时分边缘的背面，采用无线电掩星探测了土星北温带，然后进入了土星阴影区。在 90 分钟内地面与探测器无法取得联系，为了进入一条能够与天王星交会的轨道，它将在距离 2.86 倍土星半径处穿过土星环面。虽然先驱者 11 号证明穿越土星环面是安全

的，但是旅行者 2 号也存在被意外撞击而失效的风险，因此 JPL 的气氛非常紧张。实际上，当探测器以13 km/s的速度穿过环面时，探测到了异常现象。在穿越环面之前和之后的几分钟，探测器被大量的微米级尘埃颗粒撞击，虽然这些尘埃颗粒尺寸非常小不能对探测器造成危害，但是尘埃被汽化而类似等离子体的"喷发"，这个现象同时被等离子体波探测仪器和射电天文设备检测到。当记录的遥测数据传回地球时，很明显地发现姿控推力器为抵抗这些尘埃撞击所引起的扰动，在穿越环面时曾多次点火。根据尘埃撞击的持续时间，"环面事件"(Ring Plane Event)表明探测器穿过的 G 环厚度约 1 500 km，比根据照片推断出的厚度大许多[174]。刚好在土星 31°S 当地黎明之前，探测器从几乎沿直径方向的遮掩中再次出现，无线电信号说明探测器进行了 100 m/s 向东的点火。除了高海拔地区温度变化不超过 10℃，其他地区的温度分布曲线几乎相同，这和旅行者 1 号的观测结果一致[175]。

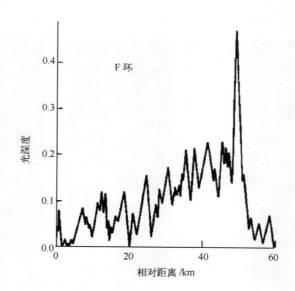

旅行者 2 号偏振测光计测得的恒星被 F 环遮掩的曲线，表明主要条纹周围伴有众多的细环

当地面重新接收到旅行者 2 号从土星背后出现发出的无线电信号时，JPL 控制室里爆发出了震耳欲聋的欢呼声，这意味着探测器已经安然无恙地穿过环面。然而，当遥测数据显示扫描平台无法正确指向时，欢乐的情绪迅速转变为失望。虽然扫描平台的俯仰机构运转正常，但其偏航机构出现卡滞。在故障诊断的过程中，探测器计算机停止有关扫描平台的一切操作。系统停止转动的位置将会使太阳光进入敏感设备的光学部件，这将使情况更糟。因此当时的首要任务是使用工作正常的机构去转动扫描平台以保护这些设备。然而在处理过程中，旅行者 2 号在 93 000 km 的距离飞掠了土卫三，原计划的高分辨率成像被迫取消。同时，在土星阴影区记录的成像结果通过回放传回地球。由于姿控系统的校准误差造成对错误目标的观测，对空白的太空成像，使大部分图像受损，但是距土卫三 120 000 km 拍摄的分辨率为 2 km 的照片中的一张表明，该卫星具有多坑的边缘。

无论如何，旅行者 2 号成功地拍到了土星环系统的广角照片，其中包括将 F 环分解为一个明亮小环和 4 个纵向变化的暗淡小环组成的视图；由于一张环系统的图像恰好拍摄在穿过环面之前，因此它按透视法被显著缩短了。这一系列拍摄的其他照片显示了 E 环和土卫六轨道间的区域，并确认此区域并无迄今尚未确认的环，至少没有同 E 环那样明显的环的存在[176]。

旅行者 2 号近距离飞掠土卫二拍摄的照片，其较好展现出位于右侧的含冰的撞击坑地形，以及左侧年轻的条纹状地形

　　在穿过环面约 55 分钟后，旅行者 2 号扫描平台的偏航机构卡滞。实际上，在计算机干预之前拍摄了另外两张照片，恰巧其中一张对准 A 环中恩克环缝的一部分，展示了一个位于环缝边缘的窄环。丢失的数据包括：土卫二和土卫三边缘的近距离照片；当探测器位于土星阴影区时，红外光谱仪的探测数据；探测器进入土星阴影区时，监测环物质以确定其热惯量的红外测量数据；紫外光谱仪观测土星环掩太阳的数据；F 环的立体成像；探测器飞离 1 小时，偏振测光计观测环系统对金牛座 β 星的掩星数据；探测器滚动机动中的微粒和场数据[177 - 178]。

　　在磁带数据下载之后，工程师们着手确定引起扫描平台故障的原因，如果可能的话，尝试开发一套修复其故障的程序。当然，工程师们担心可能发现探测器是在穿过环面时吸入微粒从而造成了驱动装置的损坏，在这种情况下扫描平台很可能将不可修复。虽然偏航机构在测试中顺利地转动了 10°，但是在第二次测试中机构的工作并不稳定。探测器穿过土星阴影，使得原先用于预测发生故障的接收机温度的精密模型受到干扰，更进一步恶化了故障状况，这意味着不得不以差别很小的不同频率重复发送指令，以便"撞上"较窄的带宽，当然由于距离造成往返行程的漫长的光速传播时间也使得这些事件过程变慢。如果扫描平台被证实不可使用，而且假如探测器能够活到探测天王星之旅，将会严重减少从天王星获得的预期科学成果，这是由于为了将仪器对准目标，扫描平台将不得不被锁定，通过整个探测器的旋转来调整指向。在 8 月 28 日，问题分析继续进行，科学家和地面控制人员决定进行一系列小的偏航步进，希望让土星重新进入相机视场，从而开展计划的飞离事件序列。

这个壮观的土星环系统的光照面斜视图是旅行者 2 号在穿过环面前不久拍摄的。它展现了一个完整环脊的情况，由于透视的原因，F 环(靠近图像下方)被放大而另一侧的特征逐渐被压缩。B 环的那些明亮条纹是由于辐条结构向前散射太阳光形成的

在 8 月 29 日早些时候，在经过了近 3 天没有拍照之后，地面终于接收到了一张土星阴影投影到环上的图像，拍摄点处于南侧高纬度的极佳位置。为了在 9 月 4 日实现与土星交会的最终目标——对土卫九的远距离飞掠(这颗已知的土星的最外侧卫星可能是土星系的入侵者)，工程师努力实现对扫描平台完全控制的修复，在此过程中获得了土星退行的图像。在这过程中间，探测器不得不进行了轨道修正以便飞向天王星。旅行者 2 号在距土卫九 150 万 km 距离处进行拍照，显示其为类球状体天体，直径为 200 km。土卫九的表面一般为黑色，反照率小于 5%，但是也有令人感兴趣的明亮地貌特征。虽然土卫九表面物质的颜色与土卫八前导半球的颜色不完全一致，但是也不能排除土卫九是这种物质的来源。土卫九的轨道偏心率为 0.16，不能同步自转。尚未解决的明亮地貌特征的研究表明土卫九自转周期约为 9 小时[179]。在对土卫九观测之后，人们中止了扫描平台的使用，并依据其未来状态再做决定。旅行者 2 号在 9 月 25 日正式结束了同土星系的交会。

虽然存在扫描平台的故障，但是旅行者 2 号在离开土星时以倾斜角度拍摄了环系统的非光照面。从这个视场角度看，B 环是黑暗的，卡西尼环缝是明亮的，F 环上有明显的亮块

　　和历次行星交会一样，旅行者 2 号与土星的交会解决了一些问题，但也引发了一些新的问题。由于旅行者 2 号位于一条不寻常的轨道，它从土星的北侧接近土星，进行一次土星环穿越之后，向南飞离土星，这使其比旅行者 1 号可以更好的在高纬度区域观测土星，通过对土星北极大气结构远景观测可以绘制出风速的分布曲线。扫描平台的故障使探测器对土星南半球探测的图像分辨率较差，北半球的最高分辨率为每像素 50 km，是南半球的分辨率的若干倍。在两个旅行者号探测器与土星交会的过程中，土星大气的外观发生了改变，条带改变了颜色或发生了断裂。通过旅行者 2 号获得的图像的丰富细节，发现土星大气与木星大气惊人的相似。它观测到许多反气旋的卵形斑点，可能与木星系斑点的寿命一样长。除了白色的卵形斑点以外，橙色和棕色的卵形斑非正式命名为"大贝莎斑（Big Bertha）"、"安妮斑（Anne's Spot）"等。其中一个"棕色斑点 1（Brown Spot 1）"有 5 000 km 长，在若干天期间，它与一对白色斑点发生了相互作用。部分特征当位于土星边缘时依然显而易见，这表明它们的高度在土星雾霾层之上，因为雾霾层会遮住大部分土星大气的细节。形状不规则且短暂存在的云层只出现在土星中纬度地区，这是土星所特有的一个特征——黑色的波纹条带，在它的南侧和北侧的边缘分别存在反气旋和气旋的漩涡。风速测量的结果表明虽然这些特征出现在高海拔地区，但是它们源于大气层的深处。

旅行者 2 号远距离拍摄的土卫九图像

　　旅行者 2 号获得环系统颜色覆盖范围的分辨率要比旅行者 1 号的高很多，比如，C 环显然比主环要蓝一些，这可能是由于它们的微粒组成成分的差异，也可能是由于适合散射那个波长的某个尺寸微粒的大量存在造成的。诸如环缝和细环这些形态特征也呈现出颜色上的差异。高分辨率的图像序列跟踪了部分辐条结构在整个轨道中的运行情况，从穿过行星的阴影到重见阳光的整个过程。而且，界限清楚的窄"辐条结构"很可能是最近产生的，它与磁场同步自转；而相对宽的"辐条结构"曾使多个轨道倾向于沿着重力主导的轨迹运行。在接近土星的初期，旅行者 2 号在进行"紧张忙乱"的土星卫星观测计划之前，对卡西尼环缝的整体转动情况进行了拍照，开展搜索以期望在卡西尼缝中发现运行的小卫星，但是结果表明环缝中不存在大于 10 km 的天体。在恩克环缝中，发现两个明显不连续的环，它们的亮度沿着圆周发生变化(旅行者 2 号的图像不能说明这是两个分开的环，还是一个偏心环上的明亮弧。但是，旅行者 1 号的图像明确地说明它们是各自独立的环)。探测器穿过环平面立即拍摄的高分辨率照片显示，其中的一个环呈现出块状的外观，这可能是恩克环缝中不可见的卫星扰动引起的。实际上，位于恩克环缝中的卫星可以很好地解释恩克环缝与 A 环相邻位置发生的波动现象。在 F 环的不同部分可以观测到有规律的节和块，特别是在靠近"牧羊犬"卫星的位置，以及在这些卫星近期处于彼此最小间距位置附近。虽然最初并不明显，但旅行者 2 号最终还是观察到了 F 环中的结，然而旅行者 1 号的数据表明除了一小段以外没有"编织"结构存在的证据[180]。在探测器与其交会期间，大多数块很少或没有变化，但是两个探测器都观测到了节的突然出现，它们迅速变亮然后几天之内逐渐消散，这可能是 F 环内不确定的物质被行星际中厘米级的微粒撞击，造成尘埃云爆炸形成的。一个相关的理论说明 B 环的辐条结构是由稠密环中物体相互碰撞释放的带电粒子云形成的[181]。

　　在 1981—1995 年间，科研人员对旅行者 1 号和 2 号图像数据开展了后续分析，形成多个关于可能存在小卫星的报告。这包括位于土卫三和土卫四(可能也包括土卫一)拉格朗日点的更多的小卫星。此外，带电粒子数量的下凹很可能是由一个轨道类似土卫一的小卫星引起的。虽然这些少量的观测意味着大多数"发现"无法得到证实，但也不能说明这些"发现"都是不正确的。在 2004 年，下一个到达土星系的探测器——卡西尼轨道器发现的一个天体被证实为 1981S14(根据旅行者 2 号图像分析出的结果之一)，命名为帕列涅(Pallene)，即土卫三十三[182-186]。此外，在 1990 年艾姆斯研究中心的马克·R·肖沃尔特

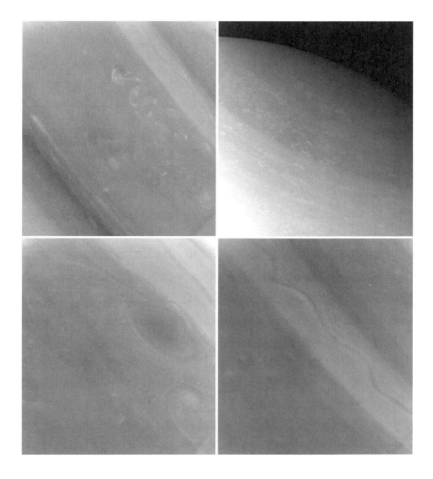

土星大气结构：上升物质的羽流（左上）、斑驳状的极区（右上）、黑点（左下）、波纹状黑色气流（右下）

（Mark R. Showalter）分析了恩克环缝边缘的扰动，并推断出这是受到了环缝中一个小卫星的影响，对其位置进行了计算，并在旅行者 2 号飞离几天后拍摄的图像中找到了这颗小卫星。通过对观察到的引力波动现象分析，小卫星的质量表明其大小在 20 km 左右。由于即使在最清晰的图像中，这个小卫星的大小也只有几个像素，因此之前没有引起注意。它最初被命名为 1981S3，后来命名为潘（Pan），即土卫十八[187]。由于受到环发出耀眼的光的影响，无法从地球上轻易观测到这些小天体。但当 1995 年土星环侧向对着地球时，大型望远镜（包括哈勃空间望远镜）的新一代敏感设备，探测到了除了土卫十八之外所有证实的小天体。土卫十五在轨道上预测位置之前 25° 出现，但是这是不合乎常理的，因为这需假定它在长达 14 年期间轨道周期只有 0.4 秒的不确定性。人们又发现土卫十六难以理解地在轨道上延后了 20°。在土卫十六的后面还跟随着一个小的物体，但是对旅行者 2 号的图像的详细分析没有发现任何物体，因此这个物体（如同 1995 年报告中的一些其他物体一样）必然是 F 环物质短期的簇。1995 年环平面的穿越也给地球上的望远镜提供了首次观测土星模糊的 G 环的机会[188 - 190]。

　　当然，旅行者 2 号的其他仪器也都获得了非常有用的数据。对土卫八、土卫五、土卫二和土卫九进行了偏振光测量，但是扫描平台的故障意味着对这些卫星观测覆盖远小于预期。红外光谱仪绘制了土星大气较好的温度分布曲线，但是由于其硬件问题无法探测平流层。紫外光谱仪数据证实了在北极所有经度范围内存在极光。考虑到这些卫星及与土星环境的相互作用，旅行者 2 号识别出在土卫四和土卫三的轨道间内存在着氢离子和氧离子组成的另一类圆环，这是水分子分解的产物。采用探测器无线电跟踪数据估计了土卫三、土卫八和土卫一的质量，对土卫一的质量估计是由于其与土卫三的引力相关。质量的估计结果与旅行者 1 号给出的结论相反，当时认为卫星的密度随着其距土星中心距离的增大而增大。然而，土卫六不符合这个新的趋势。由于土星附近的等离子体波的频率与地球大气层声波的频率在同一个范围内，所以科学家们将等离子体波的数据输入进一个合成器然后给公众播放，这个诡异的音乐被一名记者比作巴赫的电子音乐版本[191-195]。

　　通过土星飞掠的借力使旅行者 2 号的太阳轨道偏心率增加到 3.45，并使旅行者 2 号进入到与天王星交会的轨道，预计交会时间为 1986 年初。工程师们相信在交会时刻到来之前，他们有足够的时间使得扫描平台恢复功能，或至少恢复部分功能。

4.9　无味的行星，不凡的卫星

　　旅行者 2 号飞离土星之后，深空网进行了精确的轨道测量，航天器随即实施了轨道机动以瞄准天王星。标称的飞行计划在行星际巡航中安排了四次"调整"的机会，以消除残余的轨道误差，并完善即将到来的交会安排，以满足如太阳和无线电掩星的科学需求。1984 年 11 月 13 日，旅行者 2 号进行了第一次调整，点火速度增量为 1.54 m/s，将交会点与天王星的距离缩近至 40 000 km。在交会前约 1 个月和约 5 天时，探测器将会进行两次轨道机动以实现最终的轨道修正，使交会时的光照条件达到最佳。飞掠土星之后，JPL 的轨道工程师们就面临着过去数十年间一直困扰苏联火星任务的问题，实际上，相对于土星星历的不确定性为几百千米，外行星的星历的不确定性约为几千千米。因此科学探测时序的设计要具有充分的灵活性，以便在交会赫然到来时，能够适应当时的实际情况。另外一个问题在于确定航天器的位置和轨道。深空网的 3 个地面站中有两个在北半球，而届时天王星和海王星却均在天球赤道的南部。由此需要极大地依赖光学导航，导航过程中航天器将对下一个目的地以恒星为背景进行一系列的成像，以对星历进行修正。另外，航天器在天球中的位置能够通过一种新颖的技术准确的确定，该技术使用射电望远镜阵列测量航天器相对于天文射电源的偏移量[196]。尽管航天器距离地球超过 30 亿千米，但 JPL 仍然能够将其空间定位精度控制在约 20 km[197-198]。

　　尽管处于深空之中，旅行者 2 号还是进行了升级，以能够实施土星之后的任务。首先，姿态控制系统进行了改进。由于天王星环绕太阳的轨道半径是土星的 2 倍，所以天王星的光照强度仅为土星的 1/4，这意味着照相时的曝光时间需要延长为 4 倍。为了降低成像画面的拖尾效应，对姿态控制系统的控制逻辑进行了改进，推力器采用短时点火以减小航天器姿态漂移的可能，并对所有的扰动源进行了研究，以确保这些动作不安排在航天器超灵敏的时段进行。这些新技术均在旅行者 1 号上进行了验证，虽然旅行者 1 号还在传回太阳风的有效数据，但在某种意义上来说，它是可以"牺牲"的。天王星系统的自然条件对任务提出了一项挑战。对于木星和土星而言，其卫星的轨道平面仅与黄道平面呈较小的倾斜角度，由此航天器可以每隔几天一个接着一个的进行探测，但天王星的卫星公转轨道平面与黄道平面却几乎是垂直的关系，航天器到达天王星的过程类似一只飞镖投向靶心。进一步说，作为两次借力飞行的结果，航天器飞行的速度比采用一个缓慢的椭圆形行星际转移轨道要快得多，因此用于观测的时间也很短。即便采用了新的推力器逻辑，航天器极快的速度也许还会造成"运动模糊"。人们于是决定让航天器以一定的速度旋转，这样可以使相机紧紧地跟随其目标。为了获取土卫五的高分辨率图像，旅行者 1 号已经初次采用了"随动摄影"方法。还有一个幸运的巧合（由于发射前航天器进行了替换），旅行者 2 号的相机比被替换探测器的相机的敏感度要高 50%，因此更加适合远离太阳情况下昏暗的光照条件。事实上，由于扫描平台的问题，几乎没有时间对天王星系统开展有效观测。大量的时间和经费被用于精确定位扫描平台发生的问题，以及设计扫描平台的使用约束条件。JPL 制造了 86 个海盗号平台执行机构的全尺寸模型，用来评价某些参数的影响，如齿轮的温度和运动速度，以及作用扭矩。由此发现，在到达土星最近点时，对大量目标疯狂地快速定向，导致方位驱动机构的润滑剂几乎全部耗尽（这种严酷空间环境下的润滑剂，是一种类似于黑魔法的艺术）。没有润滑剂，在遭受了高强度的操作之后，高速齿轮系被加热，而后因非常紧密的公差而变形，并被卡住。最初的海盗号平台执行机构在使用时没有这种问题发生，因为在那些任务中，机械装置使用的频度不那么强烈，并且任务周期也没那么长。幸运的是，通过让扫描平台"休息"一段时间，润滑剂会再次渗回到齿轮中。经过仔细的分析和测试确认，认定平台能够在较慢的定向速度时进行安全的操作。所施加的最高速度为其设计的最快速率值的 1/3。尽管如此，以防执行机构再次被卡住而导致数据全部丢失，加载了不同的自我保护和应对意外事件的程序[199 - 200]。

　　科研人员同时还研究了旅行者 2 号的电源管理。通常情况下，从地球上看，探测器的轨道将经过天王星的后方，并穿过行星的阴影。航天器发射高功率的载波信号用于无线电掩星，以"探测"行星的大气层，同时将对行星背光面和新近发现的呈现出轮廓的环系统进行成像，将图像存储在磁带上，后续回放至地球。整个掩星试验的程序已经被全面的分析，以确保几个动作同时执行时，不会超过可用的功率，并且在巡航阶段进行了预先演练，用来保证不会由于关闭一些系统而触发自我保护系统，进而干扰和打断此次观测。

　　最后，深空网进行了升级。只要使用最大的和位置最合适的天线，理论上的数据率为14.4 kbps。现有的 64 m 直径天线已经到达有效能力的上限，更大口径的天线由于受限于重力负载和阵风的影响而降低性能。然而，通过联合堪培拉带有两个 34 m 抛物面的主天线，以及附近的帕克斯天文台（Parkes Observatory）64 m 口径射电望远镜，得以实现数据率提高的目的，接收的信号数据率能够提高至 29.9 kbps。这并非帕克斯天文台第一次用于支持空间任务：在 1969 年，它曾用于协助阿波罗 11 号月球任务，在旅行者 2 号飞掠天王星几周之后，作为主天线跟踪 ESA 飞往哈雷彗星的乔托号(Giotto)航天器。旅行者 1 号在土星交会时曾开展验证几个天线"组阵"可行性的试验。在给定数据率的情况下，为了进一步提高数据传输的效率，构建航天器数据管理系统的用于提供数据冗余的硬件，使用了一种非常高效的里德–索洛蒙(RS，Reed–Solomon)数据编码和纠错系统。另外一种提高数据传输效率的方法是通过图像压缩算法仅仅下传相邻像元的亮度差异，而非下传每个单独像元的绝对亮度。通过这种方式，每个像元传输平均需要 3 比特，代替了原先的 8 比特。这是该项技术首次在行星际任务中的尝试。RS 编码是通过专用的硬件实现的，与 RS 编码算法相比，图像压缩则必须通过重新对数据管理系统编程实现。虽有一个"音盲"的接收机和不大流畅的扫描平台，但旅行者 2 号还算是一个幸运的飞船，其图像压缩算法需要使用数据管理系统的部分能力，这在其姊妹探测器上却由于硬件故障而无法实现。如果没有进行数据压缩，航天器则每天能够从天王星系统传回 60 幅图像，而非 200 幅。主飞行数据计算机设定为处理非图像数据，同时其备份用于处理需传输的图像。然而，以防遇到问题，科研人员准备了一个独立的程序，能够让任一计算机处理所有的数据，虽然处理速度较慢。与在木星和土星交会期间相同，为防止指令接收机全部失效，科研人员设计了一个程序，让旅行者 2 号能够自主实施一系列基本的观测并将结果传回地球[201-202]。

威廉·赫歇尔(William Herschel)在 1781 年发现了天王星，即使经过 200 多年的观测后，人们对这个行星却还是了解甚少，对几颗卫星除了轨道以外的了解更是少之又少。直至 20 世纪 70 年代末期发明了足够敏感的红外望远镜和探测器来获得如此微弱目标的光谱，在假定的星体反照率下，测得这些卫星的表面温度和尺寸成为可能。光谱中最为突出的特征是关于水冰的，但由于与太阳如此远距离下的温度所致，预计还有特别是氨等其他的冰。在 1981 年，通过测量得到这些卫星的直径在约几十千米量级，根据其各自轨道的相互影响的情况，估算了当时所有已发现的 5 颗卫星的重量和密度。结果表明卫星密度有随着行星中心距而增加的趋势。因此，天卫四和天卫三看起来大部分是岩石表面覆盖着一薄层的冰，天卫二和天卫一的密度表明他们与土星的冰状卫星类似。最内侧的卫星天卫五的直径尚未准确获知，但与趋势相反的是它看起来具有最大的密度，该事实让地质学家特别急于研究这颗卫星[203]。已经观测到的天卫五的扰动表明至少存在另外一颗卫星。那颗卫星也许是距离天王星过近，以至于从地球上无法观测，但是如果真的存在，那么旅行者 2 号将其分辨出来应不存在困难。

在 1977 年 3 月 10 日，天文学家们着手观测天王星与一颗恒星的掩星过程，以确定天王星温度分布曲线和大气成分，同时还惊奇的发现在经过天王星背面期间的半小时内，恒星快速而连续的"闪烁"了 5 次，后来又再次出现。两台天文望远镜都观测到了这种现象，这排除了存在仪器设备问题的可能性。人们注意到两次不寻常的现象与实际的掩星过程几乎对称，因此意识到这个行星具有一套非常窄的环系统。引人注意的是，1972 年的一篇推断木星和天王星都应当具有原始环系统的论文，却被行星学期刊《伊卡洛斯(Icarus)》拒稿，原因是一位审稿人对其理论基础提出疑问[204]。接下来几年，进一步的观测表明缠绕着天王星的至少有 9 个环。按照到行星中心距逐渐增加的顺序，被命名为 6，5，4，阿尔法

（alpha），贝塔（beta），伊塔（eta），伽玛（gamma），得尔塔（delta）和埃普西龙（epsilon）。通过观测证实这些环在"垂直"方向较土星的环要厚，范围约 1～100 km。其宽度则沿着圆周方向有所不同，宽度变化在 20 km 至接近 100 km 之间，最大的是埃普西龙。天王星各环的轨道稍有偏心，部分情况下略微倾斜于天王星系的平均平面。这些环的窄小证明了牧羊犬卫星的存在，与为土星的 F 环划出界限的那些卫星一样。同样，如果这种卫星存在，旅行者 2 号也不难将其分辨出来。红外观测显示环的反射率较低，因此会非常暗。然而，20 世纪 80 年代引入的高灵敏的电子探测器能够对其进行成像。考虑到其黑色的物质组成，事实上其构成微粒可能具有很小的尺寸，预计在旅行者 2 号到达阶段，那些环将几乎不可见，因此，观测将尽量安排在这些环对太阳光进行前向散射而发光时进行，以实现细致的研究[205]。

如前所知，天王星的自转轴与轨道面倾角 95°。这意味着天王星将在 84 年环绕太阳公转期间，经历一种不同寻常的季节周期。某些时刻，天王星将沿其轨道"滚转"，维持一个极区或另外一个极区朝向太阳。在 1985 年，天王星将迎来其南半球的夏至点，导致旅行者 2 号到达时，仅能够看到南半球。从航天器的视角看，在接近天王星阶段的视景变化较小，并且大部分的动作均设置在即将穿越赤道面之前执行。实际上，与不同卫星的最近距离交会均发生在 6 小时内。在飞离行星的阶段，由于天王星系的北半球处于黑暗之中，可看到的目标不多。倘若证明天王星有磁场，那么科学家会急于发现磁场的轴是否与自转轴的倾斜角度接近，在此情况下的轨道上，该行星将有一个磁极正对着太阳风，这将使等离子体深深的穿入外层大气，引起不同寻常的极光及一些其他相关的现象[206]。尽管为了满

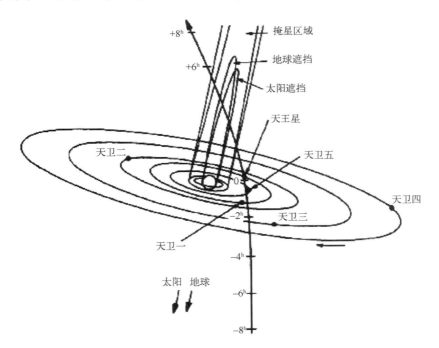

旅行者 2 号与天王星在最近点交会时的几何关系。由于天王星系相对于黄道面极度倾斜，航天器看起来像加速去往一个巨大的靶心目标

足继续飞往海王星所需的借力的需要，最接近点的位置已经确定为距离天王星中心 100 000 km 处，但事件发生的时间还是可以选择的，以优化对天王星系的观测，尤其是选择在接近阶段与天卫五进行近距离交会，并使航天器通过环和行星后方，以便位于澳大利亚的天线进行无线电掩星观测[207]。

在 1985 年 6 月探测器拍摄了第一张天王星导航图像。这些图像以星空为背景显示了天王星及其 4 个外层卫星，使得轨道工程师能够对轨道进行复核，并让科学家们修正卫星的星历。在 10 月份，近距交会的序列演练成功，为扫描平台的使用扫清了障碍。在 11 月 4 日，探测器进入探测范围为 1 亿千米的远距离观测阶段。当时航天器距离地球 28.8 亿千米，以 15 km/s 的速度奔往目标。无线电信号到达地球需要 2 小时 25 分钟。在远距离观测阶段，航天器拍摄了 5 段视频，每段视频中包含约 300 幅通过不同滤光片拍摄的图像，历时 38 小时，相当于 2 个天王星日，以监视大气动力学的情况，若有可能的话，用以确定其真正的自转周期；望远镜研究估算的自转周期与探测器观测的结果不一致，范围是 10~24 小时，"最优"的估算结果约为 15~17 小时。另外，探测器每天还进行 3 次紫外扫描[208]。第一个视频序列于 11 月 6 日开始拍摄。窄视场相机分辨天王星为一个黯淡的绿色的圆面，但令人沮丧的是，图像缺乏细节；显然天王星不会轻易暴露其神秘之处。而对于一位大气学家来说，大气缺乏特征的事实本身就是有价值的观测。几天之后，探测器进行了长时间的曝光，以获取最外层并且最亮的环——埃普西龙的踪迹。在此之前，科学家们还在怀疑在任务中是否能在这么早的时候发现环。由于这个月末获得了更佳的图像，证实埃普西龙环在某些剖面比其他剖面更为突出，能够与所预计的最宽和最窄的部分位置分别对应上。

在 1985 年 11 月末，旅行者 2 号无滤光的长期曝光图像显示出埃普西龙环。人们注意到环的亮度在其整个圆周看起来并不一致

其他的仪器也在传回数据。射电天文学仪器未检测到该行星的无线电辐射，这个事实往往表明若天王星系具有磁场，那么其辐射环境将不会对航天器造成威胁。在 12 月初，由于天王星经历合日过程，通信进入中断期。JPL 历史上曾避开在合日期间安排行星交会，但是借力去往海王星的窗口却需要进行这次交会，付出的代价是通信中断 10 天。从另一方面来说，这提供了一次利用探测器双频信号研究日冕的机会。通信恢复不久后的进展提示我们对天王星知知甚少：预期的和实际飞行轨道差异迫使轨道工程师得出结论，尽管进行了 200 多年的望远镜观测，天王星的质量被低估了 0.3% ，总的来说这是一个巨大的错误。这项修正使计算的轨道同当前实际的轨道保持一致；但这不是人们想要的目标轨道，于是在 12 月 23 日进行了 2.1 m/s 的轨道机动，使得交会点偏离了天王星几百千米远，以重新建立飞往海王星的借力飞行。当深空网修正后确定了航天器的轨道时，由于离所需位置非常近，所以最后一次目标机动可以被取消（本应被安排在飞掠前一周进行）。另外为了避免危险的失联状态，飞行器转向最佳的方向并点火，这项决定允许地面能够对探测器进行连续的跟踪[209-210]。

天王星继续表现的毫无特征。若有任何可见的细节，肯定也是具有较低的对比度并且被太阳"零相位"的强光所掩盖，因为阳光几乎直接位于航天器的后方。仅在 12 月初，科研人员建立了一个数学模型，使行星圆面的强光能够从图像中得以扣除，但是当通过这种方法揭示出一些细节时，却发现这些细节都非常微小并且仅比周围的背景亮度高几个百分比。甚至在辨认出第一团云时，相机团队仍然不确定这是真实的还是在图像处理中人为产生的[211]。在 12 月 30 日，天王星环的长期曝光图像显示出一颗新的卫星，它的轨道处于天卫五和埃普西龙环之间。人们最初给它命名为 1985U1，后来命名为天卫十五（Puck）。由于交会还要等待几周以后，因此任务规划者们有信心能够安排一次对这个目标进行近距离成像的机会。在 1986 年 1 月 3 日发现其他两颗卫星，在 1 月 9 日发现另外一颗，1 月 13 日又进一步发现了 3 颗。初步命名为 1986U1 至 1986U6，他们依序被分别命名为天卫十二、天卫十一、天卫九、天卫十三、天卫十四和天卫十。

在 1986 年 1 月初，红外光谱仪和偏振测光计——具有最高故障纪录的两台仪器开始没有规律的运行，但是其工程师们却有信心使这两台仪器能够令人满意的在交会点工作。远距离交会阶段于 1 月 10 日开始。这个阶段探测器将会获取关于天王星大气的另外两个视频和用于搜寻另外卫星的许多图像；同时还进行一次对扫描平台的最终测试[212]。在到达交会点前一周，当行星的圆面充满了窄视场相机的画面时，宽视场相机获得了整个圆面的图像，且窄视场相机以逐渐增加的分辨率观测了少量独特的大气特征。一个持续 6 天出现的问题导致压缩图像出现了黑白条纹的错误，但当识别出这是由于数据管理系统电脑内存中一个位的缺陷引起时，便很容易的进行了纠正[213]。科学家们已经开始怀疑天王星具有自己的磁场，5 天之后探测器检测到了无线电辐射和带电粒子，表明其不但具有磁层还具有辐射带。除此之外，无线电辐射被调制，说明磁场相对于自转轴有所倾斜。在 1 月 20 日，进一步发现了两颗卫星，它们似乎是在守护着埃普西龙环。这两颗卫星被分别命名为 1986U7 和 1987U8，后来命名为天卫六和天卫七。此外，当时已知 9 个环中的 6 个已经在长期曝光的图像中得以显现。

天王星远距离图像显示出一个明亮的云层(在 11 点钟附近)和大气层中条带的踪迹。由于天王星南极点朝向航天器,因此图像中展示的是赤道地区围绕着行星圆面的边缘

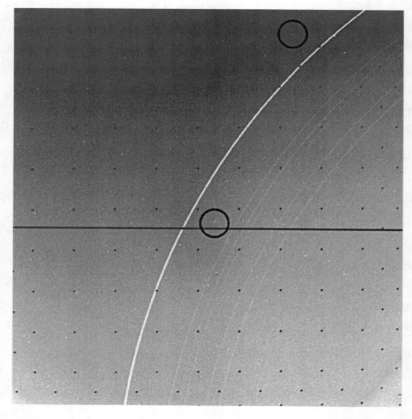

在此图像中,天王星的大部分环是可见的。两个被圈起来的踪迹是微小的小卫星天卫七(上方,在埃普西龙环之外)和天卫六(在埃普西龙环之内)

　　1 月 22 日，旅行者 2 号开始 4 天的近距离交会阶段，但一直到穿越系统平面之前的紧张时刻，天王星仍然是唯一可行的观测目标。探测器在 12 月首次获得了主要卫星的图像，但直到交会前几日，图像才开始呈现出卫星表面的斑点，并且非常引人注目的是，每一颗卫星都证明其独具特色。天卫四初始仅表现出较暗和较亮地形的斑块；直到 1 月 22 日才见到明显的撞击坑，1 月 23 日得到这个卫星的最佳图像。天卫三则更为昏暗，且仅略带斑点，直到到达最近点前几个小时其特征才变得明显。天卫二是目前为止大卫星中最暗的一颗，且在其平淡的表面所能看到的几乎是唯一的特征为边缘处一个稍稍明亮的环，也许是一个撞击坑。天卫一是最为斑驳的。从开始分析其圆面之时起，天卫一所表现的暗区和亮区与天卫四的相近，但还有一些亮的条纹，也许是山脊亦或是断层。天卫五由 G·P·柯伊伯在 1948 年发现，在此任务之前被认为是最小的卫星。当对天卫五进行圆面分析时，其表现为一个不同寻常的混杂反照率的地貌。在 1 月 23 日，研究人员基于旅行者 2 号接近阶段跟踪测量的轨道，给出观测计划中旅行者 2 号最终指向的角度和时刻。由此说来，已知航天器与天卫五的相对位置在 50 km 之内，这个距离是扫描平台在飞掠过程中准确指向所需公差的一半[214]。甚至在末期，仅有埃普西龙环和阿尔法环最宽的部分显示出一些细节。在交会前最后 3 天，探测器启动了数个观测序列，每个都有几百幅图像，以搜寻其他的牧羊犬卫星，但没有发现超过 10 km 的物体。然而，在交会的前夜，探测器发现了 1986U9，后来命名为天卫八。除去天卫十五，这些新卫星的尺寸没有超过几十千米的。在一些图像中，天卫六占据了多个像素，但是其他几个卫星看起来仅仅是暗淡的条纹，最多也就像"移动的恒星"。所有的卫星都位于天卫五和埃普西龙环之间接近赤道面的圆轨道上，除了埃普西龙环外部牧羊犬卫星天卫七和内部牧羊犬卫星天卫六，前者处于一个微微偏心的轨道上。给人们的初步印象是，除了牧羊犬卫星，天王星的这些"随从们"完全不具有土星卫星的奇异特征[215]。然而，随后几十年的观测将证明其不同之处。当 1999 年埃里克·卡考斯卡（Erich Karkoshka）对旅行者 2 号的图像进行再分析时，发现了一颗轨道靠近天卫十四的新的小卫星，命名为 1986U10，后来命名为天卫二十五（Perdita）；这个名字很恰当，因为它在拉丁语中意味着迷失！当哈勃空间望远镜在 2003 年再次看见它时，发现天卫二十五明显遭到天卫十四和天卫十三的复杂扰动的影响，其轨道必定在历史上某个时期经历了巨大的变化。哈勃空间望远镜在天卫五和天卫十五之间发现了另外一颗卫星，这颗卫星命名为天卫二十六，它可以追溯到旅行者 2 号四张图像中一个几乎捕获不到的移动的小点。此外，哈勃空间望远镜还发现了另外一个由两个异常暗的环组成的系统，位于已知的环系统和经典卫星之间；这个系统在旅行者 2 号飞离阶段拍摄的序列图像也几乎显现不出来，它受到阳光前向散射而发光[216-217]。

　　1986 年 1 月 24 日是交会过程中最忙的一天。接近过程大体上沿着太阳和天王星的连线，旅行者 2 号在距离天王星中心 23.7 个天王星半径时唯一一次穿越了行星的弓形激波，此时距离到达交会点还有 10 小时。从 18 个天王星半径开始，航天器已经完全浸入到磁层之中。8 小时前，探测器原定分配进行天卫五成像，但重新调整目标后改为拍摄一张单独的天卫十五的图像，天卫十五距离航天器 500 000 km 且位置便利，与天卫五位于天王星的同侧，天卫五自身则接近航天器的系统平面穿越点。尽管分辨率低至 9 km，获得的图像仍能表明天卫十五的尺寸约为 190 km，且大体上为一个球体。在天卫十五的晨昏线附近至少有一个直径为 45 km 的撞击坑。有趣的是，天卫十五要比大卫星中最暗的天卫二还要暗许多；事实上，天卫十五的暗度与组成环的微粒的暗度相差无几。其他新发现的卫星看起来都很暗的事实表明，之前基于假定的反照率而初步估计的直径都被证明太小[218]。从交会前最后几个小时的图像中发现一个地球观测从未发现的环。实际上，天卫六的轨道就恰好在这个环中，该环最初被命名为 1986U1R，后来命名为兰姆达(Lambda)。令人感兴趣的是，它表现出放射状结构的迹象。在行星飞掠之前的 13 小时，在一次位于埃普西龙环和得尔塔环之后且几乎沿切线方向的掩星事件中，偏振测光计监视到了人马座 δ 星(斗宿四)约有 30 分钟的闪烁。鉴于采用该技术所进行的地面测量对结构的分辨精度为几千米的量级，距离较近的旅行者 2 号则能够获得 10 m 的分辨率。

这是旅行者 2 号所获得的天王星新卫星的唯一高分辨率图像。图中给出了天卫十五——最新发现的卫星中最大的一颗，大小为 190 km，是太阳系中最小的准球形物体之一。明显存在一个大的撞击坑。这幅图像及其他几幅图像在第一次回传时由于降雨的干扰而失败，但幸运的是，这些图像在磁带必须重新擦写之前得以安全的传回地面

旅行者 2 号现在将其注意力集中到大卫星上。由于大卫星可以被观测的时间很短暂，并且受到扫描平台的转动速率的限制，探测器仅可能获得相当少的图像并存储在磁带上，以便第二天回放。第一个目标是天卫三，探测器将在行星飞掠前 3 小时距离其365 200 km经过。1 小时后天卫四以 470 600 km 的距离经过。几乎不到 9 分钟之后，天卫一以 127 000 km 的距离经过。若此阶段尚有时间，航天器将对天卫二进行拍照，尽管相距 325 000 km 的交会点在行星飞掠后的 3 小时才能到达。若此阶段的交会能以水手 10 号飞掠水星时的方式进行实时电视播放，那么扫描的视场将展现一个令人眼花缭乱的壮观景象。但是这场"秀"的主角是天卫五，航天器将于穿越环平面前 8 分钟经过它，此时距行星飞掠还有 55 分钟。事实上，其间距离仅为 28 260 km，这是到目前为止，旅行者 2 号所到达的离任何星球的任何卫星最近的距离。探测器拍摄了一系列共计 8 张窄视场的图像，归因于天王

星系统的几何结构，大部分是晨昏线且沿着赤道地区，而不是极区至极区。为抵消约为 20 km/s 的相对速度，航天器中断了与地球的通信联系，并进行滚转以保证相机指向目标，然后迅速恢复与地球的通信，以便通过天卫五对航天器造成的轨道偏转来推断天卫五的质量。探测器在距行星中心 116 000 km 处穿越了环平面。即使轨道经过之处离已知最外部的环至少 60 000 km，等离子仪仍能探测到由极小的微粒每秒钟撞击 30 ~ 50 次而形成的"喷烟"。撞击的峰值速率没有精确的出现在环平面穿越之时，而是偏移了大约 280 km，这个事实表明在天王星周围环绕着一个 4 000 km 厚的尘埃层，其平面相对于赤道稍有倾斜[219-221]。

在 UTC 时间 17 时 59 分，旅行者 2 号在距行星中心 107 000 km 处进行了飞掠。之后紧接着扫描平台进行旋转，使得偏振测光计能够以 100 m 的分辨率对环遮掩和英仙座 β 星（大陵五）的 18 分钟掩星进行监视，这处于地球对此掩星的观测和航天器接近段对斗宿四的掩星观测之间。由于大陵五是一颗变星①，因此偏振测光计在行星际巡航过程中已被仔细的标定。归功于飞离阶段掩星良好的几何关系，除了接近阶段掩星所获得的埃普西龙环和得尔塔环的切面，又额外为每个环提供了 2 个切面，从而得到了轨道偏心率和环中物质分布的信息。人们发现埃普西龙环的外边缘边界分明，厚度不超过 150 m。与土星类似，由卫星引起的环中的波浪也很清晰。观测证实天王星环圆周的厚度和不透明度具有极大的变化。比如，在掩星开始的时候，伊塔环并未对大陵五形成遮掩，这清楚地表明此处物质极少，同时狭窄的不完整的弧段遍及采样区域，包括刚好在埃普西龙环之外的位置。事实上，作为天王星主系统中最内侧的成员，6 号环被发现具有相近的宽度和不透明度[222]。行星飞掠后的 90 分钟，从地球看，航天器飞到了埃普西龙环的后方，尽管实际上距离环为 150 000 km。这标志着无线电掩星序列开始。因为接下来的 3.5 小时将发送较强的无线电载波信号，航天器在此期间将观测数据记录存储。掩星序列开始不到 1 小时，航天器进入行星的阴影之中，片刻之后在 2°S 的位置飞至其边缘背后（因为天王星系统的倾斜，这个纬度也接近晨昏线）。飞行器通过小幅转动来补偿折射，从而在此期间保持几乎连续的对地通信。在行星阴影中度过了 80 分钟，并在行星圆面后度过 86 分钟之后，旅行者 2 号在 7°S 再现并得到了第二条大气分布曲线。当处于背光面时，航天器拍摄了几张极长曝光时间的图像，但这些图像中没有任何闪电，甚至没有在北极区域内的一次极光，此时北极区已处于黑暗之中长达几十年。无线电掩星看起来探测到了甲烷冰晶的云盖，以及深入到云盖下面的区域，但由于没有关于物质组成的精确认识，掩星数据仅能用于约束温度分布曲线。尽管如此，信号强度的波动表明天王星存在相当大的大气湍流。无线电掩星序列以对环系统的第二次采样为结束，这次采样是以相反的顺序进行。横穿各个环显现出许多结构，包括埃普西龙环外边缘附近一个密度特别高的区域。尽管掩星数据表明环所包含的微粒均在厘米至米的范围内，但这是因为该探测方式对这种尺寸的微粒敏感；后来的光学观测将证实其中还有大量的尘埃[223]。

天王星被证实具有一个不同寻常的复杂磁场，磁场与行星的自转轴的倾角大约 60°，

---

①　变星是指亮度与电磁辐射不稳定的，经常变化且伴随着其他物理变化的恒星。——译者注

具有像偶级子一样大的四极子和八极子组成部分。假定该磁场类似一块条形磁铁，这意味着磁铁不在行星的中心，而是偏移了1/3个行星半径。针对于此，科学家们提出了许许多多的理论，其中包括对流形成发电机而产生磁场的区域，相比于木星的该区域更接近行星表面的理论预期。如果事实如此，这将反映出有关天王星内部构造的某些特征。偏移的磁场引发了一系列的后果。比如，在天王星表面最接近偶极子的场比正相对位置的场要强10倍。再者，磁层形状复杂，在偶极子轴线的延长线上具有旋转的凸起，在赤道面附近的磁层十分巨大，以致于大多时间能够将环和卫星包裹起来[224-225]。带电粒子探测器发现辐射带绕着行星转动，其强度足以使得在其中运行的环和卫星看起来很暗淡。事实上，高能粒子碰撞甲烷冰表面会对氢造成侵蚀并留下残余的碳，但没有证据证明在环中或卫星表面具有甲烷冰。或者，黑暗深色的物质也许是类似于碳质球粒陨石的富含碳的冰和石块的混合物。然而，与木星系和土星系相比，天王星的环境缺乏如离子水、氢和氧等较重的带电粒子[226-227]。

科学家已经识别出磁轴的方向，这就有可能解释射电辐射调制的原因。辐射源区域在磁极附近，但在传输路径上仅有一个极区可见，并且接收到的信号强度随行星自转而变化，周期约17.24小时。这个值让科学家感到意外，之前他们已通过跟踪25～70°S范围内少量的云推断出了一个较短的周期，由此表明大气处于"超级旋转"状态[228]。对图像增强以突出大气的结构，结果表明尽管独特的几何关系导致南部极区面对太阳长达几十年，但云团聚集在极区而不在日照加热热量最大的日下点。依据云层所在的纬度，云层绕着行星转动的周期在14～17小时之间，表明在驱动气象状态方面，行星的自转较太阳加热起的作用更大。从这个角度看，若不论其独特的倾斜角度，天王星的气候与地球类似。在木星上，有成千个独立的细节可以跟踪以测量风速，在土星上则有几百个，但在天王星上仅有几个。持续最长的特征能够跟踪15个自转周期，但中纬度一些较小的特征则最多持续几天。最高纬度的自转速率通过跟踪由紫外滤镜拍摄图像中的单一特征而确定。由于图像处理程度的原因，低纬度区域的地貌特征(如航天器接近时的行星圆面边缘周围)被看做是不可信的标志物。尽管如此，基于相对纬度风速观测结果的外推，科学家们预测赤道附近区域绕行星旋转的周期要长于磁场的调制。在南极上方存在一种能吸收紫光的褐色薄雾[229-230]。红外光谱仪测量了可见大气中氦的浓度，发现比木星和土星要高。当航天器飞掠时，红外辐射计能够对极点对极点之间的温度进行两次扫描。有趣的是，两个极区的温度几乎相同，即便一个处于全日照而另一个处于连续的黑暗之中。而且，南半球高纬度地区的温度与赤道附近相近。然而，在40°S附近约10～15°的条带内的温度会低几度，这毫无疑问与该纬度的云最为显著的事实有关。尽管在北半球也有类似的"低温带"，但其处于黑暗之中无法进行可视的观测。然而，用模型解释赤道与极区温度一致的原因还存有争议。有效数据仅能为一种可能存在的内部热源加以限定，此内部热源的热量最多只有从太阳接收到的热量的百分之几。天王星明显与木星和土星大不相同[231-232]。

在穿过行星阴影时，紫外光谱仪观测了经过大气过滤的太阳光和两次恒星掩星，以确认外层大气的范围和温度，外层大气被证明多为原子和分子氢。结果表明出乎意料的存在一个气态包层延伸至环中，并且十分稠密以至于能够影响居于其中微粒的运动。虽然人们预期在光照面的极区会有极光，但就算它们真的存在，也将被"电子辉光"所淹没，"电子辉光"是一种在木星和土星都可以看到的现象，原子和分子氢被太阳辐射激发而发出紫外线。在地球上对天王星的紫外观测起初表明存在极光，但现在看起来以此方式所观测到的是电子辉光。探测器在背光面检测到一次极光(在紫外线波长而非可见光)，监视时长按当地时间算持续了两天，其在偏离磁极几十度的位置与行星共同自转[233]。

通过研究天王星如何自转及其重力场对旅行者 2 号的影响，科学家提出了一种双层模型，模型包括一个小的岩石内核和一个非常稠密的由液态水和多种气体组成的大气层。在低温主导的上层大气，几乎所有的深层结构细节均被氢和氦所组成的薄雾所遮蔽[234-236]。

最好的天卫四图像之一，它是天王星最外部的卫星。注意在 8 点钟方向卫星边缘处山峰的迹象

在飞掠之后一天，大部分近距离交会阶段拍摄的图像从磁带上下传下来。令人欣慰的是使航天器保持稳定并降低拖尾现象的预防措施运行的很成功，可以大体消除这些影响，即使在艰难的天卫五交会阶段。

最佳的天卫四图像在 660 000 km 的距离下拍摄，因此分辨率不优于每像素 10 km。天卫四表面看起来覆盖着古老的撞击坑，其直径范围由超过 100 km 至分辨率限制的大小。撞击坑保存完好的事实表明，内部活动最多也就起到了次要的作用。尽管天卫四表面存在一些断层，但未有任何迹象表明有大范围的构造运动。最有可能的内成运动的迹象是一些撞击坑底部的黑点，也许是因撞击而断裂处喷发的结果。显然有一座高约 20 km 的大山伸出卫星的边缘，但是它也许是撞击坑的中央峰，这个撞击坑自身无法被看到。与天卫四不同，天卫三——天王星最大的卫星，表现出构造运动的迹象。其表面撞击坑密布，但撞击坑看起来却比天卫四的要小，也许还更年轻。被认为是地堑的断层落差地带横断了多坑的地形，它也许由内部的冷却作用而产生，使得组成这颗卫星的水冰膨胀而在表面张开了裂缝。同时，冰火山作用抹去了大部分最古老的撞击坑的痕迹，仅留下一些大盆地的遗迹。一些小片土地看起来平坦且相对来说属于无坑的状态，表明冰火山作用曾持续了较长的一段时期。地堑自身的外观较为年轻，仅叠加了很少的撞击坑。偏振测光计显示表面覆盖着一层松软的风化层，说明其年代十分久远，已被碾为粉尘[237]。

在天王星最大卫星——天卫三上巨大的撞击坑的缺乏和大量断层的存在意味着其表面在远古时代非常活跃

尽管天卫二在经典卫星中具有最暗的反照率，但比天卫十五和其他新识别出来的目标要亮。由于天卫二完全没有喷发物的亮光，使其在远距离看起来几乎毫无特色，由此推测其为木卫二一类的卫星，但在近距离审视之后，它看起来却充满了大的撞击坑。也许明亮的冰被发掘过，并被高能粒子雨冲刷而变暗，或许出于某种原因从一开始它就很暗。然而，至少还有两处较为明亮的地貌特征：一个处于在交会阶段于边缘处看到的 80 km 直径撞击坑的内部，另一个处于另外一个撞击坑的中央峰处。也许是类似彗星的排气将全部表

虽然天卫二是天王星卫星中最暗的也是撞击坑最多的，值得注意的是，但是没有明亮的光线。事实上，仅有两个明亮的地貌特征可见：在卫星顶部撞击坑内的圆环和晨昏线附近的撞击坑中央峰

面喷上了富含碳的物质，亮点则标记出活跃的区域。基于如此少量的数据，难以推导出一个严谨的理论。

天卫一与天卫三类似，具有小撞击坑以及大的构造断层，但天卫一撞击坑的密度仅为天卫三的 1/3。在天卫一上，消除最古老撞击坑的内生活动的持续时间，要比天卫三上的持续时间更长。实际上，在所有的大卫星中，天卫一的表面最年轻。天卫一的断层比天卫三的更深且更为复杂，同样有时也伴随着沟槽。一些最大断层底部的平行的线性图案可能标记了断层日渐打开时挤压的轴线。在某些地方，喷发的物质掩埋了之前存在的地形。水冰的融点比天王星系的环境温度要高数百度，但是冰中的一小部分氨却可以起到防冻剂的作用。天卫一上存在一些大且古老撞击坑的遗迹，但与木星和土星的冰卫星一样，由于物质随着时间而松弛，撞击坑也逐渐坍落。总之，天卫一展示出木卫二、木卫三和土卫二的某些特征。

天卫五不仅是天王星卫星中最为引人注目的，更是太阳系中目前为止已观测到的最为奇特的目标。它表现为火星上发现的山谷与分层沉积物、木卫三上的沟槽地表和水星上挤压断层的奇异组合。其表面大部分由起伏的群山组成，布满了小的撞击坑。与这些平凡的地貌特征并列的是三个 200～300 km 宽的椭圆区域（称为卵形区），该区域撞击坑较少，由此认为它甚至比山地要年轻。卵形区最为引人注目的特征是它包含了一系列的同心沟槽和陡坡，在某些地方造成急转弯，由于弯角非常尖锐而类似于一个巨大的 V 字形。断层和阶地横切了山地和卵形区，在某些地区，悬崖的高度达到 20 km。在卫星的弱重力下，在这个悬崖的峰顶扔下一个物体直至达到地表，将要用 10 分钟的时间。卵形区中的撞击坑内，或者是明亮的，或者充满了与天卫四一样的黑色的物质。尽管不止一个卵形区内含有几片平坦的物质，但看起来内生活动似乎没有在天卫五的成形过程中起到重大的作用，形成这个小卫星的过程非常有趣！正如成像组的副组长劳伦斯·A·索德尔比洛姆（Laurence A. Soderblom）所说，"如果你能够将太阳系中的所有地质形态进行成像，并放到一个物体之上，那么它就在你眼前。"对于这种前所未有的景象提出了两种假说。第一个假说是，天卫五在历史中的某个时刻已经被破坏了，碎片重新连接形成了杂乱的一堆，其中一些原本靠近内核的高密度物质整合到表面，紧邻着低密度冰的碎片。事实上，基于与天王星引力相关的彗星数目的统计学研究，可以发现在它们的历史中，内层的卫星应至少受到过一次足够有力的撞击，使其成为碎片，也许是天卫五和天卫一，也许是天卫二，至少完成过一次合并。第二种假说是，在天卫五还比较温暖的时候，巨大的冰团到达表面，产生了巨大的气泡，气泡缓慢下沉而创造出同心的褶皱图案，因而形成了卵形区的这种外观。事实上，这可以被认为是一个类似分异作用发展受阻的例子，高密度物质沉入核心，低密度物质浮至表面，由于这个过程没有完成，卫星冻结在一个中间状态。关键在于卵形区的年龄，这当然存在争议，一些科学家提出 10 亿年这个相对较为年轻的年龄，其他科学家则认为它们年代应该更为久远。

断层和沟槽纵横交错，天卫一的表面是天王星系中最年轻的。撞击坑相对较少且尺寸较小，稍大一些的则比较平缓并且与木星的木卫三看起来非常相近

　　旅行者 2 号在天卫五附近找寻类似木卫一的磁流管结构，但一无所获。设计用于扫描气态包层的所有仪器均未在卫星附近探测到任何有意义的结果；在飞掠两天后，从大部分卫星处于纤细的蛾眉月时所拍到的图像来看，没有探测到能够表明表面气体排放的前向散射太阳光。天王星多数卫星的特征提出这样一个问题，在如此小的星体上靠何种热源能够推进内源性的活动？一种可能是卫星轨道间的共振。这种机制毫无疑问是木卫一加热的原由，并且也许能够解释土卫二的活动。尽管当前没有这种共振，但也许过去曾有过并且未来也可能再次出现。深空网通过对航天器的跟踪对天王星(因为它是系统中的主导成员)和天卫五(因为航天器经过时和它相当接近)的质量进行了非常准确的测量。由于航天器所经过的轨道与其他卫星的距离并不是足够接近，因而无法按此方法对其他卫星质量进行测量，但却能够通过光学导航图像和相互摄动计算模型对轨道进行精确的掌握，以此对它们的质量进行估算。值得注意的是，由此而得出的密度显示，尽管这个行星形成所处的位置比土星还要远于太阳，但它的卫星至少有 30% 的成分是岩石[238-244]。

　　在旅行者 2 号飞掠期间获得了一些惊人的图像。其一，在穿过赤道前 27 分钟位于环系以南 10°夹角内位置的成像显示，最为明显的环在天王星的映衬下如同狭窄的黑色条带。在 16 分钟之后，视场角缩小至 5°，一个四帧拼接图像以快速变化的视角显示出了整个环系。这组图像还发现存在一个迄今未曾料到的宽物质带，宽度超过 2 000 km，位于 6 号环内，命名为 1986U2R。

不同寻常的天卫五的形成过程依然是一个迷，并列排布着起伏的撞击坑平原、平行断层、V 形区域和卵形区。特别要注意的是晨昏线上巨大的悬崖

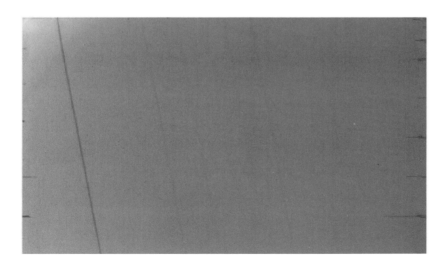

天王星环以行星大气为背景显现的轮廓，图像由旅行者 2 号在环平面穿越过程中拍摄

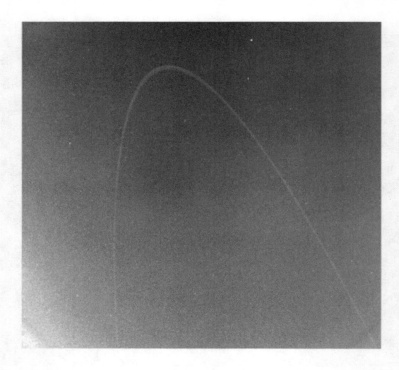

探测器在刚刚完成环平面穿越之后所拍摄的图像,其中可以清晰的看到太空中的埃普西龙环。另外两个嵌在埃普西龙环内的环

科学家们焦急的等待着一个单幅 96 s 长的宽视场帧的下传,这幅图像拍摄于旅行者 2 号距环平面 225 000 km 以外并位于行星阴影之中的时候,记录了被太阳光从背后照亮的环。这是一幅绝佳的照片,图中显示出几百个尘埃扩散带,这在其他光照条件下是看不见的。乍一看上去,大量的细节让人联想到了土星环的图像。埃普西龙环看起来几乎是孤立的,也许归因于那些守护着它的小卫星,其他已知的环看起来也明显没有什么尘埃。从这个角度最为明亮的特征是兰姆达环,意味着这个环大部分是由细微的尘埃组成。环中具有如此多的尘埃,引发了关于其来源的问题,因为这必定要有一个连续的物质供给,以补足被各种过程导致系统的稀疏化,这些过程包括行星巨大的稀薄的外层大气,其自身就能够在约几百年里对环进行侵蚀并且仅留下最大的微粒[245-246]。

在离开阶段,旅行者 2 号 4 次穿越了标志着磁层两极之间边界(正和负,或北和南)的中性电流片。一个结构良好的磁尾顺流向外延伸至少 6 百万千米。在距离行星中心不到 80 个天王星半径处与磁层顶交汇,在距离超过 162 个天王星半径处穿过弓形激波至少 7 次。1 月 29 日于 227.7 个天王星半径处,完成了最后一次弓形激波穿越,航天器再次进入到太阳风的领域[247]。

在航天器接近天王星系统的过程中,JPL 发现 NASA 试图在交会期最繁忙的日子里发射一架航天飞机,于是要求 NASA 将任务推迟几日,以保证分配给旅行者号任务的跟踪设施不会因为航天飞机遭遇紧急事件而被收回,但是由于这次特殊任务的成员中有一名高中

这幅天王星背光面长期曝光的图像表明，在已知环之间存在尘埃带，这在向光面的观测中并不明显。埃普西龙是最外部的环，看起来与其他系列的环是分离的，同时另一个在内部的兰姆达环看起来是最亮的，意味着它富含小的尘埃微粒

教师而引起了公众的高度注意，所以 NASA 拒绝了这个要求。甚至还有一个计划，航天飞机向 JPL 发送指令，再由 JPL 转发给旅行者号。令 JPL 欣慰的是，航天飞机由于技术问题和季节原因而推迟发射。在 1 月 28 日，当 JPL 准备发布天王星交会的最终的科学通报时，挑战者号航天飞机为 STS – 51L 任务发射升空。那是一个寒冷的夜晚，在佛罗里达州的大西洋海岸的肯尼迪空间中心，发射被推迟了数个小时，以让阳光融化维护设施上形成的大量冰柱。极端的严寒还降低了用于密封固体火箭助推器段与段之间接合处的"O"形橡胶圈的弹性，使其中一个橡胶圈无法紧密的密封。当压力逐步增强时，热气开始从接合处泄露并侵蚀了橡胶圈。仅在 1 分钟之后，泄露发展成火苗，其作用如同喷灯，切断了将助推器紧紧连接到中心贮箱底部的支撑杆，这个贮箱为挑战者号发动机提供推进剂。助推器绕着上部支撑杆转动，碰撞并击碎了液氧贮箱，引发了一场爆炸，将挑战者号吞没在火球之中，同时不对称的气动载荷使航天飞机瓦解成碎片。这次失败使得其余的航天飞机停飞了几乎 3 年，并引发了一场对美国进入太空路线的彻底的反思[248]。

　　载人和无人空间任务的差别从未如此引人注目。作为一个低成本的机器人使者，在其对外太阳系探测的第 9 个年头里，7 条生命在一次被认为是常规的飞行的任务中牺牲，这次任务要去布署一颗通信卫星。由此人们提出了一项建议，将最新发现的天王星卫星以牺牲的航天员命名，以示敬意。但是唯一拥有天文目标命名权的国际天文联合会，决定继续使用基于莎士比亚和蒲柏的文学作品的命名规则来对天王星的卫星命名，而航天员则为编号为 3350 ~ 3356 小行星的命名；那位名叫克里斯塔·麦考利夫(Christa McAuliffe)的教师为 3352 号，这是 7 个小行星中惟一的近地天体[249]。

来自天王星飞掠的引力助推使旅行者 2 号的太阳轨道偏心率进一步提高到了 5.81，进入飞往海王星的轨道。直至今日，没有人知道天王星何时能够再次被来自地球的航天器造访。

在 1986 年 1 月 25 日，旅行者 2 号离开行星时，拍摄的天王星背光面图像

4.10　飞向蓝色星球

尽管旅行者 2 号通过天王星飞掠借力飞向海王星,但为了更精确的接近目标,在 1986 年 2 月 14 日完成了一次目标机动。事实上,这次轨道机动持续了 2.5 小时以上,耗费了约 12 kg 的肼燃料,也因此成为旅行者 2 号所进行的最大规模的中途修正。完成机动后的轨道为旅行者 2 号交会海王星提供了几种选择,而探测器与海王星的几何位置关系和交会时机仍然是需要讨论的问题。在探测器飞往海王星的同时,还进行了多项工程测试和科学观测。通常,通过与地基望远镜或长寿命国际紫外探测卫星进行合作,平均每天可获得 14 小时的粒子和场数据,并且,在对扫描平台旋转的严格约束下,平均每年可对紫外空间光源进行 100 次观测。

与此同时,旅行者 1 号也报告了粒子和场的探测结果,并且进行了一些工程试验。就在旅行者 2 号与天王星交会之后不久,成像团队建议旅行者 1 号应该尝试拍摄哈雷彗星经过近日点时的景象,但研究显示彗星距离太阳太近,会导致窄视场相机产生眩光。但工程师们并没有灰心,他们提出探测器应首先调整姿态,使相机处于高增益天线的边缘阴影范围内以降低光强。尽管这个方法尚未得到测试就要经历彗星掠过,人们还是决定执行拍摄任务,因为一旦获得成功,探测器将会对 IRAS(红外天文卫星)数年前发现的尘埃结构进行精确成像。1987 年早期的一项测试表明,照射在部分卫星结构上的太阳光反射到了高增益天线的背面,造成部分图像过度曝光。不过,未受影响的部分图像仍提供了不少科学数据,尽管这些图像似乎从未公之于众[250-251]。

旅行者 2 号的数据处理能力在探测天王星之后并没有改善,唯一可能做到的软件更新是使相机能在海王星的低照明度下完成超长时间曝光,此时的太阳大小仅和我们在地球上看到的金星大小相当。因此,为增加数据率而做的任何改进都只能在地球上进行。主要的深空测控网天线从 64 m 扩展到了 70 m,并安装了低温和低噪声放大器以提高其灵敏度。为了延续在天王星交会时的成功的射电望远镜阵列观测,NASA 额外增加了辅助观测海王星交会的设备。其中一个设备是美国国家射电天文台位于新墨西哥州的射电望远镜巨阵(VLA,Very Laryt Array),它由 27 个可独立控制的 25 m 直径天线组成,每个天线都可以在 Y 形轨道的三条臂上进行运动,所达到的有效接收区域和一对 70 m 天线相当。这些天线仅需很小的更改就能接收航天器的 X 频段信号。VLA 和派克(Parkes)射电望远镜几乎可以完全补偿由于从天王星到海王星距离的增加而产生的增益损耗,并且能够保障 19.2 kb-ps 的实时传输速率或 21.6 kbps 的记录回放数据率。通过将 VLA 和加州金石天文台的深空测控站联合,以及派克天线和堪培拉的深空测控站进行联合,会使测控情况进一步提高。通过增加一个 34 m 高性能 X 频段天线,位于西班牙的深空测控天线的数据传输率大幅提升至 8.4 kbps。此外,日本为了跟踪其哈雷彗星飞掠任务中的两个探测器所建造的 64 m 臼田(Usuda)射电望远镜,也将在海王星无线电掩星时辅助进行数据接收。这项任务总共涉及到了四个大洲共计 38 个地面天线,当探测器最接近海王星的时候[252-253],星下点正位于澳洲。在天王星任务中，探测器进行了滚转方向姿态机动，有效地保持了相机对准目标天体，但在对海王星成像时，增加了两项技术以限制所需的超长曝光时长导致的分辨率降低问题。其中一个方法被称为点状补偿，即在保证探测器与地球正常通信的姿态阈值内，让探测器反复摆动；另一个方法是当探测器的姿态保持固定不变的时候，使探测器定向并驱动抬升扫描平台(尚未出过任何问题)，使它转动来对目标进行跟踪。与利用探测器姿态滚动来进行图像拖尾效应补偿所不同的是，这两种技术事实上都可以使高增益天线与地球保持通信，这意味着图像实时传输成为可能。对海王星交会的成像序列包括扫描平台的 9 次中等速率旋转[254]。

在旅行者 2 号飞向海王星的那些年，地基天文望远镜利用最先进的仪器设备(如 CCD 相机)，获得了海王星大气的优质图像，图像显示了明亮的极地区域、气雾层以及一些不连续的云团。所有这些特征谱线显而易见地均在甲烷吸收谱段上，这是一个不错的消息，因为探测器的相机带有甲烷滤光镜[255]。尽管海王星距离太阳更远，但红外探测发现海王星和天王星的温度相似，说明这个行星必然具有自身的内部热源，这和木星、土星比较相似，但和天王星不同。或者确切地讲，倘若用星体自身释放的热量与从太阳吸收的热量之比来衡量能量平衡情况的话，则木星的能量平衡比是 1.7，土星是 1.8，但天王星仅为 1.1。由于海王星比天王星略重而且更致密，因此其容积密度显然更大。因此人们推测海王星内部比天王星内部温度高，并且由于其受到太阳光照强度更低，因此可以推测出海王星的能量平衡比值是相当大的。人们也因此推测出海王星的天气系统比天王星更为活跃。由于海王星的圆面视场角很小，使得人们通过在其相对的边缘测量多普勒效应来确定自转率的尝试以失败告终，但周期性的光度变化反映出其自转周期为 17 小时 43 分。之后在 20 世纪 80 年代初期人们探测到高海拔云层在行星圆面上运动的速率是不同的，由此证实了其大气的自转是有差异的。

海王星最大的卫星——海卫一，被发现于 1846 年，只比海王星自身被发现晚了几周。于 1949 年被发现的海卫二体积更小，在一条远距离的椭圆轨道上运行。海卫一轨道逆行的事实引发了一种假设，那就是海卫一应是从当时大多数卫星起源的星系系统①中被抛射出来而被海王星俘获的；而海卫二要么就是被保持在一个远距离且非正圆轨道上，要么就是在较晚的时期才被俘获。1978 年获得的光谱显示海卫一上并没有水冰存在的证据，取而代之的却是甲烷冰的存在迹象，这项惊人的发现给出了一种非同寻常的推论，因为在海卫一这样远离太阳的位置，其表面温度非常低以至于水冰无法升华，但对甲烷冰的升华却没有影响，这就说明了海卫一应该具有稀薄的甲烷大气。此外，光谱还显示出氮的成分，很有可能以固体或者液体的形式存在。海卫一淡红色的色调表明了碳氢化合物的存在，但这些碳氢化合物在光谱仪上是看不出来的。一方面，海卫一曾被认为很可能全部由薄雾覆盖，薄雾成分与土卫六大气成分相似，尽管低温的作用使其透明到可使探测器对其表面进行成像。一些科学家甚至期望能够在海卫一上发现氮的海洋。如果海卫一确实是被俘获

---

① 此系统应指柯伊伯带，含有大量小天体。——译者注

的，那么它的星体表面形态应该存在表明这段饱受摧残的历史的迹象。对于旅行者 2 号而言，近距离探测海卫二的可能性很低，因为除了已知海卫二的直径在 150～525 km 之间以外，其他信息知之甚少，但是有天文学家认为海卫二应该是异乎寻常的细长状（与铅笔类似），或者像土卫八一样两半球表面颜色差异巨大[256]。

在旅行者 2 号这次飞掠前的十年间，海王星在超过 20 次恒星掩星过程中被观测到。除了给出了这颗行星大气的数据外，为了确定行星环存在的证据，人们仔细审查了掩星记录。在 25% 的掩星发生时，能够在进掩星和出掩星的过程里看到星光闪烁，但值得注意的是，闪烁从未同时出现在两个过程中。在 1981 年 5 月的首次掩星事件中，星光暗淡到了一定程度，显示出其被一个直径至少 80 km，距行星中心 60 000 km 轨道运行的一个卫星所遮蔽，由于行星发出的强光，导致这个卫星没有被直接发现。1984—1986 年发生的 5 次掩星和环状物掩星相似，但综合在一起的结果似乎表明海王星只拥有一些短的行星弧而不是完整的行星环。在理论分析海王星行星弧如何维持的同时（也许是那些不可见的卫星的复杂引力相互作用的结果），旅行者 2 号团队在考虑这些环的存在会对海王星交会计划产生怎样的影响[257]。没有了海王星以外进行行星交会的轨道设计需求，规划者们能够设计一条获取最大科学产出的轨道。最初的计划是从距云层顶端仅 1 300 km 的上方掠过，利用海王星的引力将轨道朝向外的航向偏转，在 8 200 km 距离上飞掠海卫一。然而，飞行器穿越赤道平面的点被移到了距离行星中心 71 000 km 处以躲避行星环物质，这就导致了飞掠海王星和海卫一的距离分别增大到了 4 800 km 和 37 750 km。如果在交会开始前为识别出这条路径的风险开展一步的研究，就可以对轨道进行很大程度的适应性改进，因为相比于探测器在近距离飞掠前立即失效而一无所获，能够确保获取海卫一的远距离数据是更可取的。不过，轨道动力学家提醒到，海王星和海卫一的引力会共同作用使行星环稳定在向赤道倾斜的轨道上—甚至可能在极轨上，尽管并没有证据证实。另一方面，增大飞掠海卫一的距离将会增大图像的覆盖，减小图像拖尾效应出现的范围，并且有时间通过滤镜拍摄更多图像，从而生成彩色的图像。科研人员认为这样的图像会更有用，因为海卫一和冥王星有许多共同的特征，而冥王星并不在旅行者号的"大旅行"计划中。任务规划者们甚至还设法抓住地球和太阳被海王星和海卫一掩星的机会，以便研究海王星的大气（及海卫一的大气，如果海卫一被证实是有大气的话）。在无线电掩星期间，这条新的轨道还得益于位于澳大利亚和日本的天线的几何观测角度的改进。无线电信号也被研究用于寻找行星环的存在迹象。此外，探测器还将利用其偏振测光计去监测射手座 σ 星穿过假定的行星环视线的过程，也许会有一次掩星事件发生。粒子和场探测仪将寻找类似于木卫一圆环的海卫一圆环。这项计划也将考虑一些新近已被完善改进的参数，尤其是发现海王星的质量被高估了 1.6%，同时还更新了海卫一的轨道星历。1987 年 3 月 13 日，旅行者 2 号为进入这条新轨道实施了一次轨道机动[258-260]。此时，海王星是距离太阳最远的已知行星，因为冥王星非正圆轨道的近日点在海王星轨道内侧，并且冥王星就在近日点附近。

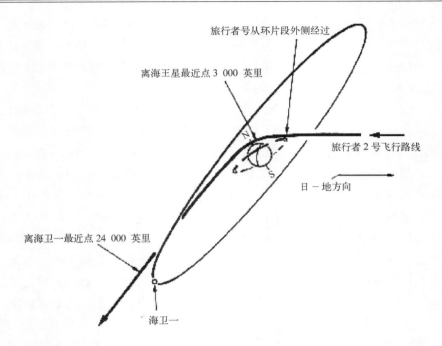

旅行者 2 号经过海王星系统的轨迹。注意到探测器将刚好越过环系统并显著地向南转飞向海卫一。海卫二运行在遥远的轨道上,因此没有出现在这个比例尺的图中

由于对海王星知之甚少,为了能够对其卫星或行星环在最后一刻仍然有所发现,人们对于交会过程中的科学观测做出了灵活机动的安排。除了用于科学研究之外,卫星及行星环的观测结果也可以用于实现光学导航。由于自转轴倾角为 29°,海王星的季节更替和地球相类似,但其季节持续时长却是地球的 160 倍。在接近过程中,由于北极进入夜晚,探测器将对海王星的南半球进行观测。如往常一样,探测器将载入一套备用的交会程序序列,以防止指令接收机完全失效。这次探测需要得到海王星的基本图像、粒子和场探测数据、一次海王星及其行星环的无线电掩星结果以及海卫一的图像[261 - 264]。

海王星的第一幅导航图像拍摄于 1988 年 5 月,当时旅行者 2 号与这颗行星的距离仍超过 4 AU,但当年年底时,就得到了第一批有意义的图像。尽管当时行星位于 3 亿千米远,且相机的窄角分辨率是每像素 6 000 km,但图像仍比在地球上拍摄的更好。海王星看起来像个浅蓝色的小圆盘,海卫一像个粉红色的小圆点。在海王星赤道附近有着巨大的明亮云层,极地附近有少部分暗色条带,在横跨行星中心的地方存在着与木星大红斑非常类似的深蓝色斑块。通过云层移动的速度得出海王星的自转周期为 17 ~ 18 小时,这验证了不久前天文望远镜的观测结果。1989 年 4 月初,根据从海王星 1.75 亿千米远处获取的图像测量出了这个黑斑的大小,东西向横跨 13 000 km,南北向纵跨 6 500 km,旋即被赋予了"大黑斑"(Great Dark Spot)的名字。通过查阅档案,发现大黑斑的历史很可能至少上溯到 1899 年,当时的天文学家首次给出了大量关于发现海王星黑色特征的报告,但现在人们已经认识到无论是大黑斑还是南半球更小的斑块[也被称为小黑斑(Lesser Dark Spot)或

D2]存在的时间都很短暂，因为当哈勃太空望远镜在 1994 年拍摄海王星高分辨率图像时，这两个斑点并不存在[265-267]。1989 年 4 月 20 日，在进行了海王星最终多次目标机动中的一次之后，旅行者 2 号于 6 月 5 日在 1.17 亿千米稍远处进入了远距离天文观测阶段。几周后，探测器发现了第一个新的卫星，命名为 1989N1，不久后被命名为海卫八（Proteus）。鉴于海卫一和海卫二的轨道都是倾斜于海王星赤道面，并且是逆行的非正圆的轨道，而海卫八的轨道却是顺行、正圆且与海王星赤道共面的，因此有可能存在一系列该类天体。海卫八的直径范围预计从 200 km 到 600 km，具体取决于其反照率的设定值。幸运的是，程序的安排能够适应观测，为近距离详查提供便利[268]。到了 8 月初，1989N2 到 1989N4 相继被发现，不久后被命名为海卫七（Larissa）、海卫五（Despina）和海卫六（Galatea），它们的大小不超过几百千米，与海卫八类似，处于顺行、正圆且近赤道面的轨道上。有趣的是，由这三个卫星与行星中心的距离提出了一种可能，它们嵌入在行星环（如果行星环确实存在）中，并且很可能起到牧羊犬卫星的作用。关于围绕海王星的"规则"卫星系统①的发现似乎和之前关于海卫一是被俘获的闯入者的推测是矛盾的，除非这些卫星和星环都是俘获事件的副产品。通过对轨道在时间上向前外推，确定了海卫七是造成 1981 年那次反常的掩星事件的原因[269-270]。

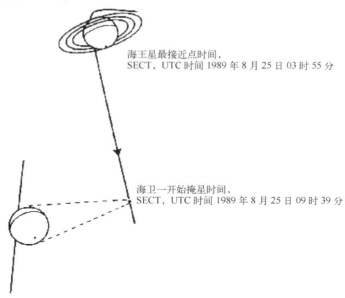

从地球视角看旅行者 2 号穿过海王星系统的轨迹。探测器在接近和飞离行星的轨迹上都将被外围的环所遮掩，但在飞离海王星的路线上仅被中间的环所遮掩。最内侧环的两侧均被行星大气所掩盖。数小时后，探测器将被海卫一遮掩。SCET（Spacecraft Event Time）代表探测器事件时间，也就是事件的实际时间；以此与地球接收时间区分开来。（再版授权来自 Tyler，G. L. ，等，《Voyager Radio Science Observations of Neptune and Triton》，Science，246，1989，1466 - 1473，版权来自 1989AAAS）

---

　　① 　规则卫星是指靠近行星，位于赤道平面，做圆形顺行轨道运行的卫星。——译者注

在某种意义上来说，由于海卫一是海王星探测的"联袂主角"，旅行者 2 号花费了很多观测时间监测这个卫星。尽管天文学家曾认为海卫一可能是太阳系中最大的卫星，但远距离图像证实其实际大小仅有估计的一半；海卫一直径为 2 700 km，比月球要小，仅比冥王星略大。海卫一的尺寸之所以曾被过高估计是由于实际反照率比预计的高 70%。这反过来也意味着海卫一的表面肯定极为寒冷；实际上，海卫一确实很寒冷以至于不可能存在液氮海洋。尽管在这个距离上获得的表面细节并不多，但一些科学家认为其淡粉色的色调表明甲烷冰受到辐射而变色。起初，斑点被推断为云层，但人们很快发现这是行星表面的细节特征，这就意味着大气是透明的。明显的蓝 - 白条纹表明海卫一上可能存在着新近沉积的霜冻区域[271 - 272]。

对海王星不断的成像为人们了解其天气系统提供了新的视角。大黑斑位于 22°S。尽管其外围是强烈的反气旋风，但明亮的卷积状云层看起来仍然盘旋在其旁边，可能在这里甲烷滴状被上升气流卷到了高海拔区域从而结成了冰晶，因此，使其看起来与地球或火星山脉上空形成的地形云相类似。大黑斑由于不断旋转因此看起来有时伸展有时紧缩。在大黑斑一端，会看见一个向西延伸的"尾巴"，之后会转向北面并分解为一串小"斑点和珠子"。小黑斑位于约 55°S，在发现早期正在形成一个明亮的内核，并一直延续到交会的末期，可能表明气体正从深处向上翻腾。位于大黑斑和小黑斑之间纬度上的一个小而明亮的特征区域被昵称为"滑板车"，它由一组明亮的条纹状云团组成。大黑斑在海王星上的移动一周的时长为 18.3 小时，小黑斑是 16 小时，"滑板车"甚至更快一些，它因此而得名[273 - 274]。

8 月 11 日，旅行者 2 号于 2 千 1 百万千米距离上拍摄的一幅图像证实了环弧的存在。经确定，一个跨度约为 50 000 km 的弧紧贴海卫六轨道外侧；一个跨度为 10 000 km 的弧跟随海卫五，距离其轨道几百千米。长弧被命名为 1989N1R，短弧被命名为 1989N2R。得益于灵活的飞行程序设计，探测器在接近海王星期间有可能对这些弧进行详细的观测。这些环弧的产生机制仍然是一个谜，因为人们曾假定至多几年内这样的聚集物将会变得均匀分布，以形成一个完整的环[275 - 276]。此后不久，1989N5 和 1989N6 被识别出来；其预估直径为 90 km 和 50 km，分别命名为海卫四(Thalassa)和海卫三(Naiad)。和其他五个新卫星不同的是，海卫三的轨道相对其赤道平面有微小的倾斜。8 月 17 日，在距行星中心 470 个海王星半径处，探测器首次探测到了磁层辐射，由此证实了太阳系的每个大行星都具有磁场[277]。随着图像分辨率的提升，可以明显看出这些星环并不是弧形而是环形。通过充分的分析后来证实，较短的弧实际上是在其他部分都非常暗淡的星环中最明亮的部分，此环被命名为勒维耶(Le Verrier)，以纪念这位法国数学家，通过他的计算直接引发了海王星的发现。外部的星环被命名为亚当斯(Adams)，以纪念做出相似计算的英国人亚当斯，尽管他的计算对于推动发现海王星的搜寻并没有产生影响。这些星环受到恰在其轨道内侧的卫星——海卫五和海卫六的引力约束，但其外围边缘是不受约束的。在这两个星环中，亚当斯环更有趣些，因为它包含三个明亮的弧。为了致敬法国与海王星发现的关联以及法国大革命 200 周年纪念，这组弧被命名为自由(Liberté)、平等(Egalité)和博爱(Fraternité)，在经度上的跨度分别为 4°、4° 和 10°。计算表明除了其中一次外，这些弧与所有从地球可观测到的恒星掩星事件均有关联，这就意味着与土星 F 环中短暂存在的块状物相比，海王星的这些行星环物质的分布至少持续了 5 年。在距行星中心 42 000 km 处发现了一个更为暗淡的行星环，以德国天文学家伽勒（Galle）的名字命名，以纪念他对勒维耶推算出的海王星位置进行了复核并证实了这颗行星的存在[278-279]。哪怕是在接近行星过程中所获得的最清晰图像上，这些行星环图像的信噪比太低以至于很难进行研究。如果海王星的行星环像天王星的环一样含有大量尘埃，那么最好的观测时机是其对太阳光线进行前向散射的时候，这样的成像程序被安排在飞掠之后进行。

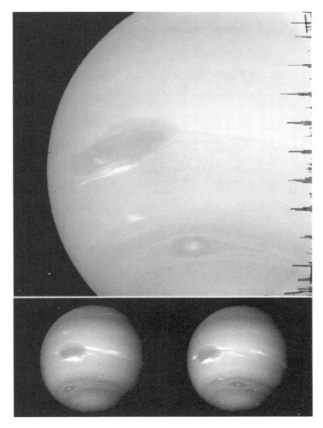

旅行者 2 号在接近海王星时获取的海王星原始图像（上图），可以看到 22°S 的大黑斑、明亮的"滑板车"以及 55°S 的小黑斑。大黑斑南部边缘明亮的云带和小黑斑中心明亮的内核都是持续存在的。下图中左右两幅的时间间隔是 17.6 小时，大黑斑转到恰好不到一圈的位置，而小黑斑转动比一圈略多

　　旅行者 2 号取消了原计划于 8 月 15 日进行的机动，并在飞掠的三天前执行了最终的目标修正。这次修正是由滚动推力器实现的，这些推力器不会扰乱故障的指令接收机的热状态，可以为最终时刻发送指令来修正内存错误保留选择权，内存错误比如像旅行者 1 号在穿过木星辐射带时所遭遇的部分图像被毁和计时错误——尽管海王星系统对探测器有着严重辐射威胁的可能性很低。这次 90 分钟的机动成为了最终的航向修正，因为这些推力器在此后就仅能用于姿态控制了[280]。

在距行星中心 35 倍海王星半径处，大约在飞掠前 13 小时，旅行者 2 号遭遇了一次非常清晰的弓形激波，人们推测磁顶大概位于几个海王星半径的范围内，但与这个明显界面不同的是，探测器发现粒子通量随磁场的增大却在缓慢减小。机缘巧合，这次探测器在几乎是磁极上方平且并行于磁场磁力线的方向上进入了海王星的磁层[281-282]。在将要抵达海王星几乎是精确的 5 小时前，探测器旋转其扫描平台，使偏振测光计能够对星环造成的人马座 σ 星(Nunki)掩星进行监视，以每秒 100 帧的帧频对星光进行测量。完全凭借着好运气，探测器轨迹掠过亚当斯环的中间弧(平等弧 Egalité)的前端，探测数据以数十米分辨率的清晰度给出了弧的完整轮廓，揭示了它的宽度约为 50 km，但距内侧边缘处有一个致密的 10 km 宽的内核。其他的行星环很难能够用这种方法进行探测，但所观测到的一个非常微弱的特征或多或少和勒维耶环的位置相匹配[283]。一小时后，旅行者 2 号到达其轨道范围内距海卫二尽可能近的位置，但仍然是在 4 650 000 km 的遥远距离上，在每个像素分辨率为 40 km 的图像上，海卫二仅仅为 20 个像素大小。尽管图像显示海卫二是个直径约为 340 km 的球体，但明显的反照率特征的缺失意味着难以判断其自转速率。后来通过地球上的观测提出一种可能，与土卫七类似，海卫二的自转是混沌的，但一项最新的研究最终表明其自转周期比 12 小时略短[284-286]。

旅行者 2 号拍摄了几幅海卫八的窄视场图像，其中最好的一幅拍摄于距离 146 000 km 的位置上，其分辨率略优于 3 km。图像显示海卫八是个 436 km × 401 km 的不规则椭圆体，存在着不同尺寸的撞击坑，但没有地质活动的迹象。尽管海卫八比海卫二大一些，但它却没有被更早地识别出来，仅仅因为其在海王星的强光下被忽略了。其实，直到 20 世纪 90 年代早期，海卫八才在天文望远镜的观测中从海王星的星光下被独立地识别出来。对海卫八的成像覆盖范围不足以测量其自转速率，但其自转很可能与其轨道周期同步。几幅分辨率相当不错的图像显示，海卫七是跨度约为 200 km 的不规则天体，尽管海卫五只占了几个像素，但看起来形状也是不规则的。如果海卫一是被俘获的外来闯入者，那么这些系统内部的小卫星似乎就是由海卫一出现时所产生的碎片重新吸附而形成的再生天体。

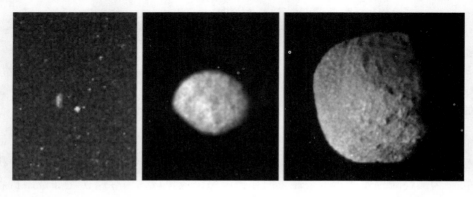

从左到右：海卫二的远距离图像(部分被照亮)；海卫七(1989N2)的最好图像；海卫八(1989N1)的最好图像，海卫八作为海王星的第二大卫星，似乎在当时也是太阳系最大的非球状天体之一(图中无比例关系)

　　科研人员对星环所在的区域检查是否还有另外小卫星的存在，但再没有发现大小超过 10 km 的天体——甚至最近对数据进行重新分析也没有新的发现。不过，已经证明海王星和其他巨行星的情况类似，其不规则的卫星在远距离轨道上运行，但所有不规则卫星都不够大，不够亮，也不够近，以至于从未显现在旅行者 2 号获取的图像中[287-288]。

　　在飞掠海王星前约 2 小时，图像的分辨率达到每像素几十千米时，在海王星上观测到由主云层以下约 50～75 m 处高空卷云投射而形成的阴影。这也是首次在巨行星上观测到阴影。

　　距飞掠海王星还有 63 分钟时，旅行者 2 号首次在距行星中心 85 500 km 处向北穿过了环平面。随后于 UTC 时间 8 月 25 日（发射 12 周年纪念日的几天以后）3 时 56 分，在距其行星心 29 240 km 处到达了飞掠最近点。尽管距离地球将近 45 亿千米（略大于 4 光时），但最终的瞄准点和目标的误差仅为 30 km。在沿轨道到达 79°N 后，从地球视角上观测，在飞掠约 6 分钟后，探测器在 61°N 飞越到了海王星边缘之后，49 分钟后，又重新出现在了约 44°S 的位置，同时，通过无线电掩星结果也得到了两条很好的温度曲线。此外，在进入轨道和飞出轨道上，探测器都经过了亚当斯环，在飞出轨道上还掠过了勒维耶环，由于探测器信号并未受到影响，因此表明海王星的微粒要比土星或天王星的星环微粒小很多。不幸的是，在视线内并没有出现亚当斯环的三个弧所引起的无线电掩星[289-291]。在飞掠后约 79 分钟时，旅行者 2 号在距行星中心 103 700 km 处向南重新穿过环平面。探测器预期将于穿过环平面时受到尘埃碰撞，就像在土星和天王星所经历过的一样，但在海王星的环境下，每次穿过星环前 2 小时就出现尘埃撞击，并且将一直持续到探测器穿过星环后 2 小时，其间，在接近星环过程中的撞击率峰值达到每秒 280 次！事实上，探测器在距离行星环平面几万千米远处及极地附近都遭到了大量的尘埃撞击，但显然这些微粒都太微小，并没有引起探测器的损伤[292]。

这幅于飞掠最近点时刻附近拍摄的图像显示，高空的云投射到海王星主云层下方的阴影

　　从探测器对海王星飞掠后 2 小时开始的 5 小时里，旅行者 2 号将注意力投向其旅程中的最后一颗海王星卫星——海卫一。探测器对海卫一表面 2/3 的区域进行了勘测，但仅有一半区域的成像分辨率可以高达 800 m。覆盖范围包括南极地区、南半球的大部分区域以及越过赤道直到 30°N。海卫一南部的春天始于 1960 年，还将要再持续 10 年左右。北极处于夜晚中，并将一直保持黑夜直到 2040 年。海卫一和任何已经发现的卫星不同，它有着非常明亮的表面和从黄到桃粉色的精细色调，以及多种地质形貌。虽然南半球的大部分区域被上一个冬季里像霜一样沉积下来的氮冰盖所覆盖，但也有各种不同的深色斑块、条纹及碎片状的地形。一条非常明亮的霜冻带从冰盖北部边缘一直蔓延到赤道，并且被叠加上了颜色更深且更浓重的复杂地形。延伸到晨昏线的北面大部分区域的颜色更暗，也更偏红。由于南极冰盖将 90% 抵达地面的太阳光都反射出去，因此温度仅为 38 K，这使其成为了太阳系中已知的最冷的地方——事实上，由于海卫一过于寒冷，以至于几乎无法用红外辐射计探测到它[293]。令人感兴趣的是，在南极区域有大量的深色条带，通过其叠加在其他地貌之上的事实可以推测出这些条带的地质存在年代是最为年轻的。因此人们立即怀疑认为这是海卫一表面活动的一种形式，但科学家们却花了将近一个月才意识到这是由于间歇性的喷射活动造成的。令人更加吃惊的是，在许多地质活动地点，狭窄的羽状气流喷射至数千米高，直到被高海拔气流影响发生偏离，在水平方向上扩散到数百千米范围，留下浓黑的尾迹。尽管温度很低，但在地表上因辐射导致变黑的含碳物质吸收来自太阳的热量，可能极大地增加了地下氮冰的压力并激起爆炸式排气和间歇性泉涌。所有间歇性泉涌都位于持续受到阳光照射极区的事实也与这种假说相符合。喷发的气体带有深色物质的微粒，这些物质之后下落形成了独特的踪迹。在太阳系中除地球外的主要天体中，继木卫一的火山之后，海卫一的间歇性泉涌是仅有的第二个已知正在进行中的地质活动[294]。

海卫一的南极地区。就是在这幅图像上发现了黑暗的泉涌状条纹(箭头处)

　　紧挨赤道的地区地形多种多样，最引人注意的是稀疏的多坑平原，密布了直径为 30 ~ 40 km 的环形凹坑，与哈密瓜皮非常相似，很快就被称为哈密瓜皮地形。这种地形被一些狭长的线条穿过，这些线条可能是冰冷的液体从地面渗出的标记。在邻近的平原上发现了冰冻的呈阶梯状的洼地。显然，水是产生此种特征地表形貌的惟一液体，但在海卫一当前的温度下，这必然是水的不同形态，因此像岩石一样坚硬。火山活动可能是在海卫一被俘获渐渐稳定在一个圆轨道之后，由潮汐加热所导致的。事实上，海卫一必定经历了极大的潮汐效应，因为其自转和其逆行轨道是同步的。在这一时期内的表层重构可能范围十分广大，并没有发现其原始表面残留的痕迹。这种哈密瓜皮地形似乎就成了最古老的表面单元。这种地形非常独特是因为在使太阳系所有其他固态天体表面形成巨大盆地的碰撞期后，只有海卫一经历了如此大的热脉冲[295]。

撞击坑大体上比较稀少，最大的直径仅为 27 km。由于轨道的逆行运动，这些撞击坑主要位于发生高速碰撞的前导半球。位于东部边缘带有深色内核和明亮光晕的斑块挑战了这种解释。海卫一边缘的图像显示了数千米高度上的模糊云层，但要分辨出这是泉涌的侧面视图，还是大气逆温所引起的气体凝结是不可能做到的[296-297]。

UTC 时间 9 时 10 分，旅行者 2 号抵达了飞掠的最近点，此时距离海卫一中心 39 800 km。此后简短地持续了 3 分钟的无线电掩星表明其大气表面压力仅为 1.6 Pa，相当于地球海平面大气压力的 1.6×10^{-5}。当探测器穿过海卫一阴影时，紫外分光计对太阳掩星和大犬座 β 星掩星都进行了观测，发现大气主要由分子态和离子态的氮以及低海拔处的微量甲烷构成。通过跟踪无线电信号可以测量海卫一导致探测器轨道的偏离，利用这种方法得出了海卫一的容积密度为 2 g/cm³，这个结果令人感到非常惊奇，因为这个数值和冥王星相同[298-299]。关于海卫一如何被俘获的假说大量涌现出来，一种猜测是在海王星的早期历史中，具有不断膨胀的原始大气层，这使外来闯入的天体降低了速度并进入了环绕海王星的

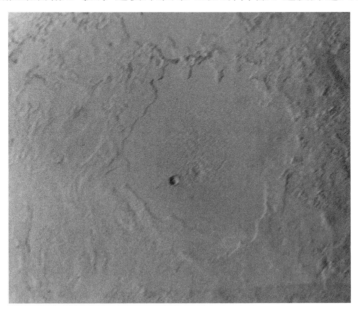

海卫一鲁阿卡平原（Ruach Planitia）的高分辨率图像，是"阶梯状洼地"最好的实例

轨道，但最近的一项研究排除了海王星具有如此巨大大气层包覆的可能性。还有观点说明海卫一的减速过程是由于早期卫星产生时的相互引力作用——在某种情况下表明冥王星也曾是这个系统的一员，并被海卫一所排斥——但这些推测都面临着动力学上的质疑。尽管如此，最近的研究表明海卫一曾是双星系统的一员，就像冥王星及其卫星卡戎一样。当"双行星"以一个较低的速度接近海王星时，作用在这两部分上的力趋于将双星拉扯开，一个逃离，另一个则被俘获[300-301]。

　　由于探测器飞离海卫一时，正处于太阳到海王星连线的南侧，并且光线也不像在飞掠天王星时那样有利于对系统进行成像，但一组111秒长曝光的图像抓拍到了勒维耶环、伽勒环及亚当斯环的三个弧。在8月27日早晨，探测器在90分钟的时间间隔进行了两次591秒的长曝光广角成像，一幅对行星圆面左侧进行成像，另一幅对右侧进行成像，目的是覆盖整个在太阳光前向散射下闪光的环系统。这些图像展示了大量细节，由于光线的限制在飞掠接近时拍摄的图像并未获取这些细节。经分析，伽勒环是一条宽度达1 000 km以上的尘埃带。广阔的片状物质从亚当斯环延展到勒维耶环，这个"高原"环[也是为人所知的拉塞尔(Lassell)环]具有稠密的内侧边缘，这个边缘被命名为阿拉戈(Arago)环。光度分

在这幅图像的上半部分，海卫一的南半球展示了奇异的坑坑洼洼的"哈密瓜皮"地形。(这幅拼接图中包含首次发现喷泉的区域)

析显示，尘埃从高原环开始延展向下经过伽勒环，并在一定程度上朝向海王星。也就是说，伽勒环和勒维耶环都包含在这片广阔的尘埃里，海卫五运行在勒维耶环向内侧的环缝里。光度分析也显示了只有最外侧的亚当斯环具有独立的结构。不幸的是每次成像时亚当斯环的三个弧都位于海王星的背面，因此没有出现在拼接图像中。在背光星环的部分图像中，位于亚当斯环的内侧存在一个明显的狭窄的块状环，与海王星的距离和海卫六与海王星的距离相同。为了寻找极环而对图像进行检查，结果一无所获。对交会程序的最后升级也已完成，目的是在 13 小时的行星飞掠过程中获取亚当斯环中弧的高分辨率图像，以及对末尾段弧（友爱弧）的一部分进行窄视场成像的图像分辨率达到 14 km，这与环的实际宽度相近；这幅图像也似乎显示了团块，但这些团块在探测器的高速运动及环中物质的轨道运动作用下很难追踪。

　　探测器之后将相机转回了海王星，在其蛾眉相位下如明亮的云和小黑斑等特征都是可见的，这个事实证明了它们均处于大部分大气薄雾之上（其他巨行星的对应景象则显得特点并不鲜明）。8 月 31 日，旅行者 2 号发回的一系列图像显示了蛾眉相位的海卫一从大得多的蛾眉相位海王星前经过的过程，这使科学家们惊呼："这是一种离开太阳系多么好的方式啊！"[302]

　　通过对海王星与旅行者 2 号交会期间全过程的无线电跟踪，获得了海王星和整个海王星系统的精确质量。几年以后，这些质量数据和从天王星系统获得的数据一起，用于重新考虑两个行星之间的摄动问题。针对天王星最初落后于其预测位置，但之后又运行于预测

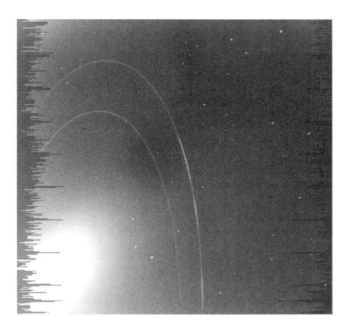

海王星星环背光面的 111 秒长曝光图像。这是亚当斯环的自由、平等、博爱三个弧的最佳图像之一。轨道运动是顺时针方向。在图像边框处的一些行存在像素的缺失

位置之前的研究引发了海王星的发现。将海王星考虑进去的更深入的研究又推动了寻找冥王星的进程。而且，由于海王星和冥王星的估计质量并不能完全解释天王星摄动的原因，因此一些天文学家坚持认为还有"行星－X"有待发现。应用最新、最可靠的质量数据，外太阳系的行星理论计算位置和观测位置之间的差值已经降低到几近为零。如果存在另一个巨大的行星，肯定位于向外更远的位置，因为其并没有对天王星和海王星施加明显的作用力[303]。另外，旅行者 2 号的无线电跟踪结果为推算海卫二和海卫八的质量提供了更为精确的依据[304]。

　　尽管海王星大气的转动存在区域性差异，射电辐射的周期表明其内部自转周期略大于16 小时，这意味着小黑斑环绕一周用一个海王星日，而周期为 18 小时的大黑斑则被强烈的气流吹到了西面。在数天的时间内跟踪小云团及其特征被证实困难重重，因为大气不断动态变化，以至于即使图像的获取间隔仅为几个小时，也不太可能在一组图像序列中总是能够识别出一个特定的云[305-307]。红外光谱仪连续 20 小时不断地对海王星背光面进行勘察，获得了 3 个温度分布曲线和大范围纬度跨度上的温度场分布图。在高海拔处，赤道与极地的温度是相似的，但在中纬度地区气温是较低的，这种模式与天王星相像。氢气是大气的主要成分，氦气质量占约 20%，这与从太阳星云中凝结的包层一致——甚至情况和天王星一样[308-309]。上层大气中的甲烷是海王星蓝色色调的成因，但在更深层还探测到了乙炔，还可能存在的少量氨在无线电掩星期间导致强烈的吸收。海王星的能量平衡情况得到了确认，其发射热量是从太阳吸收热量的 2.3 倍。考虑到海王星与木星相比质量和体积都比较小，这是非常惊人的数据。这些热量是海王星的天气系统比天王星的天气系统显得更为活跃的因素之一[310-312]。海王星的磁层建模型极为困难，直到交会后的数天才进行了初

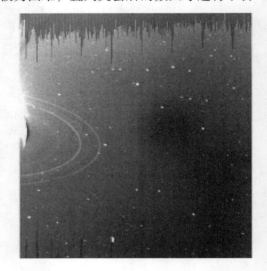

这对 591 秒的海王星环背光面的图像呈现出最佳效果。尽管图像显示了所有的星环，包括最暗淡的环，但亚当斯环的 3 个弧并没有出现，因为当左侧图像成像时，这 3 个弧运行在右侧，而右侧图像成像时，3 个弧却运行在左侧

步重建。困难的根源在于探测器到达了南极上方，从而沿平行于磁力线的轨道飞行。一个完全出乎意料的发现是，海王星与天王星的磁场类似，磁场的轴线与自转轴之间的倾角为47°，即双极偏离行星中心 10 000 km（比行星半径的一半还多）。由此发现而引发的一个推论是，与众不同的天王星磁场特性与其自转轴和轨道平面显著的倾斜并没有关系。关于旅行者 2 号飞掠时天王星正在进行磁极反转的观点也已站不住脚[313]。探测器在背光面观测到了微弱的极光，但由于海王星磁场与众不同的构造，这些极光并不是极点上方的小椭圆，而是分布在大范围区域中，且可能是从海卫一逃逸出的气体和等离子体所引发的[314]。多年来，很难建立天王星和海王星的磁场模型，但最近的解释是一个发电机模型，它由一个薄的对流外壳围绕分层流体球组成，该模型能够复现大多数观测到的特性——尤其是相对于严格偶极场倾斜和偏离的特性。当然，此理论也有助于对这两个行星的内部结构设置约束条件[315]。

　　旅行者 2 号在飞掠行星后的 28 小时始终处于海王星磁层内。海王星的磁尾发展的较为完好，但由于磁轴的倾斜，它在短时间内特性发生明显的改变。在 72 倍海王星半径处探测器穿越磁顶，这次事件的持续时间超过了 15 分钟。几乎在第 2 天探测器又穿越了 5 次弓形激波，之后它最终在 8 月 28 日于 185 倍海王星半径处离开了海王星系[316-318]。海王星交会在 1989 年 10 月 2 日正式结束。

　　1989 年 8 月 31 日，旅行者 2 号拍摄了一组海卫一的蛾眉月穿过海王星的蛾眉月的图像，这幅图像展示的只是一部分。可以注意到行星大气结构仍然能够被看到

　　冲破重重艰难险阻，旅行者 2 号在太空中飞行了 12 年并完成了外太阳系的"大旅行"。截止到海王星交会，这项计划的花费不超过 10 亿美元，其中包含探测器、发射和飞行管

理；其总花费仅相当于几次航天飞机飞行任务的开销，截至到当时已经开展了 30 次飞行任务。尽管旅行者 2 号的任务实施是按计划进行的，但这个项目每年还在面临着威胁，不仅里根政府希望削减 NASA 的联邦预算份额，而且航天局也专注于航天飞机的运行和自由号空间站(Space Station Freedom)①设计。很多空间科学计划在此压力下也纷纷连带下马。白宫曾一度认真考虑结束对深空网的投入，而当没有任何新的行星任务时，深空网存在的唯一原因就是为了支持旅行者号。如果不是卷入了空间事务中科学家和工业界发起的运动中，旅行者 2 号也许不会使人们听到其抵达天王星和海王星的报道。在许多方面，20 世纪 80 年代标志着美国行星探测积极性的最低谷。尽管有许多行星任务计划于 80 年代后半期进行发射，但都因为 1986 年挑战者号的失事而被搁浅，因此 NASA 在 1978—1989 年间没有发射实施过任何行星探测任务。这期间的第一个任务是在旅行者 2 号进行海王星飞掠前 4 个月发射的探测金星的麦哲伦像雷达测绘探测器。幸运的是，旅行者计划提供了大量充足的数据，使行星科学家们在任务贫乏之年也有较好的收益[319]。

通过海王星飞掠的借力使旅行者 2 号太阳轨道的离心率进一步增加到了 6.3，并向南偏离黄道48°，从现在开始，探测器以几乎恒定的每年 3AU 的速度飞离。这使其仅仅落后于旅行者 1 号，成为朝着太阳系外进发的第 2 快的探测器。

截至 20 世纪 80 年代末，除冥王星外，太阳系中的每个行星都被从地球派出的机器人使者至少勘察过一次。当此书正在编写时，新视野号任务通过木星借力从而在 2015 年与冥王星 – 卡戎系统交会。然而，在 2006 年 8 月，国际天文联合会做出了一项有争议的决议，将冥王星的身份从"经典行星"降级为"矮行星"，按照最近的发现，冥王星仅仅是柯伊伯带天体中的一员，柯伊伯带中的一些天体比冥王星还要大许多。因此，事后可以说，旅行者 2 号的海王星飞掠确实完成了自 27 年前水手 2 号开始的行星探测的第一阶段。然而，现在旅行者号也依然未到退役之时。

4.11　远大前程

当整个世界都在为旅行者 2 号取得的天王星和海王星独一无二的科学数据表示敬意时，它的孪生探测器旅行者 1 号正飞出黄道面并常规地发回粒子与场的数据。然而，两个故障使旅行者 1 号丧失了关键的硬件备份：1981 年，科学数据计算机两个冗余的内存之一失效；1987 年，X 频段发射机的组件失效，它在 10 年前非常难于制造。在科学方面，等离子体探测仪器从土星探测之后就只能在降级模式下运行[320]。除这些问题外，探测器是健康的：特别是扫描平台和相机均功能完备，科学家和工程师们都热切地渴望将它们投入使用。

---

① 里根政府提出的计划：在 20 世纪 80 年代建造一个永久的地球轨道空间站，后因财政紧缩，后经几轮削减，合并入国际空间站任务。——译者注

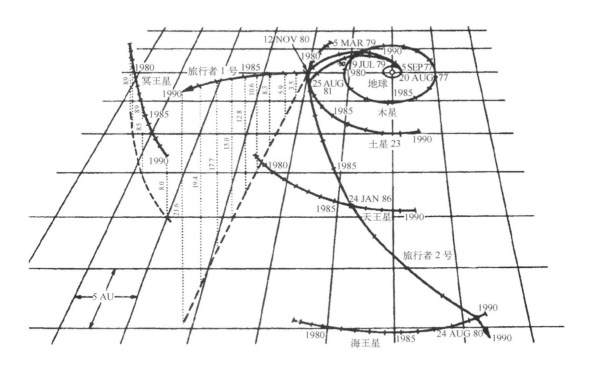

截至 1990 年的两个旅行者号探测器的飞行轨道。尤其值得注意的是旅行者 1 号爬升至黄道面上的入射角

　　由于相机并不具备望远镜的能力，因此很少被用于天文方面的工作；但很可能利用其前所未有的优势位置将太阳和太阳系的所有行星记录在一张拼接图中。为了回应 NASA 总部对视像管敏感器如果瞄准太阳将会造成损坏的关注，JPL 有理由证明在其他目标不出现时，太阳只是一个小点，敏感器可以维持成像能力。此项计划将通过转动相机来以每个行星为中心进行彩色成像——除太过暗淡的冥王星外——以诸多恒星为背景，将行星各自环绕太阳的相对位置在拼接图上进行显示。这些行星图像不过只是一个个亮点，但其色彩会得以准确展现[321-322]。1990 年 2 月 14 日，旅行者 1 号位于距太阳 40AU 处，沿着一个弯曲的路径对所有的目标进行了 64 次成像。不幸的是，水星在太阳的强光下不能显示，并且在后续阶段进行图像序列拼接时发现，火星所处的相位通过 3 色滤光镜是不可见的，需要用无色的滤光镜进行替代，但此时改变这个顺序已经晚了，因此在拼接图中火星也没能显示[323]。图像中的地球看起来像是一个蓝色的小圆点，正好被太阳的一束光线穿过。像天文学家和科普作家卡尔·萨根（Carl Sagan）所写的那样："再次看看那个圆点，它在那里，那就是我们的家园，我们的一切"。这幅图片充满了唤起情感的力量，尽管它并不像更广为人知的由阿波罗宇航员所拍摄的地球照片那样的美丽[324]。这些图像是旅行者号在 13 年间发回地球的 670 000 幅图像中的最后几张，或者像项目科学家爱德·斯通（Ed Stone）所表达的，它们是"最后的光"。也有人提议让其继续监测太阳附近一年，以便制作一个地球围绕太阳运行的视频影像，但关于是否可以在一个完整的轨道获取全部地球运行的图像尚存疑问，况且无论如何都难以获得资金的支持[325-326]。

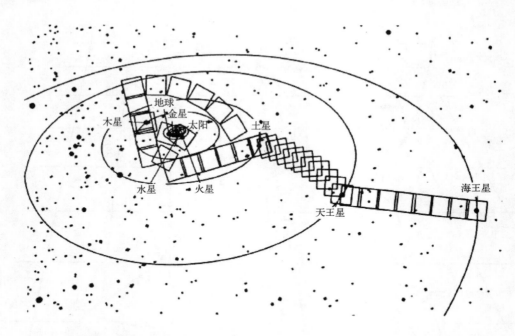

旅行者号拍摄的最后的图像，组成序列后给出了除太过暗淡的冥王星外的太阳系"肖像"

在其最后的行星交会之后，旅行者 2 号同它的"姐妹"一道进行粒子和场数据的记录。1990 年 1 月 1 日新任务以一个略微引人注目的名称"旅行者星际任务（VIM）"作为开始正式生效，其项目经费仅能支持 20 个人。规定的任务目标是描述海王星轨道外的行星际介质及搜寻并勘察从日球层（太阳周围受其磁场和超声速太阳风作用的空间区域）到星际介质的过渡。在某个尚不确定的距离处，逐渐稀薄的太阳风压必然会与大部分由氢和氦组成的星际介质的压力相等，这将导致太阳风减速到亚声速穿过被称为"终端激波"的激波。人们认为超声速的星际风在遇到日球层时也会降速并且变为亚声速通过弓形激波。在空间中这两个激波之间，太阳风和星际风必然会在一条被称为日球层顶的边界上相会。正如巨行星的磁层，人们认为日球层具有一个复杂的边界区域，依次具有内部的终端激波、日球层顶、扰动的日鞘及外部的激波。也有人认为由于太阳的运动及其随着银河系的运动，日球层必然具有一个相对于局部的星际介质"顺风"的长尾。对于日球层顶的距离存在各种不同的估计。在太阳风被苏联的月球探测器实际观测到并被水手 2 号进行测量的数年前，科学家尤金帕克（Eugene Parker）就假定了太阳风的存在，认为日球层顶位于距太阳 40 ~ 50 AU 处。其他早期的判断认为其在海王星的轨道以内。然而，到了 20 世纪 90 年代早期，终端激波被认为位于 60 ~ 105 AU 之间的某处，日球层顶位于 116 ~ 177 AU 间的某处。幸运的是，为了给旅行者号伟大的探索之旅画上恰当的句号，终端激波和日球层顶的位置都将能够到达。事实上，按照当前的速度，旅行者 1 号将在 2006 年 8 月抵达距太阳 100 AU 处，2020 年抵达 150 AU 处——到那时略慢一些的旅行者 2 号将位于 125 AU 处。同时，日球层顶的实际存在也通过卫星和航天器观测星际气体与太阳风相碰撞的紫外辉光得到了确认。如推测的那样，这种辉光环绕在太阳向点周围，即在银河系中太阳运行的明显的方向。

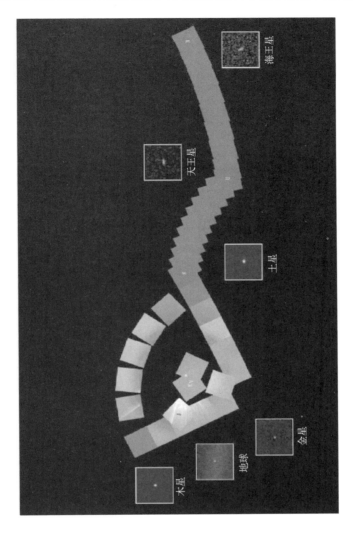

在旅行者号的太阳系"肖像"中，除水星距离太阳太近且火星的背光面朝向相机外，所有的目标行星均可见

　作为 4 个飞离太阳系的探测器之一，先驱者 10 号沿着日球层尾部飞行，在近期的任何时候都不可能接触星际介质，但凭借着好运气，其他 3 个探测器都朝向了太阳向点接近的方向。在接近日球层的边界时，在太阳磁场和太阳活动的作用下，银河宇宙线的调制会减弱直至全部消失。穿过终端激波可以通过磁强计感知到磁场强度的突然增大。在日球层顶之外存在着什么一直处于猜测之中——但这也恰恰是探测的前景之所以令人着迷的原因。对于天文学家来说，星际介质似乎受控于气体云和超新星爆炸产生的低密度壳层，爆炸的相互作用产生巨大复杂且短暂存在的结构。对局部区域的射电天文学和 X 射线观测显示，太阳被包含在一种非常低密度且高温的壳层中，被称为"本星系泡"，它可能形成于

350 000 年前的超新星从原本形态转变为"杰敏卡"("Geminga")中子星的过程。太阳附近这样的爆炸可以推动日球层顶朝向天王星的轨道以内,甚至可能在外行星的卫星表面以特别的同位素的形式留下痕迹。银河系是一个螺旋星系,太阳用了 2.5 亿年来形成其大致的圆轨道,在那段时期内太阳必然穿过了许多稠密的气云或尘云。很可能当太阳穿过这样的环境时,日球层被压缩到实际"关闭"的状态。人们很难确定这个过程对地球生命的作用。尽管被包围在本星系泡里,太阳和其临近的半人马座 α 星恒星星系均被认为沉浸在一个小一些的被称为"本地星际云团"的冷氢云中[327-328]。

　　除非是主要的硬件发生故障,旅行者号主要的运行限制是 RTG 的输出,其性能在逐渐衰退。与一般的观点相反,不仅是二氧化钚的放射性衰变使能源减少,还有(且主要是)将释放的热能转化为电能的热电偶的退化。发射时 RTG 的输出功率为 450 W,但到了 20 世纪 90 年代中期,旅行者 1 号为 336 W,旅行者 2 号为 338 W。尽管如此,人们还是认为每年 5 W 的衰退率可以支持粒子和场探测仪运行到 2020 年左右。燃料是另一个制约的因素,20 世纪 90 年代中期,每个探测器仍然有约 35 kg 肼燃料,每周约消耗 6～8 g。除姿态控制和维持高增益天线指向地球外,燃料还用于周期性的 360°滚动机动来进行磁强计校准。通过降低指向精度要求,燃料供应情况经评估还足以维持探测器姿态到下一个 50 年。像相机一样,红外光谱仪和偏振测光计都不再使用了,下行带宽的数据率也减少到 160 bps,这足以对星际任务中大部分科学和工程数据进行支持。曾经,下行链路的接收不是问题,因为最大的深空网天线至少到 2030 年前都可以"解读"信号。然而,这些天线被例行用于优先级更高任务中,旅行者号则由更小的 34 m 天线提供支持。除了 6 个粒子和场探测设备,位于扫描平台上的紫外光谱仪每周将执行 4 次观测。事实上,经证实这台仪器尤其适合获取变化的和亚光度的恒星的光谱、超新星残余与银河系外源头。此外,通过对太阳进行观测可以对太阳紫外辐射通量的变化进行表征,这种通量的变化对地球大气也有影响。并且,由于距太阳较远,这两个探测器所处位置十分有利于观测太阳系中渗入的星际气体的紫外光。每个探测器曾一度将光谱仪指向对方,测量沿视线方向上的星际氢原子密度。到 1992 年,这两个探测器根据不同的恒星进行姿态确定——一个在北部天空,另一个在南部——因此被一个探测器结构所阻挡的部分天空对于另一个探测器的仪器则是可见的,这将进一步减少机动的需求,因此节省了燃料。探测器将紫外数据存储在磁带上,以 600 bps 的速率进行回放,并且每年两次以 1.4 kbps 的速率对高时间分辨率的等离子体波数据进行回放[329]。如果到 20 世纪末不再有足够的能源支持扫描平台的和紫外光谱仪的运行,则计划将两者都进行关闭。除了这些仪器,仅仅通过对探测器的跟踪仍然可以简单地获得意外的发现,因为这将发现潜伏在外部疆域的任何大质量体造成的引力摄动,包括推测的太阳伴星(根据 20 世纪 80 年代大众传媒所接受的一种理论,但并没有得到科学界同等的认同)涅墨西斯(Nemesis),是引起地球生物周期性大批量灭绝的原因。

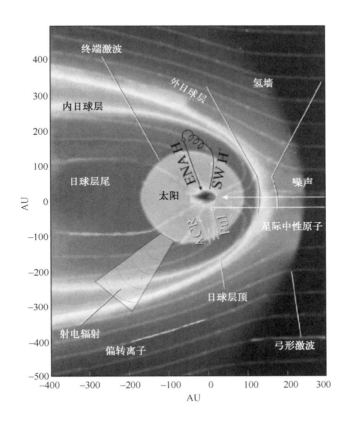

按照当今理解的日球层顶结构(图片来源：David J. McComas 和 Gary P. Zank)

　　为避免指令接收机在探测器关闭前失效而引发的旅行者 2 号失联，在其内存中存储了一段自主序列，以保障其继续运行。旅行者 1 号也被注入了相似的指令作为预防措施。一旦超过 6 周没有接收到指令，软件将会假定通信故障。一旦激活，自主序列将会定期校准仪器，并且必要时逐个关闭仪器以节省能源，设置探测器进入滚动姿态以维持高增益天线对准地球，对旅行者 1 号来说，可以维持到 2020 年，旅行者 2 号则是到 2017 年[330–333]。

　　1992 年 7 月，旅行者号开始探测持续数月的强烈的低频射电辐射。每一次的爆发都可能是一团由太阳在 400 天前喷射出的等离子体云，并且在日球层顶与星际气体发生相互作用。这些观测有助于将终端激波定位在 87 ~ 133 AU 之间[334]。探测器也根据需要开展了观测，例如，旅行者 2 号是用于研究天鹅座新星 1992 爆发的探测器之一，这颗新星是天文史上最佳观测的新星之一，也是本世纪最明亮的新星之一。旅行者 2 号的紫外光谱能够看到这颗星在光谱的远紫外部分"打开"，之后在数天内监测其亮度[335]。NASA 考虑恢复旅行者 2 号相机的使用来研究 1993 年 3 月 24 日发现的舒梅克 – 利维 9 号彗星。如计算表明，1992 年 7 月与木星的交会将引发彗星的解体，碎片将会排成一线并且朝着撞向木星的航迹于 1994 年 7 月撞上木星。令人沮丧的是，由于撞击点在木星的边缘的另一面，尽管在数分钟后就可以进入视线,但这次壮观的场面发生时在地球上是看不见的。似乎有一段时间旅行者 2 号是唯一能够进行直接观测的探测器。尽管木星的圆面在其窄视场相机里只占据了几个像素,但长期的跟踪曝光将是有价值的,因为其将会使每次撞击显示为一个短暂的光爆点。不幸的是,由于以为相机不会再进行使用,而且团队也解散了,因此成像软件在海王星飞掠后就被擦除了。在 1994 年初,对彗星路径计算进行了修正,明确了正前往并接近木星的伽利略探测器能够观测到撞击过程。尽管旅行者 2 号对于这次撞击进行了紫外和无线电探测,但并没有取得任何探测结果。随后对采用其他方法测量到的撞击燃烧温度的分析表明,这刚好处于旅行者 2 号仪器的探测能力水平之外[336-338]。

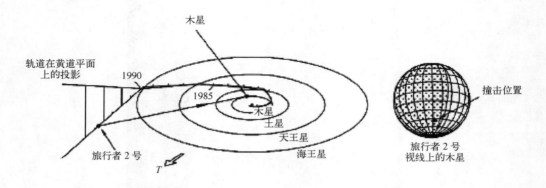

舒梅克 – 列维 9 号彗星碎片撞击木星的位置在旅行者 2 号视线上的投影图

1998 年 2 月 17 日,经过 20 年的追逐之后,旅行者 1 号超过先驱者 10 号成为了距离太阳最远的航天器——当时距离为 69.4AU。虽然奔向太阳系边界的竞赛一直在继续,但两个旅行者号探测器的性能却在稳步下降。同年,旅行者 2 号的扫描平台为节省能源而关闭。首先,平台加热器被关闭,但由于其也被用于对紫外光谱仪的传感器进行保温,因此,平台上这个唯一还有剩余功能的仪器也只能在几周内被关闭了。不幸的是,一组包含错误指令的指令序列注入了探测器,使 S 频段发射机的振荡器被误关闭,后果是 66 小时的失联。一经意识到错误,JPL 在 11 月 4 日重新恢复了发射机的使用①。因此结束了扫描平台从任务开始就麻烦不断的传奇故事。旅行者 1 号的平台在 2000 年已失效,尽管决定停止其旋转定向,仍保留了加热器以便能够保障紫外光谱仪继续进行观测[339]。

2002 年 8 月 1 日,在距离太阳 85AU 处,旅行者 1 号注意到高能带电粒子通量的增长。一些科学家认为这说明了探测器已经通过了终端激波,在此处太阳风减慢为亚声速;然而,对另一些科学家来说,这些数据和宇宙射线的数量表明探测器已接近激波,但尚未通过。几个月后,在一次太阳活动高峰后,由于日球层的膨胀,探测器再一次陷入了亚声速太阳风中[340]。尽管如此,到此时,旅行者号作为人类进入星际空间的探路者的角色仍处于危险之中。在 2004 年 1 月,哥伦比亚号航天飞机及其全体乘员组失事一年后,美国

---

① 在 2006 年的一个类似事故中,另一个虚指令打开了休眠的红外光谱仪,造成了能源的浪费。——作者注

总统乔治·W·布什(George W. Bush)宣布了他的"太空探索新构想",要求增加载人太空活动,特别是重返月球,为载人火星任务铺路。尽管保证 NASA 会将这些活动纳入现有的预算内,并且科学计划的资金支持是安全的,但对于航天局来说——就像过去再三发生的调控载人太空计划超支时的办法那样——除了取消某些科学计划,延迟其他计划和考虑结束对正在进行任务的支持以外,并没有其他的选择。2004 年 12 月 6 日,就在旅行者号星际任务终结的流言盛传时,科学家们透露,在距太阳 94 AU 处,旅行者 1 号的磁强计测出了磁场强度增至 20 年前所测数值的 3 倍。这是一个明确的迹象,表明探测器已经抵达了终端激波,因为当太阳风减速至亚声速时其被压缩会导致场强的增强。与此同时,等离子体波振荡被探测到,与在行星磁层前面刚穿入激波的已有记录相类似。这次没有人再怀疑旅行者 1 号确实进入了日鞘层。但不幸的是,实际穿越终端激波的过程没有被观测到,因为当时地面没有跟踪到探测器。没有了等离子体实验设备,旅行者 1 号不能再对太阳风的速度进行监测,但与旅行者 2 号的观测结果相结合表明了太阳风压一直升高到 2004 年中期,之后开始下降,这使得终端激波发生紧缩并在数月后扫过旅行者 1 号。像经常发生的那样,当探测器观测到一个新现象时——即使曾被急切的预期——会产生令人惊奇的发现。20 世纪 70 年代期间,一种宇宙射线辐射通量中反常的组成部分被发现,科学家们认为其是在星际气体抵达终端激波时,经过离子化和太阳风的加速产生的。但原位数据没有给出这一现象的信号,说明其来源是在更远处[341 – 345]。

　　另一个预期的重要事件会在 2010 年左右发生,到时旅行者 2 号应该抵达终端激波。对于旅行者 1 号来说最终的里程碑是飞出日球层,进入星际空间。旅行者 1 号对终端激波的观测表明日球层顶位于大约 125 AU 处,探测器将于 21 世纪 10 年代中期抵达该处。为了进一步减少能源消耗,以便延长探测器的寿命,磁带记录仪将很快被关闭,陀螺仪的运行也将停止,包括校准磁强计的滚动姿态机动也不再进行。没有了陀螺仪,高增益天线也不可能再精确地对准地球了,但也没有存储数据要以高数据率进行回放。2015 年,按照最终的功率减小机制,仪器设备将会根据当时的状态及科学产出以一定的次序按照必要性逐个进行关闭。到 2020 年左右,除了核心系统外,RTG 的输出将不再能同时支持任何设备的运行,并在距离太阳 145 ~ 150 AU 处,两个飞行器都将陷入能源匮乏并且发射机也将陷入静默,除非没有远见的 NASA 决策者已经下达了关闭指令[346 – 347]。即使旅行者号抵达了日球层顶,它们能够提供的数据也只有他们所处的位置,并不能探测到日鞘的形状及所处局部位置的过程情况。以旅行者号的数据作为参考,NASA 决定在 2008 年发射星际边界探测器,这是一个带有成像系统的低成本探测器,可以对星际空间的高能中性原子与日球层相互作用的方式进行全空间勘察[348]。

　　旅行者 1 号沿着蛇夫星座的方向飞行,在 18 000 年左右将会距离太阳 63 000AU,或者更简便地表述就是 1 光年。20 000 年后,它将会飞行到距 AC + 79 388 星的 1.64 光年处,比先驱者 11 号通过近似距离提早约 2 000 年。在下一个 50 万年期间,旅行者 1 号将在超出 2 光年的距离上进行更远的 3 次恒星交会。如果旅行者 2 号的海王星交会发生在最初设计的位置,那么其随后的飞行轨道将会使其飞到大犬星座天狼星(当前地球天空上最亮的星)附近 0.8 光年内，但是在为了避免接触星环区域而改变交会目标点后，旅行者 2 号现在只能在约 296 000 年时以 4.3 光年的最近距离到达天狼星。尽管如此，在那之前，在 40 000 年左右时，旅行者 2 号将在 1.7 光年的距离上经过罗斯 248 星[349-351]。除非人类发现由于星际旅行的不可实现使人类自身被困在太阳系中，否则这些使者会比派遣它们的种族活得更久。

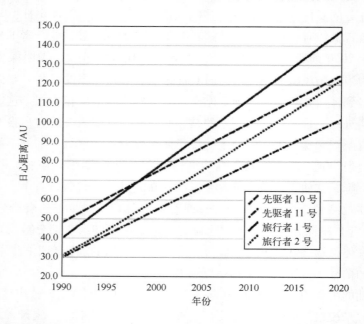

4 个探测器当前离开太阳系的日心距离图。值得注意的是，旅行者 1 号速度最快，于 1998 年超过先驱者 10 号并于 2006 年抵达 100 AU 处。新视野号探测器将在 2015 年完成冥王星飞掠之后加入它们的行列

旅行者号探测器将交会的天体

探测器	日期/年	天体名	距离/光年
旅行者 2 号	20279	Proxima Centauri	3.21
旅行者 2 号	20584	Alpha Centauri	3.47
旅行者 2 号	40170	Ross 248	1.65
旅行者 1 号	40272	AC +79 3888	1.64
旅行者 2 号	46348	AC +79 3888	2.76
旅行者 2 号	129671	DM +15 3364	3.46
旅行者 1 号	146193	DM +25 3719	2.35
旅行者 1 号	172867	Krueger 60	2.85
旅行者 2 号	298477	Sirius	4.30
旅行者 2 号	318323	DM -5 4426	3.97
旅行者 1 号	497482	DM +21 652	2.08

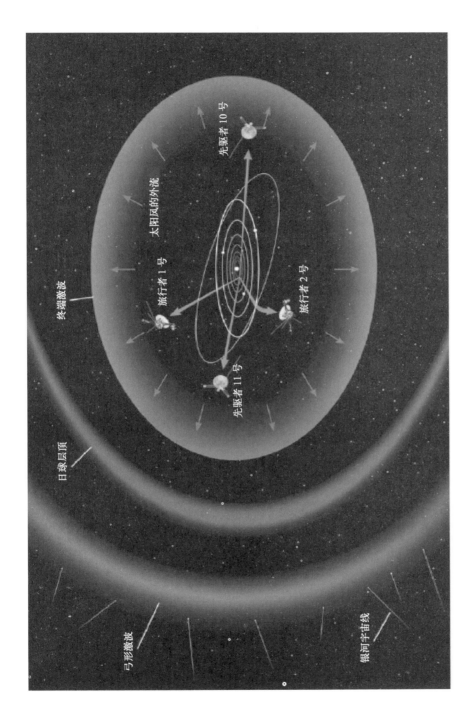

日球层（图片来源：月球和行星研究所）

参考文献

本章所引用的参考文献附在全书后。

1	Brown – 1965	31	Poynter – 1984b	61	Synnott – 1981
2	NASA – 1965f	32	Wilson – 1987u	62	Ness – 1979b
3	NASA – 1966	33	Morrison – 1980b	63	Smuth – 1979a
4	Flandro – 1966	34	Swift – 1997g	64	Soderblom – 1980
5	Hale – 1970	35	Morrison – 1980c	65	Johnson – 1983
6	Crocco – 1956	36	Davidson – 1999e	66	Davidson – 1999f
7	Swift – 1997a	37	Evans – 2004c	67	Sagan – 1976
8	CIA – 1971	38	Smith – 1977	68	Miller – 1953
9	CIA – 1973b	39	Poynter – 1984c	69	Eshelman – 1979a
10	Evans – 2004a	40	Morrison – 1980d	70	Eshelman – 1979b
11	Faget – 1970	41	Evans – 2004d	71	Smuth – 1979a
12	Parker – 1971	42	Dawson – 2004h	72	Soderblom – 1980
13	Hale – 1970	43	Swift – 1997h	73	Broadfoot – 1979
14	Swift – 1997b	44	MOrrison – 1980e	74	Smuth – 1979a
15	Swift – 1997c	45	Murray – 1989e	75	Soderblom – 1980
16	Gatland – 1972i	46	Poynter – 1984d	76	Broadfiit – 1979
17	Evans – 2004b	47	Evans – 2004e	77	Morrison – 1980i
18	Kraemer – 2000i	48	Morrison – 1980f	78	Morabito – 1979
19	Rubashkin – 1997	49	Swift – 1997i	79	Hanel – 1979a
20	Kraemer – 2000i	50	Murrav – 1989f	80	Hartline – 1980
21	Kraemer – 2000i	51	Laeser – 1986	81	Soderbiom – 1980
22	Morrison – 1980a	52	Morrison – 1980g	82	Johnson – 1983
23	Poynter – 1984a	53	Ingersoll – 1981	83	Peale – 1979
24	Swift – 1997d	54	Smuth – 1979a	84	Ness – 1979b
25	Swift – 1997e	55	Edelson – 1979	85	Broadfoot – 1979
26	Swift – 1997f	56	Morrison – 1980h	86	Hanel – 1979a
27	Moore – 1974	57	Brush – 1996a	87	Stone – 1979a
28	Hyde – 1974	58	Smuth – 1979a	88	Morrison – 1980i
29	Swift – 1997c	59	Hanel – 1979a	89	HOrd – 1979
30	EdelSon – 1979	60	Synnott – 1980	90	Kraemer – 2000i

91	Terrile – 1979	127	Owen – 1982	163	Johnson – 1982
92	Ingersoll – 1981	128	Broadfoot – 1981	164	Lamy – 1980
93	Smuth – 1979b	129	Hanel – 1981	165	Smith – 1982
94	Smuth – 1979b	130	Tvler – 1981b	166	JOhnson – 1982
95	Johnson – 1983	131	Smith – 1981	167	Hanel – 1982
96	Smuth – 1979a	132	Johnson – 1982	168	Lane – 1982
97	Soderblom – 1980	133	Smith – 1981	169	Hanel – 1982
98	Jewitt – 1979	134	Johnson – 1982	170	Sandel – 1982
99	IAUC – 3507	135	Morrison – 1982a	171	Smith – 1982
100	Smith – 1979b	136	Broadfoot – 1981	172	Johnson – 1982
101	Soderblom – 1980	137	Tyler – 1981b	173	Hanel – 1982
102	Smith – 1979b	138	Smith – 1981	174	Warwick – 1981
103	Soderblom – 1980	139	Johnson – 1982	175	Tyler – 1982
104	Stone – 1979b	140	Smith – 1981	176	Smith – 1982
105	Smith – 1979b	141	Dollfus – 1998a	177	Burica – 1998
106	Smith – 1979b	142	Dollfus – 1998c	178	Hanel – 1982
107	Eshelman – 1979b	143	Smith – 1981	179	Smith – 1982
108	Smith – 1979b	144	Johnson – 1982	180	Smith – 1982
109	Pollack – 1981	145	Hanel – 1981	181	Showalter – 1998
110	Sandel – 1979	146	Smith – 1981	182	IAUC – 3651
111	Hanel – 1979b	147	Morrison – 1982a	183	IAUC – 3656
112	Morrison – 1980k	148	Bridge – 1981	184	IAUC – 3660
113	Swift – 1997i	149	Kaiser – 1980	185	IAUC – 6162
114	Holberg – 1982	150	Warwick – 1981	186	Vogt – 1982
115	Holberg – 1980a	151	Hanel – 1981	187	IAUC – 5052
116	Holberg – 1980b	152	Smith – 1981	188	Nicholson – 1996
117	Stone – 1981a	153	Pollack – 1981	189	Bosh – 1996
118	Sheehan – 1998	154	Tyler – 1981b	190	Kelly　Beatty – 1996
119	Medkeff – 1998	155	Swift – 1997k	191	Lane – 1982
120	Morrison – 1982a	156	Smuth – 1982	192	Hanel – 1982
121	Swift – 1997i	157	Hanel – 1982	193	Sandel – 1982
122	Murray – 1989g	158	Tyler – 1982	194	Tyler – 1982
123	Morrson – 1982a	159	Peterson – 1993	195	Morrison – 1982b
124	Richardson – 2004	160	Klavetter – 1989a	196	Stuan – 1984
125	Morrison – 1982a	161	Klavetter – 1989b	197	Laeser – 1986
126	Smith – 1981	162	Smith – 1982	198	Gray – 1982

199	Swift – 1997l	235	Smith – 1986b	271	Smith – 1989c
200	Swift – 1997m	236	Smith – 1986c	272	Stone – 1989
201	Laeser – 1986	237	Lane – 1986	273	Hammel – 1989b
202	Bartok – 1986	238	Smith – 1986a	274	Smith – 1989a
203	Brown – 1985	239	Johnson – 1987	275	IAUC – 4830
204	Brush – 1996b	240	Tyler – 1986	276	AWST – 1989a
205	Cuzzi – 1987	241	Bridge – 1986	277	Warwick – 1989
206	NASA – 1986	242	Smith – 1986b	278	Smith – 1989a
207	Stone – 1986	243	Smith – 1986c	279	Smith – 1989c
208	McLaughlin – 1985	244	Miner – 1988	280	Swift – 1997o
209	McLaughlin – 1986a	245	Smith – 1986a	281	Belcher – 1989
210	AWST – 1985	246	Cuzzi – 1987	282	Ness – 1989
211	Ingersoll – 1987	247	Ness – 1986	283	Lane – 1989
212	McLaughlin – 1985	248	Shayler – 2000	284	Smith – 1989a
213	AWST – 1986a	249	Gore – 1986	285	Schaefer – 2000
214	McLaughlin – 1986a	250	McLaughlin – 1986b	286	Grav – 2003
215	Owen – 1987	251	Smith – 2006	287	Smith – 1989a
216	Showalter – 2006	252	Bartok – 1986	288	Jewitt – 2006
217	IAUC – 7171	253	Mudgway – 226 – 241	289	Tyler – 1989
218	Smith – 1986a	254	Stone – 1989	290	Smith – 1989a
219	Gurnett – 1986	255	Hammel – 1989a	291	Stone – 1989
220	Miner – 1988	256	Brown – 1985	292	Gurnett – 1989
221	McLaughlin – 1985	257	Pandey – 1987	293	Conrath – 1989
222	Lane – 1986	258	Swift – 1997n	294	Soderblom – 1990
223	Tyler – 1986	259	Kohlhase – 1986	295	Boyce – 1993
224	Ness – 1986	260	Dobrovolskis – 1988	296	Smith – 1989a
225	Ingersoll – 1987	261	NASA – 1989	297	Kinoshita – 1989
226	Ingerso11 – 1987	262	Stone – 1989	298	Tyler – 1989
227	Johnson – 1987	263	McLaughlin – 1986b	299	Broadfoot – 1989
228	Ingersoll – 1987	264	Smuth – 1989b	300	Agnor – 2006
229	Smith – 1986a	265	Smith – 1989a	301	Jewitt – 2006
230	Ingersoll – 1987	266	Beish – 1993	302	Smith – 1989a
231	Hanel – 1986	267	Kelly BeattY – 1995	303	Standish – 1993
232	Ingersoll – 1987	268	IAUC – 4806	304	Tyler – 1989
233	Broadfoot – 1986	269	IAUC – 3608	305	Hammel – 1989b
234	Ingerso11 – 1987	270	IAUC – 4824	306	Smith – 1989a

307 Warwick – 1989

308 Lindal – 1990

309 Conrath – 1991

310 Conrath – 1989

311 Tyler – 1989

312 Broadfoot – 1989

313 Ness – 1989

314 Broadfoot – 1989

315 Stanley – 2004

316 Belcher – 1989

317 Ness – 1989

318 Stone – 1989

319 Burrows – 1998

320 Rudd – 1997

321 Swift – 1997p

322 AWST – 1989b

323 Swift – 1997q

324 Sagan – 1997

325 Swuft – 1997r

326 Swift – 1997s

327 Teske – 1993

328 Verschuur – 1993

329 Linick – 1991

330 Rudd – 1996

331 Rudd – 1997

332 Cesarone – 1983

333 Evans – 2004f

334 Gurnett – 1993

335 Starrfield – 1994

336 Kelly　Beatty – 1994

337 Vervack – 1994

338 Vervack – 2006

339 Massey – 2006

340 Krimigis – 2003

341 Kerr – 2005

342 Lawler – 2005

343 Fisk – 2005

344 Stone – 2005

345 Burlaga – 2005

346 Rudd – 1996

347 Rudd – 1997

348 McComas – 2004

349 Cesarone – 1983

350 Rudd – 1997

351 Swift – 1997t

术 语 表

简称	全称	中文
ABL	Automated Biological Laboratory	自动化生物实验室
ACP	Advanced Cooperation Project	高级合作项目
Aphelion	The point of maximum distance from the Sun of a solar orbit. Its contrary is the perihelion.	远日点：在环绕太阳轨道上距离太阳最远的点。与近日点相对。
Apoapsis	The point of maximum distance from the central body of any elliptical orbit. This word has been used to avoid complicating the nomenclature, but a term tailored to the central body is often used. The only exceptions used herein owing to their importance were for Earth (apogee) and the Sun (aphelion). The contrary of apoapsis is periapsis.	远拱点：任何椭圆轨道上距离中心天体最远的点。虽然使用这个词来避免术语的复杂化，但特指某个中心天体的专门术语也经常使用。由于地球和太阳比较重要，因此他们是仅有的例外，此处使用远地点(apogee)和远日点(aphelion)。与之相对的是近拱点。
Apogee	The point of maximum distance from the Earth of a satellite orbit. Its contrary is the perigee.	远地点：在地球卫星轨道上距离地球最远的点。与近地点相对。
Astronomical Unit	To a first approximation the average distance between the Earth and the Sun is 149, 597, 870, 691 (±30) meters.	天文单位：地日之间的平均距离的一级近似，为 149 597 870 691 (±30) m.
AU	Astronomical Unit	天文单位
Booster	Auxiliary rockets used to boost the lift – off thrust of a launch vehicle.	助推器：用于推动运载火箭升空的辅助火箭。
Bus	A structural part common to several spacecraft.	平台：几个航天器结构的通用部分
CIA	Central Intelligence Agency	中央情报局
CNES	Centre National d'Etudes Spatiales (the French National Space Studies Centre)	法国国家航天研究中心
CNR	Centro Nazionale Ricerche (the Italian National Research Centre)	意大利国家研究中心
Conjunction	The time when a solar system object appears close to the Sun as seen by an observer. A conjunction where the Sun is between the observer and the object is called 'superior conjunction'. A conjunction where the object is between the observer and the Sun is called 'inferior conjunction'. See also opposition.	合：在观察者的视线里，太阳系中的物体接近太阳的时刻。太阳在观察者和物体之间叫做"上合"，物体在观察者和太阳之间叫做"下合"。参见"冲"。
CONSCAN	Conical Scan	圆锥扫描
Cosmic velocities	Three characteristic velocities of spaceflight	宇宙速度：三种宇宙飞行的特征速度
First cosmic velocity	Minimum velocity to put a satellite in a low Earth orbit. This amounts to some 8 km/s.	第一宇宙速度：把卫星送入近地轨道的最小速度。取值约为 8 km/s。

续表

简称	全称	中文
Second cosmic velocity	The velocity required to exit the terrestrial sphere of attraction for good. Starting from the ground, this amounts to some 11 km/s. It is also called `escape´ speed	第二宇宙速度：物体脱离地球引力球所需的速度。从地面出发，取值约 11 km/s。也叫做"逃逸"速度
Third cosmic velocity	The velocity required to exit the solar system for good	第三宇宙速度：物体离开太阳系所需的速度
Cryogenic propellants	These can be stored in their liquid state under atmospheric pressure at very low temperature; e. g. oxygen is a liquid below ±1838C	低温推进剂：在大气压下以极低的温度液态存储的推进剂，例如氧在 −183℃以下为液态
Deep Space Network	A global network built by NASA to provide round – the – clock communications with robotic missions in deep space	深空网：NASA 建造的全球网络，用以全天候支持深空无人探测任务的通信
Direct ascent	A trajectory on which a deep – space probe is launched directly from the Earth´s surface to another celestial body without entering parking orbit	直接转移轨道：深空探测器发射后无需进入停泊轨道而直接从地球表面到达另一天体的轨道
DSN	Deep Space Network	深空网
DZhVS	Dolgozhivushaya Veneryanskaya Stanziya（long duration Venusian probe）	长寿命金星探测器
Ecliptic	The plane of the Earth´s orbit around the Sun	黄道：地球环绕太阳的轨道平面
Ejecta	Material from a volcanic eruption or a cratering impact that is deposited all around the source	喷出物：火山爆发或者形成撞击坑时产生的堆积在火山或撞击坑周围的物质
ELDO	European Launcher Development Organization（became part of ESA）	欧洲运载火箭开发组织（成为 ESA 的一部分）
EOS	Eole – Venus	风神 – 金星
ESA	European Space Agency	欧洲航天局
Escape speed	See Cosmic velocities	逃逸速度：参见宇宙速度
ESRO	European Space Research Organization（became part of ESA）	欧洲空间研究组织（成为 ESA 的一部分）
ESTEC	European Space Technology Center	欧洲空间技术中心
Flyby	A high relative speed and short duration close encounter between a spacecraft and a celestial body	飞掠：航天器以较高的相对速度和较短的时间同天体近距离交会
FTU	FotoTelevisionnoye Ustroistvo（photo – television system）	图像 – 电视系统
GCMS	Gas Chromatograph Mass Spectrometer	气相色谱质谱仪
GE	Gas Exchange	气体交换
GRB	Gamma – Ray Bursts	伽玛射线爆发
GSFC	Goddard Space Flight Center	戈达德航天飞行中心

续表

简称	全称	中文
GSOC	German Space Operation Center	德国航天指挥中心
HST	Hubble Space Telescope	哈勃空间望远镜
Hypergolic propellants	Two liquid propellants that ignite spontaneously on coming into contact, without requiring an ignition system. Typical hypergolics are hydrazine and nitrogen tetroxide	自燃推进剂：两种液体推进剂无需点火系统在接触时即可自燃。典型的自燃式推进剂是肼和四氧化二氮
IBEX	Interstellar Boundary Explorer	星际边界探测器
ICBM	InterContinental Ballistic Missile. A military strategic and usually nuclear – tipped missile with a range of at least 6,400 km. Many early space launchers were adapted from ICBMs	洲际弹道导弹：通常是指携带核弹头且射程范围至少 6 400 km 的军事战略导弹。许多早期的空间运载火箭改装自洲际弹道导弹
IKI	Institut Kosmicheskikh Isledovanii (the Russian Institute for Cosmic Research)	苏联空间研究所
IMP	Interplanetary Monitoring Platform	行星际监测平台
IRAS	InfraRed Astronomical Satellite	红外天文卫星
ISEE	International Sun ± Earth Explorer	国际日－地探险者
JPL	Jet Propulsion Laboratory (a Caltech laboratory under contract to NASA)	喷气推进实验室(与 NASA 签订合同的加州理工大学的一个实验室)
J ± S ± P	Jupiter ± Saturn ± Pluto trajectory	木星－土星－冥王星轨道
J ± S ± U ± N	upiter ± Saturn ± Uranus ± Neptune trajectory	木星－土星－天王星－海王星轨道
J ± U ± N	Jupiter – Uranus – Neptune trajectory	木星－天王星－海王星轨道
KDU	Korrektiruyushaya Dvigatelnaya Ustanovka (course correction engine)	轨控发动机
KSC	Kennedy Space Center	肯尼迪航天中心
KTDU	Korrektiruyushaya Tormoznaya Dvigatelnaya Ustanovka (course correction and braking engine)	轨控和制动发动机
Lander	A spacecraft designed to land on another celestial body	着陆器：用于着陆到另一天体的航天器
LaRC	Langley Research Center	兰利研究中心
Launch window	A time interval during which it is possible to launch a spacecraft to ensure that it attains the desired trajectory	发射窗口：可以将探测器送入目标轨道的可能发射的时间区间
LR	Labeled Release	标记释放
Lyman – alpha	The emission line corresponding to the first energy level transition of an electron in a hydrogen atom	莱曼－阿尔法：氢原子的一个电子第一能级跃迁对应的发射谱线
MBB	Messerschmitt BoÈlkov Blohm	德国航空航天制造商，现属于空客公司
MESO	Mercury Sonde	水星探测器

续表

简称	全称	中文
MIT	Massachusetts Institute of Technology	麻省理工学院
MJS	Mariner Jupiter ± Saturn（later named Voyager）	水手号木星 – 土星（后续命名为旅行者号）
MJU	Mariner Jupiter ± Uranus	水手号木星 – 天王星
MSFC	Marshall Space Flight Center	马歇尔航天飞行中心
MV	Mars ± Venera（Soviet Mars and Venus probes）	火星 – 金星（苏联火星和金星探测器）
MVM	Mariner Venus ± Mercury（also named Mariner 10）	水手号金星 – 水星（也称作水手10号）
N – 1	Nossitel 1（Launcher 1，the Soviet moon rocket）	运载火箭1号：苏联探月火箭
NAS	National Academy of Sciences	国家科学院
NASA	National Aeronautics and Space Administration	美国国家航空航天局
OAO	Orbiting Astronomical Observatory	轨道天文台
Occultation	When one object passes in front of and occults another，at least from the point of view of the observer	掩：至少从观察者的视角来看，一个物体在另一物体前面经过并发生遮挡
OOE	Out Of the Ecliptic	黄道以外
Orbit	The trajectory on which a celestial body or spacecraft is traveling with respect to its central body. There are three possible cases：	轨道：天体或者航天器相对于中心天体运行的轨迹。包括三种情况：
Elliptical orbit	A closed orbit where the body passes from minimum distance to maximum distance from its central body every semiperiod. This is the orbit of natural and artificial satellites around planets and of planets around the Sun；	椭圆轨道：一种闭合轨道，物体每半个周期从距离中心天体最小距离运动到最大距离。自然卫星和人造卫星围绕行星和行星围绕太阳都是这类轨道；
Parabolic orbit	An open orbit where the body passes through minimum distance from its central body and reaches infinity at zero velocity in infinite time. This is a pure abstraction，but the orbits of many comets around the Sun can be described adequately this way；	抛物线轨道：一种开放轨道。物体从距离中心天体最小距离经过无限长的时间到达无穷远处时速度为零。虽然这只是纯理论，但是一些围绕太阳的彗星轨道可以用这种轨道适当地描述；
Hyperbolic orbit	An open orbit where the body passes through minimum distance from its central body and reaches infinity at non – zero speed. This describes adequately the trajectory of spacecraft with respect to planets during flyby manoeuvres	双曲线轨道：一种开放轨道。物体从距离中心天体最小距离到达无穷远处时速度不为零。适用于描述航天器进行行星飞掠的机动轨道
Opposition	The time when a solar system object appears opposite to the Sun as seen by an observer	冲：在观察者的视线里，太阳系中的物体与太阳位于相对位置的时刻
Orbiter	A spacecraft designed to orbit a celestial body	轨道器：设计用于环绕天体的航天器
P – L	Palomar ± Leiden asteroid survey	帕洛马 – 莱顿小行星勘测

续表

简称	全称	中文
PAET	Planetary Atmosphere Experiment Test	行星大气层试验证
Parking orbit	A low Earth orbit used by deep – space probes before heading to their targets. This relaxes the constraints on launch windows and eliminates launch vehicle trajectory errors. Its contrary is direct ascent	停泊轨道:在深空探测器飞向目标前的近地轨道。这可以放宽对于发射窗口的约束条件,减少运载火箭的轨道误差。与之相对的是直接转移轨道
PAS	Plavalyuschaya Aerostatnaya Stantsiya (buoyant aerostatic station)	航空漂浮观测站
PEPP	Planetary Entry Parachute Program	行星进入降落伞项目
Periapsis	The minimum distance point from the central body of any orbit. See also apoapsis	近拱点:任何轨道距离中心天体最近的点。参见远拱点
Perigee	The minimum distance point from the Earth of a satellite. Its contrary is apogee	近地点:地球卫星轨道距离地球最近的点。与远地点相对
Perihelion	The minimum distance point from the Sun of a solar orbit. Its contrary is the aphelion	近日点:在太阳轨道上距离太阳最近的点。与远日点相对
PR	Pyrolytic Release	热解释放
PrOP	Pribori Otchenki Prokhodimosti (instrument for cross – country characteristics evaluation)	越野性能评估仪
PVM	Pioneer Venus Multiprobe	先驱者号金星多器探测器
PVO	Pioneer Venus Orbiter	先驱者号金星轨道器
'Push – broom´ camera	A digital camera consisting of a single row of pixels, with the second dimension created by the motion of the camera itself	推扫式相机:通过单行像素以及相机自身运动产生二维信息的数字相机
RAE	Radio Astronomy Explorer	射电天文探测器
Rendezvous	A low relative speed encounter between two spacecraft or celestial bodies	交会:两个探测器或者天体之间以较低的相对速度相遇
Resonance	A resonance in the solar system occurs when the rotational and orbital periods of a body are commensurate, or when they are so with another body. For example, most moons have resonant rotation and orbital periods, meaning that they complete one rotation in the same exact time it takes for them to complete one orbit. In another example, some of the gaps in Saturn´s rings correspond to particles whose orbits would be resonant with the largest satellites	共振:太阳系中共振现象的产生是指天体的自转周期和公转周期相同,或者同其他天体周期一致。例如,大多数的卫星拥有共振的自转和公转周期,意味着他们自转一圈同时以完全相同的时间也完成一圈公转。另一个例子,土星部分环缝对应着轨道同那些最大的卫星共振的颗粒
Retrorocket	A rocket whose thrust is directed opposite to the motion of a spacecraft in order to brake it	制动火箭:为了制动,推力方向与探测器运动方向相反的火箭
Rj	Jupiter radii (approximately 71 200 km)	木星半径:约 71 200 km
Rn	Neptune radii (approximately 24 750 km)	海王星半径:约 24 750 km

续表

简称	全称	中文
Rover	A mobile spacecraft to explore the surface of another celestial body	巡视器：探测其他天体表面的移动航天器
Rs	Saturn radii (approximately 60 330 km)	木星半径(约为 60 330 km)
RTG	Radioisotope Thermal Generator	放射性同位素温差电池
RTH	Radioisotope Thermal Heater	放射性同位素加热器
Ru	Uranus radii (approximately 25 600 km)	天王星半径：约 25 600 km
SERT	Space Electric Rocket Test	空间电推进火箭试验
SETI	Search for Extraterrestrial Intelligence	搜索地外文明计划
SNAP	System for Nuclear Auxiliary Power	核辅助动力系统
SNC	Shergottites ± Nakhlites ± Chassignites meteorites	辉熔长石无球粒陨石 – 透辉橄无球粒陨石 – 纯橄无球粒陨石
Solar flare	A solar chromospheric explosion creating a powerful source of high energy particles	太阳耀斑：太阳色球爆发产生的高能粒子能量源
SOREL	Solar Orbiting Relativity Experiment	太阳轨道相对论实验
Space probe	A spacecraft designed to investigate other celestial bodies from a short range	空间探测器：设计用于从近距离研究其他天体的航天器
Spectrometer	An instrument to measure the energy of radiation as a function of wavelenghts in a portion of the electromagnetic spectrum. Depending on the wavelength the instrument is called, e. g. ultraviolet, infrared, gamma – ray spectrometer etc	光谱仪：在一定的电磁谱段，测量辐射能量作为波长函数的仪器。设备依据所测量的波长命名，如紫外光谱仪、红外光谱仪、伽玛射线光谱仪等
Spin stabilization	A spacecraft stabilization system where the attitude is maintained by spinning the spacecraft around one of its main inertia axes	自旋稳定：通过使航天器围绕自身的一个惯量主轴转动，以维持姿态的航天器稳定系统
SS	Surface to Surface missile	地对地导弹
SSB	Space Science Board of the National Academy of Sciences	国家科学院空间科学委员会
STAR	Self – Testing And Repairing	自主测试与修复
STS	Space Transportation System (the Space Shuttle)	空间运输系统(航天飞机)
Synodic period	The period of time between two consecutive superior or inferior conjunctions or oppositions of a solar system body	会合周期：太阳系天体的两个连续上合或下合或冲的时间周期
Telemetry	Transmission by a spacecraft via a radio system of engineering and scientific data	测控：通过航天器的无线电系统传输工程和科学数据
3 – axis stabilization	A spacecraft stabilization system where the axes of the spacecraft are kept in a fixed attitude with respect to the stars and other references (the Sun, the Earth, a target planet etc)	三轴稳定：一种航天器稳定系统，指航天器的三个轴相对于恒星或者其他参考目标(太阳、地球、目标行星等)保持在固定的姿态

续表

简称	全称	中文
TOPS	Thermoelectric Outer Planet Spacecraft	热电推进式外行星航天器
TRW	Thompson Ramo Wooldridge Inc	汤普森－拉莫－伍尔德里奇公司（美国）
UDMH	Unsymmetrical DiMethyl Hydrazine	偏二甲肼
Ullage rockets	Small rockets, usually solid fueled, used to provide sufficient acceleration in weightlessness to force liquid propellants towards the pump intakes prior to starting a larger rocket engine	气垫增压火箭：通常采用固体燃料的小型火箭在失重条件下提供充足的加速度，以在更大的火箭发动机点火之前，将液体推进剂推向泵的进口
UMVL	Universalnyi Mars, Venera, Luna（Universal for Mars, Venus and the Moon）	火星、金星和月球通用平台
UTC	Universal Time Coordinated（essentially Greenwich Mean Time）	协调世界时（即格林威治标准时间）
V2	Vergeltungswaffe 2（vengeance weapon 2）	复仇者武器 2 号
Vernier engines	Small attitude control engines mounted in clusters and firing trough the spacecraft′s center of mass. Attitude control is obtained by simple differential throttling of the engines	微调发动机：成组安装的小型姿态控制发动机，点火时推力方向通过航天器的质心。通过发动机简单的差动调节实现姿态控制
Vidicon	A television system based on resistance changes of some substances when exposed to light. It has been replaced by the CCD	光导摄像：基于与可见光接触时化学物质电阻变化的电视系统。已经被 CCD 取代
VIM	Voyager Interstellar Mission	旅行者号星际任务
VLA	Very Large Array	甚大阵射电望远镜
VOIR	Venus Orbiting Imaging Radar	金星轨道成像雷达
VPM	Visual Polarimeter ± Mars	可见偏光计－火星

附录 1

寻找穿越太阳系之路：天体力学入门[①]

霍曼转移轨道

  在太阳系内从一个行星旅行到另一个行星最简单的方法是通过霍曼转移轨道的方式。虽然德国的沃尔特·霍曼（Walter Hohmann）被公认在 1923 年发明了霍曼转移轨道，但俄罗斯数学家弗拉基米尔·韦钦金（Vladimir Vetchinkin）在几年之前就已经发明了它。假设两个行星轨道为圆形而且共面，霍曼认为它们之间旅行的最佳方式（即最节省能量）是采用椭圆形轨道，出发时该轨道与出发行星的轨道相切，到达时与到达行星的轨道相切。因此，在飞行半个轨道后，航天器将达到它的目标。当然，这种"双切线轨道"的近似是纯理论的，一个外行星航天器通常在转移椭圆轨道的近日点稍后出发，在远日点前后到达。如果

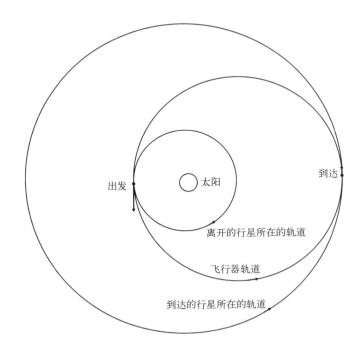

切线的霍曼转移轨道

---

① 虽然附录没有使用数学运算，但需要向量代数的基础知识。——作者注

对换远日点和近日点,这将同样适用于飞向内行星的飞行,反之亦然。实际上,当航天器环绕太阳对向角度小于180°或大于180°,都可以到达目标。如果小于180°,轨道被称为1型转移;如果超过180°,轨道就是2型转移。每种都有其优点:1型转移轨道减少飞行时间,而2型转移轨道可降低到达时的相对速度,如果想要轨道进入机动或者试图着陆,那么2型轨道是比较合适的。在任何情况下,都必须通过采用适当的发射窗口,确保目标行星和航天器同时到达目标点。

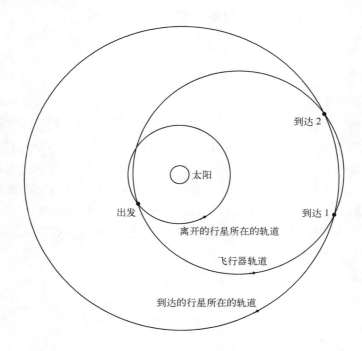

1 型转移轨道和 2 型转移轨道

对于航天器为了到达目标必须增加或减少的速度总量、飞行时间等参数,不同的目标有不同的需求,下表总结了部分需求。

从地球霍曼转移椭圆轨道

目标	椭圆 半长轴/AU	出发需要的 速度增量*/(km/s)	飞行 时间/年	到达时的相对 速度/(km/s)
水星**	0.694	-7.53	0.289	9.6
金星	0.862	-2.5	0.400	2.7
火星**	1.262	2.95	0.709	2.6
木星	3.102	8.79	2.731	5.6
土星	5.270	10.29	6.048	5.4

续表

目标	椭圆 半长轴/AU	出发需要的 速度增量 */(km/s)	飞行 时间/年	到达时的相对 速度/(km/s)
天王星	10.091	11.28	16.03	4.7
海王星	15.529	11.65	30.60	4.1
冥王星**	20.220	11.81	45.46	3.7
离开太阳系		12.34	—	—

* 负值是指与地球的轨道运动方向相反。正值表示与地球运动方向一致。

** 表中数据为平均值，因为这些行星的轨道是明显的椭圆形。

关于表中的数据，我们应该注意到：

1）无法在合理的时间内采用霍曼轨道到达土星以外的行星。

2）与直觉相反，遥远的木星和临近的水星的出发速度需求类似。

3）金星和火星的出发速度需求相似，但是飞往火星的时间几乎是飞往金星的两倍。

当然，这些数值只对双切线共面霍曼转移轨道有效；真正的轨道需要更长的飞行时间以及出发和到达时更大的速度。

引力辅助

考虑这样一种情况，一个航天器从"背后"追赶一个行星。由于行星的引力，航天器的轨道将偏转一定的角度，角度的大小取决于行星的质量、与行星间的最近距离、航天器和行星之间相对速度的平方（V_{in} 或 V_{out}）。请注意，航天器的速度大小不变，只在方向上改变。航天器相对于太阳的速度（即它的日心速度）是行星速度（V_P）和航天器相对于行星的速度（V_{in} 或 V_{out}）的矢量和。因此 V_P 与 V_{in} 和 V_{out} 求和将分别得到航天器交会前后的的日心速度。需要注意的是在交会前的速度（V_1）小于交会后的速度（V_2）。现在考虑当探测器从行星的前方而不是后方通过的时候会发生什么情况。在这种情况下，日心速度将降低；这种技术可以用来减小航天器的速度。这样的"弹弓"已被广泛应用于太阳系的探索，首先是水手 10 号使用金星借力到达水星，然后是先驱者 11 号使用木星借力到达土星，但最引人注目的是旅行者 2 号到达天王星和海王星——最后这项任务采用霍曼转移是不切实际的。

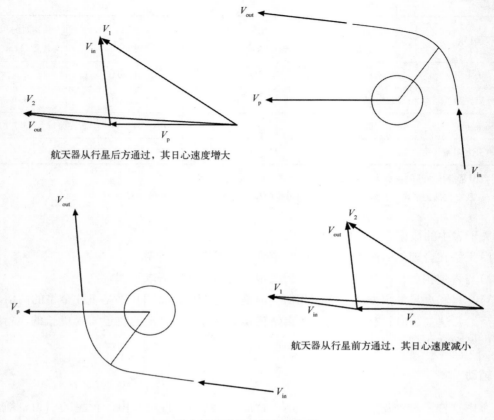

航天器从行星后方通过，其日心速度增大

航天器从行星前方通过，其日心速度减小

引力辅助弹弓是如何工作的

附录 2

苏联行星探测器型号

代号	名称	结果
科罗廖夫设计的探测器		
1M	火星飞掠/着陆器	2 次失败
1V	金星着陆器	取消
1VA	金星飞掠器	2 次失败(包括金星 1 号)
2MV－1	金星着陆器	2 次失败
2MV－2	金星飞掠器	1 次失败
2MV－3	火星着陆器	1 次失败
2MV－4	火星飞掠器	2 次失败(包括火星 1 号)
3MV－1A	试验	2 次失败
3MV－1	金星着陆器	2 次失败(包括探测器 1 号)
3MV－2	金星飞掠器	没有飞行
3MV－3	火星/金星着陆器	1 次失败(包括金星 3 号)
3MV－4	火星/金星飞掠器	探测器 3 号,外加 3 次失败(包括探测器 2 号、金星 2 号)
拉沃奇金研制探测器		
1F *	火星/福布斯轨道器	福布斯 1 号、福布斯 2 号
1M	火星飞掠/着陆器	取消
1V	金星着陆器	金星 4 号,外加 1 次失败
2M	火星轨道器	取消了进入舱,2 次失败
2V	金星着陆器	金星 5 号、金星 6 号
3MS	火星轨道器	火星 4 号、火星 5 号,外加 1 次发射失败
3MP	火星着陆器	火星 2 号、火星 3 号,火星 6 号和火星 7 号
3V	金星着陆器	金星 7 号、金星 8 号,外加 2 次失败
4M	火星着陆器/巡视器	取消
4NM	火星着陆器/巡视器	取消
4V－1	金星轨道器/着陆器	金星 9 号、金星 10 号、金星 11 号、金星 12 号
4V－1M	金星轨道器/着陆器	金星 13 号、金星 14 号
4V－2 *	金星轨道器/雷达	金星 15 号、金星 16 号
5VK *	金星－哈雷飞掠器	维加 1 号、维加 2 号
5VP *	金星气球运输器	取消
5VS *	金星轨道器	取消
5M	火星采样返回	取消
5NM	火星采样返回	取消
DZhVS	金星着陆器	取消
YuS *	木星、土星和太阳探测器	取消

* 将在后几册中介绍。

附录 3

航天器发现的行星卫星列表

初始代号	官方名称	行星	航天器
1979J1	木卫十五（Adrastea）	木星	旅行者 2 号
1979J2	木卫十四（Thebe）	木星	旅行者 1 号
1979J3	木卫十六（Metis）	木星	旅行者 1 号
1979S1	土卫十一（Epimetheus）（？）	土星	先驱者 11 号
1979S2	土卫十（Janus）	土星	先驱者 11 号
1979S3	未证实	土星	先驱者 11 号
1979S4	未证实	土星	先驱者 11 号
1979S5	未证实	土星	先驱者 11 号
1979S6	未证实	土星	先驱者 11 号
1980S26	土卫十七（Pandora）	土星	旅行者 1 号
1980S27	土卫十六（Prometheus）	土星	旅行者 1 号
1980S28	土卫十五（Atlas）	土星	旅行者 1 号
1980S33	土卫十三（Telesto）	土星	旅行者 1 号
1980S34	未证实	土星	旅行者 1 号
1981S6	未证实	土星	旅行者 2 号
1981S7	未证实	土星	旅行者 2 号
1981S8	未证实	土星	旅行者 2 号
1981S9	未证实	土星	旅行者 2 号
1981S10	未证实	土星	旅行者 2 号
1981S11	未证实	土星	旅行者 2 号
1981S12	未证实	土星	旅行者 2 号
1981S13	土卫十八（Pan）	土星	旅行者 2 号
1981S14	土卫三十三（Pallene）	土星	旅行者 2 号
1981S15	未证实	土星	旅行者 2 号
1981S16	未证实	土星	旅行者 2 号
1981S17	未证实	土星	旅行者 2 号
1981S18	未证实	土星	旅行者 2 号
1981S19	未证实	土星	旅行者 2 号
1985U1	天卫十五（Puck）	天王星	旅行者 2 号

续表

初始代号	官方名称	行星	航天器
1986U1	天卫十二(Portia)	天王星	旅行者 2 号
1986U2	天卫十一(Juliet)	天王星	旅行者 2 号
1986U3	天卫九(Cressida)	天王星	旅行者 2 号
1986U4	天卫十三(Rosalind)	天王星	旅行者 2 号
1986U5	天卫十四(Belinda)	天王星	旅行者 2 号
1986U6	天卫十(Desdemona)	天王星	旅行者 2 号
1986U7	天卫六(Cordelia)	天王星	旅行者 2 号
1986U8	天卫七(Ophelia)	天王星	旅行者 2 号
1986U9	天卫八(Bianca)	天王星	旅行者 2 号
1986U10	天卫二十五(Perdita)	天王星	旅行者 2 号
1989N1	海卫八(Proteus)	海王星	旅行者 2
1989N2	海卫七(Larissa)	海王星	旅行者 2
1989N3	海卫五(Despina)	海王星	旅行者 2
1989N4	海卫六(Galatea)	海王星	旅行者 2
1989N5	海卫四(Thalassa)	海王星	旅行者 2
1989N6	海卫三(Naiad)	海王星	旅行者 2

　　天王星的另一颗卫星，2003U1，天卫二十六(Mab)，在旅行者号的图像中出现过，但是直到哈勃空间望远镜在 2003 年发现它以后才对图像进行了检查并将它识别出来。

附录 4

太阳系探测年表 (1952—1982 年)

日期	事件
1952 年 9 月 20 日	埃里克·伯吉斯 (Evic Burgess) 和查尔斯·A·克罗斯 (Charles A. Cross) 提出他们的"火星探测器"论文
1957 年 10 月 4 日	卫星 1 号，第一颗人造卫星发射
1958 年 2 月 1 日	探险者 1 号，第一颗美国卫星发射
1959 年 1 月 2 日	月球 1 号，第一颗"人造行星"发射
1960 年 3 月 11 日	先驱者 5 号发射，第一个行星际探测器
1960 年 10 月 10 日	第一个火星探测器发射，但是由于火箭失利而失效
1961 年 5 月 19 日	金星 1 号经过金星，但是在 2 月时已经失败
1962 年 12 月 14 日	水手 2 号经过金星并传回数据
1963 年 6 月 19 日	火星 1 号经过火星，但是在 3 月时已经失败
1965 年 7 月 15 日	水手 4 号经过火星并传回数据
1966 年 3 月 1 日	金星 3 号在无控状态飞行两周以后撞击金星
1967 年 8 月 22 日	旅行者号火星着陆任务取消
1967 年 10 月 18 日 – 19 日	金星 4 号进入金星大气层，水手 5 号经过金星
1969 年 7 月 31 日	水手 6 号经过火星
1969 年 8 月 5 日	水手 7 号经过火星
1970 年 12 月 15 日	金星 7 号在金星着陆
1971 年 11 月 14 日	水手 9 号进入环绕火星轨道
1971 年 12 月 2 日	火星 3 号在火星着陆
1973 年 12 月 4 日	先驱者 10 号经过木星
1974 年 3 月 29 日	水手 10 号经过水星
1975 年 3 月 15 日	太阳神 1 号在距离太阳 0.30AU 以内经过
1975 年 10 月 22 日	金星 9 号在金星着陆并传回图像
1976 年 7 月 20 日	海盗 1 号在火星着陆
1978 年 12 月 4 日	先驱者 – 金星轨道器进入环绕金星轨道
1978 年 12 月 9 日	先驱者 – 金星多器探测器进入金星大气层
1979 年 3 月 5 日	旅行者 1 号经过木星
1979 年 7 月 9 日	旅行者 2 号经过木星
1979 年 9 月 1 日	先驱者 11 号经过土星

续表

日期	事件
1980 年 11 月 12 日	旅行者 1 号经过土星
1981 年 8 月 26 日	旅行者 2 号经过土星
1982 年 3 月 1 日	金星 13 号在金星着陆并传回彩色图像
相关里程碑	
1983 年 6 月 13 日	先驱者 10 号穿过海王星轨道
1986 年 1 月 24 日	旅行者 2 号经过天王星
1989 年 8 月 25 日	旅行者 2 号经过海王星
2004 年 12 月 16 日	旅行者 1 号到达日球层终端激波

附录 5

行星探测发射年表 1960—1981 年

发射日期	名称	主要目标	运载火箭	国家
1960 年 3 月 11 日	先驱者 5 号	太阳轨道	雷神－艾布尔 IV	美国
1960 年 10 月 10 日	（1M 1 号）	火星	8K78 闪电号	苏联
1960 年 10 月 14 日	（1M 2 号）	火星	8K78 闪电号	苏联
1961 年 2 月 4 日	（1VA 1 号）	金星	8K78 闪电号	苏联
1961 年 2 月 12 日	（金星 1）	金星	8K78 闪电号	苏联
1962 年 7 月 22 日	（水手 1 号）	金星	宇宙神－阿金纳 B	美国
1962 年 8 月 25 日	（2MV－1 1 号）	金星	8K78 闪电号	苏联
1962 年 8 月 27 日	水手 2 号	金星	宇宙神－阿金纳 B	美国
1962 年 9 月 1 日	（2MV－1 2 号）	金星	8K78 闪电号	苏联
1962 年 9 月 12 日	（2MV－2 1 号）	金星	8K78 闪电号	苏联
1962 年 10 月 24 日	（2MV－4 1 号）	火星	8K78 闪电号	苏联
1962 年 11 月 1 日	（火星 1 号）	火星	8K78 闪电号	苏联
1962 年 11 月 4 日	（2MV－3 1 号）	火星	8K78 闪电号	苏联
1964 年 2 月 19 日	（3MV－1A 4A 号）	金星	8K78 闪电号	苏联
1964 年 3 月 27 日	（3MV－1 5 号）	金星	8K78 闪电号	苏联
1964 年 4 月 2 日	（探测器 1 号）	金星	8K78 闪电号	苏联
1964 年 11 月 5 日	（水手 3 号）	火星	宇宙神－阿金纳 D	美国
1964 年 11 月 28 日	水手 4 号	火星	宇宙神－阿金纳 D	美国
1964 年 11 月 30 日	（探测器 2 号）	火星	8K78 闪电号	苏联
1965 年 7 月 18 日	探测器 3 号	月球飞掠	8K78 闪电号	苏联
1965 年 11 月 12 日	（金星 2 号）	金星	8K78M 闪电号	苏联
1965 年 11 月 16 日	（金星 3 号）	金星	8K78M 闪电号	苏联
1965 年 11 月 23 日	（3MV－4 6 号）	金星	8K78M 闪电号	苏联
1965 年 12 月 16 日	先驱者 6 号	太阳轨道	雷神－德尔它 E	美国
1966 年 8 月 17 日	先驱者 7 号	太阳轨道	雷神－德尔它 E1	美国
1967 年 6 月 12 日	金星 4 号	金星	8K78M 闪电号	苏联
1967 年 6 月 14 日	水手 5 号	金星	宇宙神－阿金纳 D	美国
1967 年 6 月 17 日	（1V 311 号）	金星	8K78M 闪电号	苏联
1967 年 12 月 13 日	先驱者 8 号	太阳轨道	雷神－德尔它 E1	美国

续表

发射日期	名称	主要目标	运载火箭	国家
1968 年 11 月 8 日	先驱者 9 号	太阳轨道	雷神 – 德尔它 E1	美国
1969 年 1 月 5 日	金星 5 号	金星	8K78M 闪电号	苏联
1969 年 1 月 10 日	金星 6 号	金星	8K78M 闪电号	苏联
1969 年 2 月 25 日	水手 6 号	火星	宇宙神 – 半人马座	美国
1969 年 3 月 27 日	(2M 521 号)	火星	8K82K 质子 – K/D	苏联
1969 年 3 月 27 日	水手 7 号	火星	宇宙神 – 半人马座	美国
1969 年 4 月 2 日	(2M 522 号)	火星	8K82K 质子 – K/D	苏联
1969 年 8 月 27 日	(先驱者 E)	太阳轨道	雷神 – 德尔塔 L	美国
1970 年 8 月 17 日	金星 7 号	金星	8K78M 闪电号	苏联
1970 年 8 月 22 日	(3V 631 号)	金星	8K78M 闪电号	苏联
1971 年 5 月 9 日	(水手 8 号)	火星	宇宙神 – 半人马座	美国
1971 年 5 月 10 日	(3MS 170 号)	火星	8K82K 质子 – K/D	苏联
1971 年 5 月 19 日	火星 2 号	火星	8K82K 质子 – K/D	苏联
1971 年 5 月 28 日	火星 3 号	火星	8K82K 质子 – K/D	苏联
1971 年 5 月 30 日	水手 9 号	火星	宇宙神 – 半人马座	美国
1972 年 3 月 3 日	先驱者 10 号	木星	宇宙神 – 半人马座	美国
1972 年 3 月 27 日	金星 8 号	金星	8K78M 闪电号	苏联
1972 年 3 月 31 日	(3V 671 号)	金星	8K78M 闪电号	苏联
1973 年 4 月 6 日	先驱者 11 号	木星	宇宙神 – 半人马座	美国
1973 年 7 月 21 日	(火星 4 号)	火星	8K82K 质子 – K/D	苏联
1973 年 7 月 25 日	火星 5 号	火星	8K82K 质子 – K/D	苏联
1973 年 8 月 5 日	(火星 6 号)	火星	8K82K 质子 – K/D	苏联
1973 年 8 月 9 日	(火星 7 号)	火星	8K82K 质子 – K/D	苏联
1973 年 11 月 3 日	水手 10 号	水星	宇宙神 – 半人马座	美国
1974 年 12 月 10 日	太阳神 1 号	太阳轨道	大力神 IIIE – 半人马座	美国/德意志联邦共和国
1975 年 6 月 8 日	金星 9 号	金星	8K82K 质子 – K/D	苏联
1975 年 6 月 14 日	金星 10 号	金星	8K82K 质子 – K/D	苏联
1975 年 8 月 20 日	海盗 1 号	火星	大力神 IIIE – 半人马座	美国
1975 年 9 月 9 日	海盗 2 号	火星	大力神 IIIE – 半人马座	美国
1976 年 1 月 15 日	太阳神 2 号	太阳轨道	大力神 IIIE – 半人马座	美国/德意志联邦共和国
1977 年 8 月 20 日	旅行者 2 号	木星	大力神 IIIE – 半人马座	美国
1977 年 9 月 5 日	旅行者 1 号	木星	大力神 IIIE – 半人马座	美国
1978 年 5 月 20 日	先驱者号金星轨道器	金星	宇宙神 – 半人马座	美国

续表

发射日期	名称	主要目标	运载火箭	国家
1978 年 8 月 8 日	先驱者号金星多器探测器	金星	宇宙神 – 半人马座	美国
1978 年 8 月 12 日	国际彗星探险者 *	贾可比尼 – 泰诺彗星(P/Giacobini – Zinner)	德尔它 2914	美国
1978 年 9 月 9 日	金星 11 号	金星	8K82K 质子 – K/D – 1	苏联
1978 年 9 月 14 日	金星 12 号	金星	8K82K 质子 – K/D – 1	苏联
1981 年 10 月 30 日	金星 13 号	金星	8K82K 质子 – K/D – 1	苏联
1981 年 11 月 4 日	金星 14 号	金星	8K82K 质子 – K/D – 1	苏联

参考文献

［Acunha – 1980］Acunha, M. H., Ness, N. F., "The Magnetic Field of Saturn: Pioneer 11 Observations", Science, 207, 1980, 444 – 446.

［Adelman – 1986］Adelman, B., "The Question of Life on Mars", Journal of the British Interplanetary Society, 39, 1986, 256 – 262.

［Agnor – 2006］Agnor, C. B., Hamilton, D. P., "Neptune's Capture of its Moon Triton in a Binary – Planet Gravitational Encounter", Nature, 441, 2006, 192 – 194.

［Ajello – 1979］Ajello, J. M., Witt, N., Blum, P. W., "Four UV Observations of the Interstellar Wind by Mariner. 10: Analysis with Spherically Symmetric Solar Radiation Models", Astronomy and Astrophysics, 73, 1979, 260 – 271.

［Anderson – 1965］Anderson, H. R., "Mariner IV Measurements near Mars: Initial Results", Science, 149, 1965, 1226 – 1228.

［Anderson – 1968a］Anderson, J. D., et al., "Determination of the Mass of Venus and Other Astronomical Constants from the Radio Tracking of Mariner V", Astronomical Journal, 73, 1968, S2.

［Anderson – 1968b］Anderson, J. D., Efron, L., Pease, G. E., "Mass, Dynamical Oblateness, and Position of Venus as Determined by Mariner V Tracking Data", Astronomical Journal, 73, 1968, S 162 – S 163.

［Anderson – 1968c］Anderson J. D., et al., "Radius of Venus as Determined by Planetary Radar and Mariner V Radio Tracking Data", The Astronomical Journal, 73, 1968, S162.

［Anderson – 1975］Anderson, J. D., et al., "Experimental Test of General Relativity using Time – Delay Data from Mariner 6 and Mariner 7", The Astrophysical Journal, 200, 1975, 221 – 233.

［Anderson – 1976］Anderson, D. L., et al., "The Viking Seismic Experiment", Science, 194, 1976, 1318 – 1321.

［Anderson – 1978］Anderson, J. L., et al., "Venus in Motion", The Astrophysical Journal Supplement Series, 36, 1978, 275 – 284.

［Anderson – 1980］Anderson, J. D., et al., "Pioneer Saturn Celestial Mechanics Experiment", Science, 207, 1980, 449 – 453.

［Anderson – 1985］Anderson, J. D., Mashhoon, B., "Pioneer 10 Search for Gravita – tional Waves – Limits on a Possible Isotropic Cosmic Background of Radiation in the MicroHertz Region", The Astrophysical Journal, 290, 1985, 445 – 448.

［Anderson – 1998］Anderson, J. D., et al., "Indication from Pioneer 10/11, Galileo and Ulysses Data for an Anomalous, Weak, Long – Range Acceleration", Arxiv gr – qc/ 9808081 preprint.

［Anderson – 2001］Anderson, J. D., et al., "Study of the Anomalous Acceleration of Pioneer 10 and 11", Arxiv gr – qc/0104064 preprint.

［Andreeva – 1976］Andreeva, L. P., et al., "Digital Processing of the Venus Surface Panoramas", Soviet Astronomy Letters, 2, 1976, 119 – 120.

[Armstrong – 1985] Armstrong, J. W. , Estabrook, F. B. , Wahlquist, H. D. , "A Search for Sinusoidal and Burst VLF Gravitational Waves Using Pioneer 10 and 11 Spacecraft Tracking Data", Bulletin of the American Astronomical Society, 17, 1985, 872.

[Armstrong – 1987] Armstrong, J. W. , Estabrook, F. B. , Wahlquist, H. D. , "A Search for Sinusoidal Gravitational Radiation in the Period Range 30 – 2000 Seconds", The Astrophysical Journal, 318, 1987, 536 – 541.

[Arvidson – 1974] Arvidson, R. E. , Mutch, T. A. , Jones, K. L. , "Craters and Associated Aeolian Features on Mariner 9 Photographs: an Automated Data Gathering and Handling System and Some Preliminary Results", Earth, Moon and Planets, 9, 1974, 105 – 114.

[Arvidson – 1978] Arvidson, R. E. , Binder, A. B. , Jones, K. L. , "The Surface of Mars", Scientific American, March 1978, 76 – 91.

[Arvidson – 1983] Arvidson, R. E. , et al. , "Three Mars Years: Viking Lander 1 Imaging Observations", Science, 222, 1983, 463 – 468.

[A&A 1964] "Astro Notes – Deep Space", Astronautics & Aeronautics, December 1964, 75.

[AWST – 1957] "USAF Launches Artificial Meteors", Aviation Week, 2 December 1957, 34.

[AWST – 1960a] "Pioneer V Deep Space Reports Parallel Earlier Radiation Data", Aviation Week, 28 March 1960, 32.

[AWST – 1960b] "Pioneer Signals May Be Received from 75 – Million mi. Distances", Aviation Week, 11 April 1960, 33.

[AWST – 1960c] "Pioneer Switched to 150 – Watt Unit", Aviation Week, 16 May 1960, 34.

[AWST – 1961] "Mars Flyby Satellite Could Drop Instrumented Capsule", Aviation Week, 26 June 1961, 101.

[AWST – 1964] "Project Beagle Mars Mission Proposed", Aviation Week & Space Technology, 13 July 1964, 48 – 54.

[AWST – 1965a] "New Mariner 4 Photos Planned", Aviation Week & Space Technology, 30 August 1965, 31.

[AWST – 1965b] "Mariner 4 Test", Aviation Week & Space Technology, 13 September 1965, 28.

[AWST – 1967a] "Venus 4 Underscores U.S. Delay", Aviation Week & Space Technology, 23 October 1967, 26.

[AWST – 1967b] "Fouled Antenna Impairs Venus 4 Mission", Aviation Week & Space Technology, 30 October 1967, 24 – 25.

[AWST – 1969a] "Redesigned Equipment Aids Soviet Missions to Venus", Aviation Week & Space Technology, 26 May 1969, 22.

[AWST – 1969b] "Soviet Admit Venus 5, 6 Problems", Aviation Week & Space Technology, 23 June 1969, 70 – 71.

[AWST – 1970] "Enhanced Photo Shows Mars' Moon", Aviation Week & Space Technology, 25 May 1970, 61.

[AWST – 1971a] "Soviets Say Venus 7 Transmitted 23 Min. Data on Planet's Surface", Aviation Week & Space Technology, 1 February 1971, 22.

[AWST – 1971b] "Soviets Impact Capsule on Mars", Aviation Week & Space Technology, 6 December 1971, 20.

[AWST – 1971c] "Soviets Land TV on Mars, Blame Failure on Wind, Dust", Aviation Week & Space Technology, 13 December 1971, 20.

［AWST － 1971d］ "Mars Lander May Have Sunk in Dust", Aviation Week & Space Technology, 20 December 1971, 23.

［AWST － 1972a］ "Soviets Glean Broad Martian Data", Aviation Week & Space Technology, 3 January 1972, 13 – 15.

［AWST － 1972b］ "Dual Antenna Used by Soviets to Transmit Venus – Earth Data", Aviation Week & Space Technology, 31 July 1972, 18.

［AWST － 1972c］ "Soviets End Mars 2, 3 Missions; TV Problem Cause Unexplained", Aviation Week & Space Technology, 4 September 1972, 21.

［AWST － 1972d］ "New Instrument Array Aided Soviet Venus 8 Mission Lander", Aviation Week & Space Technology, 18 September 1972, 23.

［AWST － 1973］ "Mars Viking Rover Feasibility Studied", Aviation Week & Space Technology, 23 July 1973, 14.

［AWST － 1975a］ "Second Viking Launched Prior to Thunderstorm", Aviation Week & Space Technology, 15 September 1975, 20.

［AWST － 1975b］ "Delays Peril Helios – 2 Mission", Aviation Week & Space Technology, 22 September 1975, 18.

［AWST － 1975c］ "Helios – 1 Second Perihelion Finds Higher Temperatures than First", Aviation Week & Space Technology, 29 September 1975, 19.

［AWST － 1979］ "Pioneer Obtains Saturn Moon Data", Aviation Week & Space Technology, 10 September 1979, 24.

［AWST － 1985］ "Voyager Spacecraft Detects Outermost Ring of Uranus as it Nears Encounter", Aviation Week & Space Technology, 25 November 1985, 25.

［AWST － 1986a］ "Voyager 2 Managers Resolve Imagery Problem Before Uranus Encounter", Aviation Week & Space Technology, 27 January 1986, 24 – 25.

［AWST － 1989a］ "Voyager 2 Images of Neptune Confirm Presence of Partial Rings Near Moon Orbit", Aviation Week & Space Technology, 21 August 1989, 21.

［AWST － 1989b］ "Voyager Spacecraft Beginning New, Interstellar Part of Mission", Aviation Week & Space Technology, 9 October 1989, 117 – 118.

［Axford － 1968］ Axford, W. l., "Observations of the Interplanetary Plasma", Space Science Review, 8, 1968, 331 – 365.

［Baker － 1975］ Baker, A. L., et al., "The Imaging Photopolarimeter Experiment on Pioneer 11", Science, 188, 1975, 468 – 472.

［Baker － 1977a］ Baker, D., "Behind the Viking Scene. 1. The Mars Orbit Insertion Anomaly", Spaceflight, February 1977, 75 – 77.

［Baker － 1977b］ Baker, D., "Behind the Viking Scene. 2. Landers 1 and 2 Site Selection", Spaceflight, March 1977, 109 – 112.

［Baker － 1977c］ Baker, D., "Behind the Viking Scene. 3. The Viking 2 Attitude Anomaly", Spaceflight, April 1977, 146 – 148.

［Baker － 1977d］ Baker, D., "Behind the Viking Scene. 4. Lander I Operations", Spaceflight, May 1977, 166 – 168.

[Baker – 1977e] Baker, D. , "Behind the Viking Scene. 5. Lander 2 Operations", Spaceflight, June 1977, 232 – 240.

[Baldwin – 1949] Baldwin, R. , "The face of the Moon", University of Chicago Press, 1949.

[Ball – 1999] Ball, A. J. , Lorenz, R. D. , "Penetrometry of Extraterrestrial Surfaces: an Historical Overview". Paper presented at the International Workshop on Penetrometry in the Solar System, Graz, 1999.

[Barath – 1964] Barath, F. T. , et al. , "Microwave Radiometers", Science, 139, 1963, 908 – 909.

[Barath – 1964] Barath, F. T. , et al. , "Mariner 2 Microwave Radiometer Experiment and Results", The Astronomical Journal, 69, 1964, 49 – 58.

[Barmin – 1983] Barmin, I. V. , Shevchenko, A. A. , "Soil – Scooping Mechanism for the Venera 13 and Venera 14 Unmanned Interplanetary Spacecraft", Cosmic Research, 21, 1983, 118 – 122.

[Barth – 1970a] Barth, C. A. , "Mariner 5 Measurements of Ultraviolet Emission from the Galaxy". In Hoziaux L. and Butler, H. E. (eds.), "Proceedings from IAU Symposium no. 36: Ultraviolet Stellar Spectra and Related Ground – Based Observations", 1970, 334 – 340.

[Barth – 1970b] Barth, C. A. , "Mariner 6 Measurements of the Lyman – Alpha Sky Background", The Astrophysical Journal, 161, LI81 – L184. According to the NASA NSSDC Internet site Mariner 6 UV scans included the area of recently discovered comet Kohoutek (known as C/1969 O1, 1969b, 1970111). However. according to Principal Investigator Charles A. Barth no such observations were made (Barth, C. A. , Personal communication with the author, 8 June 2004).

[Barth – 1971] Barth, C. A. , et al. , "Mariner 6 Ultraviolet Spectrum of Mars Upper Atmosphere". In: Sagan, C. , Owen, T. C. , Smith, H. J. , "Proceedings from IAU Symposium no. 40: Planetary Atmospheres", 1971, 253 – 256.

[Barth – 1974] Barth, C. A. , "The Atmosphere of Mars", Annual Review of Earth and Planetary Sciences, 1974, 333 – 367.

[Bartok – 1986] Bartok, C. D. , "Catching the Whispers from Uranus", Aerospace America, May 1986, 44 – 48.

[Basilevsky – 1992] Basilevsky, A. T. , "Venera 9, 10 and 13 Landing Sites as Seen by Magellan", paper presented at the XXIII Lunar and Planetary Science Conference, Houston, 1992.

[Becker – 2004] Becker, S. , "Rise of the Machines: Telerobotic Operations in the U. S. Space Program", Quest, 11 No. 4, 2004, 14 – 39.

[Beech – 1999] Beech, M. , et al. , "Satellite Impact Probabilities: Annual Showers and the 1965 and 1966 Leonid Storms", Acta Astronautica, 44, 1999, 281 – 292.

[Beish – 1993] Beish, J. , "Neptune's Spot", Sky & Telescope, April 1993, 6 – 7.

[Belcher – 1989] Belcher, J. W. , et al. , "Plasma Observations Near Neptune: Initial Results from Voyager 2", Science, 246, 1989, 1478 – 1483.

[Bertaux – 1976] Bertaux, J. L. , et al. , "Interstellar Medium in the Vicinity of the Sun: A Temperature Measurement Obtained with Mars – 7 Interplanetary Probe", Astronomy & Astrophysics, 46, 1976, 19 – 29.

[Besser – 2004] Besser, B. P. , "Austria's History in Space", Noordwijk, ESA, 2004, 31 – 33.

[Beuf – 1964] Beuf, F. G. , "Martian Entry Capsule", Astronautics & Aeronautics, December 1964, 30 – 37.

[Bille – 2004] On early satellites see: Bille, M. , Lishock, E. , "The First Space Race", Texas A&M University Press, 2004.

［Blamont – 1987a］ Blamont, J. , "Venus Devoilée" (Venus Unveiled), Paris, Editions Odile Jacob, 1987, 113 – 114 (in French).

［Blamont – 1987b］ ibid. 140 – 142.

［Blamont – 1987c］ ibid. , 211 – 212. Blamont does not reveal whether the comet was Schwassmann – Wachmann 2 (perihelion on 17 March 1981) or Schwassmann – Wachmann 3 (perihelion on 3 September 1979). The latter would seem more likely. Furthermore, the observation is attributed to Venera 13 "that had flown by Venus in December 1978".

［Blamont – 1987d］ ibid. , 105 – 107.

［Blamont – 1987e］ ibid. , 139 – 172.

［Bogard – 1983］ Bogard, D. D. , Johnson, P. , "Martian Gases in an Antarctic Meteorite?", Science, 221, 1983, 651 – 654.

［Bogovalov – 1984］ Bogovalov, S. V. , et al. , "Short – Period Pulsations in Solar Hard X – Ray Bursts Recorded by Venera 13, 14", Soviet Astronomy Letters, 10, 1984, 286 – 288.

［Bogovalov – 1985］ Bogovalov, S. V. , et al. , "Directionality of Solar Flare Hard X – Rays: Venera 13 Observations", Soviet Astronomy Letters, 11, 1985, 322 – 324.

［Bohlin – 1973］ Bohlin, R. C. , "Mariner 9 Ultraviolet Spectrometer Experiment", Astronomy & Astrophysics, 28, 1973, 323 – 326.

［Born – 1975］ Born, G. H, Duxbury, T. C. , "The Motions of Phobos and Deimos from Mariner 9 TV Data", Celestial Mechanics, 12, 1975, 77 – 88.

［Borrowman – 1983］ Borrowman, G. , "Pioneer Close Encounter", Spaceflight, February 1983, 68.

［Bosh – 1996］ Bosh, A. S. , Rivkin, A. S. , "Observations of Saturn's Inner Satellites During the May 1995 Ring – Plane Crossing", Science, 272, 1996, 518 – 521.

［Botvinova – 1973］ Botvinova, V. V. , et al. , "Photometric Data from some Photo – graphs of Mars Obtained with the Automatic Interplanetary Station 'Mars 3'". In: Proceedings of the Symposium on Exploration of the Planetary System, Iorun, Poland, September 5 – 8, 1973, 287 – 292.

［Boyce – 1993］ Boyce, Joseph M. , "A Structural Origin for the Cantaloupe Terrain of Triton", Proceedings Lunar & Planetary Sciences Conference, March 1993, 165 – 166.

［Boyer – 1961］ Boyer, C. , Camichel, H. , "Observations photographiques de la planète Venus", Annales d'Astrophysique, 24, 1961, 531 – 535.

［Brandt – 1974］ Brandt, J. C. , Maran, S. P. , "Preliminary Results on Comet Kohoutek: Interaction with the Solar Wind", In Solar wind three: Proceedings of the Third Conference, Pacific Grove, March 25 – 29, 1974, 415 – 420.

［Bridge – 1981］ Bridge, H. S. , et al. , "Plasma Observations Near Saturn: Initial Results from Voyager 1", Science, 212, 1981, 217 – 224.

［Bridge – 1986］ Bridge, H. S. , et al. , "Plasma Observations Near Uranus: Initial Results from Voyager 2", Science, 233, 1986, 89 – 93.

［Broadfoot – 1979］ Broadfoot, A. L. , et al. , "Extreme Ultraviolet Observations from Voyager 1 Encounter with Jupiter", Science, 204, 1979, 979 – 982.

［Broadfoot – 1981］ Broadfoot, A. L. , et al. , "Extreme Ultraviolet Observations from Voyager 1 Encounter with

Saturn", Science, 212, 1981, 206 – 211.

[Broadfoot – 1986] Broadfoot, A. L. , et al. , "Ultraviolet Spectrometer Observations of Uranus", Science, 233, 1986, 74 – 79.

[Broadfoot – 1989] Broadfoot, A. L. , et al. , "Ultraviolet Spectrometer Observations of Neptune and Triton", Science, 246, 1989, 1459 – 1466.

[Brooks – 2005] Brooks, M. , "13 Things that don't Make Sense", New Scientist, 19 March 2005, 30 – 37.

[Brown – 1965] Brown, H. , Taylor, J. , "Navigator Study of Electric Propulsion for Unmanned Scientific Missions – Volume 1 Mission Analysis", NASA CR – 54324, 1965.

[Brown – 1985] Brown, R. H. , Cruikshank, D. P. , "The moons of Uranus, Neptune and Pluto", Scientific American, July 1985, 38 – 47.

[Brush – 1996a] Brush, S. G. , "Fruitful Encounters: The Origin of the Solar System and of the Moon from Chamberlin to Apollo", Cambridge University Press, 1996, 168 – 169.

[Brush – 1996b] ibid. , 165 – 168.

[Bugos – 2000] Bugos, G. E. , "Atmosphere of Freedom: Sixty Years at the NASA Ames Research Center", Washington, NASA, 2000, 151 – 152.

[Bukata – 1969] Bukata, R. P. , et al. , "Neutron Monitor and Pioneer 6 and 7 Studies of the January 28, 1967 Solar Flare Event", Solar Physics, 10, 1969, 198 – 221.

[Burgess – 1953] Burgess, E. , Cross, C. A. , "The Martian Probe", Journal of the British Interplanetary Society, 12, 1953, 72 – 74.

[Burgess – 1966] Burgess, E. , "Are There Canals on Mars", Spaceflight, February 1966, 46 – 47.

[Burgess – 1982a] Burgess, E. , "By Jupiter", New York, Columbia University Press, 1982, 145 – 148.

[Burke – 1992] Burke, J. D. , "Past US Studies and Developments for Planetary Rovers". In: "Missions, Technologies et Conception des Vehicules Mobiles Planetaires", Toulouse, Cépaduès, 1993.

[Burlaga – 1968] Burlaga, L. F. , "Micro – Scale Structures in the Interplanetary Medium", Solar Physics, 4, 1968, 67 – 92.

[Burlaga – 2005] Burlaga, L. F. , et al. , "Crossing the Termination Shock into the Heliosheath: Magnetic Fields", Science, 309, 2005, 2027 – 2029.

[Burrows – 1998] Burrows, W. E. , "This New Ocean", New York, The Modern Library, 1998, 502 – 504.

[Butrica – 1996a] Butrica, A. J. , "To See the Unseen – A History of Planetary Radar Astronomy", Washington, NASA, 1996, 47.

[Butrica – 1996b] ibid. , 27 – 53.

[Butrica – 1996c] ibid. , 212 – 215.

[Butrica – 1996d] ibid. , 118 – 120.

[Butrica – 1996e] ibid. , 162 – 170.

[Butrica – 1996t] ibid. , 171 – 176.

[Butrica – 1998] Butrica, A. J. , "Voyager: The Grand Tour of Big Science". In: "From Engineering Science to Big Science: The NACA and NASA Collier Trophy Research Project Winners", Washington, NASA, 1998, 269 – 270.

[Cahill – 1963] Cahill, L. J. Jr. , "Magnetic Field Measurements in Space", Space Science Review, 1, 1963,

399 – 414.

[Caraveo – 1995] Caraveo, P., "Mille Lampi non Squarciano il Buio" (One Thousand Bursts do not Light the Dark), l'Astronomia, July 1995, 14 – 26 (in Italian).

[Carlier – 1995] Carlier, C., Gilli, M., "The First Thirty Years at CNES: the French Space Agency 1962 – 1992", CNES, Paris, 1995, 141.

[Caroubalos – 1974] Caroubalos, C., Steinberg, J. L., "Evidence of Solar Bursts Directivity at 169 MHz from Simultaneous Ground Based and Deep Space Observations (STEREO – 1 Preliminary Results)", Astronomy and Astrophysics, 32, 1974, 245 – 253.

[Carr – 1976] Carr, M. H., "The Volcanoes of Mars", Scientific American, January 1976, 32 – 43.

[Carr – 1980] Carr, M. H., et al., "Viking Orbiters View of Mars", Washington, NASA, 1980, 163 – 164.

[Cesarone – 1983] Cesarone, R. J., Sergeyevsky, A. B., Kerridge, S. J., "Prospects for the Voyager Extra – Planetary and Interstellar Mission", paper AAS 83 – 308.

[Chertok – 2007] Chertok, B., "Rockets and People: Creating a Rocket Industry", Washington, NASA, 2007, 563 – 588.

[CIA – 1969] "National Intelligence Estimate: The Soviet Space Program", CIA NIE 11 – 1 – 69, 19 June 1969.

[CIA – 1971] "National Intelligence Estimate – Soviet Space Programs", Central Intelligence Agency NIE 11 – 1 – 71, 1 July 1971, 20 – 21.

[CIA – 1973a] CIA Directorate of Science and Technology, "Soviet Space Events in 1972", FMSAC – STIR/73 – 8, May 1973, 29 – 30.

[CIA – 1973b] "National Intelligence Estimate – Soviet Space Programs", Central Intelligence Agency NIE 11 – 1 – 73, 20 December 1973, 17.

[Chapman – 1969] Chapman, C. R., Pollack, J. R., Sagan, C., "An Analysis of Mariner – 4 Cratering Statistics", The Astronomical Journal, 74, 1969, 1039 – 1051.

[Chase – 1963] Chase, S. C., Kaplan, L. D., Neugebauer, G., "Infrared Radiometer", Science, 139, 1963, 907 – 908.

[Chase – 1974] Chase, S. C., et al., "Pioneer 10 Infrared Radiometer Experiment: Preliminary Results", Science, 183, 1974, 315 – 317.

[Chassefière – 1986] Chassefière, E., et al., "Atomic Hydrogen and Helium Densities of the Interstellar Medium Measured in the Vicinity of the Sun", Astronomy and Astrophysics, 160, 1986, 229 – 242.

[Clark – 1960a] Clark, E., "Pioneer V Transmits Deep Space Data", Aviation Week, 21 March 1960, 28 – 29.

[Clark – 1960b] Clark, E., "Vega Study Shows Early NASA Problems", Aviation Week, 27 June 1960, 62 – 68.

[Clark – 1976] Clark, B. C., et al., "Inorganic Analyses of Martian Surface Samples at the Viking Landing Sites", Science, 194, 1976, 1283 – 1288.

[Clark – 1986] Clark, P. S., "The Soviet Mars Programme", Journal of the British Interplanetary Society, 39, 1986, 3 – 18.

[Cline – 1979a] Cline, T. S., et al., "Helios 2 – Vela – Ariel 5 Gamma – Ray Burst Source Position", The Astrophysical Journal, 229, 1979, L47 – L51.

[Cline – 1979b] Cline. T. S., et al., "Gamma – Ray Burst Observations from Helios 2", The Astrophysical Journal, 232, 1979, L1 – L5.

[Coffeen – 1974] Coffeen, D. L. , "Polarization Measurements of Jupiter at 103° Phase Angle", Bulletin of the A-
merican Astronomical Society, 6, 1974, 387.

[Coleman – 1962] Coleman, P. J. Jr. , et al. , "Interplanetary Magnetic Fields", Science, 138, 1962, 1099 –
1100.

[Colin – 1977a] Colin, L. , Hall, C. F. , "The Pioneer Venus Program", Space Science Reviews, 20, 1977, 283 –
306.

[Colin – 1977b] Colin, L. , Hunten, D. M. , "Pioneer Venus Experiment Descriptions", Space Science Reviews,
20, 1977, 451 – 525.

[Colin – 1979] Colin, L. , "Encounter with Venus", Science, 203, 1979, 743 – 745.

[Collins – 1971] Collins, S. A. , "The Mariner 6 and 7 Pictures of Mars", Washington, NASA, 1971.

[Conrath – 1989] Conrath, B. , et al. , "Infrared Observations of the Neptunian System", Science, 246, 1989,
1454 – 1459.

[Conrath – 1991] Conrath, B. , et al. , "The Helium Abundance of Neptune from Voyager Measurements", Jour-
nal of Geophysical Research Supplement, 96, October 1991, 18907 – 18919.

[Corliss – 1965a] Corliss, W. R. , "Space Probes and Planetary Exploration", Princeton, Van Nostrand, 1965,
246 – 247.

[Corliss – 1965b] ibid. , 387 – 389.

[Corliss – 1965c] ibid. , 389 – 392.

[Corliss – 1965d] ibid. , 392 – 394.

[Corliss – 1965e] ibid. , 250 – 251.

[Corliss – 1965f] ibid. , 485 – 502.

[Counselman – 1979] Counselman, C. C. III, et al. , "Venus Winds are Zonal and Retrograde Below the
Clouds", Science, 205, 1979, 85 – 87.

[Covault – 1976a] Covault, C. , "Rover Pushed for 1979 Mars Mission", Aviation Week & Space Technology, 11
February 1974, 56 – 59.

[Covault – 1976b] Covault, C. , "USSR Planetary Missions Awaiting Evaluation", Aviation Week & Space Tech-
nology, 28 June 1976, 60 – 62.

[Covault – 1979] Covault, C. , , Pioneer 11 to Picture Saturn This Week", Aviation Week & Space Technology,
20 August 1979, 19 – 20.

[Craig – 1985] Craig, R. A. , "The Pioneer Venus Extended Mission", Spaceflight, December 1985, 445 – 450.

[Crocco – 1956] Crocco, G. A. , "Giro Esplorativo di un anno Terra – Marte – Venere – Terra", paper presented
at the VII International Astronautical Congress, Rome, 1954. (In Italian. English translation: "One – Year
Exploration – Trip Earth – Mars – Venus – Earth").

[Cruishank – 1976] Cruishank, D. P. , Morrison, D. , "The Galilean satellites of Jupiter", Scientific American,
May 1976, 108 – 116.

[Cunningham – 1988a] The diameter of Nike is from IRAS infrared observations, reported in Cunningham, C. J. ,
"Introduction to Asteroids", Richmond, Willmann – Bell, 1988, 149. The diameter mentioned in "Pioneer
Odissey" was 24 km.

［Cutts – 1976］Cutts, J. A. , et al. , "North Polar Region of Mars: Imaging Results from Viking 2", Science, 194, 1976, 1329 – 1337.

［Cuzzi – 1987］Cuzzi, J. N. , Esposito, L. W. , "The Rings of Uranus", Scientific American, July 1987, 42 – 48.

［Danielson – 1964］Danielson, R. E. , et al. , "Mars Observations from Stratoscope II", The Astronomical Journal, 69, 1964, 344 – 352.

［Davidson – 1999a］Davidson, K. , "Carl Sagan: A Life", New York, John Wiley & Sons, 1999, 117 – 120.

［Davidson – 1999b］ibid. , 179 – 181 and Davidson, K. , Personal communication with the author, 7 December 2004.

［Davidson – 1999c］ibid. , 241 – 243.

［Davidson – 1999d］ibid. , 276 – 281.

［Davidson – 1999e］ibid. , 303 – 310.

［Davidson – 1999f］ibid. , 87.

［Dawson – 2004a］Dawson, V. P. Bowles, M. D. , "Taming Liquid Hydrogen: The Centaur Upper Stage Rocket 1958 – 2002", Washington, NASA, 2004, 120.

［Dawson – 2004b］ibid. , 123 – 125.

［Dawson – 2004c］ibid. , 125 – 131.

［Dawson – 2004d］ibid. , 131 – 133.

［Dawson – 2004e］ibid. , 147 – 151.

［Dawson – 2004t］ibid. , 151 – 154.

［Dawson – 2004g］ibid. , 145 – 147.

［Day – 2001］Day, D. A. , "Early American Ferret and Radar Satellites", Spaceflight, July 2001, 288 – 291.

［Day – 2007］Day, D. A. , personal correspondence with the author, 20 January 2007.

［DeVorkin – 1992］DeVorkin, D. H. , "Science with a Vengeance", New York, Springer, 1992, 276 – 278.

［DiGregorio – 2004］DiGregorio, B. E. , "Life on Mars? 27 Years of Questions", Sky & Telescope, February 2004, 40 – 45.

［Dixon – 1974］Dixon, W. , "The Pioneer Spacecraft as a Probe Carrier". In: Proceedings of the Outer Planet Probe Technology Workshop, May 21 – 23, 1974, NASA CR – 137543.

［Dobbins – 2002］Dobbins, T. , Sheehan, W. , "A Rare Opportunity to Glimpse Saturn's 'Lost Ring' ", Sky & Telescope, February 2002, 102 – 107.

［Dobrovolskis – 1988］Dobrovolskis, A. R. , Steimancameron, T. Y. , Borderies, N. J. , "Stability of Polar Rings Around Neptune", Bulletin of the American Astronomical Society, 20, 1988, 861.

［Dolginov – 1976］Dolginov, Sh. Sh. , "Preliminary Magnetic – Field Measurements Near Pericenter of the Venera 9 Orbit", Soviet Astronomy Letters, 2, 1976, 34 – 35.

［Dolginov – 1987］Dolginov, Sh. Sh. , "What We Have Learned about the Martian Magnetic Field", Earth, Moon and Planets, 37, 1987, 17 – 52.

［Dollfus – 1983］Dollfus, A. , Deschamps, M. , Ksanfomaliti, L. V. , "The Surface Texture of the Martian Soil from the Soviet Spacecraft Mars – 5 Photopolari – meters", Astronomy & Astrophysics, 123, 1983, 225 – 237.

[Dollfus – 1998a] Dollfus, A. , "History of Planetary Science. The Pic di Midi Planetary Observation Project：1941 – 1971", Planetary and Space Science, 46, 1998, 1037 – 1073.

[Dollfus – 1998b] Dollfus, A. , "50 Ans d'Astronomie"（Fifty Years of Astronomy）, Les Ulis, EDP Sciences, 1998, 124 – 126（in French）.

[Dollfus – 1998c] ibid. , 100.

[Dollfus – 2004] Dollfus, A. , personal correspondence with the author, 23 March 2004.

[Doty – 1975] Doty, L. , "MBB Stresses Broader Satellite Usage", Aviation Week & Space Technology, 22 September 1975, 19.

[Dunne – 1974] Dunne, J. A. , "Mariner 10 Venus Encounter", Science, 183, 1974, 1289 – 1291.

[Duxbury – 1975] Duxbury, T. C. , "Pioneer Imaging of the Galilean Satellites", Bulletin of the American Astronomical Society, 7, 1975, 379.

[Duxbury – 1978a] Duxbury, T. C. , "Phobos Transit of Mars as Viewed by the Viking Cameras", Science, 199, 1978, 1201 – 1202.

[Duxbury – 1978b] Duxbury, T. C. , Veverka, J. , "Deimos Encounter by Viking：Preliminary Imaging Results", Science, 201, 1978, 812 – 814.

[Dyal – 1990] Dyal, P. , "Pioneers 10 and 11 Deep Space Missions", NASA document TM – 102269, 1990.

[Dyer – 1980] Dyer, J. W. , "Pioneer Saturn", Science, 207, 1980, 400 – 401.

[Edelson – 1979] Edelson, R. E. , et al. , "Voyager Telecommunications：The Broadcast from Jupiter", Science, 204, 1979, 913 – 921.

[Edenhofer – 1984] Edenhofer, P. , "Plasma – Fernerkundung mit Laufzeitmessungen（Korona – Sondierung）". In：Porsche, H. （ed. ）"10 Jahre Helios – 10 Years Helios", 115 – 117（in German and English）.

[Elson – 1978a] Elson, B. M. , "Pioneer's Generation of Data Flow from Venus Begins", Aviation Week & Space Technology, 11 December 1978, 22 – 23.

[Elson – 1978b] Elson, B. M. , "Venus Data Surprise Scientists", Aviation Week & Space Technology, 18 December 1978, 8 – 9.

[Elson – 1979a] Elson, B. M. , "Scientists Begin Processing, Analyzing Venus Data", Aviation Week & Space Technology, 1 January 1979, 38 – 40.

[Elson – 1979a] Elson, B. M. , "Pioneer Takes Look at a Saturn Moon", Aviation Week & Space Technology, 3 September 1979, 18 – 19.

[Elson – 1979b] Elson, B. M. , "Pioneer's Brush with Disaster Detailed", Aviation Week & Space Technology, 17 September 1979, 20 – 21.

[Elson – 1979c] Elson, B. M. , "Pioneer Returns Extensive Saturn Data", Aviation Week & Space Technology, 10 September 1979, 22 – 24.

[Epstein – 1974] G. Epstein, "Expérience de Radioastronomie Stéréo I Embarquée sur la Sonde Soviétique Mars III"（Stereo 1 Radioastronomy Experiment mounted on the Soviet Probe Mars 3）, L'Onde Electrique, 1974, 281 – 291（in French）.

[ESA – 1979] "Thirty – First SOL meeting：Paris from 03/05 to 04/05/1979", Document ESA 4218, 25 June 1979.

[Eshelman – 1979a] Eshelman, V. R. , et al. , "Radio Science with Voyager 1 at Jupiter：Preliminary Profiles of the Atmosphere and Ionosphere", Science, 204, 1979, 976 – 978.

[Eshelman – 1979b] Eshelman, V. R., et al., "Radio Science with Voyager at Jupiter: Initial Voyager 2 Results and a Voyager 1 Measure of the Io Torus", Science, 206, 1979, 959 – 962.

[Espace Information – 1979] "Le Programme Eole" (The Eole Programme), Espace Information, No. 16, October 1979, 3 (in French).

[ESRO – 1966] Cost and other details of the GSFC Jupiter probe are taken from "Development costs of a Jupiter probe and of spacecraft in ESRO programme based on costing methods developed by the IIT Research Institute and Goddard Space Flight Centre (GSFC)", document ESRO 272, 16 June 1966.

[ESRO – 1969] Mariner costs are mentioned in the ESRO document 5141, "Mercury fly – by study by Bolkow", 21 April 1969.

[ESRO – 1970] "Helios project", ESRO document 7123, containing correspondence, memoranda etc. dated between 8 October 1970 and 6 September 1973.

[Estulin – 1981] Estulin, I. V., et al., "Three Gamma – Ray Bursts Recorded by Venera 11, Venera 12, and Prognoz 7", Soviet Astronomy Letters, 7, 1981, 12 – 14.

[Evans – 1979] Evans, W. D., et al., "Gamma – Ray Burst Observations by Pioneer Venus Orbiter", Science, 205, 119 – 121.

[Evans – 2004a] Evans, B., with Harland, D. M., "NASA's Voyager Missions: Exploring the Outer Solar System and Beyond", Chichester, Springer – Praxis, 2004, 49.

[Evans – 2004b] ibid., 40 – 49.

[Evans – 2004c] ibid., 241 – 244.

[Evans – 2004d] ibid., 58 – 61.

[Evans – 2004e] ibid., 65.

[Evans – 2004f] ibid., 236 – 240.

[Ezell – 1984a] Ezell, E. C., Ezell, L. N., "On Mars: Exploration of the Red Planet 1958 – 1978", Washington, NASA, 1984, 25 – 30.

[Ezell – 1984b] ibid., 35 – 39 and 43 – 49.

[Ezell – 1984c] ibid., 86.

[Ezell – 1984d] ibid., 31 – 50.

[Ezell – 1984e] ibid., 77 – 80.

[Ezell – 1984t] ibid., 83 – 104.

[Ezell – 1984g] ibid., 66 – 74.

[Ezell – 1984h] ibid., 104 – – 110.

[Ezell – 1984i] ibid., 110 – 119.

[Ezell – 1984j] ibid., 156 – 157.

[Ezell – 1984k] ibid., 157 – 159.

[Ezell – 19841] ibid., 159.

[Ezell – 1984m] ibid., 159 – 167.

[Ezell – 1984n] ibid., 289.

[Ezell – 19840] ibid., 288 – 297.

[Ezell – 1984p] ibid. , 121 – 153.

[Ezell – 1984q] ibid. , 155 – 201.

[Ezell – 1984r] ibid. , 396 – 397.

[Ezell – 1984s] ibid. , 203 – 242.

[Ezell – 1984t] ibid. , 243 – 276.

[Ezell – 1984u] ibid. , 277 – 317.

[Ezell – 1984v] ibid. , 374 – 380.

[Ezell – 1984w] ibid. , 400 – 414.

[Ezell – 1984x] ibid. , 410.

[Ezell – 1984y] ibid. , 412.

[Faget – 1970] Faget, M. A. , Davis, H. P. , "Space – Shuttle Applications", paper presented at the Third Conference on Planetology and Space Mission Planning, New York, October 1970.

[Fan – 1960] Fan, C. Y. , Meyer, P. , Simpson, J. A. , "Rapid Reduction of Cosmic – Radiation Intensity Measured in Interplanetary Space", Physical Review Letters, 5, 1960, 269 – 271.

[Farmer – 1976] Farmer, C. B. , Davies, D. W. , LaPorte, D. D. , "Mars: Northern Summer Ice Cap – Water Vapor Observations from Viking 2", Science, 194, 1976, 1339 – 1341.

[Farquhar – 1972] Farquhar, R. W. , Ness, N. P. , "Two Early Missions to the Comets", Astronautics & Aeronautics, October 1972, 32 – 37.

[Farquhar – 1999] Farquhar, R. W. , "The use of Earth – return trajectories for missions to comets", Acta Astronautica, 44, 1999, 607 – 623.

[Fillius – 1974] Fillius, R. W. , Mcllwain, C. E. , "Radiation Belts of Jupiter", Science, 183, 1974, 314 – 315.

[Fillius – 1975] Fillius, R. W. , "Radiation Belts of Jupiter: A Second Look", Science, 188, 1975, 465 – 467.

[Fillius – 1980] Fillius, W, Ip, W. H. , Mcllwain, C. E. , "Trapped Radiation Belts of Saturn: First Look", Science, 207, 1980, 425 – 431.

[Fimmel – 1976a] Fimmel, R. O. , Swindell, W. , Burgess, E. , "Pioneer Odyssey", Washington, NASA, 1976, 39 – 45.

[Fimmel – 1976b] ibid. , 49 – 58.

[Fimmel – 1976c] ibid. , 187 – 188.

[Fimmel – 1976d] ibid. , 67.

[Fimmel – 1976e] ibid. , 95 – 97.

[Fimmel – 1976f] ibid. , 68 – 69.

[Fimmel – 1976g] ibid. , 101 – 102.

[Fimmel – 1976h] ibid. , 102 – 103.

[Fimmel – 1976i] ibid. , 115.

[Fimmel – 1976j] ibid. , 139 – 160.

[Fimmel – 1976k] ibid. , 82 – 83.

[Fimmel – 19761] ibid. , 83.

[Fimmel – 1976m] ibid. , 88.

［Fimmel－1980a］Fimmel, R. O. , Swindell, W. , Burgess, E. , "Pioneer－First to Jupiter, Saturn, and Be-yond", Washington, NASA, 1980, 84－85.

［Fimmel－1980b］ibid. , 87－89.

［Fink－1976a］Fink, D. E. , "JPL Shapes Broad Planetary Program", Aviation Week & Space Technology, 9 August 1976, 37－43.

［Fink－1976b］Fink, D. E. , "Viking Successes Spur Rover Mission", Aviation Week & Space Technology, 27 September 1976, 40－42.

［Fisk－2005］Fisk, L. A. , "Journey into the Unknown Beyond", Science, 309, 2005, 2016－2017.

［Fjeldbo－1971］Fjeldbo, G, Kliore, A. J. , "The Neutral Atmosphere of Venus as Studied with the Mariner V Radio Occultation Experiments", The Astronomical Journal, 76, 1971, 123－140.

［Fjeldbo－1975］Fjeldbo, G. et al. , "The Pioneer 10 Radio Occultation Measurements of the Ionosphere of Jupi-ter", Astronomy & Astrophysics, 39, 1975, 91－96.

［Flandro－1966］Flandro, G. A. , "Fast Reconnaissance Missions to the Outer Solar System Utilizing Energy De-rived from the Gravitational Field of Jupiter", Astronautica Acta, 16, 1966, 329－337.

［Flight－1963］"Flight to Mars", Flight International, 3 January 1963, 26－29.

［Flight－1964a］"Cosmos 27 Up", Flight International, 9 April 1964, 587.

［Flight－1964b］"Soviet Probe Heading for Venus?", Flight International, 9 April 1964, 587.

［Flight－1965a］"Jodrell Bank Tracks Zond 2", Flight International, 25 February 1965, 303.

［Flight－1965b］Flight International, 20 May 1965, 808.

［Flight－1972］"Pioneer 7 Revived", Flight International, 28 September 1972, 437.

［Flight－1974a］"Mars Probe Misses Target", Flight International, 28 February 1974, 271.

［Flight－1974b］"Mars 5 and 6 Flight Analysed", Flight International, 4 April 1974, 439－440.

［Flight－1987］Flight International, 28 March 1987, 135.

［Flight－1990］"Pioneer 11 Leaves Solar System", Flight International, 7 March 1990, 13.

［Flight－1997］"NASA Plans to Retire Pioneer 10 Shortly", Flight International, 22 March 1997, 25.

［Florenskii－1982］Florenskii, K. P. , et al. , "Analysis of the Panoramas of the Venera 13 and Venera 14 Land-ing Sites", Soviet Astronomy Letters, 8, 1982, 233－234.

［Florensky－1977］Florensky, C. P. , et al. , "First Panoramas of the Venusian Surface". In: Proceedings of the VIII Lunar Science Conference, 1977, 2655－2664.

［Florensky－1983］Florensky, C. P. , et al. , "Redox Indicator 'Contrast' on the Surface of Venus", paper pres-ented at the XIV Lunar and Planetary Science Conference, Houston, 1983.

［Forney－1963］Forney, R. G. , "Mariner ? ∂－Attitude Control System", paper presented at the XIV Interna-tional Astronautical Congress, Paris, 1963.

［Forney－1997］Forney, F. B. , Kirkland, L. E. , "Calibration of Mariner Mars 6/7 Infrared Spectrometers", pa-per presented at the XXVII Lunar and Planetary Science Conference, Houston, 1997.

［Foukal－1977］Foukal, P. V. , Mack, P. E. , Vernazza, J. E. , "The Effects of Sunspots and Faculae on the So-lar Constant", Astrophysical Journal, 234, 1977, 952－959.

［Fountain－1974］Fountain, J. W. , et al. , "Jupiter's Clouds: Equatorial Plumes and Other Cloud Forms in the Pioneer 10 Images", Science, 184, 1974, 1279－1281.

[Fountain – 1978] Fountain, J. W. , "Cloud Motion on Jupiter from Pioneer 10 Imagery", Bulletin of the American Astronomical Society, 10, 1978, 564.

[Frank – 1963] Frank, L. A. , Van Allen, J. A. , Hills, H. K. , "Charged Particles", Science, 139, 1963, 905 – 907.

[Gangopadhyay – 1989] Gangopadhyay, P. Ogawa, H. S. , Judge, D. , "Evidence of a Nearby Solar Wind Shock as Obtained from Distant Pioneer 10 Ultraviolet Glow Data", The Astrophysical Journal, 336, 1989, 1012 – 1021.

[Garvin – 1981] Garvin, J. B. , "Dust Cloud Observed in Venera 10 Panorama of Venusian Surface: Inferred Surface Processes", paper presented at the XII Lunar and Planetary Science Conference, Houston, 1981.

[Garvin – 1984a] Garvin, J. B. , Head, J. W. , Zuber, M. T. , "Venus: the Nature of the Surface from Venera Panoramas", paper presented at the XV Lunar and Planetary Science Conference, Houston, 1984.

[Gatland – 1964] Gatland, K. W. , "Spacecraft and Boosters", Los Angeles, Aero Publishers, 1964, 9 – 18.

[Gatland – 1972a] Gatland, K. W. , "Robot Explorers", London, Blanford Press, 1972, 189 – 192.

[Gatland – 1972b] ibid. , 169 – 170.

[Gatland – 1972c] ibid. , 170 – 176.

[Gatland – 1972d] ibid. , 178 – 181.

[Gatland – 1972e] ibid. , 182 – 183.

[Gatland – 1972f] ibid. , 183 – 184.

[Gatland – 1972g] ibid. , 210 – 220.

[Gatland – 1972h] ibid. , 202 – 209.

[Gatland – 1972i] ibid. , 232 – 239.

[Gatland – 1972j] ibid. , 228 – 229.

[Gatley – 1974] Gatley, I. , et al. , "Infrared Observations of Phobos from Mariner 9", The Astrophysical Journal, 190, 1974, 497 – 503.

[Gazis – 1995] Gazis, P. R. , Barnes, A. , Mihalov, J. D. , "Pioneer and Voyager Observations of Large – Scale Spatial and Temporal Variations in the Solar Wind", Space Science Reviews, 72, 1995, 117 – 120.

[Gehrels – 1974] Gehrels, T. , "The Imaging Photopolarimeter Experiment on Pioneer 10", Science, 183, 1974, 318 – 320.

[Gehrels – 1980] Gehrels, T. , "Imaging Photopolarimeter on Pioneer Saturn", Science, 207, 1980, 434 – 439.

[Gel'man – 1979] Gel'man, B. G. , et al. , "Venera 12 Analysis of Venus Atmospheric Composition by Gas Chromatography", Soviet Astronomy Letters, 5, 1979, 116 – 118.

[Giorgini – 2005] Giorgini, J. , personal correspondence with the author, 24 January 2005.

[Giragosian – 1966] Giragosian, P. A. , Parker, M. S. , "Systems Considerations for a Planetary Entry Probe", paper presented at the XVII International Astronautical Congress, Madrid, 1966.

[Goddard – 1920] Goddard, R. H. , "Report Concerning Further Developments", March 1920.

[Goldstein – 1969] Goldstein, R. M. , "Superior Conjunction of Pioneer 6", Science, 166, 1969, 598 – 601.

[Gore – 1986] Gore, R. , "Uranus: Voyager Visits a Dark Planet", National Geographics, August 1986, 178 – 195.

[Grahn – 2000] Grahn, S. , "Jodrell Bank's Role in Early Space Tracking Activities", S. Grahn internet website.

［Grav – 2003］Grav, T., Holman, M. J., Kavelaars, J. J., "The Short Rotation Period of Nereid", Arxiv astro – ph/0306001 preprint.

［Gray – 1982］Gray, D. L., Cesarone, R. J., Van Allen, R. E., "Voyager 2 Uranus and Neptune Targeting", paper AIAA – 82 – 1476.

［Greenstadt – 1963］Greenstadt, E. W., "Effect of Solar Activity Regions on the Interplanetary Magnetic Field", Astrophysical Journal, 137, 1963, 999 – 1002.

［Greenstadt – 1966］Greenstadt, E. W., "Final Estimate of the Interplanetary Magnetic Field at 1 A. U. from Measurements made by Pioneer V in March and April, 1960", Astrophysical Journal, 145, 1966, 270 – 295.

［Gregory – 1973a］Gregory, W. H., "Planetary Mission Competition Stiffens", Aviation Week & Space Technology, 23 July 1973, 12 – 13.

［Gregory – 1973b］Gregory, W. H., "Comet Exploration Mission Face Complex Hurdles", Aviation Week & Space Technology, 20 August 1973, 76 – 79.

［Gregory – 1973c］Gregory, W. H., "Comet Mission Aims at Nuclei Studies", Aviation Week & Space Technology, 3 September 1973, 42 – 45.

［Gringauz – 1976］Gringauz, K. I., et al., "Preliminary Measurements of the Plasma near Venus with the Venera 9 Satellite", Soviet Astronomy Letters, 2, 1976, 32 – 34.

［Gross – 1966］Gross, F. R., "Buoyant Probes into the Venus Atmosphere", Journal of Spacecraft, 3, 1966, 582 – 587.

［Grünin – 1984］Grünin, E., Rechtig, H., Kissel, J., "Das Mikrometeoritenexperiment auf Helios". In: Porsche, H. (ed.) "10 Jahre Helios – 10 Years Helios", 58 – 63 (in German and English).

［Gurnett – 1984］Gurnett, D. A., Anderson, R. R., "Plasma Waves in the Solar Wind: 10 Years of HELIOS Observations". In: Porsche, H. (ed.) "10 Jahre Helios – 10 Years Helios", 100 – 105 (in German and English).

［Gurnett – 1986］Gurnett, D. A., et al., "First Plasma Wave Observations at Uranus", Science, 233, 1986, 106 – 109.

［Gurnett – 1989］Gurnett, D. A., et al., "First Plasma Wave Observations at Neptune", Science, 246, 1989, 1494 – 1498.

［Gurnett – 1993］Gurnett, D. A., et al., "Radio Emission from the Heliopause Triggered by an Interplanetary Shock", Science, 262, 1993, 199 – 203.

［Hack – 1993］Hack, F., et al., "Precise Localization of Gamma – Ray Bursts from the 2nd Interplanetary Network", paper presented at the 182nd meeting of the American Astronomical Society, 1993.

［Hajos – 2005］Hajos, G. A., et al., "An Overview of Wind – Driven Rovers for Planetary Exploration", Paper AIAA 2005 – 0244.

［Hale – 1970］Hale, D. P., "Grand Tour Missions to the Outer Solar System with Saturn (Intermediate 20)", paper presented at the Third Conference on Planetology and Space Mission Planning, New York, October 1970.

［Hammel – 1989a］Hammel, H. B., "Neptune Cloud Structure at Visible Wave – lengths", Science, 244, 1989, 1165 – 1167.

［Hammel – 1989b］Hammel, H. B., et al., "Neptune's Wind Speeds Obtained by Tracking Clouds in Voyager

Images", Science, 245, 1989, 1367 – 1369.

[Hanel – 1979a] Hanel, R., et al., "Infrared Observations of the Jovian System from Voyager 1", Science, 204, 1979, 972 – 976.

[Hanel – 1979b] Hanel, R., et al., "Infrared Observations of the Jovian System from Voyager 2", Science, 206, 1979, 952 – 956.

[Hanel – 1981] Hanel, R., et al., "Infrared Observations of the Saturnian System from Voyager 1", Science, 212, 1981, 192 – 200.

[Hanel – 1982] Hanel, R., et al., "Infrared Observations of the Saturnian System from Voyager 2", Science, 215, 1982, 544 – 548.

[Hanel – 1986] Hanel, R., et al., "Infrared Observations of the Uranian System", Science, 233, 1986, 70 – 74.

[Hanner – 1978] Hanner, M., Leinert, C., Pitz, W., "UBV Surface Brighness Photometry of the Milky Way in Scorpius from the Space Probe Helios 1", Astronomy and Astrophysics, 65, 1978, 245 – 249.

[Hargraves – 1976] Hargraves, R. H., et al., "Viking Magnetic Properties Investiga – tion: Further Results", Science, 194, 1976, 1303 – 1309.

[Harford – 1997] Harford, J., "Korolev: How one Man Masterminded the Soviet Drive to Beat America to the Moon", New York, John Wiley & Sons, 1997, 151 – 152.

[Harrington – 1965] Harrington, J. V., "Study of a Small Solar Probe (Sunblazer), Part I: Radio Propagation Experiment", NASA PR – 5255 – 5, 1 July 1965.

[Hartle – 1983] Hartle, R. E. and Taylor H. A., "Identification of Deuterium Ions in the Ionosphere of Venus", Geophysical Research Letters, 10, October 1983, 965 – 968.

[Hartline – 1980] Hartline, B. K., "Voyager Beguiled by Jovian Carrousel", Science, 208, 1980, 384 – 386.

[Hartmann – 1974] Hartmann, W. K., Raper, O., "The New Mars: the Discoveries of Mariner 9", Washington, NASA, 1974.

[Harvey – 2006a] Harvey, B., "The Mars 6 Landing, 12th March 1974", Accepted for publication in the JBIS.

[Harvey – 2006b] Harvey, B., "Mikhail Tikhonravov (1900 – 1974): His Contribution to the Soviet Lunar and Interplanetary Programme", Journal of the British Interplanetary Society, 59, 2006, 266 – 272.

[Harvey – 2007a] Harvey, B., "Russian Planetary Exploration: History, Development, Legacy and Prospects", Chichester, Springer – Praxis, 2007, 94.

[Harvey – 2007b] ibid., 130.

[Helton – 1975] Helton, M. R., "Encounter Strategies Available for the First Mission to Saturn", Paper AIAA 75 – 1139.

[Herr – 1970] Herr, K. C., et al., "Martian Topography from the Mariner 6 and 7 Infrared Spectra", The Astronomical Journal, 75, 1970, 883 – 894.

[Herriman – 1966] Herriman, A. G., "Mariner IV Television – Spacecraft Photography in Planetary Astronomy", paper presented at the XVII International Astro – nautical Congress, Madrid, 1966.

[Hess – 1976a] Hess, S. L., et al., "Mars Climatology from Viking 1 after 20 Sols", Science, 194, 1976, 78 – 81.

[Hess – 1976b] Hess, N. L., et al., "Early Meteorological Results from the Viking 2 Lander", Science, 194,

1976, 1352 – 1353.

[Hick – 1991] Hick, P., Jackson, B. V., Schwenn, R., "Synoptic Maps for the Heliospheric Thomson Scattering Brightness as Observed by the Helios Photometers", Astronomy and Astrophysics, 244, 1991, 242 – 250.

[Hill – 1962] Hill, G., "Venus Probe is Believed Succeeding", the New York Times, 28 August 1962, 1.

[Hilton – 1985] Hilton, D., et al., "Construction of the 'Mars Ball' Prototype Exploration Vehicle", Bulletin of the American Astronomical Society, 17, 1985, 697.

[Hoffman – 1979] Hoffman, J. H., et al., "Venus Lower Atmospheric Composition: Preliminary Results from Pioneer Venus", Science, 203, 23 February 1979, 800 – 802.

[Holberg – 1980a] Holberg, J. B., et al., "Extreme – UV and Far – UV Observations of the White Dwarf HZ 42 from Voyager 2", The Astrophysical Journal, 242, 1980, L119 – L123.

[Holberg – 1980b] Holberg, J. B., Forrester, W. T., Broadfoot, A. L., "Voyager 2 Ultraviolet Spectrometer Observations of Extreme Ultraviolet Emission from the White Dwarf G 191 B2B", Bulletin of the American Astronomical Society, 12, 1980, 872.

[Holberg – 1982] Holberg, J. B., et al., "Voyager Absolute Far – Ultraviolet Spectro – photometry of Hot Stars", The Astrophysical Journal, 257, 1982, 656 – 671.

[Hollweg – 1968] Hollweg, J. V., "A Statistical Ray Analysis of the Scattering of Radio Waves by the Solar Corona", The Astronomical Journal, 73, 1968, 972 – 982.

[Hollweg – 2004] Hollweg, J. V., Personal communication with the author, 5 August 2004.

[Hord – 1979] Hord, C. W., et al., "Photometric Observations of Jupiter at 2400 Angstroms", Science, 206, 1979, 956 – 959.

[Horowitz – 1976] Horowitz, N. H., Hobby, G. L., Hubbard, J. S., "The Viking Carbon Assimilation Experiment: Interim Report", Science, 194, 1976, 1321 – 1322.

[Horowitz – 1977] Horowitz, N. H., "The Search for Life on Mars", Scientific American, November 1977, 52 – 61.

[Houtkooper – 2006] Houtkooper, J. M., Schulze – Makuch, D., "A Possible Biogenic Origin for Hydrogen Peroxide on Mars: The Viking Results Reinterpreted", Arxiv physics/0610093 preprint.

[Howard – 1974] Howard, H. T., et al., "Venus: Mass, Gravity Field, Atmosphere, and Ionosphere as Measured by the Mariner 10 Dual – Frequency Radio System", Science, 183, 1974, 1297 – 1301.

[Hufbauer – 1991a] Hufbauer, K., "Exploring the Sun: Solar Science since Galileo", The Johns Hopkins University Press, Baltimore, 1991, 222 – 225.

[Hufbauer – 1991 b] ibid., 232 – 236.

[Hufbauer – 199 lc] ibid., 236 – 239.

[Hughes – 1974] Hughes Aircraft Company, "Pioneer Mars Surface Penetrator Mission: Mission Analysis and Orbiter Design", NASA CR – 137568, August 1974.

[Hughes – 1977] Hughes, D. W., "The Direct Investigation of Comets by Space Probes", Journal of the British Interplanetary Society, 30, 1977, 2 – 14.

[Hughes – 1978] Hughes Aircraft Company, "Pioneer Venus Case Study in Spacecraft Design", New York, AIAA, 1978.

[Humes – 1975] Humes, D. H., et al., "Pioneer 11 Meteoroid Detection Experiment: Preliminary Results",

Science, 188, 1975, 473 – 474.

[Humes – 1980] Humes, D. H. , et al. , "Impact of Saturn Ring Particles on Pioneer 11", Science, 207, 1980, 443 – 444.

[Hunter – 1967] Hunter, G. S. , "Venus Atmosphere Found Refractive", Aviation Week & Space Technology, 30 October 1967, 22 – 23.

[Huntress – 2002] Huntress, W. T. Jr. , Moroz, V. I. , Shevalev, I. L. , "Lunar and Planetary Robotic Exploration Missions in the 20th Century", Space Science Reviews, 107, 2003, 541 – 649.

[Hutchings – 1983] Hutchings, E. Jr. "The Autonomous Vikings", Science, 219, 1983, 803 – 808.

[Hyde – 1974] Hyde, J. , "The Marriner [sic] Spacecraft as a Probe Carrier". In: Proceedings of the Outer Planet Probe Technology Workshop, May 21 – 23, 1974, NASA CR – 137543.

[IAUC – 3356] "International Astronomical Union Circular No. 3356", 11 May 1979. Other than by Venera 11 and 12 and Prognoz 7, the 5 March 1979 gamma – ray burst was detected by the Pioneer Venus Orbiter, ISEE – 3, Helios 2 and by the US military satellites Vela SA, 5B and 6A.

[IAUC – 3483] "International Astronomical Union Circular No. 3483", 6 June 1980.

[IAUC – 3507] "International Astronomical Union Circular No. 3507", 26 August 1980.

[IAUC – 3608] "International Astronomical Union Circular No. 3608", 29 May 1981.

[IAUC – 3651] "International Astronomical Union Circular No. 3651", 17 December 1981.

[IAUC – 3656] "International Astronomical Union Circular No. 3656", 8 January 1982.

[IAUC – 3660] "International Astronomical Union Circular No. 3660", 27 January 1982.

[IAUC – 4806] "International Astronomical Union Circular No. 4806", 7 July 1989.

[IAUC – 4824] "International Astronomical Union Circular No. 4824", 2 August 1989.

[IAUC – 4830] "International Astronomical Union Circular No. 4830", 11 August 1989.

[IAUC – 5052] "International Astronomical Union Circular No. 5052", 16 July 1990.

[IAUC – 6162] "International Astronomical Union Circular No. 6162", 14 April 1995.

[IAUC – 7171] "International Astronomical Union Circular No. 7171", 18 May 1999.

[Ingersoll – 1971] Ingersoll, A. P. , Leovy, C. B. , "The Atmosphere of Mars and Venus", Annual Review of Astronomy and Astrophysics, 9, 1971, 147 – 182.

[Ingersoll – 1975] Ingersoll, A. P. , et al. , "Pioneer 11 Infrared Radiometer Experiment: The Global Heat Balance of Jupiter", Science, 188, 1975, 472 – 473.

[Ingersoll – 1976a] Ingersoll, A. P. , "The Atmosphere of Jupiter", Solar System Reviews, 18, 1976, 603 – 639.

[Ingersoll – 1976b] Ingersoll, A. P. , "The Meteorology of Jupiter", Scientific Amer – ican, March 1976, 46 – 56.

[Ingersoll – 1980] Ingersoll, A. P. , "Pioneer Saturn Infrared Radiometer: Preliminary Results", Science, 207, 1980, 439 – 443.

[Ingersoll – 1981] Ingersoll, A. P. , "Jupiter and Saturn", Scientific American, December 1981, 90 – 111.

[Ingersoll – 1987] Ingersoll, A. P. , "Uranus", Scientific American, January 1987, 38 – 45.

[Ip – 1980] Ip, W. – H. , "New Progress in the Physical Studies of the Planetary Rings", Space Science Reviews, 26, 1980, 97 – 109.

［Israel – 1974］Israel, G., et al., "Testing Gravitation Theories by Means of Heliocentric Probe". In: "Proceedings of the International School of Physics, Enrico Fermi, Course LVI", New York, Academic Press, 1974.

［Istomin – 1979］Istomin, V. G., Grechev, K. V., Kochnev, V. A., "Venera 11 and 12 Mass Spectrometry of the Lower Venus Atmosphere", Soviet Astronomy Letters, 5, 1979, 113 – 115.

［Istomin – 1982］Istomin, V. G., Grechnev, K. V., Kochnev, V. A., "Mass Spectrometry on the Venera 13 and Venera 14 Landers: Preliminary Results", Soviet Astronomy Letters, 8, 1982, 211 – 215.

［Ivanov – 1992］Ivanov, M. A., "Venera 13 and 14 Landing Sites: Geology from Magellan Data", paper presented at the XXIII Lunar and Planetary Science Conference, Houston, 1992.

［Jackson – 1990］Jackson, B. V., Benensohn, R. M., "The Helios Spacecraft Zodiacal Light Photometers Used for Comet Observations and Views of the Comet West Bow Shock", Earth Moon and Planets, 48, 1990, 139 – 163.

［Jastrow – 1968］Jastrow, R., "The Planet Venus: Information Received from Mariner V and Venera 4 is Compared", Science, 160, 1968, 1403 – 1410.

［Jewitt – 1979］Jewitt, D. C., Danielson, G. E., Synnott, S. P., "Discovery of a New Jupiter Satellite", Science, 206, 1979, 951.

［Jewitt – 2006］Jewitt, D., Sheppard, S. S., Kleyna, J., "The Strangest Satellites in the Solar System", Scientific American, August 2006, 23 – 29.

［Johnson – 1982］Johnson, T. V., Soderblom, L. A., "The Moons of Saturn", Scientific American, January 1982, 100 – 117.

［Johnson – 1983］Johnson, T. V., Soderblom, L. A., "Io", Scientific American, December 1983, 56 – 67.

［Johnson – 1987］Johnson, T. V., Brown, R. H., Soderblom, L. A., "The Moons of Uranus", Scientific American, April 1987, 48 – 60.

［Jokipii – 1995］Jokipii, J. R., McDonald, F. B., "Quest for the Limits of the Heliosphere", Scientific American, April 1995, 59 – 63.

［JPL – 1975a］"Mariner Venus – Mercury 1973 Project Final Report: Volume II Extended Mission – Mercury II and III Encounters", Pasadena, JPL Technical Memorandum 33 – 734, 1 December 1975, 9.

［JPL – 1975b］ibid., 9 – 21.

［JPL – 1976a］"Mariner Venus – Mercury 1973 Project Final Report: Volume I Venus and Mercury I Encounters", Pasadena, JPL Technical Memorandum 33 – 734, 15 September 1976, 5.

［JPL – 1976b］ibid., 23.

［Judge – 1974］Judge, D. L., Carlson, R. W., "Pioneer 10 Observations of the Ultraviolet Glow in the Vicinity of Jupiter", Science, 183, 1974, 317 – 318.

［Judge – 1980］Judge, D. L., Wu, F. – M., "Ultraviolet Photometer Observations of the Saturnian System", Science, 207, 1980, 431 – 434.

［Kaiser – 1980］Kaiser, M. L., et al., "Voyager Detection of Nonthermal Radio Emission from Saturn", Science, 209, 1980, 1238 – 1240.

［Kayser – 1984a］Kayser, S. E., Barnes, A., Mihalov, J. D., "The Far Reaches of the Solar Wind: Pioneer 10 and Pioneer 11 Plasma Results", The Astrophysical Journal, 285, 1984, 339 – 346.

［Kayser – 1984b］Kayser, S., Stone, R., "The HELIOS Radio Astronomy Experiment". In: Porsche, H.

(ed.) "10 Jahre Helios – 10 Years Helios", 111 – 114 (in German and English).

[Keating – 1979] Keating, G. M. , Tolson, R. H. , Hinson, E. W. , "Venus Thermosphere and Exosphere: First Satellite Drag Measurements of an Extraterrestrial Atmo – sphere", Science, 203, 1979, 772 – 774.

[Keenan – 1975] Keenan, D. W. , "The Galactic Orbit of Pioneer 10", Bulletin of the American Astronomical Society, 7, 1975, 466.

[Kehr – 1984] Kehr, J. , Hiendlmeier, G. , "HELIOS – Bodenbetrieb". In: Porsche, H. (ed.) "10 Jahre Helios – 10 Years Helios", 183 – 188 (in German and English).

[Kellogg – 1984] Kellogg, P. J. , "Evidence Concerning the Generation Mechanism of Solar Type III Radio Bursts". In: Porsche, H. (ed.) "10 Jahre Helios – 10 Years Helios", 106 – 110.

[Kelly Beatty – 1994] Kelly Beatty, J. , Levy, D. H. , "Awaiting the Crash", Sky & Telescope, January 1994, 40 – 44.

[Kelly Beatty – 1995] Kelly Beatty, J. , "Hubble's Worlds", Sky & Telescope, February 1995, 20 – 25.

[Kelly Beatty – 1996] Kelly Beatty, J. , "Rings of Revelation", Sky & Telescope, August 1996, 30 – 33.

[Kelly Beatty – 2001] Kelly Beatty, J. , "Fade to Black", Air & Space, June – July 2001, 48 – 53.

[Kemurdjian – 1990] Kemurdjian, A. L. , "From the Moon Rover to the Mars Rover", Planetary Report, July/ August 1990, 4 – 11.

[Kemurdjian – 1992] Kemurdjian, A. L. , et al. , "Soviet Developments of Planet Rovers in Period of 1964 – 1990". In: "Missions, Technologies et Conception des Vehicules Mobiles Planetaires", Toulouse, Cépaduès, 1993.

[Kennel – 1977] Kennel, C. F. , Coroniti, F. V. , "Jupiter's Magnetosphere", Annual Review of Astronomy and Astrophysics, 15, 1977, 389 – 436.

[Kerr – 2005] Kerr, R. A. , "Voyager 1 Crosses a New Frontier and May Save Itself from Termination", Science, 308, 2005, 1237 – 1238.

[Kerzhanovich – 1980] Kerzhanovich, V. V. , et al. , "Venera 11 and Venera 12: Preliminary Evaluations of Wind Velocity and Turbulence in the Atmosphere of Venus", The Moon and the Planets, 23, 1980, 261 – 270.

[Kerzhanovich – 1982] Kerzhanovich, V. V. , et al. , "Wind Velocities Estimated from Venera 13 and Venera 14 Doppler Measurements: Initial Results", Soviet Astronomy Letters, 8, 1982, 225 – 227.

[Kerzhanovich – 2003] Kerzhanovich, V. , Pichkhadze, K. , "Soviet Venera and Mars: First Entry Probe Trajectory Reconstruction and Science", paper presented at the International Workshop on Planetary Probe Atmospheric Entry and Descent Trajectory Analysis and Science, Lisbon, 6 – 9 October 2003.

[Kinard – 1974] Kinard, W. H. , et al. , "Interplanetary and Near – Jupiter Meteoroid Environment: Preliminary Results from the Meteoroid Detection Experiment", Science, 183, No. 4122, 25 January 1974, 321 – 322.

[Kinoshita – 1989] Kinoshita, J. , "Neptune", Scientific American, November 1989, 82 – 85.

[Kirkland – 1998] Kirkland, L. E. , Forney, P. B. , Herr, K. C. , "Mariner Mars 6/7 Infrared Spectra: new Calibrations and a Search for Water Ice Clouds", paper presented at the XXIX Lunar and Planetary Science Conference, Houston, 1998.

[Klavetter – 1989a] Klavetter, J. J. , "Rotation of Hyperion. I – Observations", Astronomical Journal, 97, 1989, 570 – 579.

［Klavetter - 1989b］Klavetter, J. J. , "Rotation of Hyperion. II - Dynamics", Astronomical Journal, 98, 1989, 1855 - 1874.

［Klein - 1976］Klein, H. P. , et al. , "The Viking Biological Investigation: Preliminary Results", Science, 194, 1976, 99 - 105.

［Kliore - 1965］Kliore, A. , et al. , "Occultation Experiment: Results of the First Direct Measurement of Mars's ［sic］Atmosphere and Ionosphere", Science, 149, 1965, 1243 - 1248.

［Kliore - 1968］Kliore, A. J. , et al. , "Atmosphere of Venus as Observed by the Mariner V S - Band Radio Occultation Experiment", Astronomical Journal, 73, 1968, S21.

［Kliore - 1973］Kliore, A. , "Radio Occultation Exploration of Mars". In: Proceedings of the Symposium on Exploration of the Planetary System, Torun, Poland, September 5 - 8, 1973, 295 - 316.

［Kliore - 1974a］Kliore, A. , et al. , "Preliminary Results on the Atmospheres of Io and Jupiter from the Pioneer 10 S - Band Occultation Experiment", Science, 183, 1974, 323 - 324.

［Kliore - 1974b］Kliore, A. J. , et al. , "The Atmospheres of Io and Jupiter from the Pioneer 10 S - Band Radio Occultation Experiment", Bulletin of the American Astronomical Society, 6, 1974, 388.

［Kliore - 1975］Kliore, A. , et al. , "Atmosphere of Jupiter from the Pioneer 11 S - Band Occultation Experiment: Preliminary Results", Science, 188, 1975, 474 - 476.

［Kliore - 1980］Kliore, A. J. , et al. , "Vertical Structure of the Ionosphere and Upper Neutral Atmosphere of Saturn from the Pioneer Radio Occultation", Science, 207, 1980, 446 - 449.

［Knap - 1977］Knap, P. , "Mars, Zond", Letectví + Kosmonautika, 53, 1977, 791 - 792 (in Czech).

［Knollenberg - 1979］Knollenberg, R. G. , Hunten, D. M. , "Clouds of Venus: Particle Size Distribution Measurements", Science, 203, 23 February 1979, 792 - 795.

［Kohlhase - 1986］Kohlhase, C. E. , Frampton, R. V. , Gerschultz, J. W: , "Towards Neptune", Spaceflight, January 1986, 10 - 15.

［Kolcum - 1963］Kolcum, E. H. , "Mariner Reveals' 800F Venus Temperature", Aviation Week & Space Technology, 4 March 1963, 30 - 31.

［Kolosov - 1985］Kolosov, M. A. , Savich, N. A. , Yakovlev, O. I. , "Spacecraft Radio - physical Ivestigations of the Sun and Planets". In Kotelnikov, V. A. (ed.), "Problems of Modern Radio Engineering and Electronics, Moscow", Nauka, 1985, 64 - 102.

［Koppes - 1982a］Koppes, C. R. , "JPL and the American Space Program", Yale University Press, 1982, 106.

［Koppes - 1982b］ibid. , 126.

［Koppes - 1982c］ibid. , 126 - 128.

［Koppes - 1982d］ibid. , 165 - 166.

［Koppes - 1982e］ibid. , 171.

［Koppes - 1982f］ibid. , 169 - 170.

［Koppes - 1982g］ibid. , 193 - 196.

［Koppes - 1982h］ibid. , 196 - 197.

［Koppes - 1982i］ibid. , 197 - 200.

［Koppes - 1982j］ibid. , 200 - 202.

［Koppes - 1982k］ibid. , 218 - 221.

[Koppes – 19821] ibid. , 221 – 226.

[Koppes – 1982m] ibid. , 226 – 232.

[Kovaly – 1970] Kovaly, J. J. , "Radar Techniques for Planetary Mapping with Orbiting Vehicle", paper presented at the Third Conference on Planetology and Space Mission Planning, New York, October 1970.

[Kovtunenko – 1992] Kovtunenko, V. , et al. , "Prospects for Using Mobile Vehicles in Missions to Mars and Other Planets". In: "Missions, Technologies et Conception des Vehicules Mobiles Planetaires", Toulouse, Cépaduès, 1993.

[Kraemer – 2000a] Kraemer, R. S. , "Beyond the Moon: A Golden Age of Planetary Exploration 1971 – 1978", Washington, Smithsonian Institution Press, 2000, 44 – 61.

[Kraemer – 2000b] ibid. , 62 – 64.

[Kraemer – 2000c] ibid. , 90 – 118.

[Kraemer – 2000d] ibid. , 80 – 89.

[Kraemer – 2000e] ibid. , 119 – 162.

[Kraemer – 2000f] ibid. , 130.

[Kraemer – 2000g] ibid. , 146.

[Kraemer – 2000h] ibid. , 202 – 220.

[Kraemer – 2000i] ibid. , 163 – 182.

[Kraemer – 2000j] ibid. , 186 – 188.

[Krimigis – 2003] Krimigis, S. M. , et al. , "Voyager 1 Exited the Solar Wind at a Distance of ~85 AU from the Sun", Nature, 426, 2003, 45 – 48.

[Kronk – 1984a] Kronk, G. W. , "Comets: A Descriptive Catalog", Hillside, Henslow, 1984, 227 – 228.

[Kronk – 1984b] ibid. , 274 – 275.

[Kronk – 1999] Kronk, G. W. , "Cometography – A Catalog of Comets. Volume 1: Ancient – 1799", Cambridge University Press, 1999, 447 – 451.

[Ksanfomaliti – 1976] Ksanfomaliti, L. V. , "Infrared Radiometry and Photometry with Venera 9 and 10", Soviet Astronomy Letters, 2, 1976, 29 – 31.

[Ksanfomaliti – 1979] Ksanfomaliti, L. V. , et al. , "Electrical Discharges in the Atmosphere of Venus", Soviet Astronomy Letters, 5, 1979, 122 – 126.

[Ksanfomaliti – 1982a] Ksanfomaliti, L. V. , "The Low Frequency Electromagnetic Field in the Venus Atmosphere: Evidence from Venera 13 and Venera 14", Soviet Astronomy Letters, 8, 1982, 230 – 232.

[Ksanfomaliti – 1982b] Ksanfomaliti, L. V. , et al. , "Microseisms at the Venera 13 and Venera 14 Landing Sites", Soviet Astronomy Letters, 8, 1982, 241 – 242.

[Ksanfomaliti – 1982c] Ksanfomaliti, L. V. , et al. , "Acoustic Measurements of the Wind Velocity at the Venera 13 and Venera 14 Landing Sites", Soviet Astronomy Letters, 8, 1982, 227 – 229.

[Kumar – 1978] Kumar, S. , Broadfoot, A. L. , "Evidence from Mariner 10 of Solar Wind Flux Depletion at High Ecliptic Latitudes", Astronomy and Astrophysics, 69, 1978, L5 – L8.

[Kumar – 1979] Kumar, S. , et al. , "The Lyman – Alpha Observations of Comet Kohoutek from Mariner 10", The Astrophysical Journal, 232, 1979, 616 – 623.

[Kunow – 1984] Kunow, H. , Wibberenz, G. , "Die Schnellen Individualisten im Sonnensystem". In: Porsche,

H. (ed.) "10 Jahre Helios – 10 Years Helios", 124 – 148 (in German and English).

[Kurt – 1971] Kurt, V. G. , "Results of Astronomical Studies in the Far UV Region". In: Labuhn F. and Lüst R. (eds.), "Proceedings from IAU Symposium no. 41: New Techniques in Space Astronomy", 1971, 219 – 232.

[Kutzer – 1984] Kutzer, A. , "Die Helios – Missionen". In: Porsche, H. (ed.) "10 Jahre Helios – 10 Years Helios", 38 – 47 (in German and English).

[Lamy – 1980] Lamy, P. L. , Mauron, N. , "The New Satellite Dione B and Outer Ring of Saturn", Bulletin of the American Astronomical Society, 12, 1980, 728 – 729.

[Landgraf – 2002] Landgraf, M. , et al. , "Origins of Solar System Dust Beyond Jupiter", Arxiv astro – ph/ 0201291 preprint.

[Lane – 1982] Lane, A. L. , et al. , "Photopolarimetry from Voyager 2: Preliminary Results on Saturn, Titan and the Rings", Science, 215, 1982, 537 – 543.

[Lane – 1986] Lane, A. L. , et al. , "Photometry from Voyager 2: Initial Results from the Uranian Atmosphere, Satellites, and Rings", Science, 233, 1986, 65 – 70.

[Lane – 1989] Lane, A. L. , et al. , "Photometry from Voyager 2: Initial Results from the Neptunian Atmosphere, Satellites, and Rings", Science, 246, 1989, 1450 – 1454.

[Langereux – 1971] Langereux, P. , "Le Satellite 'Eole' Sera Lancé le 18 Aout" (The 'Eole' Satellite Will Be Launched on 18 August), Air et Cosmos, No. 398, 24 July 1971, 12 – 13 (in French).

[Langereux – 1972] Langereux, P. , "L'Experience Eole Est un Très Grand Succès" (The Eole Experiment is a Big Success), Air et Cosmos, No. 425, 4 March 1972, 16 – 17 (in French).

[Langereux – 1974] Langereux, P. , "Hélios Vers le Soleil" (Helios Toward the Sun), Air et Cosmos, 30 November 1974, 42 – 43 (in French).

[Lantranov – 1996] Lantranov, K. , "Na Mars! – Chast' 2" (To Mars! – Part 2), Novosti Kosmonavtiki, No. 21, 1996, page unknown (in Russian).

[Lantranov – 1999] Lantranov, K. , Hendrickx, B. , "Mars – 69: the Forgotten Mission to the Red Planet", Quest, 7, No. 2, 1999, 26 – 31.

[Lardier – 1992a] Lardier, C. , "L'Astronautique Soviétique" (Soviet Astronautics), Paris, Armand Colin, 1992, 116 – 117 (in French).

[Lardier – 1992b] ibid. , 117 – 118.

[Lardier – 1992c] ibid. , 271.

[Lardier – 1992d] ibid. , 272.

[Lardier – 1992e] ibid. , 272 – 273.

[Lardier – 1992f] ibid. , 273.

[Lardier – 1992g] ibid. , 278.

[Lardier – 1992h] ibid. , 274.

[Lawler – 2005] Lawler, A. , "NASA Plans to Turn Off Several Satellites", Science, 307, 2005, 1541.

[Lazarus – 1970] Lazarus, A. J. , Oglivie, K. W. , Burlaga, L. F. , "Interplanetary Shock Observations by Mariner 5 and Explorer 34", Solar Physics, 13, 1970, 232 – 239.

[LeBorgne – 1983] Le Borgne, J. F. , "Interpretation of the Event in the Plasma Tail of Comet Bradfield 1979 X on 1980 February 6", Astronomy and Astrophysics, 123, 1983, 25 – 28.

[Leighton – 1965] Leighton, R. B. , et al. , "Mariner IV Photography of Mars: Initial Results", Science, 149, 1965, 627 – 630.

[Leighton – 1971] Leighton, R. B. , et al. , "Mariner 6 and 7 Television Pictures: Preliminary Analysis", In: Sagan, C. , Owen, T. C. , Smith, H. J. , "Proceedings from IAU Symposium no. 40: Planetary Atmospheres", 1971, 259 – 294.

[Leinert – 1978] Leinert, C. , et al. , "Search for a Dust Free Zone around the Sun from the Helios 1 Solar Probe", Astronomy and Astrophysics, 64, 1978, 119 – 122.

[Leinert – 1980] Leinert, C. , et al. , "The Plane of Symmetry of Interplanetary Dust in the Inner Solar System", Astronomy and Astrophysics, 82, 1980, 328 – 336.

[Leinert – 1981] Leinert, C. , et al. , "The Zodiacal Light from 1. 0 to 0. 3 A. U. as Observed by the Helios Space Probes", Astronomy and Astrophysics, 103, 1981, 177 – 188.

[Leinert – 1984] Leinert, C. , Pitz, E. , Link, H. , "Zodiakallicht – Ein Abbild der Interplanetaren Staubwolke". In: Porsche, H. (ed.) "10 Jahre Helios – 10 Years Helios", Oberpfaffenhofen, DFVLR, 1984, 50 – 57 (in German and English).

[Leinert – 1989] Leinert, C. , Pitz, E. , "Zodiacal Light Observed by Helios throughout Solar Cycle No. 21: Stable Dust and Varying Plasma", Astronomy and Astrophysics, 210, 1989, 399 – 402.

[Leovy – 1977] Leovy, C. B. , "The Atmosphere of Mars", Scientific American, July 1977, 34 – 43.

[LePage – 1993] LePage, A. J. , "The Mystery of Zond 2", Journal of the British Interplanetary Society, 46, 1993, 401 – 404.

[Levin – 1976] Levin, G. V. , Straat, P. A. , "Viking Labeled Release Biology Experi – ment: Interim Results", Science, 194, 1976, 1322 – 1329.

[Levy – 1969] Levy, G. S. , et al. , "Pioneer 6: Measurement of Transient Faraday Rotation Phenomena Observed during Solar Occultation", Science, 166, 1969, 596 – 598.

[Lewis – 1960] Lewis, C. , "Pioneer V Provides New Scientific Data", Aviation Week, 9 May 1960, 32 – 33.

[Lindal – 1990] Lindal, G. F. , et al. , "The Atmosphere of Neptune – Results of Radio Occultation Measurements with the Voyager 2 Spacecraft", Geophysical Research Letters, 17, September 1990, 1733 – 1736.

[Linick – 1991] Linick, S. H. , Holberg, J. B. , "The Voyager Ultraviolet Spectrometers – Astrophysical Observations from the Outer Solar System", Journal of the British Interplanetary Society, 44, 1991, 513 – 520.

[Lissov – 2004] Lissov, I. , posting to the FPSpace discussion group, 29 May 2004.

[Lockheed – 1967] "Starlet/Starlite System Technical Description", Lockheed Missiles & Space Company, December 1967.

[Lorenz – 2006] Lorenz, R. D. , "Spin of Planetary Probes in Atmospheric Flight", Journal of the British Interplanetary Society, 59, 2006, 273 – 282.

[Lozier – 2005] Lozier, D. , personal correspondence with the author, 11 January 2005.

[Luhmann – 1994] Luhmann, J. G. , Pollack, J. B. , Colin, L. , "The Pioneer Mission to Venus", Scientific American, April 1994, 90 – 97.

[Malin – 2005] Malin, M. C. , "Hidden in Plain Sight: Finding Martian Landers", Sky & Telescope, July 2005, 42 – 46.

[Marcus – 2006] Marcus, G. , "The Pioneer Rocket", Quest, 13 No. 4, 2006, 26 – 30.

[Mari – 1962] Mari, D. , "Il Monitore Solare" (The Solar Monitor), Oltre il Cielo, 100, 16 March 1962, 550 (in Italian).

[Mariani – 1984] Mariani, F. , et al. , "Rome/GSFC Magnetic Field Experiment: A Summary of Results". In: Porsche, H. (ed.) "10 Jahre Helios – 10 Years Helios", 90 – 99 (in German and English).

[Mariani – 2005] Mariani, F. , personal correspondence with the author, 29 April 2005.

[Marov – 1974] Marov, M. Ya. , "Vénus", La Recherche, November 1974, 927 – 939 (in French).

[Marov – 1976] Marov, M. Ya. , Lebedev, V. N. , Lystsev, V. E. , "Preliminary Estimates of the Aerosol Component in the Atmosphere of Venus", Soviet Astronomy Letters, 2, 1976, 98 – 100.

[Marov – 1978] Marov, M. Ya. , "Results of Venus Missions", Annual Review of Astronomy and Astrophysics, 16, 1978, 141 – 169.

[Massey – 2006] Massey, E. B. , Personal communication with the author, 3 December 2006.

[Matrossov – 2004] Matrossov, S. , Personal communication with the author, 31 October and 26 December 2004.

[Matrossov – 2006] Matrossov, S. , Personal communication with the author, 19 November 2006.

[Mazets – 1979] Mazets, E. P. , et al. , "Venera 11 and 12 Observations of Gamma – Ray Bursts – The Cone Experiment", Soviet Astronomy Letters, 5, 1979, 87 – 90.

[Mazets – 1981] Mazets, E. P. , et al. , "Catalog of Cosmic Gamma – Ray Bursts from the Konus Experiment Data. ", Astrophysics and Space Science, 80, 1981, 3 – 83 (part I and II), 85 – 117 (part III), 119 – 143 (part IV).

[Mazur – 1978] Mazur, P. , et al, "Biological Implications of the Viking Mission to Mars", Space Science Reviews, 22, 1978, 3 – 34.

[McComas – 2004] McComas, D. , et al. , "The Interstellar Boundary Explorer (IBEX)". In: Florinski, V. , Pogorelov, N. V. , Zank, G. P. (eds.), "Physics of the Outer Heliosphere: Third International IGPP Conference, Riverside, CA", AIP, 2004.

[McElroy – 1975] McElroy, M. B. , Yung, Y. L. , "The Atmosphere and Ionosphere of Io", The Astrophysical Journal, 196, 1975, 227 – 250.

[McElroy – 1976] McElroy, M. B. , "Composition and Structure of the Martian Upper Atmosphere: Analysis of Results from Viking", Science, 194, 1976, 1295 – 1298.

[McKibben – 1985] McKibben, R. B. , Pyle, K. R. , Simpson, J. A. , "Changes in Radial Gradients of Low – Energy Cosmic Rays Between Solar Minimum and Maximum: Observations from 1 to 31 AU", The Astrophysical Journal, 289, 1985, L35 – L39.

[McLaughlin – 1985] McLaughlin, W. I, Wolff, D. M. , "Voyager at the Seventh Planet", Spaceflight, November 1985, 403 – 409.

[McLaughlin – 1986a] McLaughlin, W. , "A Voyager Diary", Spaceflight, March 1986, 123 – 126.

[McLaughlin – 1986b] McLaughlin, W. , "Cruising to Neptune", Spaceflight, Novem – ber 1986, 405 – 406.

[Medkeff – 1998] Medkeff, J. , "Ring – Division Discoverers", Sky & Telescope, July 1998, 12.

[Melbourne – 1976] Melbourne, W. G. "Navigation Between the Planets", Scientific American, June 1976, 58 – 74.

[Melin – 1960] Melin, M. , "Pioneer V and the Scale of the Solar System", Sky & Telescope, December 1960, 337. (Reprinted in: Page, T, Page, L. W. (ed.), "Wanderers in the Sky", New York, Macmillan, 1965,

135 – 136).

[Merat – 1974] Merat, P. , Pecker, J. – C. , Vigier, J. – P. , "Possible Interpretation of an Anomalous Redshift Observed on the 2292 MHz Line Emitted by Pioneer – 6 in the Close Vicinity of the Solar Limb", Astronomy & Astrophysics, 30, 1974, 167 – 174.

[Mihalov – 1975] Mihalov, J. D. , "Pioneer 11 Encounter: Preliminary Results from the Ames Research Center Plasma Analyzer Experiment", Science, 188, 1975, 448 – 451.

[Mihalov – 1987] Mihalov, J. D, , et al. , "Observation by Pioneer 7 of He(+) in the distant coma of Halley's comet", Icarus, 71, 1987, 192 – 197.

[Miller – 1953] On the Miller – Urey experiment see: Miller, S. L. , "A Production of Amino Acids Under Possible Primitive Earth Conditions", Science, 117, 1953, 528 – 529.

[Minear – 1978] Minear, J. , Friedman, L. , "Future Exploration of Mars", Astro – nautics and Aeronautics, April 1978, 18 – 27.

[Miner – 1988] Miner, E. D. , Stone, E. C. , "Voyager at Uranus", Journal of the British Interplanetary Society, 41, 1988, 49 – 62.

[Mitchell – 2004a] "Soviet Telemetry Systems", D. P. Mitchell internet website.

[Mitchell – 2004b] "Remote Scientific Sensors", D. P. Mitchell internet website.

[Mitchell – 2004c] "Inventing the Interplanetary Probe", D. P. Mitchell internet website.

[Mitchell – 2004d] "Soviet Space Cameras", D. P. Mitchell internet website.

[Mitchell – 2004e] "Plumbing the Atmosphere of Venus", D. P. Mitchell internet website.

[Moog – 1973] Moog, R. D. , et al. , "Qualification Flight Tests of the Viking Decelerator System", Paper AIAA 73 – 457.

[Moore – 1974] Moore, J. , "Uranus Science Planning". In: Proceedings of the Outer Planet Probe Technology Workshop, May 21 – 23, 1974, NASA CR – 137543.

[Morabito – 1979] Morabito, L. A. , et al. , "Discovery of Currently Active Extra – terrestrial Volcanism", Science, 204, 1979, 972.

[Moroz – 1979] Moroz, V. I. , et al. , "Venera 11 and 12 Descent – Probe Spectro – photometry: the Venus Dayside Sky Spectrum", Soviet Astronomy Letters, 5, 1979, 118 – 121.

[Moroz – 1982] Moroz, V. I. , et al. , "The Venera 14 and Venera 14 Spectrophotometry Experiments", Soviet Astronomy Letters, 8, 1982, 219 – 223.

[Morrison – 1980a] Morrison, D. , Samz, J. , "Voyage to Jupiter", Washington, NASA, 1980, 25.

[Morrison – 1980b] ibid. , 26 – 31.

[Morrison – 1980c] ibid. , 28 – 29.

[Morrison – 1980d] ibid. , 33 – 45.

[Morrison – 1980e] ibid. , 47 – 48.

[Morrison – 1980f] ibid. , 50 – 51.

[Morrison – 1980g] ibid. , 50 – 56.

[Morrison – 1980h] ibid. , 56 – 61.

[Morrison – 1980i] ibid. , 63 – 86.

[Morrison – 1980j] ibid. , 86 – 91.

［Morrison – 1980k］ ibid. , 93 – 115.

［Morrison – 1982a］ Morrison, D. , "Voyages to Saturn", Washington, NASA, 1982, 50 – 93.

［Morrison – 1982b］ ibid. , 96 – 135.

［Morton – 2000］ Morton, O. , "Mars Air: How to Built the First Extraterrestrial Airplane", Air & Space, December 1999 – January 2000, 34 – 42.

［Mudgway – 200 la］ Mudgway, D. J. , "Uplink – Downlink A History of the Deep Space Network 1957 – 1997", Washington, NASA, 2001, 114 – 116.

［Mudgway – 2001 b］ ibid. , 212 – 215.

［Mudgway – 2001 c］ ibid. , 330 – 331.

［Mudgway – 2001 d］ ibid. , 47.

［Mudgway – 2001 e］ ibid. , 87 – 91.

［Mudgway – 2001 f］ ibid. , 206 – 207.

［Mudgway – 2001g］ ibid. , 104 – 105.

［Mudgway – 2001 h］ ibid. , 207 – 211.

［Mukhin – 1982］ Mukhin, L. M. , et al. , "Venera 13 and Venera 14 Gas'Chromato – graphy Analysis of the Venus Atmosphere Composition", Soviet Astronomy Letters, 8, 1982, 216 – 218.

［Murray – 1966］ Murray, B. C. , Davies, M. E. , "A Comparison of U. S. And Soviet Efforts to Explore Mars", Science, 151, 1966, 945 – 954.

［Murray – 1973］ Murray, B. C. , "Mars from Mariner 9", Scientific American, January 1973, 48 – 63.

［Murray – 1974］ Murray, B. C. , et al. , "Venus: Atmospheric Motion and Structure from Mariner 10 Pictures", Science, 183, 1974, 1307 – 1315.

［Murray – 1975］ Murray, B. C. , "Mercury", Scientific American, September 1975, 58 – 68.

［Murray – 1989a］ Murray, B. , "Journey into Space", New York, W. W. Norton & C. , 1989, 50 – 51.

［Murray – 1989b］ ibid. 55.

［Murray – 1989c］ ibid. 56.

［Murray – 1989d］ ibid. , 99 – 100.

［Murray – 1989e］ ibid. , 147 – 148.

［Murray – 1989f］ ibid. , 153 – 155.

［Murray – 1989g］ ibid. , 165 – 166.

［Murrow – 1968］ Murrow, H. N. , Mcfall, J. C. Jr. , "Summary of Experimental Results Obtained from the NASA Planetary Entry Parachute Program", Paper AIAA 68 – 934.

［Mutch – 1976a］ Mutch, T. A. , et al. , "The Surface of Mars: The View from the Viking 1 Lander", Science, 193, 1976, 791 – 801.

［Mutch – 1976b］ Mutch, T. A. , et al. , "The Surface of Mars: The View from the Viking 2 Lander", Science, 194, 1976, 1277 – 1283.

［Mutch – 1978］ Mutch, T. A. , Jones, K. L. , "The Martian Landscape", Washington, NASA, 1978.

［MVM – 14］ "Mariner Venus/Mercury 1973 Status Bulletin No. 14", 23 January 1974.

［MVM – 15］ "Mariner Venus/Mercury 1973 Status Bulletin No. 15", 1 February 1974.

［MVM – 17］ "Mariner Venus/Mercury 1973 Status Bulletin No. 17", 5 February 1974.

[MVM – 18] "Mariner Venus/Mercury 1973 Status Bulletin No. 18", 6 February 1974.

[MVM – 19b] "Mariner Venus/Mercury 1973 Status Bulletin No. 19 Part 2", 7 February 1974.

[MVM – 20] "Mariner Venus/Mercury 1973 Status Bulletin No. 20", 19 February 1974.

[MVM – 21] "Mariner Venus/Mercury 1973 Status Bulletin No. 21", 15 March 1974.

[MVM – 22] "Mariner Venus/Mercury 1973 Status Bulletin No. 22", 18 March 1974.

[MVM – 23] "Mariner Venus/Mercury 1973 Status Bulletin No. 23", 25 March 1974.

[MVM – 24] "Mariner Venus/Mercury 1973 Status Bulletin No. 24", 26 March 1974.

[MVM – 28] "Mariner Venus/Mercury 1973 Status Bulletin No. 28", 4 April 1974.

[MVM – 29] "Mariner Venus/Mercury 1973 Status Bulletin No. 29", 3 May 1974.

[MVM – 30] "Mariner Venus/Mercury 1973 Status Bulletin No. 30", 8 May 1974.

[MVM – 31] "Mariner Venus/Mercury 1973 Status Bulletin No. 31", 15 May 1974.

[MVM – 32] "Mariner Venus/Mercury 1973 Status Bulletin No. 32", 7 June 1974.

[MVM – 33] "Mariner Venus/Mercury 1973 Status Bulletin No. 33", 3 July 1974.

[MVM – 34] "Mariner Venus/Mercury 1973 Status Bulletin No. 34", 28 August 1974.

[MVM – 36] "Mariner Venus/Mercury 1973 Status Bulletin No. 36", 23 September 1974.

[MVM – 37] "Mariner Venus/Mercury 1973 Status Bulletin No. 37", 12 March 1975.

[MVM – 38] "Mariner Venus/Mercury 1973 Status Bulletin No. 38", 3 April 1975.

[NASA – 1963] "Mariner II Reports", NASA Facts, NF B – 4 – 63, 1963.

[NASA – 1964] "Mariner 4 Press Kit", Washington, NASA, 29 October 1964.

[NASA – 1965a] "Mariner – Venus 1962 Final Project Report", Washington, NASA, 1965, 11 – 15.

[NASA – 1965b] ibid. , 25 – 39.

[NASA – 1965c] ibid. , 69.

[NASA – 1965d] ibid. , 313 – 337.

[NASA – 1965e] ibid. , 87 – 120.

[NASA – 1965f] "Asteroid Belt and Jupiter Flyby Mission Study – Final Report", NASA CR – 64621, 28 February 1965.

[NASA – 1966] "A Study of Jupiter Flyby Missions – Final Technical Report", NASA CR – 76461, 17 May 1966.

[NASA – 1967a] "Mariner – Mars 1964 Final Project Report", Washington, NASA, 1967.

[NASA – 1967b] "Summary of the Voyager Program", NASA Office of Space Science and Applications, January 1967.

[NASA – 1969a] "Mariner '69 Press Kit", Washington, NASA, 18 July 1969.

[NASA – 1969b] "Mariner '69 Results", Washington, NASA, 11 September 1969.

[NASA – 1969c] "Mariner Six and Seven Mission Report", Washington, NASA MR – 6, 29 October 1969.

[NASA – 1971a] "Pioneers 6 to 9", NASA Ames Research Center, Educational Data Sheet 503, July 1971.

[NASA – 1971b] "Mariner Mars 1971 Press Kit", NASA, 30 April 1971.

[NASA – 1971c] "Pioneer H Jupiter Swingby Out of the Ecliptic Mission Study", NASA TM – 108108, 1971.

[NASA – 1974a] "Pioneer Outer Planets Orbiter", NASA TM – 108622, December 1974.

[NASA – 1974b] "Pioneer Mars Mission Study: Executive Summary", NASA TM – 108688, August 1974.

[NASA – 1975] "Viking Press Kit", Washington, NASA, 1975.

[NASA – 1986] "Voyager 1986 Press Kit", Washington, NASA, 1986.

[NASA – 1989] "Voyager 2 Neptune Encounter Press Kit", Washington, NASA, 1989.

[Navarro – Gonzáles – 2006] Navarro – Gonzáles, R., et al., "The Limitations on Organic Detection in Mars – Like Soils by Thermal Volatilization – Gas Chromatography – MS and Their Implications for the Viking Results", Proceedings of the National Academy of Sciences of the United States of America, 103, 2006, 16089 – 16094.

[Ness – 1970] Ness, N. E., "Magnetometers for Space Research", Space Science Review, 11, 1970, 459 – 554.

[Ness – 1979a] Ness, N. F., "The Magnetic Fields of Mercury, Mars and the Moon", Annual Review of Earth and Planetary Sciences, 1979, 249 – 288.

[Ness – 1979b] Ness, N. F., et al., "Magnetic Field Studies at Jupiter by Voyager 1: Preliminary Results", Science, 204, 1979, 982 – 987.

[Ness – 1986] Ness, N. F., et al., "Magnetic Fields at Uranus", Science, 233, 1986, 85 – 89.

[Ness – 1989] Ness, N. F., et al., "Magnetic Fields at Neptune", Science, 246, 1989, 1473 – 1478.

[Neubauer – 1984] Neubauer, F. M., Musmann, G., Dehmel, G., "Ergebnisse der Magnetfeld – Experimente E2 und E4 an Bord yon Helios 1 und Helios 2". In: Porsche, H. (ed.) "10 Jahre Helios – 10 Years Helios", 80 – 89 (in German and English).

[Neugebauer – 1962] Neugebauer, M., Snyder, C. W., "Solar Plasma Experiment", Science, 138, 1962, 1095 – 1097.

[Neugabauer – 1971] Neugebauer, G., et al., "Mariner 1969 Infrared Radiometer Results: Temperatures and Thermal Properties of the Martian Surface", The Astronomical Journal, 76, 1971, 719 – 728.

[Neugebauer – 1997] Neugebauer, M., "Pioneers of Space Physics: A Career in the Solar Wind", Journal of Geophysical Research, 102, 1997, 26887 – 26894.

[Neumann – 1966] Neumann, T. W., "System Design of Automated Laboratory Payloads for Planetary Research", paper presented at the XVII International Astronautical Congress, Madrid, 1966.

[NewScientist – 1974] "Mercury's Moon that Wasn't", New Scientist, 5 September 1974, 602.

[Nicholson – 1996] Nicholson, P. D., et al., "Observation of Saturn's Ring – Plane Crossings in August and November 1995", Science, 272, 1996, 509 – 515.

[Niel – 1976] Niel, M., et al., "The French – Russian 3 Satellite Gamma – Burst Experiment", Astrophysics and Space Science, 42, 1976, 99 – 102.

[Nieto – 2001] Nieto, M. M., et al., "The Anomalous Trajectories of the Pioneer Spacecraft", Arxiv hep – ph/ 0110373 preprint.

[Nieto – 2005] Nieto. M. M., Turyshev, S. G., Anderson, J. D., "Directly Measured Limit on the Interplanetary Matter Density from Pioneer 10 and 11", Arxiv astro – ph/0501626 preprint.

[Nicks – 1985a] Nicks, O. W., "Far Travelers: The Exploring Machines", Washington, NASA, 1985; 3 – 5.

[Nicks – 1985b] ibid., 33 – 40.

[Nicks – 1985c] ibid., 40 – 46.

[Nicks – 1985d] ibid., 46 – 47.

[Nicks – 1985e] ibid. , 47 – 49.

[NSSDC – 2004a] NASA NSSDC Internet site, Venera 2 and 3 proton flux data.

[NSSDC – 2004b] NASA NSSDC Internet site, Venera 13 and 14 proton flux data.

[Null – 1967] Null, G. W. , "A Solution for the Sun – Mars Mass Ratio Using Mariner IV Doppler Tracking Data", The Astronomical Journal, 27, 1967, 1292 – 1298.

[Null – 1976] Null, G. W. , "The Gravity Field of Jupiter and its Satellites from Pioneer 10 and Pioneer 11 Tracking Data", The Astronomical Journal, 81, 1976, 1153 – 1161.

[Null – 1981] Null, G. W. , et al. , "Saturn Gravity Results Obtained from Pioneer 11 Tracking Data and Earth – Based Saturn Satellite Data", The Astronomical Journal, 86, 1981, 454 – 468.

[Oberg – 1981] Oberg, J. E. , "Red Star in Orbit", New York, Random House, 1981, 39 – 49.

[Opik – 1950] Opik, E. J. , "Mars and the Asteroids", Irish Astronomical Journal, 1, 1950, 22 – 24.

[Opik – 1951] Opik, E. J. , "Collision Probabilities with the Planets", Proceedings Irish Academy, 54A, 1951, 165 – 199.

[Owen – 1982] Owen, T. , "Titan", Scientific American, February 1982, 98 – 109.

[Owen – 1987] Owen, W. M. , Synnott, S. P. , "Orbits of the Ten Small Satellites of Uranus", The Astronomical Journal, 93, 1987, 1268 – 1271.

[Oyama – 1979] Oyama, V. I. , et al. , "Venus Lower Atmospheric Composition: Analysis by Gas Chromatography", Science, 203, 1979, 802 – 805.

[Pandey – 1987] Pandey, A. K. , Mahra, H. S. , "Possible Ring System of Neptune", Earth, Moon, and Planets, 37, 1987, 147 – 153.

[Park – 1964] Park, R. A. , "Intercepting a Comet", Astronautics & Aeronautics, August 1964, 54 – 58.

[Parker – 1971] Parker, P. J. , "Grand Tour' Spacecraft Computer", Spaceflight, March 1971, 88.

[Peale – 1979] Peale, S. J. , Cassen, P. , Reynolds, R. T. , "Melting of Io by Tidal Dissipation", Science, 203, 1979, 892 – 894.

[Pearl – 1973] Pearl, J. , et al. , "Results from the Infrared Spectroscopy Experiment on Mariner 9". In: Proceedings of the Symposium on Exploration of the Planetary System, Torun, Poland, September 5 – 8, 1973, 293 – 294.

[Peebles – 1981] Peebles, C. , "The Martian Rovers", Spaceflight, 1981, 202 – 204.

[Perminov – 1999a] Perminov, V. G. , "The Difficult Road to Mars: A Brief History of Mars Exploration in the Soviet Union", Washington, NASA, 1999, 7 – 8.

[Perminov – 1999b] ibid. , 8 – 10.

[Perminov – 1999c] ibid. , 11 – 18.

[Perminov – 1999d] ibid. , 19 – 33.

[Perminov – 1999e] ibid. , 34 – 60.

[Perminov – 1999t] ibid. , 61 – 66.

[Perminov – 1999g] ibid. , 67 – 74.

[Perminov – 2001] Perminov, V, Morosov, V. , "Proyekt Dolgozhivushey Veneryans – koy Stantsiy" (Project of the Long – Duration Venusian Probe), Novosti Kosmonavtiki, No. 8, 2001, page unknown (in Russian).

[Perminov – 2002] Perminov, V. , "Tak Poznavalis' Taini Veneri" (Thus were the secrets of Venus revealed),

Novosti Kosmonavtiki, No. 12, 2002, page unknown (in Russian).

[Perminov – 2004] Perminov, V., "Perviye Otechestvyenniye Radiolokatsionniye Karti Veneri" (The first national radar maps of Venus), Novosti Kosmonavtiki, No. 9, 2004, page unknown (in Russian).

[Perminov – 2005] Perminov, V., "Aerostaty v Nyeve Veneri: K 20 – Letniyu Poleta AMS Vega" (Aerostats in the atmosphere of Venus: on the 20th Anniversary of the Flight of the Vega Probe), Novosti Kosmonavtiki, August 2005, 60 – 63.

[Peters – 1987] Peters, G. J., et al., "Pioneer 10 Observations of the Beta Cephei Stars Gamma Pegasi and Delta Ceti", The Astrophysical Journal, 314, 1987, 261 – 265.

[Peterson – 1993] Peterson, I., "Netwon's Clock: Chaos in the Solar System", New York, W. H. Freeman and Company, 199 – 214.

[Pettengill – 1979] Pettengill, G. H., et al., "Venus: Preliminary Topographic and Surface Imaging Results from the Pioneer Orbiter", Science, 205, 1979, 90 – 93.

[Pettengill – 1980] Pettengill, G. H., Campbell, D. B., Masursky, H., "The Surface of Venus", Scientific American, February 1980, 54 – 65.

[Pioneer – 2004] Pioneer Project internet website.

[Pletschacher – 1976] Pletschacher, P., "Helios B", Flug Revue, March 1976, page unknown (in German).

[Pollack – 1967] Pollack, J. B., Sagan, C., "An Analysis of the Mariner 2 Microwave Observations of Venus", The Astronomical Journal, 150, 1967, 327 – 344.

[Pollack – 1975] Pollack, J. B., "Mars", Scientific American, September 1975, 106 – 117.

[Pollack – 1978] Pollack, J. B., "Multicolor Observations of Phobos with the Viking Lander Cameras: Evidence for a Carbonaceous Condritic Composition", Science, 199, 1978, 66 – 68.

[Pollack – 1981] Pollack, J. B., Cuzzi, J. N., "Rings in the Solar System", Scientific American, November 1981, 104 – 129.

[Poqćrusse – 1978] Poquérusse, M., Steinberg, J. L., "First Results of the STEREO – 5 Experiment: Evidence of Ionospheric Intensity Scintillation of Solar Radio Bursts at Decameter Wavelengths?", Astronomy and Astrophysics, 65, 1978, L23 – L26.

[Poquérusse – 2004] Poquérusse, M., personal correspondence with the author, 16 June 2004.

[Porsche – 1968] Porsche, H., "Projekt Einer Deutsch – Amerikanischen Sonnensonde" (Project of a German – American Solar Probe), Mitteilungen der Astronomischen Gesellschaft, 25, 1968, 55 – 63.

[Porsche – 1980] Porsche, H., et al., "Proposal for an Interplanetary Mission to Sound the Outer Regions of the Solar Corona". In: Solar and interplanetary dynamics; Proceedings of the Symposium, Cambridge, Mass., August 27 – 31, 1979, Dordrecht, D. Reidel Publishing Co., 1980, 541 – 545.

[Portree – 2001] Portree D. S. F., "Humans to Mars: Fifty Years of Mission Planning 1950 – 2000", Washington, NASA, 2001, 1 – 4.

[Powell – 1984] Powell, J. W., "Thor – Able and Atlas – Able", Journal of the British Interplanetary Society, 37, 1984, 224.

[Powell – 2004] Powell, J. W., "State of Collapse", Spaceflight, September 2004, 361 – 365.

[Powell – 2005a] Powell, J. W., Personal communication with the author, 24 April 2005.

[Powell – 2005b] Powell, J. W., "The Forgotten Mission of Pioneer 5", Spaceflight, May 2005, 188 – 191.

[Poynter - 1984a] Poynter, M., Lane, A. L., "Voyager: The Story of a Space Mission", New York, Atheneum, 1984, 17 - 24.

[Poynter - 1984b] ibid., 32 - 35.

[Poynter - 1984c] ibid., 31.

[Poynter - 1984d] ibid., 62 - 63.

[Prakash - 1975] Prakash, A., Brice, N., "Magnetospheres of Earth and Jupiter after Pioneer 10", Space Science Reviews, 17, 1975, 823 - 835.

[Pritchard - 1974] Pritchard, E. B., Harrison, E. F., Moore, J. W., "Options for Mars Exploration", Astronautics and Aeronautics, February 1974, 46 - 56.

[Quimby - 1964] Quimby, F. H. (ed.), "Concepts for Detection of Extraterrestrial Life", Washington, 1964.

[Ragent - 1979] Ragent, B., Blamont, J., "Preliminary Results of the Pioneer Venus Nephelometer Experiment", Science, 203, 1979, 790 - 792.

[Rausch - 1967] Rausch, H., "Early Cutoff of Transmissions from Venus 4 Unexplained", Aviation Week & Space Technology, 6 November 1967, 17 - 18.

[Reasenberg - 1979] Reasenberg, R. D., et al., "Viking Relativity Experiment: Verification of Signal Retardation by Solar Gravity", The Astrophysical Journal. 234, 1979, L219 - L221.

[Reed - 1978] Reed, D. R., "High - Flying Mini - Sniffer RPV: Mars Bound?", Astro - nautics and Aeronautics, June 1978, 26 - 39.

[Reeves - 2003] Reeves, R., posting to the FPSpace discussion group, 17 February 2003.

[Richardson - 2004] Richardson, J., Lorenz, R. D., McEwen, A., "Titan's Surface and Rotation: New Results from Voyager 1 Images", Icarus, 170, 2004, 113 - 124.

[Robinson - 1997] Robinson. M. S., Lucey, P. G., "Recalibrated Mariner 10 Color Mosaics: Implications for Mercurian Volcanism", Science, 275, 1997, 197 - 200.

[Rubashkin - 1997] Rubashkin, D:, "Who Killed the Grand Tour? A Case Study in the Politics of Funding Expensive Space Science", Journal of the British Interplanetary Society, 50, 1997, 177 - 184.

[Rudd - 1996] Rudd, R. P., Hall, J. C., Spradlin, G. L., "The Voyager Search for the Heliopause and Interstellar Space", paper presented at the First IAA Symposium on Realistic Near - Term Advanced Scientific Space Missions, Aosta, 25 - 27 June 1996.

[Rudd - 1997] Rudd, R. P., Hall, J. C., Spradlin, G. L., "The Voyager Interstellar Mission", Acta Astronautica, 40, 1997, 383 - 396.

[Russo - 2000] Russo, A., "The Definition of ESA's Scientific Programme for the 1980s". In: Krige, J., Russo, A., Sebesta, L. (eds.), "A History of the European Space Agency 1958 - 1987", Vol. 2, 138 - 179.

[Russell - 1984] Russell, C. T., et al., "Interplanetary Magnetic Field Enhancements and Their Association with the Asteroid 2201 Oljato", Science, 226, 1984, 43 - 45.

[Russell - 1991] Russell, C. T., "Venus Lightning", Space Science Reviews, 55, 1991, 317 - 356.

[Ryne - 1993] Ryne, M. S., et al., "Navigation of Pioneer 12 During Atmospheric Reentry at Venus", Paper AAS 93 - 712.

[Sagan - 1976] Sagan, C., Salpeter, E. E., "Particles, Environments, and Possible Ecologies in the Jovian Atmosphere", The Astrophysical Journal Supplement Series, 32, 1976, 737 - 755.

［Sagan – 1997］Sagan, C., "Pale Blue Dot: A Vision of the Human Future in Space", New York, Random House, 1994.

［Sagdeev – 1982］Sagdeev, R. Z., Moroz, V. I., "Venera 13 and Venera 14", Soviet Astronomy Letters, 8, 1982, 209 – 211.

［Sagdeev – 1994a］Sagdeev, R. Z., "The Making of a Soviet Scientist", New York, John Wiley & Sons, 1994, 232 – 243.

［Sagdeev – 1994b］ibid. , 237.

［SAL – 1979］"The Venera 11 and Venera 12 Experiments: First Results", Soviet Astronomy Letters, 5, 1979, 1 – 3.

［Sandel – 1979］Sandel, B. R. , et al. , "Extreme Ultraviolet Observations from Voyager 2 Encounter with Jupiter", Science, 206, 1979, 962 – 966.

［Sandel – 1982］Sandel, B. R. , et al. , "Extreme Ultraviolet Observations from the Voyager 2 Encounter with Saturn", Science, 215, 1982, 548 – 553.

［Santer – 1985］Santer, R. , et al. , "Photopolarimetric Analysis of the Martian Atmosphere by the Soviet Mars – 5 Orbiter: I. White Clouds and Dust Veils", Astronomy & Astrophysics, 150, 1985, 217 – 228.

［Santer – 1986］Santer, R. , et al. , "Photopolarimetry of Martian Aerosols: II. Limb and Terminator Measurements", Astronomy & Astrophysics, 158, 1986, 247 – 258.

［Schaefer – 2000］Schaefer, B. E. , Schaefer, M. W. , "Nereid has a Complex Large – Amplitude Photometric Variability", Arxiv astro – ph/0005050 preprint.

［Schneiderman – 1963］Schneiderman, D. , "Mariner II – An Example of an Attitude – Stabilized Space Vehicle", paper presented at the XIV International Astronautical Congress, Paris, 1963.

［Schmidt – 1980］Schmidt, K. D. , Grün, E. , "Orbital Elements of Micrometeoroids Detected by the Helios 1 Space Probe in the Inner Solar System". In: Proceedings of the Symposium on Solid Particles in the Solar System, Ottawa, Canada, August 27 – 30, 1979, 321 – 324.

［Schmidt – 1981］Schmidt, R. , Schwingenschuh, K. , "Magnetic Field Measurements on Board Venera 13, Venera 14 and Venera – Halley", in "Proceedings of the Alpbach Summer School, 29 July – 7 August 1981", Noordwjik, ESA, 245 – 247.

［Schubert – 1981］Schubert, G. , Covey, G. , "The Atmosphere of Venus", Scientific American, January 1981, 66 – 75.

［Schuerman – 1977］Schuerman, D. W. , Weinberg, J. L. , Beeson, D. E. , "The Decrease in Zodiacal Light with Heliocentric Distance during the Passage of Pioneer 10 through the Asteroid Belt", Bulletin of the American Astronomical Society, 9, 1977, 313.

［Schurmeier – 1970］Schurmeier, H. M. , "The 1969 Mariner View of Mars", paper presented at the XXI International Astronautical Congress, Constance, 1970.

［Schwenn – 1984］Schwenn, R. , Rosenbauer, H. , "10 Jahre Sonnenwind Experiment auf Helios 1 und 2". In: Porsche, H. (ed.) "10 Jahre Helios – 10 Years Helios", 66 – 79 (in German and English).

［Sebesta – 1997］Sebesta, L. , "The Good, the Bad, the Ugly: U. S. – European Relations and the Decision to Build a European Launch Vehicle". In: Butrica, A. J. (ed.), "Beyond The Ionosphere: Fifty Years of Satellite Communication", Washington, NASA, 1997, 145 – 147.

[Sebesta – 2003] Sebesta, L., "Alleati Competitivi: Origini e Sviluppo della Coopera – zione Spaziale tra Europa e Stati Uniti 1957 – 1973" (Competitive Allies: Origins and Development of the Space Cooperation Between Europe and the United States 1957 – 1973), Rome, Laterza, 2003, 207 – 213 (in Italian).

[Seiff – 1979] Seiff, A., et al., "Structure of the Atmosphere of Venus up to 110 Kilometers: Preliminary Results from the Four Pioneer Venus Entry Probes", Science, 203, 23 February 1979, 787 – 790.

[Selivanov – 1982] Selivanov, A. S., et al., "Evolution of the Venera 13 Imagery", Soviet Astronomy Letters, 8, 1982, 235 – 236.

[Semenov – 1996a] Semenov, Yu. P. (ed.), "Rakyetno – Kosmiceskaya Korporaziya 'Energiya' Imieni S. P. Korolyova 1946 – 1996" (Space and Rocketry Corporation 'Energiya' named after S. P. Korolyov 1946 – 1996), Moscow, RKK Energhiya, 1996, 140 – 141 (in Russian).

[Semenov – 1996b] ibid., 141 – 142.

[Semenov – 1996c] ibid., 142 – 143.

[Semenov – 1996d] ibid., 143.

[Semenov – 1996e] ibid., 144.

[Senske – 1987] Senske, D. A., Head, J. W., "Characterization of the Venus Equatorial Highlands Using Pioneer Venus Imaging Mode Data", paper presented at the XVII Lunar and Planetary Science Conference, Houston, 1987.

[Senske – 1989] Senske, D. A., Head, J. W., "Geology of the Venus Equatorial Region from Pioneer Venus Radar Imaging", in: Lunar and Planetary Institute Abstracts for the Venus Geoscience Tutorial and Venus Geologic Mapping Workshop, 1989, 43 – 44.

[Senske – 1990] Senske, D. A., "Geology of the Venus Equatorial Region from Pioneer Venus Radar Imaging", Earth, Moon, and Planets, 50/51, 1990, 305 – 327.

[Shayler – 2000] Shayler, D. J., "Disasters and Accidents in Manned Spaceflight", Chichester, Springer – Praxis, 2000, 169 – 199.

[Sheehan – 1996a] Sheehan, W., "The Planet Mars: A History of Observations and Discovery", Tucson, The University of Arizona Press, 1996, 166 – 167.

[Sheehan – 1996b] ibid., 176 – 177.

[Sheehan – 1996c] ibid., 180 – 181.

[Sheehan – 1998] Sheehan, W., O'Meara, S. J., "Phillip Sidney Coolidge: Harvard's Romantic Explorer of the Skies", Sky & Telescope, April 1998, 71 – 75.

[Sheehan – 1999] Sheehan, W., Dobbins, T. A., "Charles Boyer and the Clouds of Venus", Sky & Telescope, June 1999, 56 – 60.

[Shorthill – 1976a] Shorthill, R. W., et al., "Physical Properties of the Martian Surface from the Viking 1 Lander: Preliminary Results", Science, 193, 1976, 805 – 809.

[Shorthill – 1976b] Shorthill, R. W., et al., "The Environs of Viking 2 Lander", Science, 194, 1976, 1309 – 1318.

[Showalter – 1998] Showalter, M. R., "Detection of Centimeter – Sized Meteoroid Impact Events in Saturn's F Ring", Science, 282, 1998, 1099 – 1102.

[Showalter – 2006] Showalter, M. R., Lissauer, J. J., "The Second Ring – Moon System of Uranus: Discovery and Dynamics", Science, 311, 2006, 973 – 977.

［Siddiqi – 2000a］Siddiqi, A. A. , "Challenge to Apollo", Washington, NASA, 2000, 256 – 260.

［Siddiqi – 2000b］ibid. , 305 – 308.

［Siddiqi – 2000c］ibid. , note on page 241.

［Siddiqi – 2002a］Siddiqi, A. A. , "Deep Space Chronicle: A Chronology of Deep Space and Planetary Probes 1958 – 2000", Washington, NASA, 2002, 26 – 27.

［Siddiqi – 2002b］ibid. , 29 – 31.

［Siddiqi – 2002c］ibid. , 34 – 35.

［Siddiqi – 2002d］ibid. , 36 – 37.

［Siddiqi – 2002e］ibid. , 40.

［Siddiqi – 2002f］ibid. , 42 – 43.

［Siddiqi – 2002g］ibid. , 45.

［Siddiqi – 2002h］ibid. , 50 – 51.

［Siddiqi – 2002i］ibid. , 73 – 74.

［Siddiqi – 2002j］ibid. , 75 – 77.

［Siddiqi – 2002k］ibid. , 88 – 90.

［Siddiqi – 20021］ibid. , 86 – 88.

［Siddiqi – 2002m］ibid. , 97 – 98.

［Siddiqi – 2002n］ibid. , 103 – 105.

［Siddiqi – 2002o］ibid. , 103 – 105.

［Siddiqi – 2002p］ibid. , 108.

［Siddiqi – 2002q］ibid. , 109 – 110.

［Siddiqi – 2002r］ibid. , 125 – 127.

［Siddiqi – 2002s］ibid. , 129 – 130.

［Simmons – 1977］Simmons, G. J. , "Surface Penetrators – A Promising New Type of Planetary Lander", Journal of the British Interplanetary Society, 30, 1977, 243 – 256.

［Simpson – 1974］Simpson, J. A. , et al. , "Protons and Electrons in Jupiter's Magnetic Field: Results from the University of Chicago Experiment on Pioneer 10", Science, 183, 1974, 306 – 309.

［Simpson – 1975］Simpson, J. A. , et al. , "Jupiter Revisited: First Results from the University of Chicago Charged Particle Experiment on Pioneer 11", Science, 188, 1975, 456 – 459.

［Simpson – 1979］Simpson, R. A. , et al. , "Viking Bistatic Radar Observations of the Hellas Basin on Mars: Preliminary Results", Science, 203, 1979, 45 – 46.

［Simpson – 1980］, Simpson, J. A. , et al. , "Saturnian Trapped Radiation and its Absorption by Satellites and Rings: The First Results from Pioneer 11", Science, 207, 1980, 411 – 415.

［Sjorgren – 1979］Sjorgren, W. L. , "Mars Gravity: High Resolution Results from Viking Orbiter 2", Science, 203, 1979, 1006 – 1010.

［Smith – 1960］Smith, D. E. , Smith, A. E. , "Pioneer 5 and its Orbit", Flight, 1 April 1960, 437.

［Smith – 1974］Smith, E. J. , at al. , "Magnetic Field of Jupiter and its Interaction with the Solar Wind", Science, 183, 1974, 305 – 306.

[Smith – 1975] Smith, E. J. , et al. , "Jupiter's Magnetic Field, Magnetosphere, and Interaction with the Solar Wind: Pioneer 11", Science, 188, 1975, 451 – 455.

[Smith – 1977] Smith, B. A. , et al. , "Voyager Imaging Experiment", Space Science Reviews, 21, 1977, 103 – 127.

[Smith – 1979a] Smith, B. A. , et al. , "The Jupiter System Through the Eyes of Voyager 1", Science, 204, 1979, 951 – 972.

[Smith – 1979b] Smith, B. A. , et al. , "The Galilean Satellites and Jupiter: Voyager 2 Imaging Science Results", Science, 206, 1979, 927 – 950.

[Smith – 1980] Smith, E. J. , et al. , "Saturn's Magnetic Field and Magnetosphere", Science, 207, 1980, 407 – 410.

[Smith – 1981] Smith, B. A. , et al. , "Encounter with Saturn: Voyager 1 imaging Science Results", Science, 212, 1981, 163 – 191.

[Smith – 1982] Smith, B. A. , et al. , "A New Look at the Saturn System: The Voyager 2 Images", Science, 215, 1982, 504 – 537.

[Smith – 1983] Smith, B. A. , "JPL Tries to Revive Link with Viking 1", Aviation Week & Space Technology, 4 April 1983, 16.

[Smith – 1986a] Smith, B. A. , et al. , "Voyager 2 in the Uranian System: Imaging Science Results", Science, 233, 1986, 43 – 64.

[Smith – 1986b] Smith, B. A. , "Voyager 2's Uranus Flyby Provides Detailed Images of Moon System", Aviation Week & Space Technology, 3 February 1986, 66 – 67.

[Smith – 1986c] Smith, B. A. , "Scientists Gain New Insights On Uranus From Voyager 2 Data", Aviation Week & Space Technology, 10 February 1986, 66 – 69.

[Smith – 1989a] Smith, B. A. , et al. , "Voyager 2 at Neptune: Imaging Science Results", Science, 246, 1989, 1422 – 1449.

[Smith – 1989b] Smith, B. A. , "Neptune Rendezvous Will Mark Final Stage of Voyager 2's Mission", Aviation Week & Space Technology, 7 August 1989, 70 – 71.

[Smith – 1989c] Smith, B. A. , "Voyager's Discoveries Mount on Final Rush to Neptune", Aviation Week & Space Technology, 28 August 1989, 16 – 20.

[Smith – 2006] Smith, B. A. , personal correspondence with the author, 3 December 2006.

[Smyth – 1991] Smyth, W. H. , Combi, M. R. , Stewart, A. I. F. , "Analysis of the Pioneer – Venus Lyman – Alpha Image of the Hydrogen Coma of Comet P/Halley", Science, 253, 1991, 1008 – 1010.

[Snyder – 1967] Snyder, C. W. , "Mariner V Flight Past Venus", Science, 158, 1967, 1665 – 1669.

[Soberman – 1990] Soberman, R. K. , Dubin, M. , "Reexamination of Data from the Asteroid/Meteoroid Detector", NASA document CR – 185875, 1990.

[Soderblom – 1980] Soderblom, L. A. , "The Galilean Satellites of Jupiter", Scientific American, January 1980, 88 – 101.

[Soderblom – 1990] Soderblom, L. A. , et al. , "Triton's Geyser – Like Plumes: Discovery and Basic Characterization", Science, 250, 1990, 410 – 415.

[Sonett – 1963] Sonett, C. P. , "A Summary Review of the Scientific Findings of the Mariner Venus Mission",

Space Science Reviews, 2, 1963, 751 – 777.

[Spaceflight – 1976] Spaceflight, February 1976, 75.

[Spaceflight – 1977] "Space Research 'Down Under'", Spaceflight, June 1977, 205 – 206.

[Spitzer – 1980] Spitzer, C. R. (ed.), "Viking Orbiter Views of Mars", Washington, NASA, 1980.

[S&T – 1963] "Photographic Observations of the Mars Probe", Sky & Telescope, January 1963, page unknown. (Reprinted in: Page, T, Page, L. W., "Wanderers in the Sky", New York, Macmillan, 1965, 193).

[Standish – 1993] Standish, E. M. Jr., "Planet X: No Dynamical Evidence in the Optical Observations", The Astronomical Journal, 105, 1993, 2000.

[Stanley – 2004] Stanley, S., Bloxham, J., "Convective – Region Geometry as the Cause of Uranus' and Neptune's Unusual Magnetic Fields", Nature, 428, 2004, 151 – 153.

[Starrfield – 1994] Starrfield, S., Shore, S. N., "Nova Cygni 1992: Nova of the Century", Sky & Telescope, February 1992, 20 – 25.

[Steinberg – 2001] Steinberg, J. L., "The Scientific Career of a Team Leader", Planetary and Space Science, 49, 2001, 511 – 522.

[Stewart – 1987] Stewart, A. I. F., "Pioneer Venus Measurements of H, O, and C Production in Comet P/Halley Near Perihelion", Astronomy and Astrophysics, 187, 1987, 369 – 374.

[Stone – 1961] Stone, I., "Mariner to Scan Venus' Surface on Flyby", Aviation Week, 12 June 1961, 52 – 57.

[Stone – 1963] Stone, I., "Mariner Design Modified for Mars Flyby", Aviation Week & Space Technology, 6 May 1963, 50 – 54.

[Stone – 1964] Stone, I., "Six – Month Lifetime Predicted for Pioneer", Aviation Week & Space Technology, 27 January 1964, 69 – 75.

[Stone – 1979a] Stone, E. C., Lane, A. L., "Voyager 1 Encounter with the Jovian System", Science, 204, 1979, 945 – 948.

[Stone – 1979b] Stone, E. C., Lane, A. L., "Voyager 2 Encounter with the Jovian System", Science, 206, 1979, 925 – 927.

[Stone – 1981a] Stone, E. C., Miner, E. D., "Voyager 1 Encounter with the Saturnian System", Science, 212, 1981, 159 – 163.

[Stone – 1986] Stone, E. C., Miner, E. D., "The Voyager 2 Encounter with the Uranian System", Science, 233, 1986, 39 – 43.

[Stone – 1989] Stone, E. C., Miner, E. D., "The Voyager 2 Encounter with the Neptunian System", Science, 246, 1989, 1417 – 1421.

[Stone – 2005] Stone, E. C., et al., "Voyager 1 Explores the Termination Shock Region and the Heliosheath Beyond", Science, 309, 2005, 2017 – 2020.

[Stooke – 1998] Stooke, P. J., "Locating the Viking 2 Landing Site", paper presented at the XXIX Lunar and Planetary Science Conference, Houston, 1998.

[Stooke – 1999] Stooke, P. J., "Revised Viking 1 Landing Site", paper presented at the XXX Lunar and Planetary Science Conference, Houston, 1999.

[Strangeway – 1993] Strangeway, R. J., "The Pioneer Venus Orbiter Entry Phase", Geophysical Research Letters, 20, 1993, 2715 – 2717.

［Strom – 1979］Strom, R. G. ，"Mercury: A Post – Mariner 10 Assessment"，Space Science Reviews，24，1979，3 – 70.

［Strom – 1987］Strom, R. G. ，"Mercury the Elusive Planet"，Washington, Smithsonian Institution Press, 1987.

［Stuart – 1984］Stuart, J. E. ，"Interplanetary Navigation". In: "Mathematiques spatiales pour la preparation et la realisation de l'exploitation des satellites/ Space mathematics for the preparation and the development of satellites exploration"，Toulouse, Cépaduès, 1984, 1015 – 1038.

［Stuhlinger – 1970］Stuhlinger, E. ，"Planetary Exploration with Electrically Propelled Vehicles"，paper presented at the Third Conference on Planetology and Space Mission Planning, New York, October 1970.

［Sullivan – 1965］Sullivan, W. ，"Mariner 4 Makes Flight Past Mars"，The New York Times, 15 July 1965, 1.

［Surkov – 1977］Surkov, Yu. A. ，"Geochemical Studies of Venus by Venera 9 and 10 Automatic Interplanetary Stations". In: Proceedings of the VIII Lunar Science Conference"，1977, 2665 – 2689.

［Surkov – 1982a］Surkov, Yu. A. , et al. ，"Venera 13 and Venera 14 Measurements of the Water Vapor Content in the Venus Atmosphere"，Soviet Astronomy Letters, 8, 1982, 223 – 224.

［Surkov – 1982b］Surkov, Yu. A. , et al. ，"Aerosols in the Clouds on Venus: Preliminary Venera 14 Data"，Soviet Astronomy Letters, 8, 1982, 377 – 379.

［Surkov – 1982c］Surkov, Yu. A. , et al. ，"Element Composition of Venus Rocks: Preliminary Results from Venera 13 and Venera 14"，Soviet Astronomy Letters, 8, 1982, 237 – 240.

［Surkov – 1983］Surkov, Yu. A. , et al. ，"New Data on the Composition, Structure and Properties of Venus Rocks Obtained by Venera – 13 and Venera – 14"，LPI 1983.

［Surkov – 1997a］Surkov, Yu. A. ，"Exploration of Terrestrial Planets from Space – craft"，Chichester, Wiley – Praxis, 1997, 221 – 225.

［Surkov – 1997b］ibid. , 356.

［Surkov – 1997c］ibid. , 203 – 212.

［Surkov – 1997d］ibid. , 345 – 349.

［Surkov – 1997e］ibid. , 225 – 226.

［Surkov – 1997f］ibid. , 229 – 234.

［Surkov – 1997g］ibid. , 286 – 292.

［Surkov – 1997h］ibid. , 349 – 352.

［Surkov – 1997i］ibid. , 279 – 286.

［Surkov – 1997j］ibid. , 252 – 276.

［Swift – 1997a］Swift, D. W. ，"Voyager Tales: Personal Views of the Grand Tour"，Reston, AIAA, 1997, 61 – 74.

［Swift – 1997b］ibid. , 75 – 82.

［Swift – 1997c］ibid. , 103 – 112.

［Swift – 1997d］ibid. , 232.

［Swift – 1997e］ibid. , 149.

［Swift – 1997f］ibid, 96 – 97.

［Swift – 1997g］ibid, 225.

［Swift – 1997h］ibid, 150.

［Swift – 1997i］ ibid, 228.

［Swift – 1997j］ ibid, 155.

［Swift – 1997k］ ibid, 158.

［Swift – 19971］ ibid, 153.

［Swift – 1997m］ ibid, 277 – 279.

［Swift – 1997n］ ibid, 267 – 268.

［Swift – 19970］ ibid, 266 – 271.

［Swift – 1997p］ ibid, 186.

［Swift – 1997q］ ibid, 194.

［Swift – 1997r］ ibid, 305 – 306.

［Swift – 1997s］ ibid, 323 – 324.

［Swift – 1997t］ ibid, 269 – 270.

［Swindell – 1974］ Swindell, W. , Doose, L. R. , Tomasko, M. G. , "Spin – Scan Images of Jupiter from Pioneer 10", Bulletin of the American Astronomical Society, 6, 1974. 387.

［Swindell – 1975］ Swindell, W. , et al. , "The Pioneer 11 Images of Jupiter", Bulletin of the American Astronomical Society, 7, 1975, 378.

［Synnott – 1980］ Synnott, S. P. , "1979J2: The Discovery of a Previously Unknown Jovian Satellite", Science, 210, 1980, 786 – 788.

［Synnott – 1979］ Synnott, S. P. , "1979J3: Discovery of a Previously Unknown Satellite of Jupiter", Science, 212, 1981, 1392.

［Taylor – 1979a］ Taylor, F. W. , et al. , "Infrared Remote Soundings of the Middle Atmosphere of Venus from the Pioneer Orbiter", Science, 203, 1979, 779 – 781.

［Taylor – 1979b］ Taylor, F. W. , et al. , "Temperature, Cloud Structure, and Dynamics of Venus Middle Atmosphere by Infrared Remote Sensing from Pioneer Orbiter", Science, 205, 1979, 65 – 67.

［Taylor – 1980］ Taylor, J. W. R. （ed. ）, "Jane's All the World's Aircraft 1980 – 81", London, Jane's, 631 – 632.

［Teegarden – 1973］ Teegarden, B. J. , et al. , "Pioneer – 10 Measurements of the Differential and Integral Cosmic – Ray Gradient Between 1 and 3 Astronomical Units", The Astrophysical Journal, 185, 1973, L155 – L159.

［Terrile – 1979］ Terrile, R. J. , et al. , "Jupiter's Cloud Distribution Between the Voyager I and 2 Encounters: Results from 5 – Micrometer Imaging", Science, 206, 1979, 995 – 996.

［Teske – 1993］ Teske, R. G. , "The Star that Blew a Hole in Space", Astronomy, December 1993, 30 – 37.

［The Tech – 670221］ "MIT Satellite to Orbit the Sun", The Tech, 21 February 1967, 3.

［Toiler – 1982］ Toller, G. N. , "A Study of Galactic Light Using Pioneer 10 Observations of Background Starlight", Bulletin of the American Astronomical Society, 1982, p. 656.

［Tolson – 1978］ Tolson, R. H. , et al. , "Viking First Encounter of Phobos: Preliminary Results", Science, 199, 1978, 61 – 64.

［Tomasko – 1979］ Tomasko, M. G. , et al. , "Preliminary Results of the Solar Flux Radiometer Experiment Aboard the Pioneer Venus Multiprobe Mission", Science, 203, 1979, 795 – 797.

［Tombaugh – 1950］ Tombaugh, C. W. The Astronomical Journal, 55, 1950, 184.

[Trainor – 1974] Trainor, J. H. , et al. , "Energetic Particle Population in the Jovian Magnetosphere: A Preliminary Note", Science, 183, 1974, 311 – 313.

[Trainor – 1980] Trainor, J. H. , McDonald, F. B. , Schardt, A. W. , "Observations of Energetic Ions and Electrons in Saturn's Magnetosphere", Science, 207, 1980, 421 – 424.

[Trainor – 1984] Trainor, J. H. , et al. , "Results from the HELIOS Galactic and Solar Cosmic Ray Experiment (E7)". In: Porsche, H. (ed.) "10 Jahre Helios – 10 Years Helios", 149 – 155 (in German and English).

[Travis – 1979] Travis, L. D. , et al. , "Cloud Images from the Pioneer Venus Orbiter", Science, 205, 1979, 74 – 76.

[Turner – 2004] Turner, M. J. L, "Expedition Mars", Chichester, Springer – Praxis 2004, 33 – 57.

[Turnill – 1984a] Turnill, R. (ed.), "Jane's Spaceflight Directory 1984", London, Jane's Publishing, 84 – 86.

[Turnill – 1984b] ibid. , 86.

[Turnill – 1984c] ibid. , 88.

[Tyler – 198 la] Tyler, G. L. , et al. , "Radio Wave Scattering Observations of the Solar Corona: First – Order Measurements of Expansion Velocity and Turbulence Spectrum using Viking and Mariner 10 Spacecraft", The Astrophysical Journal, 249, 1981, 318 – 332.

[Tyler – 1981b] Tyler, G. L. , et al. , "Radio Science Investigations of the Saturn System with Voyager 1: Preliminary Results", Science, 212, 1981, 201 – 206.

[Tyler – 1982] Tyler, G. L. , et al. , "Radio Science with Voyager 2 at Saturn: Atmosphere and Ionosphere and the Masses of Mimas, Tethys and Iapetus", Science, 215, 1982, 553 – 558.

[Tyler – 1986] Tyler, G. L. , et al. , "Voyager 2 Radio Science Observations of the Uranian System: Atmosphere, Rings, and Satellites", Science, 233, 1986, 79 – 84.

[Tyler – 1989] Tyler, G. L. , et al. , "Voyager Radio Science Observations of Neptune and Triton", Science, 246, 1989, 1466 – 1473.

[Ulivi – 2004a] Ulivi P. , with Harland D. M. , "Lunar Exploration", Chichester, Springer – Praxis, 2004, 1 – 32.

[Ulivi – 2004b] ibid. , 58 – 60.

[Ulivi – 2006] Ulivi, P. , "ESRO and the deep space: European Planetary Exploration Planning before ESA", Journal of the British Interplanetary Society, 59, 2006, 204 – 223.

[Unz – 1970] Unz. F. , "Solar Probe 'Helios'" , paper presented at the XXI International Astronautical Congress, Constance, 1970.

[Vaisberg – 1976] Vaisberg, O. L. , et al. , "Scientific Objectives and Preliminary Results of the Venus Reconnaissance by the Venera 9 and 10 Orbiters: Cloud Layer, Upper Atmosphere and Solar – Wind Interaction", Soviet Astronomy Letters, 2, 1976, 1 – 3.

[Van Allen – 1968] Van Allen, J. A. , Drake, J. F. , Gibson, J. , "Solar X – Ray Observations with Explorer 33, Explorer 35 and Mariner V", Astronomical Journal, 73, 1968, S81.

[Van Allen – 1972] Van Allen, J. A. , "Observations of Galactic Cosmic – Ray Intensity at Heliocentric Radial Distances of from 1. 0 to 2. 0 Astronomical Units", The Astrophysical Journal, 177, 1972, L49 – L52.

[Van Allen – 1974] Van Allen, J. A. , et al. , "Energetic Electrons in the Magnetosphere of Jupiter", Science,

183, 1974, 309 – 311.

[Van Allen – 1980] Van Allen, J. A., et al., "Saturn's Magnetosphere, Rings and Inner Satellites", Science, 207, 1980, 415 – 421.

[Van Allen – 1984] Van Allen, J. A., "Geometrical Relationships of Pioneer 11 to Uranus and Voyager 2 in 1985 – 86", University of Iowa Department of Physics and Astronomy, 1984.

[van der Kruit – 1986] van der Kruit, P. C., "Surface Photometry of Edge – on Spiral Galaxies V. The Distribution of Luminosity of the Disk of the Galaxy Derived from the Pioneer 10 Background Experiment", Astronomy and Astrophysics, 157, 1986, 230 – 245.

[van der Linden – 1994] van der Linden, P., "Expert C Programming", Englewood Cliffs, Prentice – Hall, 1994, page unknown.

[Varfolomeyev – 1993] Varfolomeyev, T., "The Soviet Mars Programme", Space – flight, July 1993, 230 – 231.

[Varfolomeyev – 1998a] Varfolomeyev, T., "Soviet Rocketry that Conquered Space: Part 4", Spaceflight, January 1998, 28 – 30.

[Varfolomeyev – 1998b] Varfolomeyev, T., "Soviet Rocketry that Conquered Space: Part 5", Spaceflight, March 1998, 85 – 88.

[Varfolomeyev – 1998c] Varfolomeyev, T., "Soviet Rocketry that Conquered Space: Part 6", Spaceflight, May 1998, 181 – 184.

[Vedrenne – 1979] Vedrenne, G., et al., "Observations of the X – Ray Burster 0525. 9 – 66. 1", Soviet Astronomy Letters, 5, 1979, 314 – 317.

[Vekshin – 1999] Vekshin, B., "Pisma Zhitateley" (reader's letters), Novosti Kosmo – navtiki, No. 5, 1999, 53.

[Verigin – 1999] Verigin, V., "9 Let Granata" (9 years of Granat), Novosti Kosmonavtki, No. 2 1999, 38 – 40 (in Russian).

[Verschuur – 1993] Verschuur, G. L., "Race to the Sun's Edge", Air & Space, April/ May 1993, 24 – 30.

[Vervack – 1994] Vervack, R. J. Jr. et al., "Voyager 2 UVS Observations of Jupiter During the Comet Shoemaker – Levy 9 Impact Events", Poster presented at the 26th Annual Meeting of the Division for Planetary Sciences Bethesda, Maryland, October 31 – November 4, 1994.

[Vervack – 2006] Vervack, R. J. Jr. personal correspondence with the author, 13 December 2006.

[Veverka – 1977] Veverka, J., "Phobos and Deimos", Scientific American, February 1977, 30 – 37.

[Villante – 1984] Villante, U., "Il Campo Magnetico Interplanetario" (The Inter – planetary Magnetic Field), Le Scienze, December 1984, 28 – 36 (in Italian).

[vinogradov – 1970] Vinogradov, A. P., Surkov, Yu. A., Marov, M. Ya., "Investiga – tion of the Venus Atmosphere by Venera 4, Venera 5 and Venera 6 Probes", paper presented at the XXI International Astronautical Congress, Constance, 1970, 211 – 224.

[Vinogradov – 1976] Vinogradov, A. P., et al., "The First Panoramas of Venus – Preliminary Analysis", Soviet Astronomy Letters, 2, 1976, 26 – 8.

[vladimirov – 1999] Vladimirov, A., "Kapustin Yar – Stranitsy Istoriy Kosmosa" (Kapustin Yar – Pages of Space History), Novosti Kosmonavtiki, No. 6, 1999, 9 – 11 (in Russian).

[VnlITransmash – 1999] VnlITransmash, "Specimens of Space Technology, Earth Based Demonstrators of Planetary Rovers, Running Mock – ups", Saint Peters – burg, 1999.

[VnIITransmash – 2000] "Pages of history of VNIITransmash", Saint Petersburg, VnlITransmash, pages unknown (in Russian).

[Vogt – 1982] Vogt, R. E., et al., "Energetic Charged Particles in Saturn's Magneto – sphere: Voyager 2 Results", Science, 215, 1982, 577 – 582.

[Volland – 1984] Volland, H., et al., "Das Faraday – Rotations – Experiment". In: Porsche, H. (ed.) "10 Jahre Helios – 10 Years Helios", 118 – 121 (in German and English).

[von Zhan – 1979] von Zahn, U., et al., "Venus Thermosphere: In Situ Composition Measurements, the Temperature Profile, and the Homopause Altitude", Science, 203, 1979, 768 – 770.

[Warwick – 1981] Warwick, J. W., et al., "Planetary Radio Astronomy Observations from Voyager 1 Near Saturn", Science, 212, 1981, 239 – 243.

[Warwick – 1982] Warwick, J. W., et al., "Planetary Radio Astronomy Observations from Voyager 2 Near Saturn", Science, 215, 1982, 582 – 587.

[Warwick – 1989] Warwick, J. W., et al., "Voyager Planetary Radio Astronomy at Neptune", Science, 246, 1989, 1498 – 1501.

[Webber – 1975] Webber, W. R., "Pioneer 10 Measurements of the Charge and Energy Spectrum of Solar Cosmic Rays During 1972 August", The Astrophysical Journal, 199, 1975, 482 – 493.

[Weber – 1977] Weber, R. R., et al., "Interplanetary Baseline Observations of Type III Solar Radio Bursts", Solar Physics, 54, 1977, 431 – 439.

[Westphal – 1965] Westphal, A. J., Wildey, R. D., Murray, B. C., "The 8 – 14 Micron Appearance of Venus Before the 1964 Conjunction", Astrophysical Journal, 142, 1965, 799 – 802.

[Wetmore – 1965] Wetmore, W. C., "Comet Flyby Studied for Mariner Backup", Aviation Week & Space Technology, 19 November 1965, 45 – 60.

[Wiegert – 2007] Wiegert, P., personal correspondence with the author, 10 January 2007.

[Wilson – 1966] Wilson, J. N., "Mechanical Design Evolution of the Mariner Space – craft", paper presented at the XVII International Astronautical Congress, Madrid, 1966.

[Wilson – 1979] Wilson, A., "Scout – NASA's Small Satellite Launcher", Spaceflight, November 1979, 446 – 459.

[Wilson – 1982a] Wilson, A., "The Eagle has Wings: The Story of the American Space Exploration 1945 – 1975", London, The British Interplanetary Society, 1982, 33 – 34.

[Wilson – 1987a] Wilson, A., "Solar System Log", London, Jane's Publishing, 1987, 21.

[Wilson – 1987b] ibid., 22 – 23.

[Wilson – 1987c] ibid., 27 – 28.

[Wilson – 1987d] ibid., 47 – 48.

[Wilson – 1987e] ibid., 49 – 50.

[Wilson – 1987f] ibid., 55 – 56.

[Wilson – 1987g] ib! d., 56 – 58.

[Wilson – 1987h] ibid., 59 – 60.

［Wilson – 1987i］ ibid. , 65 – 67.

［Wilson – 1987j］ ibid. , 67 – 69.

［Wilson – 1987k］ ibid. , 72 – 74.

［Wilson – 1987l］ ibid. , 76 – 77.

［Wilson – 1987m］ ibid. , 74 – 75.

［Wilson – 1987n］ ibid. , 78 – 80.

［Wilson – 1987o］ ibid. , 80 – 83.

［Wilson, 1987p］ ibid. , 84 – 87.

［Wilson – 1987q］ ibid. , 88 – 91.

［Wilson – 1987r］ ibid. , 100 – 106.

［Wilson – 1987s］ ibid. , 107 – 109.

［Wilson – 1987t］ ibid. , 109 – 112.

［Wilson – 1987u］ ibid. , 94 – 100.

［Winkler – 1976］ Winkler, W. , "Helios Assessment and Mission Results", Acta Astronautica, 3, 1976, 435 – 447.

［Winkler – 1983］ Wikler, W. , "Material Performance under Combined Stresses in the Hard Space Environment of the Sunprobe Helios – A', Acta Astronaufica, 4, 1983, 189 – 205.

［Woiceseyn – 1974］ Woiceseyn, P. M. , Kliore, A. J. , Sesplaukis, T. T. , "Dynamics of Jupiter's Lower Atmosphere from Pioneer 10 S – Band Radio Occultation Measures", Bulletin of the American Astronomical Society, 6, 1974, 339.

［Wolfe – 1974］ Wolfe, J. H. , et al. , "Preliminary Pioneer 10 Encounter Results from the Ames Research Center Plasma Analyzer Results", Science, 183, 1974, 303 – 305.

［Wolfe – 1980］ Wolfe, J. H. , et al. , "Preliminary Results on the Plasma Environment of Saturn from Pioneer 11 Plasma Analyzer Experiment", Science, 207, 1980, 403 – 407.

［Wolverton'2000］ Wolverton, M. , "Pathfinding the Rings: The Pioneer Saturn Trajectory Decision", Quest, 7, No. 4, 2000, 5 – 11.

［Wolverton – 2004a］ Wolverton, M. , "The Depths of Space: the Pioneer Planetary Probes", Washington, Joseph Henry Press, 2004, 7 – 39.

［Wolverton – 2004b］ ibid. , 46 – 51.

［Wolverton – 2004c］ ibid. , 195 – 198.

［Wolverton – 2004d］ ibid. , 203 – 209.

［Wolverton – 2004e］ ibid. , 171.

［Woo – 1978］ Woo, R. , "Radial Dependence of Solar Wind Properties Deduced from Helios 1/2 and Pioneer 10/11 Radio Scattering Observations", The Astrophysical Journal, 219, 1978, 727 – 739.

［Wotzlaw – 1998］ Wotzlaw, S. , Käsmann, F. C. W. , Nagel, M. , "Proton – Development of a Russian Launch Vehicle", Journal of the British Interplanetary Society, 51, 1998, 3 – 18.

［Wu – 1978］ Wu, F. – M. , Judge, D. L. , Carlson, R. W. , "Europa: Ultraviolet Emissions and the Possibility of Atomic Oxygen and Hydrogen Clouds", The Astrophysical Journal, 225, 1978, 325 – 334.

［Wu – 1988］ Wu, F. M. , et al. , "The Hydrogen Density of the Local Interstellar Medium and an Upper Limit to the Galactic Glow Determined from Pioneer 10 Ultraviolet Photometer Observations", The Astrophysical Journal, 331, 1988, 1004 – 1012.

[Zak – 2004] "Planetary: Projects and Concepts", Anatoly Zak website.

[Zellner – 1972] Zellner, B. H. , "Minor Planets and Related Objects. VIII. Deimos", The Astronomical Journal, 77, 1972, 183 – 185.

[Zheleznyakov – 2001] Zheleznyakov, A. , Rozenblyum, L. , "Yaderniye Vzryvyi v Kosmose" (Nuclear Explosions in Space) , Novosti Kosmonavtiki, November 2001, page unknown (in Russian).

[Zwickl – 1977] Zwickl, R. D. , Webber, W. R. , "Solar Particles Propagation from 1 to 5 AU", Solar Physics, 54, 1977, 457 – 504.

延伸阅读

➤ 图书

Briggs, G., Taylor, F., "The Cambridge Photographic Atlas of the Planets", Cambridge University Press, 1982.

Burrows, W. E., "This New Ocean: The Story of the First Space Age", New York, The Modern Library, 1999.

Godwin, R., (editor), "Deep Space: The NASA Mission Reports", Burlington, Apogee, 2005.

Godwin, R., (editor), "Mars: The NASA Mission Reports", Burlington, Apogee, 2000.

Isakowitz, S. J., Hopkins, J. P. Jr., Hopkins, J. B., "International Reference Guide to Space Launch Systems", 3rd edition, Reston, AIAA, 1999.

Kelly Beatty, J., Collins Petersen, C., Chaikin, A. (editors), "The New Solar System", 4th ed., Cambridge University Press, 1999.

Siddiqi, A. A., "Challenge to Apollo", Washington, NASA, 2000.

Shirley, J. H., Fairbridge, R. W., "Encyclopedia of Planetary Sciences", Dordrecht, Kluwer Academic Publishers, 1997.

Surkov, Yu. A., "Exploration of Terrestrial Planets from Spacecraft", Chichester, Wiley – Praxis, 1994.

➤ 期刊

Aerospace America.

l'Astronomia (in Italian).

Aviation Week & Space Technology.

Espace Magazine (in French).

Flight International.

Novosti Kosmonavtiki (in Russian).

Science.

Scientific American.

Sky & Telescope.

Spaceflight.

➤ 网址

Don P. Mitchell's "The Soviet Exploration of Venus" (www. mentallandscape. com/V_ Venus. htm).

Encyclopedia Astronautica (www. astronautix. com).

Interplanetary Probes of the Soviet Union (sovams. narod. ru).

Jonathan's Space Home Page (planet4589. org/space/space. html).

JPL (www. jpl. nasa. gov).

NASA NSSDC (nssdc. gsfc. nasa. gov).

Novosti Kosmonavtiki (www. novosti – kosmonavtiki. ru).

NPO Imeni S. A. Lavochkina (www. laspace. ru).

Pioneer Project (www. nasa. gov/centers/ames/missions/archive/pioneer. html).

Space Daily (www. spacedaily. com).

Spaceflight Now (www. spaceflightnow. com).

Sven's Space Place (www. svengrahn. se).

The Planetary Society (planetary. org).

Voyager Project (voyager. jpl. nasa. gov).